内 容 简 介

《现代晶体学》由 4 卷组成，原著俄文版和英文版近乎同时出版，出版后曾在整个学术界引起了很大反响. 1994 年《现代晶体学》卷 1 英文扩展第 2 版出版，1994 年和 2000 年分别出版了《现代晶体学》卷 2 英文扩展第 2 版和第 3 版.

本书为卷 2，主要内容包括：晶体结构的形成原理，系统介绍了化学键、晶体化学半径系和晶体结构的几何规则；晶体结构的主要类型，系统介绍了无机晶体、有机晶体、聚合物、液晶和生物大分子的结构；晶体的能带结构；点阵动力学和相变；实际晶体的结构，主要介绍晶体缺陷，包括点缺陷、位错、层错、亚晶界、孪晶等.

本书可供固体物理、材料科学、金属学、矿物学、化学、分子生物学等专业的大学生、研究生作为教材或教学参考书，并可供有关科技人员参考.

译 者 的 话

在《现代晶体学》卷2第1版的前言中，3位著者（B·K·伐因斯坦、V·M·弗里特金、V·L·英丹博姆）介绍了书中5章的主要内容和3位编著者的分工.

B·K·伐因斯坦是4卷本《现代晶体学》的主编，我们已经在《现代晶体学》卷1"译者的话"中做过比较详细的介绍.另两位著者弗里特金和英丹博姆是俄罗斯晶体学研究所资深科学家.弗里特金在1973—1980年间出过3本专著（Fridkin V M. Photoferroelectrics[M]. New York: Springer-Verlag, 1979; Fridkin V M. The Physics of the Electro-photographic Process[M]. London, New York: The Focal Press, 1973; Fridkin V M. Ferroelectric Semiconductors[M]. New York: Plenium Press, 1980）.英丹博姆是位错理论专家，获得过"俄罗斯荣誉科学家"称号.

卷2第2版的扩展由B·K·伐因斯坦联合H·A·基谢列夫通信院士（生物电镜专家，1986年因核糖体上蛋白质生物合成的结构的基础研究获得列宁奖）等另外8位专家完成.第2版增补的内容约占全书的1/5，在伐因斯坦执笔的《现代晶体学》卷2第2版的前言中介绍了新增第6章全部11节（6.1—6.11节）的标题.

从这些章节可以看出，新增内容大体上分为3类：

1. 重大创新成果.如6.2节中的富勒烯（C_{60}）获1996年诺贝尔化学奖，6.4节中的氧化物高温超导体获1987年诺贝尔物理学奖，6.9节中的液晶、聚合物理论研究获1991年诺贝尔物理学奖.

2. 已显著深化的成果.如6.6节中的X射线分析已从一般的（原子）结构分析深化到化学键分析；6.8节中的生物分子晶体的结构分析依靠新的同步辐射等实验方法；6.11节中的铁电体中光和热激发相变具有新的特点.

3. 已显著系统化的成果.如6.1节中的结构分析数据库（到20世纪80年代研究过的结构已达约100 000个）；6.3节中的硅酸盐和相关化合物的晶体化学；6.7节中的有机晶体化学，等等.

从卷1和卷2的增补内容可以看出，只有在著名学者牵头之下，联合众多的专家,才能完成一个相当大的学科在相当长时间内的各方面重大进展(包括上述分支学科领域获得的诺贝尔奖)的综述的任务.

2000年《现代晶体学》卷2出版了英文第3版,此时B·K·伐因斯坦院士已去世4年,V·L·英丹博姆教授也已离去.第3版的前言由V·M·弗里特金执笔,他在前言中指出:"国际晶体学界失去了两位很杰出的学者."他还说明,在英文第3版出版之前,对这两位学者编著的第1章、第2章和第5章仍请专家做了校订.

吴自勤　高　琛

2011年3月于中国科学技术大学

第 2 版序

4 卷本《现代晶体学》出版于 20 世纪 80 年代初期. 晶体学是发展了几个世纪的老学科，它的基本概念和规律早已确立. 然而 20 世纪所有分支学科的迅速发展并没有绕过晶体学. 我们对物质的原子结构、晶体形成和生长以及晶体的物理性质的知识不断深化，有关的实验方法也经常得到改进. 为了使《现代晶体学》名副其实，我们必须丰富它的内容、补充新的资料.

第 1 版的大部分内容仍旧保留，但若干章节已经更新，有些内容已经改进并补充了新的图例. 值得重视的许多新结果被总结在各卷的更新章节中. 显然，我们不能忽视 20 世纪 80 年代发现的准晶体和高温超导体、分子束外延的进展、表面熔化、非本征铁电体、无公度相等. 我们还增加了已在晶体学中得到应用的新实验方法，如扫描隧道显微术、EXAFS、X 射线强度的位置灵敏探测器等. 参考文献也做了补充和修改.

《现代晶体学》第 2 版的修订①主要是由第 1 版的作者完成的. 我们的一些同事还提供给我们新的结果、图例和文献. 在此我们向他们全体表示衷心的感谢.

编辑组：

B · K · 伐因斯坦(主编)

A · A · 契尔诺夫

L · A · 苏伏洛夫

---

① 《现代晶体学》第 2 版的修订限于卷 1(1994 年出第 2 版)和卷 2(2000 年出第 3 版)，卷 3 和卷 4 的修订尚未完成. ——译者注

序

晶体学——关于晶体的科学——的内容在它的发展过程中得到不断的丰富.虽然人类在古代就对晶体发生了兴趣,但直到17—18世纪,晶体学才作为独立的分支学科开始形成.当时发现了控制晶体外形的基本规律,发现了光的双折射现象.晶体学的发生和发展在相当长的时间内曾和矿物学密切相关,矿物学的最完整的研究对象正是晶体.后来晶体学和化学接近,因为晶体外形和它的组分密切相关并且只能以原子分子概念为基础加以说明.20世纪晶体学趋向于物理学,因为新发现的晶体固有的光学、电学、力学、磁学现象愈来愈多.数学方法后来也应用到晶体学中来,特别是对称性理论在19世纪末发展成完整的经典理论(建立了空间群理论).数学方法的应用还体现在晶体物理的张量运算上.

20世纪初发现了晶体的X射线衍射,这使得晶体学以至整个物质原子结构科学发生了全面的变化.固体物理也得到了新的推动.晶体学方法,首先是X射线衍射分析,开始渗透到其他许多分支科学,如材料科学、分子物理学和化学等.随后发展起来的有电子衍射和中子衍射结构分析,它们不仅补充了X射线结构分析方法,并且还提供了有关晶体的理想和实际结构的一系列新的知识.电子显微术和其他现代物质研究方法(光学、电子顺磁和核磁共振方法等)也给出晶体的大量原子结构、电子结构、实际结构的结果.

晶体物理得到迅猛发展,在晶体中发现了许多独特的现象,这些现象在技术上得到广泛的应用.

晶体生长理论(它使晶体学接近热力学和物理化学)的积累和实用的人工晶体合成方法的进展是推动晶体学发展的另外的重要因素.人工晶体日益成为物理研究的对象并且开始迅速渗透到技术领域.人工晶体的生产对传统技术分支,如材料机械加工、精密仪器制造、珠宝工业等有重要的推动,后来又在很大程度上影响了许多重要分支,如无线电电子学、半导体和量子电子学、光学(包括非线性光学)和声学等的发展.寻找具有重要实用性质的晶体、研究它们的结构、发展新的合成技术是现代科学的重大课题和技术进步的重要因素.

应当把晶体的结构、生长和性质作为一个统一的问题来研究.这三个不可分割地联系在一起的现代晶体学领域是互相补充的.不仅研究晶体的理想结构、而且研究带有各种缺陷的实际结构的好处是:这样的研究路线可以指导我们找到具有珍贵性质的新晶体,使我们能利用各种控制组分和实际结构的方法来完善合成技术.实际晶体理论和晶体物理的基础是晶体的原子结构、晶体生长微观和宏观过程的理论和实验研究.这种处理晶体结构、晶体生长和晶体性质的方法具有广阔的前景,并决定了现代晶体学的特点.

晶体学的分支以及它们和相邻学科间的一系列联系可以用下面的示意图表示出来.各个分支间互相交叉,不存在严格的界线.图中的箭头只表示分支间占优势的作用方向,一般来说,相反的作用也存在,影响是双向的.

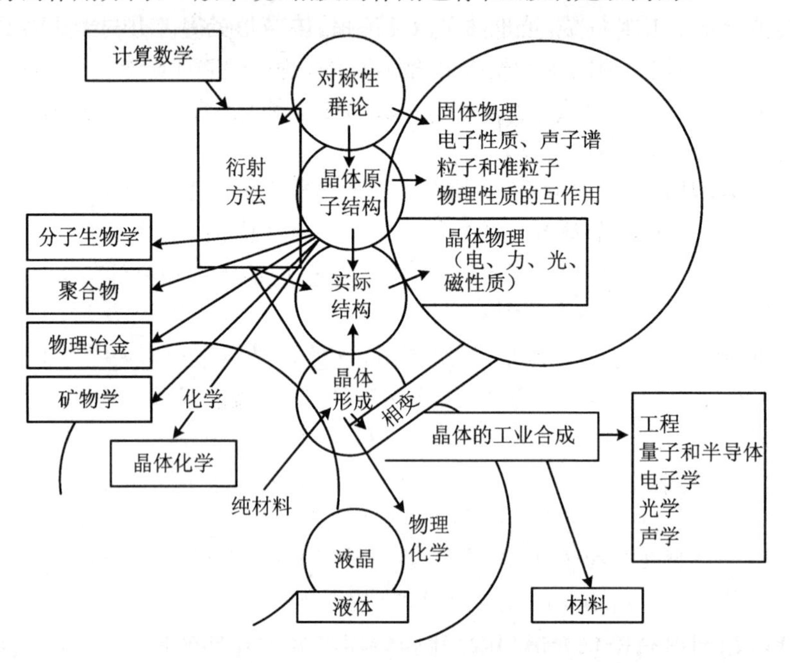

图 1 晶体学的分支学科以及它们和其他学科之间的联系

晶体学在图中恰当地位于中心部位.它的内容有:对称性理论、用衍射方法和晶体化学方法进行的晶体结构研究、实际晶体结构研究、晶体生长和合成及晶体物理.

晶体学的理论基础是对称性理论,近若干年来它得到了显著的发展.

晶体原子结构的研究目前已经扩展到非常复杂的晶体,晶胞中包含几百至几千个原子.含有各种缺陷的实际晶体的研究愈来愈重要.由于物质原子结构研究方法的普适性和各种衍射方法的相似性,晶体学已经发展成为不仅是晶体结构的分支科学,而且是一般凝聚态的分支科学.

晶体学理论和方法的具体应用使结构晶体学渗透进物理冶金学、材料科学、矿物学、有机化学、聚合物化学、分子生物学和非晶态固体、液体、气体的研究中.晶体的生长和成核长大过程的实验和理论研究带动了化学和物理化学的发展,不断地对它们作出贡献.

晶体物理主要涉及晶体的电学、光学、力学性质以及和它们密切相关的结构和对称性.晶体物理与固体物理相近,后者更关注晶体的物理性质的一般规律和晶格能谱的分析.

《现代晶体学》的头两卷涉及晶体的结构,后两卷涉及晶体生长和晶体的物理性质.我们的叙述力图使读者能从本书得到晶体学所有重要问题的基本知识.由于篇幅有限,一些章节是浓缩的,如果不限篇幅,则不少章节可以展开成为专著.幸运的是,一系列这样的晶体学专著已经出版了.

本书的意图是:在相互联系之中讲述晶体学的所有分支学科,也就是把晶体学看成一门统一的科学,阐明晶体结构统一性和多样性的物理含义.书中从晶体学角度描述晶体生长过程中和晶体本身发生的物理化学过程和现象,阐明晶体性质和结构、生长条件的关系.

4 卷本的读者对象是:在晶体学、物理、化学、矿物学等领域工作的研究人员,研究各种材料的结构、性质和形成的专家,从事合成晶体和用晶体组装技术设备的工程师和技术人员.我们希望本书对大学和学院中的晶体学、固体物理和相关专业的大学生和研究生也是有用的.

《现代晶体学》是由前苏联科学院晶体学研究所的许多作者一起编写的.编写过程中得到许多同事们的帮助和建议.本书俄文版出版不久就出了英文版.在英文版中增加了一些最新的成果,在若干处做了一些补充和改进.

B·K·伐因斯坦

第 3 版前言

4 卷本《现代晶体学》中卷 2 的内容是晶体的结构. 它已经出版过两版, 第 1 版出版于 1982 年, 第 2 版出版于 1995 年. 在以后的几年中, B・K・伐因斯坦教授和 V・L・英丹博姆教授离开了我们. 国际晶体学界失去了两位很杰出的学者. 他们是本书的主要作者.

出版于新千年前夜的第 3 版, 对正文做了一些修订, 增加了一些文献. 在此, 本人愿意对审读第 5 章(作者为 V・L・英丹博姆)的 S. Pikin 教授和校阅第 1 章与第 2 章(作者为 B・K・伐因斯坦)的 W. Melik-Adamian 博士表示诚挚的感谢.

V・M・弗里特金

2000 年 4 月于莫斯科

第 2 版前言

《现代晶体学》卷 2 第 2 版的名称仍然是“晶体的结构”，但是它已经补充了 1982—1992 年间得到的元素、有机和无机结构以及生物结构的新的晶体结构知识. 对第 1 版的 1—5 章已做了一些修改，但最重要的扩展是增加了第 6 章“结构晶体学的新进展”. 这一章包括以下由不同专家编写的 11 节(6.1—6.11节)：

6.1　结构分析的进展　数据库　(N. G. Furmanova 编写)

6.2　富勒烯和富勒烯化物　(B・K・伐因斯坦编写)

6.3　硅酸盐和相关化合物的晶体化学　(D. Yu. Pushcharovsky 编写)

6.4　超导电体的结构　(V. I. Simonov，B・K・伐因斯坦编写)

6.5　组件结构　晶块　晶片　(B. B. Zvyagin 编写)

6.6　研究化学键的 X 射线分析　(V. G. Tsirelson 编写)

6.7　有机晶体化学　(N. G. Furmanova，G. N. Tishchenko 编写)

6.8　生物分子晶体的结构研究　(B・K・伐因斯坦编写)

6.9　液晶中的序　(B. I. Ostrovsky 编写)

6.10　LB 膜　(L. A. Feigin 编写)

6.11　铁电体中光和热激发的相变　(V・M・弗里特金编写)

文献已经过修订并补充了新的条目.

作者对认真帮助本书编写的 V. V. Udalova，I. I. Man，I. L. Tolstova，L. A. Antonova表示诚挚的感谢.

B・K・伐因斯坦

1994 年 6 月于莫斯科

前　　言

《现代晶体学》卷 2 论述晶体的结构，它是《现代晶体学》卷 1 的续集. 卷 1 论述晶体的对称性、晶体几何和研究晶体原子结构和实际结构的方法，本卷论述晶体点阵的原子结构和电子结构概念、晶体点阵动力学和实际晶体的微结构. 晶体结构是在一定热力学条件下，在晶体形成和生长的过程中发展起来的.《现代晶体学》卷 3 将处理这些问题.《现代晶体学》卷 4 将阐明已形成的晶体如何决定着晶体的物理性质.

本卷第 1 章详细介绍的基础知识包括：晶体原子结构的理论、原子间化学键的理论、晶体化学的基本概念、晶体结构形成和点阵能的几何原理与对称性原理.

第 2 章叙述元素、无机化合物和有机化合物、金属和合金的晶体结构的主要类型. 大多数晶体学书籍实际上忽略了聚合物、液晶和生物晶体、生物大分子的结构，本书则对它们进行了认真的介绍. 以上两章由伐因斯坦执笔.

第 3 章叙述晶体点阵的电子理论和能带结构的基础知识.

第 4 章涉及晶格动力学和相变. 讨论的问题主要是：晶体中原子的振动，晶体的热容量和热传导，以及晶体热力学特性、对称性和相变的关系. 第 3 章和第 4 章由弗里特金执笔. 其中的 4.8 节由 E. B. Loginov 编写. 这两章是晶体学和固体物理之间的桥梁，它们为晶体的许多物理性质的处理提供了微观的方案.

最后，第 5 章不再把晶体结构看做由原子组成的具有严格周期性的系统，而是看做存在各种缺陷的实际结构. 这一章对晶体缺陷的主要类型进行了分类和分析，重点介绍位错理论. 这些知识有助于我们理解卷 3 涉及的实际晶体结构的形成机制. 同时，它们还为阅读论述晶体物理性质的卷 4 打下了基础，因为许多物理性质，特别是力学性质与实际结构密切相关. 第 5 章由英丹博姆执笔.

作者对为本书的编写提供过帮助的 L. A. Feigin，A. M. Mikhailov，V. V.

Udalova, G. H. Tishchenko, I. I. Man, E. M. Volonkova 以及其他许多同事表示感谢.

B·K·伐因斯坦　V·M·弗里特金　V·L·英丹博姆
1982 年 4 月于莫斯科

目　　录

001　译者的话

003　第 2 版序

005　序

009　第 3 版前言

011　第 2 版前言

013　前言

001　第 1 章　晶体原子结构的形成原理

002　1.1　原子的结构

002　1.1.1　晶体是原子的组合

003　1.1.2　原子中的电子

007　1.1.3　多电子原子和周期表

015　1.2　原子间化学键

015　1.2.1　化学键的类型

018　1.2.2　离子键

025　1.2.3　共价键　价键法

027　1.2.4　杂化和共轭

031　1.2.5　分子轨道(MO)法

035　1.2.6　晶体中的共价键

040　1.2.7　共价键的电子密度

045　1.2.8　金属键

047　1.2.9　弱(范德瓦耳斯)键

048　1.2.10　氢键

051　1.2.11　磁有序

053　1.3　晶体点阵能

053　1.3.1　晶体点阵能实验测量

054 1.3.2 势能的计算
058 1.3.3 有机结构
060 1.4 晶体化学半径系
060 1.4.1 原子间距离
060 1.4.2 原子半径
064 1.4.3 离子半径
076 1.4.4 强键的原子-离子半径系
079 1.4.5 分子间半径系
081 1.4.6 弱键和强键半径
082 1.5 晶体原子结构的几何规则
082 1.5.1 晶体的物理模型和几何模型
083 1.5.2 晶体的结构单元
084 1.5.3 最密堆垛原理
085 1.5.4 结构单元对称性和晶体对称性的关系
088 1.5.5 空间群的出现概率
089 1.5.6 配位
090 1.5.7 结构按团聚单元维数的分类
092 1.5.8 配位结构
092 1.5.9 配位和原子尺寸的关系
093 1.5.10 最密堆垛
097 1.5.11 按球密堆而成的化合物结构
101 1.5.12 岛状、链状和层状结构
103 1.6 固溶体和同形性
103 1.6.1 同构晶体
103 1.6.2 同形性
104 1.6.3 替代固溶体
108 1.6.4 填隙固溶体
111 1.6.5 调制结构和无公度结构
111 1.6.6 复合物超结构

115 第2章 晶体结构的主要类型
116 2.1 元素的晶体结构
116 2.1.1 元素结构的主要类型
124 2.1.2 元素的晶体化学性质

125 2.2 金属间结构
125 2.2.1 固溶体及其有序化
128 2.2.2 电子化合物
129 2.2.3 金属间化合物
130 2.3 具有离子性键的结构
130 2.3.1 卤化物、氧化物和盐的结构
134 2.3.2 硅酸盐
142 2.3.3 快离子导体
144 2.4 共价结构
150 2.5 络合物和相关化合物的结构
150 2.5.1 络合物
154 2.5.2 含金属原子簇的结构
156 2.5.3 金属-分子键(过渡金属 π 络合物)
157 2.5.4 惰性元素化合物
157 2.6 有机晶体化学原理
158 2.6.1 有机分子的结构
163 2.6.2 分子的对称性
163 2.6.3 晶体中分子的堆垛
170 2.6.4 含 H 键的晶体
171 2.6.5 包合物和分子化合物
173 2.7 聚合物的结构
173 2.7.1 非晶体学有序
173 2.7.2 聚合物链状分子的结构
178 2.7.3 聚合物材料的结构
179 2.7.4 聚合物晶体
181 2.7.5 聚合物结构中的无序
184 2.8 液晶结构
184 2.8.1 液晶中的分子堆垛
185 2.8.2 液晶序的类型
193 2.9 生物材料的结构
193 2.9.1 生物分子的类型
195 2.9.2 蛋白质结构原理
202 2.9.3 纤维蛋白
204 2.9.4 球蛋白

227 2.9.5 核酸的结构
235 2.9.6 病毒的结构

249 第3章 晶体的能带结构
250 3.1 理想晶体中电子的运动
250 3.1.1 薛定谔方程和波恩-卡曼边界条件
254 3.1.2 电子的能谱
255 3.2 布里渊区
255 3.2.1 弱键近似下的电子能谱
257 3.2.2 布里渊区的面和劳厄条件
260 3.2.3 带边界和结构因子
261 3.3 等能面、费米面和能带结构
261 3.3.1 强结合近似下电子的能谱
263 3.3.2 费米面

265 第4章 点阵动力学和相变
266 4.1 晶体中原子的振动
266 4.1.1 原子链的振动
267 4.1.2 振动支
269 4.1.3 声子
270 4.2 晶体的热容量、热膨胀和热传导
270 4.2.1 热容量
271 4.2.2 一维热膨胀
271 4.2.3 热传导
272 4.3 多形性 相变
273 4.3.1 一级和二级相变
274 4.3.2 相变和结构
277 4.4 原子振动和多形性相变
280 4.5 有序型相变
282 4.6 相变和电子-声子互作用
282 4.6.1 晶体自由能中电子的贡献
283 4.6.2 带间电子-声子互作用
286 4.6.3 光激相变
287 4.6.4 居里温度和能隙宽度
288 4.7 德拜状态方程和格林艾森公式

290 4.8 相变和晶体对称性
290 4.8.1 二级相变
292 4.8.2 对称性允许的二级相变的描述
294 4.8.3 不改变晶胞中原子数的相变
297 4.8.4 相变时晶体性质的变化
298 4.8.5 相变中形成的孪晶(畴)的性质
298 4.8.6 低对称相均匀态的稳定性

301 第5章 实际晶体的结构
302 5.1 晶体点阵缺陷的分类
303 5.2 晶体点阵中的点缺陷
303 5.2.1 空位和填隙原子
308 5.2.2 杂质、电子和空穴的作用
309 5.2.3 外界影响的效应
310 5.3 位错
311 5.3.1 伯格斯回路和矢量
313 5.3.2 直位错的弹性场
317 5.3.3 位错反应
318 5.3.4 多边形位错
322 5.3.5 弯曲位错
323 5.4 堆垛层错和部分位错
330 5.5 位错的连续统描述
330 5.5.1 位错密度张量
332 5.5.2 例子:位错列
332 5.5.3 位错密度标量
333 5.6 晶体的亚晶界(镶嵌结构)
333 5.6.1 亚晶界的例子:倾斜晶界和扭转晶界
334 5.6.2 一般亚晶界的位错结构
337 5.6.3 亚晶界能
338 5.6.4 非共格界面
339 5.7 孪晶
340 5.7.1 孪晶操作
342 5.7.2 引起晶体形变的孪晶化
345 5.7.3 不引起形变的孪晶化

347 5.8 点阵缺陷的直接观察
347 5.8.1 离子显微镜
347 5.8.2 电子显微镜
351 5.8.3 X射线貌相术
356 5.8.4 光弹性法
357 5.8.5 选择浸蚀法
358 5.8.6 晶体表面的研究

359 第6章 结构晶体学的新进展
360 6.1 结构分析的进展 数据库
362 6.2 富勒烯和富勒烯化物
362 6.2.1 富勒烯(fullerene)
365 6.2.2 C_{60} 晶体
368 6.3 硅酸盐和相关化合物的晶体化学
368 6.3.1 硅酸盐结构的主要特点
369 6.3.2 硅酸盐中岛状负离子复合四面体
370 6.3.3 负离子复合四面体形成的环和链
372 6.3.4 网格状硅酸盐
374 6.3.5 硅酸盐结构的理论计算方法
376 6.4 超导电体的结构
376 6.4.1 超导电性
378 6.4.2 高温超导体(HTSC)
380 6.4.3 $MeCuO_4$ 高温超导体的结构
382 6.4.4 YBaCu相的结构
383 6.4.5 Tl相高温超导体的原子结构
386 6.4.6 高温超导体的结构特征
388 6.5 组件结构 晶块 晶片
388 6.5.1 组件结构(MS)的概念
390 6.5.2 组件结构(MS)不同类型间的关系
392 6.5.3 组件结构的记号
393 6.5.4 组件结构的结构-性能关系
394 6.6 研究化学键的X射线分析
400 6.7 有机晶体化学
400 6.7.1 有机结构

400 6.7.2 大有机分子
402 6.7.3 二次键
404 6.8 生物分子晶体的结构研究
404 6.8.1 X射线大分子晶体学方法的进展
407 6.8.2 核磁共振(NMR)法研究蛋白质的结构
410 6.8.3 蛋白质分子动力学
412 6.8.4 大蛋白质的结构数据
418 6.8.5 核糖体的X射线研究
418 6.8.6 病毒结构
423 6.9 液晶中的序
423 6.9.1 含极性分子液晶(LC)中的层状A多形性
425 6.9.2 层状层结晶相和六重相
427 6.9.3 自支撑的层状膜
427 6.9.4 螺状蓝相
428 6.9.5 其他液晶相
429 6.10 LB膜
429 6.10.1 形成原理
431 6.10.2 LB膜的化学成分、性质和应用
431 6.10.3 LB膜的结构
436 6.10.4 多组分LB膜 超点阵
439 6.11 铁电体中光和热激发的相变
439 6.11.1 铁电体中的光激发相变
443 6.11.2 铁电体中的热激发相变

445 参考文献

465 参考书目

第1章

晶体原子结构的形成原理

晶体中原子互相接触，它们的外壳层电子相互作用形成化学键. 晶体结构的形成条件是温度足够低，这时原子间吸引势能显著超过原子的热运动动能. 决定晶体结构多样性的因素有：晶体的组分、组成原子本身的化学特性（化学键的性质、电子密度分布）和元胞中原子的几何排列. 晶体结构的许多重要特性，如原子间距离、配位等，可以用几何模型来描述. 模型中原子被看成具有一定半径的刚球.

1.1　原子的结构

1.1.1　晶体是原子的组合

晶体结构中的每一个原子都以一定的距离与最近邻原子成键. 它还直接地或通过最近邻原子间接地和次近邻原子，以至更远的原子相互作用，即最终和整个结构相互作用. 晶体的形成始终来自于原子的集体互作用，虽然有时它被看成近似的对相互作用. 晶体点阵中的原子集合还通过点阵的内禀的热振动系连接在一起.

化学键、化合价等概念在晶体化学和晶体结构理论中起着重要的作用. 这些概念主要是为了解释分子结构而发展起来的，而在晶体中必须考虑全部原子的相互作用. 让我们举最简单的化合物 NaCl 为例，如果我们按照原子的化合价和 Na 带正电、Cl 带负电的概念把分子式写成Na^+Cl^-，这样似乎认为晶体是由Na^+Cl^-“分子”构成的. 实际上，NaCl 以及绝大多数离子、共价、金属结构中完全没有分子，NaCl 表达的是这些原子的高度对称的堆积：每一种原子周围有 6 个最近邻异类原子、12 个次近邻同类原子等等. 当然，在有些晶体中，分子或其他稳定的原子群仍保持它们的个性. 在这种场合需要弱作用力把这些原子群结合成为晶体. 还可以有许多中间的状态.

具体晶体结构的“计算”任务是非常复杂的. 因此可行的是：总结有关化学键和价的大量化学数据，利用有关原子互作用性质和粒子的多体作用的量子力学知识，特别是利用衍射和其他研究得到的知识，概括成若干规律和规则，用来描述和统一各种晶体结构的普遍原理和特性. 这里的一部分有严格的理论基础并可以定量地表达出来，另一部分则是半经验的或定性的规则. 所有这些理论和经验的知识组成了晶体原子结构的理论,即晶体化学.它使我们从晶体结构的繁复的多样性中看清了可靠的方向,解释了它们的许多特点,并使我们能够对某些结构的性质进行计算和预测.

在这一章中,先介绍分子和晶体中化学键的普遍形成原理,接着考虑晶体结构的几何构筑规律和晶体化学的一些普遍问题,随后按照化学键的性质讨论晶体结构的基本类型和分类.我们还将介绍聚合物、液晶和生物物质的结构.

分子和晶体中原子间的化学键是靠它们的外层电子建立的.虽然晶体中的原子在某种程度上始终和自由原子不同,但是这种差别实际上毫无例外地只限于它们的外层电子.外层电子的互作用、电子结构的变化,以及原子间电子的再分布或组成晶体共有"电子气"等实际上都是从不同侧面对集合在晶体结构中原子和电子的状态的近似描述,即使是由不同荷电离子相互静电吸引的离子键——最简单的化学键,也须要首先说明为什么一种原子失去电子成为阳离子而另一种原子得到电子成为负离子是"有利的".其次还须要解释其他如吸引力和排斥力平衡等问题.

原子内层电子的稳定性、外层电子的相对稳定性、分子和晶体化学键中若干稳定状态的形成趋势等是化学和晶体化学的出发点,由此可以对原子的可能的排列进行分析,因此我们必须复习一些原子结构的基础知识.

1.1.2 原子中的电子

原子中的电子既受到原子核的球对称库仑场 Ze/r 的作用,又相互作用(由静电力引起的相互排斥)并服从泡利原理.一个原子中电子的定态可以用薛定谔方程 $H\Psi = E\Psi$ 描述,方程解出的波函数 $\Psi(x,y,z)$ 一般是复函数.模量的平方 $|\Psi|^2 = \Psi\Psi^*$ 代表在 (x,y,z) 处发现电子的几率,也就是原子的电子密度 $\rho(x,y,z)$.

在氢原子中,以球坐标表示的薛定谔方程是

$$\left(\frac{h^2}{8\pi^2 m}\nabla^2 + \frac{e^2}{r}\right)\Psi(r,\theta,\varphi) + E\Psi(r,\theta,\varphi) = 0. \tag{1.1}$$

它可以有解析解.

这组解的每一个都可表示为

$$\Psi_{nlm}(r,\theta,\varphi) = R_{nl}(r)Y_{lm}(\theta,\varphi) = R_{nl}(r)\Theta_{lm}(\theta)\Phi_m(\varphi). \tag{1.2}$$

它的特点是有一套量子数 n(主量子数),l(轨道量子数),m(磁量子数),以及能量本征值

$$E_n = -\frac{2\pi^2 me^4}{n^2 h^2}. \tag{1.3}$$

氢原子中的电子或多电子原子中每一个电子的波函数可和玻尔原子轨道类比并称做原子轨道(AO).量子数可以取的值为

$$n=1,2,\cdots;\quad l=0,1,\cdots,(n-1);\quad m=0,\pm 1,\pm 2,\cdots,\pm l. \tag{1.4}$$

给定 n 后量子数的可能的组合有 n^2 个,其中每一个状态都具有相同的能量,即这些状态是简并的.

波函数 Ψ[(1.2)式]由径向分量 R 和角分量 Y 组成,在不同量子数下它可以具有不同的对称性.对称性由 Y_{lm} 的类型决定并可用一个对称或反对称的点群描述.图1.1是氢原子起始的几个状态的径向分量 R_{nl}.图1.2是氢原子的几个轨道.在 $l=0$(m 也相应为零)的状态下,$Y_{00}=1$;这样的状态是球对称的并被称为s态(图1.2a).例如能量最低的基态轨道是

$$\psi_{1s}=\frac{1}{\sqrt{\pi a_0^3}}\exp\left(\frac{-r}{a_0}\right). \tag{1.5}$$

这里 $a_0=0.0529$ nm 是玻尔半径,即原子单位长度.$l=1$ 的状态是p态,$l=2$ 是d态,$l=3$ 是f态.

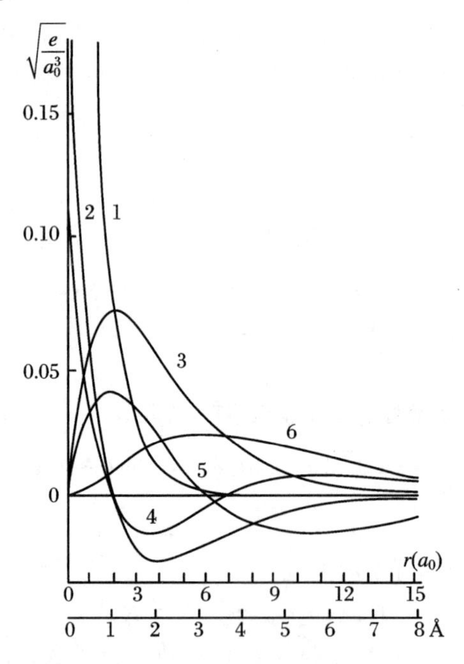

图1.1 H原子波函数 Ψ 的径向部分 R_{nl}

1. Ψ_{100}(1s基态);2. Ψ_{200};3. Ψ_{211};4. Ψ_{300};5. Ψ_{311};6. Ψ_{322};
1 Å=0.1 nm

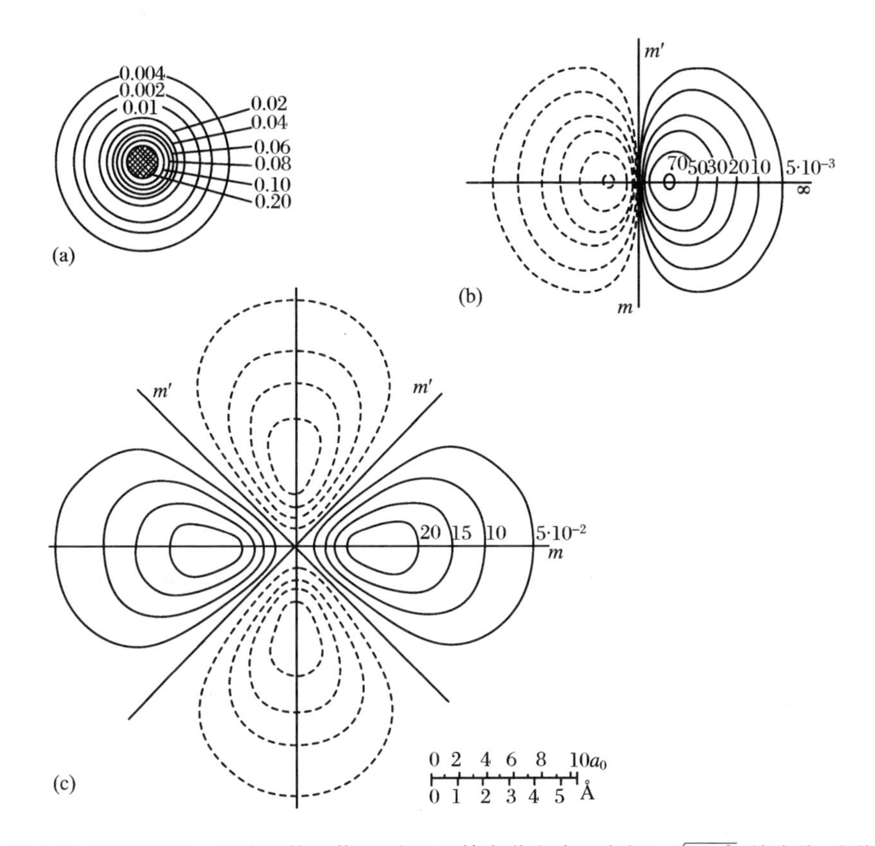

图 1.2　H 原子的一些波函数的截面，表示为等电荷密度平方根($\sqrt{e/a_0^3}$)轮廓线，虚线表示负值

(a) Ψ_{100}(1s)；(b) Ψ_{210}(2p)；(c) Ψ_{322}($d_{x^2-y^2}$). 波函数具有不同的对称性：Ψ_{100}球对称，Ψ_{210}柱反对称(∞/m')，Ψ_{322}四角反对称($4/mm'm$). m'面是节平面，即 Ψ 在这些面上等于零[1.1]

$l\geqslant 1$ 时轨道不再是球对称的. $l=1$ 时有 3 个可能的轨道($m=0,\pm 1$). 一般的角分量是复函数，但可以从它们组成实函数. p 轨道的 3 个实函数是

$$p_x=\frac{\sqrt{3}}{2\sqrt{\pi}}R_{nl}(r)\sin\theta\cos\varphi,$$

$$p_y=\frac{\sqrt{3}}{2\sqrt{\pi}}R_{nl}(r)\sin\theta\sin\varphi,$$

$$p_z=\frac{\sqrt{3}}{2\sqrt{\pi}}R_{nl}(r)\cos\theta.$$

这些轨道是柱对称的，它们沿 x，y 或 z 轴拉长(图 1.2b). 这些函数在垂直柱对

称轴的反对称面 m'(节面)的值是零,它们的绝对值镜面等同,但在 m' 两侧的符号相反,因此它们应由反对称点群 ∞/m' 描述. $l=2$ 的 d 轨道的组态更为复杂(图 1.2c). $l=3$ 的 f 态轨道更复杂得多.

所有轨道是正交和归一的,即它们遵守下列条件:

$$\int \Psi_i \Psi_j^* \, \mathrm{d}V = \begin{cases} 1, & i=j, \\ 0, & i \neq j. \end{cases} \tag{1.6}$$

(1.6)式的上式表示:对每一轨道出现电子的几率密度在全部空间进行积分,得到的值是1.(1.6)式的下式表示:任何一对不同轨道的积分是零,它反映出轨道对称性的性质.波函数的模量的平方可写成

$$|\Psi|^2 = \Psi\Psi^* = \rho(\boldsymbol{r}). \tag{1.7}$$

它是给定状态下原子中电子的密度,$\rho(\boldsymbol{r})$ 的单位是单位体积中的电子数.图是氢原子中 1s 基态和其他状态电子密度的分布.

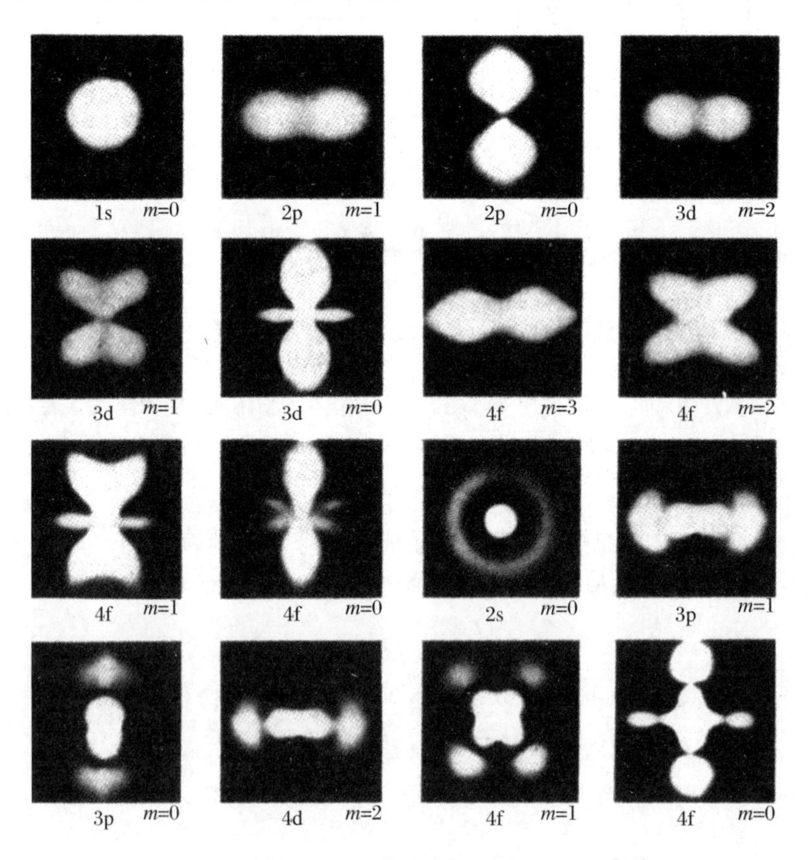

图 1.3　氢原子不同状态电子云的空间分布[1,2]

对$|\Psi|^2$进行角度积分后得到原子中电子的径向分布函数$D(r)$，这时对$Y_{lm}(\theta,\varphi)$的依赖关系消失了，对r的依赖关系由$R_{nl}(r)$决定.对氢原子和其他多电子原子nl态电子的径向分布函数是

$$D_{nl}(r) = 4\pi r^2 R_{nl}^2(r). \tag{1.8}$$

这说明：$D(r)\mathrm{d}r$表示r至$r+\mathrm{d}r$球壳中电子的总数(图1.4a)①.氢原子含一个电子，一般原子含Z个电子，即

$$\int |\Psi|^2 \mathrm{d}V = \int \rho(r)\mathrm{d}V_r = \int D(r)\mathrm{d}r = Z. \tag{1.9}$$

氢原子的径向函数图(图1.4b)清楚地显示了电子径向分布的特点.$n=1$时氢的基态$D(r)$的极大值处于$r=a_0$处，即玻尔第一轨道半径处.

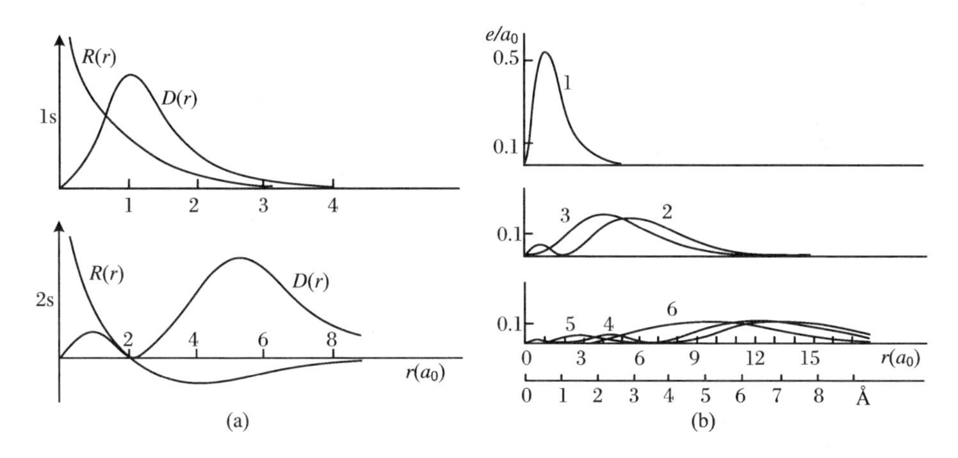

图1.4　氢原子电子密度径向分布函数

(a) 波函数径向分量$R(r)$和Ψ_{1s}、Ψ_{2s}的径向分布$D(r)$的关系；(b) 不同态的$D(r)$，n、l分别为：1,0(1)；2,0(2)；2.1(3)；3.0(4)；3.1(5)和3.2(6)(参看图1.1)

上述H轨道电子结构的规律适用于任何在中心场中运动的电子，因此它们可用来描述任何原子外层电子的结构(假定内层电子和核形成固定的球对称系统).

1.1.3　多电子原子和周期表

多电子波函数的计算(原子或离子中电子密度分布和能级的计算)很复杂，没有解析解，和氢原子的情况不同.最严格的求波函数的方法是1928年哈特里提出来的，1930年福克做了改进，这就是考虑交换作用的自洽场方法.原子中每

① (1.7)式和(1.8)式中的$\rho(r)$和$D(r)$乘上e后得到电荷分布函数.

个电子由单电子波函数(轨道)描述,每个电子假定处在所有其他电子和核的势场中.可以足够准确地假定这个势是球对称的,这样 s、p、d、f 等态的波函数类型继续保持下来.这些轨道的形状和 H 原子一样(图 1.5).我们还要进一步考虑电子自旋和泡利原理;每个 n、l、m 轨道不是只有 1 个,而是有 2 个自旋相反的电子.为此还要引进描写自旋坐标的量子数 $m_s = \pm 1/2$,使轨道 Ψ 成为自旋轨道 Ψ_{nlmm_s}.

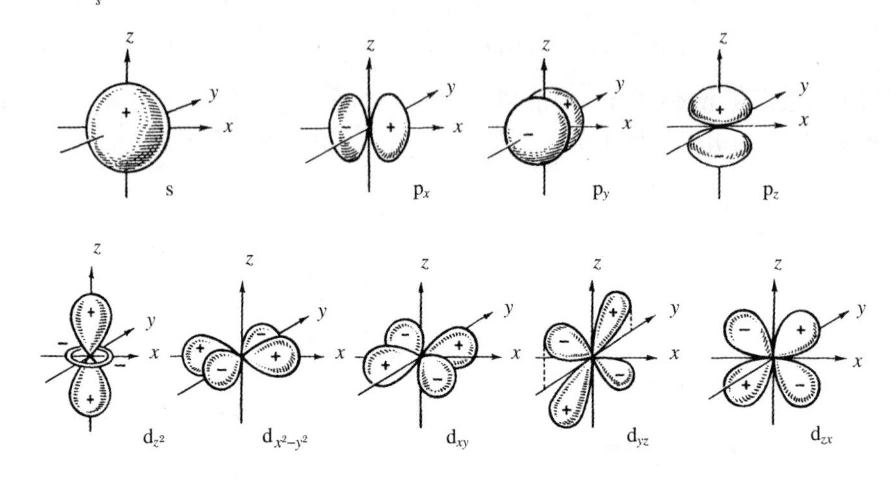

图 1.5 原子的 s、p、d 轨道的示意图

对于有 N 个电子的系统,整个波函数 Ψ 可以由 N 个自旋轨道 $\Psi_i(\xi_j)$ 组成,这里 i 是状态的编号,j 是一组量子数[参看(1.34)式].根据(1.6)式,$\Psi_i(\xi_j)$是正交归一的.这样我们得到的方程组可以用逐次逼近法求解,即同时确定波函数和与此波函数相关的自洽场.从具有 2 个电子的 He 开始,就遇到方程中出现的库仑作用交换项.

目前,已经对所有原子和许多离子的波函数进行了计算机计算(图 1.6,1.7).随着电子数目的增加,更高量子数的轨道被填充.从图 1.6 可见,尽管随着 Z 增大壳层上电子数增多,但是核的库仑作用增强,使给定周期内壳层不断收缩.对每一个原子,电子都可能从基态跃迁到量子数更大能量更高的激发态①,因此已经对若干原子的激发态进行了计算.

利用上述量子数的组合和相应原子能级的排列(它决定电子的填充次序),就可以对门捷列夫周期表的基本规则作出解释.图 1.8 给出了各个能级的填充

① 化学键理论经常使用的能量单位有:eV,kcal/mol,kJ/mol 和原子能量单位 a.e.u.
1 a.e.u. = 27.7 eV,1 eV = 23.06 kcal/mol = 96.48 kJ/mol,1 kcal = 4.184 kJ.

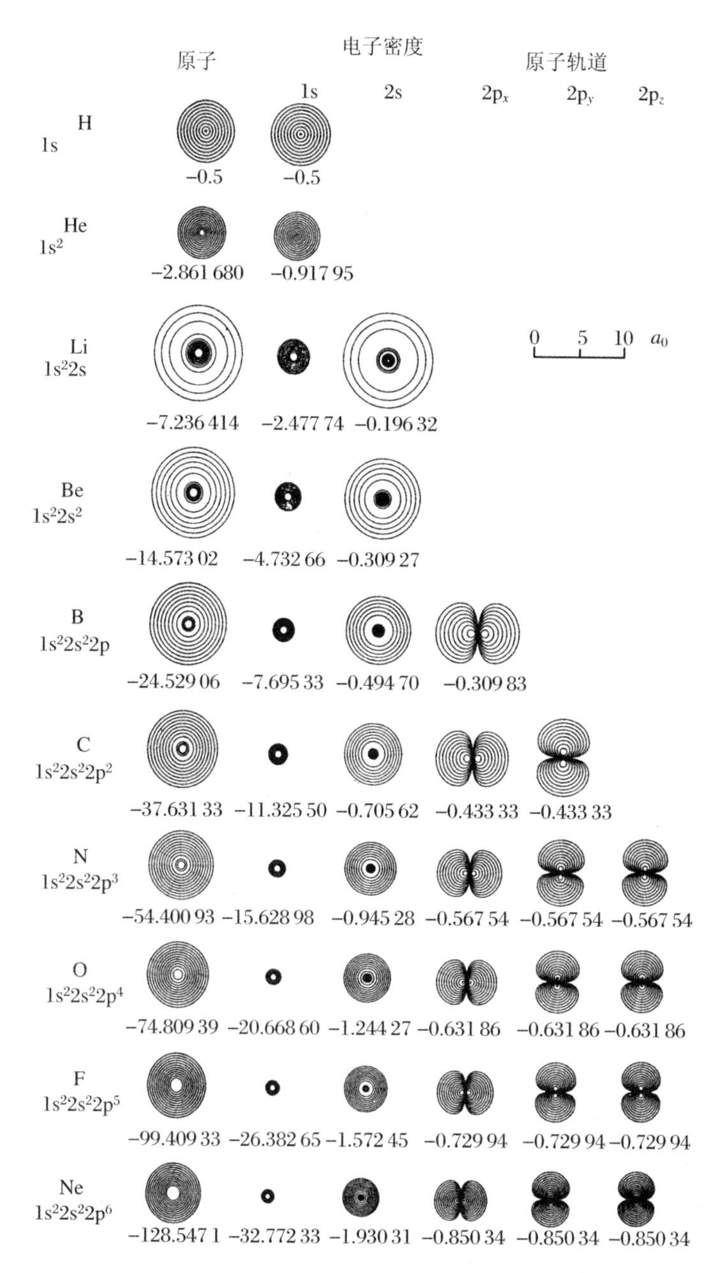

图 1.6　周期表上前 10 个原子的基态电子壳层结构(波函数平方)和所有组成轨道的电子密度[1.3]

最高等密度线的值是$1e/a_0^3$,相继的线依次减为 1/2,最后的线的值是$4.9\times10^{-4}\,e/a_0^3$. 总能和轨道能用原子能量单位(1 a.e.u. = 27.7 eV)

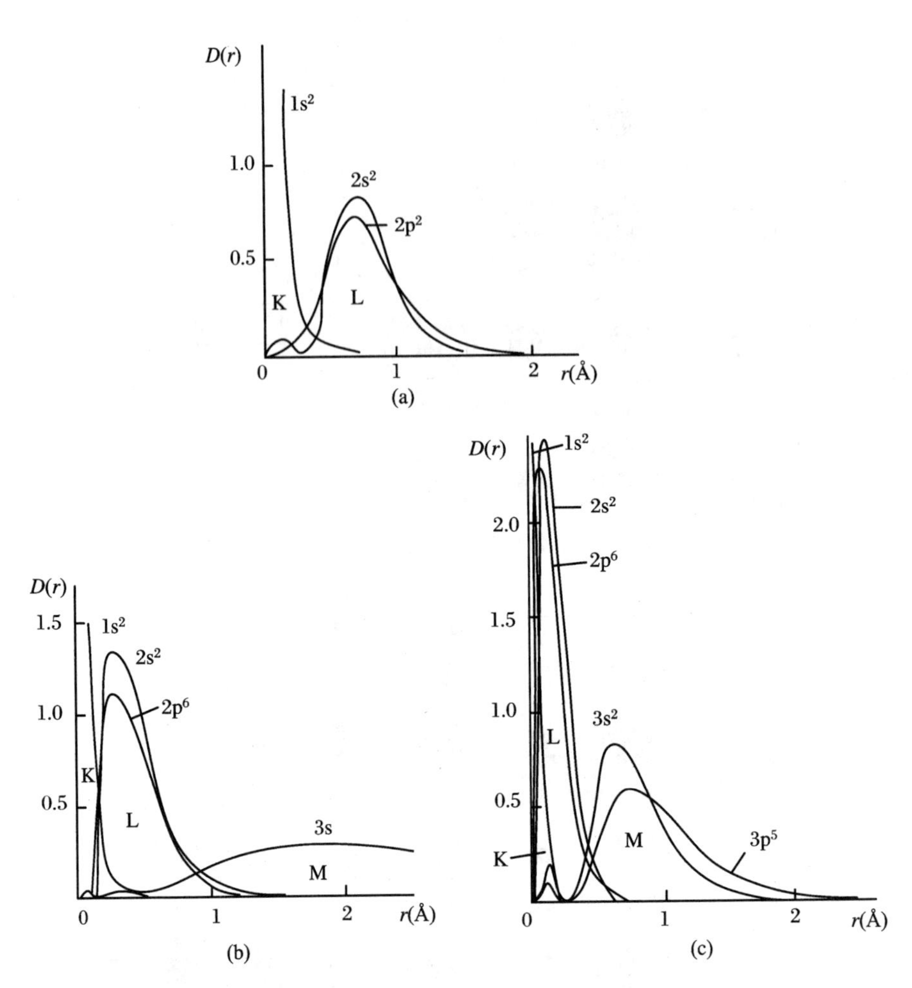

图 1.7 C(a)、Na(b)和 Cl(c)原子各电子壳层的径向分布函数 $D(r)$

次序,表 1.1 给出了更系统的结果.应该强调的是:n 较小时能级的计算,至少能量值的计算还比较简单,量子数大时计算变得非常复杂,计算时需要参照光谱实验数据和其他数据.

H 后面的 He($Z=2$)原子的基态还可容纳第二个自旋相反的电子,它们处于同样的 1s 轨道上,形成稳定的双电子 K 壳层.

按照图 1.8,电子接着填充 $n=2$ 的各个能级,先填充 $l=0$ 的 2s 能级(Li 和 Be,$Z=3,4$),再填充 6 个 $l=1, m=0, +1, -1$ 的能级(B、C、N、O、F 和 Ne,$Z=5$—10).在 B、C、N 中先填充自旋平行的 3 个 p 态,随后再填充自旋反平行的 3 个 p 态,这就是门捷列夫表的第二周期,最后形成一个稳定的 8 个电子的 L

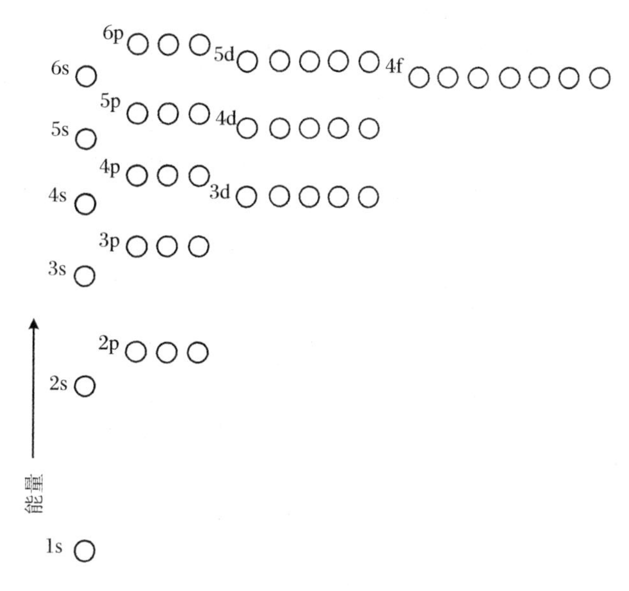

图 1.8　原子轨道的近似的能级

壳层(图 1.6).下一个 3s 能级比 2p 能级高不少.按照图 1.8 进行的填充形成 $n=3$的第三周期(Na—Ar,$Z=11$—18),这里的外壳层称为 M 壳层(图 1.7b,c).再下面是 2 个有 18 个元素的长周期:$n=4$,K—Kr,$Z=19$—36;$n=5$,Rb—Xe,$Z=37$—54(它们的外壳层分别是 N 和 O 壳层).下一周期有 32 个元素,$n=6$,Cs—Rn,$Z=55$—86.从 $Z=87$ 开始的最后一个周期 $n=7$.表 1.1给出了原子中电子按 s、p、d、f 能级的分布.过渡元素 Sc—Ni,Y—Pd,稀土元素镧系、铂族元素、超铀元素(包括 Ac 系)的价态的特点是:内壳层逐步填满而最外层电子数保持不变,这样能量上更为有利.

表 1.1　元素的电子组态和轨道半径 r_0[1.4]

Z	元素	电子组态	外壳层	r_0	Z	元素	电子组态	外壳层	r_0
1	H	$1s^1$	1s	0.529	11	Na	$3s^1$	3s	1.713
2	He	$1s^{2*}$	1s	0.291	12	Mg	$3s^2$	3s	1.279
3	Li	$2s^1$	2s	1.586	13	Al	$3s^2 3p^1$	3p	1.312
4	Be	$2s^2$	2s	1.040	14	Si	$3s^2 3p^2$	3p	1.068
5	B	$2s^2 2p^1$	2p	0.776	15	P	$3s^2 3p^3$	3p	0.919
6	C	$2s^2 2p^2$	2p	0.620	16	S	$3s^2 3p^4$	3p	0.810
7	N	$2s^2 2p^3$	2p	0.521	17	Cl	$3s^2 3p^5$	3p	0.725
8	O	$2s^2 2p^4$	2p	0.450	18	Ar	$3s^2 3p^{6*}$	3p	0.659
9	F	$2s^2 2p^5$	2p	0.396	19	K	$4s^1$	3s	2.162
10	Ne	$2s^2 2p^{6*}$	2p	0.354	20	Ca	$4s^2$	4s	1.690

续表

Z	元素	电子组态	外壳层	r_0
21	Sc	$3d^1 4s^2$	4s	1.570
22	Ti	$3d^2 4s^2$	4s	1.477
23	V	$3d^3 4s^2$	4s	1.401
24	Cr	$3d^5 4s^1$	4s	1.453
25	Mn	$3d^5 4s^2$	4s	1.278
26	Fe	$3d^6 4s^2$	4s	1.227
27	Co	$3d^7 4s^2$	4s	1.181
28	Ni	$3d^8 4s^2$	4s	1.139
29	Cu	$3d^{10} 4s^1$	4s	1.191
30	Zn	$3d^{10} 4s^2$	4s	1.065
31	Ga	$4s^2 4p^1$	4p	1.254
32	Ge	$4s^2 4p^2$	4p	1.090
33	As	$4s^2 4p^3$	4p	0.982
34	Se	$4s^2 4p^4$	4p	0.918
35	Br	$4s^2 4p^5$	4p	0.851
36	Kr	$4s^2 4p^{6}$ *	4p	0.795
37	Rb	$5s^1$	5s	2.287
38	Sr	$5s^2$	5s	1.836
39	Y	$4d^1 5s^2$	5s	1.693
40	Zr	$4d^2 5s^2$	5s	1.593
41	Nb	$4d^4 5s^1$	5s	1.589
42	Mo	$4d^5 5s^1$	5s	1.520
43	Tc	$4d^5 5s^2$	5s	1.391
44	Ru	$4d^7 5s^1$	5s	1.410
45	Rh	$4d^8 5s^1$	5s	1.364
46	Pd	$4d^{10}$ *	4d	0.567
47	Ag	$5s^1$	5s	1.286
48	Cd	$5s^2$	5s	1.184
49	In	$5s^2 5p^1$	5p	1.382
50	Sn	$5s^2 5p^2$	5p	1.240
51	Sb	$5s^2 5p^3$	5p	1.140
52	Te	$5s^2 5p^4$	5p	1.111
53	I	$5s^2 5p^5$	5p	1.044
54	Xe	$5s^2 5p^6$ *	5p	0.986
55	Cs	$6s^1$	6s	2.518
56	Ba	$6s^2$	6s	2.060
57	La	$5d^1 6s^2$	6s	1.915
58	Ce	$4f^2 6s^2$	6s	1.978
59	Pr	$4f^3 6s^2$	6s	1.942
60	Nd	$4f^4 6s^2$	6s	1.912
61	Pm	$4f^5 6s^2$	6s	1.882
62	Sm	$4f^6 6s^2$	6s	1.854
63	Eu	$4f^7 6s^2$	6s	1.826
64	Gd	$4f^7 5d^1 6s^2$	6s	1.713
65	Tb	$4f^9 6s^2$	6s	1.775
66	Dy	$4f^{10} 6s^2$	6s	1.750
67	Ho	$4f^{11} 6s^2$	6s	1.727
68	Er	$4f^{12} 6s^2$	6s	1.703
69	Tu	$4f^{13} 6s^2$	6s	1.681
70	Yb	$4f^{14} 6s^2$	6s	1.658
71	Lu	$5d^1 6s^2$	6s	1.553
72	Hf	$5d^2 6s^2$	6s	1.476
73	Ta	$5d^3 6s^2$	6s	1.413
74	W	$5d^4 6s^2$	6s	1.360
75	Re	$5d^5 6s^2$	6s	1.310
76	Os	$5d^6 6s^2$	6s	1.266
77	Ir	$5d^7 6s^2$	6s	1.227
78	Pt	$5d^9 6s^1$	6s	1.221
79	Au	$6s^1$	6s	1.187
80	Hg	$6s^2$	6s	1.126
81	Tl	$6s^2 6p^1$	6p	1.319
82	Pb	$6s^2 6p^2$	6p	1.215
83	Bi	$6s^2 6p^3$	6p	1.130
84	Po	$6s^2 6p^4$	6p	1.212
85	At	$6s^2 6p^5$	6p	1.146
86	Rn	$6s^2 6p^{6}$ *	6p	1.090
87	Fr	$7s^1$	7s	2.447
88	Ra	$7s^2$	7s	2.042
89	Ac	$6d^1 7s^2$	7s	1.895
90	Th	$6d^2 7s^2$	7s	1.788
91	Pa	$5f^2 6d^1 7s^2$	7s	1.804
92	U	$5f^3 6d^1 7s^2$	7s	1.775
93	Np	$5f^4 6d^1 7s^2$	7s	1.741
94	Pu	$5f^4 7s^2$	7s	1.784
95	Am	$5f^7 7s^2$	7s	1.757
96	Cm	$5f^7 6d^1 7s^2$	7s	1.657
97	Bk	$5f^8 6d^1 7s^2$	7s	1.326
98	Cf	$5f^9 6d^1 7s^2$	7s	1.598
99	Es	$5f^{10} 6d^1 7s^2$	7s	1.576
100	Fm	$5f^{11} 6d^1 7s^2$	7s	1.557
101	Md	$5f^{12} 6d^1 7s^2$	7s	1.527
102	No	$5f^{13} 6d^1 7s^2$	7s	1.581

* 下面的元素包含此壳层.

整个原子的电子密度 ρ_{at}是一个快速下降的函数(图 1.9a).这是由每一壳层电子密度的径向函数(1.8)式决定的(图 1.7),总径向电子密度是各壳层之和(图 1.9b):

$$D(r) = 4\pi r^2 \sum R_{nl}^2(r). \tag{1.10}$$

原子的"壳层"结构只能在径向函数 $D(r)$中清楚地反映出来(图 1.9b).$D(r)$和实际的电子密度 $\rho(\boldsymbol{r})$(图 1.9a)不同,是由角度积分得来的,引进了 $4\pi r^2$ 因子.径向函数的几个峰是半径相近的原子轨道(波函数)平方的叠加引起的.

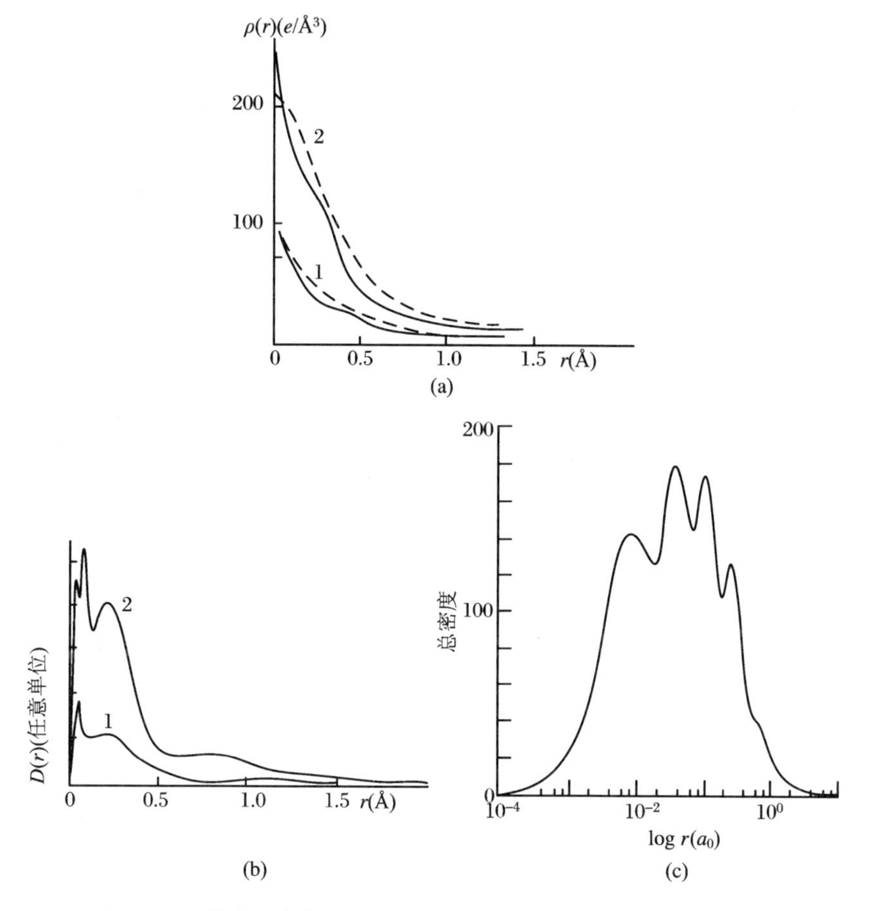

图 1.9 Mg 和 Rb 原子的电子密度 $\rho(r)$(a)和径向电子分布(b)及 U 的径向电子密度分布(c)
(a)中虚线表示晶格中热振动使 $\rho(r)$钝化;(b)中 2s、3s、3p 等轨道(图 1.7)叠加后形成几个峰;(c)中半径用对数坐标[1.4]

整个原子的电子密度函数和各壳层电子结构的函数都延伸到无限远.但这

些函数衰减得非常快.原子中电子密度的特征是原子的均方根半径,即

$$\overline{r^2} = \int \frac{D(r)r^2}{Z}\mathrm{d}r, \quad \langle r\rangle_{\mathrm{at}} = \sqrt{\overline{r^2}}. \tag{1.11}$$

这里 Z 由(1.9)式决定.原子中电子数 Z 增大时,核的电荷 $+Ze$ 也增加,电子向核靠拢,结果均方根半径下降.根据原子的统计理论

$$\langle r\rangle_{\mathrm{at}} \sim Z^{-1/3} \tag{1.12}$$

随着壳层的填充和新壳层的出现,这一统计的依赖关系中出现一系列起伏(图1.10).

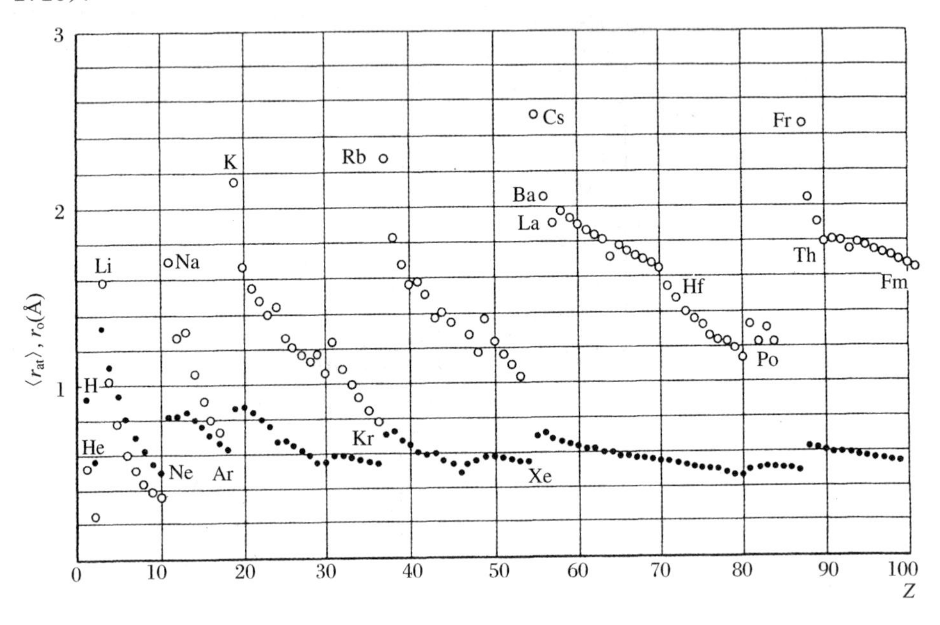

图 1.10 中性原子的均方根半径$\langle r_{\mathrm{at}}\rangle$(黑点)和外层轨道半径 r_{o}(圆)和 Z 的关系

各壳层的特征是径向函数极大处的半径,即所谓的轨道半径

$$r_{\mathrm{o}i} = r\{\max[R_i^2(r)r^2]\}. \tag{1.13}$$

可以自然地把外层轨道半径 r_{o} 看做原子的特征尺寸.表 1.1 根据 Waber, Cromer 的工作[1.4]给出了原子中的电子组态和外层轨道半径 r_{o}. Bratsev[1.5]也得到类似的结果.

如图 1.10 所示,尽管给定壳层中的电子数增多,由于核库仑吸引增强,此壳层的轨道半径减小.新壳层形成后,它的 r_{o} 比前一壳层大得多;随后新壳层随 Z 的增长再次收缩.这样 r_{o} 和 Z 的关系呈"锯齿"状,在周期内下降,在新壳层形成时突然上升.由(1.11)式给定的$\langle r\rangle_{\mathrm{at}}$也有类似变化.但总起来看,$r_{\mathrm{o}}$ 是随 Z 增大而增大的.

原子中电子结构的知识对晶体学的许多分支都是重要的.除了提供原子几何特征的信息之外,它还是化学键理论的出发点,并被用来计算原子的 X 射线散射和电子散射函数等.$\langle r\rangle_{at}$随 Z 增大而减小意味着:在晶体电子密度的傅里叶图上重原子的 ρ_{at}峰永远是尖锐的.原子的热运动虽然会使峰钝化[图1.9a虚线,参阅[1.6](卷 1)的 4.1.5 节],但重原子的这种钝化比轻原子小.

由 X 射线结构分析得到的实验数据肯定了上述理论预言.由傅里叶级数之和给出的是晶体的电子密度,它显示为各原子的电子密度峰的组合,即 $\rho(\boldsymbol{r})=\sum\rho_{ati}(\boldsymbol{r}-\boldsymbol{r}_j)$,而不是径向函数的组合.实验研究得到的晶体 $\rho(\boldsymbol{r})$ 分布和理论符合得很好.然而,由于各原子的电子密度随半径迅速下降,再加上晶体中热运动引起的钝化(图 1.9a),由通常傅里叶合成得到的 $\rho(\boldsymbol{r})$ 分布中分辨不清原子的各个壳层.不过,利用差分傅里叶合成(文献[1.6],4.7.10 节),可以显示外壳层,可以研究化学键引起的电子再分布,在后面对此还会进一步讨论.

1.2 原子间化学键

1.2.1 化学键的类型

原子相互靠近时会形成化学键,它是外层电子相互作用的结果.在分子或晶体中,化学键的形成使系统总能和势能降低.理论不仅应该说明原子间的结合,它还要说明所有化学价的实验数据;它还应说明某些场合下化学键的方向性以及饱和性;它应给出和实验相符的键能值;最后它还应提供计算分子和晶体性质的基础.原子的结合是核和所有电子静电相互作用的结果,这只能在量子力学的基础上得到解释.理论的主要原理在考察简单分子时得到了检验.对复杂的多原子系统的分析和计算遇到不少数学上的困难,须要进行简化.解决这些复杂问题是量子化学和固体量子理论的任务.

按照传统,原子间结合的类型分为离子(异极)键、共价(同极)键、金属键、范德瓦耳斯键,以及特别的所谓氢键.前三种键比后两种强.我们将会看到,键的分类(特别是前三种键)是有条件的.所有强化学键都是互相靠近的原子外层轨道相互作用的结果,并在分子或晶体这一新系统中形成公有的电子态.虽然描写物体中电子分布的函数到处都是连续的,但是每一类结合的分布都有自己的特点.在一些原子中电子浓度的增大和在另一些原子中电子浓度的减小引起库仑作用,即**离子**结合.如果一部分外层电子在空间上集中在成键原子之间的轨道上,这就是**共价**结合.如果外层电子集体化,即在整个晶体点阵中分布,这就是**金属**结合.

孤立的原子具有分立的能级系.由 N 个相距远的原子组成的系统中,每一能级本质上是 N 重简并的.原子靠近时这些能级系会发生变化,相互作用使能级分裂从而减少简并度.当原子形成晶体时,分裂的能级很多,以至形成连续能带.晶体电子能谱的性质既和组成原子有关,又和原子间距离有关(见第3章).在金属中能级转化为连续的能带,电子只填充较低的部分(图1.11a).在共价和离子晶体中,在填满的低能带和空的高能带间存在禁带(图1.11b).

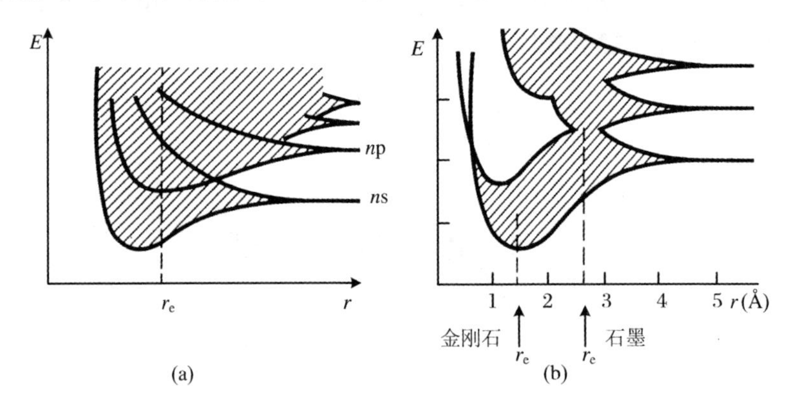

图1.11　原子靠近时电子能谱的变化

(a) 金属中原子靠近到平衡距离 r_e 时能级转化为连续能带;(b) 碳原子靠近成金刚石结构时能带间有禁带,成石墨结构时则无禁带

由于能谱和原子间距离有关,在某些晶体发生相变时结合的性质会发生改变,压力引起的相变就会如此,在很高压力下所有晶体都会金属化.

离子键的定性解释最为简单,它可归结为带有相反电荷的离子间的静电吸引.但是,只有从量子力学的观点才能对包括离子键在内的所有类型的键作出完整的说明.

还须指出:虽然在许多晶体中的键很大程度上属于三种类型中的一种,还是有许多晶体中的键具有中间的性质,在这种场合下可以有条件地划分为例如离子和共价分量.还存在一系列特殊的例子,如复杂化合物等.

分子晶体就比较特别,分子中原子间是共价键,分子间是弱的范德瓦耳斯键或氢键.

对分子和晶体中原子间的各种键都可以用中心力模型(在许多场合已足够准确)来描述,相应地由理论或经验给出互作用势能函数 $u(r)$,如图 1.12 所示.势能曲线主要有下列特征参数:由条件 $\mathrm{d}u/\mathrm{d}r=0$ 确定势能极小处的 r_e(即原子间平衡距离)和绝对零度时的原子间键能 $u_e(r_e)$.以上参数适用于一对原子之间的互作用.晶体中原子间距离的平衡值由 $\mathrm{d}U/\mathrm{d}r=0$ 确定,这里 U 是整个晶体的能量,它可以由对势 $u(r)$ 计算出来(见 1.3.2 节).$u(r)$ 曲线的二阶导数 $\mathrm{d}^2u/\mathrm{d}r^2$ 的极小值表示键的"刚性".它宏观地表现在晶体的声子谱和弹性中,刚性大的键和高频、高弹性常数对应.在较小 r 处曲线的急剧上升表示原子的"不可入性".

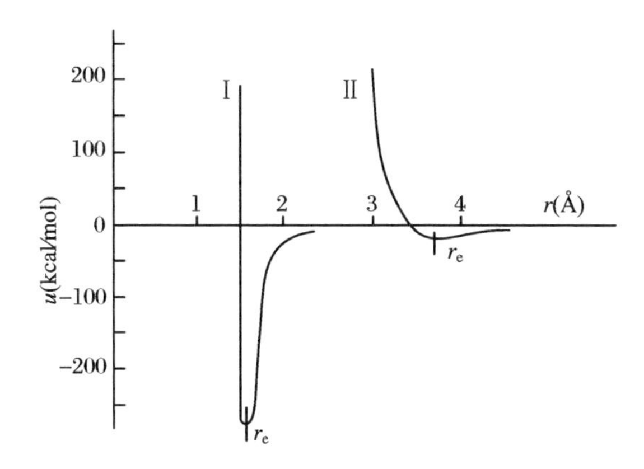

图 1.12 原子间互作用势能曲线示意图

Ⅰ.共价、离子和金属键;Ⅱ.范德瓦耳斯键

根据晶体的相应的宏观特性——压缩率,可以选定描述排斥力的经验解析表达式.势函数的急剧上升使晶体化学有可能采用刚球模型,即认为晶体结构由相互接触的刚性球原子组成.势阱的非对称性(在 r 大处势函数变化较平缓)使热振动振幅和非简谐性随温度而增大,非简谐性使原子间距离增大,引起晶体的热膨胀.振动的非简谐性还可说明晶体声学和光学中的各种非线性效应.应该指出:对于共价键来说,中心力近似虽然描述了互作用的主要方面,但由于共价键力具有方向性(见 2.4 节),这种近似是不够的.

化学键的性质表现在晶体的宏观物理性质中.键愈强(原子间距通常较短),力学性质如硬度和弹性愈好,热膨胀系数愈小,熔点愈高.共价晶体(如金刚石)、离子-共价晶体(如 MgO、Al_2O_3 型氧化物)是最强和最硬的晶体.然而,即使在这类晶体中,当键变弱、原子间距离增大后也出现强度和熔点较低的晶体(熔点在~2 500—500 ℃之间).在金属中力学性质等特性更加分散,有些金属很硬而且难熔,另一些则具有低熔点,甚至在室温呈液态(如水银).金属的特点是高塑性.有机化合物分子晶体是最弱和最软的晶体,它的熔点最低,热膨胀系数很大,这些都是由弱的范德瓦耳斯键决定的.

晶体的电学性质由电子的能谱决定[见文献[1.6](卷1),第3章].离子晶体一般是电介质.共价晶体是电介质和半导体.金属是导体.分子晶体是电介质.

化学键的类型也表现在光学性质中.离子和共价晶体的特点是折射系数大,它们通常在可见或红外区是透明的,但也有些晶体吸收可见光的一部分而呈现出颜色,在离子晶体中这是由过渡元素或稀土元素的阳离子引起的.相反地金属具有金属光泽,它们不透明并易反射光.

这里只不过把化学键类型在晶体物理性质上的最一般的特点介绍了一下,在这一卷和以后的两卷中,我们还要更详细地讨论.我们已经讲过,晶体的许多性质不仅依赖于理想的原子结构和结构中的化学键类型,还依赖于实际结构中的缺陷.下面我们先讨论化学键的基本类型.如上所述,量子力学才可以解释和准确地计算所有类型的化学键.离子键基本上可以用简单的库仑作用来描述,我们先从经典理论开始,再在后面利用量子力学的处理方法.

1.2.2 离子键

当相邻原子外层电子的互作用使电子从一种原子移向另一种原子,荷电的离子就会出现并以静电作用互相吸引.这种键称为离子键,它的结构比较简单,由典型的金属和非金属原子组成.

如果一个双原子分子由离子键形成,它自然带有偶极矩

$$M = rZ'. \tag{1.14}$$

这里 Z'是离子电荷,r 是离子中心间距离.在晶体中,离子处在若干异号离子的场中,离子的电子壳层会按照周围的场的对称性发生轻微的变形,即极化.这样在某些结构(如铁电体)中会出现净偶极矩,而在另一些结构(如 NaCl 型结构)中则不出现.

原子形成化学键的可能性和键的性质在很大程度上依赖于原子外电子壳层的稳定性.这一因素可以用原子的电离势 I^+(使第一个价电子电离所需的能量)表示.碱金属和碱土金属的电离势最低,约 4—5 eV;惰性气体和卤化物的最高,约 12—24 eV.金属原子易失去外层电子因而电离能低,失去电子后留下一个稳定的内壳层.非金属原则上相反,它们易得到电子,特别在可以形成惰性气体型稳定壳层时更是如此.这时补充外壳层缺少的一个电子释放的能量称作亲和能 I^-.在卤族元素中这点最为明显,如 F 的 I^- 是 3.5 eV, Cl 是 3.7 eV, Br

是 3.7 eV.氧容易俘获一个电子,它的 I^- 是 3.4 eV,但再增加第二个电子会引起显著的静电排斥能,在能量上是不利的.

以 Na^+ 和 Cl^- 为例分析一下离子键的形成.Na 的电离能是 5.1 eV,Cl 的亲和能是 3.7 eV.形成这样一对离子需要能量 1.4 eV.分子中这两个离子的距离是 0.25 nm,相应的静电吸引能约 10 eV,比 1.4 eV 大得多,从而说明了离子键的形成.对晶体也可以同样地论证,不过这里静电能的计算要复杂得多.一般来说,相互吸引的离子组成的系统的能量比原来中性原子起始能量之和更低,虽然金属原子的电离能在能量结算中是一项支出.

两种离子间的作用是库仑作用,但是当它们接触后,另一种电子壳层间的排斥力开始起作用,这种排斥势可以表示为 b/r^n,这里的 $n=6$—9,参数 b 和 n 可以从晶体的压缩率得出.于是,

$$u_{\text{ion}}(r) = -\frac{Z'_1 Z'_2 e^2}{r} + \frac{b}{r^n}, \tag{1.15}$$

这里 Z'_1, Z'_2 是离子的有效电荷.更普遍的形式是

$$u(r) = -\frac{a}{r^m} + \frac{b}{r^n}, \quad (n > m). \tag{1.16}$$

此式也可用来描述其他类型的键,当然参数应该不同.由条件 $\mathrm{d}u/\mathrm{d}r=0$ 得出平衡值 r_e 和 $u_e=u(r_e)$,即

$$r_e = \left(\frac{nb}{ma}\right)^{1/(n-m)}, \quad u_e = \frac{-a}{r_e^m}\left(1-\frac{m}{n}\right). \tag{1.17}$$

现在我们可以用 r_e 和 u_e 来表示 a 和 b,并进一步用 r_e 和 u_e 来表示 $u(r)$,

$$u(r) = u_e \frac{nm}{n-m}\left[-\frac{1}{m}\left(\frac{r_e}{r}\right)^m + \frac{1}{n}\left(\frac{r_e}{r}\right)^n\right]. \tag{1.18}$$

对离子键,这里的 $m=1$.已经证明:用指数函数 $\exp(-\alpha r)$ 描述离子晶体的排斥势比上述幂函数更准确,这里 $1/\alpha$ 的值约为 0.035 nm[参阅(1.36)式].由(1.15)式给出的离子晶体的互作用还必须补充进离子间的范德瓦耳斯力和离子在其他离子场中的极化.

离子键互作用势能曲线见图 1.12.离子键能通常约为 100 kcal/mol,例如对气态 LiF 是 137 kcal/mol,对 NaBr 是 88 kcal/mol.

前面讨论过,当原子主要因离子键结合成分子或晶体时,由外层电子共有引起的共价作用也永远会发生.即使离子键的最典型的代表,如碱金属卤化物,也有一部分(虽然很小)键能来自共价互作用.

化学家和晶体化学家一直在饶有兴趣地考虑:如何描述原子形成离子键的倾向?如果不存在纯离子键而只有离子共价键,那就要估计出键的离子分量.

元素的电负性(EN)就是为此提出来的一个概念.泡令根据热化学数据给出了半经验的EN表(表1.2).

表1.2 一些元素(常见电子态①)的电负性(EN),电离势 I^+ 和亲和势 I^-

元素	EN	轨道	I^+(eV)	I^-(eV)	元素	EN	轨道	I^+(eV)	I^-(eV)
H	2.2	s	13.60	0.75	Cl	3.2	p	15.03	3.82
Li	1.0	s	5.39	0.82	K	0.8	s	4.34	1.46
Be	1.6	σ	9.92	3.18	Ca	1.1	s	7.09	2.26
B	2.0	s	14.91	5.70	Sc	1.3	σ	7.21	4.03
C	2.6	tetr	14.61	1.34	Cr	1.6	–	–	–
N	3.0	p	13.94	0.84	Fe	1.8	–	–	–
O	3.1	p	17.28	1.46	Zn	1.6	–	–	–
F	4.0	p	20.86	3.50	Br	3.0	p	13.10	3.54
Na	0.9	s	5.14	0.47	Rb	0.8	s	4.18	0
Mg	1.2	σ	7.10	1.08	Sn	1.8	p	6.94	0.87
Al	1.6	p	6.47	1.37	Te	2.3	p	11.04	2.58
Si	1.9	tetr	11.82	2.78	I	2.6	p	12.67	3.23
P	2.2	σ	10.73	1.42	s	0.7	–	–	–
S	2.6	p	12.39	2.38	Ba	0.9	–	–	–

当两个原子结合时,外层电子向EN高的原子移动.当然,负离子的EN比正离子高;电负性的值随元素在周期表上位置的下降而减小.成键原子的电负性之差 Δ_{EN} 粗略地表示离子分量的百分数和能量.根据泡令的意见,当 $\Delta_{EN} \sim 3.0$ 时,键几乎完全是(~90%)离子型的,当 $\Delta_{EN} < 1$ 时,离子分量小于20%.离子分量的能量约为 $30\Delta_{EN}^2$ kcal/mol.

可以用给定价态的电离势 I^+ 和亲和势 I^- 更严格地确定原子的电负性概念,表1.2给出了一些原子的电离势和亲和势的值以及经过修正的泡令的EN值(参阅[1.8,1.9]).用这种方法确定的电负性 χ 定义为电离势和亲和势之和的一半,即

① 这里只列出原子中最常出现的状态的电离势和亲和势的值.其他原子轨道(还和杂化有关)的值是不同的.如碳的s态的 $I^+ = 21.01$, $I^- = 8.01$.

$$\chi = \frac{(I^+ + I^-)}{2}. \tag{1.19}$$

泡令的 EN 和(1.19)式定义的 χ 可以通过一定的归一化关联起来.键的离子性 ε 由下式定义:

$$\varepsilon = \frac{(I^+ + I^-)_{cat} - (I^+ + I^-)_{an}}{(I^+ + I^-)_{cat} + (I^+ + I^-)_{an}} = \frac{2(\chi_{cat} - \chi_{an})}{(I^+ - I^-)_{cat} + (I^+ + I^-)_{an}}. \tag{1.20}$$

这里的 cat 和 an 分别表示阳离子和阴离子.根据上式,得到的 ε 是 NaCl:0.82;LiF:0.83;KCl:0.92;RbCl:0.94 和 HCl:0.18.

描述键的离子性的物理参数是离子的有效电荷 Z'.

图 1.13 是 X 射线实验测定的 NaCl 晶体的电子密度分布.它显示出电子从 Na 转移到 Cl,根据不同作者的数据,Na^+ 的电子数是 10.3—10.15(中性原子为 11),Cl^- 的电子数是 17.17—17.85(中性原子为 17),这就是说有效电荷是

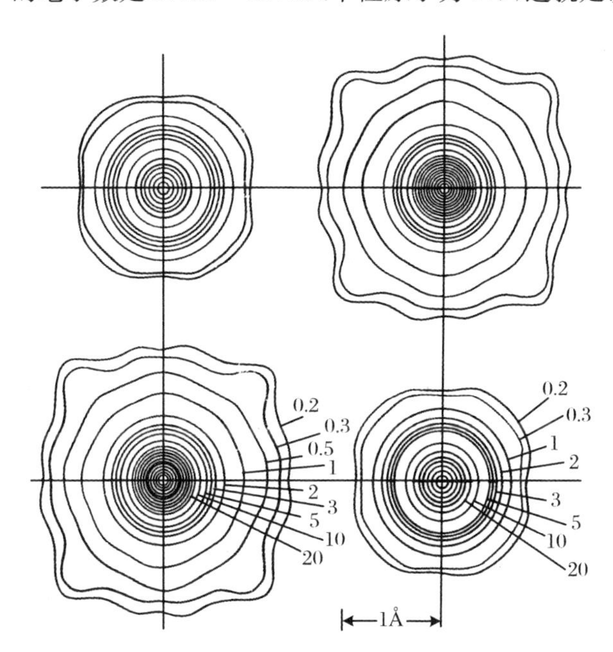

图 1.13 NaCl 晶体的电子密度

$\rho(x,y,z)$在 $z=0$(过 Na、Cl 原子中心)的横截面[1.1]

0.8e[1.11].原子间的相当大的区域内电子密度实际上降到零.在 LiF 中 Li^+ 的电子数 2.1,F^- 的电子数 9.9,即有效电荷是 0.9e[1.12].还可以根据 X 射线谱、红外谱、介电常数和其他方法估计离子晶体的有效电荷.在 MgF_2、$CaCl_2$ 和

$MgCl_2$ 中阴离子的有效电荷估计值是 0.7e，而阳离子的有效电荷是 1.2e—1.4e. 在硅酸盐中 Mg 的有效电荷是 1.5e—1.0e，Al 是 2.0e，Si 是 1.0e—2.0e（有几种不同的估计值）. 氧化物和硅酸盐中氧的有效负电荷是 0.9e—1.1e①.

离子的有效电荷 Z'可以表示为原子的形式上的价 n 和决定原子电离程度的因子 ε 的乘积：

$$Z' = \varepsilon n. \tag{1.21}$$

由实验得出的电离程度 ε[(1.21)式]和定义键的离子性的 ε[(1.20)式]实际上是符合的.

对于单价离子，电离程度 ε 和有效电荷 Z'接近 1. 对于二价和更多价如三价离子，"积分"电离度等于 1，使得 $Z' = n$（Z'等于价）的情况很难遇到.

在文献中经常看到的符号 O^{2-}，Cr^{3+}，Nb^{4+} 等只能理解为：这里指出了价的形式上的值，而不是电荷的实际值，实际值总是比较小，而且不是整数②. 偶尔见到的 C^{4-}、Te^{6+} 等符号并没有物理意义.

下面讨论离子中的电子分布. 晶体中阴离子轨道的填充基本上和自由原子中的情形相同. 例如 MgO 中电子分布的量子力学计算（见 1.2.6 节）得出：在这一介电晶体中 4 个价带中的 1 个和氧的 s 态对应，而另 3 个和氧的 3 个 p 态对应（见图 1.28）.

金属原子电离成阳离子后，填满的内壳层变成外壳层，它的电离后几乎不变的轨道半径比原来外壳层的小得多. 如 $r_o(Na) = 0.171\,3$ nm，而 $r_o(Na^+) = 0.027\,8$ nm. 阴离子的外层轨道半径的情况不同，得到电子使壳层完全填满后外层轨道半径几乎和中性原子的完全相同. 如 $r_o(F) = 0.039\,6$ nm，而 $r_o(F^-) = 0.040\,0$ nm；$r_o(Cl) = 0.072\,5$ nm，而 $r_o(Cl^-) = 0.074\,2$ nm；$r_o(Br) = 0.085\,1$ nm，而 $r_o(Br^-) = 0.086\,9$ nm. 换句话说，阴离子的电子结构实际上和中性原子重合，只不过外层电子"更密"了.

下面再以 NaCl 为例，讨论晶体中给定的不同原子间距离下这些原子的径向电子密度分布 $D(r)$[(1.8)和(1.10)式]. 为此我们取一线段等于晶体中离子间距离，再把 Na、Cl 和 Na^+、Cl^- 外层电子的理论径向函数放上去（图 1.14a，参阅图 1.7）. 应该记住这样的处理仅仅是一种常规的做法，它可以很快地指明波函数重叠的地方，但并不是重叠的实际性质，因为重叠是迅速随 r 而下降的波

---

① 在部分离子键中有效电荷的概念是有条件的，它依赖于电荷积分范围的选择，这个范围包括相应的原子和键中的电子.

② 偶尔有几个例外，例如在 Cs_2CuF_6 中，金属离子被强电负性的 F^- 包围时得到 Cu^{4+}[1.12a].

函数 ψ 的重叠而不是由(1.8),(1.10)式给出的径向函数的重叠.为了把峰显示出来,$D(r)$ 中包含了因子 r^2.从图中可以得到径向函数极大值的位置如下:Na 的 3s 壳层径向函数极大值和 Cl 的外层 $3p^5$ 的极大值重叠;阳离子 Na^+ 的外层是 $2p^6$,它的轨道半径是 0.027 8 nm,电离后它原先的 3s 电子密度极大值已转移并"参加"到阴离子 Cl^- 的 3p 壳层中去,而且极大值到 Na 原子中心的距离实际上近似不变.正是由于上述两个极大值近似重合,我们得到

$$d(Na^+Cl^-) \approx r_o(Na) + r_o(Cl), \tag{1.22}$$

即 Na^+、Cl^- 离子间距离近似等于中性原子轨道半径之和.

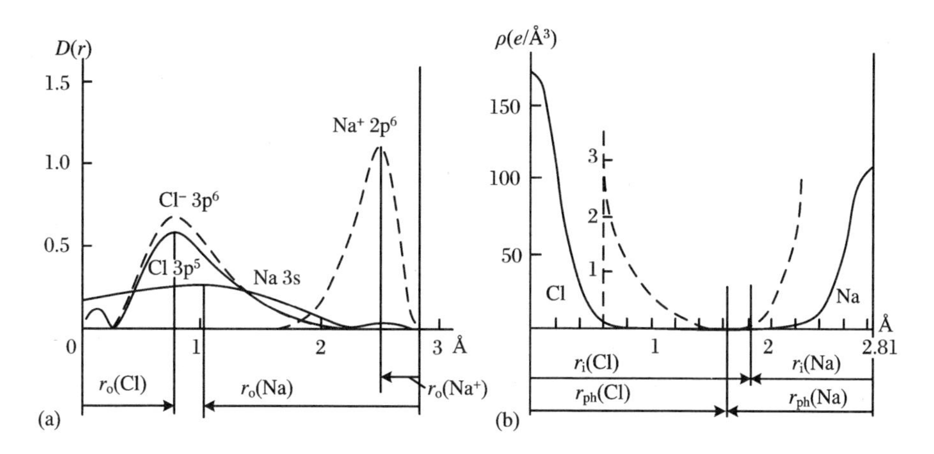

图 1.14 Na^+ 和 Cl^- 离子(虚线),Na 和 Cl(实线)外层电子径向密度分布理论值 $D(r)$(a)和实验测定的 2 种离子的电子密度分布 $\rho(r)$[等于图 1.13 中的一维 $\rho(x00)$](b)

(b)中虚线已经过放大.r_o. 轨道半径;r_i. 有效离子半径;r_{ph}. 物理离子半径

Na^+、Cl^- 半径之和 $r_o(Na^+)+r_o(Cl^-)$ 则显著小于实验值 $d(A^+B^-)$,其差值可由 Δ 近似表示,Δ 是金属原子外层轨道半径和电离后变成外层的最近的内层轨道半径之差,即

$$d(A^+B^-) = r_o(A^+) + r_o(B^-) + \Delta. \tag{1.23}$$

一些金属的 Δ 值如下(单位:nm):

Li	Be	Na	Mg	Al	K	Ca	Rb	Sr
0.140	0.090	0.143	0.103	0.109	0.157	0.115	0.155	0.114

Δ 的物理意义如下:按照泡利原理和薛定谔方程解出的能级,后来的电子的轨道和内部阳离子轨道的最短距离就是 Δ,不管后来的电子是中性金属原子的外层轨道还是邻近阴离子外层轨道上的电子.晶体中金属原子(如 Na)确实发生了电离,因为它的外层电子加入了阴离子的壳层;但这个电子到 Na 原子核的距离实际上没有变,它仍由 Δ 的值控制.我们再次强调图 1.14 的径向函数重叠图

只指明轨道重叠的位置.图 1.15 则是电离和阳离子-阴离子接触的示意图.

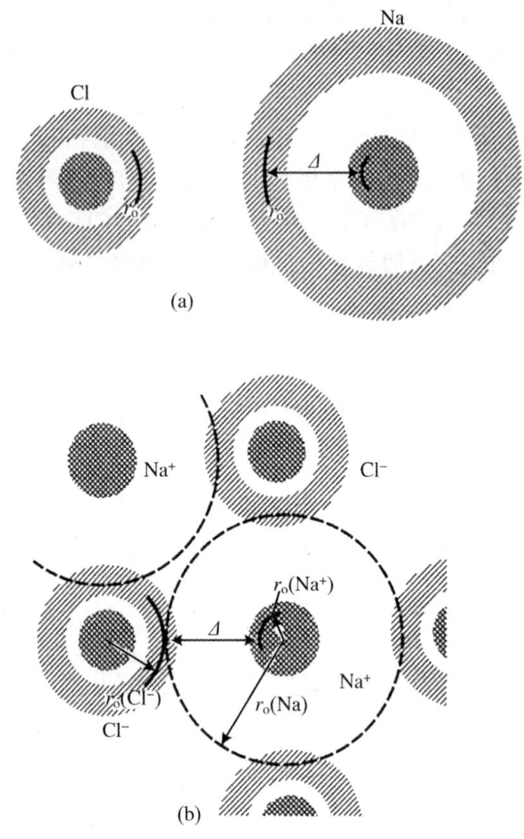

图 1.15　Na 和 Cl 中性原子(a)和它们在 NaCl 晶体中电离的示意图(b)

Δ. Na 3s 轨道和最近的 Na 2p 轨道间距离;内壳层由交叉线表示;Cl^- 外层(Na 的一个电子已加入)离(已是 Na^+ 的)Na 内层的距离也是 Δ

在 X 射线结构分析得到的 $\rho(\boldsymbol{r})$图(图 1.13,1.14)上,Cl 原子的"边界"相当于两个径向函数极大值重叠的位置,低 $\rho(\boldsymbol{r})$区位于 Na^+ 和 Cl^- 的外壳层之间,其范围由 Δ_{Na}决定(图 1.15).

前面讲的是一价阳离子的外壳层,它实际上可以完全电离.在二价和三价阳离子中,不是所有的电子离开外壳层,如前所述只有一部分加入阴离子.但径向密度函数重叠图(图 1.14)和 Δ 的效应(如图 1.15 所示控制原子间距离)继续有效.阳离子的外层轨道在 r_o 处仍保持一部分电子(如图 1.15 上的 Na,还可参看图 1.53).非纯离子键对应于正、负离子外层轨道的实际重叠和再分布,离子间还发生共价互作用(见下节).

1.2.3 共价键 价键法

分子和晶体中中性原子之间的化学键不能像离子键那样用简单的经典方法解释,而这种共价键在大多数分子和许多晶体中是典型的.

化学和晶体化学大量实验数据的积累和原子结构理论的发展日益明确地指出:共价键是原子接近时外层价电子相互作用的结果.共价键通常定义为一对电子实现的有方向的化学键.化学式中用短线表示的每一化学价对应着2个电子(用2个点表示),如

$$\mathrm{H{-}Cl}\qquad \mathrm{O{=}O}\qquad \mathrm{N{\equiv}N}\qquad \begin{array}{c}\mathrm{H}\\ |\\ \mathrm{H{-}C{-}H}\\ |\\ \mathrm{H}\end{array}$$

$$\mathrm{H}:\ddot{\underset{..}{\mathrm{Cl}}}:\qquad \ddot{\underset{..}{\mathrm{O}}}::\ddot{\underset{..}{\mathrm{O}}}\qquad :\mathrm{N}:::\mathrm{N}:\qquad \begin{array}{c}\mathrm{H}\\ \mathrm{H}:\ddot{\underset{..}{\mathrm{C}}}:\mathrm{H}\\ \mathrm{H}\end{array}$$

这种双电子键是稳定的.假定原子的价电子和邻近原子的成键电子是公有的,则在围绕原子的区域里可找到八电子组合.从量子力学观点来看,这一形式的规律可解释为形成了由自旋相反电子配对的稳定轨道.

1927年海特勒和伦敦首先对共价键作出了量子力学解释,他们定量计算了H_2^+分子离子和H_2分子的结果.泡令和其他许多科学家丰富和发展了他们的概念并应用它们去解释分子和晶体的结构.

两个或更多个相距很远的原子可以看成由原子本征轨道和能级组成的孤立的稳定系统.当原子逐步接近时,从某一距离开始,将发生相互作用,于是一个具有自己特征的新的公共系统形成了.要计算这样的系统,先选定某些波函数.改变它们使解得到改进,其判据是获得并降低能量极小值.一般来说,任何波函数都可以选作起始函数,不过最自然的是选用原子轨道,再用微扰理论方法去求解.

海特勒和伦敦把氢分子看成是由质子a,b和电子1,2组成的.分开的原子的波函数是ψ_{a1}和ψ_{b2}.当原子接近时,电子1可以和质子b作用,电子2可以和质子a作用.靠近的原子的波函数具有以下形式:

$$\Psi = c_1\psi_{a1}\psi_{b2} + c_2\psi_{a2}\psi_{b1}. \tag{1.24}$$

两个电子和两个核都有互作用.这一系统的薛定谔方程有2个解,它们的能量(只给出相对孤立氢原子起始能量的修正项)是:

$$E = \frac{H_{11} \pm H_{12}}{1 \pm S_{12}}, \tag{1.25}$$

这里

$$H_{11} = H_{22} = \iint e^2 \left(\frac{1}{r_{ab}} + \frac{1}{r_{12}} - \frac{1}{r_{a2}} - \frac{1}{r_{b1}} \right) \psi^2(r_{a1}) \psi^2(r_{b2}) \mathrm{d}V_1 \mathrm{d}V_2, \tag{1.26}$$

$$H_{12} = \iint e^2 \left(\frac{1}{r_{ab}} + \frac{1}{r_{12}} - \frac{1}{r_{a2}} - \frac{1}{r_{b1}} \right) \psi(r_{a1}) \psi(r_{a2}) \psi(r_{b1}) \psi(r_{b2}) \mathrm{d}V_1 \mathrm{d}V_2, \tag{1.27}$$

$$S_{12} = \iint \psi_{a1} \psi_{a2} \psi_{b1} \psi_{b2} \mathrm{d}V_1 \mathrm{d}V_2 = \int \psi_{a1} \psi_{b1} \mathrm{d}V_1 \cdot \int \psi_{a2} \psi_{b2} \mathrm{d}V_2 = S_{ab}^2. \tag{1.28}$$

这里积分 $H_{11}=H_{22}$是2个原子的静电互作用能,H_{12}也反映4个粒子的静电互作用,但式中的乘积 $e\psi(r_{a1})\psi(r_{a2})$和 $e\psi(r_{b1})\psi(r_{b2})$是电子1,2不可识别的结果,因此这个积分不能用经典概念解释.积分 H_{12}[(1.27)式]称为交换积分,它反映系统能量的交换部分并基本上决定分子的结合能.用单电子函数近似计算任何多电子系统,包括前述的自洽场计算多电子原子时都会出现类似的交换项.积分 S_{12}称为重叠积分.

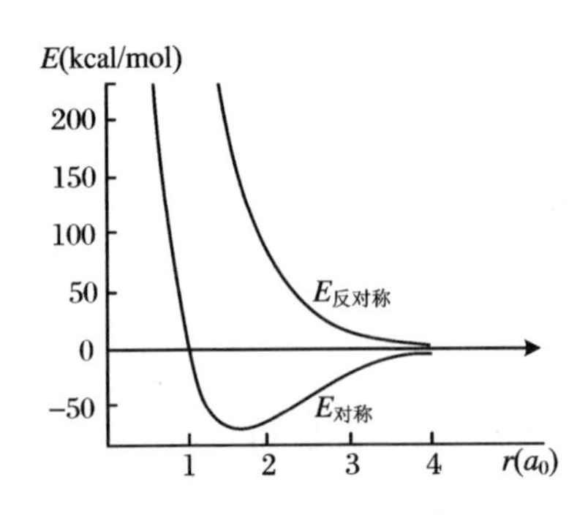

图1.16 两个基态H原子的能量 E_{symm}和 E_{ant}与核间距离的关系

(1.25)式的带正号的解是能量为 E_{symm}的对称解,其中电子自旋的排列是反平行的.带负号的解是能量为 E_{ant}的反对称解,它相对坐标来说是反对称的,其中的自旋是平行的.图1.16是这两个能量和核间距离的依赖关系曲线.由图可见,E_{symm}有极小,这意味着形成了共价键;而 E_{ant}处处是正,不形成任何键,它决定的一个可能的物理状态是原子互相排斥.上述H分子的计算是近似的,后来引进了一系列改进,使理论出色地和实验值相符:结合能 $E=4.747$ eV和实验值 E_{exp}相等,距离 $d_{H-H}=0.0741$ nm和实验值 a_{exp}相等.

上述H分子的计算是化学键计算中所谓价键法(VB法)的一个成功的例子.在VB法中,系统的波函数如(1.24)式所示,由各个分开的原子的电子波函数考虑了全部排列组合后组成,解薛定谔方程时系数 c 可以变化以求得最低的系统的能量.

从VB法可见,共价键的本质要用量子力学解释.在H分子中共价键由一对自旋反平行的电子形成,在多电子原子间共价键由同样的原则形成.在H分子共价键中每一电子来自 1 个接触原子的轨道. 两个电子的共价键还可能有另一种形成方式,即 1 个接触原子(或原子团)是施主,给出多余的 1 个电子;另一原子是受主,具有未填满的自由轨道. 这样的共价键中每一价最多有 2 个电子,它被称为施主-受主键.

1.2.4 杂化和共轭

除了 s 态,没有一个轨道是球对称的. 因此方向性的共价键可以解释为 s 态和其他态的组合. 由此引起的方向性键的形成称为杂化. 例如 sp 杂化即 s 和 p 轨道的组合形成方向性的 sp 轨道, sp^2 杂化即 s 和 2 个 p 组合形成三角形的键(图 1.17).

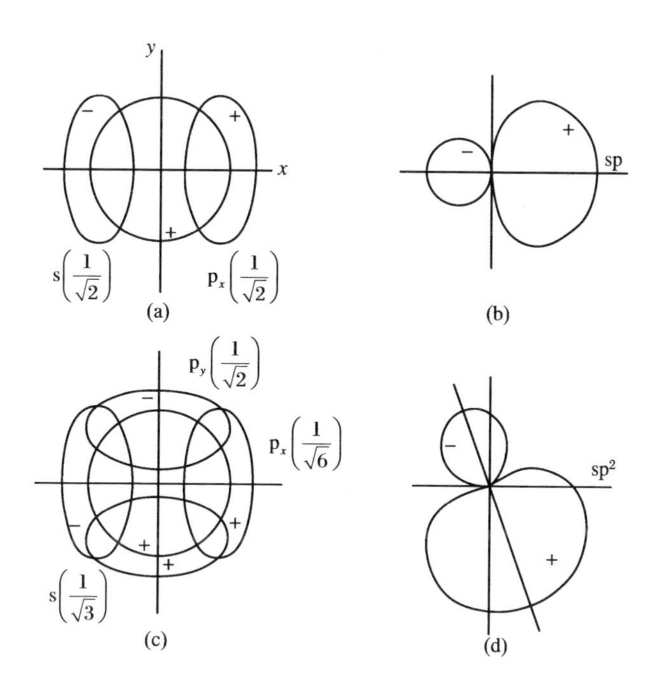

图 1.17 杂化 C 原子的 sp 轨道(a),(b)和 C 原子 sp^2 杂化轨道之一(c),(d)
(a),(c)s 和 p 原子轨道 AO(括号中是权重);(b),(d)形成的杂化轨道,其中正号区是 AO 正号区的叠加

每一 AO 对杂化轨道的贡献由它的对称性(反对称性)和 AO 的正交归一条件决定. 从图 1.17 可以看到:形成的键的方向可以不和起始 AO 的密度极大值重合. 另一个例子是 C 原子单键的四面体排列,如甲烷 CH_4、金刚石和碳氢化物. 这种键中 sp^2 杂化构成 4 个等价的轨道:

$$\varphi_i = \frac{1}{2}(\psi_s \pm \psi_{p_x} \pm \psi_{p_y} \pm \psi_{p_z}). \tag{1.29}$$

这里 ψ_s 是球对称的,ψ_p 是沿 3 个互相垂直的 x,y,z 轴拉长的(图 1.18).但杂化使最终的轨道具有四面体方向性,如(1.29)式中全取正号形成在[111]方向拉长的 φ,其他 3 种场合形成在$[1\bar{1}\bar{1}]$、$[\bar{1}1\bar{1}]$和$[\bar{1}\bar{1}1]$方向的 φ.四面体键常常遇到,它决定了 Ge、Si 和许多半导体化合物的结构.

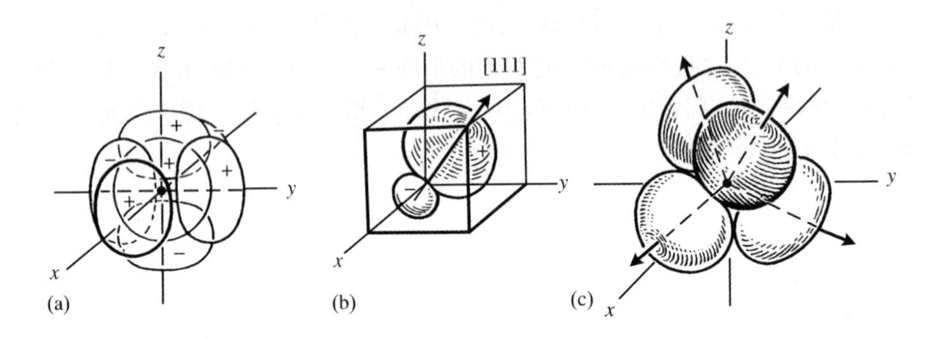

图 1.18 C 原子四面体杂化来源示意图

(a) s 和 3 个 p 轨道的叠加,p_x,p_y,p_z 正号区位于 x,y,z 正方向;(b) 形成的 sp^3 杂化轨道;(c) 四个这样的轨道(只画出正号区)

除了直线型、三角型、四面体型方向性共价键外,还有其他类型的方向性键.例如具有 s、p、d 态的过渡金属原子可以形成 d^8s 态杂化四面体键.实验得到 dsp^2 杂化形成的$[PtCl_4]^{-2}$离子的平面正方组态,sp^3d^2 杂化的八面体组态等(见 2.5 节).

杂化轨道的形成在能量上是有利的,因为这时静电排斥的电子对互相处于最大的距离上.

电子对的数目依赖于参加成键的 s,p 或者还有 d 电子数.距离极大使它们处于下列组态的顶点:2——直线,3——三角形,4——四面体,5——三角双锥,6——八面体,8——正方反棱柱体等,电子对的数目决定何种组态.

除了键中的配对电子,其他电子可以留在自由轨道.这样的电子称为孤对或非公有对.例如在水分子

$$\begin{matrix} & \mathrm{H} & \\ \mathrm{H} : & \ddot{\underset{\cdot\cdot}{\mathrm{O}}} & : \end{matrix}$$

中有 2 个孤对.我们可以由此来解释方向性键的形成:由于孤对对公有对的排

斥比公有对之间的排斥更强一些，键角发生改变①．这样 H_2O 分子的“角”结构可以描述为 2 个取向性的 p 键和 2 个孤对（图 1.19）．NH_3 的锥状结构也可以类似地解释．理论计算[1.13]和差分形变合成法②得到的实验电子密度分布都显示出由孤对电子引起的极大值（图 1.20a—d）．

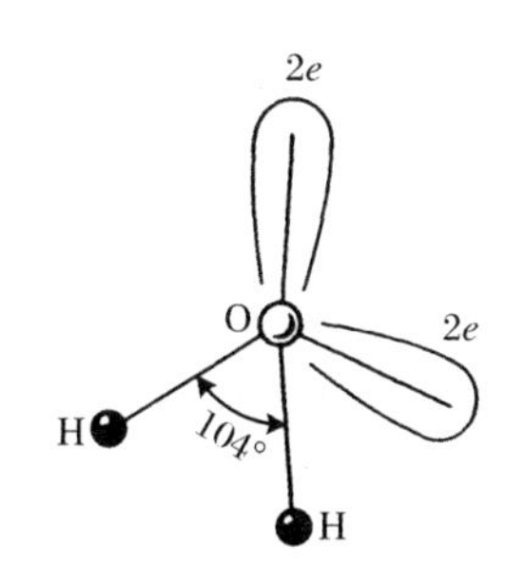

图 1.19 水分子结构示意图
画出了 2 个孤对电子，分子中有 2 个正电荷区（质子区）和 2 个孤对电子集中的负电荷区

如果共价键由 2 或 3 对电子组成、即形成多重（二重或三重）键，则比起单键来说键更强、键长更短．

在一系列化合物中不是所有的键的级别都是整数，按成键原子间的能量和距离等特征，键可以处在中间状态，键的级别可以是分数．尽管如此，化学式还是按经典方式用短线表示价键，如 $H_2C=CH-CH=CH_2$ 等．交换形式上整数级别的键，使化合物变为“纯”双键或“纯”单键的中间态，它们的性质也可以部分或完全等价地表达出来，这就是“共轭”．苯就是一个典型的例子，可以给出它的 2 个主要的 Kekulé 价键图：

```
      H                 H
      C                 C
    /   \\            //   \
  HC     CH         HC     CH
  ||      |          |      ||
  HC     CH         HC     CH
    \   //            \\   /
      C                 C
      H                 H
```
(1.30)

价键图中只有单键或双键．但实际上苯中所有的键都是等价的 1.5 级的键．石墨中六角碳原子网格具有性质相同的 $1\frac{1}{3}$ 级的等价的键（见图 1.31 和图 2.5）．键的级别愈高，键愈短．图 1.46 给出了不同化合物中原子间距和键的级别之间的关系．共轭现象和中间级别键的形成的物理意义在于：电子实际上并不固定在一个特定的键上，而是属于整个分子的．在许多场合在一个键中有整数对电

① 从四面体的键角 109.5°改变为 104°．——译者注

② 如文献[1.6]中 4.7.10 节所示，电子密度的形变傅里叶合成是实验晶体结构电子密度和未成键球对称原子的电子密度之差．这些球对称原子的位置和晶体结构中原子位置相同．二者之差严格显示出化学键引起的电子密度的形变．已经考虑了原子的热振动．

子在能量上是有利的,但不是所有场合下都是如此.

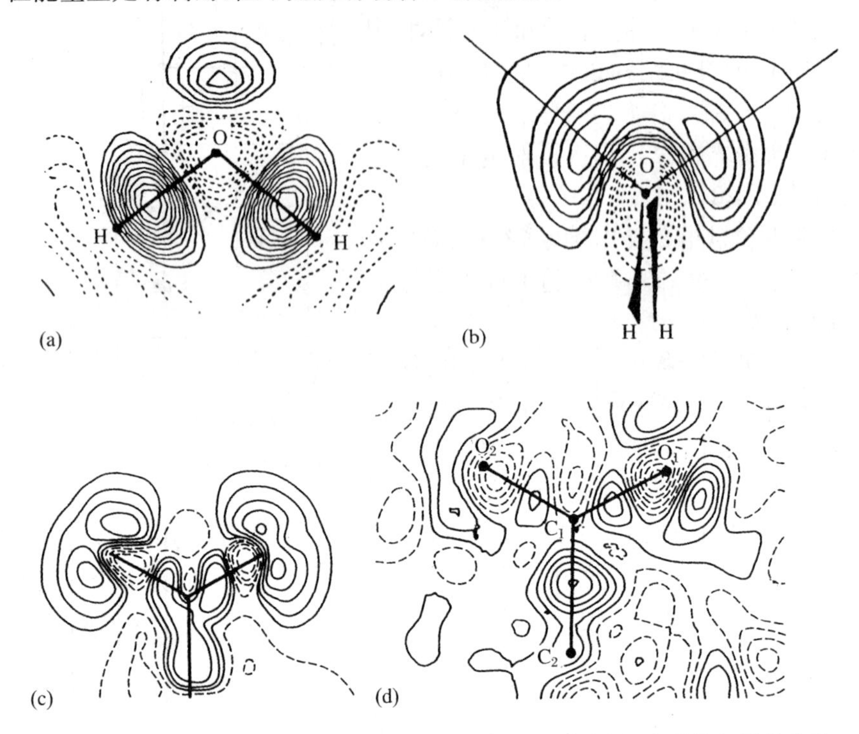

图1.20　某些分子的差分电子密度形变图,它显示孤对电子和共价键桥的电荷

(a),(b)LiOH・H_2O 中的水分子,轮廓线间隔:$0.005e/Å^3$;(a) H—O—H 原子面;(b) 垂直的面[1.14];(c),(d)甘氨酸中的 C—C(O)(O) 团;(c) 理论计算;(d) 实验值,轮廓线间隔 $0.008e/Å^3$[1.15]

复杂多原子分子中的中间键的解释包含如何用经典价键图来描写它们.形式上苯中的键可以等价地表示为(1.30)式中2个分子式的叠加.泡令把几个可能的经典分子式叠合而成的结构称为共振结构.共振概念有助于许多分子结构的定性和半定量描述[同时进行类似(1.26)—(1.28)式的计算].但是,由于共振依靠的起始结构实际上不存在,这一概念完全是有条件的.

和物理现实更协调的中间性键的描述之一是分子轨道法,下一节我们就进行介绍.

原子间共价作用的多样性不完全限于上述主要的双电子键.除了上述具有中间性键的化合物以外,还有富余电子和亏缺电子的化合物.在前者中除了已用上的 2 个电子轨道外还有处于它们外围的电子.这些化合物中的键比较弱.在后者(如典型的硼化物)中没有足够多的电子形成双电子轨道,但这里仍存在共价互作用.

1.2.5 分子轨道(MO)法

这是现代量子化学的一个基本方法.价带理论认为:形成原子对之间键的是属于互相趋近的原子的轨道,即一对单中心轨道的电子.但我们可以从更普遍的假设出发,认为电子轨道处于组成分子或晶体的所有原子实的场中,即给出**多中心单电子函数**,再进一步考虑这些轨道的互作用.这里薛定谔方程中的原子核是固定不动的,即采用玻恩-奥本海默绝热近似.

进一步还要假定:当一个电子靠近某一核时,它的运动应该趋近于相应的 AO.这样,在双原子分子中,考虑到每一电子都在 2 个原子的场中运动,MO 的一级近似应由 AO 组成:

$$\psi_m = c_a\psi_a + c_b\psi_b,$$

在多原子分子的一般情形

$$\psi_{mi} = \sum_p c_{ip}\psi_p, \tag{1.31}$$

这里 i 是 MO 的编号,p 是 AO 的编号,c_{ip}是决定 AO 在 MO 中权重的系数.例如在 H 分子中,可以用 2 个 1s 轨道组成 2 个 MO,其电子密度为

$$|\psi_m|^2 \sim \psi_a^2 + \psi_b^2 \pm 2\psi_a\psi_b. \tag{1.32}$$

原子轨道的重叠程度由下面的重叠积分表示:

$$S = \int \psi_a\psi_b \mathrm{d}V. \tag{1.33}$$

如果积分是正的,电子集中在原子之间,形成成键态 MO①(图 1.21a),相应的(1.32)式用正号.正因为成键 MO 电子在 2 个互相靠近的核之间,它们把核拉在一起.图 1.22a 是理论计算的 H_2 分子的电子密度.图 1.22b 是差分形变电子密度,即从 H_2 的电子密度(图 1.22a)减去 2 个孤立的 H 原子的球对称电子密度.图中 H 核间的极大值和 2 个核外缘的极小值显示电子再分布以形成共价键;这里的极大值和(1.33)式重叠积分为正相对应.如果 AO 的符号相反,形成的 MO 是反键态(图 1.21b),在核之间发现电子的概率小.处在 2 个核外侧的电子轨道使键变弱.当重叠积分(1.33)式为正,形成成键 MO 时,相应的分子能级最低.形成反键 MO 时重叠积分等于零.应该着重指出:重叠积分是正还是零简

① 也可用德语 gerade 和 ungerade 表示成键 MO 和反键 MO.

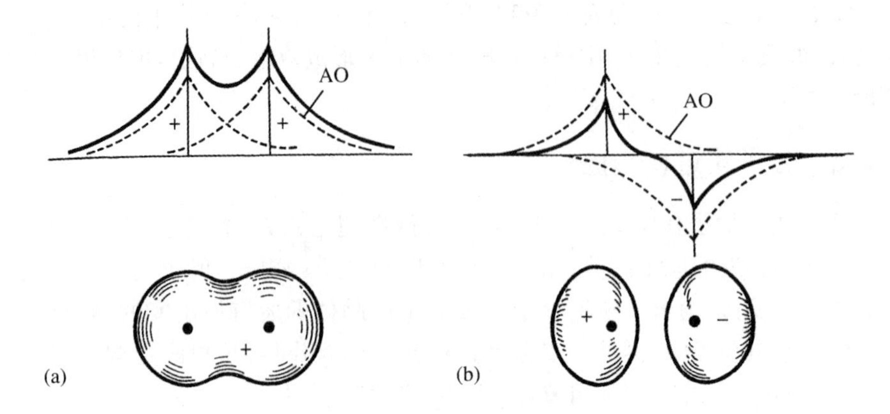

图 1.21 H_2 分子的成键和反键 MO
(a) 成键 MO;(b) 反键 MO

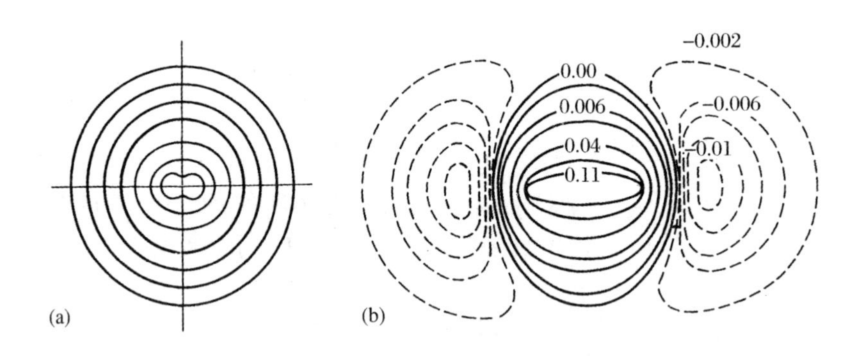

图 1.22 H_2 的电子密度(a)和 H_2 的差分形变电子密度(b)

单地由原子轨道的对称性和反对称性决定(图 1.23).具有一定对称性的一个分子的 MO 可以用相应点群 G_0^3 的不可约表示描述.

图 1.23 是由 AO 组合成的最重要的几种类型的 MO.所谓的 σ 键由 2 个 sAO 或 sAO 和 pAO 组成,它还可以由沿着键的 2 个 pAO 组成.另一种 π 键由垂直于键的 p-p、p-d 或 d-dAO 组成.δ 键由“平行”的 dAO 组成.这样的 MO 可以形成例如第二周期中双原子分子键中的电子分布——从 Li_2 到 F_2. Li_2 和 O_2 分子中电子密度的分布 $\rho(\boldsymbol{r})$ 见图 1.24.包含在键中的原子的起始波函数的线性组合被用来解释和计算它们的多重(二重、三重)键.为此可以组合不同类型(s,p,d 等)的波函数.电子可以位于成键和反键的 MO 上.一般键的级定义为成键和反键 MO 上电子对数目之差.图 1.25a 是平面乙烯分子.

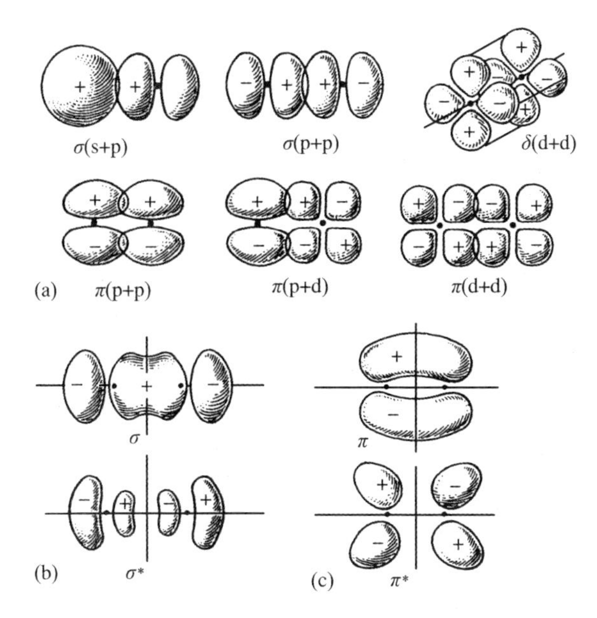

图 1.23 由 AO 组成的最重要的几种 MO,主要因素是 AO 对称性、它的符号和重叠的对称性 (a) AO 的组合;(b),(c) 成键和反键(带 * 号)MOs 的例子,σMO 由(a)中给出符号的(p+p)AO 组成;σ^* MO 是改变了右边 pAO 的符号后得到的,类似地得到 π 和 π^* MO

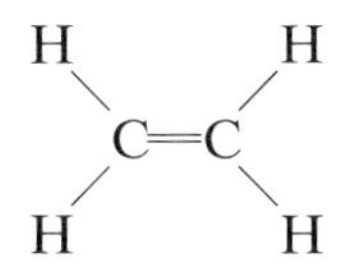

的 MO 示意图,由 s,p_x,p_y 杂化成的 C 的 sp^2 轨道,它们和 H 原子的 sAO 组成 C,H 间的 MO,它们自己组成 σC—C 键. C 之间的第二个价相应于 p_zAO 组成的 πMO. MO 理论认为:中间级键的形成是各个 MO 覆盖整个分子的结果. 例如在苯中这种坚固的框架形成 πMO(图 1.25b).

σ 单键相对键轴线是柱对称的. 这意味着由这样的键连接的原子团可以绕键转动,直至这些原子团中其他原子的立体的互作用不允许时(图 2.61)为止. 其他共价键,如多重键和中间键,是由具有一定对称性的 MO 构成的,这几乎完全确定了成键的原子团的方位排列,使转动不可能发生.

多原子分子和更进一步的晶体的 MO 法计算是很复杂的. 问题是须要用自洽场(SCF)方法得出给定系统的多电子波函数. 由于计算的复杂性在现代计算机发展之前无法进行工作. 解出这些问题的主要方法是原子轨道线性组合(LCAO)法及由它们组成的 MO 法,即 SCF-LCAO-MO 法. 计算的基础是

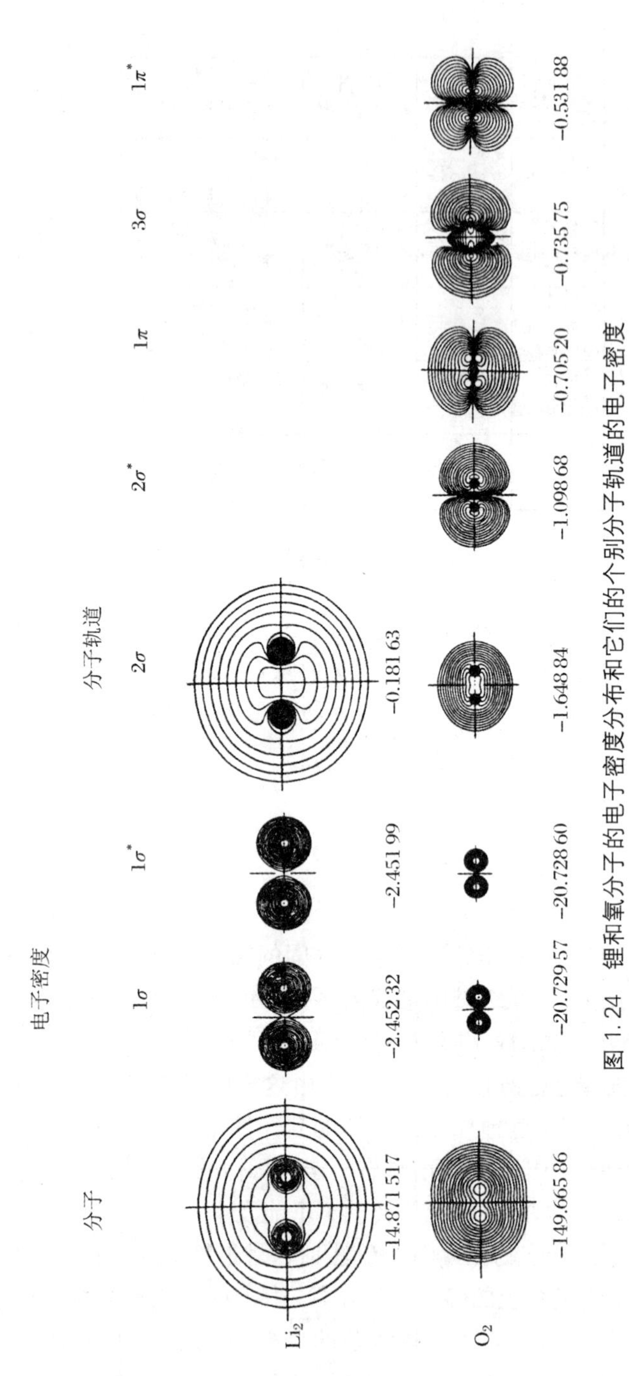

图 1.24　锂和氧分子的电子密度分布和它们的个别分子轨道的电子密度

用的符号和图 1.6 相同，但增加了 3 个外面的轮廓线；成键轨道有 1σ，2σ，3σ 和 1π，反键轨道有 $1\sigma^*$、$2\sigma^*$ 和 $1\pi^*$；内层的 1σ 和 $1\sigma^*$ 的轨道和起始的 AO 的差别很小[1.3]

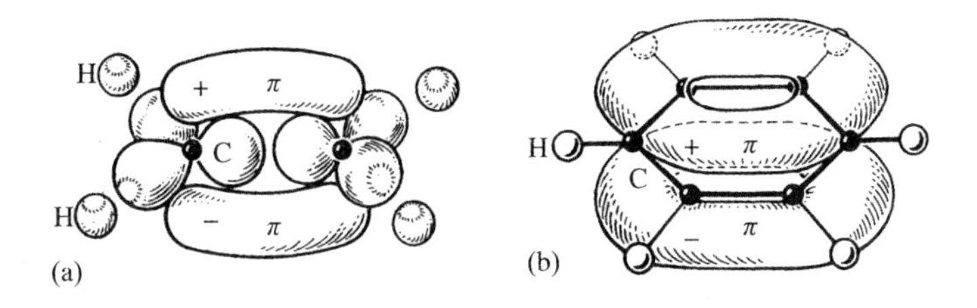

图 1.25 乙烯 C_2H_4(a)和苯 C_6H_6(b)分子中的化学键

(a)中杂化 spAO 形成通常 C 间的键和 C—H 键. C 间的附加键由 πMO 形成. 在分子平面上和下的 π 轨道在乙烯中形成"香蕉",在苯中形成"轮胎"

"基"的选择,要选出孤立原子(或离子)的一组起始的原子波函数. 假设内壳层不变,则基的范围可只考虑对化学键有贡献的外层波函数. 这样单电子 MO 是 AO 的线性组合,分子的波函数 $\psi(1,2,\cdots,N)$由这些 MO 决定:

$$\Psi = \frac{1}{\sqrt{N!}}\begin{vmatrix} \psi_1(1) & \psi_1(2) & \cdots & \psi_1(N) \\ \psi_2(1) & \psi_2(2) & \cdots & \psi_2(N) \\ \cdots & \cdots & \cdots & \cdots \\ \cdots & \cdots & \cdots & \cdots \\ \psi_N(1) & \psi_N(2) & \cdots & \psi_N(N) \end{vmatrix}. \tag{1.34}$$

ψ_i 轨道的变量包括电子的 3 个轨道坐标和一个自旋坐标. 泡利原则也适用于 MO:每一个 MO 不能容纳多于 2 个自旋相反的电子. 函数 ψ_i 是正交归一的,其后果之一是出现 $1/\sqrt{N!}$因子. 函数 Ψ 是反对称的. 基的起始 AO 数目愈大,分子轨道近似愈准确,计算也就愈复杂,因为(1.26)式那样的单电子积分数近似和 $0.5N^2$ 成正比,而(1.27)式那样的双电子积分数约和 N^4 成正比. 一般来说,各种波函数都可以是基,只要这些函数在核附近和孤立原子的函数相近. 基的选择对简化计算有重要意义. 使用过的函数有:哈特里-福克数值原子轨道、类氢的指数 Slater 轨道[形式为 $r^{n-1}\exp(-\beta r)Y_{lm}$,计算比较方便]和高斯型近似函数[$r^{n-1}\exp(-ar^2)Y_{lm}$]. 非经验的完整的从头计算法考虑系统中所有的电子,多核的位置可以设定,但在更一般的场合也可以不设定. 这样的计算特别复杂. 通常把核和内层电子固定,只对价电子或一部分价电子进行半经验的计算. 计算较简单的分子如 SO_2,要用几十个 Slater 或高斯函数的基. 积分数达到 10^5—10^6,所以很费时. 为了简化求解过程,采用过多种近似.

近年来发展了多种直接解晶体的薛定谔方程的方法,见 6.3.5 节.

1.2.6 晶体中的共价键

解晶体中化学键的普遍方法是:求出晶体中薛定谔方程 $H\Psi = E\Psi$ 的解. 由

于晶体中原子数非常大,看起来不可能求解.这里晶体的平移周期性是最重要的简化因素.哈密顿中的晶体势是周期的:$v(\boldsymbol{r}) = v(\boldsymbol{r}+\boldsymbol{t})$,这里 $\boldsymbol{t}$ 是任一点阵矢量.根据同样理由波函数 Ψ 也可表示为布洛赫函数

$$\psi_i = \chi(\boldsymbol{r})\exp(2\pi i\boldsymbol{k}\cdot\boldsymbol{r}) \tag{1.35}$$

之和,这里 $\boldsymbol{k}$ 是电子在倒点阵中的波矢.薛定谔方程的解可以严格地由布洛赫函数表示.这种思路导致晶体的电子能带论,我们将在第3章讨论.能带论给出晶体中自由电子的能量允许值 $E(\boldsymbol{k})$.这是一种普遍的方法,既适用于共价晶体,又适用于金属和离子晶体.

电子和晶体点阵的互作用来源于它们的波动性.晶体对电子的衍射是类似的现象(文献[1.6],4.8节).晶体固有的自由电子也会被晶面反射,由此得到的基本结论是:不是 $E(\boldsymbol{k}) = h^2k^2/2m$ 中的所有能量值都是可能的.允许的 $\boldsymbol{k}$ 矢量限于倒空间的多面体、布里渊区之中(图1.26).在第3章中将会看到:在这些区中 $\boldsymbol{k}$ 和 E 的值实际上是连续的(严格地说有 N 个值,N 是晶体中的原胞数).在区内 E 是 $\boldsymbol{k}$ 的连续函数.晶体中求解薛定谔方程的数学方法与晶体中键的性质有密切的关系.如是强键(离子晶体和共价晶体),采用的方法和上述分子中共价键使用的方法很接近.而在金属中,由于原子的外层电子是集体的,也可以采取其他方法(1.2.8节).在所有情况下,点阵势都可表示为原子势之和:$V(\boldsymbol{r}) = \sum v_a(\boldsymbol{r}+\boldsymbol{t})$,$v_a$ 的重叠最终确定原子间耦合电子的分布.晶体势也可以展开为傅里叶级数

$$V(\boldsymbol{r}) = \sum_H v_H[-\exp(2\pi i\boldsymbol{H}\cdot\boldsymbol{r})].$$

由此可导出 ψ_i[(1.35)式]的方程组、势的傅里叶系数 v_H 和能量 $E(\boldsymbol{k})$.计算可以大为简化,因为内层(原子实)不变,可以不予考虑,只须考虑原子的外缘和原子之间的势,这样势的变化相当平缓.

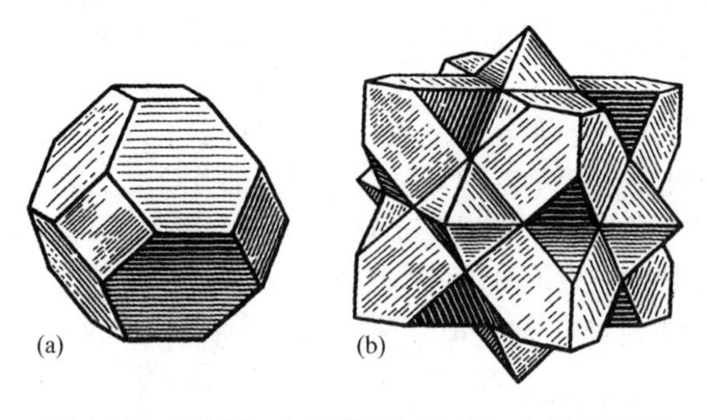

图1.26 铜的第一布里渊区(a)和第二布里渊区(b)

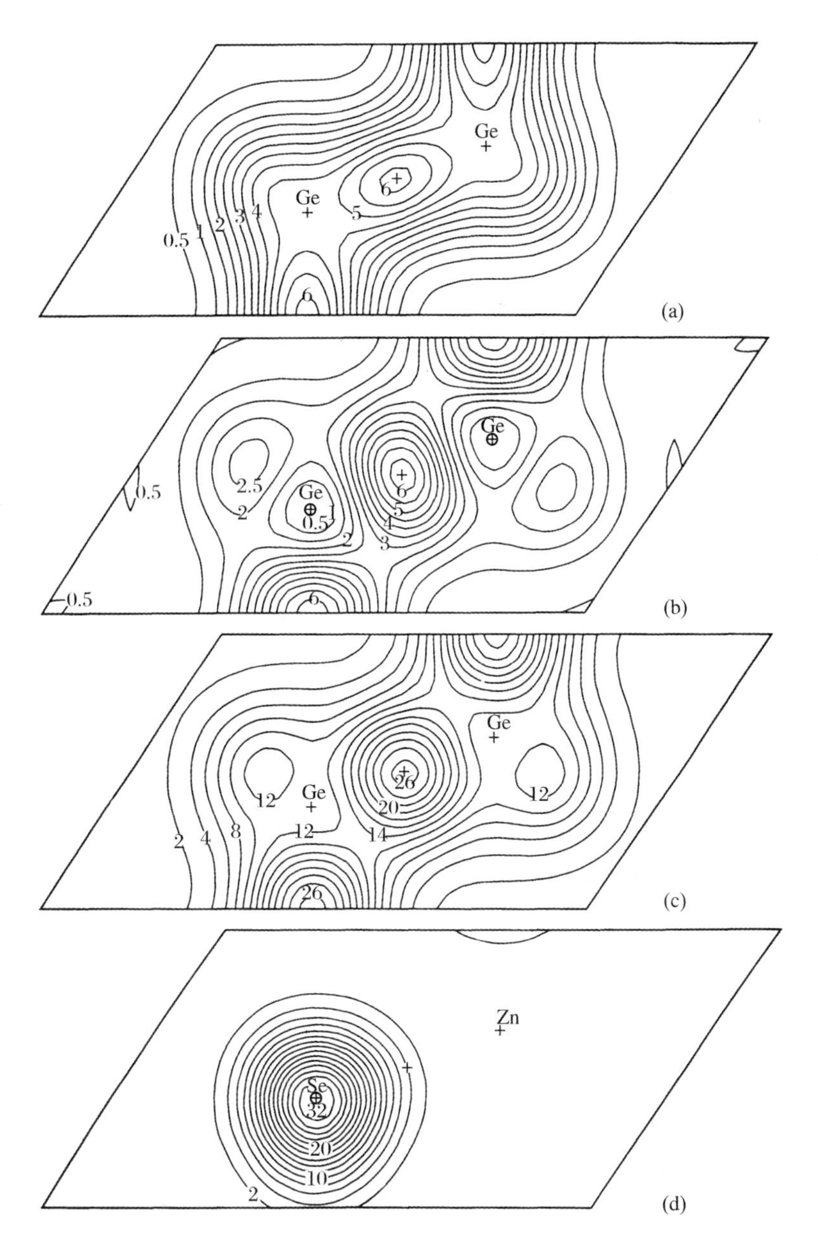

图 1.27 Ge(a),(b),(c)和 ZnSe(d)晶体中(1$\bar{1}$0)面上计算的价电子密度图
(a) Ge 的第一 ρ_1 价带(s 型)的电子密度图;(b) Ge 的第三 ρ_3 带(p 型)的电子密度;(c) Ge 的总电子密度(sp^3 型);(d) ZnSe 第一带的电子密度,电荷向 Se 移动(键有离子分量)[1.16]

按照上述方案对共价晶体电子的能带结构和波函数进行了计算.由于共价

键是由原子间 MO 中局域化的电子实现的，因此可以在 SCF - LCAO - MO 方法的基础上很好地进行计算，这里原子轨道被展开为(1.2)式那样的球谐函数. N 个晶体原子的电子系统被看做分布在 $2N$ 个(1.31)式那样的双中心轨道上. 实际上有机分子或金刚石中单个四面体 C—C 键的特性是很相似的. 类似的四面体键还出现在 Si，Ge 和三五族化合物中，后者已带有施主-受主的性质. 其他方法，如正交化平面波法和赝势法(1.2.8 节)也可用来计算晶体中共价键的性质.

共价晶体中能带结构的特点是：把一个电子从 1s 满带(价带)激发到 2s 空带(导带)所需的能量较高. 这个能量，即禁带宽，在金刚石中等于 5.4 eV，在典型的半导体中是 1—3 eV(图 1.11). 这里原子的 s，p 等态可以和晶体中相应的能带对应.

作为例子下面介绍用赝势法计算得到的金刚石型共价晶体(Ge，Si，GaAs，ZnSe 等)的电子密度[1.16]. 解薛定谔方程后得到价带 n 的波函数 $\psi_{nk}(\boldsymbol{r})$、每个态的电子密度 $|\psi_{nk}|^2$ 和总电子密度 $\sum|\psi_{nk}|^2$[见(1.39)式]. n 等于 1 或 2 时价电子密度和自由原子的 s 态相似(图 1.27a)，n 等于 3 或 4 时和 p 态相似(图 1.27b). 总的分布(图 1.27c)反映出四面体 sp^3 态在原子间价电子密度增大. 在 GaAs、特别在 ZnSe 中键有显著的离子分量，在 ZnSe 中第一带 $n=1$(图 1.27d)中就可明显看出键的离子分量，相当的电荷集中在 Se 的周围. ZnSe 的总的价电子密度分布和 Ge 一样也有一个共价键“桥”.

另一个例子是用赝势法计算 MgO 离子晶体的 $\rho(\boldsymbol{r})$[1.17]. 为了求出 4 个价带的布洛赫函数和 $\rho_n(\boldsymbol{r})$分布，根据介电常数虚部和能量的实验关系确定赝势. 从图 1.28a—c 可见，价带的 $\rho(\boldsymbol{r})$和有关的原子态中电荷分布很相似. 计算得出：Mg 原子实际上完全电离，氧的状态和 s 态、3 个 p 态对应(这里内部的满壳层都排除在外). 氧的电荷是 $0.9e$.

为了估算共价键的能量和力常数，一个足够好的近似是半经验地或近似严格计算后得到图 1.12 那样的互作用势能曲线 $u(r)$. 吸引力的适当的表达式是 $ar^{-m}(m=4)$. 当 r 减小经过极小后，短程的排斥力急剧上升. 这是由于两个原子核之间和电子壳层之间的静电排斥超过了电子对核的吸引和交换能[见(1.27)式]的结果. 可以用近似的 b/r^n 来表示排斥，即(1.16)，(1.17)型的公式($m=4, n=6$—9)也适用于共价力. 排斥势的量子力学计算给出了指数函数关系，此时

$$u(r)=-\frac{a}{r^m}+c\exp(-\alpha r), \quad m=4. \tag{1.36}$$

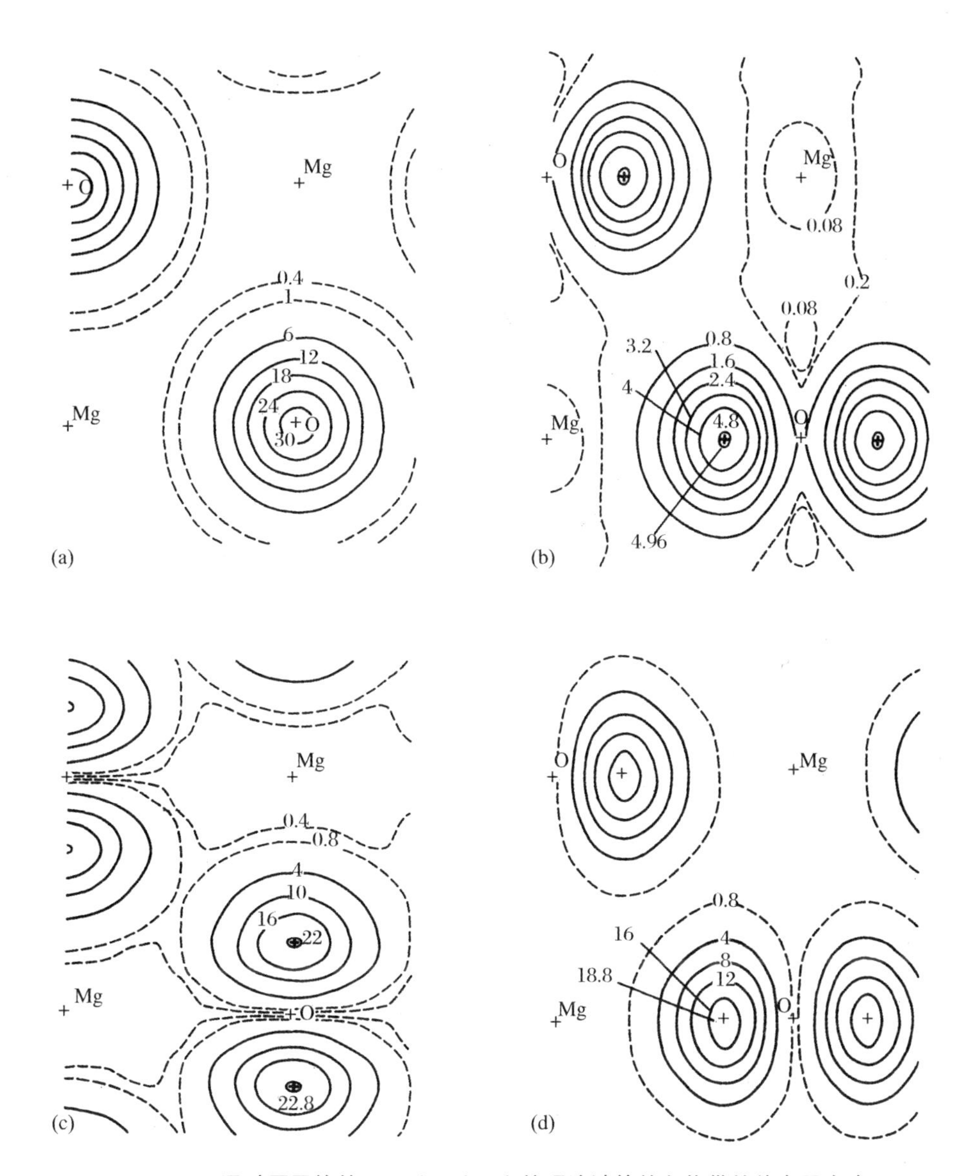

图 1.28 通过原子核的 MgO(100)面上的理论计算的各能带的价电子密度

(a) ρ_1(s 型);(b) ρ_2;(c) ρ_3;(d) ρ_4(全为 p 型)[1.17]

条件 $du/dr=0$ 确定平衡的 r_p 和能量 $u_p=u(r_p)$后我们得到:

$$u(r)=\frac{u_p}{m-\alpha r}\left\{\frac{\alpha r_p^{m+1}}{r^m}+m\exp[\alpha(r-r_p)]\right\}. \tag{1.37}$$

共价键能和它的级有关;三重和二重键在所有类型的键中最高,例如 N_2 中三重键能为 225 kcal/mol,C═C 双键中为 150 kcal/mol. 单键(或多重键的每一级)的能量在最强键中为 60—70 kcal/mol、在弱键中为 30—40 kcal/mol(如 F_2 中为 36 kcal/mol)或更小. 较小的 r_p 对应于较高的键能. 上式中的参数 α 可以在极小处由 d^2u/dr^2 计算得到. 共价键中这个导数较大,键属刚性,这一特性在分子到晶体中变化甚小(r_p 的值也如此).

值得指出:即使在最典型的离子化合物中也有小小的共价分量. 类似地,除了真正的共价晶体如金刚石以外,由不同原子组成的共价化合物的键也有离子分量. 例如在 BN 中(结构类似金刚石)也发生电荷从 B 到 N 的转移,其他如 ZnS 结构型化合物中情况相同,其有效电荷估计为 $0.5e$—$0.8e$.

这样的部分离子(i)、部分共价(c)的键可以在 VB 法的框架内表示为下面的波函数

$$\Psi = a_i\psi_i + a_c\psi_c. \tag{1.38}$$

这里离子性程度 $\varepsilon = a_i^2/(a_i^2 + a_c^2)$. 离子性程度也可以由 MO - LCAO 理论估计,即导出(1.20)式.

可以简单地考虑离子分量,即把(1.15),(1.16)式中的第一项 a/r 增加到(1.36)式中去,即吸引作用系数 a 由有效电荷决定.

(1.36),(1.37)式那样的半经验式子只能用来估算作为成键原子间距离函数的能量值. 方向性的共价键还包括键角变化引起的能量变化. 绕单键的原子团的可能的转动引起附加的所谓扭转能. 对能量的这些贡献需要另外的适当公式,在 2.6 节中将进行介绍.

1.2.7 共价键的电子密度

任何系统(原子、分子或晶体)的电子密度都等于波函数的平方 $|\Psi|^2$. 采用(1.7),(1.34)式那样的正交轨道 ψ_i 后,电子密度表示为

$$\rho(\boldsymbol{r}) = e\,|\,\Psi\,|^2 = \sum_{i=1}^{n} e\,|\,\psi_i\,|^2. \tag{1.39}$$

每一个原子都是一团浓密的电子云,绝大部分电子位于相当小的半径之内(图 1.9). 建立价键的电子和波函数 Ψ 的一部分有关,原子间电子密度的增大和重叠积分(1.33)式相对应.

下面讨论元素的结构,以 C(金刚石)为例. 和图 1.14 中的 NaCl 类似,我们也在联结最近邻原子的线段的两端放上原子,并画出径向电子密度函数 $D(r)$ [(1.8)式]. 2 个原子的外层 p 轨道函数的极大值近似地处在同一位置(1.29a). 应该记住这种图是常规的,它显示出轨道在何处重叠,但并不能表示实际的电子密度 $\rho(\boldsymbol{r})$. 晶体中沿键的电子密度分布 $\rho(\boldsymbol{r})$ 上没有极大值. 我们只能说:形

成共价键时，沿键，即沿成键原子连线的总电子密度高于偏离键的方向上的电子密度(图 1.29b). 前者也大于纯离子键原子间实际上近于零的电子密度(图 1.13). 如果我们把内层电子密度减去，就可以看到价电子密度的这个极大. 理论计算(图 1.27b,c)和实验数据都证实了这一点. 这里的实验数据是精密 X 射线测量后经过傅里叶合成计算 $\rho(\boldsymbol{r})$后得到的. 图1.30a是经过金刚石结构中若干原子的平面上的电子密度图；这是共价键晶体的典型例子. 从图可以看到 C 原子间密度较大的“桥”. ρ 的增大已由差分形变密度分布的极大值显示(图1.30b).

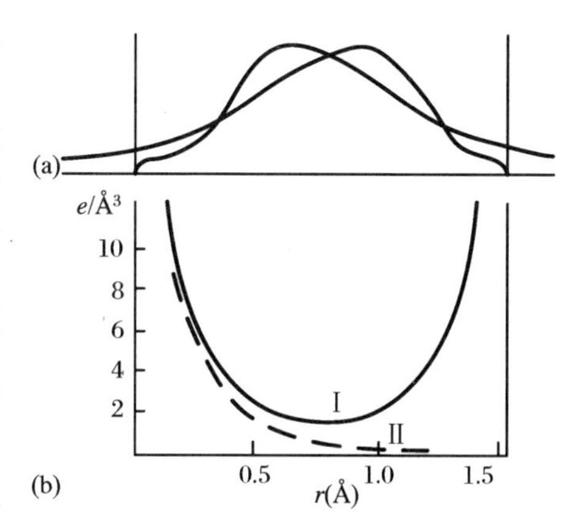

图 1.29 C—C 单键的电子密度

(a) C 原子外层轨道的径向密度极大值重叠；(b) 沿共价 C—C 键上电子密度的实验值(曲线Ⅰ)和不沿键的某一方向上的实验值(曲线Ⅱ)

利用动力学理论的摆效应解很准确地测定了 X 射线结构因子(不是强度)的数据，显示了类似的结果(文献[1.6]，4.3 节)，这里 ρ 的标准偏差是 $0.007e/\text{Å}^3$. 图 1.30c，d 是减去内层电子密度后得到的 Si 的价电子密度差分图. 价电子密度峰沿着键拉长，具有近似的柱对称性. 它的极大值是$0.69e/\text{Å}^3$，和理论值$0.65e/\text{Å}^3$符合得很好. 图 1.30e，f 是减去孤立原子的球对称总电子密度后得到的差分形变电子密度①. 根据这些数据，Si—Si 键的差分形变电子密度略低于金刚石中 C—C 键的电子密度. 这些数据和其他数据给出单键的形变密度最大值是 $0.3e/\text{Å}^3$—$0.4e/\text{Å}^3$. 理论数据给出键上价电子峰的总电荷约$0.1e$.

在多重键中电子密度自然更高. 图 1.31 表示石墨中 C 原子键的价电子密度($1s^2$ 电子已减去). 这些键已杂化为 $1\frac{1}{3}$级.

综合的 X 射线和中子衍射数据为晶体中有机分子的结构提供了类似的信息. 这里再提一下，中子衍射可给出核的准确位置和各向异性热振动的参量. 图 1.32 是几个例子(还可参阅图 1.20). 图 1.32a 是氰酸的差分形变密度图，可清楚地看到共价键引起的极大值以及氧原子的未公有电子和 H 原子外围电子的流失(负电子密度). 氘-α-甘氨酰甘氨酸的差分价电子(图 1.32b)和形变电子

① 见 1.2.4 节的注.

图 1.30 金刚石和硅的实验电子密度图

(a) 经过C原子的金刚石 $\rho(xz)$截面,峰值 174e/Å^3;(b) 相应的差分形变密度[1.10];(c) 沿Si—Si键的平面上价电子密度;(d) 垂直Si—Si键并过其中点的面上的价电子密度,轮廓线间隔 0.1e/Å^3;(e),(f) Si的差分形变密度,轮廓线间隔 0.05e/Å^3,虚线为负值[1.18]

(图1.32c)密度图有同样显著的特点,这里的晶体中的氘很适合作中子衍射研究.

图1.32d,e表示在一种典型的团聚双键烃-四苯基丁三烯中,丁三烯原子

团的差分形变密度截面图.实验时的温度是 100 K.这里的 C ═C 双键的特征很有趣.内键形变密度峰值是 0.9e/Å^3 而外键的峰值是 0.75e/Å^3,后者自然也超过单键的特征值.垂直键过键中点的截面上的轮廓线是椭圆,这说明键不是柱对称的,和单键明显不同.在 C ═C 外键上的电荷沿着和丁三烯垂直的方向拉长,而内键的电荷则沿丁三烯的面拉长.这和团聚双键烃的 π 电子经典理论的预言一致(参阅图 1.25a 和图 2.75).

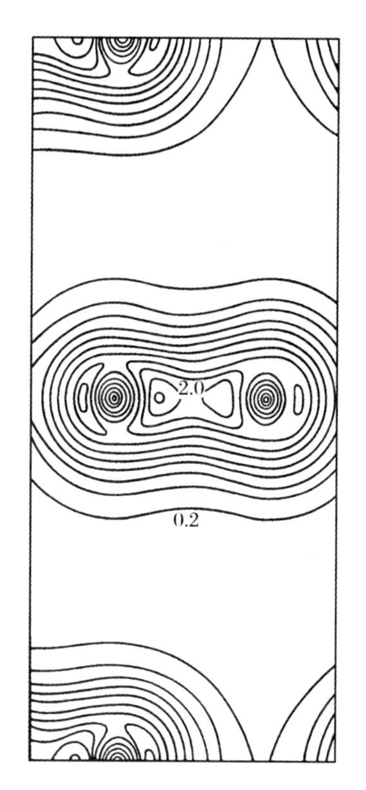

图 1.31 石墨中 C—C 键的价电子密度(元胞的垂直截面)[1.19]

在形变和价电子差分图上对减去原子的位置上的正或负电子密度峰进行积分后可以得到峰中的电荷.由此得出,在分子中,几乎所有情形下都有一些电子从一个原子转移到另一原子.如氘-α-甘氨酰甘氨酸分子的肽团 $O_2CCD_2NDCOCD_2ND_3$ 中 O 原子处有 $-0.5e$ 的负电荷,N 处约为 $-0.4e$,在和 O 成键的 C 原子处有0.3e—0.4e 的正电荷,与 D 成键的 C 处有 $-0.1e$ 的少量负电荷,所有 D 原子处有0.1e—0.3e 的正电荷.键的总电荷可以对相应的峰类似地积分后得出.

对各种系统的成键原子的实验电子密度用参量进行描述的方法已经得到发展.其中之一是把 ρ 展开为一组基函数 φ

$$\rho(x,y,z) = \sum_{\mu}\sum_{\gamma} P_{\mu\gamma}\varphi_{\mu}\varphi_{\gamma}^{*} \tag{1.40}$$

并求出系数 $P_{\mu\nu}$[1.23].可以如(1.34)式中那样把 Slater 或高斯正交归一轨道(多极)选为基函数[1.24,1.26],各向异性的热运动也可以考虑进来.这样描述并考虑系统的对称性后,可以计算出原子的电子布居密度 $q(A)$和原子间键的$q(AB)$,并和理论计算值进行比较.在许多计算中重要的一点是考虑电子分布的量子性——泡利原理.由此得出 $P_{\mu\nu}$ 值的矩阵满足条件$P^2 = P$[1.27].

$q(A)$和 $q(AB)$计算结果的大多数和理论相符,某些差异牵涉到孤对电子密度区的形状和分布.

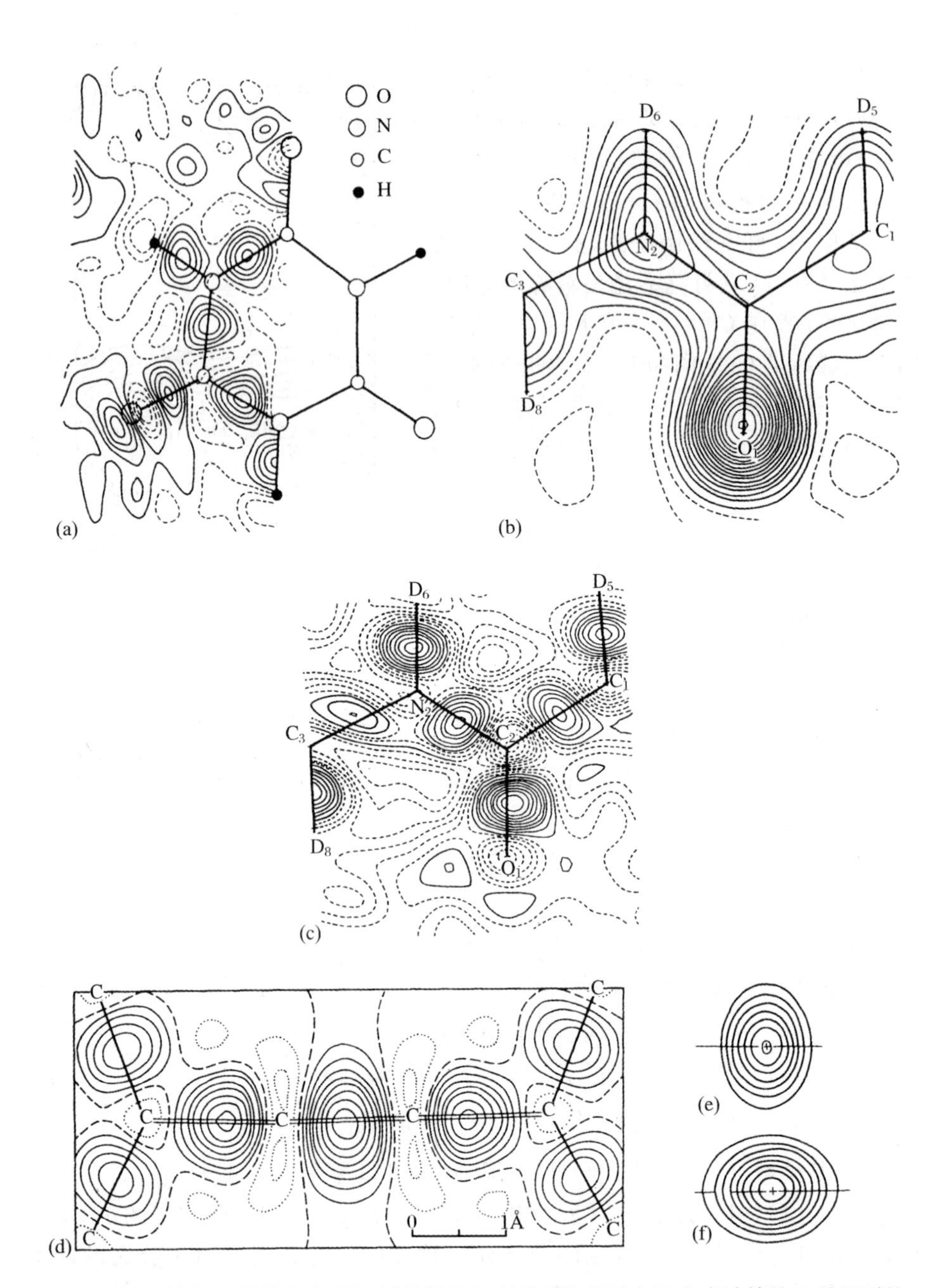

图 1.32　由精密 X 射线和中子衍射数据和自由球对称原子电子密度计算值之差得到的一些有机分子的差分傅里叶合成电子密度图

(a) 氰酸的形变密度 ρ_{def}；(b)，(c) 在氘-α-甘氨酰甘氨酸中的肽的价电子密度 ρ_{val}和形变密度 ρ_{def}[1.21]；(d)，(e)，(f) 四苯基丁三烯中团聚丁三烯的形变密度；(d) 原子团聚(grouping)的面上；(e) 垂直 C—C 外键；(f) 垂直 C—C 内键

1.2.8 金属键

在共价键中原子外层电子发生重叠和再分布,这些电子的轨道主要集中在相邻原子对之间.原子的分立能级转变为晶体中准连续的满带.

金属价的本质和共价键在公有外层电子方面是相同的,但公有电子的存在范围是不同的.金属原子的外壳层中只有少量电子,从表 1.2 可见,外层电子电离所需的电离能 I^+(这是轨道稳定性的一种度量)很小.在大多数场合外层电子处在球对称 s 轨道上,其范围相当宽.金属原子靠近,形成金属或合金晶体时,每个轨道和不少等同的相邻轨道重叠,例如在面心立方点阵晶体中和 12 个轨道重叠(图 1.33).因此,外层电子局限于一个原子近旁或原子对间的概念失去了意义.由波函数 Ψ 描述的外层电子系统是整个晶体公有的,其特点是在原子间的空间内近似均匀.这一点也和经典电子论的概念相符,后者认为金属中存在自由电子"气".

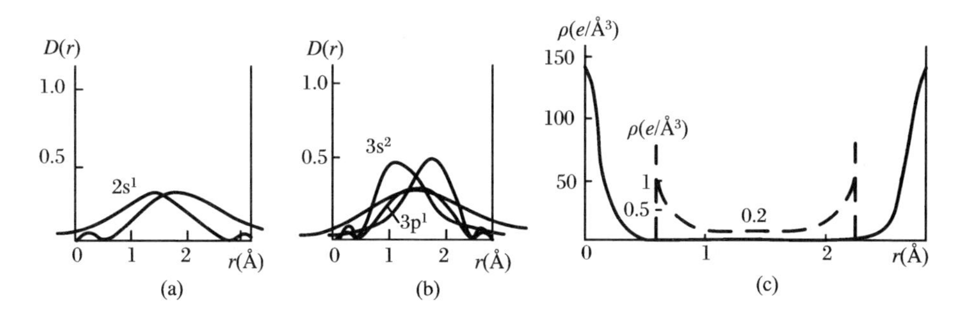

图 1.33 金属中的电子密度分布,外层电子径向函数的重叠

(a) Li;(b) Al;(c) 沿 Al—Al 线的实验电子密度,其中虚线表示的曲线已经过放大

在 1.2.6 节中已经提到:计算金属键的方法是能带论.在金属中电子可以自由地迁移到紧连着满能级的空能级上去,这就实际上说明了金属性.由于能带没有完全填满,和最大能量对应的 $\boldsymbol{k}$ 矢量组成的面被称为费米面,它不和布里渊区的面接触或在周期的倒空间中形成"沟道"(详见第 3 章).可以用不同的模型计算金属的电子结构.由于只有金属原子的外层电子是公有的,求解时可以把例如碱金属的点阵势看成带有满壳层电子的离子实的势之和,而传导电子在这样的势场中运动(单电子近似).把点阵的体积划分为等同的 Dirichlet 多面体(见文献[1.6],图 2.69),金属中这些围绕原子的多面体称为维格纳-赛茨元胞(2.8 节).可以假定离子实填满的壳层内的势是球对称的,而在此之外势的变化很小,实际上是恒定的.在壳层的边界上和多面体边界上使波函数衔接,可

以得到普遍的解.

在单电子近似中,忽略了自由电子间的库仑排斥作用.有几种方法考虑这个效应以及交换作用和自旋效应.最后我们可以获得金属原子的简化的能量表达式

$$u(r) = -\frac{a}{r} + \frac{b_1}{r^2} + \frac{b_2}{r^3} + b_3. \tag{1.41}$$

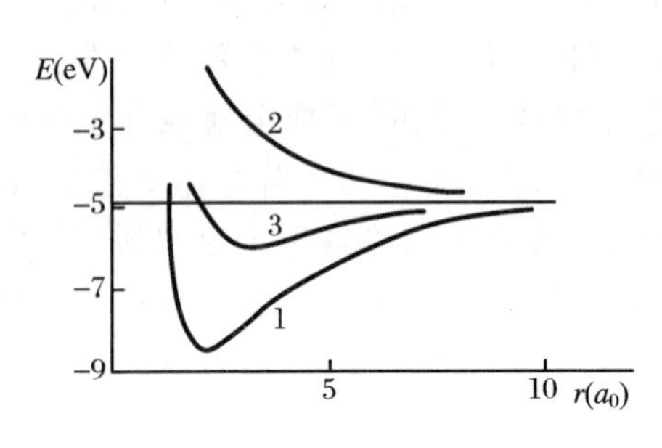

图 1.34 金属 Na 的点阵能量曲线

1. Na^+ 和自由电子的互作用能;2. 电子的动能;3. 总能

这里的系数可以由理论算出或从压缩率等数据半经验地求得.(1.41)式中前两项也可以用电子气和正离子实互作用的经典概念得出.图 1.34 是量子力学计算得到的碱金属的能量曲线.须要着重指出:由于互作用具有集体性质,曲线只适用于晶体,而不适用于描述一对原子,如 Me_2“分子”之间的互作用.金属中吸引力的物理意义是:金属中的势使外层电子可以占据比自由原子更低的能级.

多电子金属中互作用复杂得多,因为一部分价电子并不自由,即不进入导带.因此共价互作用对吸引力也有一部分贡献.纯金属键是无方向性的,即球对称的,所以许多金属,如 Na,K 等具有密堆立方结构.不少金属键方向性比较明显,这时易形成六角结构.只对若干金属进行了量子力学计算.在多价金属的计算中采用的是赝势法.此时计算得到的是赝波函数,而不是真实的波函数.后者必须和所有内层电子波函数正交,所以在金属离子实范围内具有复杂的振荡形式.赝波函数在离子实外和真实波函数符合,但在离子实内保持平滑.把通常的薛定谔方程中真实的局域势换成非局域赝势,就得到赝波函数的方程.除了相应的吸引项外,这里还包含离子实对传导电子的有效排斥项.在金属的互作用能和其他特性的近似计算中,(1.41)式那样的方程也可以用.

X 射线研究肯定了金属结构中存在一个连续分布的恒定的电子密度分布和原子外层电子的电离.电离后的金属原子是球对称的[1.8,1.28,1.29].离子实之间的平均电子密度是恒定的,约为 $0.15e/Å^3$—$0.20e/Å^3$(图 1.33c 并和图 1.14b 比较);某些金属离子实的电子数是:Mg,10.4;Al,10.2;Fe,23.0;Cr,20.0.电离的电子数近似地等于金属的价.

注意上述三种基本的“强”键(离子、共价、金属键)在能量和原子间特征距离上都是接近的.在下面的 1.4 节中我们将讨论这一相似性的原因.我们还要

指出在许多化合物中键具有中间的性质，这牵涉到很重要的一类半导体化合物（由 P，S，Ge，Si，Ga，As，Se，Sb，Te 等组成）和某些金属间化合物. 它们的键不能归结为一种简单的类型，它既有共价键，又有金属键的特点，有些场合甚至有离子性. X 射线实验研究显示：这些化合物中原子已电离并存在一个小小的价电子桥（图 1.27a—d，并参阅 2.4 节）.

应该时刻留意：化合物的化学键是多原子系统外层电子的一个相当确定的状态，把它分为某些分量在很大程度上是有条件的.

还应强调：许多正常条件下的绝缘体和半导体在高压下会发生相变并获得金属的性质，它们的键也显示金属性. 这是自然的，因为在高压下原子的被迫靠近使外层电子的重叠增加、公有电子数增加、能谱发生变化，使能带合并在一起. 例如 Te 在约 40 kbar 下变为金属，Ge 需 160 kbar，而 InSb 只需 20 kbar. 金属 H 是一个有趣的课题，理论估算得出：H_2 分子约在 2 Mbar 高压下转变为金属 H. 理论还认为这个相可能是亚稳的，可以在压力除去后保存下来，它还是超导的. 有些假设认为：在某些特殊能谱的结构（如 Ni）中，压力会有相反的作用，使这些结构失去金属性.

1.2.9 弱（范德瓦耳斯）键

惰性气体具有满壳层，它们在低温下凝聚成高度对称的结构. 具有强的完全饱和的价键的有机分子也可形成晶体. 一系列物理性质，如熔点、力学性质等显示，这些晶体中粒子间的键是弱的. 根据 X 射线数据，非价键合原子（“接触”的相邻分子中的原子）或惰性气体原子之间的最短距离比强键中的“短”距离要大 50%—100%. 这里的吸引力通常被称为范德瓦耳斯力，因为它被用来解释范德瓦耳斯气体方程中的分子吸引修正项.

如分子具有恒定的电矩 μ，它们的作用力中的一种就是经典的偶极-偶极力. 热运动搅乱偶极位向使之降低. 这一互作用能表示为：

$$u_1(r) = -\frac{2}{3}\mu^4 r^{-6}\frac{1}{kT}. \tag{1.42}$$

这也被称为取向效应. 它在分子间互作用中的比重只在高 μ 分子如 H_2O 和 NH_3 中才比较大.

还有一种所谓感应效应对分子互作用也有一定贡献，它考虑到分子间互相极化，即感应出偶极的可能性. 相应的能量也和 r^6 成反比：

$$u_2(r) = -2\alpha\mu^2 r^{-6} \tag{1.43}$$

这里的 α 是极化率.

分子间力的主要部分是中性原子或分子间的所谓色散互作用，它可以完全地说明惰性元素原子间的吸引作用.这种互作用存在的原因是原子中的运动电子可感生近邻原子的瞬时电偶极.并且,该作用可由量子力学进行计算.根据伦敦的理论,要得到它,必须考虑靠近的2个原子的基态(ψ_0,φ_0)和激发态(ψ_n,φ_n).由于原子相距远,而且只有波函数的远距离部分重叠,交换作用可以忽略.用二级微扰理论后可以导出

$$u_3 = -Kr^{-6}, \quad K = \frac{3h}{2}\frac{\nu_1\nu_2}{\nu_1+\nu_2}\alpha_1\alpha_2, \tag{1.44}$$

这里α_1、α_2是极化率,ν_1、ν_2是和引起光的色散相同的原子激发特征频率.如果不仅考虑偶极,还考虑多极互作用,可得到r^{-8}和r^{-10}的项.零点能也需要考虑.分子或离子间的排斥势表示为指数函数.这样得到的描述相邻分子的原子的互作用的方程如下:

$$u(r) = u_1 + u_2 + u_3 + c\exp(-\alpha r) = -ar^{-6} + c\exp(-\alpha r). \tag{1.45}$$

这个方程和(1.35)式相同,不同的是$m=6$和a,c,α的值,例如对C原子的互作用$a=358$ kcal/mol,$c=4.2\times10^4$ kcal/mol,$\alpha=35.8$ nm^{-1}.分子间键能3个分量的比例和分子的偶极矩μ和极化率α有关.例如H_2O的$u_1=190$,$u_2=10.0$,$u_3=93.0$(erg·10^{-60});CO的$u_1=0.003$,$u_2=0.05$,$u_3=67.5$.对偶极矩小或为零的分子(有机化合物分子的绝大多数属于这一类),分子间互作用能实际上完全来自色散力.方程(1.45)式在引入平衡距离r_e和能量u_e后可以写成(1.37)式的形式.范德瓦耳斯力的特征距离r_e是0.3—0.4 nm.(1.45)式中的指数排斥项在互作用能量曲线上引起在左侧的急剧上升的分支(图1.12,曲线Ⅱ),从而使非键原子的靠近受到严格的限制.因此我们可以引入分子半径的概念(1.4节).

分子间的范德瓦耳斯力比共价、离子、金属键的力弱得多.和三种强键相反,它可称为弱作用力.这种力随距离而迅速下降,和强作用(图1.12)相比,由(1.45)式给出的极小值较浅、较不显著.因此晶体结构中非价键和原子间的距离相对强键中同一对原子来说有更大的涨落(图1.50).

1.2.10 氢键

还有一种所谓氢键的结合力.它存在于NH或OH团的H和负电原子(N,O,F,Cl或S)之间,它的符号是AH⋯B.

3种衍射方法都可以确定H原子的位置(图1.32,1.35—1.37).电子衍射给出势能极值,这相当于核的位置.随着电子密度的减少势能值增大,这说明H键中H原子有一些电子电离(图1.35).质子(或氘)的位置或热运动可以由中子衍射测定(图1.36).H电子云的位置可以用X射线的差分电子密度合成给

出.如果除了 H 以外的所有原子的峰被减去(图 1.37 和 2.64),一般情形下 H 的电子密度极大值不和质子位置重合,而是向与 H 形成共价键的原子位移.根据光谱和中子衍射数据,C—H 距离是 0.109 nm,N—H 距离约 0.100 nm,电子密度 ρ_H 极大值分别向 C 和 N 移动 0.01—0.02 nm.引起这一位移的原因是 H 原子热运动的各向异性、非简谐性和 H 原子的电离.它们在 H 键中更为显著.

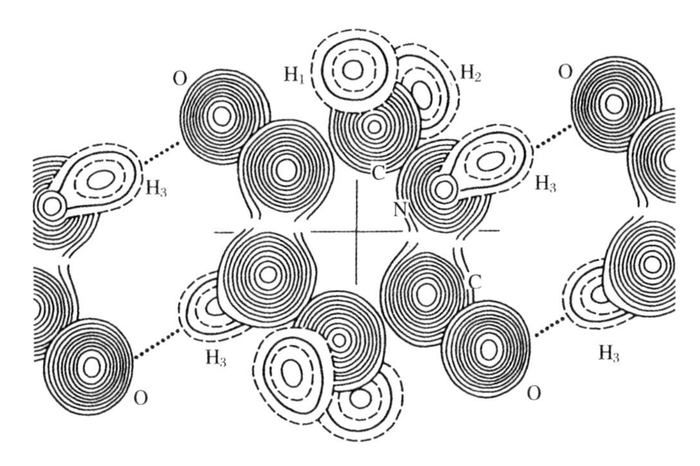

图 1.35 由电子衍射数据得到的双酮哌嗪的静电势傅里叶合成图

明显看到晶体中分子链由 H 键连接.实轮廓线间隔 15 V,虚轮廓线间隔 7.5 V.CH_2 中 H_1,H_2 的势为 32 V 和 33 V;NH—H 氢键的 NH 中的 H_3 的势为 36 V,这说明有局部电离[1.30]

H 原子的外围部分确实只有减小的电子密度.把 H 的球对称电子密度减去的傅里叶差分形变合成图显示出同样的结果(图 1.20,1.33),这一点表现在形变合成图上外侧部分有负的差分电子密度.

液体和气体中的分子 H 键常常是二聚物形成的原因,在晶体中 H 键常常是链(图 1.35)、二维和三维网格形成的原因,在冰的结构中观察到了后者(图 1.38).H 键有方向性,B 原子近似位于 A—H 共价键的延长线上,和键的偏离不超过 20°.

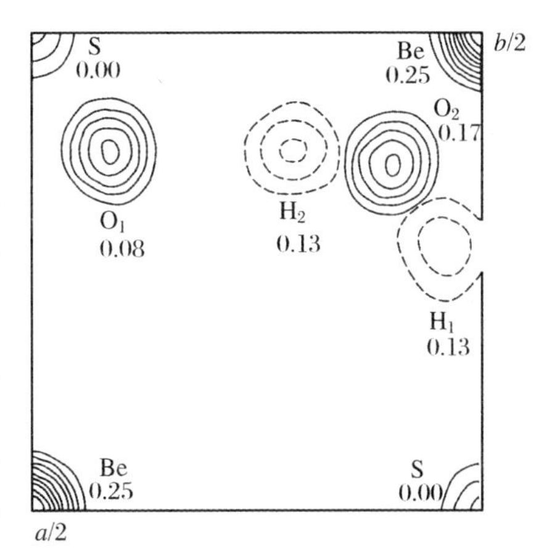

图 1.36 $BeSO_4 \cdot 4H_2O$ 中核密度的傅里叶合成

轮廓线间隔为 $0.46\ cm \cdot 10^{-12}\ Å^{-3}$,数字是核的 z 坐标[1.31]

NH…N 和 NH…O 键的距离为

0.27—0.30 nm. 而 OH…O 键分为短键(0.245—0.26 nm)和长键(达 0.29 nm). 根据 X 射线数据, 金属氟化物水合物中 O—H 距离为 0.07—0.10 nm, OH—F 距离为 0.250—0.290 nm[1.33]. 可以看到这些距离一般比范德瓦耳斯键中 A—B 距离短, 显然也比 H 和 B 的范德瓦耳斯接触短. H 键能略大于弱的分子互作用能, 它约为 5—10 kcal/mol, 比弱键强一些. AH…B 的主要特点可以解释为 AH 团中 H 原子已局部电离, 根据 X 射线和电子衍射等数据, H 含有 0.5 到 0.8e. H 的电离促进了它对电负原子的吸引. 在冰和其他 AH…O 型键中质子指向 O 的电子浓度增大的位置, 即指向孤对电子. 电子密度的差分形变合成直接显示了这一点(图 1.20, 1.37). 与此同时也发生 H 和 B 原子轨道外缘部分重叠的量子力学效应. H 键的离子性还可由组成分子或原子团通常具有偶极矩这一事实证实. 这一点也可以说明含 H 键的某些化合物的铁电性.

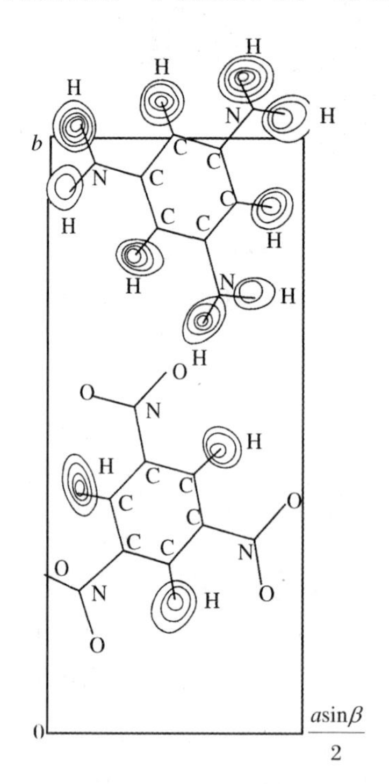

图 1.37 s-三硝基苯和s-三氨基苯 1∶1 复合物的差分电子密度图, 可看到 H 原子的电子密度[1.32]

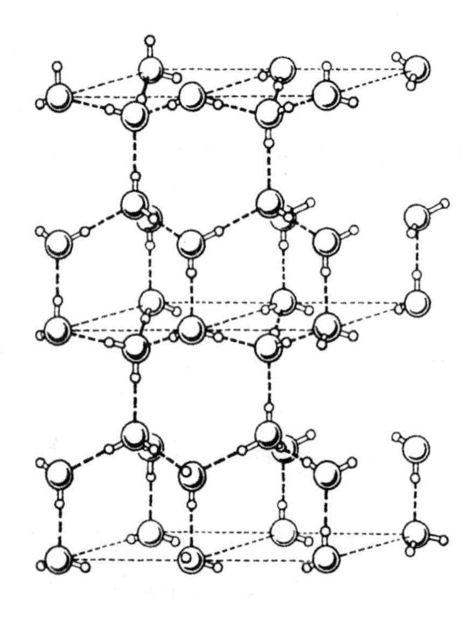

图 1.38 冰的结构

OH…O 键形成四面体, 一个 H_2O 分子中的 H 指向另一 H_2O 中 O 的孤对电子(图 1.19)

准确的中子衍射测量证明 A—H 键愈短(愈强), AH…B 氢键愈长(愈弱)(图 1.39). H 键决定许多无机化合物如水、水合物晶体、氨化物等的结构和性质.冰的结构(图 1.38)的特点是:水分子中的 H 原子的"角"约为 109°,和四面体的角很接近.这里 H 常常在 OH…O 和 O…HO 这两个等价位置上来回走动,统计地看二者的权重各为1/2.在 KH_2PO_4 结构中有类似的现象,原子间的 2 个势阱是等价的,但温度降低后 H 只留在一处.在化合物 KHF_2 中形成一个距离为 0.226 nm 的强氢键 F—H—F,这里 2 个阱合并在一起,所以 H 处在 2 个 F 的中间,沿拉长的势阱的振动也很大.

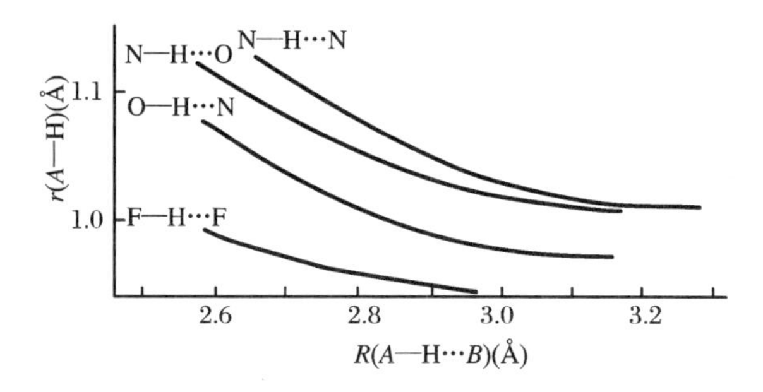

图 1.39 A—H 键长和 A—H…B 氢键长之间的关系

在许多有机化合物中 H 键也很重要,它决定着有机界分子,如蛋白质、核酸等的结构和功能的许多重要特点(2.9 节).

1.2.11 磁有序

迄今为止我们考虑的是使晶体结构得以形成的各种化学键.然而在具有磁矩的原子间还存在另一种互作用.除了晶体结构中原子的周期性有序排列之外,还观察到另一类由原子磁矩的有规则的协调的取向形成的序.

原子壳层电子的总磁矩依赖于原子结构和未抵消的电子自旋.铁族 Fe、Co、Ni 原子具有这种由 3d 未抵消电子引起的固有磁矩,稀土元素 Gd、Dy、Tb、Ho 和其他元素则有 4f 电子引起的磁矩.

电子密度 $\rho(x,y,z)$ 的时间平均函数是坐标的标量函数.原子的磁矩则由轴矢量代表,或由和矢量垂直的等价的元电流圈表示.轴矢量的对称性是 ∞/m(图 1.40,1.41).这样,磁矩的空间分布是坐标的矢函数 $\boldsymbol{j}(x,y,z)$.晶体的磁结构包括电子密度函数和带有磁矩的原子上的磁矩分布.通常只需给出矢量 $\boldsymbol{j}_i(\boldsymbol{r})$ 在每一原子中心的取向.利用中子衍射,可以得到自旋未抵消电子的分布,即所谓的自旋密度(文献[1.6],图 4.99).

引起磁矩有规则取向的自旋互作用具有量子力学特性.氢分子计算[(1.26)—(1.28)式]指出:决定结合能的主要因素是交换积分 H_{12}[(1.27)式];这里有 2 个(自旋平行和反平行)可能的解.

类似地,在自旋未抵消原子组成的晶体中也有交换作用并导致原子的磁有序.这种序表现在材料的宏观铁磁和反铁磁性中.电子的交换能可正可负.在前一场合,平行的自旋取向对应于总能的降低(图 1.40a),元胞的总磁矩不等于零,形成铁磁系统.在后一场合,自旋反平行,元胞总磁矩等于零,形成反铁磁系统(图 1.40b).

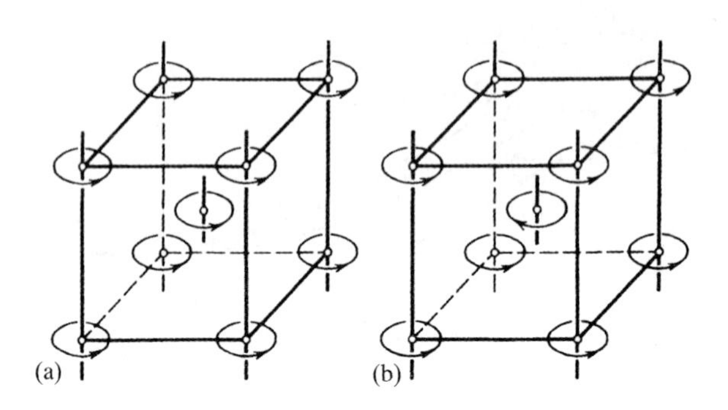

图 1.40　磁有序

(a) 铁的铁磁晶体中磁矩分布;(b) 氟化锰反铁磁晶体中磁矩分布

由于磁作用弱并且不影响晶体中通常的化学键,磁结构存在于通常的晶体结构的框架之中,但并不一定与之重合.磁结构的周期("磁元胞")可以和通常的周期(有时称为"晶体化学"元胞)一致,也可以在某一方向是通常周期的几倍.我们已经知道(见文献[1.6],图 2.98,2.99)磁结构的对称性由反对称群或更一般的色对称群描述.反对称点群对磁结构进行了宏观的描述,有 31 个群描述铁磁体,59 个群描述反铁磁体.除了所有的舒勃尼柯夫群外,有 275 个铁磁体空间群和 629 个反铁磁群[1.34].另一种描述磁结构的方法是点群或空间群的表示理论[1.35].在文献[1.6]的第 2 章中已解释过,两种方法本质上是等价的,因为普遍的对称性群可以建立在普通对称性群表示的基础之上.

除了铁磁性和反铁磁性序,还有其他类型的磁有序.亚铁磁性就是一种中间类型,这里原子的磁矩反平行但量上不等,所以磁元胞中总磁矩不等于零.除了单轴的亚铁磁性,还有多轴亚铁磁性,其中成对的反平行自旋排列有几个取向,也可以形成"多边形"结构.

上述取向类型可以归入普遍的晶体对称性理论,这里的磁元胞是普通元胞的整数倍,除此之外还有一些类型的序和原子的周期排列不协调,形成无公度结构(1.6.5 节).这里有螺旋面序,图 1.41a—d 表示它们的结构:磁矩沿着螺旋面轴转动.在(a)中磁矩和轴垂直,在(b)中磁矩和轴倾斜形成伞状结构,在(c)中磁矩的转角和倾斜角都逐渐改变,在(d)中磁矩和轴的方向重合,其大小从正到负周期地变化.可以用一维周期群 G_1^3 描述这些结构.

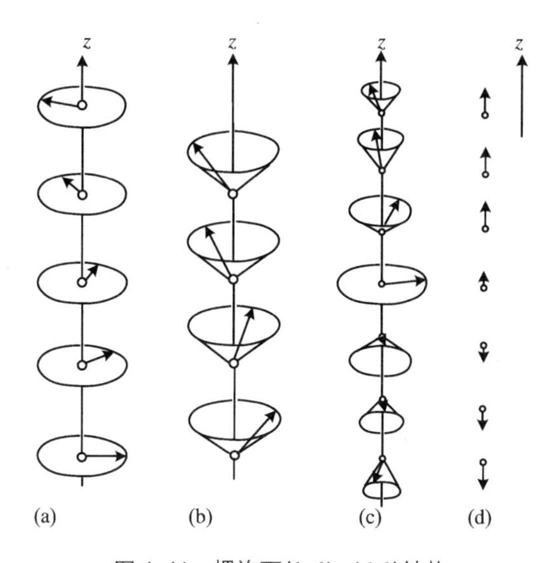

图 1.41 螺旋面(helicoidal)结构

(a) 简单螺旋;(b) 铁磁螺旋;(c) 复杂螺旋;(d) 静态纵自旋波

对复杂磁结构,交换作用和序的理论不能限于考虑磁性原子的直接接触(有时它们根本不接触),还需考虑和有序原子的接触("间接交换").这样才能说明复杂氧化物、氟化物和铁族、稀土族金属化合物的"长程"磁作用和磁序.

由于磁作用能弱,磁序可以被热运动破坏,而晶体的固有结构原封不动.这些温度就是磁相变点.

到现在为止已经研究了一千多种磁结构.文献[1.7]比较详细地讨论了磁性材料的序和畴结构的关系以及晶体的宏观磁性.

1.3 晶体点阵能

1.3.1 晶体点阵能实验测量

组成晶体的原子系的自由能 F 由原子间化学键势能(结合能)U 和热运动

自由能F_T组成：

$$F = U + F_T. \tag{1.46}$$

在绝对零度把晶体分解为相距无限远的原子所需的功等于化学键势能的负值$(-U)$. 1 mol(或克原子)物质的这个能量就是晶体能或传统的所谓"点阵能"(晶体完全离解,即"原子化"的能量). 元素、金属和合金、共价结构的晶体能等于绝对零度的升华热S. S等于蒸发热E和熔解热F之和,如果在蒸发或升华中分子离解,则再加上离解热D,即

$$-U = S + D = E + F + D. \tag{1.47}$$

分子晶体的单元自然是分子而不是原子,因此分子间键的破裂的能量就是点阵能,它等于绝对零度的S或$(E+F)$. 理论计算的点阵能可以和实验值比较.

历史上最初计算的是离子晶体. 它们的点阵能是把晶体离解为离子(而不是原子)的能量U_i. 很明显,(1.47)式的U和U_i的差是阳离子的电离能I^+和阴离子的电子亲和能I^-

$$-U_i = S + D + I^+ - I^-. \tag{1.48}$$

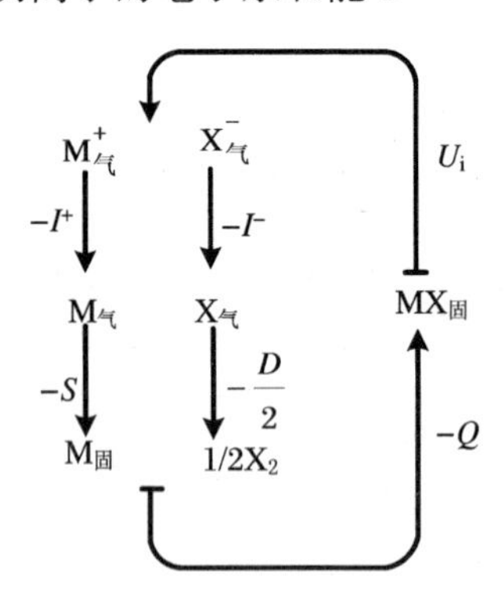

图 1.42 波恩-哈伯循环

离子晶体的U_i实验值可以用玻恩-哈伯循环得出,图1.42是化合物MX(M、X是单电荷离子,如NaCl)的这一循环图. 循环中每一阶段的能量值(除了I^+和I^-)都是298 K时各个反应的热量的变化. 由图得出

$$-U_i = Q + S + I^+ + \frac{D}{2} - I^-. \tag{1.49}$$

分子晶体的点阵能是最低的,离解成分子的$U\sim$1—5 kcal/mol. 元素的点阵能可以由几十直到100 kcal/mol. 如B,130 kcal/mol;Na,26 kcal/mol;C,170 kcal/mol;Ca,42 kcal/mol;Co,101 kcal/mol;I,26 kcal/mol;Os,160 kcal/mol. 离子和共价晶体的点阵能的量级是100 kcal/mol.

1.3.2 势能的计算

晶体的自由能的获得很重要,它是决定晶体结构的所有其他热力学函数和特性,如点阵常数和其他物理常数的关键性因素.

如果我们在平衡晶体结构附近任意地改变原子的排列,这时(1.46)式的F会出现一个最深的极小值,在此处

$$\delta F = \delta U + \delta F_T = 0. \tag{1.50}$$

(1.46)式中的主要部分是点阵能U,条件$\delta U = 0$决定绝对零度某一点阵的原

子排列.得到晶体的平衡原子排列是一个复杂的任务.计算点阵能时通常假定原子坐标已知.当然要解决更复杂的问题也是可能的.显然,如果我们忽略热运动自由能,就不能解决固体中的相变和多形性问题.我们将在第 4 章处理这个问题,这里讨论势能的计算.

晶体能的量子力学计算相当复杂,而 U 可以合理地直观计算:采用对势、给出(1.16),(1.40)式那样的能量半经验式或它们的变化的式子.

假定原子间力是中心力,原子间互作用势的形式是:

$$u_{ik} = u_{ik}(r_{ik}). \tag{1.51}$$

即认为它们是互相独立的,晶体中任意原子组合的势能是这些式子之和.除了金属键,对其他类型的键这是一个好的近似.由对势(如静电势)在所有可能的对上求和得到原子间势为:

$$U = \frac{1}{2}\sum_{i,k} u_{ik}(r_{ik}). \tag{1.52}$$

对 n 个原子,(1.52)式含 $n(n-1)/2$ 项,1/2 的出现是由于 u_{ik} 牵涉到一对原子.函数(1.51)减小得很快,只需取 r 为 1—2 nm 以内的贡献,这就大大减少了求和的项数.到底取多少项是值得认真考虑的问题.

在共价键中原子几乎只和最近邻原子作用,因此只需考虑(1.52)式中由价键结合的原子对的互作用.在金属键中不采用对势互作用,采用如(1.41)式那样的几个单原子项,这时实际上考虑了整个点阵.

如化合物由纯键,即一种键组成,并且化学组分不复杂,能量计算最为简单.这时(1.51)式中的项数不多.由于晶体有周期性,求和式(1.52)可以针对元胞中的原子排列先算出来,再对各个元胞进行计算.这种求和被称为点阵和.

玻恩和他的同事对点阵离子能 U_{i} 进行了最初的经典的计算.先按点阵和(1.52)式求出第一项静电项的贡献.任一 Na 或 Cl 的环境都是一样的.每一离子在 $r = d(AB)$ 处被 6 个异号最近邻包围,在 $\sqrt{2}r$ 处被 12 个同号邻居包围,在 $\sqrt{3}r$ 处有 8 个异号邻居,等等(图 1.13).由此得出:NaCl 型结构中一个离子和其他离子的静电互作用是:

$$U = \frac{e^2}{r}\left(6 - \frac{12}{\sqrt{2}} + \frac{8}{\sqrt{3}} - \frac{6}{\sqrt{4}} + \frac{24}{\sqrt{5}} + \cdots\right) = \frac{e^2}{r}M. \tag{1.53}$$

(1.53)式中的级数收敛快,M 称为马德隆常数.NaCl 结构中它是 1.748,其他结构的 M 值为:CsCl,1.76;CaF_2,5.04;ZnS,1.64;CdI_2,4.38;Al_2O_3,24.24(多价离子晶体的 M 包括了正、负离子价的乘积).除了按(1.53)式得到的静电吸引和排斥能,还要考虑电子壳层之间的排斥力,即(1.15)式中的第二项 $1/r^n$.可以类似于(1.53)式求 M 那样求出壳层排斥的因子 M',这一排斥力随距离的衰减快，M'几乎只和最近邻有关. 最后考虑所有原子对总点阵能有同样的贡献，在 1 mol 中有 N 个这样的原子，得到

$$-U_i(r) = N\frac{Me^2}{r} - \frac{M'b}{r^n}. \tag{1.54}$$

式中第二项小于第一项. 玻恩方程(1.54)式算出的高对称离子晶体的点阵能和实验值的比较见表 1.3.

表 1.3 一些晶体点阵离子能实验值和理论值(kcal/mol)的比较

U_i	LiF	NaCl	RbI	CaF_2	MgO	$PbCl_2$	Al_2O_3	ZnS	Cu_2O	AgI
实验	242	183	145	625	950	521	3 618	852	788	214
理论	244	185	149	617	923	534	3 708	818	644	190

由表可见，单价离子晶体符合得很好，支持了理论计算. 离子价增加后符合变差，但还是满意的. 然而还是不能根据这些数据就肯定玻恩的理论. 问题是在 Al_2O_3 等化合物中离子的电荷不等于形式上的价，是非整数. 其次由玻恩-哈伯循环[(1.49)式]得到这类化合物的 U_i^e 这一点也不能自圆其说，因为循环中的多电荷离子的电子"亲和性"实际上不存在. 另外表中最后的几个化合物中存在相当比例的共价键.

如果我们设对势具有(1.16)式或(1.41)式的形式，则式中的参数可以由晶体的宏观性质得出. 将(1.16)式代入(1.52)式得到：

$$U = \frac{a}{2}\sum_{ik} r_{ik}^{-m} + \frac{b}{2}\sum_{ik} r_{ik}^{-n}. \tag{1.55}$$

这里的参数 a, b, m 和 n 可以从点阵能、摩尔体积、压缩率和热膨胀的实验值得出.

Kapustinsky 对玻恩方程[(1.53)式]进行了简化. 他认为如果把离子的和取为方程的单元，则不同结构的 M 值可以被一个接近常数的系数所代替. 这时

$$U = 256\frac{Z_1 Z_2 \gamma}{d(AB)} \quad (\text{kcal/mol}). \tag{1.56}$$

此式和(1.54)式的差别仅 1%—3%. 在最简单的场合，由(1.56)式计算得到的整个点阵中某一种离子的互作用能和具体结构的关系不大. 所以 Fersman 建议，这个能量对一种离子近似是一种恒定的增量，并称之为"能量常数"(EC)增量. 某些离子的 EC 值如下：

K^+	Na^+	Li^+	Cu^+	Ba^{2+}	Fe^{2+}	Mg^{2+}	Al^{3+}	F^-	Cl^-	Br^-
0.36	0.45	0.55	0.70	1.35	2.12	2.15	4.95	0.37	0.25	0.22
O^{2-}	S^{2-}	N^{3-}								
1.55	1.15	3.60								

在这种近似中点阵能简单地表示为

$$U = 256 \sum EC.$$

此式和(1.56)式及其更复杂一些的修正式都是近似的,因为它认为所有场合下都是纯离子键并过高地估计了多价离子对能量的贡献.它的好处是可以帮助我们估计复杂结构,如矿物的能量,这对于地球化学是重要的.

在玻恩发展经典理论以后,人们对许多晶体的点阵能进行了计算,对互作用势,特别是其中的排斥项采用了更好的近似,还用量子力学进行了处理.例如,排斥势采用了更准确的(1.36)式的 $\exp(-ar)$,适当考虑偶极-偶极范德瓦耳斯力和多极互作用、点阵零点能和所谓多体互作用(不仅考虑最近邻,还考虑次近邻原子波函数在远处的重叠).

计算得到,NaCl 的静电项[(1.53)式]是 205.6 kcal/mol 范德瓦耳斯吸引能为 5.7,排斥能 24.9,零点能 1.4.点阵总离子能 $U_i = 185.2$ kcal/mol (298 K),和实验值一致.

如上所述,晶体能的量子力学计算需要解薛定谔方程并以点阵的布洛赫函数展开式[(1.35)式]用 MO-LCAO 方法进行计算.

在离子晶体中,进一步的量子力学处理也得到同样形式的第一静电项[(1.52)式],考虑离子电荷的大范围分布(不是点状)和共价交换作用[(1.27)式],可得到其他能量项.包括各种修正项的包罗万象的计算不仅给出点阵能,还算出了平衡原子间距离 r,即点阵参数.改变能量表达式中的 r 求能量极小,就可做到这一点,如得到 $d(\text{LiF}) = 0.201$ nm,实验值是 0.200 nm.由于出现在表达式中各项的值很大,而且符号相反,理论值和实验值有时不一致.

表 1.4 是若干晶体(包括离子晶体)的原子化能量 U_a,U_a 永远比 U_i 小 $(-I^+ + I^-)$.见(1.48)式.例如从表 1.3 可得到 $U_i^e = 242$ kcal/mol(LiF)和 950 kcal/mol(MgO)比 U_a 大.

表 1.4 若干晶体 U_a 实验值和理论值的比较(kcal/mol)

材料	LiF	NaCl	KI	MgO	CaF_2	AgI	Al_2O	SiO_2
实验值	199	150	122	239	374	108	730	445
理论值	202	152	125	262	428	116	695	416

对共价晶体,自然只能在量子力学的基础上才能对晶体能进行准确的计算.利用对势近似(1.52)式可以进行简化的计算,而且只保留最近邻项,这样求和可限于单个晶胞中邻近原子的互作用.共价晶体的能量高,如金刚石的 $U =$ 170 kcal/g.

在金属中,量子力学计算得出的实际上是每一原子的点阵能.(1.41)式是由同量级但异号的几项组成的，a，b_1，b_2 等系数的值是从这几项之和得出的，不很可靠，因此理论和实验 U 值有时符合得不好(表 1.5).

表 1.5 一些金属点阵能实验值和理论值的比较(kcal/mol)

材料	Li	Na	K	Cu	Be
实验值	39	26	23	81	75
理论值	36	24	16	33	36—53

以 Li 为例来说明上述一对原子互作用势能 $u(r)$ 和点阵中一对原子互作用势能的差别. 在晶体中平衡距离由 $\mathrm{d}U/\mathrm{d}r=0$ 决定，而不是由 $\mathrm{d}u/\mathrm{d}r=0$ 决定. 在 Li_2 分子中，结合能是 1.14eV，平衡距离 r_e 约为 0.27 nm. 在 Li 晶体中 $U=1.7$ eV，原子间距离也更大，为 0.303 nm. 虽然金属点阵能不能由对作用之和来表示，但形式上可以把上述 1.7 eV 除以 12(每一 Li 原子有 12 个近邻)，得到 0.14 eV；这样可以帮助我们估计"个别"键弱化的程度，而最终晶体和分子相比可获得更低的点阵能. 在离子晶体中也观察到类似的效应；和分子相比原子间距离增大，能量降低. 刚性的共价键的情况不同，分子和晶体中的这些性质变化不大.

1.3.3 有机结构

在最简单的范德瓦耳斯键晶体中，用(1.45)—(1.52)式计算得到的点阵能和实验值一致(表 1.6).

表 1.6 一些材料点阵能实验值和理论值的比较(kcal/mol)

U	Ne	Ar	O_2	CH_4	Cl_2
实验值	0.52	1.77	0.74	2.40	6.00
理论值	0.47	1.48	1.48	2.70	7.18

因为范德瓦耳斯力随距离迅速下降，求和式(1.52)中只须考虑半径为 1.0—1.5 nm 的球以内的原子对.

对复杂的分子，不同分子的原子间的互作用的一个好的近似是(1.45)式那样的"6 exp"势. 这样在计算碳氢化合物时只须找到(1.45)式中三种互作用(C 和 C、C 和 H、H 和 H)的常数，例如从若干典型结构的实验数据得出，随后假设这些势是普适的，用它们去分析同类的所有已知和未知结构. 如果分子具有偶极矩或四极矩，也可同时计算相应的静电互作用. 氢键也可以借助于势能曲线来进行计算.

利用这种方法可以得到有机晶体的良好的物理模型并描述它们的结构和

性质[1.86]. 最简单的问题是计算给定结构的势能,即升华热,例如得到苯的理论值为 11.7 kcal/mol,和实验值 11.0 kcal/mol 符合得较好. 一般在(1.45)式的原子-原子势的基础上描述结构能时,得到的能量可表示为:

$$U = U(a,b,c,\alpha,\beta,\gamma,x_1,y_1,z_1,\theta_1,\varphi_1,\psi_1,x_2,y_2,z_2,\theta_2,\varphi_2,\psi_2,\cdots), \tag{1.57}$$

这里 a,b,c 和 α,β,γ 是元胞的周期和角; x,y,z 是元胞中分子重心的坐标; θ, φ,ψ 是分子取向的欧拉角. 绝对零度的结构和上述多元函数的极小值对应. 但是要求普遍形式的解是困难的,我们只能固定一些变量,同时改变另一些变量得出能量曲面的形状和极小. 例如给定晶体的元胞和空间群,计算分子的取向. 根据能量极小得到的苯的取向计算值和实验值的差别只有 1°—3°. 也可以给定分子取向后得出晶胞参数(图 1.43),或给定空间群和晶胞中分子数后同时计算晶胞参数和分子取向. 这时只须给出(1.57)式中某一分子的 $x,y,z,\theta,\varphi,\psi$,再根据对称操作得到其他分子的这些值.

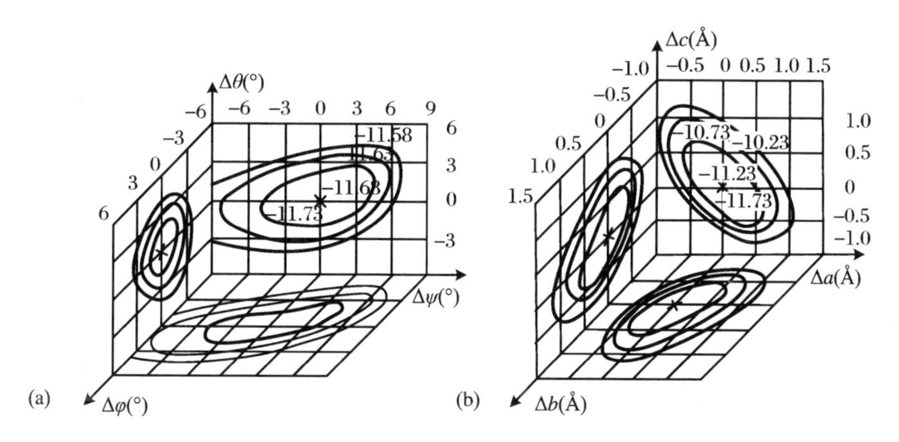

图 1.43 苯的能量曲面极小值处的 $U(\theta,\varphi,\psi)$ 截面(a)和 $U(x,y,z)$ 截面(b)
能量单位是 kcal/mol[1.36]

从分析能量极小的形状出发,我们就可以计算晶体的物理特性,例如, $\partial^2 U/\partial x_i^2$ 确定不同方向上的弹性系数和压缩率曲面的形状. 还可以由此确定分子间振动谱的特点等等. 通常事先给定晶胞参数确定晶体结构后再去求(1.57)式的解,但原则上我们可以从头算出晶体的三维周期性,这时先给出互作用,再计算足够多的原子或分子的 U,从而得到晶胞参数和对称性.

应该指出 U 的极小对应绝对零度的结构. 这个相的结构可以一直保留到熔点(只有热膨胀). 但在另一些场合,会发生结构的变化——相变. 这是由普遍式(1.46)中原子或分子的热运动自由能引起的,在 4.3 节还要进一步讨论.

1.4　晶体化学半径系

1.4.1　原子间距离

原子形成化学键和晶体时相互间有确定的距离.晶体结构实验数据证明:在同一种类型的化学键中,A、B 原子对的距离 $d(AB)$在所有结构中基本上不变(差别仅 0.005—0.01 nm).这一距离和晶体中给定原子对互作用势曲线(图 1.12)的极小值对应.

每一种原子都有自己的电子空间分布,即使是外层电子在形成强化学键时的变化也相当小,更不用说形成弱的范德瓦耳斯键了.因此作为一级近似,可以规定原子的某种“尺寸”,即某一恒定的“半径”(依赖于键的类型),不同原子对间距离是这些半径之和.这就是晶体化学半径的所谓相加性.在新发现的结构中已经确定的晶体化学半径能够很好地保持,这说明这些半径有预测的能力.因此在结构研究积累起来的大量实验数据可以用半径系来概括.但在下面我们可以看到晶体化学半径概念本身和它的值在一定意义上是有条件的.

许多晶体学家和地球化学家发展了晶体化学半径的概念,这里可以追踪到布拉格,他在 1920 年建议了第一个半径系[1.37].哥耳什密特[1.38]和后来的其他研究者在这一领域也作出了显著的贡献,他们汇集了各种半径表.近年来半径系得到了新的改进.

1.4.2　原子半径

考察元素结构中的原子间距离后可以容易地建立元素的原子半径系 r_{at}.它等于最短的原子距离之半(图 1.44):$r_{at}=0.5d(AA)$.在元素的结构(2.1 节)中,原子形成金属键或共价键,因此原子半径系可按键的类型区分为 r_m 和 r_c.实验肯定了由同一种键形成的化合物中这套半径的相加性也可用.如金刚石中 C—C 距离是 0.154 nm,即共价半径(单键)对 C 而言是 0.077 nm.Si—Si 距离(Si 晶体中)是 0.234 nm,相应的半径是 0.117 nm.实验得到 SiC 中 Si—C 距离是 0.189 nm,和 $r(\mathrm{C})+r(\mathrm{Si})=0.194$ nm 符合得不错.可以举出几千个这

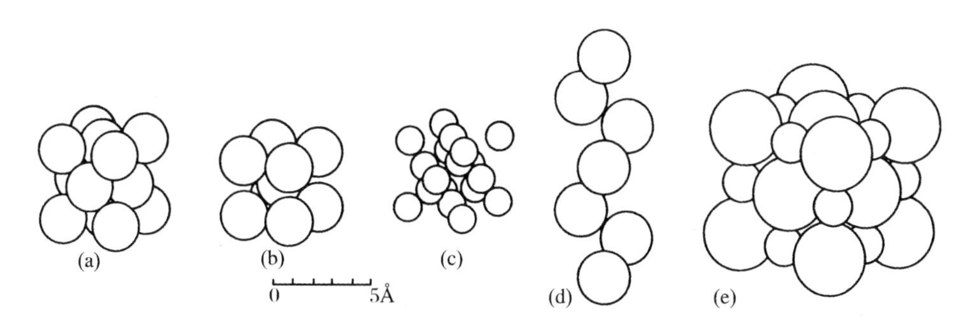

图 1.44 用接触球描述的最简单的结构

(a) Cu;(b) α-Fe;(c) 金刚石;(d) α-Se;(e) NaCl. 元素结构中 r_{at} 是原子间距离之半,在 NaCl 中球半径由一系列结构的相加性原理和其他数据确定

样的例子. 如 $r(\text{Nb}) = 0.145$ nm, $r(\text{Pt}) = 0.138$ nm,二者之和为 0.283 nm,而化合物中两种原子间距离是 0.285 nm. 建立金属半径系时,也考虑了金属间化合物中不同金属原子间的距离的实验数据. 由此可见

$$d(AB) \approx r_{at}(A) + r_{ai}(B). \tag{1.58}$$

表 1.7 和图 1.45 表示原子的半径系. 在一种键中原子间距离因配位不同

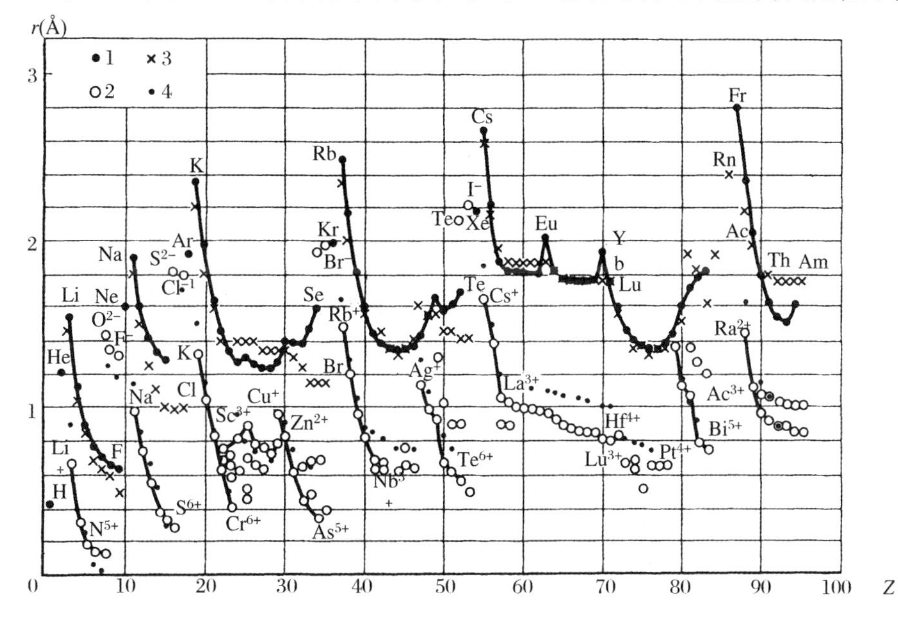

图 1.45 晶体化学半径系

1. 原子半径 r_{at};2. 离子半径 r_i;3. 原子-离子半径 r_{ai};4. 物理离子半径 r_{ph}(图中的值对应于最大的价和配位数 6,如某一元素配位数小于 6,则对应于最大的配位数)

表 1.7　原子半径(Å)

周期	族																	
	Ⅰa	Ⅱa	Ⅲa	Ⅳa	Ⅴa	Ⅵa	Ⅶa	Ⅷa			Ⅰb	Ⅱb	Ⅲb	Ⅳb	Ⅴb	Ⅵb	Ⅶb	Ⅷb
1																	H 0.46	He 1.22
2	Li 1.55	Be 1.13											B 0.91	C 0.77	N 0.71	O	F	Ne 1.60
3	Na 1.89	Mg 1.60											Al 1.43	Si 1.34	P 1.3	S	Cl	Ar 1.92
4	K 2.36	Ca 1.97	Sc 1.64	Ti 1.46	V 1.34	Cr 1.27	Mn 1.30	Fe 1.26	Co 1.25	Ni 1.24	Cu 1.28	Zn 1.39	Ga 1.39	Ge 1.39	As 1.48	Se 1.6	Br	Kr 1.98
5	Rb 2.48	Sr 2.15	Y 1.81	Zr 1.60	Nb 1.45	Mo 1.39	Tc 1.36	Ru 1.34	Rh 1.34	Pd 1.37	Ag 1.44	Cd 1.56	In 1.66	Sn 1.58	Sb 1.61	Te 1.7	I	Xe 2.18
6	Cs 2.68	Ba 2.21	La 1.87	Hf 1.59	Ta 1.46	W 1.40	Re 1.37	Os 1.35	Ir 1.35	Pt 1.38	Au 1.44	Hg 1.60	Tl 1.71	Pb 1.75	Bi 1.82	Po	At	Rn
7	Fr 2.80	Ra 2.35	Ac 2.03															
镧　系				Ce 1.83	Pr 1.82	Nd 1.82	Pm	Sm 1.81	Eu 2.02	Gd 1.79	Tb 1.77	Dy 1.77	Ho 1.76	Er 1.75	Tu 1.74	Yb 1.93	Lu 1.74	
锕　系				Th 1.80	Pa 1.62	U 1.53	Np 1.50	Pu 1.62	Am	Cm	Bk	Cf	Es	Fm	Md	(No)	Lr	

而变化;配位数(c.n.)愈小,键愈强,原子距离愈短.表1.7中给出的金属的 r 是配位数为12时的值. r 减小率和c.n.的关系为:c.n.8,减小2%;c.n.6,减小4%;c.n.4,减小12%.

共价键具有方向性.键长和相应的配位、键的多重性有关.C,N,O,S中相对单键来说, r_c 的缩短率为:双键,12%—14%;三键,20%—22%.C—C键长和键的级别(包括中间级别)见图1.46.四面体共价单键很普遍,表1.13[①]是相应的半径系.

如前所述,共价键和金属键的平衡原子间距离对应于外层电子的显著重叠.图1.29和1.33是径向密度函数重叠示意图.原子半径[(1.58)式]近似等于外层轨道半径[(1.13)式]:

$$r_{at} \approx r_o, \quad d(AB) \approx r_o(A) + r_o(B). \tag{1.59}$$

原子半径-原子序数曲线由原子的电子壳层的结构确定,图1.45的 r_{at} 值和图1.10中的轨道半径接近.两个图都反映出电子壳层的填充规律.新壳层的出现(新周期的开始)使 r_{at} 增大,随后周期内 Z 的增大使 r_{at} 下降,这是核对电子的库仑吸引力增强的结果.在一个长周期的末尾,由于电子数增加, r_{at} 又逐渐增大.内层的填充对 r_{at} 有一些不大的影响,在镧系和锕系中则使它减小.

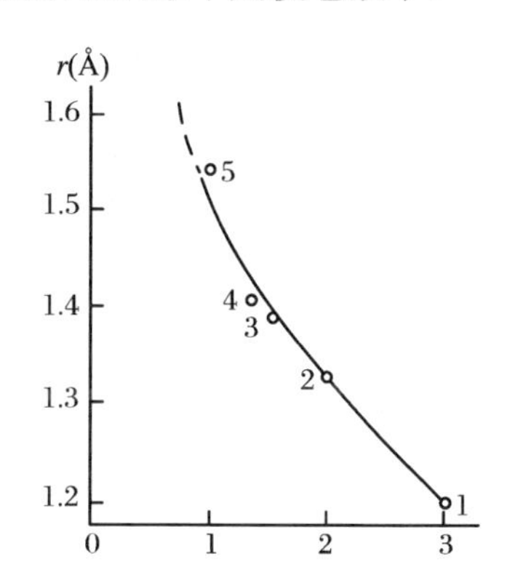

图1.46 C原子间键长和键的级别的关系
1. 乙炔;2. 乙烯;3. 苯;4. 石墨;5. 金刚石

由于轨道半径 r_o[(1.12)式]是自由原子的特性,以及由基态原子外壳层的重叠计算得到的平衡原子间距离 r_{at} 的近似性,图1.45的 r_{at} 图和图1.10的 r_o 图并不完全相符.表1.1和表1.7的比较以及图1.10和图1.45的比较显示:轨道半径 r_o 和原子半径 r_{at} 在周期的开始和中间近似符合.在每一周期的末尾, r_o 继续随 Z 的增大而下降,而原子半径 r_{at} 在第三周期中降得比 r_o 慢,在第四、第五、第六周期中 r_{at} 甚至有所上升.在有些元素中,如Ag,Sb,Te,Hg,Ta,Pb,Bi中,二者的差别可以达到百分之几纳米.这一点可以肯定地

① 在1979年出版的《现代晶体学》(卷1)俄文版中的此处有表1.13.在1982—2000年出版的《现代晶体学》(卷1)英文1—3版中引处已找不到表1.13,原因是此表已被作者改为表2.1放在2.4节“共价结构”中.——译者注

说明,对这些元素来说,纯 AO 模型是不够的,必须考虑晶体中这些元素的电子壳层的互作用及相应的能级的变化.

1.4.3 离子半径

和原子半径系相似,也可以建立离子晶体的离子半径(r_i)系.然而由原子间距离得到 r_i 的方法是含糊的.为了得出 r_i,可利用一系列同形(排列上等同)结构的正负离子距离.这种系列的典型例子是碱金属卤化物和某些氧化物的结构.图 1.44 已画出了 NaCl 的结构,图 1.47 是一系列和 NaCl 同形的面心立方结构和 3 个构造不同的另一类结构 CsCl、CsBr 和 CsI,后一类结构中阴离子位于立方体的体心.从观察到的正负离子($A-B$)距离

$$d(A_1B) = r_i(A_1) + r_i(B), \quad d(A_2B) = r_i(A_2) + r_i(B),$$

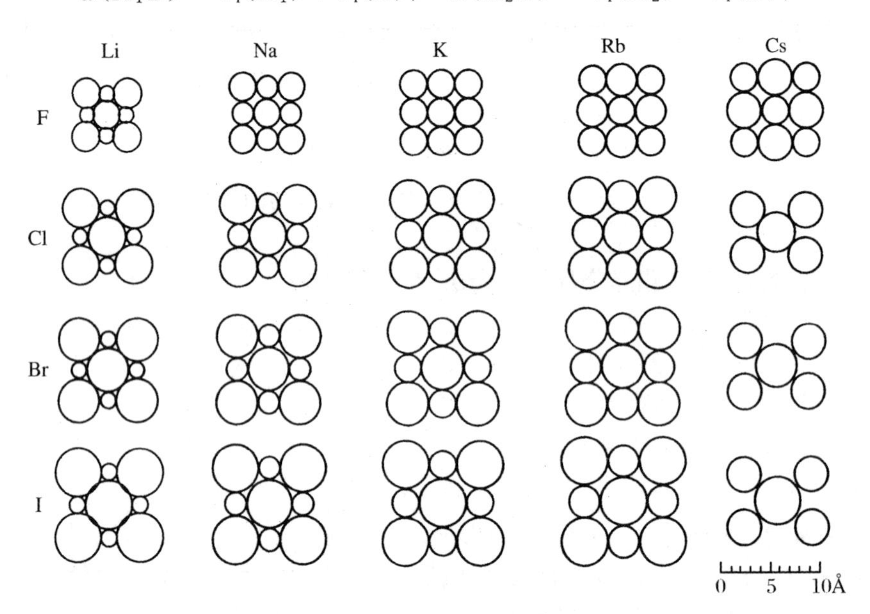

图 1.47 碱金属卤化物立方晶胞(100)上半径为 r_i 的离子的排列
CsCl、CsBr 和 CsI 中画出的是结构的对角(110)上的离子排列

得到阳离子半径之差

$$r_i(A_1) - r_i(A_2) = d(A_1B) - d(A_2B) \tag{1.60}$$

类似地得到阴离子半径之差

$$r_i(B_1) - r_i(B_2) = d(AB_1) - d(AB_2) \tag{1.61}$$

显然要建立一个确定的离子半径系,需要把某些原子的 r_i 作为"标准"或利用某些其他数据.因为假如由某一 r_i 系可以计算出原子间距离如下:

$$d(AB) = r_{cat} + r_{an}. \tag{1.62}$$

这里 cat 和 an 分别指阳离子和阴离子，则另一 r_i'系

$$r'_{cat} = r_{cat} \pm \delta, \quad r'_{an} = r_{an} \mp \delta \tag{1.63}$$

也可给出同样的原子间距离：

$$d(AB) = r'_{cat} + r'_{an}. \tag{1.64}$$

从摩尔折射度出发，哥德什密特[1.38]设氟离子(F^-)的离子半径为 0.133 nm，氧离子的 $r_i(O^{2-})$为 0.132 nm. 泡令[1.39,1.40]则把 NaF、KCl、RbBr 和 CsI 取为标准，假定它们的 r_{cat}/r_{an}比约为 0.75，从而建立了有所不同的系，其中 $r_i(F^-)$为 0.136 nm，$r_i(O^{2-})$为 0.140 nm. 有以下判据可以帮助我们消除(1.63)式中 δ 的选择的不确定性：我们可以在含有大的阴离子的结构中设定阴离子互相接触，再用距离得到半径[1.41]. 在碱卤化物的同形系列(图 1.47)中 LiCl 和 LiBr 就是这样的结构，在许多结构中都可观察到"接触"的阴离子，这时

$$d(BB) \approx 2r_{an}. \tag{1.65}$$

现在已有了"经典的"有效离子半径系，其中 r_{an}可以满意地描述正负离子对的距离[(1.62)式]和"接触的"阴离子对的距离[(1.65)式]. 不过对大的阴离子仍观察到了误差，如 $r_i(I^-)$为 0.220 nm，$2r_i(I^-)$为 0.440 nm，而 LiI 中 I—I 对的距离是 0.426 nm.

Belov 和 Boky[1.42]对哥德什密特的离子半径系作了修正，他们设 $r_i(O^{2-})$为 0.136 nm，并给出了图 1.45 和表 1.8a 中的值. 在这张表中，门捷列夫周期表中每一周期中阴离子半径大于阳离子半径，如 $r(Li^+) = 0.068$ nm 而 $r(F^-) = 0.133$ nm；下一周期二者均增大，$r(Na^+) = 0.098$ nm，$r(Cl^-) = 0.181$ nm 等. 按照 r_i 系的数据，阳离子永不接触.

简单结构中观察到的离子间距离通常和相应的半径之和符合，准确度达到约 1%—3%. 在非对称配位的复杂结构和具有大的阴离子的结构中，相加性的误差达几个百分点. 可以根据配位作相应的修正. 表上的 r_i 是阳离子配位数等于 6 时的值. 配位数增大时，r_i 会有所增大，例如 c. n. 为 8 时增加 3%，c. n 为 12 时增加 12%. 在具有大的离子的结构中相加性的偏差来源于它们的刚性不够和电子壳层的"极化"，如 AgBr 中，$\sum r_i = 0.309$ nm，而 $d(AB) = 0.288$ nm.

上述离子半径之所以被称为有效半径，是因为半径系对描述和预言原子间距离是相当有效的. 许多晶体化学规则，包括许多化合物中的原子配位，同形替代现象等，都可以用"经典的"半径系进行解释，但是在实际应用中难免有不一致的情形.

当初引入半径系的时候，原子和晶体中电子分布的知识还很含糊，并没有

表 1.8a 离子半径

周期	族																	
	Ⅰa	Ⅱa	Ⅲa	Ⅳa	Ⅴa	Ⅵa	Ⅶa	Ⅷa			Ⅰb	Ⅱb	Ⅲb	Ⅳb	Ⅴb	Ⅵb	Ⅶb	Ⅷb
1																	H 1^- 1.36 1^+ 0.00	He
2	Li 1^+ 0.68	Be 2^+ 0.34											B 3^+ 0.20	C 4^+ 0.2 4^+ 0.15 4^- 2.60	N 3^+ 5^+ 0.15 3^- 1.86	O 2^- 1.36	F 1^- 1.33	Ne
3	Na 1^+ 0.98	Mg 2^+ 0.74											Al 3^+ 0.57	Si 4^+ 0.39	P 3^+ 5^+ 0.35 3^- 1.86	S 2^- 1.82 6^+ 0.29	Cl 1^- 1.81 7^+ 0.26	Ar
4	K 1^+ 1.33	Ca 2^+ 1.04	Sc 3^+ 0.83	Ti 2^+ 0.78 3^+ 0.69 4^+ 0.64	V 2^+ 0.72 3^+ 0.67 4^+ 0.61 5^+ 0.4	Cr 2^+ 0.83 3^+ 0.64 6^+ 0.35	Mn 2^+ 0.91 3^+ 0.70 4^+ 0.52 7^+ 0.46	Fe 2^+ 0.80 3^+ 0.67	Co 2^+ 0.78 3^+ 0.64	Ni 2^+ 0.74	Cu 1^+ 0.98 2^+ 0.80	Zn 2^+ 0.83	Ga 3^+ 0.62	Ge 2^+ 0.65 4^+ 0.44	As 3^+ 0.69 5^+ 0.47 3^- 1.91	Se 2^- 1.93 5^+ 0.69 6^+ 0.35	Br 1^- 1.96 7^+ 0.39	Kr
5	Rb 1^+ 1.49	Sr 2^+ 1.20	Y 3^+ 0.97	Zr 4^+ 0.82	Nb 4^+ 0.67 5^+ 0.66	Mo 4^+ 0.68 6^+ 0.65	Tc	Ru 4^+ 0.62	Rh 3^+ 0.75 4^+ 0.65	Pd 4^+ 0.64	Ag 1^+ 1.13	Cd 2^+ 0.99	In 1^+ 1.30 3^+ 0.92	Sn 2^+ 1.02 4^+ 0.67	Sb 3^+ 0.90 5^+ 0.62 3^- 2.08	Te 2^- 2.11 4^+ 0.89 6^+ 0.56	I 1^- 2.20 7^+ 0.50	Xe
6	Cs 1^+ 1.65	Ba 2^+ 1.38	La 3^+ 0.82 4^+ 0.90	Hf 4^+ 0.82	Ta 5^+ 0.66	W 4^+ 0.68 6^+ 0.65	Re 6^+ 0.52	Os 4^+ 0.65	Ir 4^+ 0.65	Pt 4^+ 0.64	Au 1^+ 1.37	Hg 2^+ 1.12	Tl 1^+ 1.36 3^+ 1.05	Pb 2^+ 1.26 4^+ 0.76	Bi 3^+ 1.20 5^+ 0.74 3^- 2.13	Po	At	Rn
7	Fr	Ra 2^+ 1.44	Ac 3^+ 1.11															
镧系				Ce 3^+ 1.02 4^+ 0.88	Pr 3^+ 1.00	Nd 3^+ 0.99	Pm 3^+ 0.98	Sm 3^+ 0.97	Eu 3^+ 0.97	Gd 3^+ 0.94	Tb 3^+ 0.89	Dy 3^+ 0.88	Ho 3^+ 0.86	Er 3^+ 0.85	Tu 3^+ 0.85	Yb 3^+ 0.81	Lu 3^+ 0.80	
锕系				Th 3^+ 1.08 4^+ 0.95	Pa 3^+ 1.06 4^+ 0.91	U 3^+ 1.04 4^+ 0.89	Np 3^+ 1.02 4^+ 0.88	Pu 3^+ 1.01 4^+ 0.86	Am 3^+ 1.00 4^+ 0.85	Cm	Bk	Cf	Es	Fm	Md	No	Lr	

表 1.8b 离子半径

Ion	ec	c.n.	sp	r_{ph}	r_i	Ion	ec	c.n.	sp	r_{ph}	r_i	Ion	ec	c.n.	sp	r_{ph}	r_i
Ac^{3+}	$6p^6$	6		1.26	1.12			6		0.60	0.46	Bk^{4+}	$5f^7$	6		0.97	0.83
Ag^{1+}	$4d^{10}$	2		0.81	0.67	At^{7+}	$5d^{10}$	6		0.76	0.62			8		1.07	0.93
		4		1.14	1.00	Au^{1+}	$5d^{10}$	6		1.51	1.37	Br^{1-}	$4p^6$	6		1.82	1.96
		4*sq*		1.16	1.02	Au^{3+}	$5d^8$	4*sq*		0.82	0.68	Br^{3+}	$4p^2$	4*sq*		0.73	0.59
		5		1.23	1.09			6		0.99	0.85	Br^{5+}	$4s^2$	3*py*		0.45	0.31
		6		1.29	1.15	Au^{5+}	$5d^6$	6		0.71	0.57	Br^{7+}	$3d^{10}$	4		0.39	0.25
		7		1.36	1.22	B^{3+}	$1s^2$	3		0.15	0.01			6		0.53	0.39
		8		1.42	1.28			4		0.25	0.11	C^{4+}	$1s^2$	3		0.06	−0.08
Ag^{2+}	$4d^9$	4*sq*		0.93	0.79			6		0.41	0.27			4		0.29	0.15
		6		1.08	0.94	Ba^{2+}	$5p^6$	6		1.49	1.35			6		0.30	0.16
Ag^{3+}	$4d^8$	4*sq*		0.81	0.67			7		1.52	1.38	Ca^{2+}	$3p^6$	6		1.14	1.00
		6		0.89	0.75			8		1.56	1.42			7		1.20	1.06
Al^{3+}	$2p^6$	4		0.53	0.39			9		1.61	1.47			8		1.26	1.12
		5		0.62	0.48			10		1.66	1.52			9		1.32	1.18
		6		0.675	0.535			11		1.71	1.57			10		1.37	1.23
Am^{2+}	$5f^7$	7		1.35	1.21			12		1.75	1.61			12		1.48	1.34
		8		1.40	1.26	Be^{2+}	$1s^2$	3		0.30	0.16	Cd^{2+}	$4d^{10}$	4		0.92	0.78
		9		1.45	1.31	Be^{2+}	$1s^2$	4		0.41	0.27			5		1.01	0.87
Am^{3+}	$5f^5$	6		1.115	0.975			6		0.59	0.45			6		1.09	0.95
		8		1.23	1.09	Bi^{3+}	$6s^2$	5		1.10	0.96			7		1.17	1.03
Am^{4+}	$5f^5$	6		0.99	0.85			6		1.17	1.03			8		1.24	1.10
		8		1.09	0.95			8		1.31	1.17			12		1.45	1.31
As^{3+}	$4s^2$	6		0.72	0.58	Bi^{5+}	$5d^{10}$	6		0.90	0.76	Ce^{3+}	$6s^1$	6		1.15	1.01
As^{5+}	$3d^{10}$	4		0.475	0.335	Bk^{3+}	$5f^8$	6		1.10	0.96			7		1.21	1.07

续表

Ion	ec	c. n.	sp	r_{ph}	r_i	Ion	ec	c. n.	sp	r_{ph}	r_i	Ion	ec	c. n.	sp	r_{ph}	r_i
		8		1.283	1.143				hs	0.75	0.61			5		0.79	0.65
		9		1.336	1.196	Co^{4+}	$3d^5$	4		0.54	0.40			6		0.87	0.73
		10		1.39	1.25			6	hs	0.67	0.53	Cu^{3+}	$3d^8$	6	ls	0.68	0.54
		12		1.48	1.34	Cr^{2+}	$3d^4$	6	ls	0.87	0.73	D^{1+}	$1s^0$	2		0.04	−0.10
Ce^{4+}	$5p^6$	6		1.01	0.87				hs	0.94	0.80	Dy^{2+}	$4f^{10}$	6		1.21	1.07
		8		1.11	0.97	Cr^{3+}	$3d^3$	6		0.755	0.615			7		1.27	1.13
		10		1.21	1.07	Cr^{4+}	$3d^2$	4		0.55	0.41			8		1.33	1.19
		12		1.28	1.14			6		0.69	0.55	Dy^{3+}	$4f^9$	6		1.052	0.912
Cf^{3+}	$6d^1$	6		1.09	0.95	Cr^{5+}	$3d^1$	4		0.485	0.345			7		1.11	0.97
Cf^{4+}	$5f^8$	6		0.961	0.821			6		0.63	0.49			8		1.167	1.027
Cf^{4+}	$5f^8$	8		1.06	0.92			8		0.71	0.57			9		1.223	1.083
Cl^{1-}	$3p^6$	6		1.67	1.81	Cr^{6+}	$3p^6$	4		0.40	0.26	Er^{3+}	$4f^{11}$	6		1.030	0.890
Cl^{5+}	$3s^2$	3*py*		0.26	0.12			6		0.58	0.44			7		1.085	0.945
Cl^{7+}	$2p^6$	4		0.22	0.08	Cs^{1+}	$5p^6$	6		1.81	1.67			8		1.144	1.004
		6		0.41	0.27			8		1.88	1.74			9		1.202	1.062
Cm^{3+}	$5f^7$	6		1.11	0.97			9		1.92	1.78	Eu^{2+}	$4f^7$	6		1.31	1.17
Cm^{4+}	$5f^6$	6		0.99	0.85			10		1.95	1.81			7		1.34	1.20
		8		1.09	0.95			11		1.99	1.85			8		1.39	1.25
Co^{2+}	$3d^7$	4	hs	0.72	0.58			12		2.02	1.88			9		1.44	1.30
		5		0.81	0.67	Cu^{1+}	$3d^{10}$	2		0.60	0.46			10		1.49	1.35
		6	ls	0.79	0.65			4		0.74	0.60	Eu^{3+}	$4f^6$	6		1.087	0.947
			hs	0.885	0.745			6		0.91	0.77			7		1.15	1.01
		8		1.04	0.90	Cu^{2+}	$3d^9$	4		0.71	0.57			8		1.206	1.066
Co^{3+}	$3d^6$	6	ls	0.685	0.545			4sq		0.71	0.57			9		1.260	1.120

续表

Ion	ec	c.n.	sp	r_{ph}	r_i	Ion	ec	c.n.	sp	r_{ph}	r_i	Ion	ec	c.n.	sp	r_{ph}	r_i
F^{1-}	$2p^6$	2		1.145	1.285	Gd^{3+}	$4f^7$	7		1.14	1.00	I^{1-}	$5p^6$	6		2.06	2.20
		3		1.16	1.30	Gd^{3+}	$4f^7$	8		1.193	1.053	I^{5+}	$5s^2$	3*py*		0.58	0.44
		4		1.17	1.31			9		1.247	1.107			6		1.09	0.95
		6		1.19	1.33	Ge^{2+}	$4s^2$	6		0.87	0.73	I^{7+}	$4d^{10}$	4		0.56	0.42
F^{7+}	$1s^2$	6		0.22	0.08	Ge^{4+}	$3d^{10}$	4		0.530	0.390			6		0.67	0.53
Fe^{2+}	$3d^6$	4	hs	0.77	0.63			6		0.670	0.530	In^{3+}	$4d^{10}$	4		0.76	0.62
		4*sq*	hs	0.78	0.64	H^{1+}	$1s^0$	1		−0.24	−0.38			6		0.940	0.800
		6	ls	0.75	0.61			2		−0.04	−0.18			8		1.06	0.92
			hs	0.920	0.780	Hf^{4+}	$4f^{14}$	4		0.72	0.58	Ir^{3+}	$5d^6$	6		0.82	0.68
		8	hs	1.06	0.92			6		0.85	0.71	Ir^{4+}	$5d^5$	6		0.765	0.625
Fe^{3+}	$3d^5$	4	hs	0.63	0.49			7		0.90	0.76	Ir^{5+}	$5d^4$	6		0.71	0.57
		5		0.72	0.58			8		0.97	0.83	K^{1+}	$3p^6$	4		1.51	1.37
		6	ls	0.69	0.55	Hg^{1+}	$6s^1$	3		1.11	0.97			6		1.52	1.38
			hs	0.785	0.645			6		1.33	1.19			7		1.60	1.46
		8	hs	0.92	0.78	Hg^{2+}	$5d^{10}$	2		0.83	0.69			8		1.65	1.51
Fe^{4+}	$3d^4$	6		0.725	0.585			4		1.10	0.96			9		1.69	1.55
Fe^{6+}	$3d^2$	4		0.39	0.25			6		1.16	1.02			10		1.73	1.59
Fr^{1+}	$6p^6$	6		1.94	1.80			8		1.28	1.14			12		1.78	1.64
Ga^{3+}	$3d^{10}$	4		0.61	0.47	Ho^{3+}	$4f^{10}$	6		1.041	0.901	La^{3+}	$4d^{10}$	6		1.1 72	1.032
		5		0.69	0.55			8		1.155	1.015			7		1.24	1.10
		6		0.760	0.620			9		1.212	1.072			8		1.300	1.160
Gd^{3+}	$4f^7$	6		1.078	0.938			10		1.26	1.12			9		1.356	1.216

续表

Ion	ec	c. n.	sp	r_{ph}	r_i	Ion	ec	c. n.	sp	r_{ph}	ri	Ion	ec	c. n.	sp	r_{ph}	ri
		10		1.41	1.27			6		0.670	0.530			9		1.38	1.24
La^{3+}	$4d^{10}$	12		1.50	1.36	Mn^{5+}	$3d^2$	4		0.47	0.33	Na^{1+}	$2p^6$	12		1.53	1.39
Li^{1+}	$1s^2$	4		0.730	0.590	Mn^{6+}	$3d^1$	4		0.395	0.255	Nb^{3+}	$4d^2$	6		0.86	0.72
		6		0.90	0.76	Mn^{7+}	$3p^6$	4		0.39	0.25	Nb^{4+}	$4d^1$	6		0.82	0.68
		8		1.06	0.92			6		0.60	0.46			8		0.93	0.79
Lu^{3+}	$4f^{14}$	6		1.001	0.861	Mo^{3+}	$4d^3$	4		0.83	0.69	Nb^{5+}	$4p^6$	4		0.62	0.48
		8		1.117	0.977	Mo^{4+}	$4d^2$	6		0.790	0.650			6		0.78	0.64
		9		1.172	1.032	Mo^{5+}	$4d^1$	4		0.60	0.46			7		0.83	0.69
Mg^{2+}	$2p^6$	4		0.71	0.57			6		0.75	0.61			8		0.88	0.74
		5		0.80	0.66	Mo^{6+}	$4p^6$	4		0.55	0.41	Nd^{2+}	$4f^4$	8		1.43	1.29
		6		0.860	0.720			5		0.64	0.50			9		1.49	1.35
		8		1.03	0.89			6		0.73	0.59	Nd^{3+}	$4f^3$	6		1.123	0.983
Mn^{2+}	$3d^5$	4	hs	0.80	0.66			7		0.87	0.73			8		1.249	1.109
		5	hs	0.89	0.75	N^{3-}	$2p^6$	4		1.32	1.46			9		1.303	1.163
		6	1s	0.81	0.67	N^{3+}	$2s^2$	6		0.30	0.16			12		1.41	1.27
			hs	0.970	0.830	N^{5+}	$1s^2$	3		0.044	−0.104	Ni^{2+}	$3d^8$	4		0.69	0.55
		7	hs	1.04	0.690			6		0.27	0.13			4sq		0.63	0.49
		8		1.10	0.96	Na^{1+}	$2p^6$	4		1.13	0.99			5		0.77	0.63
Mn^{3+}	$3d^4$	5		0.72	0.58			5		1.14	1.00			6		0.830	0.690
		6	ls	0.72	0.58			6		1.16	1.02	Ni^{3+}	$3d^7$	6	ls	0.70	0.56
			hs	0.785	0.645			7		1.26	1.12				hs	0.74	0.60
Mn^{4+}	$3d^3$	4		0.53	0.39			8		1.32	1.18	Nl^{4+}	$3d^6$	6	1s	0.62	0.48

续表

Ion	ec	c. n.	sp	r_{ph}	r_i	Ion	ec	c. n.	sp	r_{ph}	r_i	Ion	ec	c. n.	sp	r_{ph}	r_i
No^{2+}	$5f^{14}$	6		1.24	1.1	Os^{8+}	$5p^6$	4		0.53	0.39			8		1.08	0.94
Np^{2+}	$5f^5$	6		1.24	1.10	P^{3+}	$3s^2$	6		0.58	0.44	Pd^{1+}	$4d^9$	2		0.73	0.59
Np^{3+}	$5f^4$	6		1.15	1.01	P^{5+}	$2p^6$	4		0.31	0.17	Pd^{2+}	$4d^8$	4*sq*		0.78	0.64
Np^{4+}	$5f^3$	6		1.01	0.87			5		0.43	0.29			6		1.00	0.86
		8		1.12	0.98			6		0.52	0.38	Pd^{3+}	$4d^7$	6		0.90	0.76
Np^{5+}	$5f^2$	6		0.89	0.75	Pa^{3+}	$5f^2$	6		1.18	1.04	Pd^{4+}	$4d^6$	6		0.755	0.615
Np^{6+}	$5f^1$	6		0.86	0.72	Pa^{4+}	$6d^1$	6		1.04	0.90	Pm^{3+}	$4f^4$	6		1.11	0.97
Np^{7+}	$6p^6$	6		0.85	0.71			8		1.15	1.01			8		1.233	1.093
O^{2-}	$2p^6$	2		1.21	1.35	Pa^{5+}	$6p^6$	6		0.92	0.78			9		1.284	1.144
		3		1.22	1.36			8		1.05	0.91	Po^{4+}	$6s^2$	6		1.08	0.94
		4		1.24	1.38			9		1.09	0.95			8		1.22	1.08
		6		1.26	1.40	Pb^{2+}	$6s^2$	4*py*		1.12	0.98	Po^{6+}	$5d^{10}$	6		0.81	0.67
		8		1.28	1.42			6		1.33	1.19	Pr^{3+}	$4f^2$	6		1.13	0.99
OH^{1-}		2		1.18	1.32			7		1.37	1.23			8		1.266	1.1 26
		3		1.20	1.34			8		1.43	1.29			9		1.319	1.179
		4		1.21	1.35			9		1.49	1.35	Pr^{4+}	$4f^1$	6		0.99	0.85
		6		1.23	1.37			10		1.54	1.40			8		1.10	0.96
Os^{4+}	$5d^4$	6		0.770	0.630			11		1.59	1.45	Pt^{2+}	$5d^8$	4*sq*		0.74	0.60
Os^{5+}	$5d^3$	6		0.715	0.575			12		1.63	1.49			6		0.94	0.80
Os^{6+}	$5d^2$	5		0.63	0.49	Pb^{4+}	$5d^{10}$	4		0.79	0.65	Pt^{4+}	$5d^6$	6		0.765	0.625
Os^{6+}	$5d^2$	6		0.685	0.545			5		0.87	0.73	Pt^{5+}	$5d^5$	6		0.71	0.57
Os^{7+}	$5d^1$	6		0.665	0.525			6		0.915	0.775	Pu^{3+}	$5f^5$	6		1.14	1.00

续表

Ion	ec	c. n.	sp	r_{ph}	r_i	Ion	ec	c. n.	sp	r_{ph}	r_i	Ion	ec	c. n.	sp	r_{ph}	r_i
Pu^{4+}	$5f^4$	6		1.00	0.86	Ru^{3+}	$4d^5$	6		0.82	0.68			8		1.41	1.27
		8		1.10	0.96	Ru^{4+}	$4d^4$	6		0.760	0.620			9		1.46	1.32
Pu^{5+}	$5f^3$	6		0.88	0.74	Ru^{5+}	$4d^3$	6		0.705	0.565	Sm^{3+}	$4f^5$	6		1.098	0.958
Pu^{6+}	$5f^2$	6		0.85	0.71	Ru^{7+}	$4d^1$	4		0.52	0.38			7		1.16	1.02
Ra^{2+}	$6p^6$	8		1.62	1.48	Ru^{8+}	$4p^6$	4		0.50	0.36			8		1.219	1.079
		12		1.84	1.70	S^{2-}	$3p^6$	6		1.70	1.84			9		1.272	1.132
Rb^{1+}	$4p^6$	6		1.66	1.52	S^{4+}	$3s^2$	6		0.51	0.37			12		1.38	1.24
		7		1.70	1.56	S^{6+}	$2p^6$	4		0.26	0.12	Sn^{4+}	$4d^{10}$	4		0.69	0.55
		8		1.75	1.61			6		0.43	0.29			5		0.76	0.62
		9		1.77	1.63	Sb^{3+}	$5s^2$	4*py*		0.90	0.76			6		0.830	0.690
		10		1.80	1.66			5		0.94	0.80			7		0.89	0.75
		11		1.83	1.69			6		0.90	0.76			8		0.95	0.81
		12		1.86	1.72	Sb^{5+}	$4d^{10}$	6		0.74	0.60	Sr^{2+}	$4p^6$	6		1.32	1.18
		14		1.97	1.83	Sc^{3+}	$3p^6$	6		0.885	0.745			7		1.35	1.21
Re^{4+}	$5d^3$	6		0.77	0.63	Sc^{3+}	$3p^6$	8		1.010	0.870			8		1.40	1.26
Re^{5+}	$5d^2$	6		0.72	0.58	Se^{2-}	$4p^6$	6		1.84	1.98			9		1.45	1.31
Re^{6+}	$5d^1$	6		0.69	0.55	Se^{4+}	$4s^2$	6		0.64	0.50			10		1.50	1.36
Re^{7+}	$5p^6$	4		0.52	0.38	Se^{6+}	$3d^{10}$	4		0.42	0.28			12		1.58	1.44
		6		0.67	0.53			6		0.56	0.42	Ta^{3+}	$5d^2$	6		0.86	0.72
Rh^{3+}	$4d^6$	6		0.805	0.665	Si^{4+}	$2p^6$	4		0.40	0.26	Ta^{4+}	$5d^1$	6		0.82	0.68
Rh^{4+}	$4d^5$	6		0.74	0.60			6		0.540	0.400	Ta^{5+}	$5p^6$	6		0.78	0.64
Rh^{5+}	$4d^4$	6		0.69	0.55	Sm^{2+}	$4f^6$	7		1.36	1.22			7		0.83	0.69

续表

Ion	ec	c. n.	sp	r_{ph}	r_i	Ion	ec	c. n.	sp	r_{ph}	r_i	Ion	ec	c. n.	sp	r_{ph}	r_i
		8		0.88	0.74			12		1.35	1.21			9		1.19	1.05
Tb^{3+}	$4f^8$	6		1.063	0.923	Ti^{2+}	$3d^2$	6		1.00	0.86			12		1.31	1.17
		7		1.12	0.98	Ti^{3+}	$3d^1$	6		0.810	0.670	U^{5+}	$5f^1$	6		0.90	0.76
		8		1.180	1.040	Ti^{4+}	$3p^6$	4		0.56	0.42			7		0.98	0.84
		9		1.235	1.095			5		0.65	0.51	U^{6+}	$6p^6$	2		0.59	0.45
Tb^{4+}	$4f^7$	6		0.90	0.76			6		0.745	0.605			4		0.66	0.52
		8		1.02	0.88			8		0.88	0.74			6		0.87	0.73
Tc^{4+}	$4d^3$	6		0.785	0.645	Tl^{1+}	$6s^2$	6		1.64	1.50			7		0.95	0.81
Tc^{5+}	$4d^2$	6		0.74	0.60			8		1.73	1.59			8		1.00	0.86
Tc^{7+}	$4p^6$	4		0.51	0.37			12		1.84	1.70	V^{2+}	$3d^3$	6		0.93	0.79
		6		0.70	0.56	Tl^{3+}	$5d^{10}$	4		0.89	0.75	V^{3+}	$3d^2$	6		0.780	0.640
Te^{2-}	$5p^6$	6		2.07	2.21			6		1.025	0.885	V^{4+}	$3d^1$	5		0.67	0.53
Te^{4+}	$5s^2$	3		0.66	0.52			8		1.12	0.98			6		0.72	0.58
		4		0.80	0.66	Tm^{2+}	$4f^{13}$	6		1.17	1.03			8		0.86	0.72
		6		1.11	0.97			7		1.23	1.09	V^{5+}	$3p^6$	4		0.495	0.355
Te^{6+}	$4d^{10}$	4		0.57	0.43	Tm^{3+}	$4f^{12}$	6		1.020	0.880			5		0.60	0.46
		6		0.70	0.56			8		1.134	0.994			6		0.68	0.54
Th^{4+}	$6p^6$	6		1.08	0.94			9		1.192	1.052	W^{4+}	$5d^2$	6		0.80	0.66
		8		1.19	1.05	U^{3+}	$5f^3$	6		1.165	1.025	W^{5+}	$5d^1$	6		0.76	0.62
		9		1.23	1.09	U^{4+}	$5f^2$	6		1.03	0.89	W^{6+}	$5p^6$	4		0.56	0.42
		10		1.27	1.13			7		1.09	0.95			5		0.65	0.51
		11		1.32	1.18			8		1.14	1.00			6		0.74	0.60

续表

Ion	ec	c.n.	sp	r_{ph}	r_i	Ion	ec	c.n.	sp	r_{ph}	r_i	Ion	ec	c.n.	sp	r_{ph}	r_i
Xe^{8+}	$4d^{10}$	4		0.54	0.40			8		1.28	1.14			8		1.04	0.90
		6		0.62	0.48	Yb^{3+}	$4f^{13}$	6		1.008	0.868	Zr^{4+}	$4p^6$	4		0.73	0.59
Y^{3+}	$4p^6$	6		1.040	0.900			7		1.065	0.925			5		0.80	0.66
		7		1.10	0.96			8		1.125	0.985			6		0.86	0.72
		8		1.159	1.019			9		1.182	1.042			7		0.92	0.78
		9		1.215	1.075	Zn^{2+}	$3d^{10}$	4		0.74	0.60			8		0.98	0.84
Yb^{2+}	$4f^{14}$	6		1.16	1.02			5		0.82	0.68			9		1.03	0.89
		7		1.22	1.08			6		0.880	0.740						

Ion. 元素符号及其名义电荷;ec. 电子组态;c.n.. 配位数;sp. 自旋,其中的 ls 是低自旋,hs 是高自旋;r_{ph}. 物理半径;r_i. 有效半径

把离子半径和电子分布联系起来.例如取图 1.14 为例,它已画上有效离子半径的边界,但在图上不易看出半径和原子中电子分布特点的关系,此外也没有建立半径和互作用曲线参数的关系.

目前化学键理论和晶体电子密度分布的 X 射线实验数据已为晶体化学半径,包括离子半径概念提供了物理基础.

在纯离子键晶体中,阳离子和阴离子的电子密度峰是孤立的,离子半径的一个合理的判据应该是原子中心连线上从电子密度峰到极小的距离[1.43—1.45].图 1.14 显示了 NaCl 中的极小.由 X 射线电子密度分布数据得到的碱卤化物的这种离子半径可称为"X 射线"半径或者"物理"半径 r_{ph},一些离子的 r_{ph} 值(Å)如下:

Li^+	Na^+	K^+	Rb^+	Cs^+	F^-	Cl^-	Br^-	I^-
0.94	1.17	1.49	1.63	1.86	1.16	1.64	1.80	2.05

这里电子密度极小位于阳离子和阴离子轨道"尾"部重叠减少的区域.按(1.23)式,这一区域的宽度为 Δ,极小近于处在 $\Delta/2$ 处,因此对阳离子

$$r_{ph}(A^+) = r_0(A^+) + k\Delta, \quad k \approx 0.5, \tag{1.66}$$

有意义的是,另一判据(离子晶体中精密的互作用势的计算)得出的离子半径的值和 X 射线电子密度极小数据给出的值相同.

Shannon,Prewitt[1.46]和 Shannon[1.47]对 1 000 多种化合物(氧化物、氟化物等)结构的原子间距离进行了计算机分析,得出了"物理"离子半径系,其中的六配位 $r_{ph}(F^-)$为 0.119 nm,$r_{ph}(O^{2-})$为 0.126 nm(见表 1.8b,表中有一些离子的计算值).(1.62),(1.63)式那样的相加性自然在这里也成立.物理离子半径和经典半径有差别,但是不大.阳离子的物理半径比经典半径大一些,$\delta =$ 0.015—0.02 nm,阴离子则小同样的数量.表 1.8b 还给出了改进的"经典"有效半径系,其中取为标准的 $r_i(O^{2-})$为 0.140 nm,$r_i(F^-)$为 0.133 nm,配位数均为 6.

在表 1.8b 中的半径值对应不同的配位数.值得注意的是:在这一系中不仅阳离子,而且阴离子的半径和配位数有关.例如,$r_{ph}(O^{2-})$随配位数而增大,同时键变弱.

另一有趣的现象是过渡金属离子半径和自旋态的依赖关系.这些原子的 d 壳层的自旋组态和晶场中能级的分裂有关,因为 d 电子处于由周围原子形成的晶体场之中.在弱场中 d 电子的自旋平行并且不互相抵消,这是高自旋(hs)强顺磁态;在强场中自旋反平行成对并且互相抵消,这是低自旋(ls)态.这里 d 壳

层中电子“堆积”得更密使半径减小①. 表 1.8 r_{ph} 栏中给出了两种状态下的半径，其差别几乎达到 0.02 nm(图 1.48).

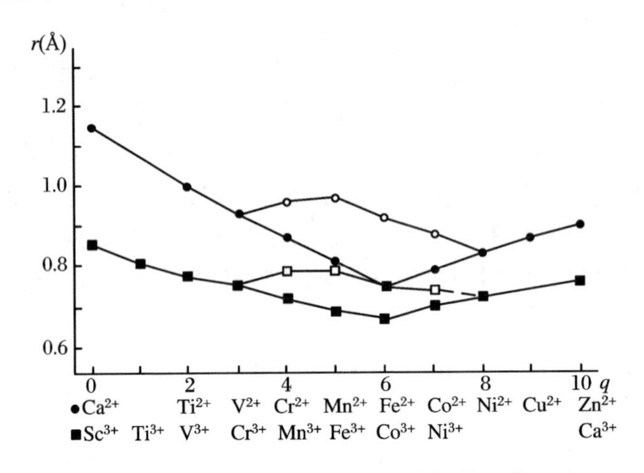

图 1.48　物理离子半径 r_{ph} 和 3d 电子数 q 的关系

黑点. 二价金属 ls 态；圆. 二价金属 hs 态；黑方块. 三价金属 ls 态；正方形. 三价金属 hs 态

物理离子半径系对应于电子密度分布的实际特性——离子间电子密度极小值. 这个半径系很好地描述了离子晶体中原子间的距离. 它特别清晰地解释了阴离子和单电荷阳离子的半径. 对未完全电离的二价甚至多价阳离子. 由于有部分共价键，它们的半径的物理解释有些含糊. 应该更小心地把这些半径看做形式上的一种特性. 自然，这通常是因为晶体中的原子传统上被晶体几何看成半径一定的“球”，实际上不一定球状分布的连续的电子密度可以按照一定的判据明确地分为几个部分. 下面我们将看到，还有其他可能的方法描述离子晶体中原子间的距离.

1.4.4　强键的原子-离子半径系

在 1.2.3 节中我们已看到，尽管 3 种主要的强键(离子、共价和金属键)中每一种都有自己的特点，但这些化学键都是通过原子的外层电子的重叠、互相穿透而形成的(形成中电子分布有些变化). 因此“半径”可以定义为相邻原子电子壳层穿透位置到原子中心的距离，它近似等于自由原子的轨道半径.

---

① 一个有趣的例子是：血色素充氧时氧原子增多，使 Fe^{2+} 尺寸减小并进入卟啉环平面(2.9.4 节).

表 1.9 原子-离子半径(Å)[1.48]

周期	族																	
	Ⅰa	Ⅱa	Ⅲa	Ⅳa	Ⅴa	Ⅵa	Ⅶa	Ⅷa			Ⅰb	Ⅱb	Ⅲb	Ⅳb	Ⅴb	Ⅵb	Ⅶb	Ⅷb
1																	H 0.25	He
2	Li 1.45	Be 1.05											B 0.85	C 0.70	N 0.65	O 0.60	F 0.50	Ne
3	Na 1.80	Mg 1.50											Al 1.25	Si 1.10	P 1.00	S 1.00	Cl 1.00	Ar
4	K 2.20	Ca 1.80	Sc 1.60	Ti 1.40	V 1.35	Cr 1.40	Mn 1.40	Fe 1.40	Co 1.35	Ni 1.35	Cu 1.35	Zn 1.35	Ga 1.30	Ge 1.25	As 1.15	Se 1.15	Br 1.15	Kr
5	Rb 2.35	Sr 2.00	Y 1.85	Zr 1.55	Nb 1.45	Mo 1.45	Tc 1.35	Ru 1.30	Rh 1.35	Pd 1.40	Ag 1.60	Cd 1.55	In 1.55	Sn 1.45	Sb 1.45	Te 1.40	I 1.40	Xe
6	Cs 2.60	Ba 2.15	La 1.95	Hf 1.55	Ta 1.45	W 1.35	Re 1.35	Os 1.30	Ir 1.35	Pt 1.35	Au 1.35	Hg 1.50	Tl 1.90	Pb 1.80	Bi 1.60	Po 1.90	At	Rn
7	Fr	Ra 2.15	Ac 1.95															

	Ce	Pr	Nd	Pm	Sm	Eu	Gd	Tb	Dy	Ho	Er	Tu	Yb	Lu
镧系	Ce 1.85	Pr 1.85	Nd 1.85	Pm 1.85	Sm 1.85	Eu 1.85	Gd 1.80	Tb 1.75	Dy 1.75	Ho 1.75	Er 1.75	Tu 1.75	Yb 1.75	Lu 1.75
锕系	Th 1.80	Pa 1.80	U 1.75	Np 1.75	Pu 1.75	Am 1.75	Cm	Bk	Cf	Es	Fm	Md	(No)	Lr

很早以来人们就注意到:离子或部分离子晶体的原子间距离 $d(AB)$ 可以相当好地用原子半径之和来描述.这不是偶然的,在 1.2 节已讨论过,离子键也可以从外层电子重叠的观点去解释.再一次以 NaCl 为例,把 Na 和 Cl 的中心放在晶体原子间距离的位置上,画出中性原子的径向函数,找出 Na 的外层轨道和 Cl 的外层轨道重合的位置,见(1.22)式图 1.14.类似于原子轨道[(1.59)式],我们得到

$$d(A^+B^-) \approx r_o(A) + r_o(B), \tag{1.67}$$

即异号离子间距离近似地等于中性原子轨道半径之和,虽然实际上晶体中只有 Cl^- 离子和 Na^+ 离子.上式成立的理由是:不管是中性 Na 原子固有的 3s 外层电子,还是 Cl^- 阴离子 $3p^6$ 壳层中的外来电子,它们只能位于 Na 原子核以外的 $r_o(Na)$ 处,或用相同的另一种说法,位于 Na 原子内层壳层 $2p^6$ 以外的 Δ [(1.23)式]处.如果阳离子没有完全电离,它的外层轨道缺电子,会和阴离子富电子的外层轨道形成部分共价键.这种场合下(1.67)式也成立

$$d(AB) \approx r_o(A) + r_o(B), \tag{1.68}$$

正如 Slater[1.48,1.49] 指出的那样,所有类型的键(包括离子键)中原子间距离近似等于轨道 r_o 之和[(1.59),(1.67),(1.68)式],并且由化学键形成时中性原子外层轨道位置的重叠决定(图 1.14,1.29,1.33).

在许多结构中理论预言的轨道半径之和和实验符合得很好,如 Al—O、Si—O、Si—F 距离和其他许多距离中,二者的差别只有 0.001—0.0004 nm.在另一些场合误差较大,可达 0.02 nm.某些原子中偏差的来源是:晶体中这些原子可以转移到离基态能量不远的激发态中,而后者相应的 r_o 值也略有不同.还有一个来源是忽略了低自旋和高自旋 3d 态之间的差别.考虑这些因素后,Slater 和其他作者建议了一个经验的统一的原子-离子半径 r_{ai} 系

$$r_{ai} \approx r_{at} \approx r_o \tag{1.69}$$

它也适合于描述离子晶体中阴离子和阳离子的接触(表 1.9,图 1.45).这是从许多化合物的原子间距离数据归纳出来的. r_{ai} 的准确度约为 0.005 nm.大多数结构中 r_{ai} 之和与原子间距离的误差在忽略配位等修正因素时约为 0.01 nm.

适用于三类强键的统一的 r_{ai} 系当然不如特殊的共价、金属、离子半径系那样准确,这些描述特殊结构的分支的半径系中含有许多修正.列别捷夫[1.50] 提出了一个和 Slater 系类似的 r_{ai} 系,在某些原子中二者的差别为 0.01—0.015 nm,在这个系中氧的 $r_{ai}=0.050$ nm,Mg 的 $r_{ai}=0.160$ nm 等.

图 1.49 是利用物理离子半径和原子-离子半径画出的 NaCl 和 LiBr 结构.

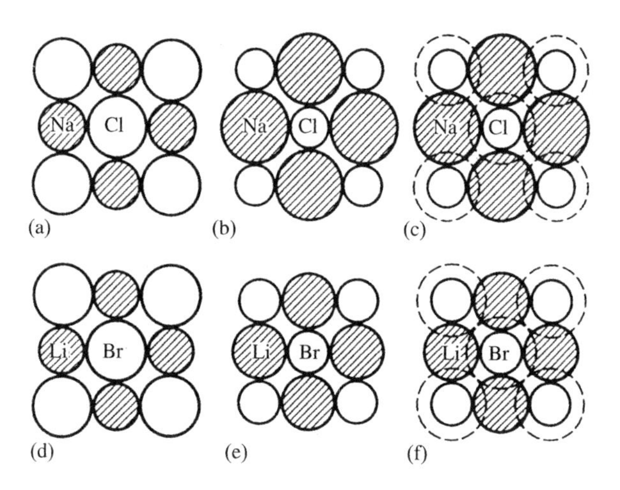

图 1.49 NaCl 和 LiBr 结构,立方晶胞(100)截面

(a),(d)用物理离子半径作图;(b),(e)用原子-离子半径作图,(c),(f)用原子-离子半径(强键,实线)和弱键阴离子半径(虚线)作图

在强键半径系中,阳离子半径比阴离子半径大,正好和离子半径系 r_{i} 相反. 其原因是:由(1.23)式决定的量 Δ 在 r_{ph} 系中近似平分给阳离子和阴离子,在 r_{ai} 系中它完全属于阳离子. 利用(1.63)式中的相加常数 δ,可以得到从物理离子半径过渡到原子-离子半径时 $\delta \approx 0.065$ nm,即

$$r_{\mathrm{ai}} \approx r_{\mathrm{i}} - 0.065\ \mathrm{nm}(\text{阴离子}), \quad r_{\mathrm{ai}} \approx r_{\mathrm{i}} + 0.065\ \mathrm{nm}(\text{阳离子}). \tag{1.70}$$

从经典离子半径到原子-离子半径,$\delta \approx 0.085$ nm.

离子键的 r_{ph} 系和 r_{ai} 系之间没有矛盾,它们的物理意义不同,它们分别描述键合原子间电子密度分布的完全不同的特性. 相加性[(1.63)式]说明:可以像有效离子半径系中样计算原子间距离[(1.62)式].

1.4.5 分子间半径系

在分子晶体中,分子间互作用是弱的范德瓦耳斯力或氢键. 相邻分子间的最近邻原子处于范德瓦耳斯键中时的距离相当大. 它们的互作用来源于最远的未填满外层轨道的重叠,因为原子的强共价键已经几乎完全饱和了. 分析有机的或其他晶体中这样的键上原子的距离后,也可以用类似的方法建立一个相当自洽的范德瓦耳斯半径(或所谓分子间半径)系,使相邻分子的最近原子间存在下列相加性:

$$r_{\mathrm{m}} = \frac{1}{2}d(AA), \quad d(AB) \approx r_{\mathrm{m}}(A) + r_{\mathrm{m}}(B). \tag{1.71}$$

这些半径列在表1.10中.最近,根据大量有机结构中原子距离的统计结果,得到的某些原子的 r_m 值和表1.10中的值略有不同,如N为1.50 Å;O为1.29 Å;S为1.84 Å;Cl为1.90 Å;Br为1.95 Å;I为2.10 Å.分子间半径 r_m 永远大于强键半径.由于弱键的势函数变化很平缓(图1.12曲线Ⅱ),相加性条件(1.71)式的误差可达百分之几纳米.图1.50是实验范德瓦耳斯接触距离相对标准值的偏差直方图[1.51].按照 r_m 系,一个内部原子由共价键结合的分子形成分子晶体时,分子好像被裹在一件由 r_m 的球构成的"外套"里(图1.51).

表1.10 分子间半径(范德瓦耳斯半径)(Å)

			H	He
			1.17	1.40
C	N	O	F	Ne
1.70	1.58	1.52	1.47	1.54
Si	P	S	Cl	Ar
2.10	1.80	1.80	1.78	1.88
	As	Se	Br	Kr
	1.85	1.90	1.85	2.02
		Te	I	Xe
		2.06	1.96	2.16

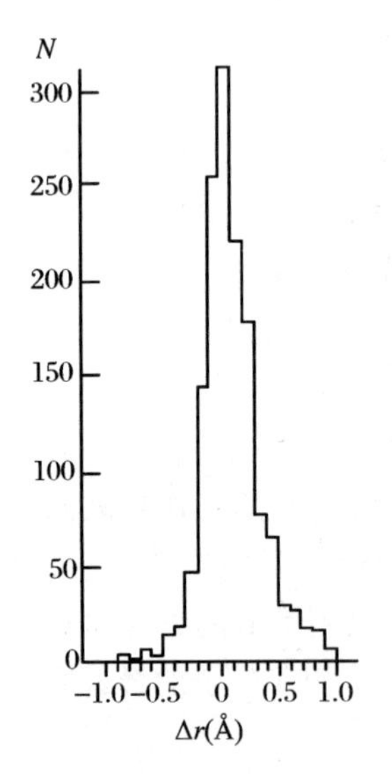

图1.50 范德瓦耳斯接触时原子间距离和标准值的偏差直方图

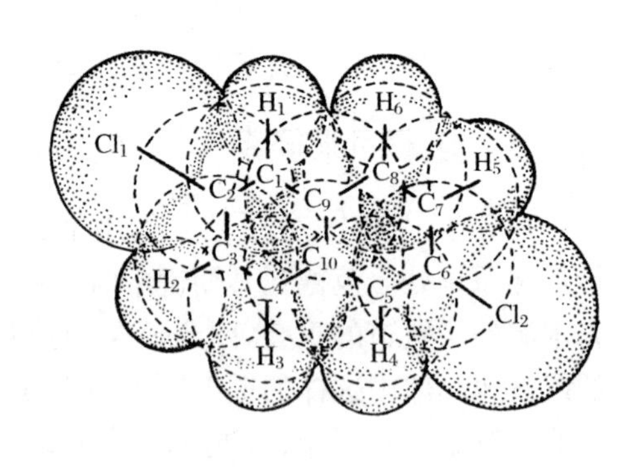

图1.51 分子好像是裹着范德瓦耳斯半径的"外套"的物体

1.4.6　弱键和强键半径

在分子晶体和惰性气体晶体中，非共价结合原子间距离由弱作用曲线的排斥项(图 1.12)决定.分子间半径系可以看做这个排斥作用的几何模型.

我们已经说过，离子晶体中阴离子间有类似的互作用.明显的例子是层状晶体，每一层的两侧是阴离子，中间是阳离子(图 1.52).层与层间只有阴离子的接触.由于层间键弱，这些晶体易解理.和分子间接触相同，这些结构内部的强键已经饱和，而且互相接触的阴离子具有惰性气体原子那样的满壳层.接触原子间距离和分子晶体很接近，如 $CdCl_2$ 中 Cl—Cl 距离是 0.376 nm.表上 Cl^- 的有效离子半径值和 Cl 的范德瓦耳斯半径实际上相同：$r_i(Cl) = 0.181$ nm，$r_m(Cl) = 0.178$ nm.另一个重要例子是氧原子间距离.氧化物、硅酸盐、无机盐等离子晶体中非价键结合的氧离子 O^{2-} 间距离为0.25—0.32 nm，和氧的有效离子半径对应[取为 $r_i(O^{2-}) = 0.138$ nm].表上的分子间半径 $r_m(O) = 0.136$—0.152 nm，具有同样的值.

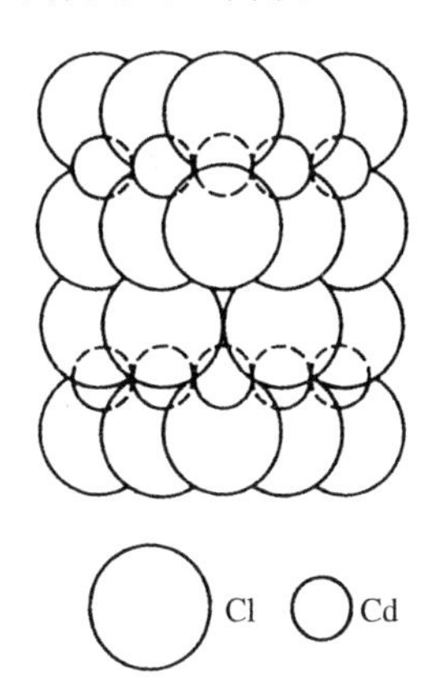

图 1.52　$CdCl_2$ 层状结构，层的分子式为 $CdCl_2$
层与层间通过 Cl—Cl 弱键接触

如忽略范德瓦耳斯力，则离子晶体中的阴离子间没有吸引，只有库仑排斥.它们是由于和阳离子的吸引作用而结合在晶体结构中的，阴离子间的距离是所有这些力平衡的结果.阴离子有效离子半径和相应原子的分子间距离相近：

$$r_{an} \approx r_i . \tag{1.72}$$

这不是偶然的，它反映强化学键已经饱和的原子间互作用的同一物理本质.这样的半径可称为弱键半径，其物理意义是非价键结合原子的最小"接触"距离(图 1.49c、f，1.50，1.51).强键(共价、金属或离子键)的物理模型是接触原子外层轨道的互相穿透，当然每一种键有自己的特殊方式(图 1.53).共价键的穿透最为显著；离子键中阳离子的电子全部和部分地加入阴离子壳层；金属中的价电子成为集体所有.由此可看出，离子结构，和分子晶体一样，可以用两种半径系进行描述，一种是强阳离子-阴离子键半径，另一种是(存在阴离子-阴离子接触时)弱键半径(图 1.49c、f).

最后我们重述一下各种晶体化学半径系的要点.共价、金属和"原子-离子"半径近似等于原子的外层电子的轨道半径，这些外层电子形成强化学键.弱键半径用来描述弱范德瓦耳斯作用下接触的原子的几何图像.物理离子半径系给出阳离子-阴离子接触时最小电子密度的位置.形式的有效离子半径也可描述原子间距离,因为这里相加性条件也得到了满足.

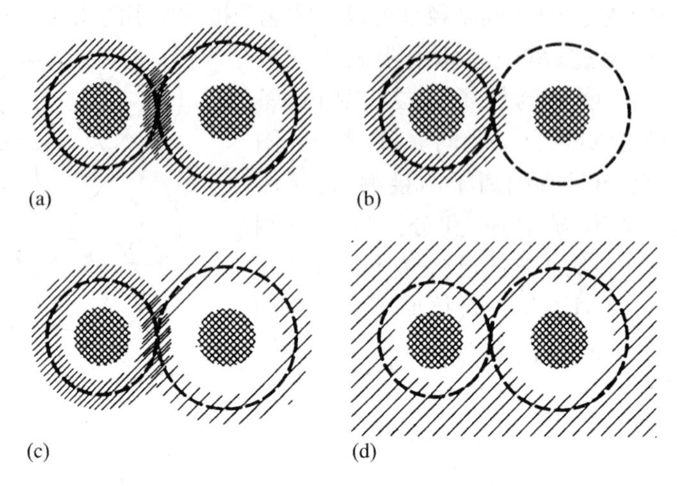

图 1.53　几种化学键的示意图

按照常规只画出成键的2个原子.斜线区.外层电子;交叉线区.内层电子;虚线圆.轨道半径.(a)共价键;价电子轨道重叠处电子密度增大,超过了2个孤立原子价电子密度之和;(b)离子键,右边的阳离子失去的价电子参加到阴离子轨道之中,阴离子的位置决定如下:它的外层到阳离子内层的距离等于阳离子原来外层到内层的距离;(c)具有部分离子性的共价键,这是(a)和(b)之间的中间状态.阳离子外层电子减少,阴离子外层电子增多,在重叠区价电子密度超过孤立原子价电子密度之和;(d)金属键,价电子均匀分布在内壳层以外的整个晶体空间之中,原子间电子密度较低

1.5　晶体原子结构的几何规则

1.5.1　晶体的物理模型和几何模型

晶体结构理论或互作用原子集合成晶体的理论以热力学、固体物理和量子力学的基本原理为基础.这种互作用的结果在几何上异乎寻常地简单:在三维

周期结构的晶胞中原子占据固定的位置,相互间有确定的距离.

利用相当简单的并已几何化了的物理或化学数据(暂时不管它们的物理原因)获得的几何考虑本身有助于对晶体结构许多规则的理解.

晶体几何模型考虑的是:晶体的结构单元(原子或分子)的排列,它们之间的距离和配位.从晶体化学半径系出发,原子可以模型化为刚球,分子则相当于外形更复杂的刚体.随后分析这些刚球和刚体的堆垛.分析原子间化学键的本质,研究稳定的原子团聚(配位多面体、复合体、分子等),例如它们的形状和对称性以及它们和晶体空间对称性的关系,都可以充实形式的几何考虑.

晶体几何模型是晶体物理模型中的一种最简单的方案.几何处理是晶体原子结构概念发展过程中的起始点.它当然有局限性,并且不能解释晶体结构的所有细节.不过,它以一种简单的图像帮助我们归纳和描述晶体结构的许多规则.

1.5.2 晶体的结构单元

"晶体原子结构"名词本身说明:晶体结构的最终的结构单元(在几何层次上、在所有场合)是原子.然而在许多场合,甚至在晶体形成之前或形成过程中,原子的化学性质就会使它们形成稳定的原子团并作为单体被保存在晶体中.显然,这些原子团可以方便地和合理地被看做晶体的结构单元.按照晶体化学特征孤立出来的结构单元可以有确定的几何和对称性的描述.

按照原子连接的类型把晶体划分为结构单元时,应该考虑作用在所有原子间的化学键力相同还是不同.在相同的情形下晶体称为**纯键**晶体.由于所有原子间键属同一类型,原子间距离可以有差别但不大.纯键结构的例子是:金属和合金、共价结构和许多离子晶体.这类晶体的结构单元是原子本身,它们形成近似等价的键的三维网格,有时也可以从中划分出结构上确定的原子团.

如原子间键的类型不同,晶体中将形成稳定的、孤立的、有限的原子团簇或复合体.这样的晶体称为**杂键**晶体.经常遇到的情形是:这样的结构单元内的键是完全或部分共价的.典型的例子是有机分子,其中的原子以强共价键互相结合,而晶体中分子单元之间是弱的范德瓦耳斯键.在无机晶体中,结构单元的例子是阴离子复合体,例如 CO_3^{2-}、SO_4^{2-}、NO_2^-,水分子 H_2O,$[PtCl_4]^{2-}$ 和 $[Co(NH_3)_6]^{3-}$ 络合物,金属间复合体 $MoAl_{12}$ 等(图 1.54).这些单元在三维上都是有限的.有时称它们为"岛状"单元.但一维延伸的链结构单元、二维延伸的层结构单元也是可能的,我们将在后面介绍.

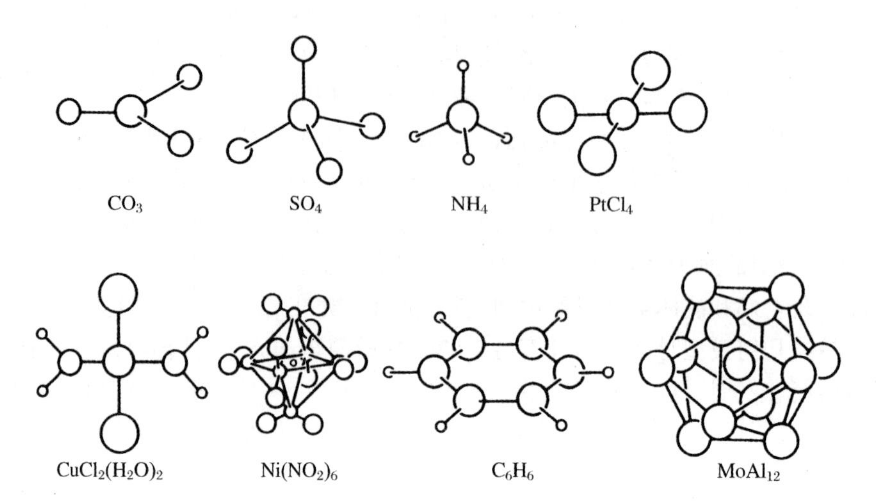

图 1.54 晶体结构单元的例子:分子、无机阴离子、络合物和金属间复合体 $MoAl_{12}$

1.5.3 最密堆垛原理

从几何角度考虑晶体由结构单元形成时,应该注意这些单元的外形和对称性,以及单元间互作用的性质.

首先讨论晶体结构单元是原子的情形.从原子的固有对称性看,可以把晶体分为 2 个亚类.如果原子间的力是中心力或近似的中心力(如金属、离子晶体和惰性气体晶体),可以认为原子具有固有的球对称或近似球对称点群 $\infty\infty m$.共价晶体属于另一个亚类.它们的原子具有方向性的键,可以认为具有一定的非球对称点群,后面我们将进一步讨论.如晶体具有有限的和其他类型的结构单元,单元间的互作用也可以归结为相邻单元的原子间的中心作用而不管单元的形状和对称性是如何的多种多样.

互作用势能,即点阵能 U 是晶体自由能 F 的主要部分[(1.46)式].中心力互作用能的所有表达式都和原子间距离有关[(1.51)式].在平衡距离下能量达到极小,不同的原子、原子间不同类型的键具有不同的平衡距离.这些距离可以表示为相应的晶体化学半径之和.接近平衡距离的原子愈多,即(1.52)式中和最低能量 $u(r_{ik})$对应的 r_{ik} 愈多,(1.52)式给出的 U 愈大.互作用能曲线的排斥项(可以如图 1.12 那样解释为原子的一定几何尺寸)限制达到平衡距离的原子数.所有这些情况可以用**最密堆垛**的几何原理来表述.它的内容是:受中心或近中心吸引力作用的原子或晶体的更复杂的结构单元力求靠近,使得允许的最短接触的数目最大.这一原理还可表述为:

$$\frac{n}{v_{(r_{ij} \geqslant r_{at})}} \to \max. \tag{1.73}$$

这里 n 是单位体积内原子或结构单元数，r_{at}是允许的准距离，v 是原子间距离 $r_{ij} \geqslant r_{at}$范围内的体积，max 表示最大值.

利用晶体化学半径可以得到最适当的公式.既然存在着“半径”，就意味着晶体由球状原子组成，球的半径是 r，球体积是 $V_{at} = 4\pi r^3/3$，它们互相接触(图 1.44a、b，1.47).可以由此引进原子所占体积和晶胞体积 Ω 的比值，即所谓的堆积系数 q，得到

$$\frac{\sum V_{at}}{\Omega} = q \to \max. \tag{1.74}$$

这样最密堆垛原理可表述为最大堆积系数原理.这一点最清晰地显示在等同球最密堆积成的结构中($q = 74.05\%$).在不同原子组成的结构中这一原理也有用，这时几何上用不同半径的球的堆积来解释这种结构.下面还要专门讨论最密堆积问题.一般情形下根据这一原理，结构中不应有能容纳最大半径的球的空洞，不被较小半径球占据的空位也必须尽可能少.

类似地，如果裹在弱键半径(图 1.49，1.50)“外套”中的多原子结构单元或分子的体积是 V_i，最密堆垛原理[(1.74)式]可表示为

$$\frac{\sum V_i}{\Omega} = q \to \max \tag{1.75}$$

由晶体结构几何化得出的最大填充原理或最密堆垛原理当然是定性的，因为它说明的是互相吸引的粒子形成结构的主要趋势，而不是特定结构的具体特点.由于它的简单性和一般性，它在晶体化学中有重要作用，有时还能给出定量的结论(如在分析某些离子和分子晶体的结构时，见 2.6.3 节)①.

1.5.4 结构单元对称性和晶体对称性的关系

如上所述，作为晶体结构单元的原子可以认为是球对称的或按它们的共价取向具有不同的点对称性(图 1.18c).有限的多原子结构团簇也具有一定的点对称性，最常遇到的是晶体学对称性，有时也可以是非晶体学对称性(图 1.54).围绕结构团簇的力场，即互作用势场，是各向异性且和结构团簇对称性对应的.在一定程度上可以预言结构团簇和其他原子、其他相似或不同结构团簇接触的可能性.这种各向异性不很大，在几何处理中可以把带电团簇之间的互作用力

---

① 英文版误为 2.3.6 节.——译者注

看成近中心力.例如,Na_2SO_4 可看成由互相吸引的结构单元 Na^+ 和 SO_4^{2-} 组成(图 1.55).

从结构和对称性看有机和无机分子最为多种多样.它们可以是非对称的(对称素 I)、中心对称的($\bar{I}$)和更对称的分子(图 2.72),还可以是具有二十面体赝球对称性的巨大病毒分子(图 2.169,2.174).

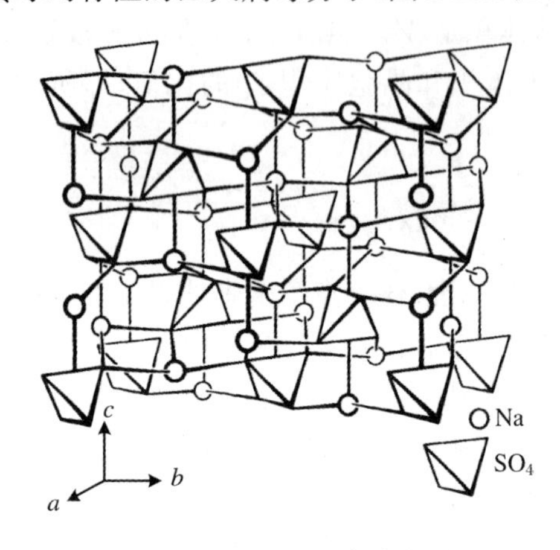

图 1.55 Na_2SO_4 结构

下面讨论结构的空间对称性 Φ 和它的结构单元的点对称性 G_0^8 是否有关系和有什么样的关系.形成晶体时,原子或结构单元在晶胞中占据确定的位置,形成群 Φ 的一个或几个一般正规点系(对称性 1)或特殊点系(对称性 K).须要考虑结构单元固有对称性 G_0^3 和晶体中单元位置的对称性 K 之间的联系.

首先,这样的联系在许多场合是存在的.例如在金属元素的结构中,球对称原子占据的位置的对称性是 $m\bar{3}m$,这是立方、高度对称的空间群 $Fm\bar{3}m$ 中最高的点对称性.在 NaCl 结构中以中心力互相作用的 Na 和 Cl 原子也具有同样的对称性.在金刚石结构中四面体 C 原子占据具有四面体对称性 $\bar{4}3m$ 的位置,或者更准确地说四面体 C 原子预先决定了它的位置的对称性.三角形复合离子 CO_3^{2-} 把菱面体对称性“强加”给了方解石结构(图 2.19),等等.在这些场合可以认为:作为结构单元对称性 G_0^3 的子群的位置对称性 K 尽可能接近或重合于前者,即 $G_0^3 \supseteq K$.这里对称性间联系的所谓居里原理得到满足[1.7].围绕一给定粒子(具有 G_0^3 对称性)的所有粒子的场和给定粒子的场会互相作用;这个作用最终决定对称性 K.

其次,在许多结构中对称的原子和分子占据的位置对称性 K 低于它们固有的对称性.这里也可以说居里原理得到满足:位置的点群是结构单元点群的子群($K \subset G_0^3$).有时非对称化很严重,甚至使位置的对称性消失($K=1$).例如苯分子具有 $6/mmm$ 的高对称性,由它们堆垛成的正交结构中分子中心位置的对称性是 $\bar{1}$.四面体 SiO_4 团在不同晶体中占据的位置对称性可以和 SiO_4 对称性相同(方石英),也可以更低,如 2,m 或 1(许多硅酸盐).

问题的解答很简单.形成结构的决定性原理是能量极小原理,对中心力它表现为最密堆垛的几何原理.如果形成晶体时结构单元的对称性符合或有助于达到能量极小,则结构的空间群中结构单元位置对称性和单元固有对称性最接近.如果结构单元占据低对称位置才能使能量极小,单元固有对称性可以不起作用或仅仅部分地起作用,因此固有对称性不完全和位置对称性符合.

在讨论位置对称性 K 和结构单元对称性 G_0^3 的关系时,还须区别两种情况.晶体中划分出来的结构单元可以和孤立的结构单元的对称性相同,即 $G_0^3=G_{0(\mathrm{cr})}^3$,但是周围粒子的场(晶场)也可以改变分子的结构使它的对称性降低,即 $G_0^3\supset G_{0(\mathrm{cr})}^3\supseteq K$.

还有一个情况值得注意,这和材料的化学式简单还是复杂有关.在任何空间群 Φ 中,最对称位置的数目总是有限的.这对化学式简单的结构不成为问题.例如具有简单化学式 AX_1,AX_2 等,以中心力互相作用的离子晶体中原子占据高对称位置,结构也通常具有高对称性.但是,当原子的种类多,高对称位置数目不够时,结构的对称性就会降低.所以一般来说,无机化合物的化学式愈复杂,它的晶体结构的对称性愈低.

这里我们还必须注意到:在某些场合,晶体中结构单元位置的点对称性高于结构单元点对称性.对于在晶体中"静止"的分子,这当然是不可能的,但在对晶体的所有晶胞取平均后,热运动使分子取向变化或转动时,这点可以统计地达到,即 $K=G_{0(\mathrm{statist})}^3\supset G_0^3$.这样的例子是:外形近似中心对称的(对称性仅为1)的分子形成了中心对称晶体,晶体中的分子统计地占据对称性为 $\bar{1}$ 的位置.

在某些晶体中具有固有对称性 $\bar{4}3m$ 的 NH_4 团由于热引起的取向变化占据了对称性为 $m\bar{3}m$ 的位置,在另一些化合物中 NH_4 团则处于完全球对称运动状态之中.

我们已经讨论了在中心键力作用下的结构单元点对称性及其在晶体结构中位置的点对称性之间的关系.但更重要的是,空间对称性 Φ 对结构单元排列的控制不仅通过点对称操作,而且还通过平移和带平移分量的空间对称操作.我们可以从图 1.56 看到这些对称操作的作用,图中任意外形的单元互相接触,显然从相邻单元最紧密地靠拢这一原理看,点对称操作确实不恰当,因为它要求原子中心沿着与对称素垂直的线(或面)成对地排列,这样就不能最经济地利用空间.相反地,具有平移分量的对称素(图 1.56b)使单元间的空间缩小,或者更准确地说,实际上这种密堆积形成这些对称素.因此,最密堆垛原理的重要结果是:在晶体中仅出现相邻原子间的点对称素是不利的,带有平移分量的对称素是有用的,如果这样的对称素存在,原子或结构单元就按此排列.

在共价晶体中,键力有方向性,密堆垛原理和这里的使势能极小的物理模型矛盾.这时刚球结构模型也就不再合适了.有取向的共价键的饱和准确地保证能量达到极小.这里居首位的因素是原子固有的点对称性原理.所以共价结构中原子只有少数几个近邻，按照对称性分别为1,3,4或6个近邻，它们比最密堆垛结构“疏松”.典型的例子是:金刚石(图1.44c)、其他四面体结构和NiAs型八面体结构(图1.57).这些结构的对称性由组成原子的对称性决定.虽然共价结构疏松，但它的键长一般比离子键和金属键略短，平均起来每个原子的体积在三种不同的键形成的结构中差别甚小.

讨论结构单元点对称性G_0^3、晶体中它们位置的点对称性K和结构的空间对称性G_3^3的关系时，应该提到所谓局域的非晶体学对称性.在一些分子结构(2.6.2节)和生物结构(2.9.4节)中观察到:在局部地区、若干对单元(不是所有单元)按例如轴2对称堆积在一起，但这些对称素并不属于单元的点群G_0^3(图2.150).这样的对称性被称为非晶体学对称性.另外的例子如非晶体学螺旋轴在晶体中沿不同方向把粒子连成链(图2.75).在2.6节中我们将根据堆垛能极小原理和堆垛单元的结构特征来解释这些现象.

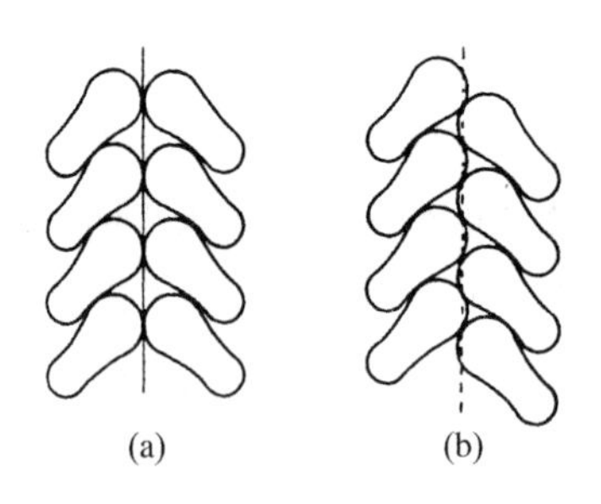

图1.56 晶体中结构单元的堆垛
(a)点对称操作(这里是m镜面)不合适，它使结构单元间留有较大空隙;(b)有平移分量的对称操作联系的密堆积

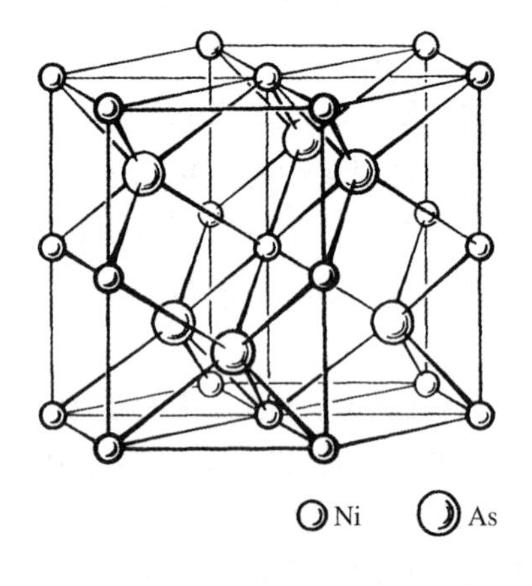

图1.57 具有八面体Ni键的NiAs结构

1.5.5 空间群的出现概率

对已知结构的空间群分布进行的统计肯定了上述讨论.统计结果来自5 600个无机结构和3 200个有机结构，一共8 800个结构[1.52,1.53].表1.11是按对称性增加的次序排列的一些结果.

由表可见，40%的无机结构的空间群只有9种，60%的有机结构的空间群只有6种.也就是说所有结构的一半和表上12种群Φ有关.

这些群经常出现的原因就是前面讨论过的原因:具有平移分量的对称素的出现对密堆垛有利,实际上表 1.11 中的所有群都具有这类典型的对称素,这最明显地显示在化学式复杂的无机结构和有机结构中.在化学式简单的结构中原子可以按点对称素排列.这一点可以用来说明表的下部,这里列出的群全都和元素的结构和简单无机化合物结构相对应.

只有 40 个 Φ 群(包括表上的 12 个)经常出现.在 219 个 Φ 群中遇到了 197 个.对 Φ 群出现几率的分析表明:随着已知晶体结构的增多,还会找到目前还没有遇到的 Φ 群.

表 1.11 晶体结构按空间群的分布(%)

Φ	无机结构	有机结构	所有结构
C_i^1—$P\bar{1}$	1	5	3
C_2^2—$P\,2_1$	–	8	3
C_{2h}^5—$P\,2_1/c$	5	26	13
C_{2h}^6—$C\,2/c$	4	7	5
D_2^4—$P\,2_12_12_1$	–	13	5
D_{2h}^{15}—$Pbca$	–	3	1
D_{2h}^{16}—$Pnma$	7	–	5
D_{3d}^5—$R\bar{3}m$	4	–	2
D_{6h}^4—$P6_3/mmc$	4	–	3
O_h^3—$Pm\bar{3}m$	4	–	3
O_h^5—$Fm\bar{3}m$	9	–	6
O_h^7—$Fd\bar{3}m$	5	–	3

对称中心 $\bar{1}$ 出现在大多数结构中,在无机结构中出现几率为 82%,有机结构中 60%,全部结构中 74%①.

1.5.6 配位

晶体结构研究的一个要点是原子(或分子)的环境:邻居的数目、特征以及它们的距离.这些特征可以用一个单一的概念"配位"来描述.先考虑最简单的

① 近年来随着结构分析技术的发展,已知非中心对称的结构的百分数在增大.

金属、离子化合物以及其他的结构中原子的配位，给定原子周围的邻居处在对称位置上，距离也相同.最近邻的数目，或第一配位球上的数目被称为配位数c.n..次近邻形成第二配位球，如此等等.在比较复杂的低对称结构中最近邻的距离可以略有不同，但配位概念仍然有效，其条件是最近邻的一组距离和次近邻的一组距离有明显的差别.如果第一球和第二球上原子的距离差别不大，有时可以把两个配位数都表示出来，如c.n.为8+6.

c.n.和化学键的类型、原子的固有对称性有关.对中心力，c.n.一般较大，如12,6+8,8+6等；对共价力，c.n.较小，如3,4,6等.

在分子结构中配位概念也有用，它被用来描述围绕给定分子中心的近邻分子中心的位置和数目.

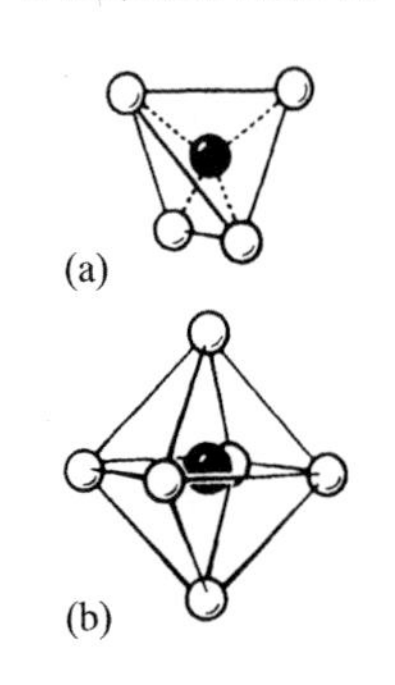

图1.58　配位多面体图
(a) 四面体；(b) 八面体

如果把第一配位球上的相邻原子中心连成直线，得到的是凸多面体，即顶点数等于c.n.的配位多面体.顶点到中心的距离是原子间距离，多面体边是最近邻之间的距离(图1.58).图1.59给出一系列不同的配位多面体.具有相同c.n.的多面体可以不同，即它们具有不同的点对称性.平面图形中也有这样的情形.在这种结构中孤立出来的配位多面体可以是孤立的，也可以通过共同的顶点、边和面和其他多面体联结起来.

多面体概念不仅是描写晶体结构的一种方法，它还有物理和化学意义.例如，多面体是结构单元(SiO_4 四面体、复合体 $PtCl_4$ 或中心原子和周围原子的联合体：离子化合物常见的金属离子Me和阴离子X组成的 MeX_6 八面体等).

1.5.7　结构按团聚单元维数的分类

所有结构可以按存在或不存在团聚结构单元进行分类.在结构单元内部键较强较短，单元之间的键弱而长.结构可以按单元在空间 k 个维数上有团聚来分类.结构单元处于三维周期结构中，因此 $m=3-k$ 表示单元无限团聚和具有周期性的维数.

$k=0, m=3$ 相当于纯键结构，它们的结构单元是原子，原子间存在近似等价键的三维网格.这样的晶体作为一个整体可以看成一个对称性为 G_3^3 的巨型结构单元.

k 增大、m 减小后一起得到：

$k=0, m=3$，三维结构，对称性 G_3^3；

$k=1, m=2$,层状结构,层对称性 G_2^3;

$k=2, m=1$,链状结构,链对称性 G_1^3;

$k=3, m=0$,团聚有限的结构单元,对称性 G_0^3.

第一类结构通常是纯键结构,其他类型都属杂键结构.除了可以肯定地归入以上类型的结构外,存在着中间结构,它们的结构单元或者不能清楚地确定,或者它们具有不同类型的团聚.下面介绍上述3种结构的基本特征.

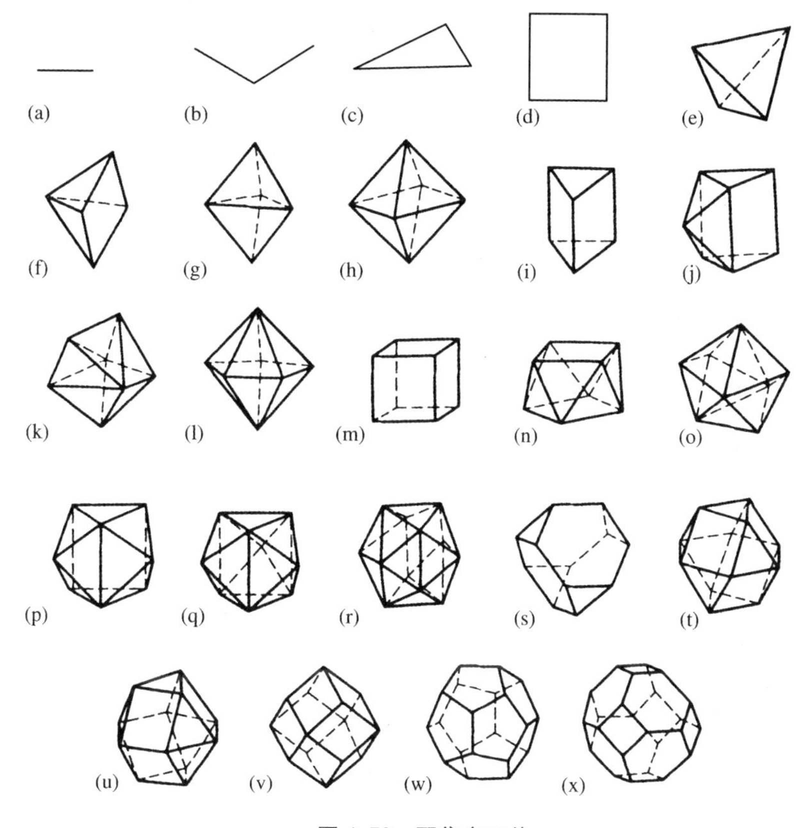

图1.59 配位多面体

(a) 哑铃,c.n.1;(b) 角,c.n.2;(c) 三角形,c.n.3;(d) 正方形,c.n.4;(e) 四面体,c.n.4;(f) 四角锥,c.n.5;(g) 三角双锥,c.n.5;(h) 八面体,c.n.,6;(i) 三角柱,c.n.6;(j) 单帽三角柱,c.n.7;(k) 7顶点多面体,c.n.7;(l) 五角双锥,c.n.7;(m) 立方体,c.n.8;(n) 正方反柱体(扭立方),c.n.8;(o) 三角十二面体,c.n.8;(p) 双帽三角柱,c.n.8;(q) 三帽三角柱,c.n.9;(r) 二十面体,c.n.12;(s) 截面四面体,c.n.12;(t) 立方八面体,c.n,12;(u) 六角立方八面体,c.n.12;(v) 菱形十二面体,c.n.14;(w) 五角十二面体,c.n.20;(x) 截角八面体,c.n.24

1.5.8　配位结构

这一名词通常指第一类结构 $k=0, m=3$，结构中原子的配位在所有方向上近似相等.名词本身也不大恰当，因为在任何结构中原子总有一定数量的配位，所以这里应该用更准确的名词：配位等同结构.

多数无机化合物是配位等同结构，包括几乎全部金属和合金、多数离子和共价化合物.它们的配位数通常较大(12,6+8,8+6)，但共价结构例外.惰性元素晶体也是配位结构，它们的 c.n. 是 12(最密堆垛)，也是纯键结构，所有键是等同的弱范德瓦耳斯键(不是强键).

在配位等同结构中可以划分出同类型或不同类型的配位多面体，它们始终形成某种空间阵列(图 2.17).有时结构单元(Si—O 四面体，MeO_6 八面体等)编织成稳定的骨架，形成疏松的空间结构，在整个结构中出现大的空洞(孤立的或联成管道)(图 2.37).它们被称为骨架结构.

1.5.9　配位和原子尺寸的关系

可以用中心为阳离子顶点为阴离子的配位多面体表示和描述离子结构.Magnus[1.54]和哥耳什密特[1.38]引进了一个几何判据——有效离子半径之比：

$$\frac{r_{\mathrm{cat}}}{r_{\mathrm{an}}} = g', \tag{1.76}$$

这里 cat 和 an 分别指阳离子和阴离子.这个比值决定配位数 n 和配位多面体类型(图 1.60).前已指出：阳离子有效半径纯粹是有条件的量，所以我们可以改用和 r_{cat} 的选用无关的如下的几何判据：

$$g = \frac{d(AB)}{r_{\mathrm{an}}}. \tag{1.77}$$

这里 $d(AB)$是多面体中心到顶点的距离(阳离子-阴离子距离)，而 $2r_{\mathrm{an}}$ 是多面体的棱(阴离子间距离).显然 $g'=g-1$①.表 1.12 列出了允许的配位数 n(或比 n 更低的数)和 g，

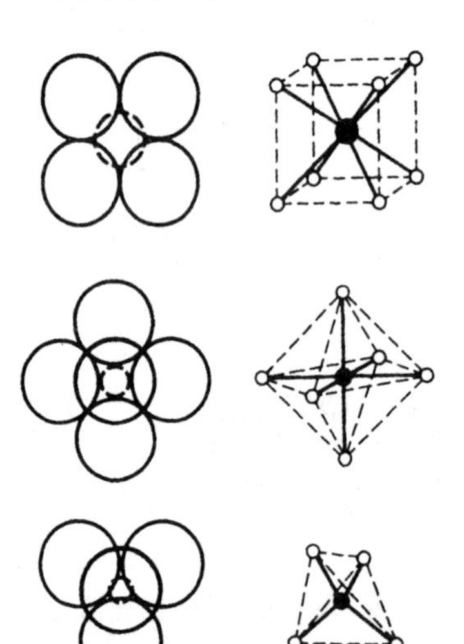

图 1.60　Magnus 规律的图解，配位数分别为 4,6 和 8

① 英文版误为 $g'=g^{-1}$.——译者注

g'的关系.如果 g 处于“节点”之间,如例$1.225 \leqslant g \leqslant 1.414$,只有 4 个阴离子可以放置在$d(AB)$一定的阳离子周围(阴离子不必互相接触).随着 g 增大,配位数也增大,相应地多面体也改变(按照密堆垛观点必须如此).相反地,如果外围的球接触,则和 n 对应的g 值小于表上的节点值,例如八面体 $n=6, g<1.414$,此时阳离子“悬”在周围阴离子之间.从几何角度看,这是一种不稳定的组态.因此,给定 g 后,几何上最可能的配位是:g 比最近的节点值略小,当然更低一档的配位也是可能的.当 $g=1.645$ 时,虽然形成 $n=8$ 的汤姆孙立方体是可能的,但更常见的是(g 为此值或更高些时)$n=8$ 的立方体(实际的例子是 KF 和 RbCl).

表 1.12 n 和g, g'的关系

配　位	n	g	g'
四面体	4	1.225	0.225
八面体	6	1.414	0.414
	7	1.592	0.592
汤姆孙(扭)立方体	8	1.645	0.645
立方体	8	1.732	0.732
立方八面体	12	2.000	1.000

Magnus 规则在许多离子晶体中都成立.在许多碱金属卤化物(图 1.47)中,g 值和观察到的八面体配位对应.CsCl、CsBr 和 CsI 结构的 g(1.75,1.84 和 1.91)和立方体配位相应.但这一规则在许多场合并没有被满足,如 LiCl、LiBr 和 LiF 结构的 $g<1.415$,它们似乎应预期为四面体配位(八面体配位对它们是“不可能”的),但实际上它们属 NaCl 结构,具有八面体配位.这说明几何模型是有条件的.

1.5.10 最密堆垛

一系列元素、合金和离子晶体的结构符合密堆垛原理.下面考虑最密堆垛球的几何和对称性以及若干有关的问题.

图 1.61 表示相同球的二维最密堆垛和它的本征对称素.6 次轴过每一个球的中心,3 次轴过球之间的空隙.空隙数是球数的 2 倍.第二个同样的层的最密堆垛是它的球落在第一层球之间的空隙上(图 1.62).2 层或更多层球按此堆垛后得到的共同的对称素是轴 3 和镜面 m.因此,最密堆垛的空间群是所有子群为 $P3m1$ 的

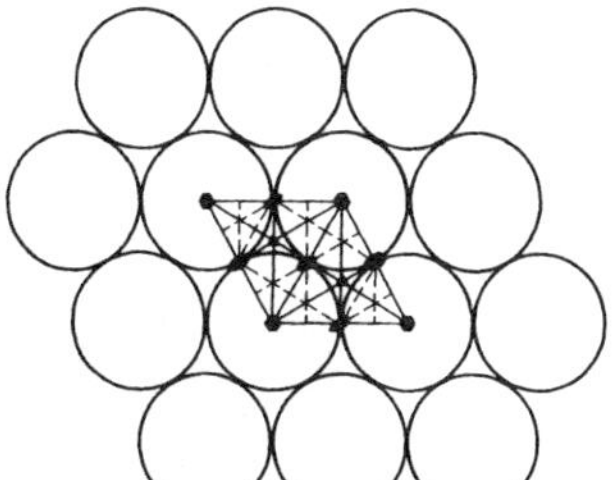

图 1.61 球的最密堆垛层和它的对称素

空间群：$P3m1$，$R3m$，$P\bar{3}m1$，$R\bar{3}m$，$P\bar{6}m2$，$P6_3mc$，$P6_3/mmc$ 和 $Fm\bar{3}m$，一共是8个[1.55]．

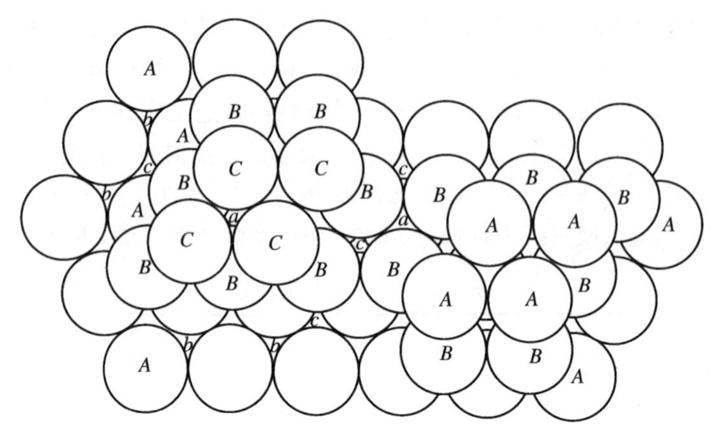

图 1.62 三维密堆垛球的两种主要模型

A，B，C 层堆在下一层的空隙 a，b，c 之上，左边堆垛次序 ABC，右边 $ABAB$

从图1.62可看到，如第一层处于 A 位置，第二层可堆在 B 或 C 处，即第一层空隙 b 或 c 上．第二层位置的符号要等放上第三层后才确定下来（图1.62上取为 B），第三层则堆在 B 层的空隙之上．这样任何更多层的堆垛可以用 A，B 和 C 的序列表示，但不应有2个相同符号靠在一起，因为这表示一层球堆在下一层球之上．任何最密堆垛的系数都是74.05%．…$ABAB$…堆垛（图1.62右部和图1.63a）是六角密堆，其对称性是 $P6_3/mmc$．…$ABCABC$…是另一著名的堆垛（图1.62左部和1.63b）．二维最密堆垛层堆放三层后得到的结构中在另外三个方向上也有同样的二维最密堆垛层（图1.63b）．这种堆垛是面心立方堆垛，其对称性是 $Fm\bar{3}m$．

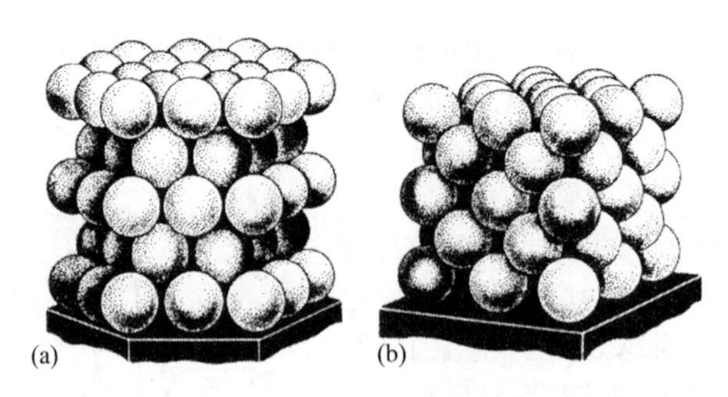

图 1.63 六角(a)和立方(b)最密堆垛，在后者中有4个最密堆垛面，它们和立方体对角线垂直

进一步考虑周期为 n 层（>3 层）的堆垛. 这里首先要说明一点：序列 $\cdots ABAB\cdots$，$\cdots ACAC\cdots$，$\cdots BCBC\cdots$都是同样的六角堆垛. 这样只需用一个符号即 h 或 c 分别表示六角或立方堆垛（根据某一层和上层、下层的关系）. 2 种堆垛的序列（包括对称性）如下：

$$n = 2\begin{matrix}ABAB\\ \mathrm{h\ h\ h\ h}\end{matrix}\quad D_{6h}^4 = P6_3/mmc;\quad n = 3\begin{matrix}ABCABC\\ \mathrm{c\ c\ c\ c\ c\ c}\end{matrix}\quad O_h^5 = Fm\bar{3}m. \tag{1.78}$$

这里 n 是周期地堆垛的层数. 图 1.64 是 h 型球堆垛和 c 型球堆垛的配位多面体：规则立方八面体（c）和六角“扭”立方八面体（h）. $n=4$ 和 5 的堆垛如下：

$$n = 4\begin{matrix}ABAC\\ \mathrm{c\ h\ c\ h}\end{matrix}\quad D_{6h}^4 = P6_3/mmc;\quad n = 5\begin{matrix}ABCAB\\ \mathrm{h\ c\ c\ c\ h}\end{matrix}\quad D_{3d}^3 = P\bar{3}m1.$$

$n=6$ 的堆垛有 2 种：

$$n = 6\begin{matrix}ABCACB\\ \mathrm{h\ c\ c\ h\ c\ c}\end{matrix}\quad D_{6h}^4 = P6_3/mmc;\quad \begin{matrix}ABABAC\\ \mathrm{c\ h\ h\ h\ c\ h}\end{matrix}\quad D_{3h}^1 = P6m2.$$

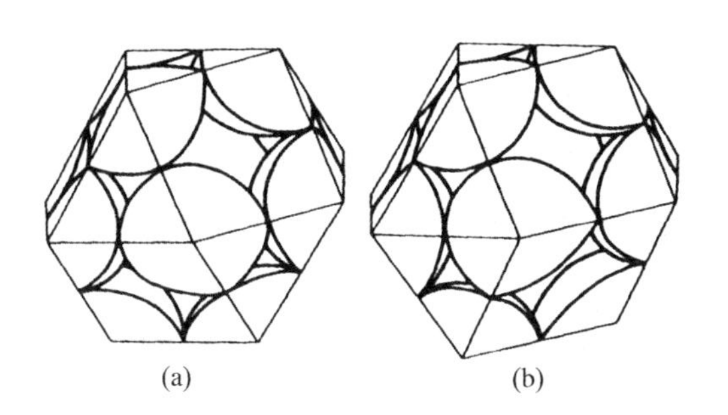

图 1.64　配位多面体

(a) 立方八面体 c；(b) 类似物六角扭立方八面体 h

图 1.65 是几种 n 不同的堆垛.

Belov[1.55]给出了最密堆垛球的完整的系列. 每一个 n 都有固定的几种堆垛，堆垛种类随 n 增大而增大：

层　数	2	3	4	5	6	7	8	9	10	11	12…
堆垛数	1	1	1	1	2	3	6	7	16	21	43…

8 层堆垛的一个例子是 hccchccc，12 层堆垛的例子是 hhcc hhcc hhcc. 值得提出的是：n 小时所有的球都是对称等同的，即它们占据一个正规点系. n 大时不可能做到这一点. 这里反映出最密堆垛原理和点阵中粒子固有对称性的保持之间的竞争，当晶胞中粒子数大时竞争显著.

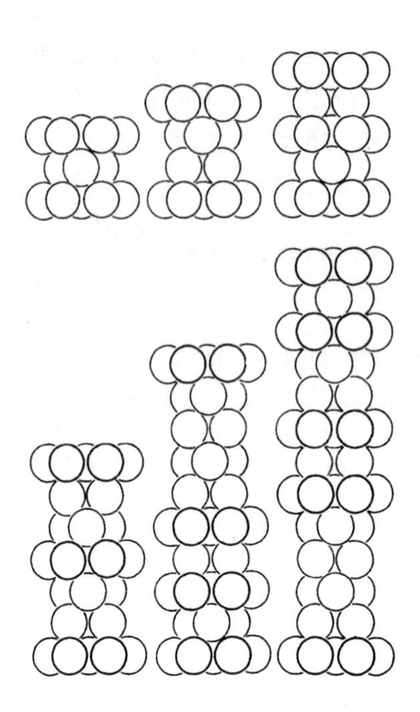

图 1.65　周期层数不同的最密堆垛

$n=2,3,4,6,9,12$

许多元素的结构[包括金属 Ni[①]、Al、Cu、Fe、Au 等(c),Mg,Be,α-Ni、Cd、Zn 等(h)]和惰性气体晶体按最密堆垛原理分别构造成面心立方(fcc)和密堆垛六角结构(h).有时结构离理想情形有些差距,如立方堆垛畸变为正交和四方结构,六角堆垛的 c/a 偏离理想值 1.633(图 1.66).

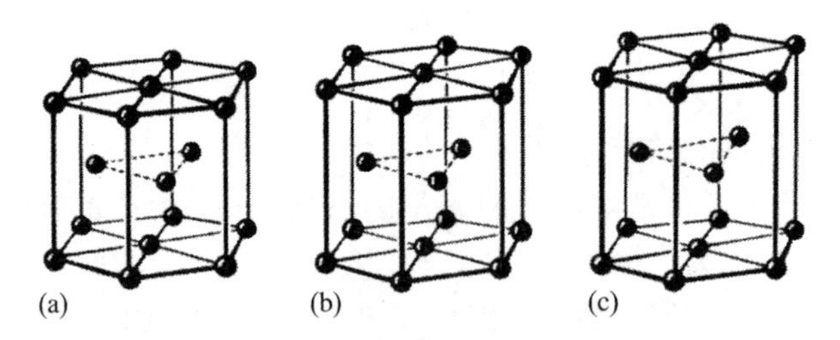

图 1.66　某些金属的结构偏离理想 c/a 值 1.633

(a) Be,$c/a=1.57$;(b) 理想结构;(c) Cd,$c/a=1.89$

不同原子的结构也可以是最密堆垛的,只要结构是纯键的而且原子半径近

① 英、俄文版均为 Na,似有误,(Na 具有体心立方结构,不属于这里的 c 结构),改为 Ni(具有 c 结构).——译者注

似相等.典型的例子是合金结构,如 Cu_3Au(图 2.9b)和配位数为 12、含 Bi、Sb、S、Te、Ge、Ag 的半导体合金(这些原子的半径均为 0.16—0.18 nm).这些合金形成多层堆垛,常常有几个统计布居位置,图 1.67 就是这种化合物的一个例子.

元素和许多化合物常常具有体心立方堆垛(bcc)结构(图 1.68).如果把它形式上看做相同球的堆垛,堆垛系数为 68.01%,比最密堆垛系数 74.05%小,但仍相当大.这两种立方结构之间的相变(如 Fe 的 α-γ-δ,即 bcc-fcc-bcc 相变)是很有趣的.从几何观点可以认为:bcc 结构的稳定性来自原子的高对称性原理得到维持,以及它们的配位数(8+6)很高.当然对这类结构的详尽解释须要考虑到原子互作用和点阵动力学的全部特征.

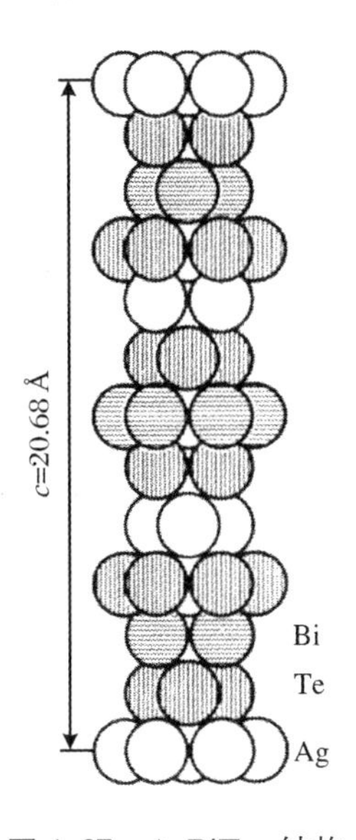

图 1.67 $AgBiTe_2$ 结构

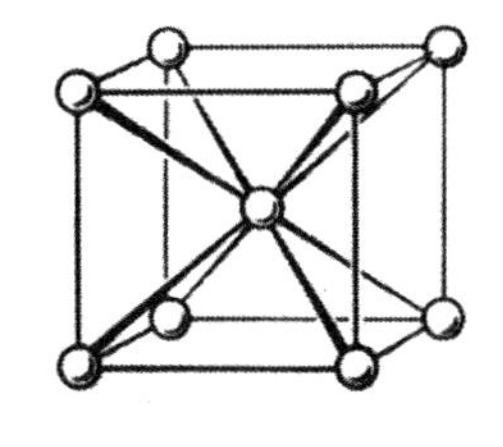

图 1.68 体心立方结构

1.5.11 按球密堆而成的化合物结构

在最密堆垛球之间有 2 种空隙或空洞.在最密排列的原子层上堆第二层时,一种情况是下层的空隙上堆上一个上层原子,即空隙周围有 4 个球,它们的中心形成四面体,如空隙 a 上有一球 A,b 上有 B 或 c 上有 C.这就是四面体间隙(图 1.69a).第二种类型是空隙上下各有 3 个球,这就是八面体间隙,如 a 空隙上下有 3 个 B 球和 C 球等等(图 1.69a).在所有三维密堆垛中四面体间隙的数目是原子的 2 倍,八面体间隙数等于原子数.

如密堆球半径为 R,空隙中可以填充和 R 球接触的更小的球.在四面体间隙中小球的半径是 $0.225R$,八面体间隙中小球半径是 $0.415R$(图 1.69b,c).利用离子半径系可以估算阴离子堆垛的空隙中可以放进阳离子的几何上的可能性.这些可能性和表1.12中八面体和四面体配位下 g 和 g' 的值有关.

然而按照这种图像构成的大量晶体中,"密堆垛"阴离子球并不互相接触,因为阳离子"推开"了堆垛.不论是从有效半径和物理离子半径系看,还是进一步从强键的原子-离子半径看,都是如此.尽管如此,一系列结构仍可用这一模型进行描述.所以我们可以说:阴阳离子键、四面体或八面体方向上存在的共价互作用、同号离子的排斥等因素使原子中心特别是阴离子中心占据最密堆垛位置(但距离更大一些).换句话说,和密堆垛对应的位置在能量上有利.这里不能用最密堆垛的几何理论去作出说明,因为大球互相接触这一主要条件并不成立.但另一方面,最大填充和对称性原理都近似地得到满足.

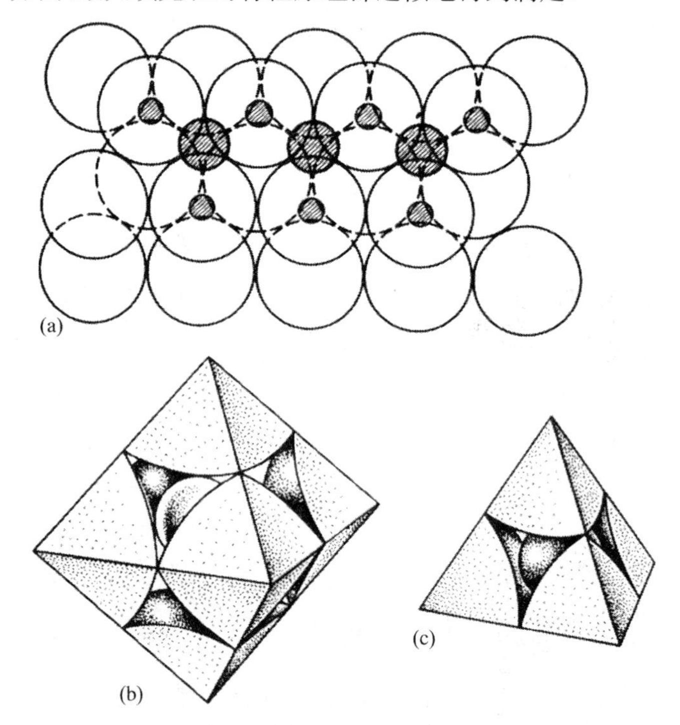

图1.69 两个最密堆垛层之间的八面体和四面体间隙(其中放有小球)(a)和围绕八面体间隙的多面体(b)及围绕四面体间隙的多面体(c)

例如在最密立方堆垛八面体空隙中都填上离子得到NaCl结构,在六角堆垛八面体空隙中都填上离子得到NiAs型结构(图1.70,并和图1.57比较).注意原子中心位于八面体空隙符合密堆垛规则,同时整个结构还可以同样好地被看成阳离子堆垛空隙中填进了阴离子.两种离子形成相同的点阵,两者间只有一定的相对的平移.

Belov[1.55]指出:从阴离子密堆垛方案和在不同类型空隙中阳离子的各种布居出发可以描述各种结构.这样的描述等价于把结构视为空的和实的八面体和四面体的各种联结.

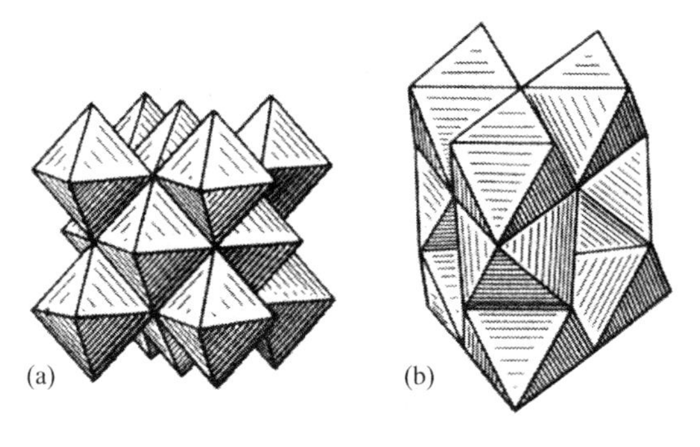

图 1.70 以多面体表示的 NaCl(a)和 NiAs(b)结构

六角堆积中一半八面体空隙填充离子得到 CdI_2 型结构(图 1.71);按照刚玉那样填充三分之二空隙得到 Al_2O_3 型结构(图 1.72).在最密立方堆垛的全部四面体空隙都填上离子得到 Li_2O 型结构(图 1.73a).

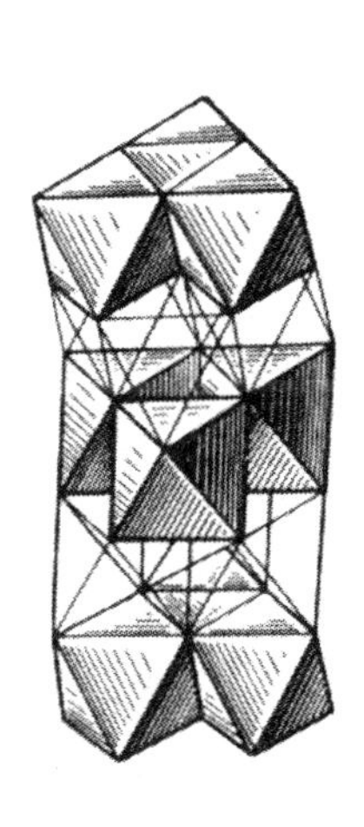

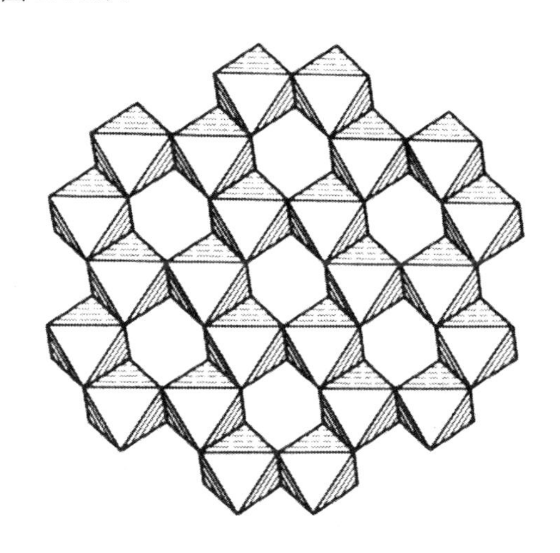

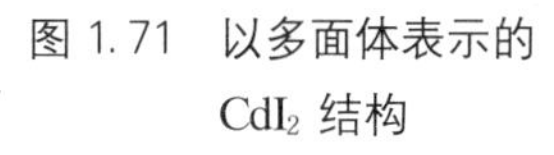

图 1.71 以多面体表示的 CdI_2 结构

图 1.72 Al_2O_3 结构的一层

如上所述的那样,利用在密堆垛中放置原子和保留空隙,几何上可以形成有方向性的四面体或八面体共价键结构.例如在立方堆垛的一半四面体间隙中填充原子，就得到闪锌矿 ZnS 结构(图 1.73b)；在六角堆垛的一半间隙中填充原子，得到纤锌矿结构(图 1.73c).类似地用不同序列的 h，c 四面体网格可堆出各种多层 SiC 变态(图 1.73d).

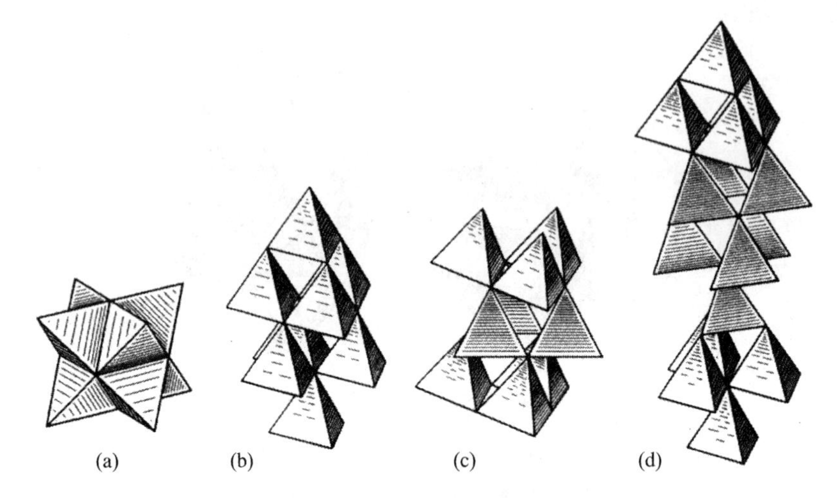

图 1.73 四面体间隙的填充

(a) Li_2O 结构，立方堆垛的所有四面体间隙都被填充；(b)，(c)闪锌矿和纤锌矿结构，立方堆垛和六角堆垛中一半四面体间隙被填充；(d) SiC(变态Ⅱ)

当 $d(AB)/r_{an}$ 增大时，表 1.12 上的配位数也必须增大，结构不再归结为密堆垛的图像.在 Ca、Sr、Ba 等大阳离子的场合，确实观察到高配位数(7，8 和 11).它们的配位多面体可以很复杂(图 1.74).规则多面体——立方体形成的典型结构有 CsCl 和 CaF_2 等(图 1.75a 和 b)，后者中一半立方体仍是空的.

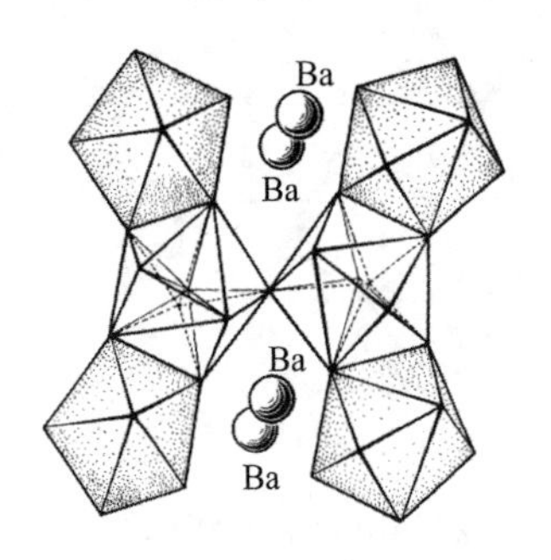

图 1.74 $BaLu_2F_8$ 结构中 8 顶点多面体围绕 Lu 原子

Ba 的周围有 11 或 12 个 F 原子

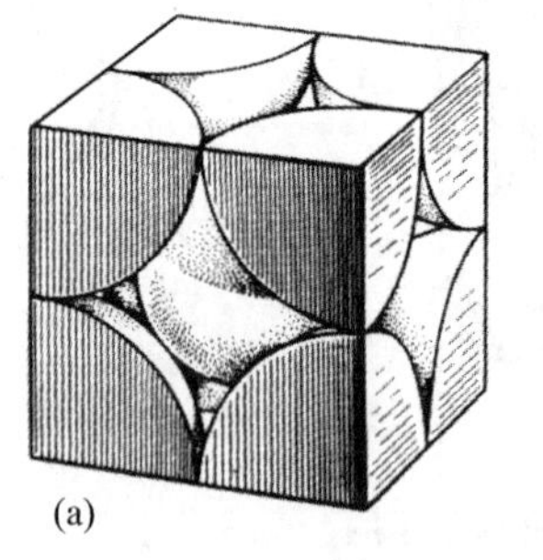

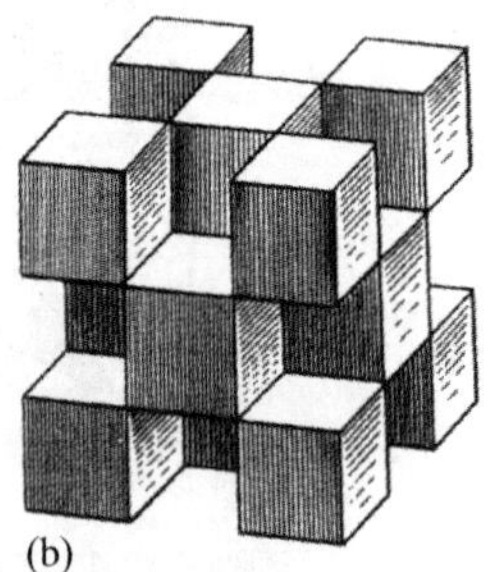

图 1.75 立方配位多面体结构

(a) CsCl 中的立方体；(b) CaF_2 中立方体的堆垛.在 CsCl 结构中立方体紧挨着排列，在 CaF_2 中立方体堆成棋格式结构

1.5.12 岛状、链状和层状结构

如果结构中原子间键的类型不同(杂键结构),这就是配位不等同结构,结构中可划分出 $m=0,1,2$ 的原子团(1.5.7 节),它们由短的强键结合在一起.这些原子团之间由长的弱键连接.原子团簇中的原子组态和原子团簇之间的相互排列有一些关系,这就是说原子团是结构的稳定单元.由于原子团簇内的强键均已饱和.稳定单元——原子团的堆垛主要由弱键力决定.

岛状结构($k=0$)中原子团是有限的"零维"的原子岛,这里包括聚合物以外的所有分子化合物(图 1.76),由无机或有机配位体组成的金属络合物结构(图 1.77)和其他一些结构.这些结构将在 2.5 和 2.6 节中详细讨论.

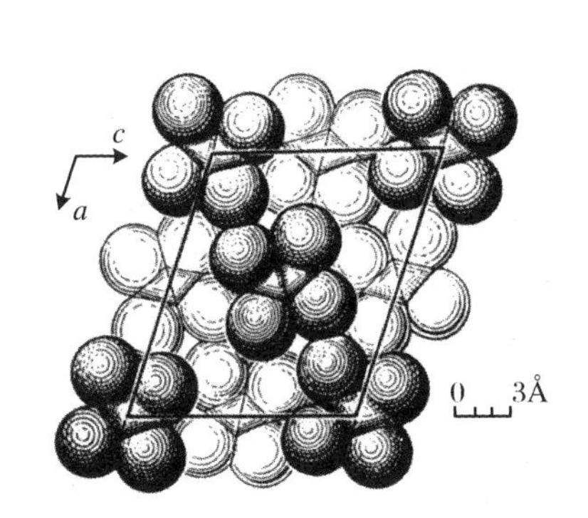

图 1.76 零维岛状结构的例子:四碘乙烯

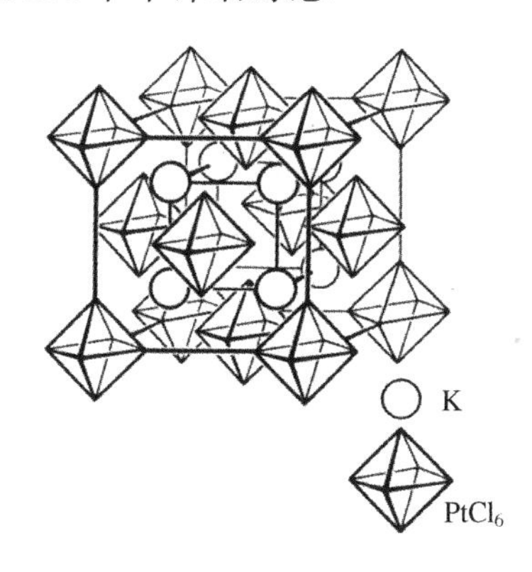

图 1.77 K_2PtCl_6 结构

有时很难在岛状结构和等配位结构间划出明确的界线,例如稳定原子团 NH_4 和 SO_4 是有限的,但它们并不能用大的距离和周围原子区分开.

一维原子团($k=1$)的结构称为链状结构.典型的例子是:由无限长分子组成的聚合物晶体、Se 等无机结构(图 1.44d)、半导体-铁电体 SbSI[1.56](图 1.78)、络合化合物 $PdCl_2$(图 1.79)和石棉类链状硅酸盐.

这些链本身由一个对称群 G_1^3 描述.按照和岛状结构中相同的原理,这一对称性在链状晶体中也只会降低.典型的例子是石蜡 C_nH_{2n+2} 的结构(图 1.80).链本身的对称性是 mmc,但堆垛成晶体后只保留"水平的"面 m 和轴 2,而堆垛引起对称素 m 和 a 的出现使结构的空间群是 $Pnam$.此时刚性链在晶体中保持原有的组态.另外一种可能的方案是:链刚性单元间的键(或联结)允许单元的取向不同,同时保持链的连续性.这时在晶体结构中链的堆垛形态在很大程度上由链间弱键决定:使这些链平行地排列在一起.

层状结构($k=2$)中原子团由强键结合在一起并在二维上无限地延伸.这种

结构的典型代表是石墨(图 2.5)、CdI_2 型层状结构(图 1.71)和层状硅酸盐(图 1.81).后者还可看做由稳定的配位多面体接合而成的二维系统.由厚的"多层"片组成的结构常被称为片状结构.按紧密接触原理堆放层的不同方式在能量上差别很小,所以这种结构的变态众多.例如 CdI_2 就有许多变态,各种黏土矿物也有多种变态,包括片的堆垛不同或片结构的某些形态不同.

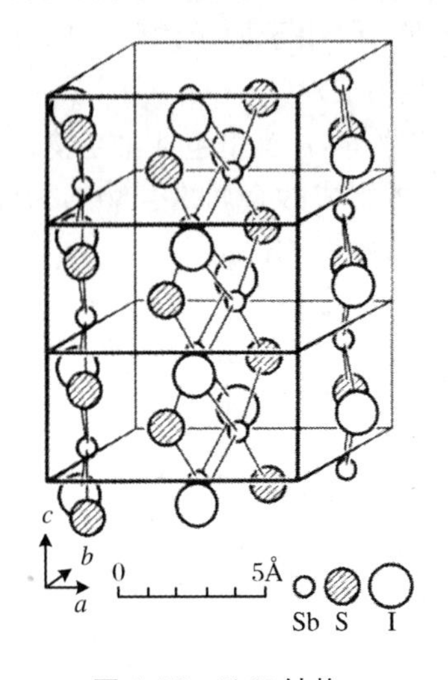

图 1.78 SbSI 结构

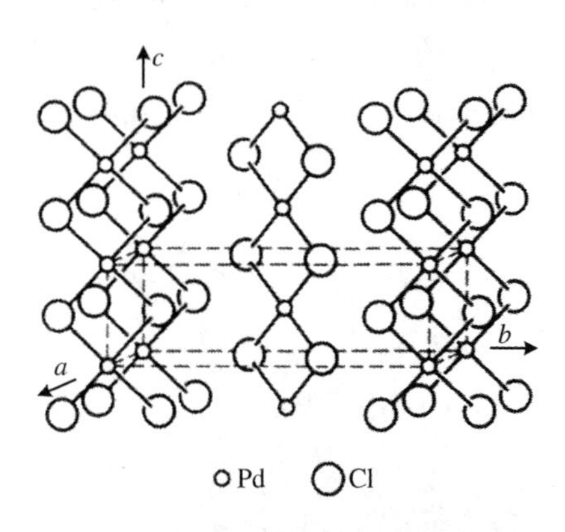

图 1.79 $PdCl_2$ 结构

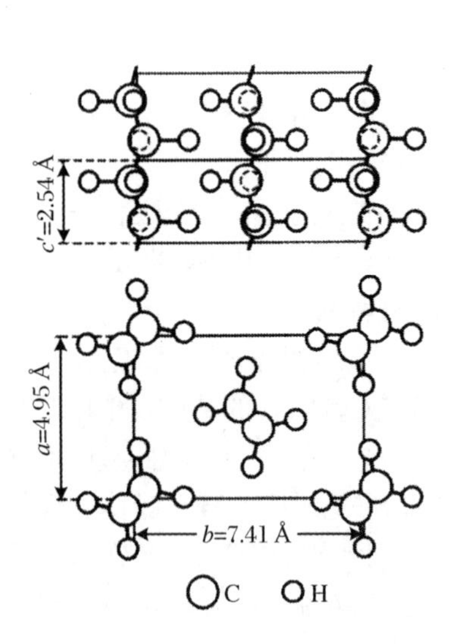

图 1.80 石蜡 C_nH_{2n+2} 结构的 2 个投影

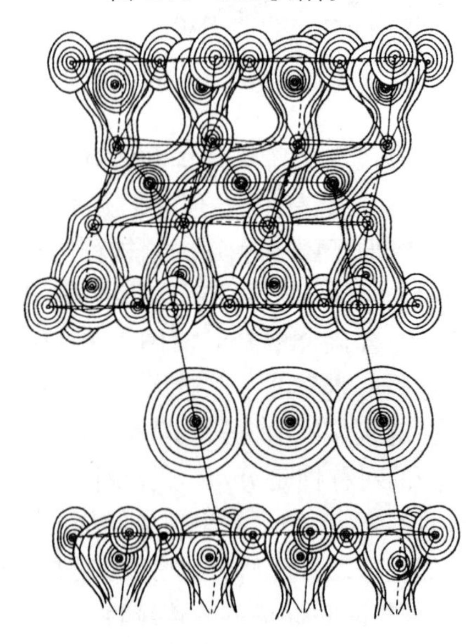

图 1.81 云母结构的一层,晶体势的三维傅里叶合成[1.57]

在本节的最后应再次强调:把某些结构归入配位等同、链状或层状结构有时是不够严格的.在配位等同结构中常常可以划分出链或层,它们明显地具有独立的结构作用,但又和结构中其他原子有紧密的接触.有些结构由两类单元组成,例如有限的络合物和层(或链),如此等等.

1.6 固溶体和同形性

1.6.1 同构晶体

许多晶体具有全同的原子结构,它们是同构晶体.这意味着它们的空间群是同一的,原子位于同一个正规点系(RPS)上.例如,一个结构的A原子和另一个结构的A′原子占据同一个RPS,B和B′占据另一个RPS,等等.显然,同构物质也是"同分子式"的,即它们的相应原子的数目的分子式是同一的.同构晶体可以有不同的复杂性,从简单的物质到复杂的化合物.例如面心立方金属和惰性气体晶体是同构的,NaCl型碱卤化合物(图1.46)、不少氧化物(如MgO)和许多合金(如TiN)等也是同构的.还有一系列分子式为AB_2、AB_3、ABX_2等的同构化合物.每一种同构系列都以一个最普通的或首先发现的化合物命名,如α-Fe、NaCl、CsCl、K_2PtCl_4型结构等等.

同构晶体概念是形式的几何概念.同一种结构类型中可以有不同类型的键组成的晶体,如离子晶体和合金.但是,几何的相似性说明:结合力的对称性一定是等同的,例如作用到相应原子上的力都是球对称的或都有同样的方向性.

1.6.2 同形性

如晶体既同构又具有同类型的键,则它们被称为同形晶体.这类晶体的晶胞参数是相近的.它们的相似性在宏观上也表现出来.由于上述因素它们的外形也很相似(所以被称为同形性).这正是1819年密切里希在宏观尺度上发现同形性的原因,他当时观察到KH_2PO_4、KH_2AsO_4和$NH_4H_2PO_4$晶体的多形性.几何测量证明这些四方晶体具有等同的单形,它们的对应面角是相似的.另一个经典的同形晶体结构是菱形碳酸盐MCO_3,其中M = Ca、Cd、Mg、Zn、Fe或Mn,其菱面体顶角的差别不超过1°—2°.同形物质的物理性质很相似.目前同形性研究主要利用X射线和其他衍射数据,从而使同形性的起始的概念得到充实和发展.

1.6.3 替代固溶体

X射线研究揭示:同形性和固态溶解度有密切的关系.固溶的结果形成了固溶体.晶体同形性常常和形成同形物质的均匀固溶体的可能性有联系.图1.82a是均匀固溶体的相图.

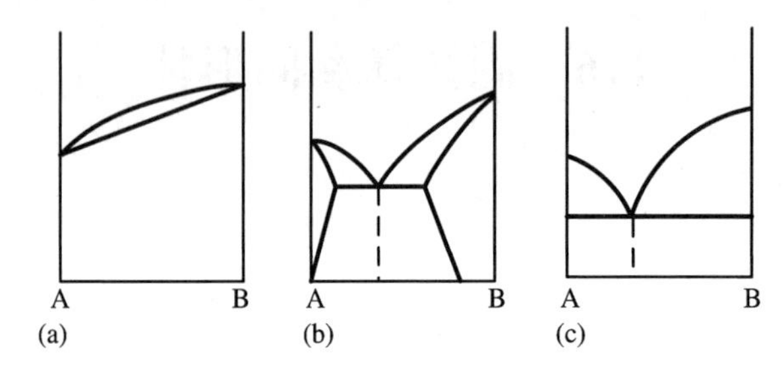

图1.82 各种类型的相图

(a) 组元形成连续固溶体;(b) 形成有限固溶体;
(c) 不形成固溶体

最普通的固溶体类型是替代固溶体,其中给定正规点系上的A组元原子被B替代(图1.83).在这些点上发现替代原子的几率等于固溶体的成分.如果AB相中A原子可以被原子百分数为 x 的A′原子替代,这样的固溶体表示为 $A_{1-x}A'_xB$.这时在A原子所在的一个RPS(有时称为亚点阵)上发现 A 原子的几率为 $1-x$,发现A′原子的几率为 x.

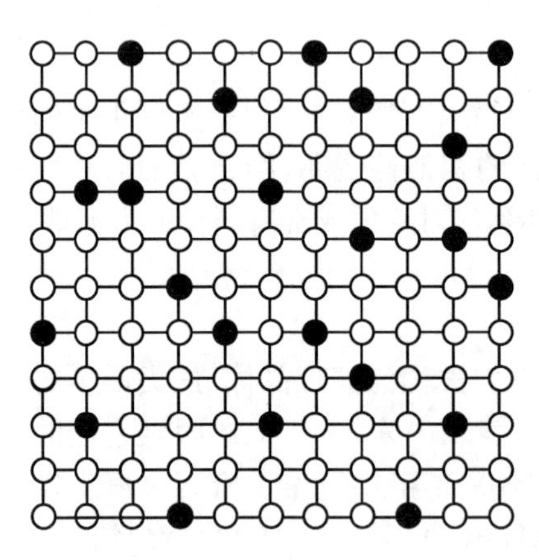

图1.83 替代固溶体结构

通常只给出发生替代的一个正规点系,还可能有不发生替代的其他正规点系

由此可见,分子式为 $A_{1-x}A'_xB(0<x<1)$ 的晶体对任何 x 来说都是同构的,系统的两端是化合物AB和A′B(图1.84和图2.9a).

这样"同形性"名词实际上已被用来表示两个近似的但不完全等同的概念.首先,它表示具有不同的(但相关的)化学成分的晶体结构和外形的相似性,其次,它表示成分不同晶体相中原子或其他结构单元的互相替代.

同形物质及其固溶体原子结构的研

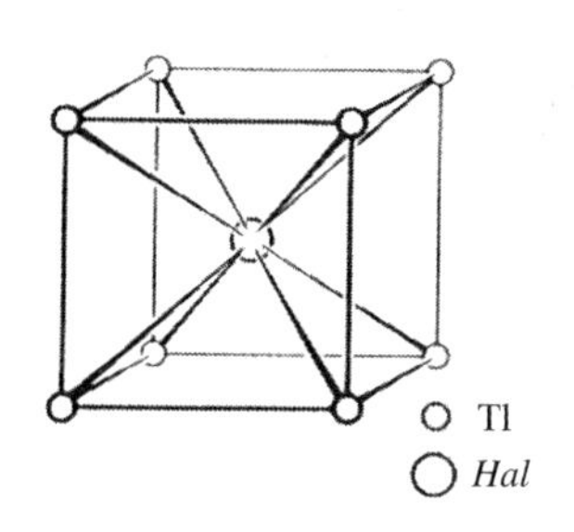

图 1.84 固溶体 $TlHal'_xHal''_{1-x}$ 晶胞
胞中心的卤族原子可在任何成分上被另一卤族原子统计地替代

究不仅帮助我们建立了这些结构的几何相似性，还指明了可以互相替代的原子尺寸的几何限制.例如，KBr 和 LiCl 是同构的并具有同一类型的键，但它们不能形成均匀固溶体，原因是它们的离子尺寸差别太大.哥耳什密特和后来的许多学者进行的研究指出：在离子化合物中能互相替代的离子的半径差通常不大于 10%—15%；在共价和金属键化合物同形结构中，原子半径差也是如此.因此同形结构的晶胞尺寸、原子间距离、一般位置上原子的配位只有微小的差别.

同形物固溶体晶胞尺寸和成分有近似的线性关系，这就是费伽定律(图1.85).常常发现偏离此定律的情形，此时周期和成分曲线向上或向下弯或形成 S 形.由于溶剂和溶质原子尺寸不同，杂质原子引进溶剂点阵产生两种效应，一是溶剂晶体点阵的宏观均匀应变，二是杂质原子的局域位移.

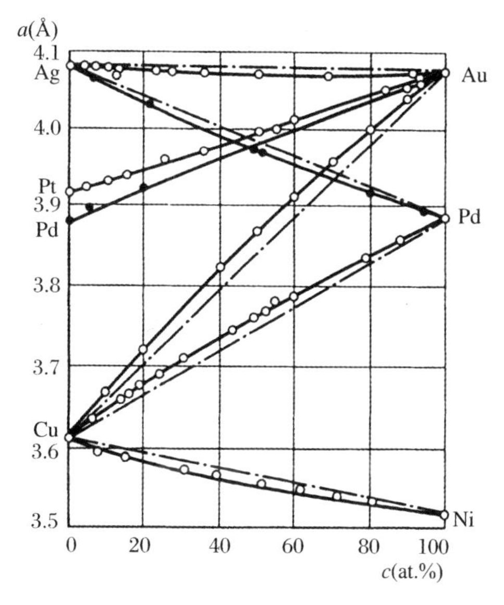

图 1.85 费伽定律
同形物质固溶体晶胞周期 a 和成分 c 有线性关系

X 射线衍射测定的固溶体晶胞参数和原子间距离是晶体所有晶胞的平均值.由 X 射线法得到的固溶体点阵周期和成分的依赖关系是均匀应变引起的.由溶质原子产生的局域位移使每个晶胞发生不同程度的畸变.畸变的大小和形状随替代原子和相邻晶胞而变(图 1.86).局域的位移还使 X 射线衍射强度降低和衍射峰近旁出现漫散射.然而，平均起来看，局域畸变并没有破坏长程序.所有原子统计地偏离一定的平均位置，这些平均位置对应于以平均周期组成的三维理想点阵.这里的周期性也是统计的，但平均起来看周期性是准确的.显然，原子离理想位置的位移应该和替代原子半径差 Δr 成正比并和成分有关.半径差 5%—10%，Δr 是 0.01—0.02 nm. X 射线法测得原子离平均理想位置的位移均方根$\sqrt{u^2}$的量级是 0.01 nm. 大的 Δr 和$\sqrt{u^2}$明显地引起点阵的不稳定性,限制了均匀固溶体的形成. 于是组元开始分离,新相开始形成.

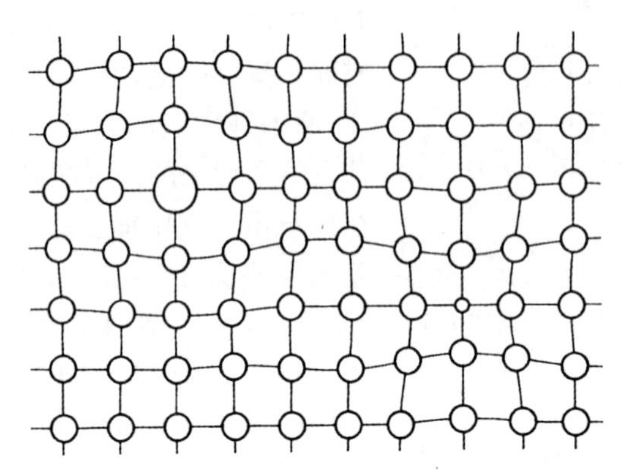

图 1.86 半径较大或较小的杂质原子周围的局域点阵畸变

应该指出:原子尺寸(键的类型相同)的相近并不一定能保证同形性. 还有,一对原子在一种结构类型中可互相同形替代,在另一种结构类型中可能不互相替代. 这并不奇怪,因为同形性是结构整体的性质而不是单个原子本身的性质. 如果结构的化学式复杂并且有一个大的晶胞,对替代原子尺寸差别的限制会有所放宽,因为这里有更多的机会通过晶胞中其他原子的微小位移而保持住同样的原子间力的平衡. 同形替代原子的键型必须类似这一点可以用离子性分数 ε [(1.20)式]表示[1.58,1.59]. 同形固溶相对互相分离的稳定性由替换能 u_{int}决定,这个能量愈大,分离温度愈高,在给定温度下的固溶度愈小. u_{int}和原子间距离差,即替代离子半径差的平方有关,还和组元键的离子性差的平方有关,$u_{\text{int}} \sim a(\Delta r)^2 + b(\Delta\varepsilon)^2$. Na 和 Cu, Ca 和 Hg 等虽然离子半径相近,由于 $\Delta\varepsilon$ 大,实际上互不替代.

两组元不同构、不形成连续固溶体时,晶体结构中仍可以出现原子间的相互替代. 非同形或非同构组元间的有限固溶体是更普遍的现象,相应的相图见图 1.82b. 这里两组元原子相互统计地替代也称为同形替代(虽然实际上两组元本身之间不存在同形性),替代的方式也和图 1.83① 表示的同形替代图像相同,不同的是合金的成分不能随意变化,只能在有限范围内变化,如在 $A_{n-x}A'_xB_m$ 中,x②$_{\max} < n$. 最大固溶度 $x_{\max}$ 由热力学参数如温度和压力决定. 组元互不固溶时,得到图 1.82c 那种类型的相图. 对非同形结构原子间同形替代可能性的限

---

① 英文版误为图 1.9. ——译者注

② 英文版将 x 误为 V. ——译者注

制不很严格，但 $\Delta r<15\%$的限制仍然有效.

同形性和同形替代的方式可以不同，这依赖于给定相图（或它的截面）上相的组元数和化学式的复杂性.同形替代或完全的同形性可以在1类、2类或几类相似原子间发生，如A和A′处在一个RPS上，B和B′在另一个上，C和C′在第三个上，等等.另外还可以不止2种，而是3种或更多种原子A，A′，A″…占据同一个RPS.

相互替代的原子常有相同的价，这时称为同价同形性.也可以有异价同形性，即替代溶剂原子的溶质原子有不同的价.点阵作为整体应该是中性的，即价（电荷）应得到抵偿.例如二价离子A被配套的一价A′和三价A″替代，当然对半径的限制条件和键型相似的要求应得到满足.空位可以起电荷补偿作用，例如单价离子可以被二价（或三价）离子和相应数量补偿电荷的空位所替代.在Ge和Si等门捷列夫周期表Ⅳ族共价半导体结构中，基体原子可以被Ⅲ族和Ⅴ族原子替代，如果只引进Ⅲ族或只引进Ⅴ族原子，电子或空穴就成为补偿者，即形成了n型或p型半导体晶体.

不仅占据同一个正规点系的原子间可以补偿，不同RPS间也可以补偿，例如 $Fe^{2+}(CO_3)^{2-}$ 和 $Sc^{3+}(BO_3)^{3-}$ 是同形的.

半径近似相等要求限制了门捷列夫周期表上同族原子间同价替代的可能性.在周期表上对角移动可使上述要求较好地得到满足，地球化学和矿物学中重要的异价同形性就是沿着Fersman对角移动进行的：如Be—Al—Ti—Nb，Li—Mg—Sc，Na—Ca—Y①，Th(Zr)等.

同形替代在天然和合成晶体材料中很重要.在矿石中有许多元素是严格的同形杂质，例如在硅酸盐中稀土元素替代Ca，含铁矿物中Co或Ni常替代Fe.这样的例子还有许多.

在点阵（基体）中引入某些原子可改变其性质的现象在许多技术上重要的晶体和材料的生产中有重要作用，涉及的范围从高强度合金到量子电子学和半导体工艺所需的晶体.例如在激光晶体中一小部分阳离子被活性离子所替代：Al_2O_3 红宝石中0.05%的Al被Cr替代，钇铝石榴石 $Y_3Al_5O_{12}$ 中高达1.5%的Y被稀土元素Nd替代.事实上所有晶体多少都含有少量固溶杂质.

有一种特殊类型的替代固溶体——**缺位固溶体**，那里一种组元的原子不占满全部可能的位置.例如 $A_{1-x}A'_yB$ 中 $y<x$ 或 $y=0$（后者可写为 $A_{1-x}B$）.未占的位置可以看成"布居的空位"A^*，这样化合物的式子可写成 $A_{1-x}A'_yA^*_{x-y}B$.

---

① 英文版将俄文版此处的缩写"(稀土)"误为"(P3)"，已删去.——译者注

元素是同位素的混合物.考虑到这点,可以认为几乎所有材料的晶体都是同位素替代固溶体.在单一同位素同形晶体可以制备的场合,观察到了它们之间的微小差别.如氢化物和氘化物(还有普通冰和重冰)的点阵参数有千分之几纳米的差别.存在氢键时,它们的长度,热振动参数等也有微小的变化.

有机晶体中,结构单元不是原子而是分子,这里也有替代固溶体.替代分子的尺寸和形状近似相等的要求也应得到满足.例如蒽的结构 中可有限地溶进一些它的氯衍生物或菲 .萘分子 也可以替代晶体中的蒽分子,这时第三个苯环所占位置空缺.在适当的几何条件下一个大的杂质分子有时可替代2个基体分子.

1.6.4 填隙固溶体

固溶体结构中的同形替代是在一个正规点系上的A原子被A′原子全部或部分地统计地替代(图1.83).另一种基本的固溶体类型是填隙固溶体.它们的相图和有限替代固溶体是相同的(图1.82b),但"溶入"的原子进入基体原子间的间隙,统计地分布在基体空间群的一个新的未占据的正规点系上(图1.87).被基体原子占据的那套RPS常被称为晶体点阵位置,进入它们之间的原子被称为进入了间隙.有时候进入的可能是基体空间群的另一个子空间群.这时我们就

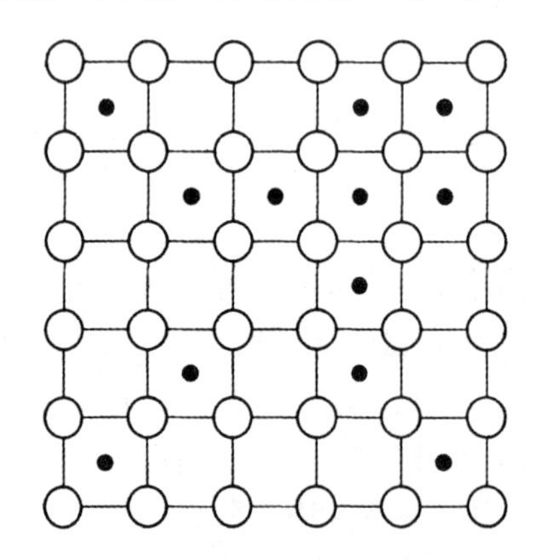

图1.87 填隙固溶体结构的理想的示意图

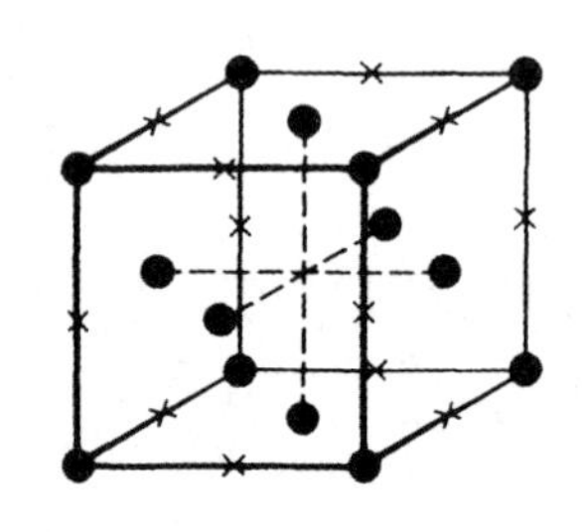

图1.88 奥氏体结构

由叉表示的位置是 γ-Fe 点阵中C原子可以占据的位置

不再能说形成了和起初化合物一样的同构物,尽管点群和单晶的单形(如能得到的话)是相同的.填隙固溶度通常较低,只有几个百分点,很少达到10%.填隙

固溶体的典型例子是奥氏体(C 在 γ-Fe 中的固溶体),这里 C 原子占据面心立方 γ-Fe 中的八面体间隙(图 1.88).其他典型的例子是所谓的间隙相,包括许多金属碳化物、氮化物、硼化物、氢化物等.由于溶质原子进入基体原子之间的空隙(常常是最密堆垛的八面体或四面体间隙),显然溶质原子尺寸应接近间隙的尺寸(同形替代时溶质和溶剂原子尺寸接近),比基体原子小.这就容易理解形成填隙固溶体的大多是 H、B、N、C 等半径小的原子.如果填隙原子的尺寸不接近间隙尺寸,则原子周围的基体点阵将发生严重的畸变.著名的例子是 H 分子和金属(如 Zr 和 W)形成的填隙固溶体.

应当指出,由于合金和许多间隙相的键的金属性,在整个晶体体积内发生集体的电荷重新分布.间隙不仅可以按图 1.82b(有限固溶相图)那样被部分地填充,还可以全部被填满,达到一定的化学比.于是,形成的新结构具有确定的化学式,如 AB_x,$x=n$,这里 n 是整数(图 1.89).这样.AB_x,$x<n$ 的结构可以有两种理解:一种是 B 原子在 A 结构中的填隙固溶体,另一种是缺位的 AB_n 结构,其中有 $n-x$ 个 B 原子位置空缺.

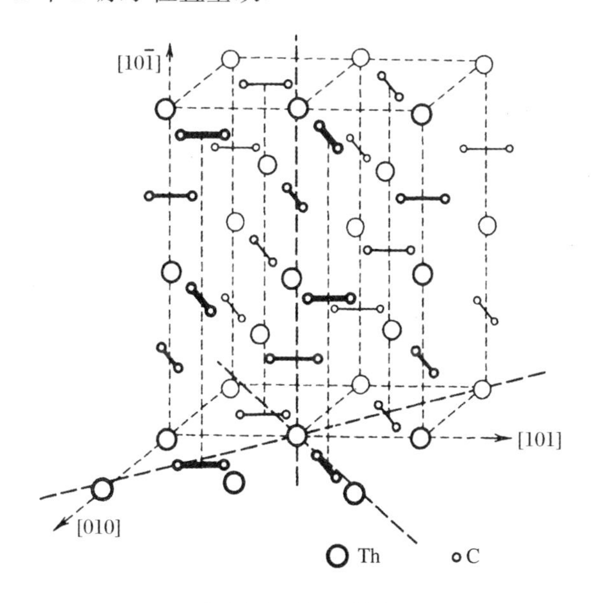

图 1.89 ThC_2 结构

还有一种情形是:化学式不同的物质之间可以存在成分相当宽的单相固溶体(化学式不同的原因是点阵中原子价不同,须要对电荷进行补偿).典型的例子是 CaF_2—YF_3 系(图 1.90).YF_3 的溶解度可达 40%.一般情形下这种具有萤石-氟铈矿结构的固溶体(图 1.90)可以表示为 $M_{1-x}^{2+}R_x^{3+}F_{2+x}^{1-}$,这里 R 是稀土等三价元素(Y 等). Re^{3+} 阳离子替代二价金属离子 Me^{2+} (Ca^{2+} 等)后,需要溶入更多的阴离子 F^{-1}以补偿增加的正电荷.此时增多的阴离子 F^{1-} 布居到萤石相的空隙位置.原先曾假设它们随机地分布在晶胞的二重轴空隙位置和三重轴空隙位置.后来确定:按照离子半径的不同,即按照被替代离子半径和替代离子半径之比小于或大于 0.95,形成两种类型的结构:增多的 F^{1-} 阴离子分别位于二重轴或是三重轴空隙位置(图 1.90b,图 1.90c).和两种结构对应,离子团簇的多面体和外形也不相同(图 1.90 上方,分别为 M_6F_{36}和 M_4F_{26})[1.60].

具有不同离子分布的固溶体使非化学比氟化物的物理性质不同,它们分别应用于激光晶体、离子导电体等技术领域.

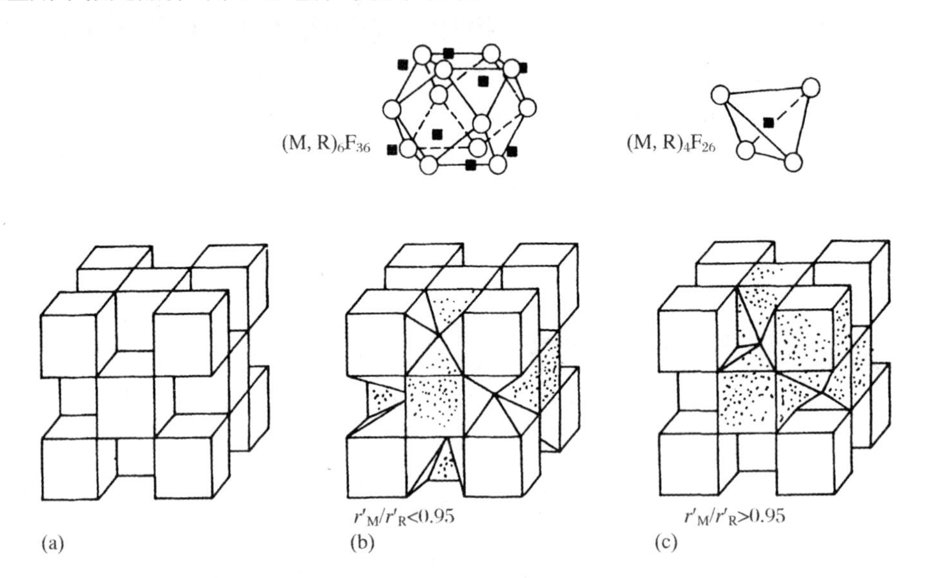

图 1.90 萤石(a)和萤石基固溶体 $Ba_{0.73}Pr_{0.27}F_{2.27}$(b)及萤石基固溶体 $Ba_{0.69}Pr_{0.31}F_{2.31}$(c)的结构

(b)中增多的 F 占据二重轴空隙位置;(c)中增多的 F 占据三重轴空隙位置;(b),(c)上方的图分别为 M_6F_{36}和 M_4F_{26}离子团簇

杂质原子进入晶体结构的方式很多,从许多单相固溶体中的同形替代直至引入新位置上的原子(改变了整个结构).相应地晶体结构的空间群可以保持或改变(大多数场合是降低).对称性的降低还可以扩展到点群,或转变为更低的晶系.

值得注意的是:替代或填隙固溶体的形成不仅须要用理想晶体结构,还要用真实结构描述,即指明理想点阵的畸变、原子进入的方式,等等.

固溶体中原子的互作用不容许 A 和 A′原子在替代“亚点阵”上完全混乱的

分布[1.61].如 A 和 A′原子互相吸引,则每一 A 原子周围出现 A′原子优先分布的"气氛".这就是**短程序**现象.相反地,A 和 A′原子互相排斥时,A 原子周围形成同类原子的气氛.这就是**短程分解**现象.在两种情形中都涉及 A 和 A′原子相互排列的相关性.这种一维、二维或三维原子关联("大宗同形性")都有可能形成.它们还可以和点阵缺陷,如空位和位错相互作用.

1.6.5 调制结构和无公度结构

金属或其他固溶体分解成的二相系统中,有时新相的分凝不是混乱的,而是有一定周期性的和规则的.电子显微术、X 射线和电子衍射结果都证实了这一点.这种分凝的形状、取向和周期性依赖于起始结构以及它和新相的取向关系.可以在 1 个、2 个或所有 3 个方向上观察到周期性.图 1.91 是已观察到的调制结构,在 Au-Pt、Al-Ni、Cu-Ni-Fe 和其他许多合金中都有这种结构.

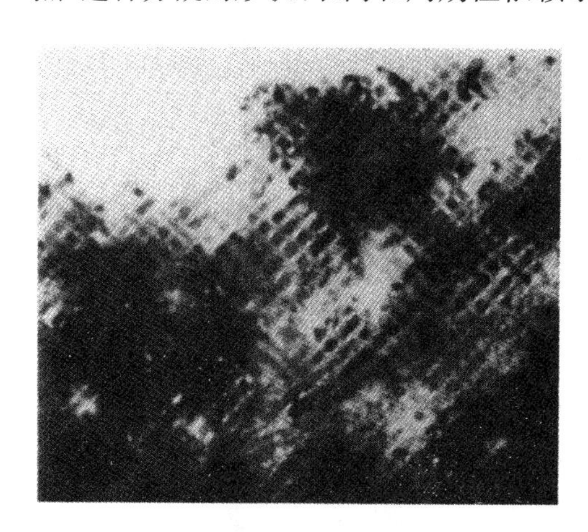

图 1.91 蒂克纳尔镍铁铝磁合金中的二维调制结构

电子显微像,(001)面,32 000×[1.62]

沉淀新相的协调的周期排列起因于:二相的晶体点阵错配引起的应变能在系统中占有重要的比重.总能量极小对应于调制结构,因为它的形成可消除长程弹性应力场.

最一般的情形是所谓的无公度结构.这种结构中,某些结构参数如电荷、磁矩、形变等的分布是周期性的(一维、二维或三维),但周期 A_i 不是晶体点阵周期 a_i 的整数倍,即 $A_i \neq ka_i$.例如在铁电体和铁弹体中就有这种结构.周期 A_i 和温度及其他外界条件有关.在一定温度下它和公度结构($A_i = ka_i$)间发生转变.

1.6.6 复合物超结构

近年来高分辨电子显微镜(文献[1.6]中 4.9.3 节)研究发现:许多宏观非化学比的结构实际上是若干相关的化学比结构的组合.典型的例子是过渡金属氧化物 M_nO_{3n-m}(W、Mo、Nb 等的氧化物),它们的氧化和还原可产生中间的结构[1.63—1.65].它们的稳定结构单元是 MO_6,在理想的 MO_3 中八面体以共同的顶点连接.如八面体以共同的棱连接就形成所谓的晶体学切变(CS)结构(图1.92).沿{102}切变产生 M_nO_{3n-1} 结构,沿{103}切变产生 M_nO_{3n-2} 结构等等.这些结构在同一晶体中共存产生宏观非化学比 M_nO_{3n-x} 型化合物(图1.93,另一例见文献[1.6]中的图4.106).在硅酸盐和许多其他化合物中也共存着不同

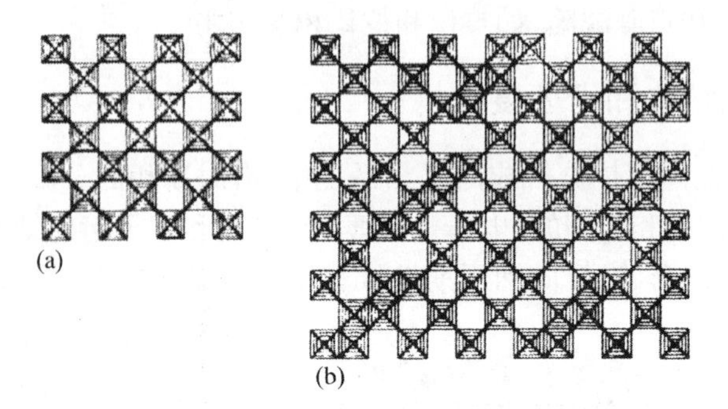

图1.92 八面体组成的 WO_3 型理想结构(a)和沿(103)面的CS结构(b)

图1.93 含有大量(103)切变面的 $Ti_{0.03}WO_3$ 晶体的电子显微像
箭头指明小段(102)切变面[1.65]

成分的畴(图 1.94).在这些场合我们都观察到连续的晶体结构,但是没有单一的贯穿整个晶体体积的点阵,只有由微观尺度上相关的不同点阵交替连接而成的晶态聚集体.如果这种交替是均匀的、规则的,且贯穿于整个体积,这就是一种超点阵.如果交替不规则,在整个体积中就没有长程序,而只有许多单畴.显然超结构中也存在各种结构缺陷(第 4 章).

图 1.94 三排 Na-Co 硅酸盐[理想化学式 $Co_4Na_2Si_6O_{16}(OH)_2$]的电子显微像
除了规则的三排 Si-O 链结构外,还插入四排和五排链.长条模型中的三角形代表 SiO_4^{-2} 四面体[1.66]

第 2 章

晶体结构的主要类型

目前已知的晶体结构有十几万个.虽然它们数目繁多,但可按一定特征对它们进行分类.首先我们考虑元素的结构,这里会遇到不同类型的键,这些结构能够显著地显示给定元素原子的晶体化学性质,在由原子组成的化合物结构中,这些性质通常很好地继承了下来.

化合物结构的分类方法有许多种:按化学式中组成比值分(AB、AB_2 等)、按结构类型分、按结构团簇的维数分、按同键和杂键分,等等.我们将采取最流行的分类法即按照化学键类型分.我们将依次讨论金属键、离子键、共价键结构,直至分子间存在范德瓦耳斯力的分子晶体结构.由于分子种类繁多、品质各异,我们将在分子晶体中划分普通有机化合物和高分子化合物(聚合物、液晶,最后是生物结构).

2.1 元素的晶体结构

2.1.1 元素结构的主要类型

元素晶体结构的基本特征和它们在门捷列夫周期表上的位置有关,和它们的其他基本特性一样也具有周期性.图 2.1 按周期表的位置给出了元素的结构.

元素结构可以分为两大类:金属和非金属结构.典型金属的结构由键的金属性和非方向性决定,因此它们的结构以原子的密堆垛为基础.当我们在周期表上向右和向下移动时,原子键的共价分量逐渐增加,金属的结构复杂起来,它们的键也出现方向性特征.

在周期表右侧,从 B、Si、Ge、Sn 开始,是典型的共价结构,随后是共价键原子团簇以范德瓦耳斯键结合而成的结构,最后是不存在强键、以范德瓦耳斯力结合的惰性气体的密堆结构.这样,除了典型金属,在周期表中还可以划分出共价-金属结构、典型共价结构、分子杂键结构和惰性气体结构.

许多元素具有几种多形性变态.图 2.2 是一些元素的相图[2.1].压力增加后的主要趋势是:转变为更密堆垛的结构,在很高压力下发生金属化.温度的升高松弛了键的方向性,通常使对称性增加.

下面介绍一些元素的典型结构.H 形成 H_2 分子.在 3 K 常压下存在的晶体

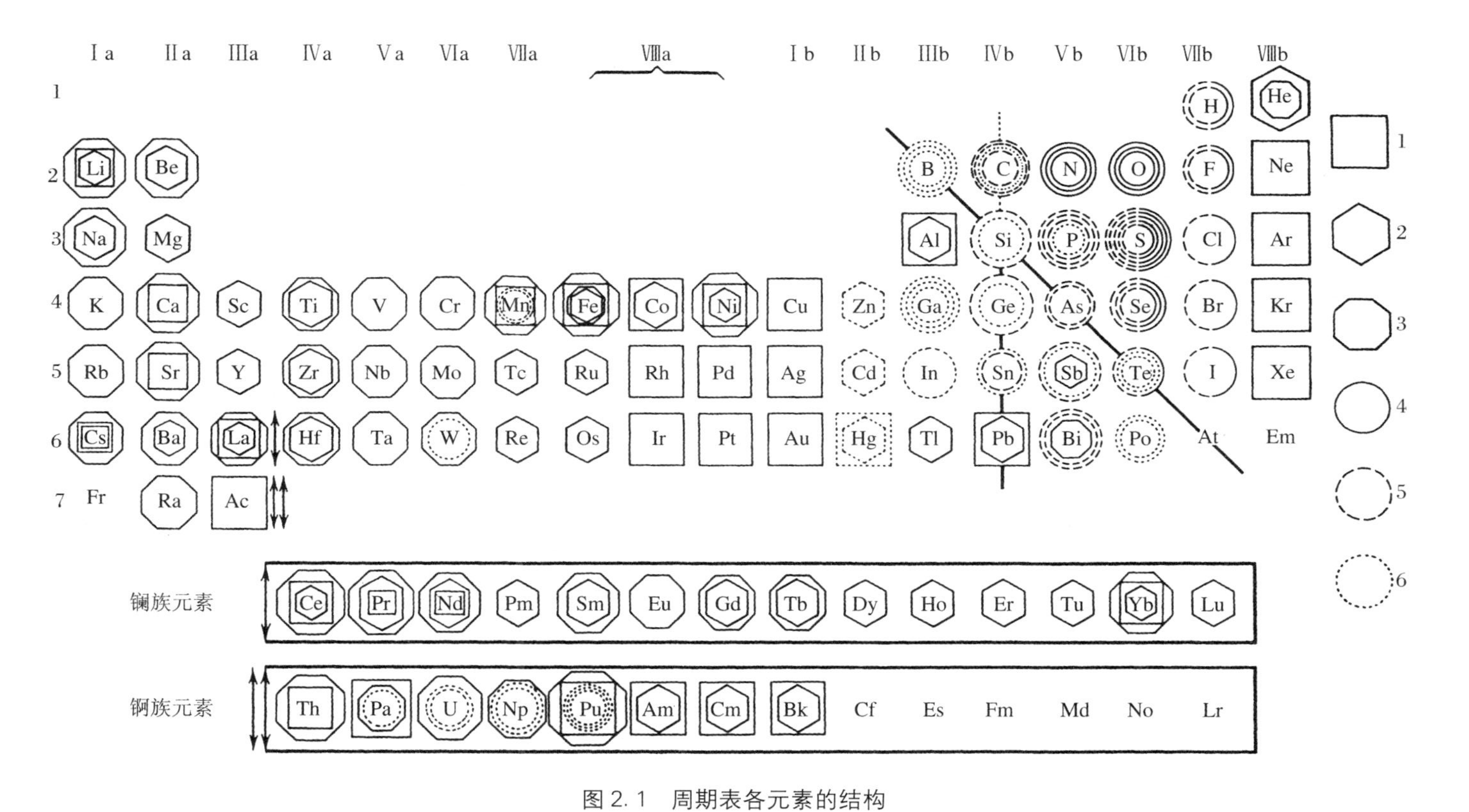

图 2.1 周期表各元素的结构

结构符号:1. 立方密堆;2. 六角密堆;3. 体心立方堆垛;4. 分子晶体结构;5. 8-N 配位结构;6. 其他. 如一个元素有几种变态,由外到内符号对应于高温到低温的变态,以及再到高压下的变态.这里没有列出某些特殊的或研究得不够的变态

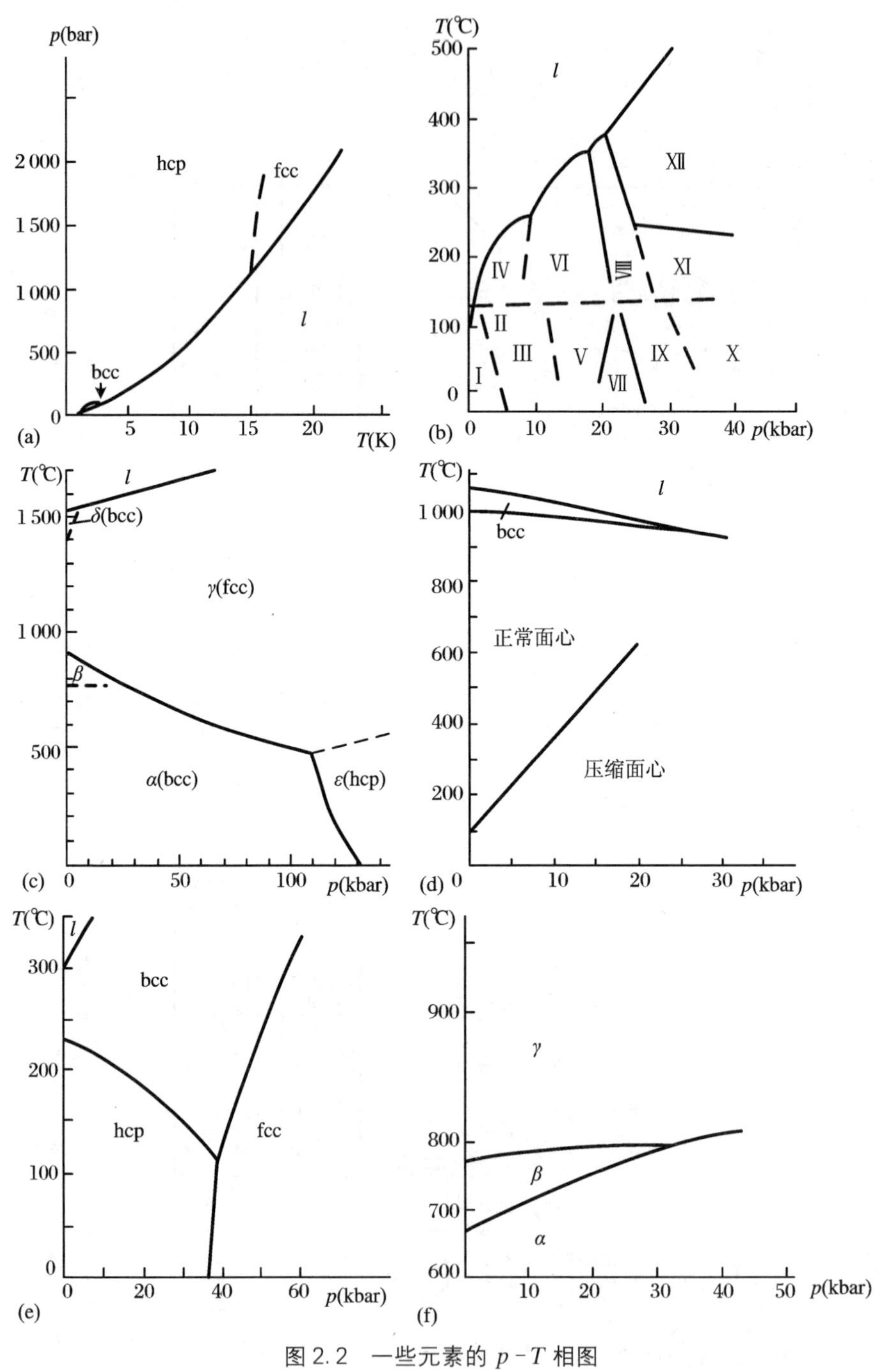

图2.2 一些元素的 $p-T$ 相图

(a) ^{4}He；(b)S；(c)Fe；(d)Ce；(e)Tl；(f)U

结构中,分子中心按立方密堆排列,加热后按六角密堆排列.相应地,分子可以分别自由地或有限地热转动,转动的柱对称性可以影响到六角堆垛的"选择".

He 只在高压下形成晶体,它是六角密堆结构,但在一定 $p-T$ 条件下也发现了^{4}He 和^{3}He 的体心立方和立方密堆变态(图 2.2a).在 He 晶体中观察到量子现象,在这种量子晶体中点阵缺陷必须解释为一定体积内是"模糊的".其他惰性气体晶体结构是最密立方堆垛,原子间存在范德瓦耳斯键.在高压下(约 1 Mbar),固态 Xe 金属化并显示超导电性.

Ⅰa 亚族元素,碱金属晶体是典型金属结构系列的开端.碱金属、碱土金属(Ⅱa 族)和许多金属的结构属于下列 3 种密堆垛结构:最密立方、最密六角(堆垛系数 74%,所有元素结构的 13%属于二者之一)和体心立方堆垛(堆垛系数也高达 68%),它们的结构模型见图 1.44a,b 和图 1.63.出现这些结构的共同原因是金属键的非方向性或弱取向性.但是很难说明,在给定热力学条件下一种元素的结构为什么是三者中的某一种,因为它们之间的能量很接近,依赖于电子和声子谱的细节.

多形性的经典例子是 Fe(图 2.2c);具有铁磁自旋序的体心立方 α-Fe 在 770 ℃转变为无铁磁性的体心立方 β-Fe,在 920 ℃再转变为 fcc 密堆结构γ-Fe,但是在 1 400 ℃又转变为 bcc 结构 δ-Fe.在 Na、Be、Sc、Co 等中发现有 2 种变态,在 Tl①(图 2.2e)、Li、La 中有 3 种.在金属的六角密堆结构中 c/a 比常常比"理想"的 1.633 低(低到 1.57);β-Ca 和 α-Ni 中比值约为 1.65.在许多金属中压力的改变也引起多形性转变.Ce 在 12.3 kbar 下发生有趣的转变(图 2.2d),立方密堆 fcc 结构仍保持,但晶胞参数由 0.514 nm 降至 0.484 nm.其原因是一个 4f 电子转移到了 5d 能级.

在周期表上向右向下移动,共价互作用的分量逐步增大.显示一定程度共价性的各种金属结构的变化可以分为几组.偏离最密堆垛的例子是 Cd 和 Zn,它们的 c/a 分别是 1.86 和 1.89,这里表现出层内原子间和层间原子间键的不等同性.在共价性更强的金属结构中,金属的传导电子特征仍旧保留,但方向性键的形成趋势导致不同的、有时极为复杂的结构,虽然它们的"背景"仍然是原先的密堆结构.这些结构被称为"金属-共价"结构.例如β-W 是一种配位数为 12 和 14 的特殊结构(图 2.3a).Mn② 有 3 种变态:α 相晶胞中原子数为 58,β 相为 20,γ 相为 4.α-Mn 是畸变 fcc 结构(图 2.3b).结构的复杂性显然是 Mn 原

---

① 英文版误为 Ta.——译者注

② 英文版误为 Mg.——译者注

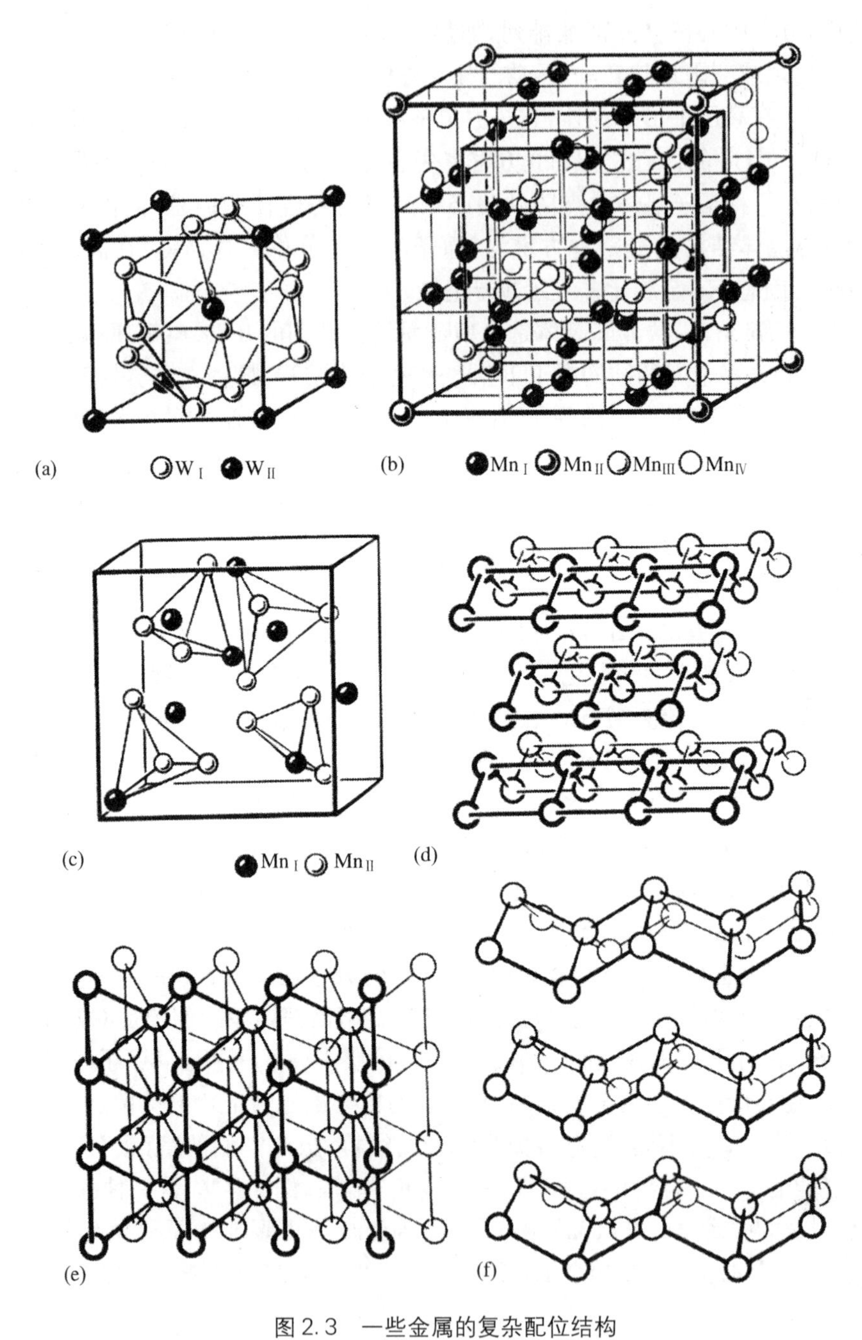

图 2.3 一些金属的复杂配位结构

(a) β-W；(b) α-Mn；(c) β-Mn；(d) α-U；(e) Pa(通常条件下的稳定变态)；(f) β-Np

子的不同价态引起的. β-Mn(图 2.3c)可以归入"电子化合物"(2.2.2 节). γ-Mn 具有图 2.12 中的 γ 相结构. 锕系元素 Pa、U、Np 有好几种多形性变态,图 2.3d,e,f 是其中的例子. Pu 有 6 种变态,其中有 bcc、fcc 结构及以二者为基础的变态等.

金属和非金属的界限通常处于Ⅲb 和Ⅳb 族之间(如原子序数低时为 B,原子序数增大时向右移,如 Sn、Pb、Bi).

多形变态众多的特出例子是 B. B 原子能形成缺电子的、配位数为 5 或更大的方向性键. 配位数为 5 有助于 5 次二十面体对称性的原子团簇的形成. 在二十面体中 B—B 距离在 0.172—0.192 nm 间变化. 本书第 1 卷(文献[1.6])中图 2.50 显示了交织成二十面体的或更复杂的 B 原子团的复杂结构. 已知的 B 的结构变态有:B-12、B-50(图 2.4a)、B-78、B-84、B-90、B-100、B-105(图 2.4b)、B-108、B-134、B-192、B-288、B-700 和 B-1708(数字是晶胞中原子数),它们具有各色各样的空间对称性.

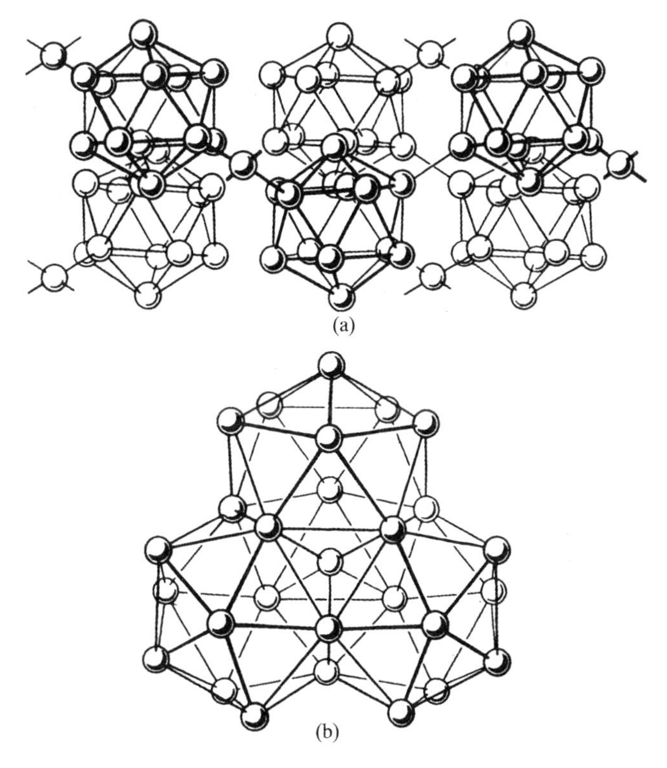

图 2.4 两种 B 变态的结构片段
(a) 四方 B-50;(b) 菱形 B-105

在共价结构中元素的价决定最近邻数以及结构团簇的延伸范围,即元素的原子形成三维构造、二维层、一维链或零维分子团的能力.不同维数的团簇之间以范德瓦耳斯键或部分金属键结合在一起.这些结构的电子能谱常具有半导体性.

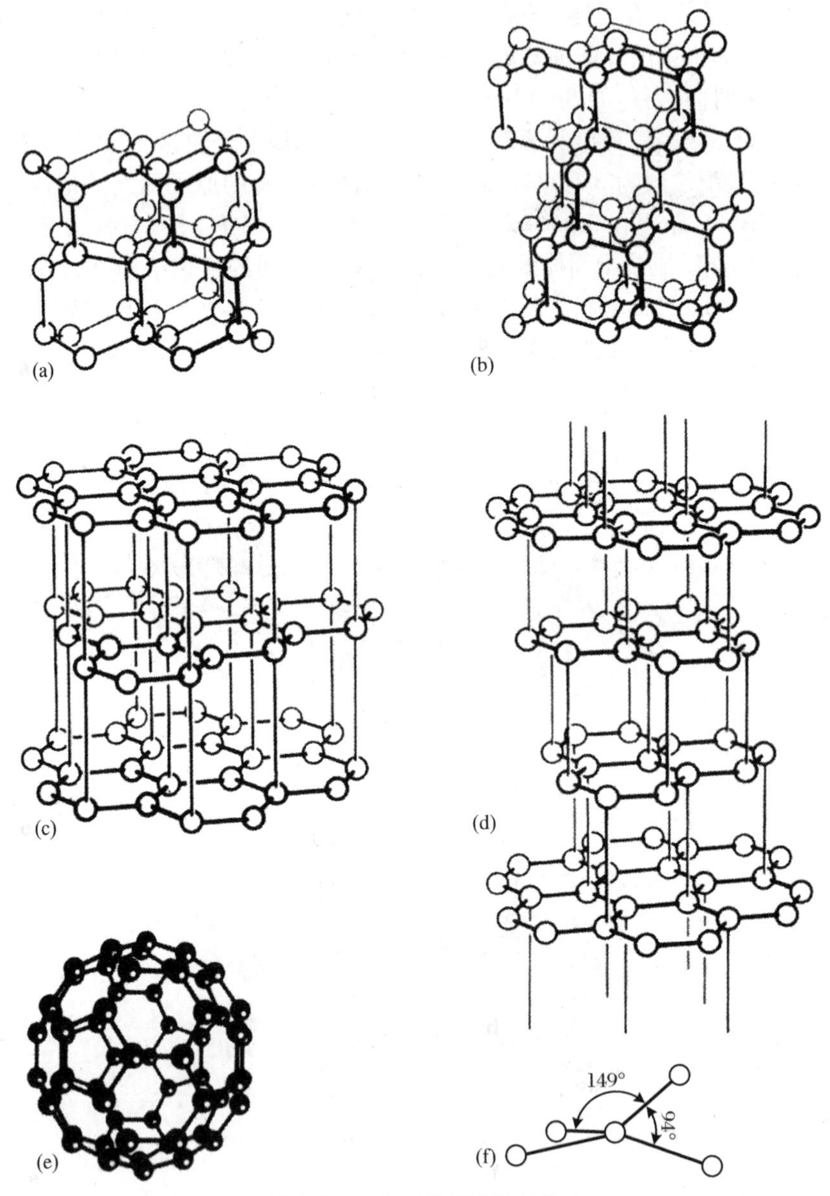

图 2.5　C 和四族元素的结构

(a) 金刚石，Si，Ge；(b) 金刚石六角变态——六角碳；(c) 正常六角石墨；(d) 菱形石墨；(e) C_{60} 分子；(f) β-Sn(白锡)结构中摊平的四面体

按照形成双电子键的原理，共价结构遵循一个简单的规则 $K=V$，这里 K 是配位数，V 是价.它也可表示为 $K=8-N$，这里 N 是周期表上的族.如第 4 族 $K=4$，C、Si、Ge 和 α-Sn(灰锡)具有四面体金刚石结构(图 2.5a)，而 β-Sn(白锡)具有畸变金刚石结构(图 2.5f).

C 有 2 种主要的变态：金刚石和石墨，二者又各有 2 种结构(图 2.5a—d).在常温下稳定的石墨(图 2.5c)中，平面网格中原子间强共价键是杂化的并带有三分之一双键，C—C 距离是 0.142 0 nm.层间则是范德瓦耳斯键，层间距离是 0.340 nm.石墨是双层结构.它还有一种三层结构，即石墨的菱形变态(图2.5d).

C 的金刚石变态(图 2.5a)中 C—C 单键距离是 0.154 nm，它是亚稳的，存在的相区达 70 kbar 压力和 2 000 ℃温度.已知金刚石有一种六角变态(六角碳)，其中 C 仍有四面体配位.但四面体像纤锌矿那样堆垛成三层的六角结构(图 2.5b①).

1985 年发现了碳的一种新变态——富勒烯 C_{60}(图 2.5e).笼状的 C_{60} 分子具有二十面体对称性.还发现其他几种笼状分子 C_n.富勒烯 C_{60} 可以堆垛成立方密排结构(详见 6.2 节).

五族的 $K=3$.黄磷形成四面体分子，黑磷(图 2.6a)的配位数仍为 3，形成层状结构.元素 As、Sb、Bi 有 3 个三角锥键，也形成层状结构(图 2.6b)，它可看成畸变的密堆六角结构，其中层间原子间距离比层内大 10%—20%.

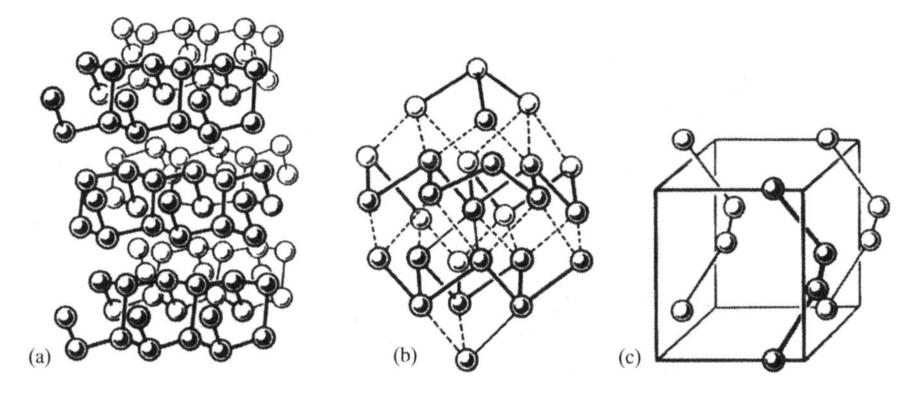

图 2.6 一些满足 $K=8-N$ 规律的共价结构

(a) 黑 P；(b) α-As(灰砷)、Sb、Bi 的相同的结构；(c) γ-Se 和 Te，链状结构

六族的 $K=2$，S 的一种变态、β-Se 和 Te 形成由角状 p 键组成的链状结构(图 2.6c).六角 γ-Se 和 Te 也可看成畸变的密堆结构，其中层内原子键比层间

① 英文版误为图 2.4b.——译者注

的短.在其他 S 变态(数目很多,见图 2.2b[①])中有 6 原子和 8 原子链(图 2.7a,b),它们形成多种分子晶体结构.

O_2、O_3 和 N_2(图 2.7c,d)不服从 $K=8-N$ 规则,因为分子中有多重键.这些元素形成分子晶体结构并有多形性变态.最后,卤族 F、Cl、Br、I 元素按照 $K=8-N$ 规则形成双原子分子,它们堆垛成分子晶体(图 2.7e).

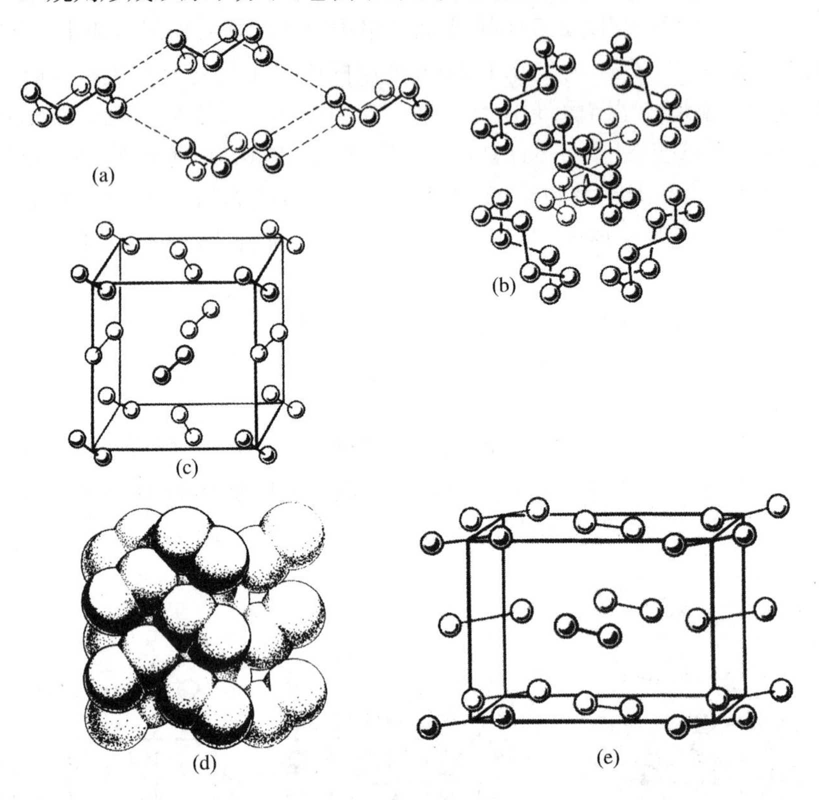

图 2.7　一些分子晶体结构

(a) 菱形 S 中 6 原子链的堆垛;(b) 正交 S 中 8 原子链的堆垛;(c) α-N,空间群 $Pa3$;(d)和(c)相同的分子堆垛;(e) Br_2 晶体结构

2.1.2　元素的晶体化学性质

这里指的是原子的那些在形成化合物后仍保留的性质.例如在金属间化合物中键的金属性和自由电子的存在仍旧是固有的性质.在Ⅳb[②] 族附近的元素

① 英文版误为图 2.3b.——译者注

② 英文版误为Ⅳc.——译者注

形成共价键结构，它们在金属间化合物中仍有明显的共价性. 这种键的性质的保持在Ⅳb族左右等距离元素的组合中表现得最明显，例如 BN 和 ZnS 等.

金属和共价族元素的化合物通常形成金属键，同时保留一部分共价键. 离开垂直的四族很远的二侧元素的化合物(金属和 O、S、卤族的化合物)中占优势的是极性的离子键. 这些结构中有许多绝缘体，如金属的氧化物和卤化物.

形成分子晶体结构的元素(H、C、N、O、F、Cl、Br 和 I)的组合也形成分子晶体结构，分子内共价键和分子间范德瓦耳斯键共存.

原子的电子壳层的复杂性引起 s、p、d 电子间的复杂的杂化轨道，这是周期表Ⅷa 族及附近族大量元素的特点，它们是络合物形成元素. 它们和卤族和其他一些元素主要形成共价键. 络合原子团簇之间、它们和化合物中其他原子间由离子或范德瓦耳斯键结合.

结构的传统晶体化学区分(金属、共价、离子、络合 、分子晶体结构)在周期表中就可找到依据. 当然，结构被归入某一种化学键常常是有条件的. 中间性键化合物——杂键化合物(化合物中不同原子间有不同类型的键)也常形成，这依赖于化学式的复杂程度(分子式中包括化学特性很不相同元素的原子).

2.2 金属间结构

金属结合在一起可以形成不同的结构. 由于金属键来源于自由电子，其组成原子的单独性质对结构形成的影响和离子和共价结构相比不那么大. 这意味着:这些原子对近邻原子的种类、组元间的化学比是比较宽容的. 所以金属间结构有强烈的固溶体形成倾向，它们可以显著地偏离化学计量比. 这些结构中有许多缺陷. 亚稳相也比较容易形成.

2.2.1 固溶体及其有序化

金属组成的固溶体是替代固溶体. 按照 1.6 节中讨论的规则，连续固溶体的形成条件是:两种金属具有等同的结构，半径差小于 10%，化学性质相似(周期表上接近). 在整个成分范围内形成连续固溶体的系统有 Ag－Au(二者的半径均为 $r_m = 0.128$ nm)、Co－Ni(半径均为 0.125 nm)(但 Ag－Co、Au－Co 不能形成连续固溶体)、K－Rb(0.236 nm 和 0.248 nm)、Ir－Pt(0.135 和

0.138 nm),等等.

如前所述,连续固溶体中原子在晶体点阵位置上的分布特征是:两种组元(二元固溶体)各有确定的占位几率,这个几率和组元原子百分比相等.这样的原子分布是无序的.由于结构中原子的相互排列和原子互作用有关,自然会问什么条件下发生无序的原子排列.物理的思考告诉我们:无序分布发生的条件是,特征热能 kT 远远超过特征原子互作用能 U,即 $U_{\text{int}}/kT \ll 1$,这里 U_{int} 是引起有序的置换能.在相反的 $U_{\text{int}} \gg 1$ 条件下,热无序效应可以忽略,这时原子的分布由总互作用能极小条件决定.如原子间势使原子 A 周围有更多 B 原子,则 A 和 B 交替的有序结构就会产生.

如果原子互作用势使每一种原子被同类原子围绕,则发生两相分解,一相以组元 A 为主,另一相以 B 为主.形式上这两种情形分别对应于异号的置换能.

高温下存在的无序固溶体向有序分布的转变是一种相变,相变温度为 T_0,$kT_0 \approx |U_{\text{int}}|$.无序固溶体分解成两相的温度也是 T_0,$kT_0 \approx |U_{\text{int}}|$.

有序化的经典例子是 Au-Cu 系.它们都是 fcc 结构,半径相近(0.128 nm 和0.144 nm),并形成连续固溶体(图 2.8).无序结构(图 2.9a)经淬火后保留下来,但低温下它是亚稳的.升温到约400 ℃,在一定成分范围内发生有序化转

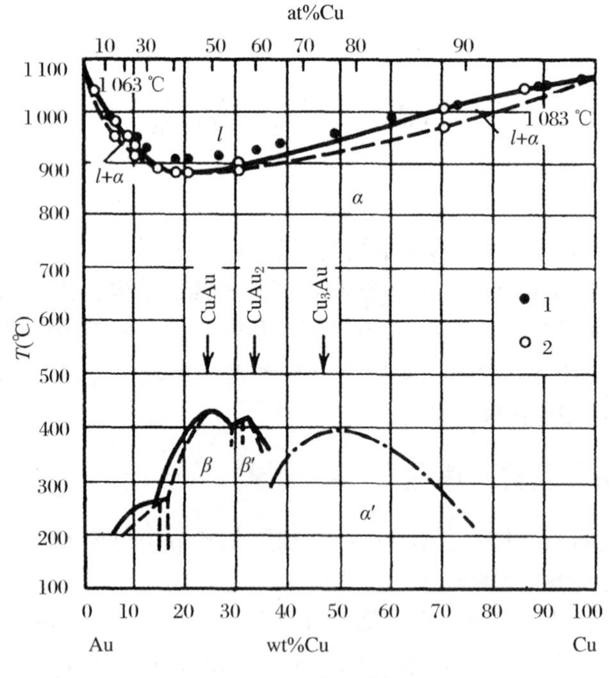

图 2.8 Cu-Au 系相图

变，这时被 Au 和 Cu 原子完全混乱地占据的 fcc 点阵位置（$Fm\bar{3}m$ 群的一个正规点系）的排列被 2 个 RPS 上的有序排列所代替，即原先的一个 RPS 分解为对称性低的 2 个 RPS. 有序化伴随着物理性质如电导率的变化. 在成分为 CuAu 的 β 相中两种原子交替地占据和轴 4 垂直的“层”（图 2.9c），结构也变成四方的（但维持点阵参数的赝立方关系 $a'\sqrt{2}\approx c$）.

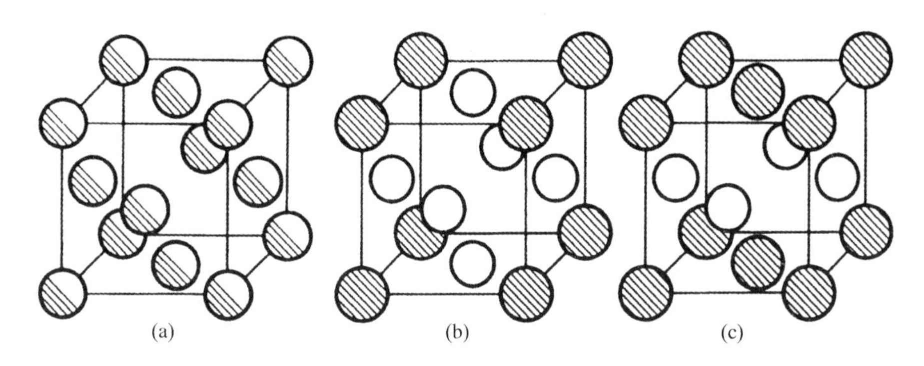

图 2.9 Cu-Au 系的有序化
(a) 无序结构；(b) 有序 Cu_3Au；(c) 有序 CuAu

在成分为 Cu_3Au 的 α' 相中，Cu 原子占据立方晶胞面心位置，Au 原子占顶点位置（图 2.9b）. 但实际的结构并不采取这种理想方式：每一个 RPS 并没有被一种原子全部占据，统计地看，第二种原子也存在. 例如在 Cu_3Au 中面心位置上有约 85%的 Cu 原子，顶点上有约 55%的 Au 原子. 这样，Au 原子优先地分布在交替的面上（图 2.10）. 在一定范围内偏离化学比时有序化仍可保持. 但每一种位置上被一种原子占据的百分数随成分而变. 有序结构中存在畴，畴界引起相位差（图 2.10）. 替代固溶体在全部成分或一部分成分范围内的存在以及有序-无序现象在二元和多元合金中相当普遍. 在有些合金中形成缺位固溶体. 例如在 NiAl（CsCl 结构）中 Al 含量超过 50%时，一部分 Ni 位置空缺.

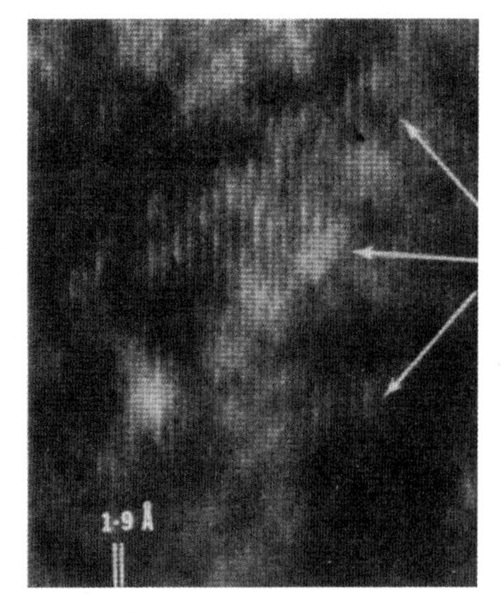

图 2.10 部分有序 Cu_3Au 结构电子显微像
条纹平行立方面，箭头指出了畴[2.3]

2.2.2 电子化合物

Ⅰb族(Cu、Ag、Au)和一些别的金属与其他含一个以上价电子的金属可以形成一类有趣的合金——电子化合物或休姆-罗塞里相.它们的结构由一定的电子浓度(晶胞中价电子数 n_e 和原子数 n_a 之比)决定.

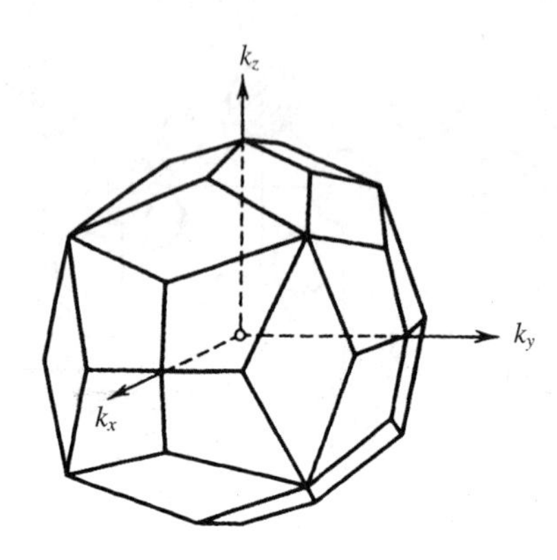

图2.11 由{330}和{411}单形围成的 γ-黄铜布里渊区

电子化合物的类型主要由电子能量决定.只有电子数和布里渊多面体体积成正比时,给定结构并决定电子能量极大值的布里渊区才是稳定的.电子在布里渊区内"过分拥挤"将导致结构失稳并形成一新的容量更大的布里渊多面体.fcc点阵(α 相)的电子浓度限是 7/5 = 1.4.γ 相的第一个多面体由{330}单形和{411}单形组成(图2.11),n_e/n_a = 22.5/13;多面体形状的更准确计算得到的精确值是21/13.以上结果可决定一种金属在另一种fcc结构金属中的固溶极限,价电子愈多的原子溶解得愈少.例如在Ag中能溶解的Cd、In、Sn、Sb(2,3,4,5个价电子)最多为40%,20%,13.3%和10%,这和实验值很一致.图2.12

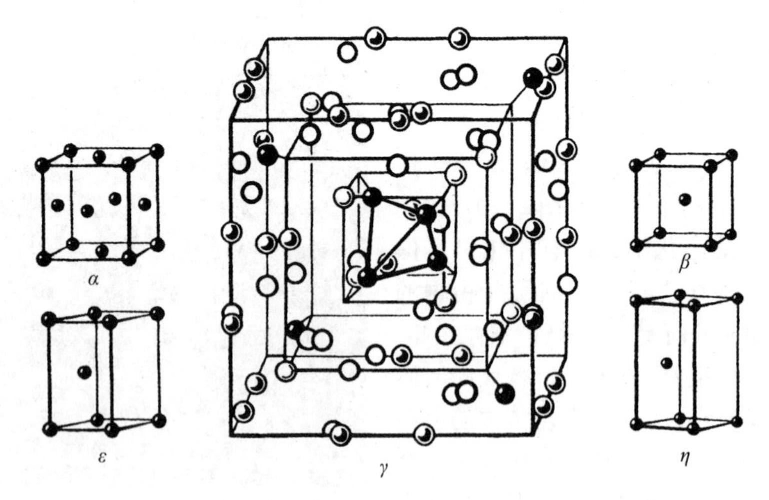

图2.12 Cu-Zn系电子化合物 $\alpha,\beta,\gamma,\varepsilon,\eta$ 相的结构
ε 和 η 相六角密堆,前者 c/a = 1.55,后者1.85

是一些有代表性的电子化合物的结构. β 相(bcc 点阵)和 β' 相(立方晶胞含 20 个原子)的 $n_e/n_a=3/2$. γ 相的电子浓度值为 21/13;其结构和 β 相有关,即把后者晶胞的每一轴扩大 3 倍得 27 个晶胞,再在 54 个原子中去掉大晶胞中心和顶点的 2 个原子,剩下的 52 个原子相对原来的 β 相结构作微小的位移.六角 ε 相和 η 相中 $n_e/n_a=7/4$.在许多电子化合物中观察到有序化现象.

2.2.3 金属间化合物

这种组元化学比一定(或在化学比附近有小的变化)的化合物可以通过固态合金有序化和从熔体直接结晶而形成.决定它们结构的因素是原子半径比、电子浓度以及金属键中的离子或共价分量.

图 2.13 是金属间相的一些基本结构.其中有不少以纯金属组元的结构为基础.化合物的晶胞可以和对称性降低了的金属晶胞对应或以成倍扩大的金属晶胞为基础.有些化合物如 CuZn 等金属间相的结构和金属组元结构无关.

所有这些化合物都有高的配位数.高配位和高堆垛系数化合物也可以由原子半径显著不同的原子组成,其中小原子填充到大原子的间隙中.如在 $MgCu_2$ 立方结构(所谓的拉弗斯相之一)中,Mg 原子占据金刚石点阵位置,Cu 原子则在许多空的 1/8 体积中形成四面体原子团的连续链(图 2.13c).

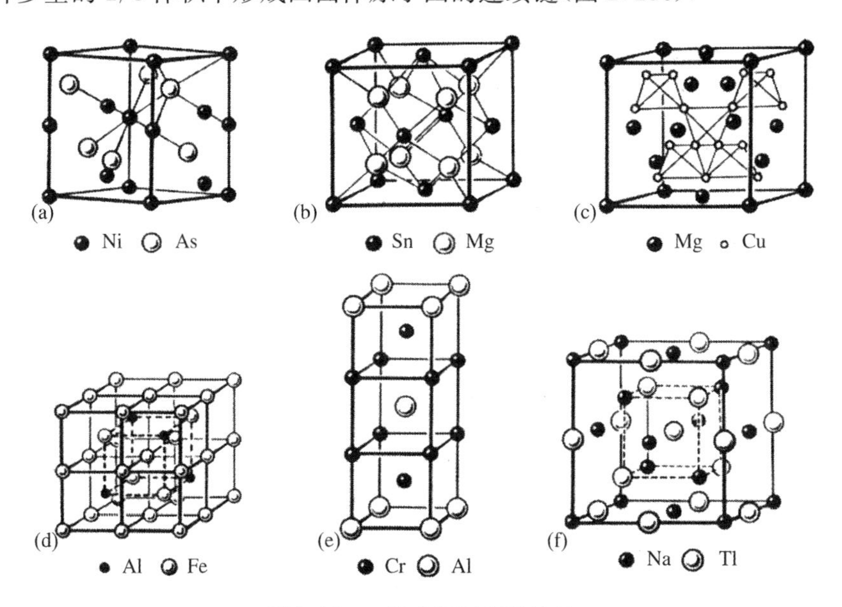

图 2.13 一些金属间相的结构

(a) NiAs;(b) Mg_2Sn;(c) $MgCu_2$;(d) Fe_2Al;(e) Cr_2Al;(f) NaTl

原子半径有显著差别，共价或离子键分量比重较大时常形成低配位数化合物.这里有配位数为6(八面体或三角柱)的 NiAs 型结构，多面体中心被更高价元素的原子占据(图2.13a).CaF_2 型(图1.75b)的 $PtAl_2$ 和 $AuIn_2$ 结构中，高价原子也一样具有四面体配位.电正性和电负性金属的化合物(如 $MgPb_2$、CaF_2 型)可以看成是部分离子性或共价性化合物.

图2.14是一些具有复杂配位多面体的金属间化合物.

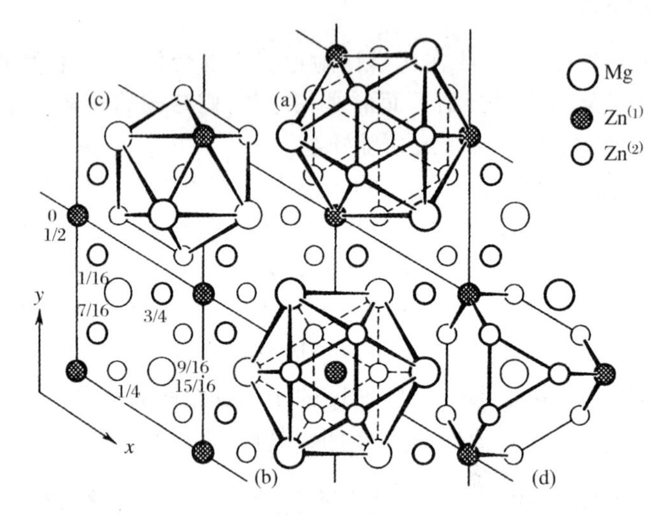

图2.14 $MgZn_2$ 结构的 *xy* 面投影

其中有 Mg(a)、$Zn^{(1)}$(b)和 $Zn^{(2)}$(c)的配位多面体以及拉弗斯12顶点多面体(d)

2.3 具有离子性键的结构

2.3.1 卤化物、氧化物和盐的结构

卤化物、氧化物、硅酸盐、许多硫族化合物和无机酸盐具有离子性键结构.按照晶体化学传统把这些结构归入离子型键时必须记住，它们始终显示出一定程度的共价互作用.在一些结构中这一点表现得很弱，在另一些结构中则较强，甚至如1.2节中讲过的那样在有些结构中共价性是主要的.

几乎完全的离子键化合物的典型是碱金属卤化物，这里单价离子实际上已完全电离.二价、三价、更多价离子的有效电荷总是比形式的价数低，通常不超过 1 个或 2 个电子.例如文献[2.4]给出的一些阳离子价电子轨道上的分布和有效电荷是：

	s	p	d	有效电荷
Si^{4+}	0.9	1.7	0.7	$+0.7e$
S^{6+}	1.0	2.2	0.9	$+1.9e$
Cr^{6+}	0.2	0.8	4.4	$+0.6e$

(根据其他数据 Si^{4+} 的有效电荷为 $1.0e$—$2.0e$).

大多数卤化物的结构符合密堆垛几何图像，这里有 NaCl 型(图 1.49)、CaF_2 型(图 1.75b)、$CdCl_2$ 型(图 1.52)结构，等等.另一种简单的离子结构即 CsCl 型结构(图 1.75a)遇到得较少.许多氧化物，如 MgO(NaCl 型)、Al_2O_3(图 1.72)也符合密堆垛原理.在金红石 TiO_2 结构中，密堆垛略有畸变(图2.15).复杂氧化物，如钙钛矿 $CaTiO_3$(图 2.16)、尖晶石(图 2.17，铁和其他金属的氧化物)和某些石榴石(图 2.18)等的结构也可以在阴离子密堆垛几何基础上得到说明，随后在它们的一部分空隙中根据化学式和离子半径填充进阳离子.

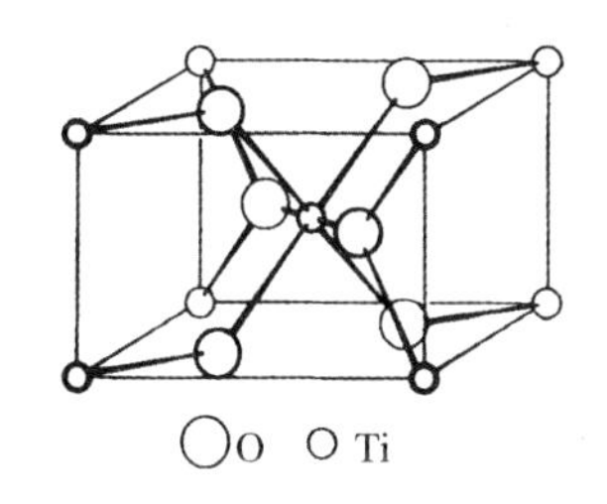

图 2.15 金红石 TiO_2 结构

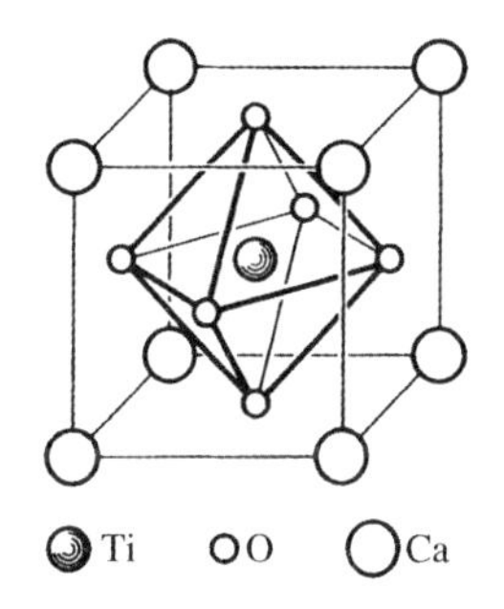

图 2.16 钙钛矿 $CaTiO_3$ 结构

这些化合物有特殊的物理性质，在技术上很重要.如钙钛矿型(图 2.16)包括钛酸钡和许多其他铁电体，某些尖晶石(图 2.17)和石榴石(图 2.18)型三价金属的复杂氧化物晶体是重要的磁性材料.钇铝石榴石 $Y_3Al_5O_{12}$ 和其他类似的化合物被用做激光材料.

在具有复杂阴离子，如 CO_3^{2-}、NO_3^-、SO_4^{2-}、PO_4^{3-} 的无机酸盐的结构中，阴离子中的原子间键很接近纯共价键，它们是晶体结构中的结构单元.在这些结构如方解石 $CaCO_3$(图 2.19)和石膏 $CaSO_4 \cdot 2H_2O$(图 2.20)中，空间最密堆垛原理保持得很好，不过这里的空隙不仅被球所填充，还可由更复杂的图形填充.

图 2.17　尖晶石型氧化物结构

尖晶石型氧化物通式为 $M_2^{III}M^{II}O_4$，包括 Fe_2MgO_4、Fe_3O_4、Al_2NiO_4，Cr_2ZnO_4 等. 晶胞中有 32 个最密堆垛的 O 原子，理想情形下 M^{III} 占据 32 个八面体间隙中的 16 个，M^{II} 占据了 8 个四面体间隙，图中表示出了它们的排列

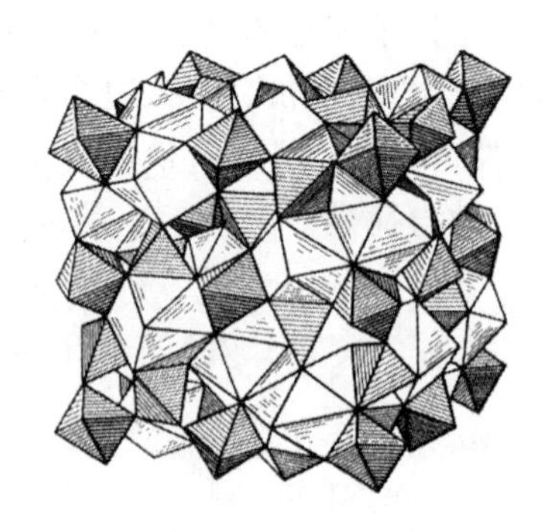

图 2.18　钙铝石榴石 $Ca_3Al_2Si_3O_{12}$ 的晶胞

四面体中为 Si，八面体中为 Al，扭立方中为 Ca

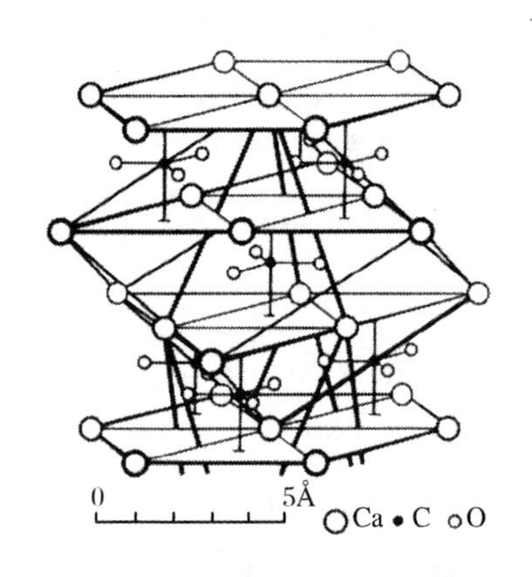

图 2.19　方解石 $CaCO_3$ 结构

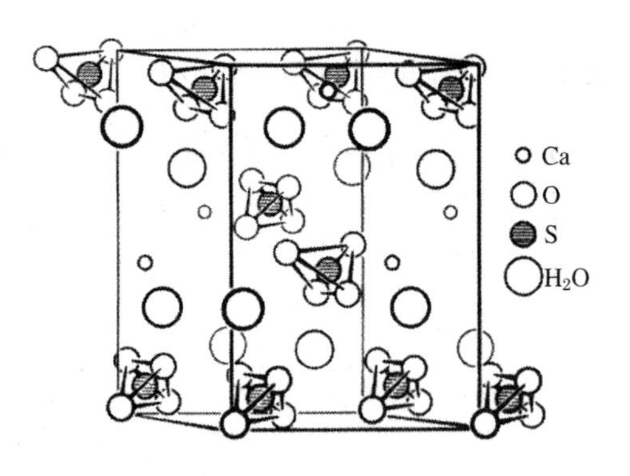

图 2.20　石膏 $CaSO_4 \cdot 2H_2O$ 结构

能够自由地放弃电子的阳离子的存在会导致晶体结构中出现异常的阴离子. Li_3N 就是一个有趣的例子(图 2.21a)，它由含 2 个 Li 原子、1 个 N 原子的层和只含 1 个 Li 原子的层交替地组成(这个结构是一种离子导体，见 2.3.3 节). 形变差分合成计算得到的实验数据[2.5](图 2.21b)显示：阳离子和阴离子都几乎完全电离，即 Li^+ 阳离子导致 N^{3-} 阴离子的出现.

在复杂离子化合物，特别是含大的阳离子的化合物中，密堆垛很难成为结构的几何基础，此时阳离子的配位数增大.

泡令在分析离子化合物时引进"键价强度"概念，即阳离子价和它的配位数之比，他归纳出"静电价规则"，即收集到一个阴离子上价强度 s 之和近似等于它的价：

$$\sum s = V. \tag{2.1}$$

许多简单和复杂的离子结构都相当好地遵循这一规则，偏离不超过1/6.

在“离子”结构异号离子间键价强度 s 概念的基础上，有些作者提出了给定键 s 值和键长 R 的定量经验关系. 如对阳离子-氧键[2.6]有

$$s = s_0\left(\frac{R}{R_0}\right)^{-N}. \tag{2.2}$$

这里 s_0，R_0 和 N 是配位数一定的某一阳离子的参数.

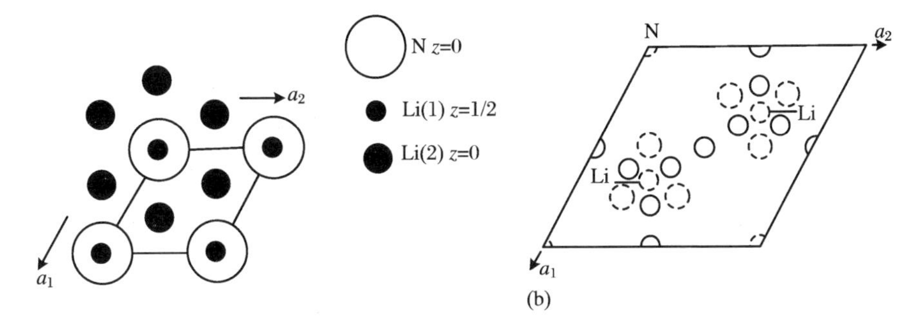

图2.21 Li_3N 结构(a)和20℃ $z=0$ 面上 Li_3N 差分电子密度图(b)
计算时假设存在 Li^+ 和 N^{3-}. 实线和虚线分别代表正和负的密度. 线上密度是 $0.05e/Å^3$[2.5]

氧和第三周期原子(从Na到S)的键具有的关系为 $s = s_0(R/1.622)^{-4.29}$(图2.22)，和其他阳离子的键具有各自的参数. s_0 的变化在0.25到1.5间，R_0 在1.2到2.8间，N 在2.2到6.0间. 例如对 Al^{3+}，$s_0 = 0.5$，$R_0 = 1.909$，$N = 5.0$. 泡令规则对阳离子和阴离子都适用，并且对阳离子的各种配位都适用. 这里应当强调：(2.2)型公式使用时并不需要结构确实由“真正的”离子组成这样的假设.

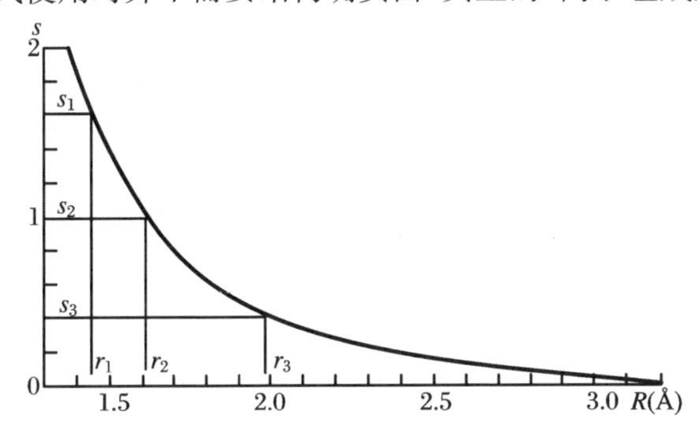

图2.22 O—X 键(X 是第三周期原子)的键强度 s 和原子间距离 R 之间的关系[2.7]

另一个泡令规则指出:离子结构中很少遇到共棱,特别是共面的配位多面体.这一规则的含义简单:阳离子(多面体中心)间的静电排斥使它们尽量离得开一些,要做到这一点,多面体最好共顶点联结,其次是共棱联结.共面联结使阳离子互相靠得最近,所以很难遇到.另外八面体共棱联结的情况比四面体多.

2.3.2 硅酸盐①

传统离子化合物中最重要的一类是硅酸盐,上面已讲过这些化合物中的主要结构单元——SiO_4 四面体基本上是共价的.

仅由 SiO_4 四面体构成的化合物是石英 SiO_2.它有不少变态(图 2.23).阴离

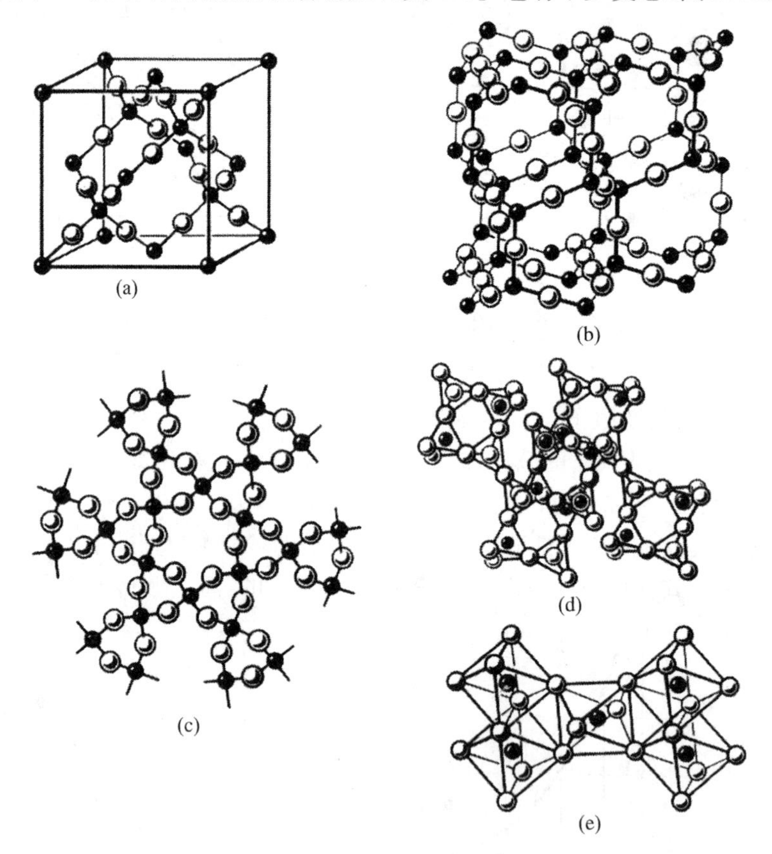

图 2.23 石英的多形性变态

(a) 方石英;(b) 鳞石英;(c) 水晶;(d) 柯石英;(e) 超石英[2.8]

① 参看 6.3 节.

子 O_2^- 的有效电荷约 1e. 主要变态六角水晶(密度 2.65 g/cm^3)在 870 ℃转变为鳞石英(也是六角的,密度为 2.30 g/cm^3),在 1 470 ℃转变为立方石英(密度为 2.22 g/cm^3). 每种变态都有两种形式:低温的 α 和高温的 β. 地壳研究得到一种更密的变态——柯石英(图 2.23d)和最密的变态:具有金红石型结构的超石英(图 2.23e),它们在高压和高温下形成. 最密的超石英变态是在实验室条件下(1 200—1 400 ℃和 160 kbar)获得的,其中 Si 的配位近似为八面体.

在 $AlPO_4$ 结构(和水晶结构类似)中,Al 代替了一半 Si 原子,P 代替了另一半 Si 原子. 它和水晶的形变差分电子密度合成显示(图 2.24):磷酸铝中的电荷是:Al, +1.4e;P, +1.0e;O, −0.6e;水晶中 Si, +1.22e;O, −0.61e. 在两种化合物中都观察到键的共价分量的电荷密度. 在 $AlPO_4$ 中,P—O 键共价桥上的电子密度比 Al—O 大一些. 氧原子的孤对电子偏离键平面,氧以 sp^2 杂化出现[2.9,2.10].

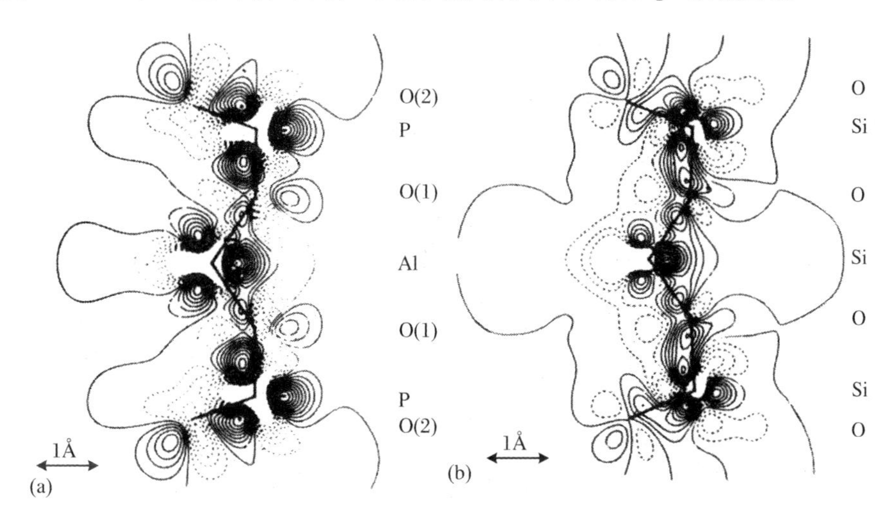

图 2.24　$AlPO_4$(a)和水晶 SiO_4(b)的形变差分电子密度图

通过成键原子的截面,间隔 0.1e/Å^3,虚线表示负密度[2.9,2.10]

SiO_4^{2-} 原子团簇和其他金属氧化物化合形成的硅酸盐是地壳中的基本矿物. 结构中的硅-氧四面体可以是孤立的,也可以是顶点连接的. 以 1 个、2 个、3 个或全部 4 个顶点连接的可能性产生了各色各样的空间模型. 每一种模型的形成一般都和各种阳离子有关,这些阳离子的配位多面体和硅氧四面体连接. 所以硅酸盐是最复杂的无机结构. 20 世纪 20 和 30 年代布拉格学派利用经典 X 射线结构分析奠定了硅酸盐晶体化学基础[2.11],战后 Belov 及其同事发展了大阳离子硅酸盐的晶体化学[2.12—2.14].

根据硅酸四面体联结的性质,硅酸盐分为 4 类,即零维(m = 0)的硅氧原子团、一维($m=1$)的链状结构、二维($m=2$)的层状结构和三维的硅氧四面体空间网格(1.5 节).

含岛状原子团结构的例子是橄榄石 MgFe[SiO_4][1](图 2.25)、黄玉 Al_2[SiO_4](OH,F_2),它们都含有孤立的正[SiO_4]团.含双四面体——双正[Si_2O_7]团的硅酸盐的例子是粒硅钙石 Ca_5[Si_2O_7](CO_3)$_2$(图 2.26)和氟钠钛锆

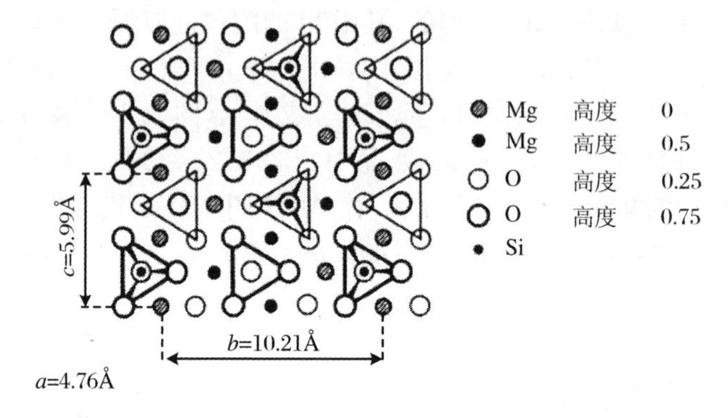

图 2.25　橄榄石结构

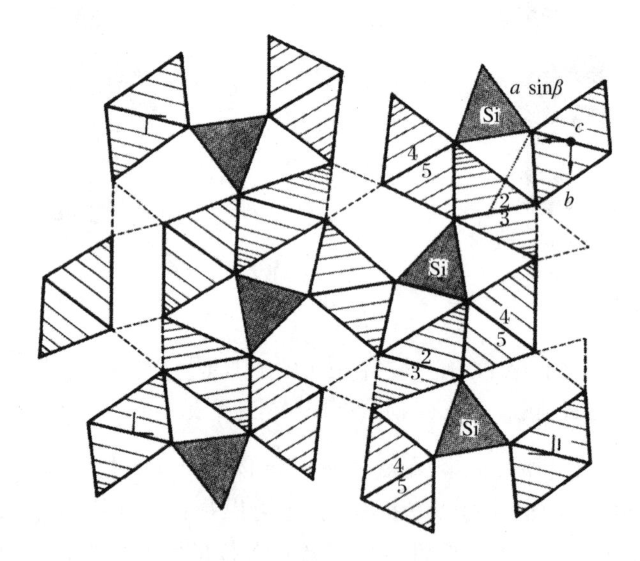

图 2.26　粒硅钙石结构

双四面体[Si_2O_7]投影成以"Si"表示的三角形,
它们被划线的 Ca 离子八面体围绕

---

① 方括号表示结构中的硅-氧根特性基团.

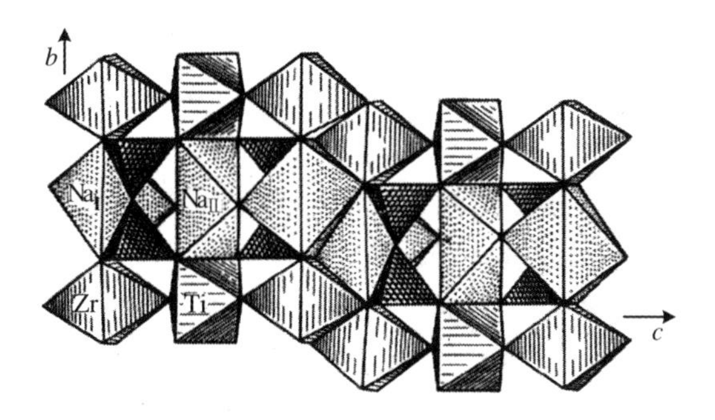

图 2.27 氟钠钛锆石结构

$[Si_2O_7]$团和大阳离子八面体相连

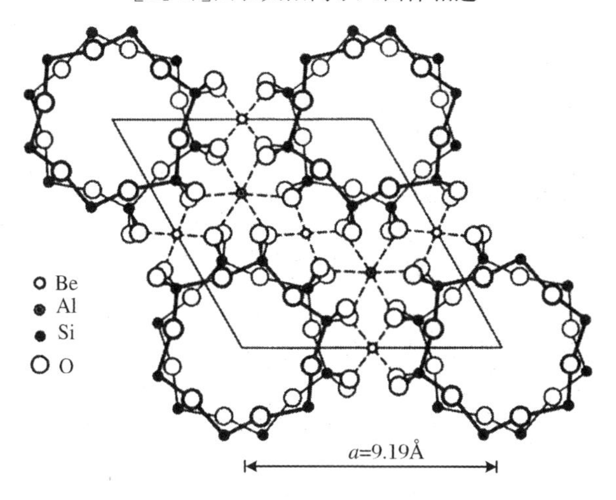

图 2.28 绿柱石 $BeAl_2[Si_6O_{18}]$结构

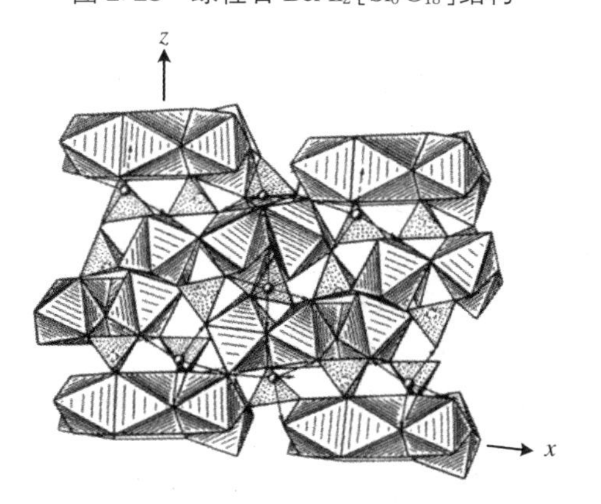

图 2.29 硅酸三钙石 $3CaO \cdot SiO_2$ 结构

(四层中的)二层结构沿 y 轴的投影,部分 Ca 原子画成球[2.15]

石 $Na_4Zr_2TiMnO_2[Si_2O_7]_2F_2$(图 2.27).在绿柱石 $Be_3Al_2[Si_6O_{18}]$中基本单元是经典的 6 单体环(图 2.28).上述硅酸盐中的许多结构中存在氧原子的密堆,其中的四面体间隙中有 Si、八面体间隙中有 Al、Fe、Mn 或其他不大的阳离子.具有有限 SiO_4 团的一个重要结构是硅酸三钙石 $3CaO \cdot SiO_2$,它是混凝土主要成分之一(图 2.29).它的结构由 Ca 多面体(5 和 7 顶点图形)组成,主要是共面联结,Si 四面体占据这种基块间的空隙.

图 2.30 是硅酸盐中各种类型的简单和复杂的链和带[2.12,2.16].链状硅酸盐的例子是硅灰石 $CaSiO_3$(图 2.31)和透辉石 $MgCa[SiO_3]_2$(图 2.32).白钛硅钠石既有链又有带(图 2.33).在许多磷酸盐中观察到和 SiO_4 团链类似的 PO_4 四面体链.

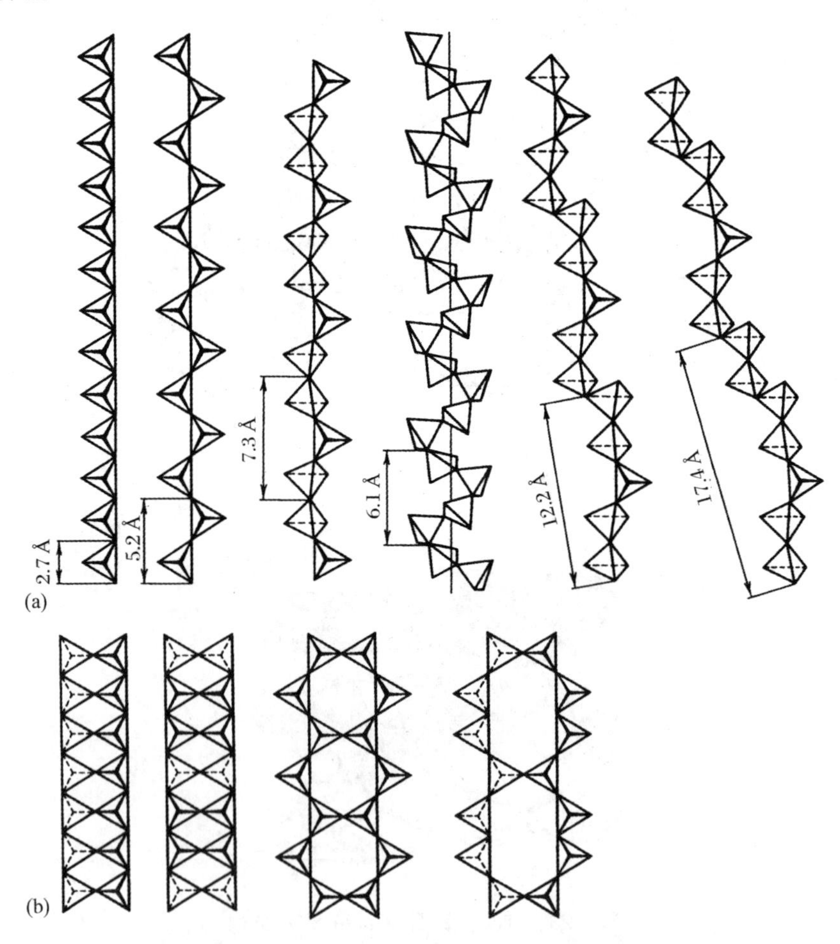

图 2.30　硅酸盐中各种简单(a)和复杂(b)的链

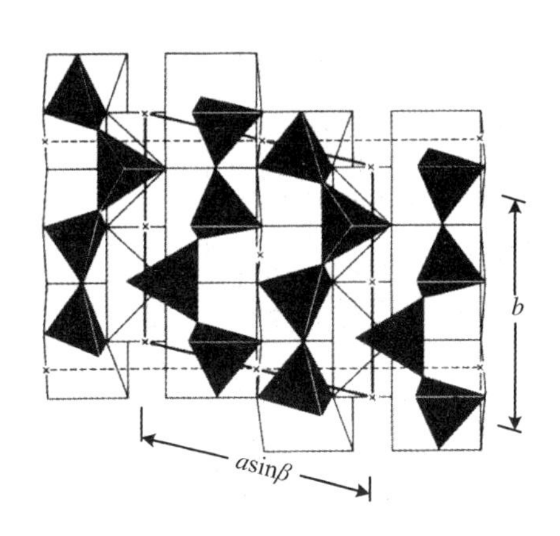

图 2.31 硅灰石 $CaSiO_3$ 结构[001]投影 Ca 多面体带上的黑色 SiO_4 四面体链

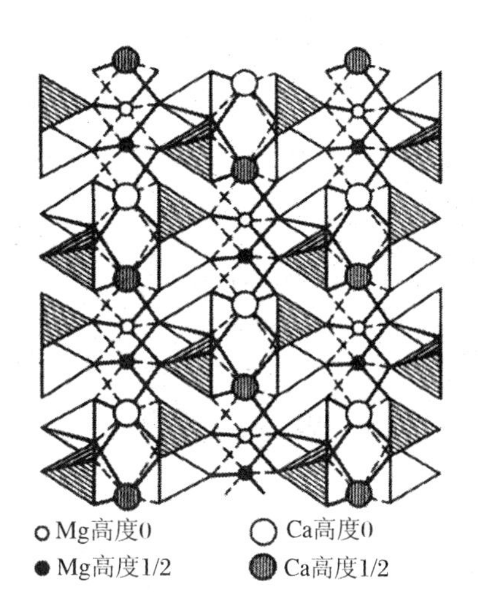

图 2.32 透辉石 $MgCa[SiO_3]_2$ 结构

层状硅酸盐是另外一类重要的结构，它包括各种云母，如白云母 $KAl_2[AlSi_3O_{10}]OH_2$、叶蜡石 $Al_2[Si_4O_{10}](OH)_2$ 和滑石 $Mg_3[Si_4O_{10}](OH)_2$；许多黏土矿，如高岭石 $Al_4[Si_4O_{10}](OH)_8$ 和蒙脱石 $\left(\frac{1}{2}Ca,Na\right)_{0.7}(Al,Mg,Fe)_4(Si,Al)_8O_{20}(OH)_4 \cdot nH_2O$(图 2.34).

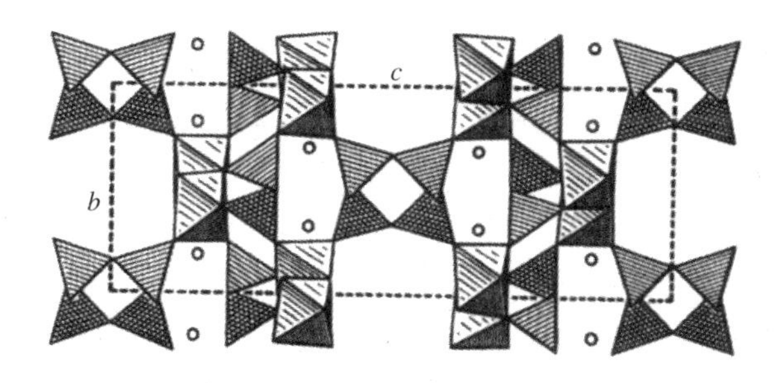

图 2.33 白钛硅钠石 $Na_4Ti_4[Si_2O_6]_2[(Si,Al)_4O_{10}]O_4 \cdot nH_2O$ 结构[2.17]

所有这些结构都有相同的基本模式，它们由赝三角的 Al(或 Mg)八面体层和 Si—O 四面体层连接而成. 它们的品种繁多，这是由于八面体层和四面体层以 1∶1 或 1∶2 的不同比例组成层状结构，四面体的取向不同，同形替代不同，以及在上述层中交替地插入以弱键连接的大阳离子、水或有机分子组成的层. 这些层的不同堆垛形成许多种多形体[2.18,2.19]. 八面体层和四面体层尺寸的微小差别可以引起层的弯曲、形成圆柱状层和纤维蛇纹石管状结构.

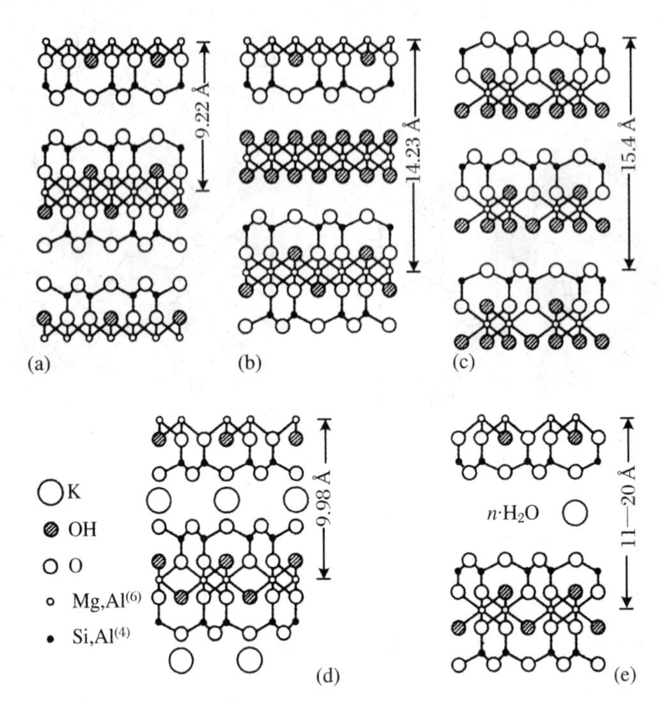

图 2.34　层状硅酸盐结构

(a) 滑石;(b) 氯泥石;(c) 高岭土;(d) 云母;(e) 蒙脱石

最后一类网格状硅酸盐中存在 SiO_4 四面体骨架. 它们包括长石(图2.35)、霞石 Na[$AlSiO_4$]和一系列其他结构. 这类硅酸盐在技术上重要,它们可用做分子筛,因为 SiO_4 团的强三维骨架中有大的空隙. 空隙尺寸决定可以通过分子筛的有机分子的尺寸. 分子筛的一个例子是沸石,其中的六单体环组成约 0.3 nm 的通道. 由四面体联成的空间框架的性质可以用 Si 原子位置组成的骨架清晰地表示出来. 羟方钠石多型体结构的这种骨架是立方八面体(图 2.36a),每一立方八面体上有 8 个由六单体环成的六角面("窗"). 在其他分子筛中,有八单体和十二单体环窗,它们的尺寸可达 1.3 nm(图 2.36b,c).

在地壳中从熔体或水热过程中结晶的各种硅酸盐包含许多种元素,它们按化学比进入结构或互相同形替代. 如 Al 多数场合下处于八面体内,在铝硅酸盐中也仿效 Si 占据四面体位置;Be 和 B 也占据四面体位置. 阴离子中除了氧,还有羟基 OH 和 F、一些复杂阴离子(CO_3、SO_4 等)、水等等. 硅酸盐中的同形性(1.6节)清楚地肯定了对角线规则.

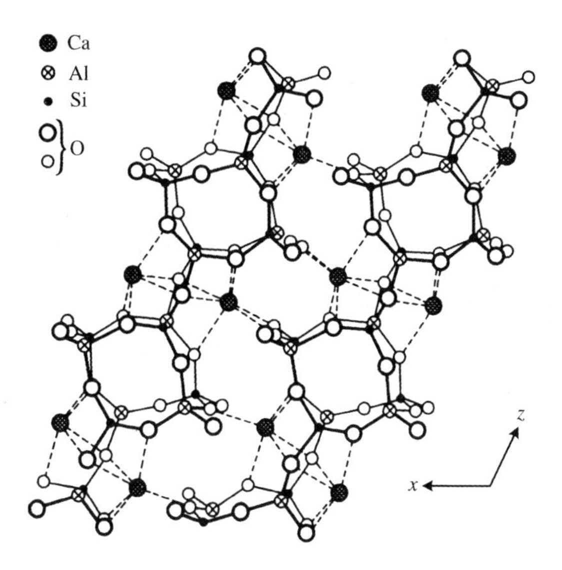

图 2.35 长石结构

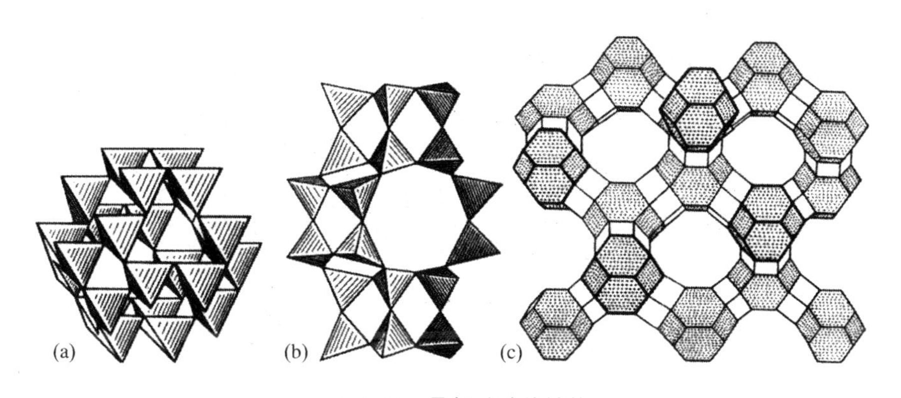

图 2.36 骨架硅酸盐结构

(a) 羟方钠石 $Na_8[(OH)_2(AlSiO_4)_6]$中 SiO_4 四面体的立方八面体"灯笼";(b) 斑铜矿 Cu_5FeS_4 结构中的"窗";(c) 八面沸石 Linde 分子筛,允许直径不超过约 0.8 nm 的分子通过

硅酸盐结构的一个重要的决定性因素是阳离子的尺寸. Al、Mn、Ti、Fe 和 Mg 的典型配位多面体——八面体的棱是 0.27—0.28 nm,可和棱长 0.255—0.270 nm的正 SiO_4 团直接连接(图 2.37a). 大阳离子 Ca、Na、K、Ba、Nb、Zr 和稀土元素的多面体棱长 0.38 nm,和正 SiO_4 团的棱不匹配,但和双正 Si_2O_7 团匹配得很好(图 2.37b),在后者的成对四面体中氧原子距离 0.37—0.4 nm. 这样,按照文献[2.12],有大阳离子的硅酸盐的主要结构单元是双正 Si_2O_7 团. 还可以有正和双正原子团交替的复杂的链(图 2.37)、八单体环,等等. 如果形成配

位数超过八面体配位数的多面体,其中的一些棱可以缩短以便和 SiO_4 四面体匹配.这种结构的一个例子是钡铁钛石(图 2.38).

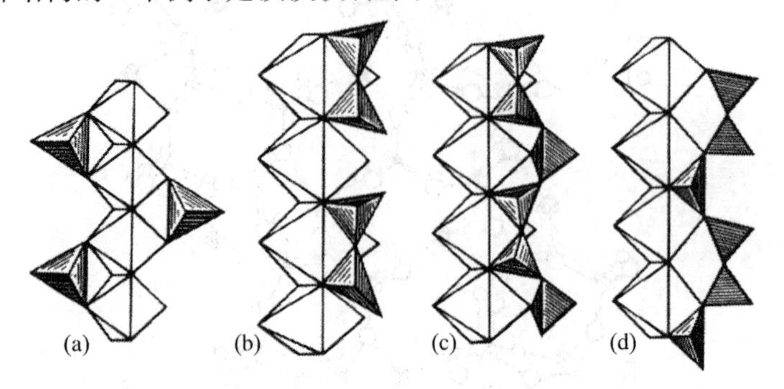

图 2.37 八面体和四面体的联结[2.11]

(a) 小阳离子八面体和正[SiO_4]联结;(b) 大阳离子八面体和双正[Si_2O_7]联结;(c),(d) 混合的联结

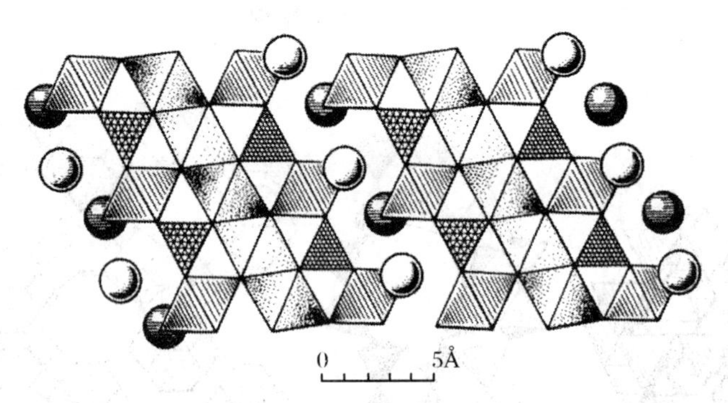

图 2.38 钡铁钛石 $BaFe_2Ti[Si_2O_7]O(OH)$结构[2.20]

2.3.3 快离子导体

近年来,一种特别的离子化合物——离子导体或快离子导体引起了人们的注意.它们的另一个名称是固体电解质.一般它们是一种缺陷结构,其中的一些阳离子和其他原子组成的点阵的结合很弱.阳离子的热振动振幅很大,可以和它们可能占据的晶体学位置间的距离相比.最终结果是某些阳离子可以在晶体中迁移,这一性质在"固体电解质"一词中得到反映.它们的离子电导率 σ 和液体电解质可以相比,在一些化合物中甚至比后者更高.预期这些晶体会有各种技术上的应用.

快离子导体的例子是 AgI、AgBr、CuCl、$RbAg_4I_5$、Ag_2HgI_4 和 β-铝土,后者

是一种含有Na的以氧化铝为基的非化学比化合物，理想的成分是$Na_2O \cdot 11Al_2O_3$.

如上所述，固体电解质晶体中，传导离子在“基体”点阵中迁移.换句话说，传导离子的亚点阵是无序的，但它又和通常的无序结构显著不同，后者中的一部分原子虽然平均来看统计地占据着位置，但它们是被“束缚”的，而在快离子导体中无序是动态的.

下面介绍这类结构中的一例：β-铝土(图2.39a).它具有六角结构，由刚性

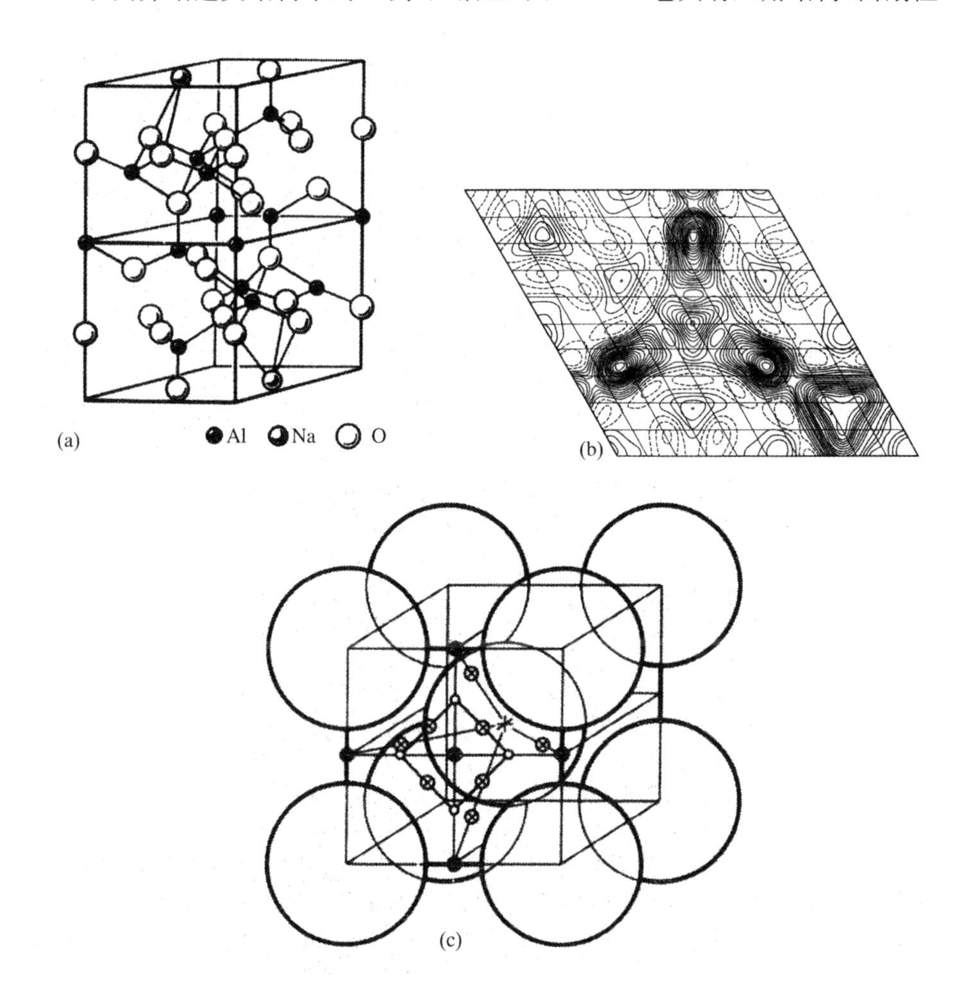

图2.39　固体电解质的结构

(a) 理想的 $Na_2O \cdot 11Al_2O_3$ 结构；(b) 在上述结构的 $xy0$ 传导面上 Na 原子的分布[2.21]；(c) α-AgI 的结构，球.I 离子；Ag 的位置：○配位数 4，⊗配位数 3，●配位数 2

的3层 Al_2O_3 尖晶石结构块组成，Na_2O 层处于结构块之间.在理想结构中 Na 占据一个晶体学位置，但是近来已确定：这些阳离子在给定的面上还可以较小的几率占据另外2个位置.中子衍射测定了阳离子 Na 在这些位置上的分布(图2.39b).在实际结构中，阳离子 Na 的数目比理想结构多15%—20%.以补偿相应的多余的氧.这样在尖晶石块之间的上述面是一个传导面，Na 离子在面上“通道”中“流动”(图2.39b).这里的离子导电是二维的和各向异性的(在传导面内).

在其他快离子导体中，离子可以沿空间的不同方向迁移.例如，在立方 α-AgI中大的阴离子 I^- 形成体心立方堆垛，相对小的 Ag^+ 统计地分布在配位4、3和2的3种位置上(图2.39c).这些位置间的迁移势垒低，所以阳离子能够在阳离子点阵中“流动”.

离子(载流子)的热运动可以由概率密度函数表示，函数中含有由高阶张量描述的适当的非简谐温度因子.从衍射实验可以相当准确地测定扩散路径上的热运动和势[2.5,2.22]，得出离子导体 Li_3N 的实验结果(图2.21).

由于传导离子和基体点阵之间的键弱，离子电导率强烈地依赖于温度.由于同样的理由，这类结构中常发生相变.传导阳离子和基体点阵上“固定的”阳离子还常常被同形替代.固体电解质的性质在引进同形原子后可以改变和改善.

已经知道有的离子导体中阴离子是载流子.例子是 CaF_2-YF_3 固溶体，其中某些位置上的 F^- 是无序的；ZrO_2-CaO 系统也是一个例子.

2.4 共价结构

具有共价键的化合物大多由Ⅳb族和附近的元素组成.由于共价键强，这些化合物晶体通常具有高硬度和高弹性.按照电子能谱，它们是半导体或电介质.应该看到，在不少晶体中共价键带有一定的离子性或金属性，相应地这些晶体的性质也发生变化.

共价晶体的典型例子是金刚石(图1.30,2.5)，它具有特别强的点阵.如果用B(3个s、p电子)和N(5个s、p电子)原子替代金刚石的带有4个 sp^3 杂化轨道(图1.18)的2个C原子，得到类金刚石的立方BN，它在高压下形成，它的力学性质和金刚石相似，结构则属于闪锌矿型结构(图 2.40a). 结构中 B 和 N 的电子壳层和 C 原子类似形成同样的四面体杂化，它们组成 4 个自旋反平行电子成对的强键. 显然在每一个键的电子对中 N 原子的贡献大，B 原子的贡献小，而在金刚石中每个 C 原子出一个电子，贡献相同. 四面体 BN 的六角(纤锌矿)变态和六角金刚石类似(图 2.5b).

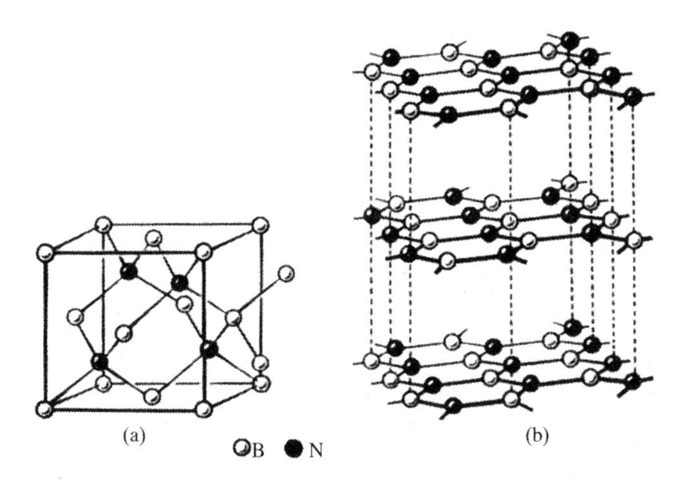

图 2.40 BN 结构

(a)“金刚石”变态氮化硼；(b)“石墨”变态氮化硼

石墨结构(图 2.5c①)中 C 原子的电子云杂化成三角的 sp^2(图 1.17d)，同时形成 π 轨道(图 1.23c). 它和 BN 的另一种多形性变态——六角 BN(图 2.40b)类似.

下面我们讨论其他四面体共价结构. 和四面体 C 向四面体 BN 的过渡类似，由周期表上Ⅳb 族两侧等距离的元素可以形成共价键化合物，如 GaP、GaAs、GaSb、InAs、AlP 等三五族化合物和 BeO、ZnO、ZnS、ZnSe、CdS、CdSe、CdTe、HgSe 等二六族化合物，以及 CuCl、CuBr、AgI 等一七族化合物. 所有这些化合物中化学式(或原胞)的价电子数和原子数之比，即 n_e/n_a 等于 4. 随着周期表中离Ⅳb 族距离的增加和内壳层电子数的增加(在周期表中沿垂直方向下降). 键的强度减弱、键中的离子性或金属性增加. 例如 BN 晶体中的键是典型的共价键，但按电负性之差估计，仍有一小部分(约 15%)离子性. 在 BeO 中离子性比重显著，约为 40%，但配位仍保持为四面体，而过渡到 LiF 立方结构(离子性比重约 90%)时伴随着八面体配位的出现. 图 2.41 是这些结构中价电

---

① 英文版误为图 2.5a.——译者注

子的径向分布函数 $D(r)$[(1.7)式].离子性成分的增加对应于金属轨道的扩展以及它和非金属原子轨道极大值的重合.量子力学计算也指明了三五族、二六族化合物中离子性分量的存在(图 1.27d).

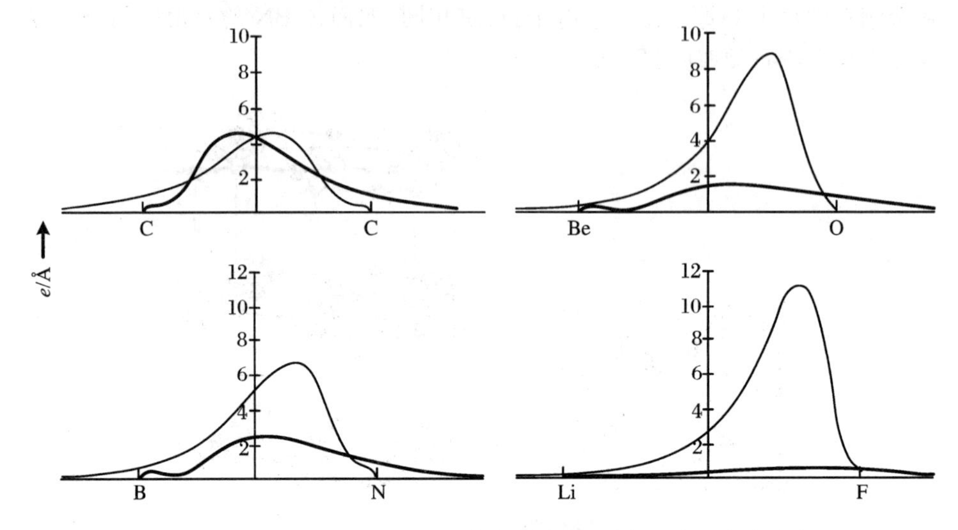

图 2.41　C、BN、BeO 和 LiF 晶体中中性原子的径向电子密度分布

粗线.左侧原子;细线.右侧原子[2.23]

在 GaAs 型半导体化合物(1.2.8 节)中也观察到了共价-离子键.X 射线实验数据显示:电子密度分布中存在共价桥,其密度可以达到 $0.2e/Å$—$0.3e/Å^3$[2.24].

根据不同的数据,GaAs 中 Ga 的电荷处于 $+0.21e$ 至 $+0.5e$ 之间,As 的电荷处于 $-0.21e$ 至 $-0.5e$ 之间.在四面体结构中键性随离Ⅳb族距离的逐渐的变化也显示在禁带宽 ΔE 的增大上(从几分之一个电子伏特到 2—3 eV).

二元化合物的四面体配位主要存在于两种结构类型中:立方类金刚石闪锌矿 ZnS(图 2.42a)和化学式相同的六角纤锌矿 ZnS 结构(图 1.73b,c).许多三元、四元和多元化合物也具有四面体原子配位,它们的结构和上述结构类似.通过在周期表上水平地和对角地替代二元化合物中的元素,可以得到满足 $n_e/n_a=4$ 的多元化合物化学式.例如用 Cd 和 Sn 替代 InAs 中的 In,得到 $CdSnAs_2$,用 Ag 和 In 替代 CdSe 中的 Cd,可得到 $AgInSe_2$.这样就出现了 $A^{II}B^{IV}C_2^{V}$ 和 $A^{I}B^{III}C^{VI}$ 型化合物系列.它们具有黄铜矿 $CuFeS_2$ 型结构(图 2.42b、c),并具有 S 或相关原子的特征的四面体键.以四面体的六角交联为基础,已构筑出各种 SiC 多形(图 1.73d).在 InSe 的特殊的四面体结构中保持着固有的 In－In 对

(图2.43),而在辉钼矿 MoS_2 中出现的是三角柱状的配位(图 2.44).

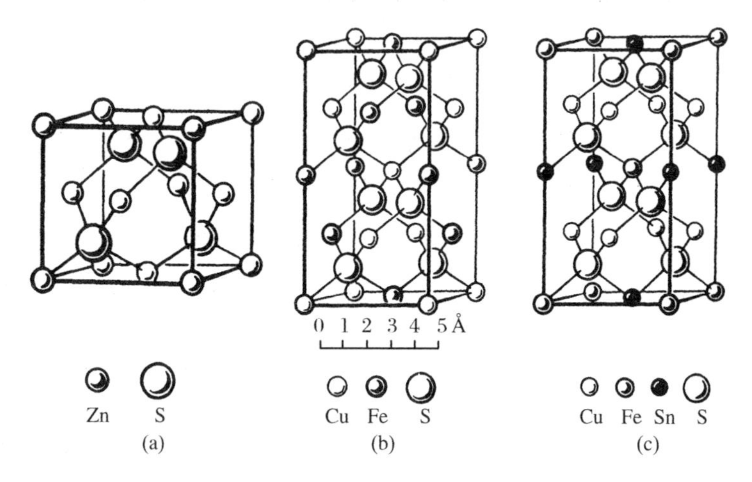

图 2.42　闪锌矿 ZnS(a)、黄铜矿 $CuFeS_2$(b)和黄锡矿 Cu_2FeSnS_4(c)的结构

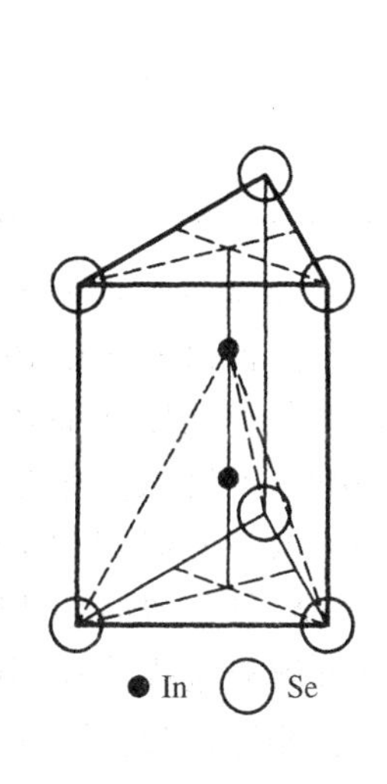

图 2.43　InSe 结构中的结构块

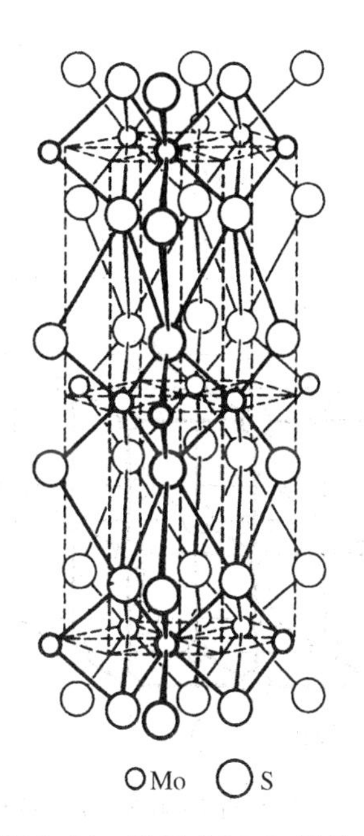

图 2.44　辉钼矿 MoS_2 结构

四面体结构中的原子间距离可以用泡令和赫京斯建议的一套特殊的四面体共价半径来描述(表 2.1)[2.25].

表2.1 共价半径(Å)

四面体配位											
		Be	1.07	B	0.89	C	0.77	N	0.70	O	0.66
		Mg	1.46	Al	1.26	Si	1.17	P	1.10	S	1.04
Cu	1.35	Zn	1.31	Ga	1.26	Ge	1.22	As	1.18	Se	1.14
Ag	1.53	Cd	1.48	In	1.44	Sn	1.40	Sb	1.36	Te	1.32
Au	1.50	Hg	1.48	Tl	1.47	Pb	1.46	Bi	1.46		
		Mn	1.38								
八面体配位											
						C	0.97	N	0.95	O	0.90
		Mg	1.42	Al	1.41	Si	1.37	P	1.35	S	1.30
Cu	1.25	Zn	1.27	Ga	1.35	Ge	1.43	As	1.43	Se	1.40
Ag	1.43	Cd	1.45	In	1.53	Sn	1.40	Sb	1.60	Te	1.56
Au	1.40	Hg	1.45	Tl	1.73	Pb	1.67	Bi	1.65		
		Mn	1.31								

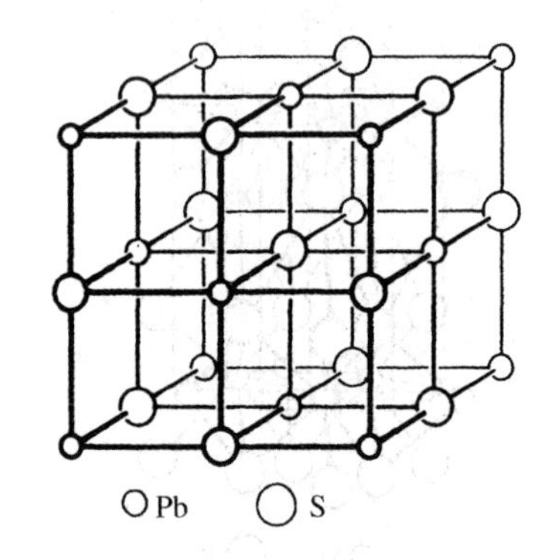

图2.45 PbS的结构(NaCl型结构)

有一系列以共价键为主的具有八面体配位的结构，其代表是PbS型和Bi_2Te_3型化合物. 这里键的离子性比四面体结构略强. 在八面体杂化中，不仅s、p轨道，而且能级相近的d轨道也参与成键. 由于键的离子性(有时也可以是金属性)增加，可以用原子密堆理论来描述和解释这些结构. 由于许多化合物中原子半径相近，它们可以被看做近似等同的球的交替堆垛. PbSe和它的类似物(PbS、SnTe和SnAs)属于NaCl结构(图2.45). 一大类八面体结构属于Bi_2Te_3结构(图2.46a)，这里有Bi_2Se_3、Bi_2Te_2S等. 可以在周期表中水平地、垂直地、对角地替代这些化合物中的元素，得到的结构常常和它们的原型结构有许多共性，形成有趣的多层堆垛，如$GeBi_4Te_7$、$Pb_2Bi_2Te_7$、$AgBiTe_2$等(图2.46，还可参阅图1.67).

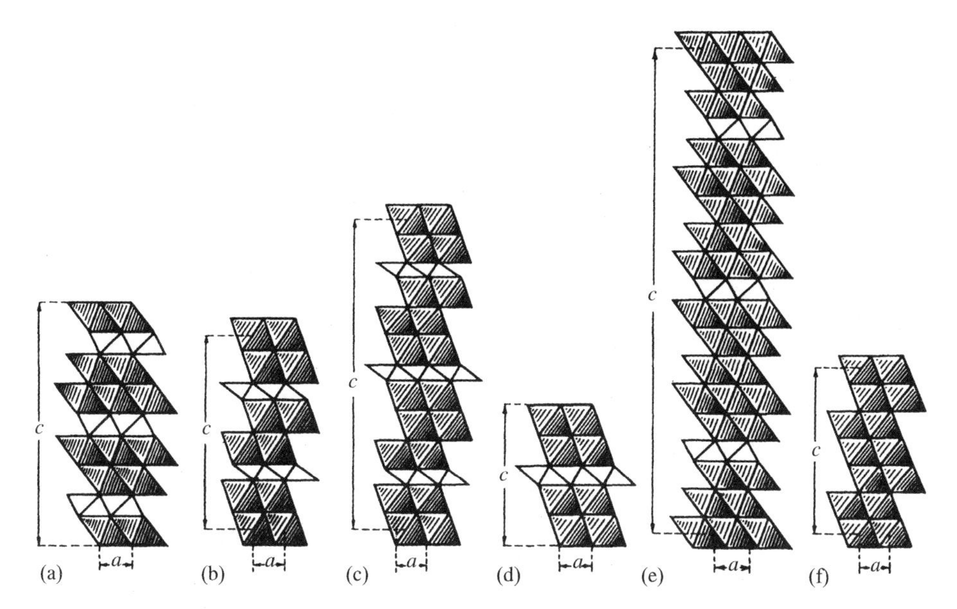

图 2.46 Bi_2Te_3 结构的主型(a)及其复杂类似物 $GeBi_4Te_7$(b),$GeBiTe_4$(c),$Pb_2Bi_2Te_5$(d),$Ge_3Bi_2Te_6$(e)和 $AgBTe_2$(f)[2.26]

八面体结构的原子间距离可以近似地用有效离子半径之和,也可以用原子半径或原子-离子半径之和(表 1.8,1.9)来描述.但 r_i 之和一般大于实验的距离,利用 Semiletov 的八面体半径系[2.27](表 2.1)可以得到更准确的结果.

除了 $n_e/n_a=4$ 规则、非四配位化合物半导体的八重规则外,还可以补充 Mooser-Pearson 规则[2.28]:

$$\frac{n_e}{n_{an}} = 8 - b \tag{2.3}$$

这里 b 是同类原子形成的键数,n_e 是价电子数,n_{an}是阴离子数①,对许多结构,这一规则都成立,如 Mg_2Si($n_e=8$,$n_{an}=1$,$b=0$)、Li_3Bi(8,1,0)、Mg_3Sb_2(16,2,0)、$AgInTe_2$(16,2,0)、TiO_2(16,2,0)、$BaTiO_3$(24,3,0)、In_2Te_3(24,3,0)和 PbS(8,1,0)等.但有时这一规则不成立.对具有共价键的复杂化合物适用的普遍的 Pearson 规则具有以下的形式:

$$\frac{\sum V + b_{an} - b_{cat}}{n_{an}} = 8 \tag{2.4}$$

这里 $\sum V$ 是化合物化学式中所有原子的价之和,b_{an}是牵涉在阴离子-阴离子

① 英译本漏掉了后半句.——译者注

键中的电子数，b_{cat}是不参与成键（或形成阳离子-阳离子键）的阳离子的电子数，n_{an}是化学式中的阴离子数.

应当指出：和近邻原子形成共价键的原子不一定用完自己的全部价电子. 如在化合物 PbS（图 2.45）中 Pb 形式上是二价，因此它的 4 个价电子中只有 2 个参与成键. 按（2.4）式，对 PbSe$(10+0-2)/1=8$，对 ZnP_2 $(12+4-0)/2=8$.

化学式更复杂的化合物在形成时会出现多种结构，它们不满足上述按周期表替代的规则. 它们的共性是原子的配位较低，不超过 6. 这类结构的一个例子是 SbSI 链状结构（图 1.78），这种化合物具有重要的铁电和半导体性.

最后应注意到这种类型化合物趋向于形成各种缺陷点阵，如缺位结构等. 少量杂质原子进入半导体四面体结构（如 As 或 Ga 进入 Ge 或 GaAs 型二元结构）使电子数多余或缺少，引起 n 型（电子）或 p 型（空穴）电导，这对于半导体器件的制备（包括二极管、晶体管和集成电路的制备）是非常重要的.

在一些金属氧化物中也观察到链的共价性. 一个有趣的例子是氧化亚铜 Cu_2O（图 2.47，Ag_2O 也有同样的结构）. 这里的键有方向性，O 原子按四面体由 4 个 Cu 原子围绕，而 Cu 原子具有线状的 2 配位，形成 O 原子间的桥. 这种化合物的 O 位置上常有空位，它的一些性质说明键的部分的金属性. 这种结构可以描述为：金属 Cu 堆垛为 fcc 结构，O 原子进入四面体空隙，同时显然使Cu—Cu距离增大.

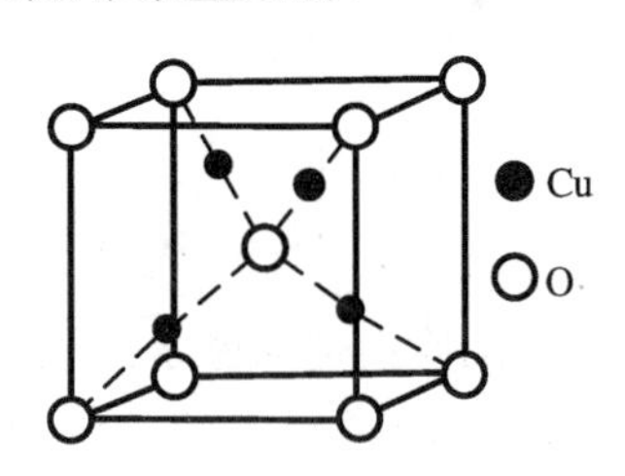

图 2.47 Cu_2O 结构

2.5 络合物和相关化合物的结构

2.5.1 络合物

络合物中始终含有一个稳定的原子团，其中心原子被非金属原子或分子（配位体）围绕，中心原子的键通常具有高对称性和稳定的几何组态. 络合物的典型例子是由 Pt 形成的八面体（如 K_2PtCl_6，图 1.77）或正方（如 K_2PtCl_4，图

2.48a)络合物.Co 也可以在氨盐、硝酸盐、卤化物以及水合物中形成八面体络

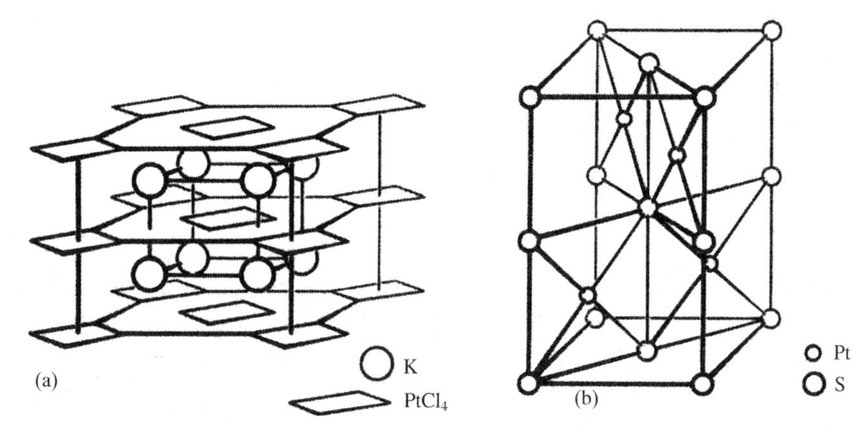

图 2.48 K_2PtCl_4(a)和 PtS(b)结构中 Pt 的正方配位

合物(图 2.49),其他许多元素也可形成八面体络合物.Zn 能形成四面体络合物(图 2.50).形成这种络合物的原子有 Pt、Pd、Rb、Co、Cr、Mn、Fe、Ni、Zn、W 和 Mo,即主要是过渡族Ⅷa 和靠近它的元素.在晶体结构中观察到的络合物常常在溶液中仍然稳定,不过也不是必然如此.络合物的配位体可以和其他原子形成非共价结合,也可以是无机或有机分子的一部分.络合物可以通过公共的原子配位连接成链,如 $PdCl_2$(图 1.79)和 $CoCl_2 \cdot 2H_2O$(图 2.51),也可以形成空间网络,如 PtS(图 2.48b).

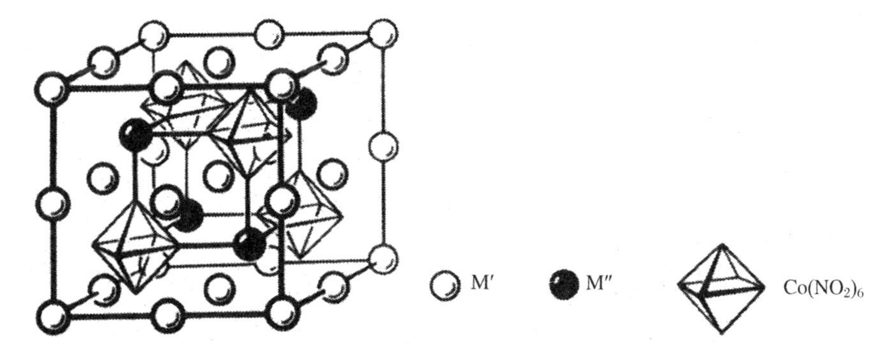

图 2.49 $M'M''[Co(NO_2)_6]$型结构,M′,M″是单价阳离子

组成络合物的配位体可以是两种或多种,由于它们可以占据不同的空间位置,从而形成化学上和结构上不同的化合物.例如 Pt 的二氯二氨基络合物可以有两种形式,即反式(*trans*)和顺式(*cis*):

$$\begin{array}{ccc} & NH_3 & \\ & | & \\ Cl— & Pt & —Cl \\ & | & \\ & NH_3 & \end{array} \qquad\qquad \begin{array}{ccc} & Cl & \\ & | & \\ Cl— & Pt & —NH_3 \\ & | & \\ & NH_3 & \end{array}$$

显然，配位数愈大、配位种类愈多，同组分空间异构体就愈多.这些络合物可以用光谱方法或根据旋光性的符号和大小加以区别.

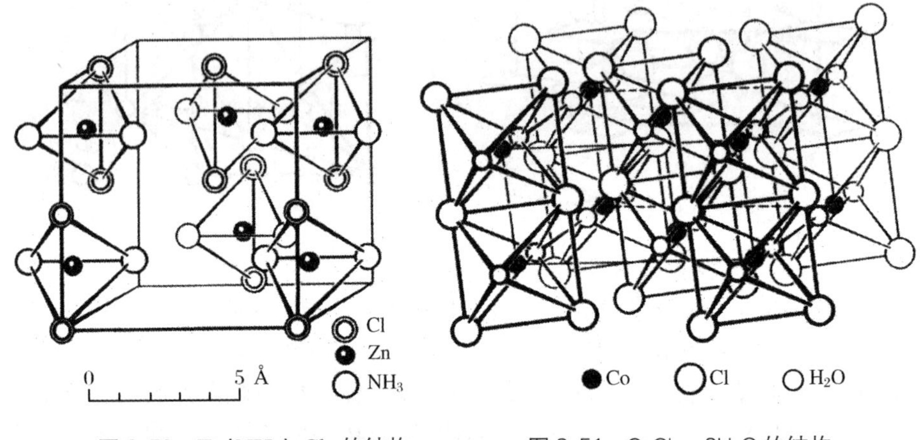

图 2.50　$Zn(NH_3)_2Cl_2$ 的结构　　　图 2.51　$CoCl_2 \cdot 2H_2O$ 的结构

络合物中的配位数始终比络合金属的形式的价数大.例如，四价 Pt 形成八面体(c.n.为 6)的络合物.二价 Pt 形成正方(c.n.4)络合物、二价 Co 形成八面体(c.n.6)络合物.值得注意的是：在形成有一定电荷的配位体的配位球时，同一种金属可以形成有不同电荷的络合物.例如晶体结构 K_2PtCl_6 中络合物 $[Pt^{Ⅳ}Cl_6]^{2-}$ 和 K^+ 阳离子形成离子键，而在 $[Pt(NH_3)_4Cl_2]Cl_2$ 结构中的类似的八面体络合物 $[Pt^{Ⅳ}(NH_3)_4ClM_2]^{2+}$ 已经带正电并且通过离子力和 Cl^- 阴离子堆垛起来(成为 $[Pt(NH_3)_4Cl_2]Cl_2$).这里内配位球上的 Cl 原子和球外的 Cl^- 离子的作用很不相同，因此把这种结构的化学式写成 $Pt(NH_3)_4Cl_4$ 没有意义.络合物内部电荷平衡时形成分子络合物，例如八面体原子团 $(C_6H_5)_2SbCl_3 \cdot H_2O$.

络合物的一个特性是化学反应中配位体间有强的相互影响.人们熟知的是所谓反式影响效应，即强结合配位体通过络合的金属原子(位于中心)影响中心对称(反式)配位体，使后者的化学键变弱.

络合物中相当强的键决定了它们的特性.这种键由于它们的一系列个性以及它们的主要特性——形成稳定的配位而被称做配位键.键可以有 2 个电子(共价)或 1 个电子.在所有场合，中心金属原子都是成键电子的施主.从原子轨道能级图(图 1.8)可以看出，包括过渡元素在内的那些有足够多的电子的元素，它们的 d 电子能级和后面的 s,p 能级是相近的.这种相近性促使中心原子形成有方向性的杂化轨道.如八面体杂化轨道是由 d^2sp 电子形成的,正方轨道由 dsp^2 形成,等等(图 2.52,2.53).

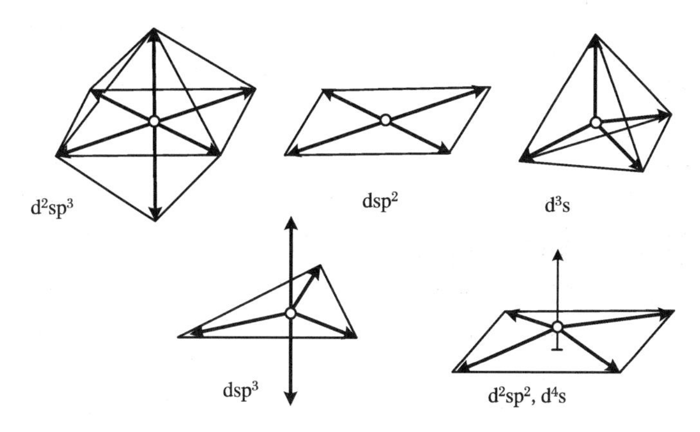

图 2.52 络合原子的某些杂化轨道引起的键的取向

中心原子的每一个原子轨道(AO)电子和配位体原子的一个电子耦合形成特征的介电共价键.过渡金属的 9 个 d^5sp^3 杂化轨道可以引起 9 重配位,此时键角约为 74°和 120°—140°[2.29].

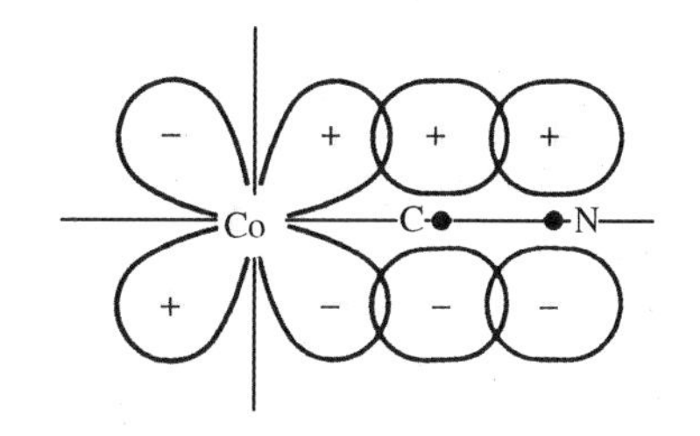

图 2.53 Co-CN 的 6 个八面体 π 键中的一个,其中 AO 互相重叠

然而这种说法不能解释配位键的所有特性.例如某些配位键的磁性说明孤电子的存在,除了这一类低自旋化合物外,还存在高自旋化合物.

更仔细的考虑的出发点是:估计配位体对络合原子能级的影响.这些化合物的特点是 d 和 f 态广泛地参与了化学键,因为这些状态的支能级很接近.首先要考虑的是围绕原子的静电场会引起自由原子中简并能级的分裂.能级分裂依赖于场的对称性并可在点群理论的基础上进行估计(本书卷 1,2.6 节).更普遍的配位体场论在适当注意对称性的同时,从分子轨道概念出发,对中心原子和配位体的所有可能的互作用进行处理.这一理论可以计算系统的键和能级并和光谱、波谱数据进行比较.

配位体场中分裂能级间电子的跃迁引起光的吸收,从而决定许多络合物的颜色.合成键的方向和强度也依赖于络合原子的电子壳层结构和配位体场的强度.小的密集的阴离子如 CN^- 和 NH_4^- 等产生较强的场,而大的阴离子如 I^- 和

Cl^- 等产生的场弱.

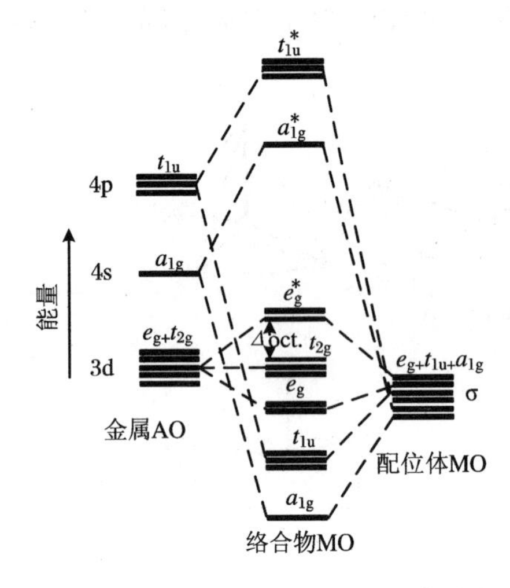

图 2.54　在八面体络合物中分子轨道的形成和能级分裂

配位体场的强度参量 Δ 处于1 eV 至 4 eV 之间. 和弱场配位体成的键通常含一个电子并且主要为离子键. 中心原子能级的分裂不显著. 强场配位体的场合中, 电子利用分裂的能级配成对, 键也变为共价键. 八面体和四面体络合物的特征之一是形成 σ 分子轨道, 这种八面体键的能级分裂图见图 2.54.

在配位键分子和晶体中, 绝热近似(在核组态固定的框架内考虑电子的状态)有时是不适用的, 还必须考虑核的运动. 这就是所谓杨-特勒(Jahn-Teller①)效应的本质. 络合物的对称性降低, 这种效应显示在光谱和电子顺磁共振(EPR)谱的精细结构之中.

2.5.2　含金属原子簇的化合物

有机金属化合物和络合物的实验研究导致一种有趣的化合物种类的发现: 观察到络合体中存在金属-金属键, 形成了双、三或多原子簇. 金属原子间的键和这些金属结构中通常的金属键不同, 它们更短、更强、具有方向性, 即它们具有共价的性质. 例如在双氯化汞 ClHgHgCl 中 Hg—Hg 键长为 0.250 nm, 而金属中的最短距离是 0.300 nm. 在 $K_3[W_2Cl_9]$ 络合物结构中的 W—W 距离是 0.240 nm, 这相当于一个双键, 而在金属中 W—W 距离是 0.280 nm. 在 K_2PtCl_4(图 2.48a)结构的 $PtCl_4$ 柱中, Pt—Pt 距离也缩短. 有趣的例子是 Re 化合物, 其中的 Re—Re 键(图 2.55)显著缩短. 双核络合物$[Re_2Cl_8]^{4-}$(图 2.55a)中 Re—Re 距离是 0.222 nm, 比金属中的距离短, 同时 Re—Cl 的距离也缩短. 图 2.55b 是三核 Re 络合体. 簇中 Me—Me 键来源于纯金属中不存在的轨道的相互作用. 还有一些含金属-金属键的更复杂的络合体. 图 2.56a 就是一例, 在$[Mo_6Cl_8]Cl_4 \cdot 8H_2O$结构中 Mo 的八面体络合体位于 Cl 原子的立方体中, Mo—Mo 距离为 0.263 nm, 和单键对应(金属中此距离为 0.278 nm). 引起

---

① 英文版误为 Jan-Teller. ——译者注

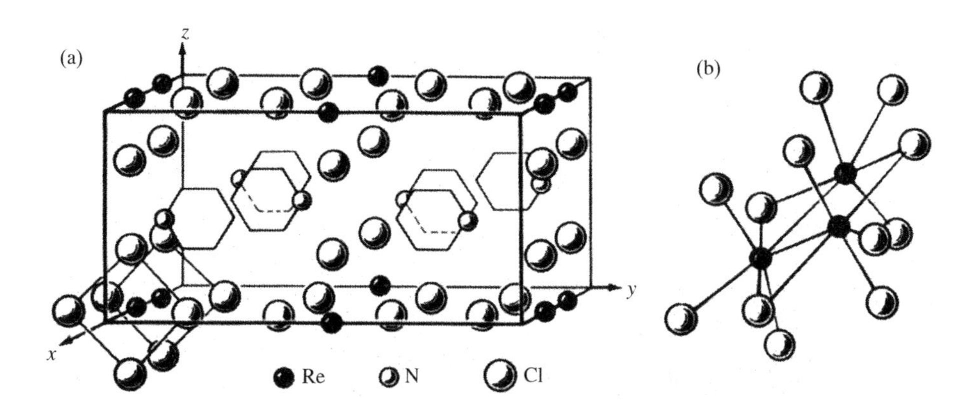

图 2.55 (PyH)HReCl$_4$ 结构中的[Re$_2$Cl$_8$]$^{4-}$团(a)和三核络合离子 Re$_2$Cl$_{12}$(b)[2.30]

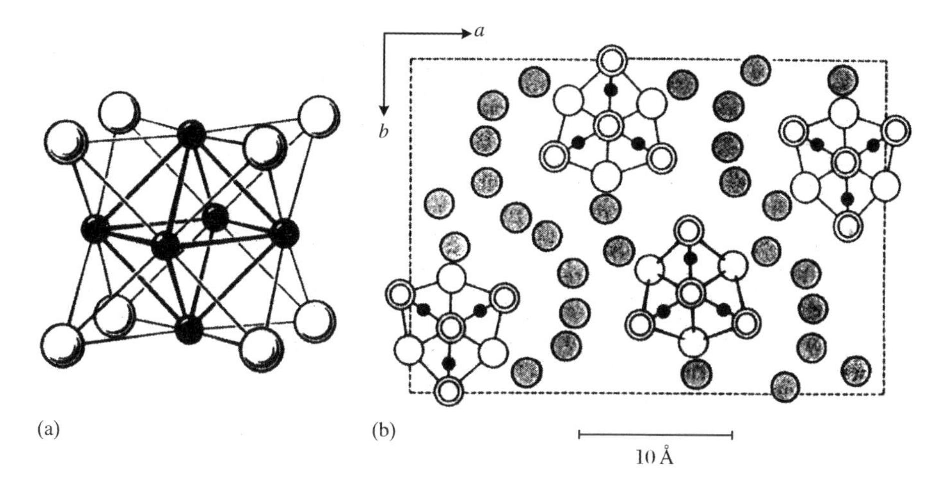

图 2.56 络合离子[Mo$_6$Cl$_8$]$^{4+}$的结构(a)和(Cs$_{11}$O$_3$)Rb$_7$ 结构的投影(b)
圆.Cs;黑点.O;灰圆.Rb[2.31]

Mo—Mo 键的电子对集中在 Mo 八面体棱上.分子轨道(MO)法显示,每个原子的 d_{3z^2-1}、d_{xy}、d_{xz}、d_{yz} 和 p_z 等原子轨道(AO)参与了键的形成.Ta 和 Nb 也可以形成类似的八面体络合物.

Ⅴ族和Ⅵ族金属原子簇通常被弱场配位体围绕,而Ⅶ族和Ⅷ族金属原子簇通常被强场配位体围绕.

其他含金属原子簇的化合物具有其他类型的离子和金属的键.这是 Rb 和 Cs 的亚氧化物,它们含有异常多的金属原子,如 Rb$_9$O$_2$、(Cs$_{11}$O$_3$)Cs$_{10}$ 和(Cs$_{11}$O$_3$)Rb$_7$(图 2.56b).金属原子和 O 原子组成团簇或位于这些团簇之间[2.31].

2.5.3 金属-分子键(过渡金属 π 络合物)

分子轨道理论对络合物键的处理已经解释了经典化学绝对不能容纳的一些络合物的结构.在这些结构中,中心原子的键有方向性,但不指向配位体原子的中心,而是指向例如一对原子的键的“中点”、五单元环的“中心”,等等.例如,在正方络合物[$PtCl_3(C_2H_4)$]中 Pt 的第四个键指向乙烯的2个碳原子的中间(图2.57).这个键可以用变形的乙烯的键合 π 轨道(图1.25a)以及这个轨道和金属的原子轨道(AO)的重叠来描述.在另外一些场合,配位体的反键 π 轨道和金属的 d 轨道重叠,等等.

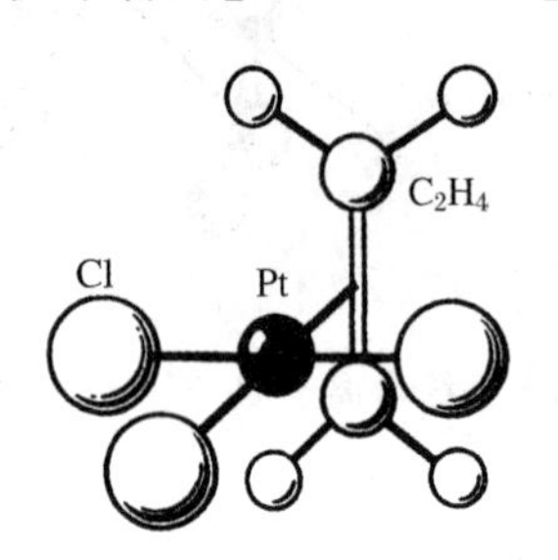

图2.57 $PtCl_3(C_2H_4)$络合物结构

一个特别的例子是“三明治”分子结构,它由环状碳氢化物和金属 Fe、Ni、Co、Cr、Ti、Ru、Os 等组成,其中的中心原子被挤在2个平行取向的芳香碳氢环中.这类化合物的典型例子是二环戊二烯铁 $Fe(C_5H_5)_2$ 或二茂铁(图2.58).这里的环有5个单元,但环也可以有6个单元,如 $Cr(C_6H_6)_2$ 和$Mn(C_5H_5)(C_6H_6)$此外还有4,7,8单元环的三明治化合物.在二茂铁中,分子的对称性是 $\bar{5}m$,所有 C 原子是等价的,Fe 原子和2个环都是近似中性的(但在二茂镍中已发现 Ni 带约 $+1.4e$,每个 C 原子带 $-0.14e$).三明治化合物的键归结为环“上”和环“下”的 π 轨道(图1.25b)和金属4s和3d轨道的重叠.结果形成了18个电子参与的9个成键轨道.

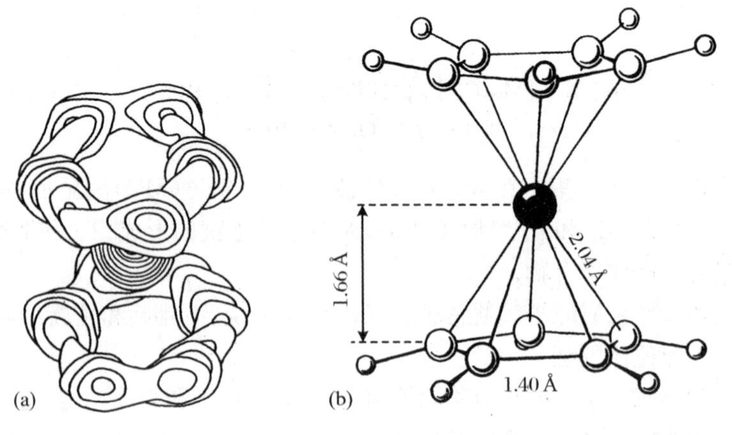

图2.58 二茂铁分子 $Fe(C_5H_5)_2$ 的三维傅里叶合成图(a)和它的结构(b)[2.32]

2.5.4 惰性元素化合物

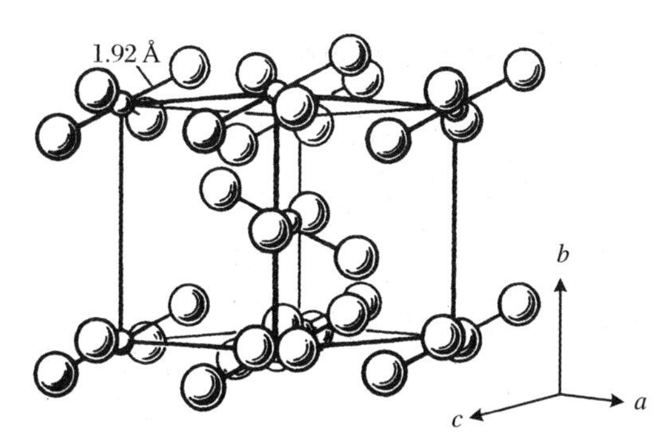

图 2.59 XeF_4 的结构[2.33]

早在 20 世纪 60 年代就发现了惰性元素化合物 XeF_2、XeF_4、$XeCl_2$、惰性元素氧化物等. 从经典价理论看曾认为这是不可能的. 图 2.59 是 XeF_4 的晶体结构. XeF_4 分子是平的、近正方的, Xe—F 距离是 0.192 nm. 存在这种分子的原因是 F 原子的 $2p_\sigma$ 轨道和 Xe 原子的 $5p_\sigma$ 轨道的互作用,结果形成了 MO,它包含 F 的单电子和 Xe 的一个未分开的电子对.

2.6 有机晶体化学原理

有机化合物的晶体化学或有机晶体化学,如果从牵涉到的晶体和材料数来看,无疑是晶体化学的最丰富的领域. 已经研究过的晶体结构(图 2.60)的数目达到好几万,到 1992 年总共约 100 000,目前还以每年超过 8 000 个被测定的有机结构的速度增长. 然而这只是有机分子的浩瀚海洋中的一滴. 已知的有机分子约有 300 万种.

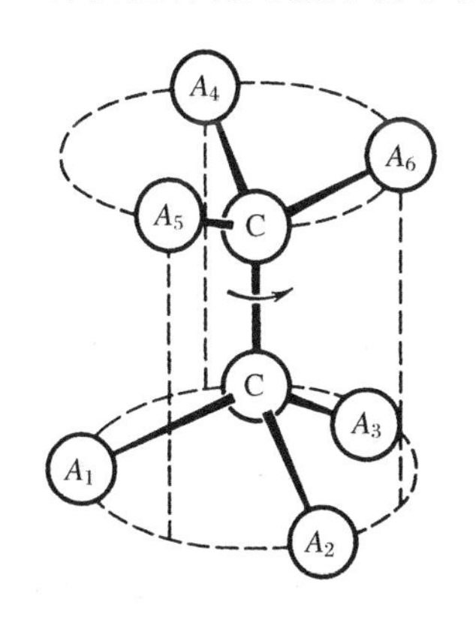

图 2.60 绕 C 原子单键旋转而成的同分异构性

有机化合物晶体中的结构单元是分子. 分子内的键是共价的,它们的强度远超过分子间的弱范德瓦耳斯键. 所以大多数有机结构中含有有限的原子团,属于岛状结构. 在有些化合物中不仅在分子间存在范德瓦耳斯作用,还有通常更强的氢键(或更稀少的离子键). 这一点常常有助于形成链状或层状结构(1.5 节).

2.6.1 有机分子的结构

有机分子的结构依赖于分子的原子间的共价键.键长可以用一套共价半径很好地描述(表 1.7).已考虑了键的多重或分数级别.例如在芳香化合物中环中键的级别处于 $1\frac{1}{2}$和 $1\frac{1}{3}$之间.在其他环状或链状团簇中出现单键和双键形式上不断交替的共轭现象,从而使键长一定程度上等同化.图 1.46 给出了几种分子的键长和键的级别.

知道一个分子的化学式,利用共价半径表和图 1.46 那种类型的图,就可能预言分子内中间性质键的原子间距离,准确度可达 0.002—0.005 nm.考虑了键的取向(四面体,三角或线状)也常常可以多多少少地预言分子的立体化学,即空间结构.有时候会出现几种几何上可能的方案,此时可从能量考虑确定分子的结构.这种场合下分子的"力学"模型可以是一个较好的近似,它把分子看成一组由可略为延展的弹性链(链角固定)连接在一起的原子系.

在这种模型中分子的能量[不应和结构中分子的堆垛能,即点阵能(1.52)式混淆起来]可写为:

$$U_{\mathrm{mol}} = U_{\mathrm{nv}} + U_{\mathrm{b}} + U_{\mathrm{ang}} + U_{\mathrm{tors}}, \tag{2.5}$$

$$U_{\mathrm{nv}} = \sum_{i,j} f_{ij}(r_{ij}), \tag{2.6}$$

$$U_{\mathrm{b}} = \frac{1}{2}\sum_{i} K_i(l - l_0)^2, \tag{2.7}$$

$$U_{\mathrm{ang}} = \frac{1}{2}\sum_{i} C_i(\alpha - \alpha_0)^2, \tag{2.8}$$

$$U_{\mathrm{tors}} = \frac{U_0}{2}(1 + \cos n\varphi). \tag{2.9}$$

这里 U_{nv}项表示分子的非价键合原子的互作用,可用(1.45)式或(1.16)式那样的势.键长偏离理想 l_0、键角偏离理想 α_0 引起能量 U_{b} 和 U_{ang}. U_{tors}表示分子绕单键的转动能,其中的 U_0 是所谓的内转动势垒.

U_{mol}可以有一个极小(它决定分子的构形)或几个深度相近的极小(几种构形都是可能的,分子可以有不同的异构体).应该指出分子的力学模型也有助于弹性、振动等的计算.如键角和键长接近理想值,并且非价键合原子间没有强迫的接近,则分子是无应变的,它的结构(如果不存在单键)可以由几何考虑来预言.存在单键时情况不同,此时可绕它转动.由这种键连接的分子不同部分的取向依赖于这些部分间的非键互作用 U_{nv}、U_{tors}项和相邻分子的接触以及氢键(如果存在的话)等.

绕单键转动的限制是:要求由单键连接的分子相邻部分的原子的距离不小于分子间半径之和,或尽可能地大.例如单键C—C连接的2个四面体团簇的稳定位置和反演轴$\bar{3}$对称性对应(图2.60).但是原子A_1、A_2、A_3和A_4、A_5、A_6可以不同(它们可以是H、C、N、O等,其次其他原子还可以附加上去),这里一般有3种转动同分异构体.A_1和A_6位置中心反演(反式组态),或A_6向左或向右转120°(2种"笨拙"的组态).在环结构中闭合条件限制了组态的数目.例如在$(CH_2)_6$型6单元环中,"椅"式和"舟"式构形是可能的(图2.61).

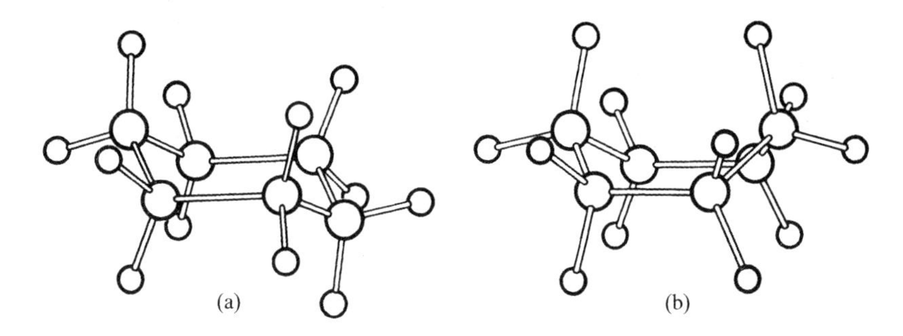

图2.61 环己烷中的"椅"式(a)和"舟"式(b)理想构形示意图

在这种含单键分子和某些聚合物的晶体分子的特定结构和它们相互的堆垛有关.不同堆垛下比较数值相近的分子的能量(忽略常数项U_{nv}和U_{ang})、构形间的转变能和堆垛能,由此决定整个结构的能量极小,同时也决定了分子的堆垛和构形.一部分热振动能也有影响.有时发现在一个给定结构中化学等同的分子具有几种不同的构形(图2.62),它们形成"接触的"同分异构体.

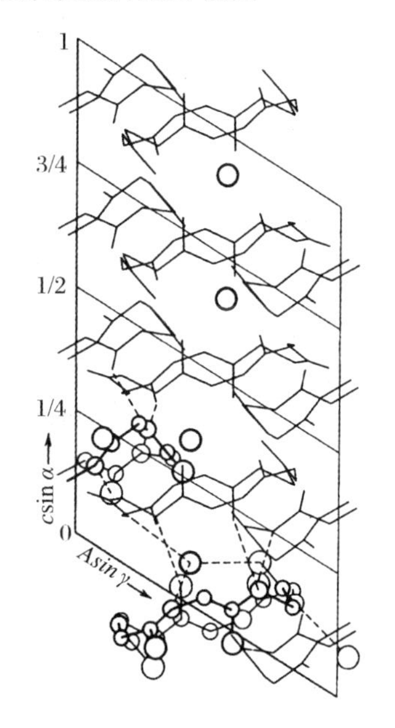

图2.62 环己甘氨酰的结构,其中3个分子占据非对称等同位置并具有不同的构形[2.34]

不少有机分子具有所谓空间应变或"过挤"的结构.它们中的键角和键长和平衡值相比有畸变.这是空间的妨碍引起的,即价键组态引起非价键合原子互相靠拢(图2.63).

应当指出:键角畸变能U_{ang}比键伸长能U_v低得多.键角可畸变10°—20°,而键长的变化仅为0.002—0.003 nm.在复杂的应变芳香分子中，互相趋近的原子会“扭转出”分子平面(沿不同方向)、增大它们间的距离以便相处得更方便些，从而使分子的平整性受到损害．这说明(2.5)式中所有的项在这里都有作用(除了 U_{tors}，芳香分子中没有单键，它用不上)．

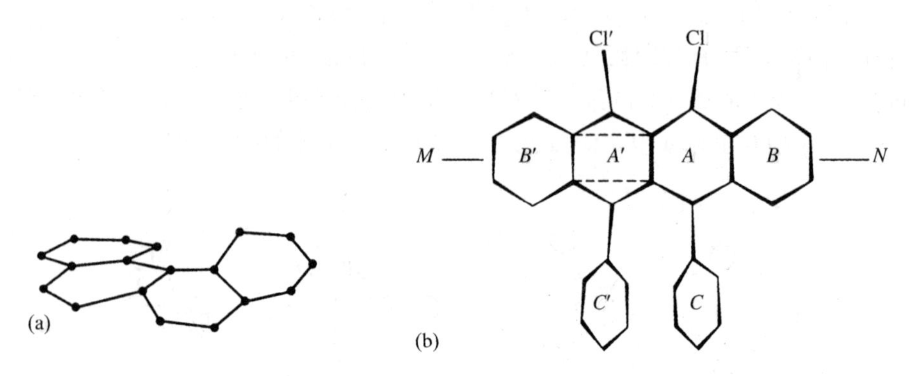

图 2.63　应变分子

(a) 3,4-苯并菲 $C_{18}H_{12}$[2.35]；(b) 5,6 二氯-11,12 联二苯并四苯 $C_{30}H_{18}Cl_2$[2.36]

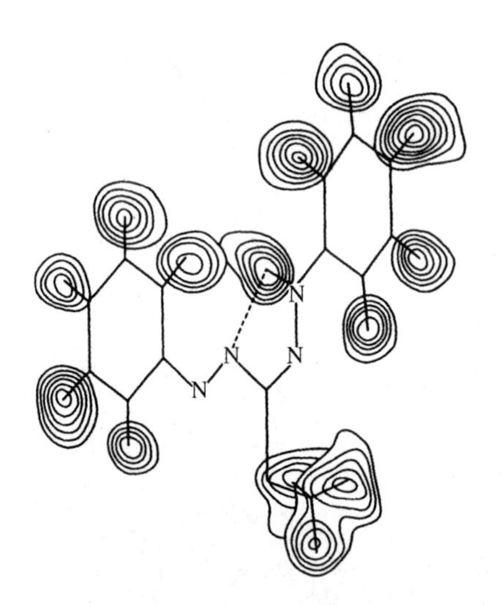

图 2.64　*s*-甲基双硫腙分子结构

有一个分子内 H 键(虚线)．电子密度差分图可显示 H 原子的峰[2.37]

使一定组态稳定或引起某种畸变的另一个因素是分子内的氢键，例子是 *s*-甲基双硫腙(图 2.64 和图 2.75)．当然，分子的力学模型仅仅是一种方便的近似，要得到更严格的结果需要 SCF-LCAO-MO 的量子力学计算方法(1.2 节)．但这样的计算非常复杂．

分子结构仅仅是化学家特别感兴趣的有机晶体化学的一个方面．虽然在大多数场合，构形分析有助于在分子式基础上预言分子的结构，然而在存在几种可能的构形时，分子立体化学的最终和准确的数据、键的级别、热振动的性质等还是要用 X 射线结构分析测得(图2.65，2.66，也可参看图2.62，2.64，2.75)．不仅如此，X 射线结构分析原则上不仅不需要分子式的知识(化学式仅仅有助于测定结构)，有时还是一种修正或建立分子式的方法．例如青霉素(图 2.66)和维生素 B_{12}(图2.109)的最终分子式以及分子的结构就是由 X 射线衍射技术建立的.

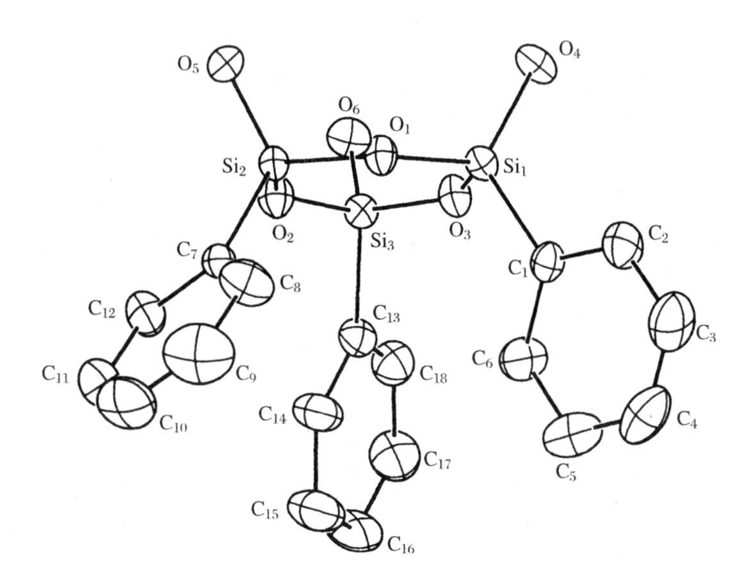

图 2.65 1,3,5-三苯基环丙硅-1,3,5-三醇钠盐阴离子结构的热振动椭球[2.38]

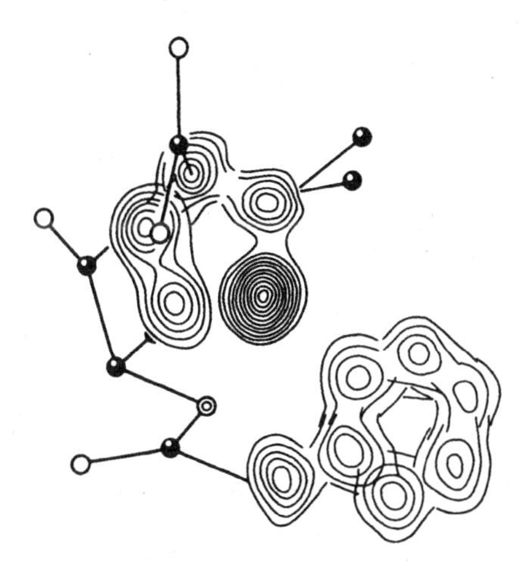

图 2.66 苯氧基甲基青霉素 $C_{16}H_{18}N_2O_5S$ 的分子结构(其中一部分表示为傅里叶合成图)[2.39]

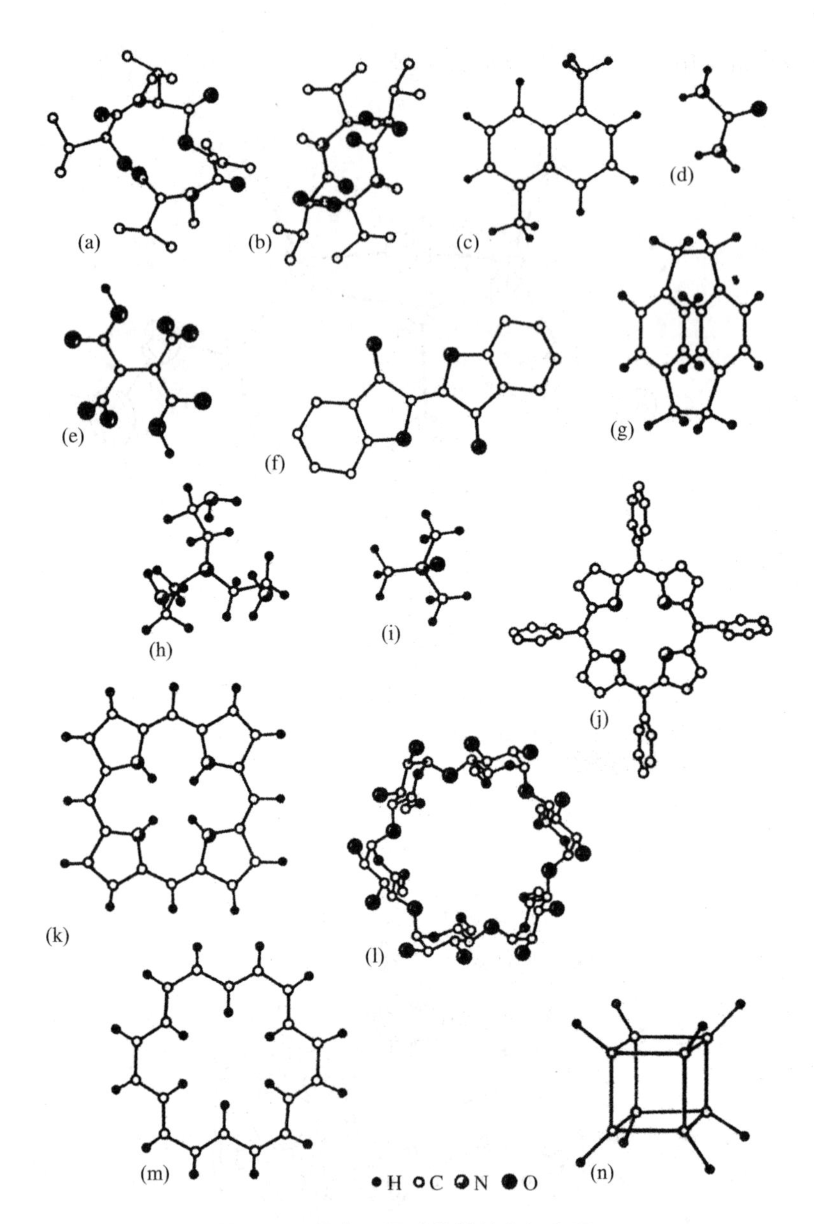

图 2.67　具有不同对称性的有机分子

(a) *LDDD* 型环四缩酚酞[—(MeVal-HyIv)$_2$—],1;(b) *LLDD* 型[—(MeVal-HyIv)$_2$—],$\bar{1}$;(c) 1,5-二甲基萘 $2/m$;(d)尿素,$mm2$;(e) 乙烯四羧化二钾,2;(f) 羟喹,$2/m$;(g) 二-π-二甲苯,mmm;(h) 2,2′,2″三胺三甲胺的离子,3;(i) 三胺三甲胺氧化物,$3m$;(j) 四苯基卟吩,422;(k) 卟吩,$4/mmm$;(l) 环已胱胺酶,622;(m)轮烯 $6/mmm$;(n)立方烷,$m\bar{3}m$.名词后面的符号表示分子的对称性;(a),(b),(f),(j),(l)中的 H 原子没有画出来

2.6.2 分子的对称性

化学式简单的分子常常是对称的，它们的对称性不受晶体学点群的限制，可以含有5重、7重或更高的对称轴，虽然在大多数情形中对称轴的阶数不高.随着分子式的复杂化，分子变得比较不对称或完全不对称.对这些分子以及更普遍的具有 $G_0^{3,1}$ 点群对称性的不那么复杂的分子，可以存在能量绝对相等的对形，即左手和右手的对形体.

对形有机分子的存在常常是由于分子中出现“不对称”四面体碳，更准确地说是4个不同近邻原子或原子团围绕的不对称碳(图2.60).对于这样的原子，可以有2种对形(左手和右手的).含有一个这样的原子的分子可以形成2种对形体，它们具有光活性，而且光活性的符号是相反的.如果分子含有2个不对称碳原子，可以形成4个空间同分异构体，包括二对对形，等等.

天然化合物氨基酸、肽、激素、类固醇、蛋白质、核酸等都有规律地具有对形.例如，几乎所有蛋白质中的氨基酸都是“左手的”，不含不对称四面体碳原子的不对称分子也可以形成对形.例如图2.63a中的3,4-苯并菲分子具有2个镜面等同的变态.

分子的最常见的对称性是 $1,\bar{1},2,3,222,m,mm2$ 和 mmm，但也存在较高(直至立方)对称性的分子(图2.67).也有些偶然的例子，如图2.58的二茂铁具有 $\bar{5}m$ 对称性等.

2.6.3 晶体中分子的堆垛

凭经验或根据实验数据构筑好分子的骨架后，利用分子间距离(表1.10)，当然还考虑到H原子，可以给这个分子穿上这些半径的“外套”，把分子看做一个“刚”体或单键连接的原子团(具有几个转动自由度)的实体(图2.60).

这些分子的互作用以及它们在有机晶体中的堆垛是有机晶体化学第二个主题[2.40].由于分子的复杂的外形(和原子的“球”形不同)，结构中的决定性因素是上述(1.5节)空间最大填充几何原理、结构单元的对称性以及这些单元堆垛的对称性.

暂且不考虑H键(能量约3—10 kcal/mol)，分子的堆垛由能量为1—3 kcal/mol的范德瓦耳斯作用决定.此时的能量极小几何上表示为晶体空间内分子的密填充，填充系数[(1.75)式]相当高.

把球的六角最密堆垛进行不均匀的形变，在任意方向上把球本身拉伸，同时把它们中心形成的点阵拉伸，把球转变为三轴椭球，就可以得到任意外形堆垛模型的一级近似.这样，和原先球堆垛层对应的某些分子“层”就可以划分出来,分子的配位数仍保持为 12(6+3+3,层内 6,上下层均为 3).在单个层中保证最大填充的配位通常是6,有时是 4.

考虑任意外形分子的堆垛时,按照同样的规则可以得到空间的最大填充.常常在结构中可以划分出配位为 6 的层.在层中分子的排列可以是“平行”的、“反平行”的列,或者呈“人字形”.层的堆垛通常使配位数达到 12,或更多的场合达到 14(6+4+4),但有时候也出现配位数为 8,10,16 或其他值的情形(图 2.68).这样分子的配置常常是它们的“凸出部位”(大多数是 H 原子)伸进相邻分子的空洞和其他分子间的空隙之中.如图 1.56b 所指出的,这种配置使分子晶体结构中出现含平移分量的对称素(滑移面和螺旋轴).这里还可看出,通过对称面或二重轴来堆垛分子或分子层是不方便的,因为这会使分子的凸起部分面对面配置(图 1.56a).所以在有机晶体中对称面 m 很少遇到.

图 2.68　有机分子层的堆垛

我们已经考虑过结构单元(分子)对称性和最大填充原理的关系(1.5 节).这就是结构单元排列的决定性原理:它们只占据对称性允许的最大填充的位置.分子的固有对称性和它们占据的位置的可能的对称性之间存在着确定的关系.

考虑具有最大填充的层的各种结构(需对卷 1,即文献[2.2],2.7 节中的 G_2^2 和 G_2^3 群进行分析)以及具有不同对称性的分子的三维堆垛后,得出下面的结论[2.40]:任意形状的图形(任一对称性的分子或不对称分子)总是可能堆垛成 6 配位的紧密层.这种层属于以下 4 个对称群(从 80 个 G_2^3 中选出)中的一个:$P\bar{1}$、$P11b$、$P12_11$ 和 $P12_1/a1$(卷 1,即文献[2.2],图2.63中第 3,4,15,21 个群).前 3 个群可以允许无对称中心的不对称图形和对称图形的排列,后 2 个群则允许有对称中心$\bar{1}$的图形的排列，使分子的对称中心和层的对称中心重合．具有适当图形的固有对称性 m、2、$2/m$、mm、222 和 mmm 的分子可以密堆垛为含有同样对称素的层，存在 10 个这样的群．根据这些层的群和层间的密堆垛（例如不允许层间的对称面 m）可以建立描述分子密堆垛的空间群 Φ．从含 $\bar{1}$ 对称性图形的堆垛的上述特性可以得出：具有这一对称素的分子在晶体中将始终保持它，占据中心对称位置．同时，它的几乎全部其他对称素消失，即它们不和晶体的对称素重合（“对称中心规则”）．例如分子对称性为 mmm 的萘结晶后的空间群为 $P2_1/c$，分子中心和空间群的对称中心重合（图 2.69）．

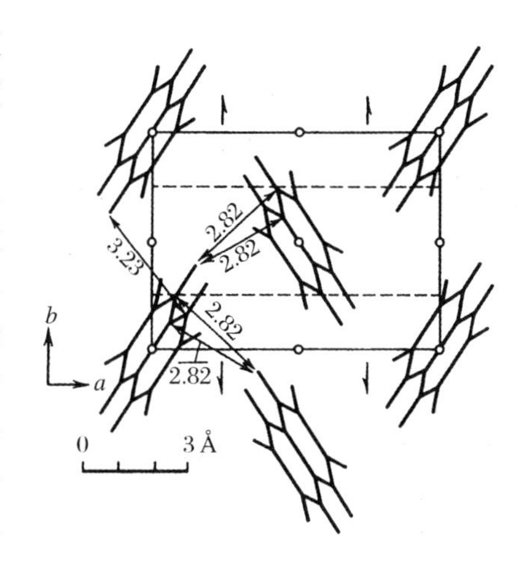

图 2.69 萘 $C_{10}H_8$ 的结构

分子的对称性和晶体中分子位置的最可能的对称性的比较如下：

分子的点群	1	$\bar{1}$	2	m	mm	$2/m$	mmm	222
位置对称性	1	$\bar{1}$	1 或 2	1 或 m	1 或 2 或 m	$\bar{1}$	$\bar{1}$	1 或 2

对称性为 1 的分子（或晶体中位置对称性为 1 时），从密堆垛理论得到的最可能的空间群是 $P\bar{1}$、$P2_1$、$P2_1/c$、Pca、Pna 和 $P2_12_12_1$；对称性为 $\bar{1}$ 的分子（或位置对称性为 $\bar{1}$），则有 $P\bar{1}$、$P2_1/c$、$C2/c$ 和 $pbca$．均匀分子晶体（只含一种分子）按费多洛夫群的统计分布（表 2.2）证实了分子密堆垛规则的正确性①．例如在已知均匀分子晶体中最常见的群是 PC_{2h}^5—$2_1/c$（37.9%）、D_2^4—$P2_12_12_1$（16.8%）、C_s—$P\bar{1}$（9.0%）和 C_2^2—$P2_1$（8.4%）[2.41,2.42] 有机晶体属于某一空间群并不能完全表征分子在晶体中的堆垛，因为一个空间群可以有几种结构，即分子可以在不同的正规点系（RPS）（对称等同的位置系，见文献[2.2]，2.8.11 节）上排列，分子还可以有相同的或不同的手性．因此为了对有机晶体结构进行分类和统计，引进了结构类的概念[2.43]．结构类是空间群一定、分子占据同一个等价位置系（即分子中心是同一个 RPS）的一组晶体．例如萘的结构（图 2.69）是

① 表 2.2 给出的按空间群的分布和表 1.11 有机化合物的数据略有差别．关键是表 1.11统计了所有有机化合物，既有均匀的又有异质的（含不同种类分子）．而表 2.2 汇集了更多的（新的）材料，但只包括均匀分子晶体．

一种分布广泛的结构类 $P2_1/c$，$Z=2(\bar{1})$；分子占据对称中心系中的一个. 同一空间群的另一个类 $Z=4(\bar{1},\bar{1})$，分子占据 2 个对称中心系，其代表是二苯乙炔(图 2.70). 按照组成晶体的分子所占位置的手性和非手性，结构类可以分为 4 个类型. 类型 A 含第一类群 Φ^{I}，即结构由手性分子(只有右手的或只有左手的分子)构成. 类型 B，C，D 含第二类群 Φ^{II}. B 型中分子的位置有手性，但右手和左手的数目相等，C 型中分子占据的位置无手性，而 D 型中分子同时占据手性和非手性位置.

表 2.2　均匀分子晶体按空间群的分布

空间群	结构数	%
$P2_1/c$	1 897	37.9
$P2_12_12_1$	839	16.8
$P\bar{1}$	449	9.0
$P2_1$	418	8.4
$C2/c$	310	6.2
$Pbca$	247	4.9
$Pna2_1$	120	2.4
$Pnma$	94	1.9
$Pbcn$	58	1.2
总计	4 432	88.7

A 型晶体包括了大多数天然化合物的分子结构. 如上所述，它们的分子属于两种可能的对形中的一个，因而是光活性的. 所以这种晶体没有第二类对称素，它们的最可能的空间群只有 2 个：$P2_12_12_1$ 和 $P2_1$. 这类群的突出点还在于天然化合物中经常出现的 H 键. 统计得出：A 型中最常见的是 $P2_12_12_1$，$Z=4(1)$，它占 A 型晶体的 56%(占全部分子晶体的 16%)；$P2_1$，$Z=2(1)$的相应值是 25%(和 7%). 几乎所有的氨基酸晶体都属于这两个群中的一个.

B 型晶体的数目最多. 其中最常见的类是 $P2_1/c$，$Z=4(1)$，52%(占全部晶体的 28%)；跟在后面的是 $P\bar{1}$，$Z=2(1)$，10%(占全部晶体的 6%)和 $Pbca$，$Z=8(1)$，7%(占全部晶体的 4%). 这些晶体包括天然和合成化合物的系列，是含有数目相等的 l 和 d 对形体的混合物. C 型晶体中，同样的 $2_1/c$ 群占优势，最常见的类是萘，$Z=2(1)$，39%(占所有晶体的 6%)，后面是 $P\bar{1}$，$Z=1(\bar{1})$，相应的比例是 12%(所有晶体的和 1.9%). 这六种最常见的结构类包括了 70%的均匀分子晶体.

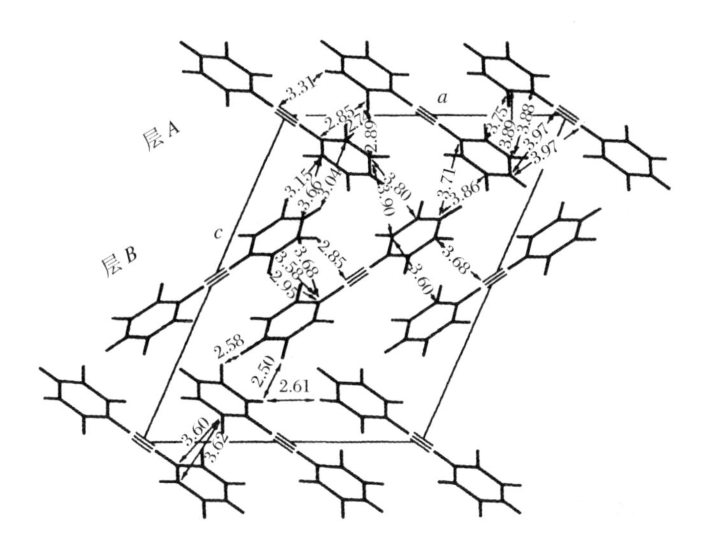

图 2.70　二苯乙炔 $C_{14}H_{10}$ 的结构

也存在具有一定的高对称性的有机晶体，它们的形成条件是：分子具有相应的高对称性和适于密堆的形状．例如，六亚甲四胺分子具有 $\bar{4}3m$ 对称性，它的结构的空间群是 $I\bar{4}3m$（图 2.71）；三叠氮三氰酸分子具有 $\bar{6}$ 对称性，结构的空间群是 $P6_3/m$（图 2.72）.

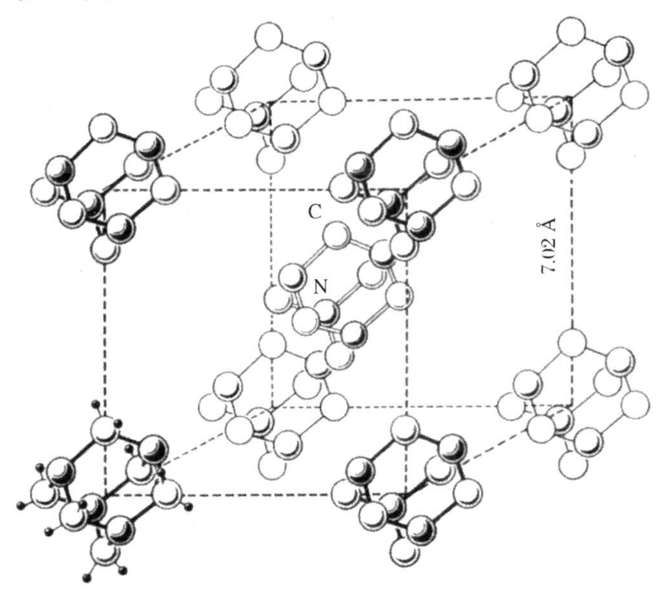

图 2.71　六亚甲四胺 $C_6H_{12}N_4$ 的结构(只画出一个分子中的 H)

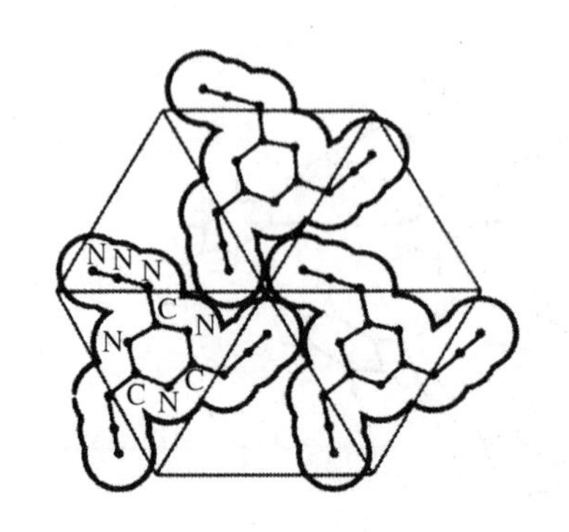

图 2.72　三叠氮三氰酸晶体中分子的堆垛

在某些有机晶体中分子的排列可以超出空间对称操作出现某些非晶体学的局域对称或超对称操作(第 1 卷,2.5.5 节),它们不属于群 Φ 的对称操作系.例如观察到联系分子对的局域的非晶体学轴 2 和超对称螺旋轴 2_1、3_1 和 4_1[2.44].显然这些非晶体学对称性的出现是为了有助于分子(或 H 键连接的分子)的密堆垛,这些具有固有对称性的原子团进一步在群 Φ 的框架中连接起来,后者已含有自己的不同的对称操作.

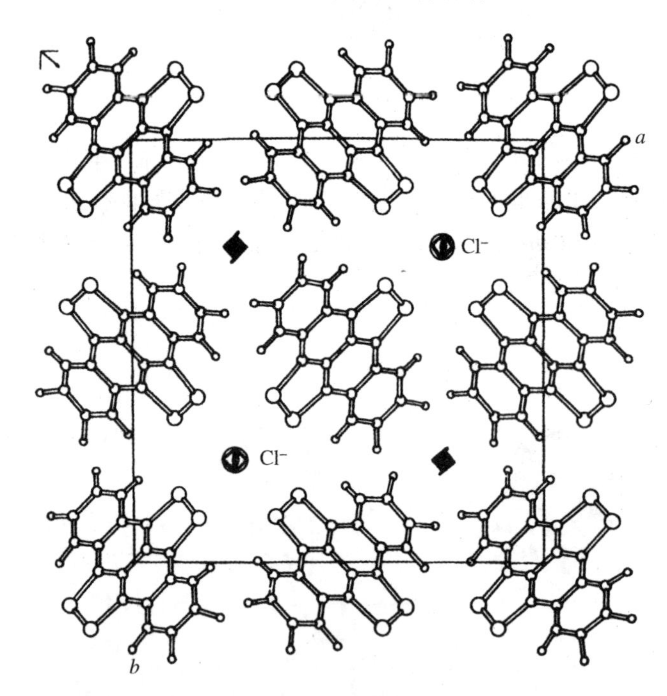

图 2.73　"有机金属"$(TSeT)_2^+Cl^-$ 的结构.沿[001]投影

有机结构的堆垛系数[(1.75)式]不低于 0.65—0.68,大多数结构中的值是 0.70—0.75,有时达 0.80.密堆垛原理仅仅是几何上实现堆垛能极小条件的一级粗糙近似[1.5 节和(1.52)式].利用原子-原子势函数[(1.16)和(1.45)式]进行的能量计算会给出更准确的定量结果.分析分子互相的排列时有时只须要考虑势函数的对称性,并且考虑一对距离为 r、有不同的以 θ,φ,ψ 角标明的取

向的分子间的能量 $U_{\varphi\theta\psi}$[(1.57)式]就够了.

有机晶体中分子排列的最全面的物理解释须要用到热力学,并适当考虑晶格动力学,这不仅有助于晶体结构的计算,还可计算它的主要特性,如热容、压缩率、热膨胀系数等[2.45].

值得指出:由于范德瓦耳斯键弱,有时晶体中整个分子和它的组成原子的热振动很大.温度因子的系数 B 通常为 3—4 Å^2,即方均位移约 0.2 Å.原子的位移大部分来自整个分子的振动,因此在分子外缘附近的原子的位移更大.不过原子热振动的单独的分量也可以确定,它依赖于分子的结构和分子中原子间键的特性(图 2.65).

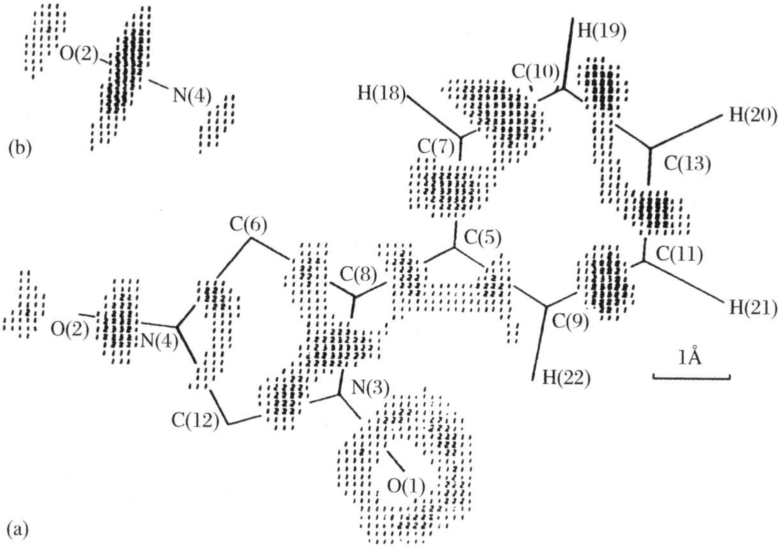

图 2.74 顺磁化合物 $C_{13}H_{17}N_2O_2$ 的差分形变电子密度图(a)和与键 N(4)—O(2)垂直的截面(b)

数字代表电子密度,单位 $0.1e/Å^3$[2.44]

分子晶体一般是绝缘体,因为电子局限于分子内部的链上.但是已经知道存在准一维有机导体,其中的电导来源于平的有机分子(电子施主)堆积成垛.这种化合物的一个例子是四硫代并四苯(TTT)和它的 Se 类似物 TSeT.

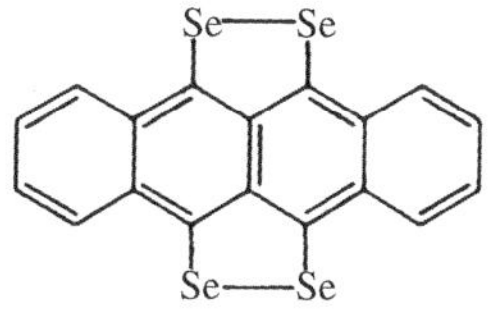

图 2.73 是$(TSeT)_2^+Cl^-$的结构.分子沿 c 轴堆成无限的垛,分子面间距离是 0.337 nm.在 c 方向的电导率 $2.10\times10^3/(\Omega\cdot cm)$.实际上达到了金属的电导,其原因是分子的 π 轨道的最大的重叠.在其他方向上的电导率要低几个量级[2.46]由于它的高电导,这些化合物被称为"有机金属"(见 6.4.1 节).

另一类有机化合物——稳定的硝酰基显示出顺磁性和非线性光学性质.图 2.74a 是一种有机顺磁分子 $C_{13}H_{17}N_2O_4$ 的差分形变电子密度图.原子 O(1)带负电并和 H(22)形成分子内氢键.键 N(4)—O(2)显示为和分子平面垂直的 π 轨道的伸展的电子云(图 2.74b),它显然带有引起顺磁性的非配对电子.

2.6.4 含 H 键的晶体

涉及含 H 键的结构时,分子的密堆垛原理需要扩展.H 键特别容易在生物分子中出现.尽管出现的 H 键能量高.密堆垛仍由范德瓦耳斯键决定,因此出现了一种不同的分子连接原理.H 键具有方向性.分子的"凸出部分",即 OH 或 NH 团的 H 原子,和另一分子的"凸出部分",即 O 或 N 原子互相拉近.所以,如一个任意形状的分子具有这些由 H 键形成的"凸出部分",一对这样的分子的合适的相互排列可以符合对称中心或 2 重轴.但经常遇到的是(特别是在不对称分子中)由 H 键连接的表面原子的配置不适合形成紧密的对.此时,例如一个分子的 NH 团和另一分子的 O 原子们接合,第二个分子的 NH 团和第三个分子

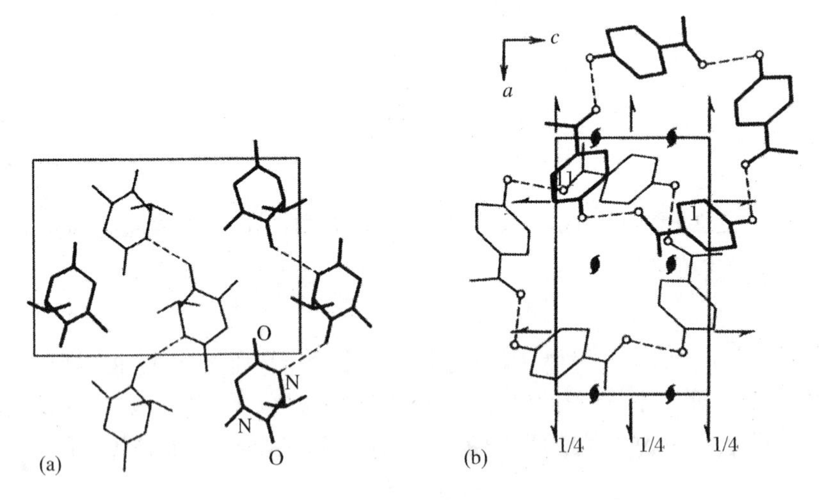

图 2.75 由 H 键(虚线)连接而成的分子链

(a) 环-L-缬氨酰肌氨酰结构中的链[2.48];(b) 在氧化苯乙酮结构中,链具有局域 4_1 对称性,螺旋轴和 b 轴平行[2.49]

的 O 原子们接合，等等，于是形成绕螺旋轴、大多数是 2_1 轴的链(图 1.37，2.75a，b). 有时这些轴是非晶体学的. 如果分子带有的形成 H 键的氢原子多于一个，则可以形成二维或三维 H 键网络结构(图 2.76).

在含 H 键的有机晶体中，具有第二类对称素的分子的堆垛可以期望出现 2 重轴或对称中心，具有第一类对称素或不对称的分子的堆垛可出现简单或螺旋 2 重轴，实际上也就是这样.

H 键空间网络的形成可以产生稳定的对称组态. 例如，尿素分子

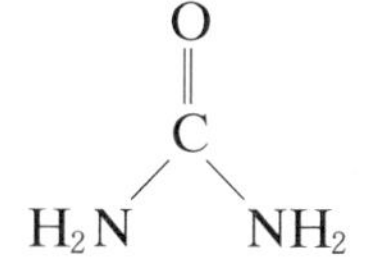

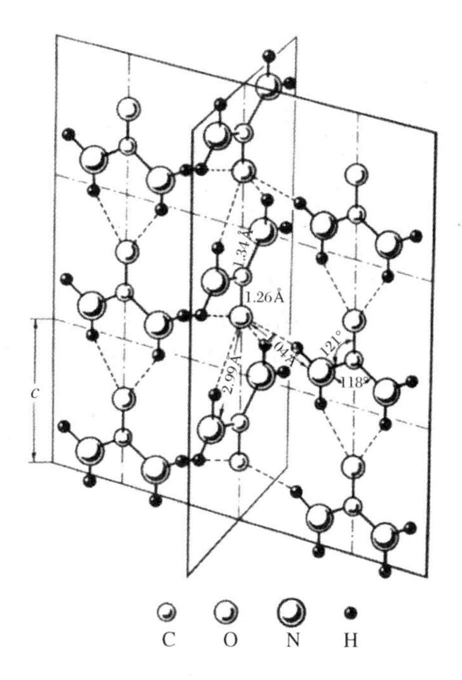

图 2.76 尿素 $CO(NH_2)_2$ 的结构

具有 $mm2$ 对称性，它的结构具有四方空间群 $P\bar{4}m$(图 2.76)，从密堆垛观点看这是不寻常的，这是 H 键引起的结果. 密堆垛原理和范德瓦耳斯力对分子间 H 键的饱和有作用，由此引起的结构中的 H 键是饱和的，并且分子的堆垛也相当紧密.

2.6.5 包合物和分子化合物

包合物，或称包体化合物是有机晶体中的一个重要品种. 它们由 2 种结构单元组成：有机分子和小的有机(如 HCOOH)或无机(H_2S、HCl、SO_2 等)分子，后者填充在前者的堆垛空隙中. 这些分子的键可以是范德瓦耳斯键，也可以是 H 键或离子键. 图 2.77 是包合物结构的一个例子. 还有一种有趣的包合物结构是 H_2O 分子的十二面体堆垛空间中填充了惰性元素原子或小分子(图2.78).

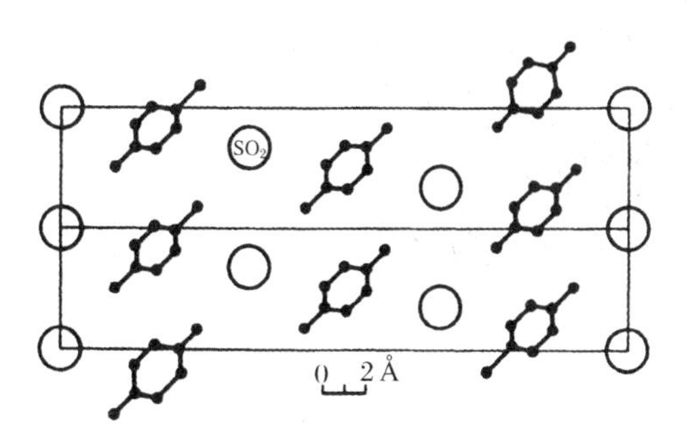

图 2.77 包合物 $3C_6H_4(OH)_2 \cdot SO_2$

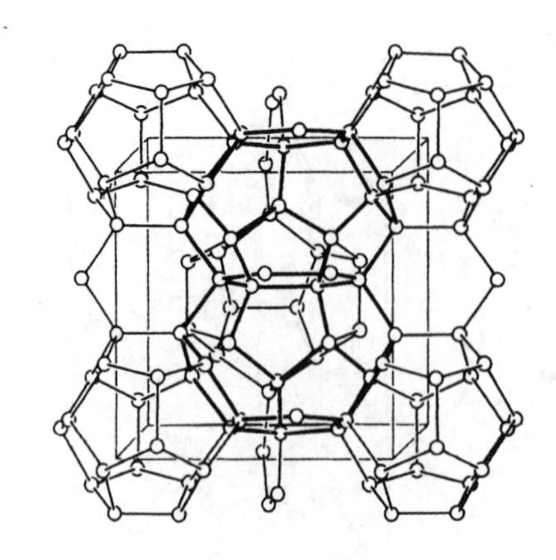

图2.78 包合物中水分子构成的十二面体和更复杂的多面体网格

近年来发现了一种晶体，其中的有机分子性质不同但尺寸相差不大，它们一起结晶化，并且组元间存在化学比（大多数是1∶1）. 这种分子化合物（图2.79）的结构和形成可以用最大填充原理解释，上述情形下分子的形状可以互补以达到最大的堆垛系数. 这种“化合物”只存在于固相. 含荷电金属的分子（所谓的分子离子）也可形成这种结构，例如HCTMCP平分子和赝柱状Fe（MES）$_2$分子形成的晶体（图2.79c）[2.50]. 还存在聚合物分子和普通有机分子的分子化合物和固溶体.

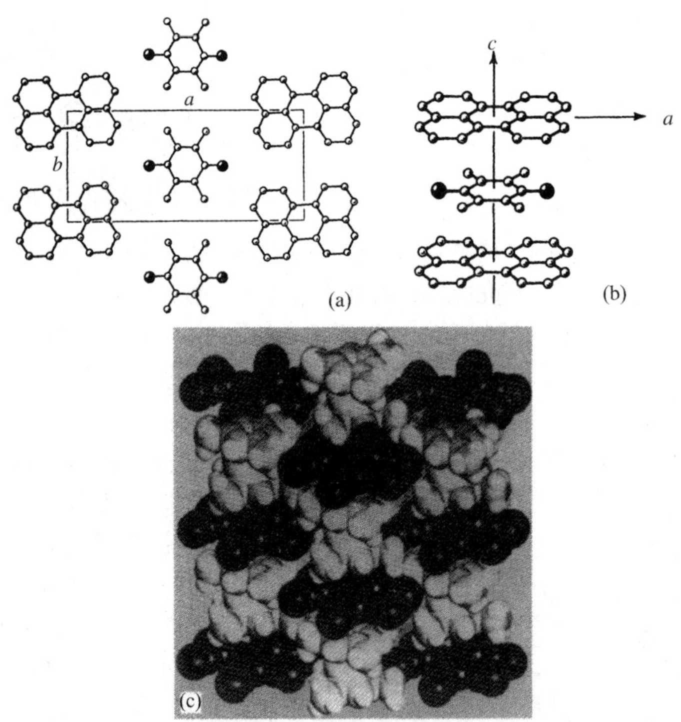

图2.79 分子化合物

(a) 芘 $C_{20}H_{12}$ 和氟缩苯胺 $C_6F_4O_2$ 的分子络合物，在 $z=0$ 平面附近的结构的一层；(b) 分子沿 c 轴叠合；(c) HCTMPC平分子（黑色，荷电 −2）和 Fe(MES)$_2$ 柱状分子（白色，荷电 +2）密堆成的晶体结构

有机晶体也可以形成固溶体,但它们的固溶极限小,只有几个百分点.例如技术上重要的有机晶体——闪烁体是某些分子在芳香化合物中的固溶体,如含 10^{-4} wt%蒽的萘,含 0.5 wt%菲的萘,等等.现在它们被称为**分子合金**.已经得到了一系列分子合金的固-液态相图[2.51].在一些有机晶体中还发现分子或分子的部分可以完全地或有限地转动.

分子化合物及其合金的合成和研究是有机晶体化学的新发展方向.由此产生的有价值的电、光性质的新材料将得到广泛的应用.

2.7 聚合物的结构

2.7.1 非晶体学有序

在介绍聚合物和液晶、生物大分子及其衍生物的基本结构特点之前,我们要稍微扩大经典晶体学的范围,它原来讨论的仅仅是(或更严格些说,过去是)具有三维周期性的真正的晶体结构.实际上晶体学作为凝聚态有序原子结构的科学,已经逐渐研究了新的对象.它不一定显示出三维周期性,它的特征是某种序和一定的对称性,它有时很接近于晶体而有时和晶体相差很远.显然这一大类物质需要适当的理论处理和结构研究,因为它们的多样化的结构分布广泛,它们在有机和无机界中的功能和性质重要,它们在工业和技术上的应用也日益增长.这一任务已经被晶体学承担,因为它具备最适当的研究方法和工具.晶体学应用领域向更广大对象的延伸有时用名词“广义晶体学”来强调,它还意味着注意力集中在活的有机物质的结构上.

2.7.2 聚合物链状分子的结构

聚合物是由长链状分子构成的.正是这一点可以解释大多数聚合物的物理化学性质.但是不仅分子的结构,而且它们的堆垛特性和状态(链状分子聚集为聚合物)都很重要.

首先考虑链状分子本身的结构原理.这种分子是共价键连接起来的一维原子和基团的链,在一定的位置附有侧向的原子团.这里名词“一维”指的是三维链分子中的原子或基团的接续的类型.通常可以在这种分子中区分出分子的主链、单一的相继的原子链(图 2.80a).如果链中有环状或更复杂的原子团簇,主链就更复杂(图 2.80b).

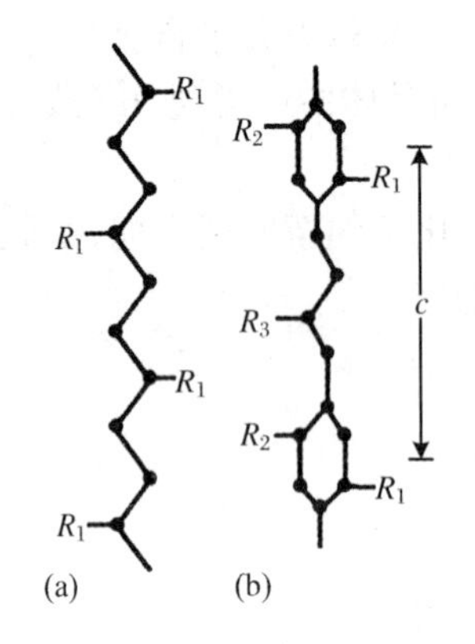

图 2.80　链状分子的结构.
(a)简单链;(b) 复杂链

如果只有一种基并且所有单元的连接是等同的,链就是均匀构成的均匀聚合物.由不同基组成的异质聚合物更为复杂.两种或多种基可以随机地沿链分布.这种链状分子确实存在,但更常见的是规则的链状结构.最简单的序是某种结构沿分子轴的重复并且在一定范围内得到维持.重复是链状分子的基本特性,虽然它的出现常常是统计的而不是严格的.

链状分子的对称群是 G_1^3 群,它描述一个方向上有周期性的三维结构.链状分子在垂直平移方向上的宽度("厚度")对大多数合成聚合物不超过 1.0 nm,在复杂的生物聚合物中它可以达到几个纳米.

分子连接数超过 10 或 20 后,聚合物的典型的分子结构和堆垛特点开始显示出来.实际聚合物中连接数达到几千甚至几百万的最简单的例子是石蜡 C_nH_{2n+2} 和"无限的"乙烯石蜡链$(CH_2)_n$(图 2.81).主链由 C 原子链 C C / C C 组成,重复单元是 CH_2 团.

链状分子的结构由共价键的方向和长度的一般规则决定,共价键决定主链结构和侧向基团的连接,链状分子的结构还决定于侧基、侧基间和侧基-主链间的范德瓦耳斯作用.

这些相互作用以及聚合物中链分子间的相互作用,使链分子主链的一定构形稳定下来.链分子中几

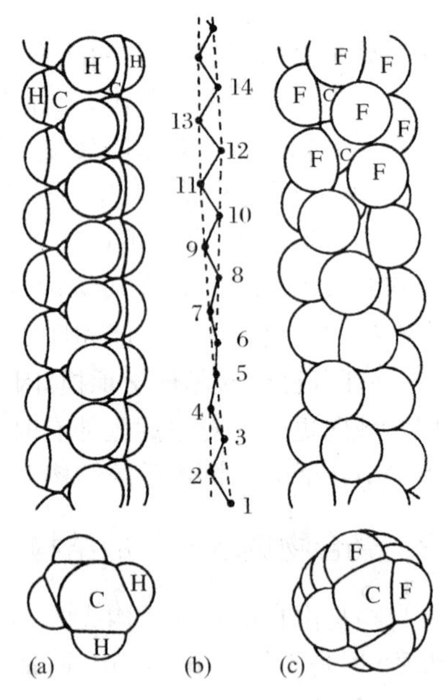

图 2.81　乙烯(a)和四氟乙烯的链状分子(b),(c)
(b)是(c)中原子中心的排列

乎总会有允许转动的单键(图 2.60),因此是容易活动的.考虑到聚乙烯链中 C 原子间的排斥,很容易理解反式组态(图2.81a)是最稳定的.链的相邻连接单元的排斥实际上永远趋向于把链"拉直".整个分子的形状决定于直接接触的单个连接单元的形状,这种排斥可以引起一种更普遍的构形,即螺旋结构(曲折构形是它的一个特例).以四氟乙烯$(CF_2)_n$为例,这里聚乙烯链中的全部 H 原子被 F 替代,相应地链构形从曲折的变为螺旋的(图2.81b).这里的原因在于:H 原子的分子间半径约 0.12 nm,相互间可以自由地放置,因为 C 原子主链的周期 0.254 nm>2×0.12 nm.F 原子的分子间半径为0.14 nm,上述周期容纳不下,因为 2×0.14 nm>0.254 nm.绕 C—C 键相对反式位置转动一个小角可以消除这种空间上的应力,最终导致主链的螺旋结构.

理想的周期的链分子几何可以描述如下.它由单一的连接单元组成.连接的顺序(图 2.80,2.82)可以用单元轴的倾角 α、它的 $O'O''$轴绕前一 OO'轴的转动角 φ 和绕$O'O''$轴本身的转角 ψ 表示.链的参数是单元长度 l,l 在分子轴上的投影 c'和链分子的周期$c = pc'$,(每一周期有 p 个单元,它们组成与晶体原胞类似的重复单元团).如果分子是螺旋,周期 c 不一定限定为一个螺距.平移重合可以经过 q 个螺距,螺旋对称性 S_M 的一般场合下 $M = p/q$(卷 1,即文献[1.6],图 2.58).

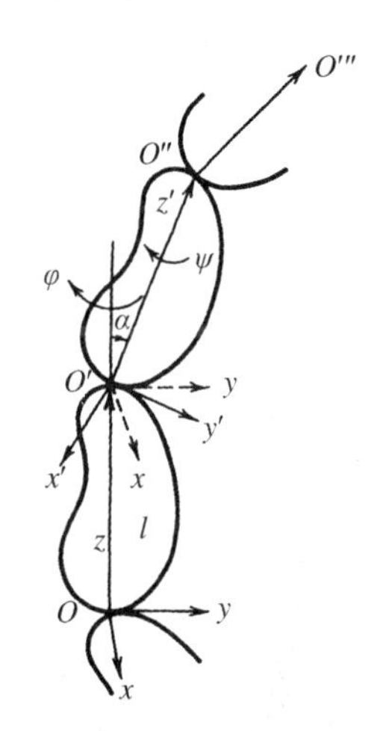

图 2.82 链分子中单元的连接及单元的特征角参数

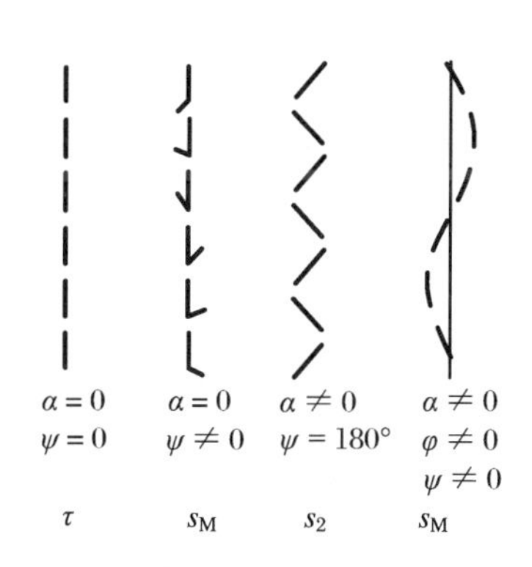

图 2.83 链分子及其对称性的基本类型

周期性链分子的主要类型见图 2.83.最简单的情形是单体的简单重复:$\alpha=0$,$\psi=0$.当 $\alpha=0$,$\psi\neq0$ 时得到一类螺旋状直线分子.$\psi=180^\circ$,$\alpha\neq0$ 产生一大类曲折链分子(聚乙烯及其他).$\alpha\neq0$,$\varphi\neq0$,$\psi\neq0$ 的普遍情形产生拉长的逐渐倾转的螺旋，它们是链分子的最一般的类型(图 2.84—2.88). 链分子的螺旋结构清楚地显示在衍射图样中(图 2.156).

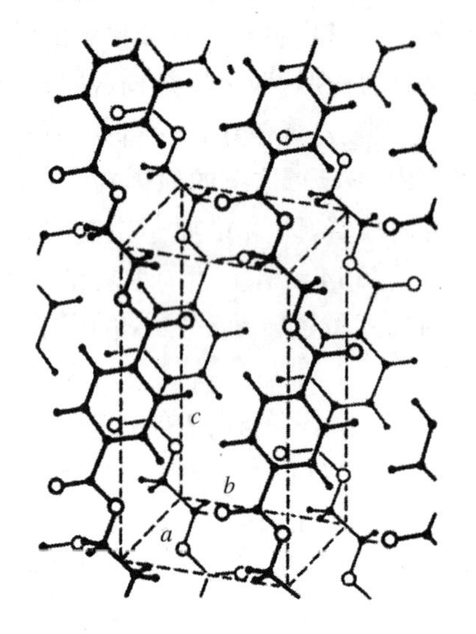

图 2.84　聚乙烯对苯二酸盐 $\left[CH_2—CH_2—CO_2—C_6H_4—CO_2 \right]_n$ 的晶体结构单体平移重复后形成分子[2.52]

图 2.85　杜仲胶 $\left[CH_2C(CO_3)CHCH_2 \right]$ 的结构[2.53]

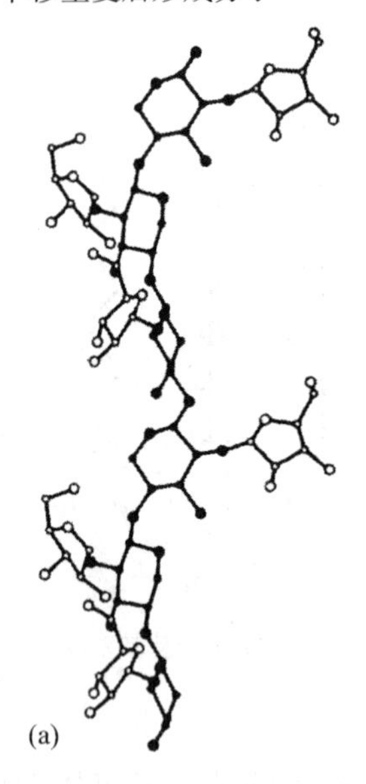

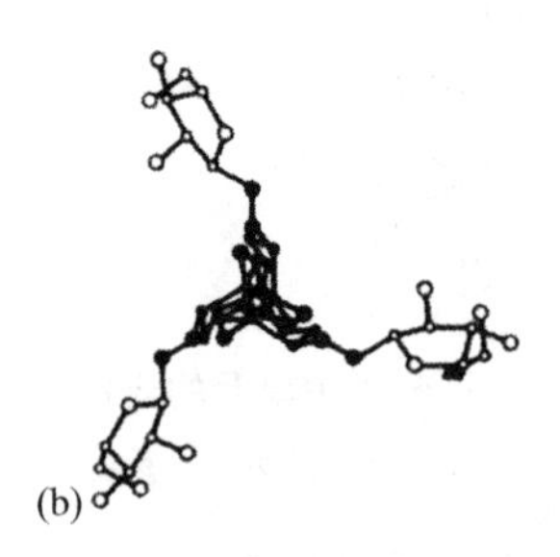

图 2.86　一种多糖的结构：木聚糖主链带阿(拉伯)糖侧团[2.54]
(a) 垂直螺旋方向观察；(b) 沿螺旋轴投影

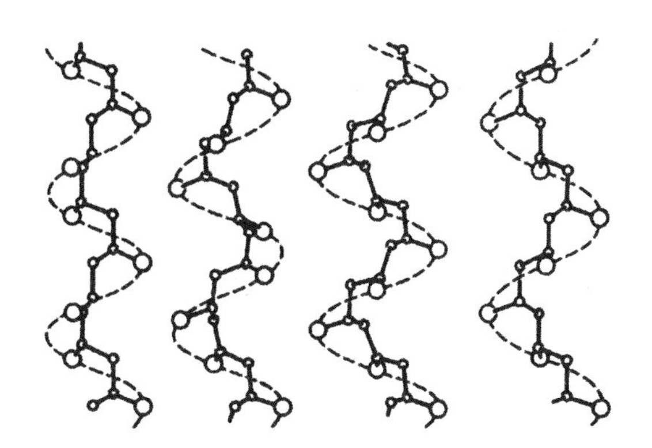

图 2.87 一些规则螺旋聚合物的结构,螺旋参量不同

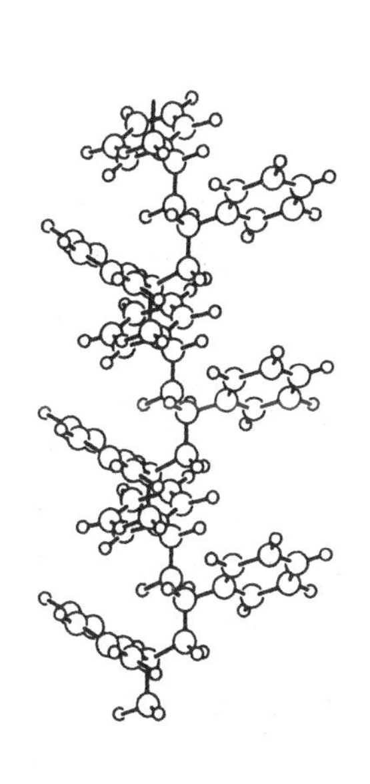

图 2.88 聚苯乙烯的结构(和图 2.87 的第一个结构比较)

图 2.89 聚乙烯$(CH_2)_n$晶体
(a) 螺旋层结构;(b) 波纹区结构[2.55]

还有一系列聚合物的结构是：在固定的主链上按照一定次序接上两种或多种侧向基团. 这时链分子的描述更为复杂. 可能的情形有：(1) 在一定周期内规则地排列着 R_1，R_2…基团；(2) 基团的统计分布符合一定的分布函数；(3) 基团沿链随机分布.

谈到基团的连接序或违反这样的序时，要注意到的不仅是个别的化学性质、基团的"类型"及它们和链上某种原子的关系，还有下列几何特征，如"右手"或"左手"连接和连接基团可能的取向等.

例如在链分子中四面体 C 原子有两种可能的连接位置 l 和 d：

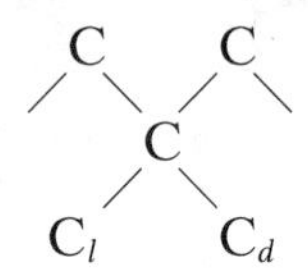

考虑基团和这种链可能的连接时，可得到的链的类型有：… lll …（或… ddd …）顺式立构聚合物，… $ldld$ …反式立构聚合物，l 和 d 位置随机交替的无规立构聚合物（无规聚苯乙烯）. 它们是链分子的同分立体异构物的不同类型. 最后应该提到聚合物链的另一种可能的无序，在这种场合下链由结构相同但有极性的侧基（侧基有"头"和"尾"）连接，因此侧基可以通过两种方式（头或尾）和链连接. 生物界的复杂链分子可由若干链组成，它们的结构将在后面讨论.

2.7.3　聚合物材料的结构

下面讨论链分子三维聚集物的结构. 分子的堆垛仍由熟悉的有机晶体化学原理描述. 但是这些原理的应用场合是很特殊的：分子的链结构及它们的很大的长度. 前者决定聚合物材料的主要特点，即分子平行堆垛，后者使链分子聚集物的结构很强烈地依赖于动力学因素（形成条件）.

由于链分子长度很大，三维周期晶体结构的形成受到阻碍. 在晶化过程中这些长的柔软的分子必须完全伸直或部分伸直，并且沿一个确定的方向占据严格确定的位置. 但是相邻分子的影响、缠结、扭曲等通过各种可能的方式妨碍着结晶. 因此在大多数链分子聚集体中没有达到有序的平衡状态，有序的程度依赖于凝聚的条件和时间以及进一步的处理.

形式上可用"晶态"和"非晶态"分量这两个概念描述聚合物材料的结构. 在材料的某些部分链分子相互间规则地堆垛，形成可能不那么完美的"晶态"区，其尺寸约几纳米或几十纳米. 分子的长度引起的缠结不允许点阵在材料的整个体积中形成，因此晶态区或无序的非晶区在材料中交替. 一个分子可以经过若干晶态区或非晶区. 显然从这一点可看出上述概念是很有条件的，虽然在一些极限的情形它们是正确的、可以实现的.除了晶态和非晶态,可以存在各种中间的链分子聚集状态,我们将在 2.7.5 节加以介绍.

2.7.4 聚合物晶体

在一定条件下一些聚合物可以在整个或部分体积中结晶成晶体点阵.形成真正的晶体结构的必要条件(但不是充分条件)是链分子本身的规则结构,即它的空间规则性.结晶区通常可以用晶胞、空间群等进行描述.图 1.80 是 n 石蜡的晶胞(和聚乙烯的晶胞相同),图 2.84 和 2.85 是聚乙烯对苯二酸盐和杜仲胶的晶胞.

从一些简单的合成聚合物,如聚乙烯、聚丙烯、聚酰胺等的溶液中可以长出宏观小面化单晶体(图 2.89).晶体具有特征的层状惯态并且常常清楚地显示出符号确定的螺旋位错生长机制.对这些晶体形貌的电子显微镜和 X 射线衍射研究阐明了它们的结构的异常特征.已经发现在晶体结构的堆垛过程中,具有几千个单元的长聚合物分子弯转多次形成许多段长约 10—15 nm 的长度相等的直的片段.图 2.90a 表示由此而形成的晶体的一个单层.

图 2.89 中晶体表面的单个生长台阶的厚度和折叠链分子的直的片段的长度(L)一致.层的长度 L(层的厚度)在给定条件下是常数.它和温度有关,较高的结晶温度得到较大的 L.如果对已形成的晶体加温,L 将增大.这说明分子通过弯转位置延伸链的直的片段,以及片段发生相对的纵向滑动使层变厚.理论分析指明:弯转可以用表面自由能在晶体总能中的增大来说明,L 的变化可以类似地加以说明.

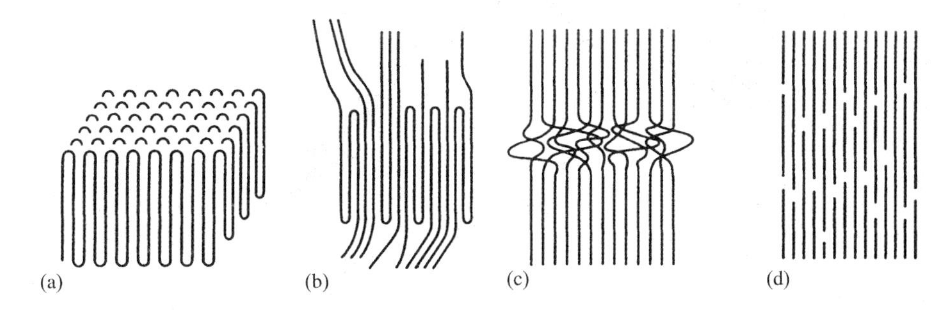

图 2.90 聚合物晶态区的结构

(a) 链分子规则折叠形成的晶体;(b) 从熔体结晶的或经取向处理的聚合物;(c) 助熔剂晶化聚合物的晶态区;(d) 单体单晶聚合成的晶态区

晶体单层的生长是重复折叠链沿横向面盘绕的结果.这是这种晶体的许多有趣特性的基础,例如横向面和局部是不等同的,在每一局部上的晶体平面垂

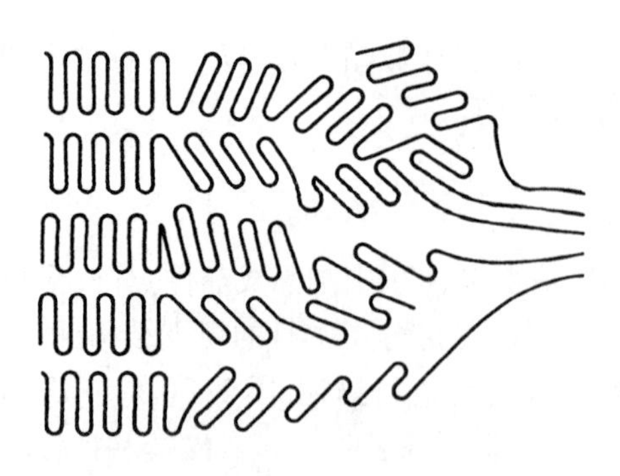

图2.91　由折叠晶体转变成微纤维结构的模型[2.56]

直于分子轴等等.由此可见,过渡到凝聚态时链分子通过折叠而自聚集.

多次折叠也是聚合物从熔体结晶的基本机制.由于得不到完整的晶体结构,大部分体积属晶态区,一小部分体积中有序度低.晶态区的形状和大小不同.在它们形成过程中,聚合物分子弯转多次或穿过它们.图2.90b是这一类聚集体中晶态区结构的示意图.

取向处理即样品挤压或拉伸时的晶化可以在一个长距离内获得分子的平行取向.由此可以产生纤维状(微纤维状)区和缠绕分子结交替的结构(图2.90c).由晶块组成的结晶聚合物样品拉伸时,单个折叠晶体(层)相互分离,折叠的链伸直,拉长形成微纤维结构(图2.91).

聚合物平行堆垛的一个可能的途径是以一定的速度梯度从助熔剂熔体中结晶.这时(从溶液中结晶有时也)形成一定层厚的纤维晶体,即所谓的串型多晶结构(图2.92a)[2.57].这种有趣的结构(图2.92b是其中分子的堆垛)的出现

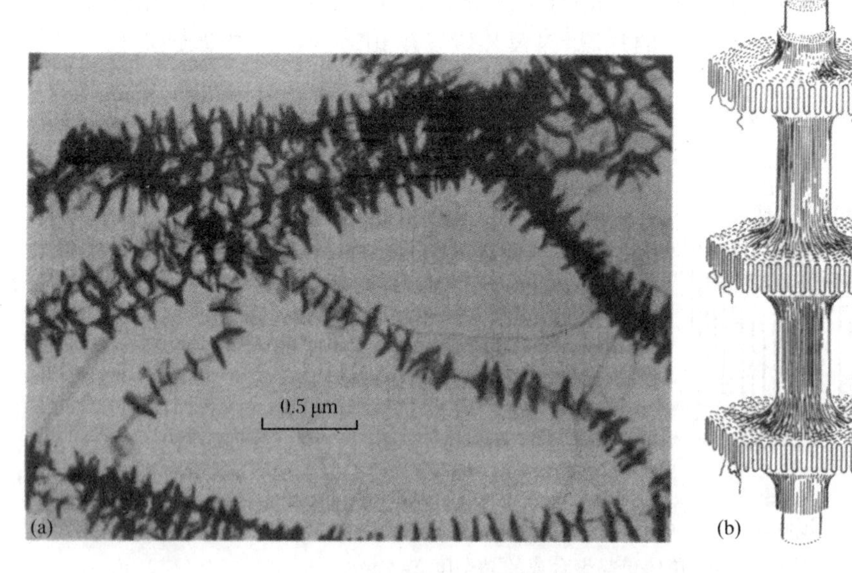

图2.92　聚乙烯的带有横向生长层的纤丝晶体("串型多晶")

(a) 电子显微像;(b) 分子堆垛模型

是由于整个系统中的取向作用不均匀.可以设想,先形成纤维芯结构,随后在相互间有一定距离处形核长大成折叠的层状晶态结构.

在天然聚合物纤维中,链的取向和并行排列的原因是:晶化(取向)过程和链本身的合成同时进行.

有一种方法可制备出一些整个链分子在全部长度中没有弯转而且平行堆垛的聚合物晶体.这就是所谓固相立体定向规则聚合法.这种晶体的前身是一种单体的单晶.聚合过程(单体连接起来)产生的链分子阵列按单体晶态的序排列起来.例如受过 X 射线辐照的三氧杂环乙烷单晶中聚氧化甲烯链分子 $(—CH_2O)_n$ 按图 2.90d 堆垛成高度有序的晶体.这种晶体具有接近理论值的很高的强度.

2.7.5 聚合物结构中的无序

下面讨论链分子聚集物中低于晶态的序.这里的决定因素是近平行分子堆垛中存在短程序.对理想的三维周期性堆垛的偏离可以是(图 2.93):(1) 分子平行分子轴的位移;(2) 分子绕轴的转动(旋转);(3) 分子沿轴投影点的二维周期性的畸变("网格畸变").

这些畸变几乎总是相关的.它们还伴随着链的不平行或弯曲.畸变由统计性函数描述.例如位移的分布可以用位移函数 $\tau(z)$ 表示.它指明分子沿轴偏离某一理想位置的几率.如果任何位移的几率都相等,则位移分布 $\tau(z)$ 等于常数.这种排列可以用无限小的极限的平移对称操作 τ_∞ 表示.

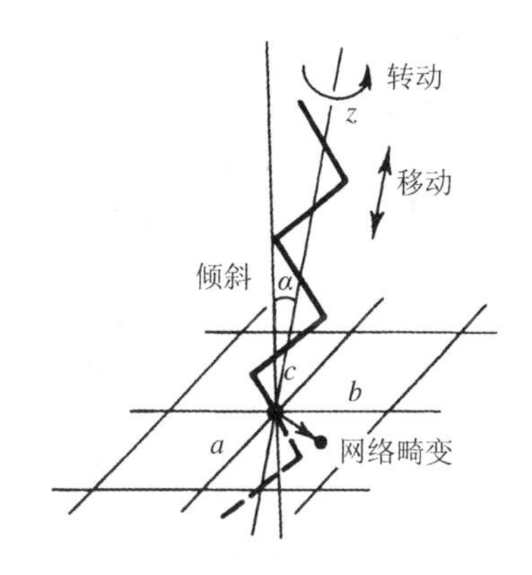

图 2.93 标记链分子位置的参数

"转动"是指聚集体中各个分子相对平衡角位置的方位角的统计分布.它们由函数 $f(\psi)$ 表示,给出方位角为 ψ 的分子的几率.

分子的角分布,特别是分子截面近似圆状时,容易转变成一套所有可能的取向,这时可以谈论分子的"旋转".这时 $f(\psi)$ = 常数.名词"旋转"和"位移"一样,应该统计地理解,它表示不同分子具有不同的方位角.有时(石蜡在温度接近熔点时)分子绕主轴的转动热振动如此之大,使人们可以讲到真正的旋转."旋转"分子的统计对称性可以用无限重转动对称性 ∞ 描述.

分子轴在一定平面上的投影网格的畸变可以考虑如下.理想网格由平移 a

和 b 表示.网格的畸变表现为平移系只能统计地保持下来.这里有两种可能,即所谓第一类和第二类畸变.第一类畸变的情况如下.二维网格有一个无限的正规点系,一个给定分子的轴可以有一定的几率分布偏离点系中的点(几率随偏离的增大而减小).这样,虽然每一分子都不严格地在点上(图 2.94a),平均起来整个体积中仍存在晶态的序,这就是说仍保持着长程序.

第二类畸变的几何特性有所不同(图 2.94b).虽然在这里仍可得到统计的平均平移 $\overline{a}$ 和 $\overline{b}$.但它们只指明近邻分子排列的几率,不适用于整个体积中投影点网格的描述(图 2.94b).保留的仅仅是短程序.这种类型的序还可以称为仲晶序.

网格畸变可以用统计分布函数 $W(\boldsymbol{r})$描述,它给出 $\boldsymbol{r}$ 处近邻分子出现的几率.第一类畸变的分布函数 $W(\boldsymbol{r})$是周期的,但它的峰已变得模糊(图 2.94c).第二类畸变 $W(\boldsymbol{r})$具有图 2.94d 的形式,它清楚地表示出最近的一些邻居的分布,即短程序.分子间的接近不能小于一个极小距离,同时分子间的距离不能大于一个极大值以避免留下过大的空隙.很容易理解:次近邻的距离将在更宽的范围内变动,因为相邻原子的平移偏离量将依次积累起来.离得愈远,第二类分布函数的峰愈"弥散",它在一定距离以外实际上变为常数,即在任何远地点发现分子的几率相等.这就是说此时平移 $\overline{a}$,$\overline{b}$ 已经逐渐退化为连续的平移 τ_∞^a,τ_∞^b.

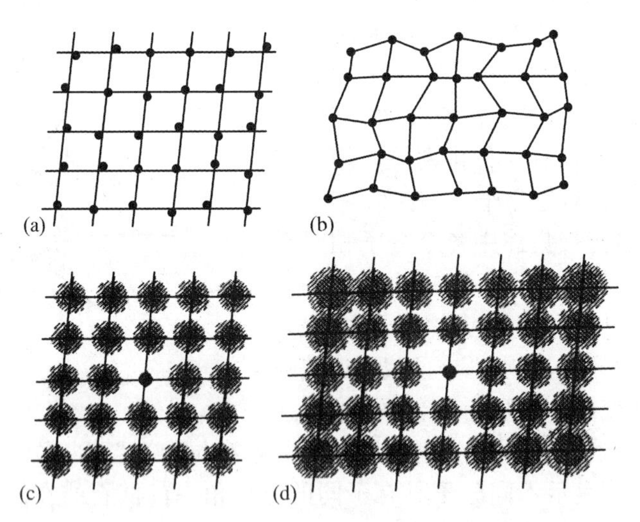

图 2.94 链分子轴在基面上投影点的排列

(a) 第一类畸变;(b) 第二类畸变;(c),(d) 相应的分布函数

许多X射线结构研究已确定了纤维材料和聚合物的堆垛“晶胞”.从上述讨论中可以容易地理解:在第二类畸变的链分子集合中“晶胞”概念只具有统计意义,而“周期”$\overline{a}$,$\overline{b}$表征的仅仅是短程序.

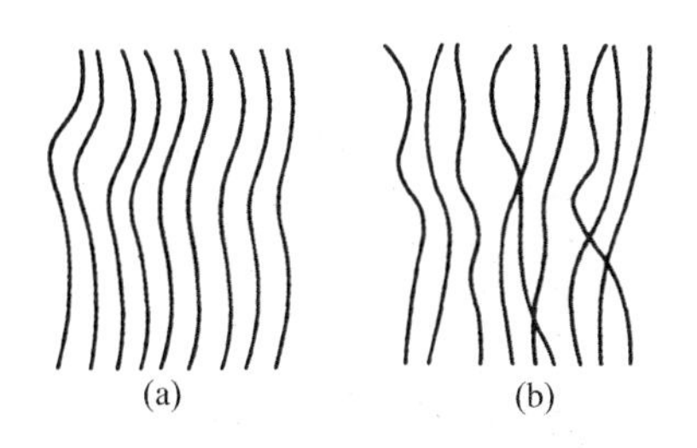

图2.95 链分子的协调弯曲(a)和不协调弯曲(b)

除了上述畸变,聚合物还显示出链的不平行和弯曲.弯曲可以是协调的(“曲线晶体”)或不协调的,在后一情形中分子缠绕起来,但保持近似的平行(图2.95、2.97).弯曲也可以用统计函数$D(\alpha)$表示,它给出分子轴相对主轴偏离α角的几率.

图2.96表示聚合物材料不同类型的序,图中考虑了它们的相互作用及其

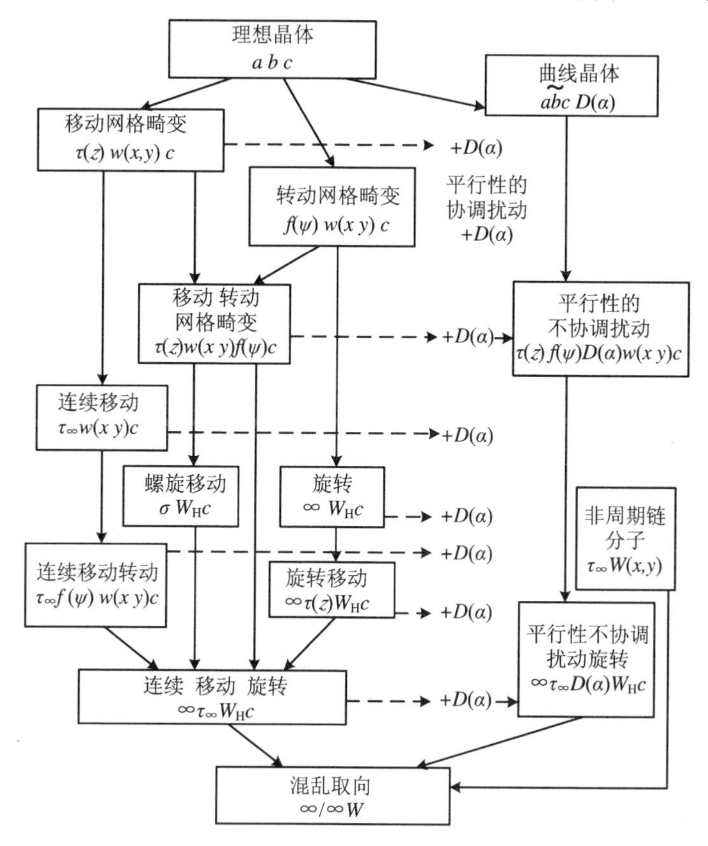

图2.96 链分子聚集体的畸变类型

描述函数.无序的极限情形相当于聚合物"非晶"态[混乱取向,以 ∞/∞ $W(\boldsymbol{r})$表示].即使在非晶态聚合物中,在某些区域链分子仍相互近似平行(图 2.97).

图 2.97　非晶态聚合物的结构

如同多晶固体,宏观聚合物样品可以由有序类型相同、取向不同的部分组成.在大多数场合形成织构.有序区没有明确的边界,在它们之间存在过渡区,其中的序一般比有序区低.

由此可见,链分子组成的聚合物材料中存在不同层次的序(从分子的堆垛到微区的排列,微区本身还可以有不同的序).

2.8　液晶结构

2.8.1　液晶中的分子堆垛

有一类有趣的能形成液晶的有机材料,液晶中分子的序既不像固态晶体那样具有三维周期性,又不像液体那样混乱,而是处于中间状态.虽然液晶是液态,但液晶材料的各向异性指明其中的分子具有一定的序.液晶或所谓的介晶相存在于一定的温度范围 t_{lc}—t_1,这里 t_{lc}是固态晶体-液晶间的转变温度,t_1 是液晶-各向同性液体间的转变温度.

液晶材料分子具有非等轴的拉长的形状,通常它们的对称性低或不对称(图 2.98).这些分子在厚度上常常是不均匀的,但某些部分的截面是近似相等的.中介晶分子的特征是两个苯环或若干其他芳香环排列在分子中间加上一端或两端的碳氢化合物"尾巴".液晶态的主要结构特点是平行的分子列,以及分子间的全部或一部分接触的高度可变性.这种相互的堆垛决定了它们的短程序,并且可以用统计对称性进行描述.

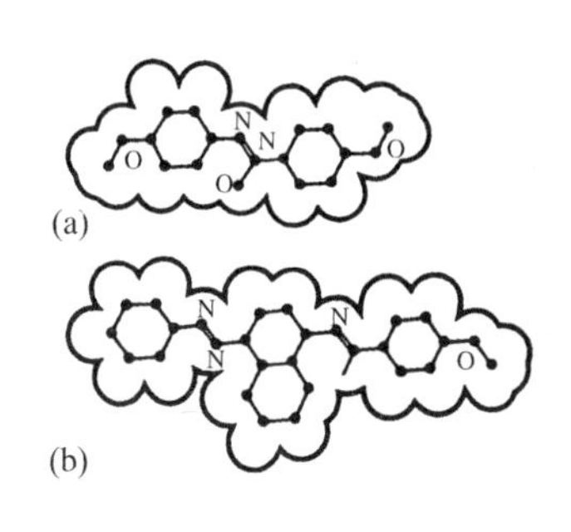

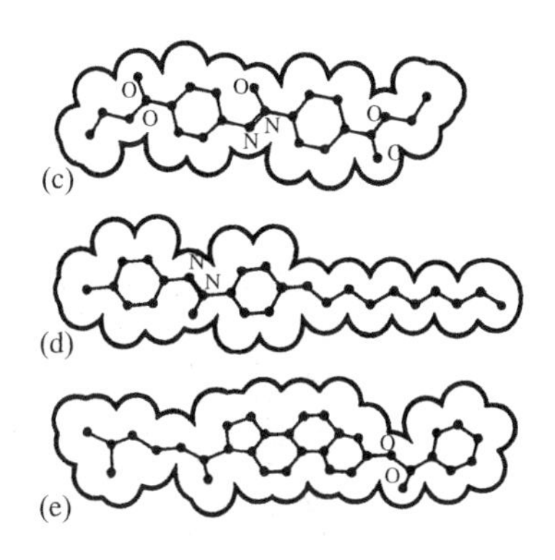

图 2.98 液晶分子的外形

(a) 对氧化偶氮基苯甲醚;(b) α-粗苯偶氮-α-茴香基-萘胺;(c) 对非羟苯甲酸基-甲苯胺酸的乙基醚;(d) n-n-非羟苯甲酸基-甲苯胺;(e) 螺状醇苯甲酸脂

2.8.2 液晶序的类型①

根据 Friedel[2.58],从分子堆垛看,液晶态被分为两类:丝状和层状.前者的一个变种是螺状.所有这类型的特征是液晶中一定微区内相邻分子的平行排列(图 2.99).保持一定取向的区域被称为畴.

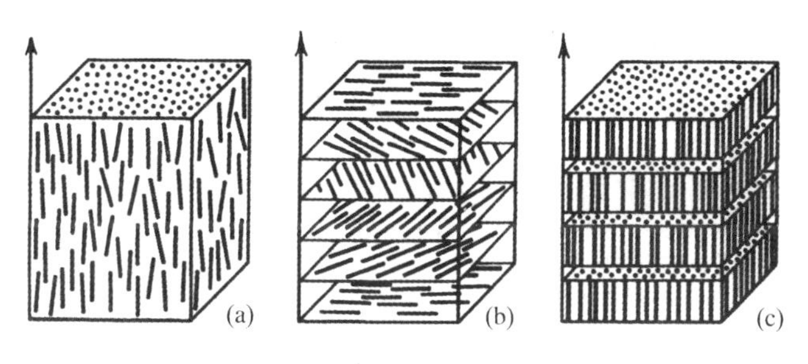

图 2.99 液晶中分子的排列

(a) 丝状;(b) 螺状;(c) 层状

液晶(它们的畴)具有强的光学双折射,它是液晶光学研究方法的基础(图 2.100,参阅本书卷 4,即文献[2.59]).丝状液晶是非光学活性的,即它不使极化面旋转.然而当一层液晶相夹在两块玻璃片之间并旋转玻璃片之后,光学活性就出现了,它来源于分子轴方向的逐渐扭转.

---

① 参见 6.9 节.

当拉长的分子平行堆垛时，它们的堆垛系数比混乱取向的液体大.这种几何因素引起实际的液态和固态之间出现若干能量(堆垛能加热运动自由能)极小(对应于液晶态).液晶中分子的排列可以用第二类统计函数(已在前面用来分析聚合物的结构[2.60])描述.

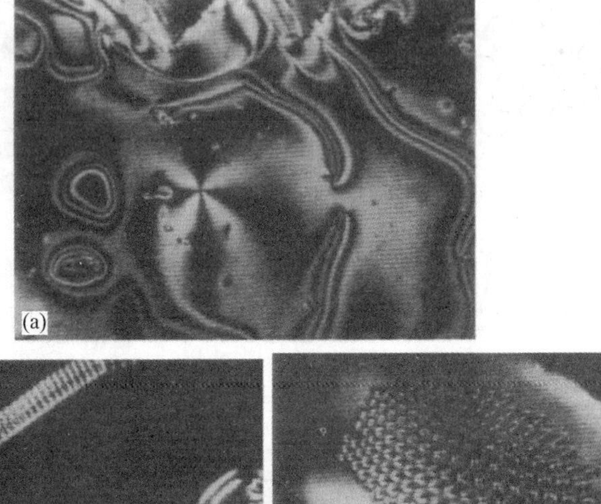

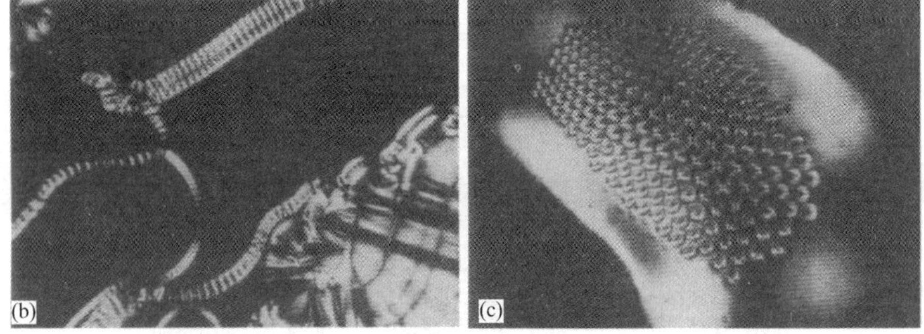

图 2.100　偏振光中液晶的织构

(a) 丝状;(b) 螺状;(c) 层状

在丝状态中分子(保持着平行排列)的重心是无序放置的(图 2.99a).这里只有分子拉长形状这个因素是重要的.分子可绕长轴发生统计的旋转.分子中心的距离在畴的主轴上的投影间没有关联.因此分子间任何位移的几率都是相同的,这种情形可以用无限小的统计平移 τ_∞ 描述,即用连续的平移轴描述.如果分子有极性(几乎所有场合都如此),一般来说,平行列和反平行列都有可能.这就出现了附加的对称操作——轴 2,它统计地使分子互相变换,显然这个轴和液晶畴的主轴垂直.

在丝状相中分子堆垛沿长轴的投影显示出一定的序.这种序可以用分子轴在垂直主轴平面上的投影点的分布函数 $W(\boldsymbol{r})$ 描述.这里的函数是第二类函数(图 2.94b,d).

由于液晶分子截面不均匀,最近邻间距离可以有较大的变化.因此函数

$W(\boldsymbol{r})$的峰比通常分子固有的峰弱.

分子相互间的方位角取向仅在最近邻中才在一定范围内保持.描述取向的函数 $f(\psi)$(图 2.93)是很模糊的,在整个畴中可遇到分子的任一取向.所以丝状畴的主轴统计地看是一个无限重的轴∞,函数 $W(\boldsymbol{r})$也变成柱对称函数.

总之,丝状液晶结构对称性的符号可以写成 $\infty\tau_{\infty}W(\boldsymbol{r})$.考虑分子固有对称性及是否存在反平行堆垛等因素以后,这个符号还可以细化.

丝状液晶有一种螺状变种.螺状液晶分子具有手性的光活性,在它们的聚集体中单层丝状序分子自然地叠合起来,但各层的轴逐渐旋转(图 2.99b).层平面内分子的排列由操作 τ_{∞} 表征,一组层的对称性由无限多重螺旋轴 σ_{∞} 表征.层组的周期通常为几百纳米.

层状液晶的结构是另一种基本类型.和丝状液晶相同,层状相中分子轴也互相平行,但分子堆垛成层(图 2.99c).在既可形成丝状又可形成层状液晶的材料中层状相是低温相,这个事实说明它更为有序.例如 p,p'-壬基羟苯甲苯胺(BT)(图 2.98d)在 70 ℃—73.5 ℃范围内是层状 ,在 73.5 ℃—76 ℃范围内是丝状相.

层状层的形成意味着分子间侧向互作用足够强.不存在阻碍分子紧密接触的突出的侧向基团有助于它的形成.例如 p-氧化偶氮基苯甲醚和 α-粗苯偶氮-(苯甲醚-α'-萘胺)(BAN)(图 2.98 a,b)只形成前面已指出的丝状液晶,p,p'-壬基羟苯甲苯胺(BT)可形成层状和丝状液晶.对分子外形进行分析后可以得出结论:分子的反平行堆垛更方便是形成层状层的主要原因之一(图 2.101a).例如层状液晶显示出分子沿轴相对位移[由函数 $\tau(z)$描述]具有相关性,而层的堆垛的常规距离 c 接近于分子的长度.如同丝状液晶,层内分子的排列也由函数 $W(\boldsymbol{r})$表征,显然常在层内遇到垂直分子主轴的"统计的"轴 2,它描述反平行性.由此可见,层状液晶的结构符号可一般地写成 $\infty c\tau(z)W(\boldsymbol{r})/2$.这类层状液晶的层中分子互相平行并且垂直于层的平面(有一定取向分布),它被称为 A 型层状液晶(图 2.101b).

在层状液晶的变态中还存在其他类型的分子序.例如,层状 C 型的分子轴不垂直于层的平面,而是和它倾斜相交.图 2.101 给出的 C 型有所不同,在图 2.101c中各层中的倾斜相同,在图 2.101d① 中各层的倾斜在两个方向上交替,形成人字形图样,图 2.101e 显示一致的倾斜沿着螺旋逐层地变化,后者是具有压电和铁电性质的手性 C 型层状液晶的特征.如果把这种倾斜想象为 90°,则手

① 英文版误为图 2.98d.——译者注

性 C 型层状液晶将转变为螺状液晶. 有趣的是,在磁学中观察到类型相似的序以及它们之间的类似关联,但它们的结构单元具有完全不同的物理性质(1.2.11节).

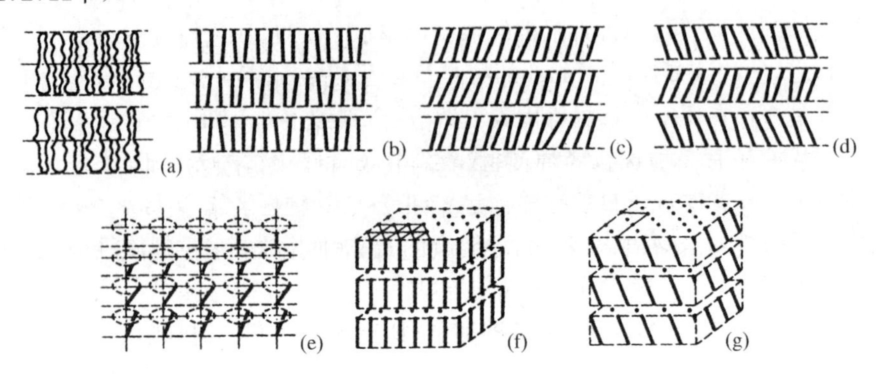

图 2.101　层状液晶中分子的堆垛

(a) 层状层中分子的反平行排列;(b) 层状相的变种:A 型,(c),(d),(e) C 型,(f) B 型,(g) H 型

在 B 型层状液晶中分子的有序度更高(图 2.101f). 层内分子的轴按六角堆垛规律排列,其中的畸变由第一类函数 $W(\boldsymbol{r})$(图 2.94a)描述.

图 2.101g 表示 H 型层状结构,层中分子具有相关的倾斜(和 B 型显著不同),分子轴形成正交网格.

还存在更有序的层状相结构,它实际上已经是存在着无序的特殊的塑性三维晶体. 例如 D 型层状结构是光学各向同性的并且具有空间群为 $Ia3$ 的立方结构. 只在 2 种化合物中发现这种介晶相. 其中之一,即 3′-硝基-4′-n-十六(烷)基氧联(二)苯-4-羧酸

$$\mathrm{C_{16}H_{33}{-}O{-}C_6H_3(NO_2){-}C_6H_4{-}COOH}$$

具有立方结构,$a = 10.5$ nm,晶胞中含 1 150 个分子. 难以理解的是,这个相处在各向异性的 C 型和 A 型层状相之间的温度范围内. 所谓 E 型层状相具有正交结构,实际上也是三维有序的. F 型和 G 型也已了解. 这样,在液晶中可能观察到几种多形性变态,在不同的相中存在各自的特征的组成分子的序.

熔化时能转变为液晶的固态晶相被称作中介液晶相(mesogen). 在这种晶相中已经存在着分子的平行排列. 一个丝状液晶的典型例子是 p-氧化偶氮茴香醚. 图 2.102 是这种固相材料中的分子排列. 丝状相晶体中分子平行,但没有严格固定的相互排列,它被液晶相很好地继承下来. 类似地,能转变为层状液-晶

相的固态晶相被称作层状液晶相(smectogen)态.

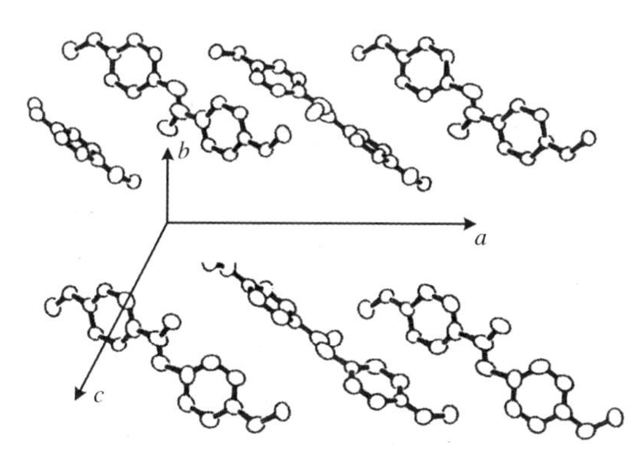

图 2.102 顺氧化偶氮茴香醚分子的形状和它们在晶体晶胞中的排列[2.54]

在具有几个多形性变态的液晶中，相变后的序随温度升高而降低. 温度降低时可以出现一些别的相. 这里的例子是对苯二亚甲基-双(*p*-丁基苯胺)(TBBA)：

$$C_4H_9—C_6H_4—N{=}CH—C_6H_4—CH{=}N—C_6H_4—C_4H_9$$

它的相变过程如下：

$$\text{晶体}\xrightarrow{113\,℃}\text{sm}_B\xleftrightarrow{144\,℃}\text{sm}_C\xleftrightarrow{175\,℃}\text{sm}_A\xleftrightarrow{200\,℃}\text{nem}\xleftrightarrow{236\,℃}\text{液体}$$

$$\text{sm}_B\xrightarrow{88\,℃}\text{Ⅵ}(\text{sm}_B)\xrightarrow{74\,℃}\text{Ⅶ}\xrightarrow{63\,℃}\text{晶体}$$

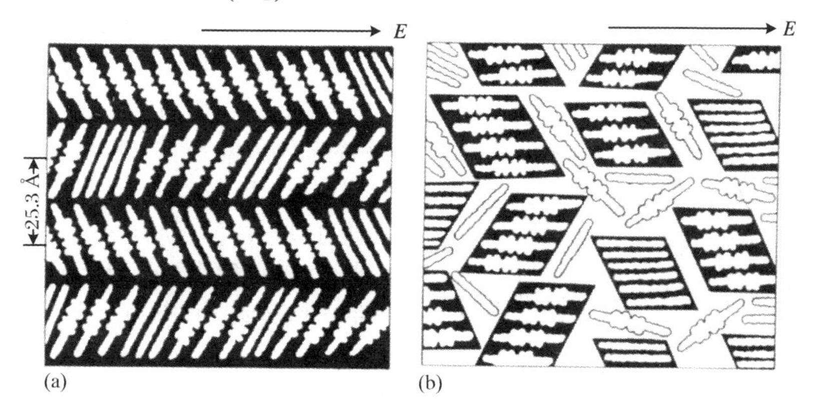

图 2.103 顺-壬基氧苯酸在恒定电场中层状相(a)和丝状相(b)中分子的排列

箭头表示电场 ***E*** 的方向

加热使层状相转变为丝状相时，特别在温度离相变点不远时，丝状相中还保留层状相层的“碎片”，即微小的分子联合物. 图 2.103 是壬基氧苯酸的丝状相，由层状相 C 熔化而得.

最近还发现，液晶相并不是由拉长的分子，而是由不同的盘状分子构成[2.62,2.63]. 这些盘状分子如

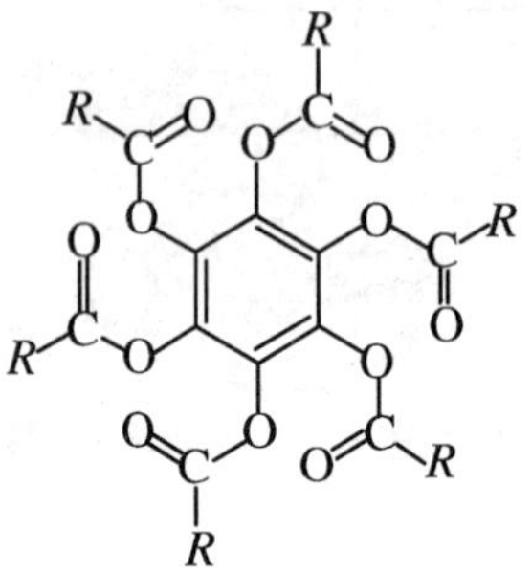

; $R=C_4H_9—C_9H_{19}$

叠成柱. 这些柱成为液晶的结构单元（图2.104）. 观察到这种柱状相中有不同类型的序. 柱轴可排成六角的、矩形的序或像 C 型层状相那样倾斜排列. 盘状分子的另一类序是：它们不堆成柱，但分子平面仍保持平行（丝盘状相）.

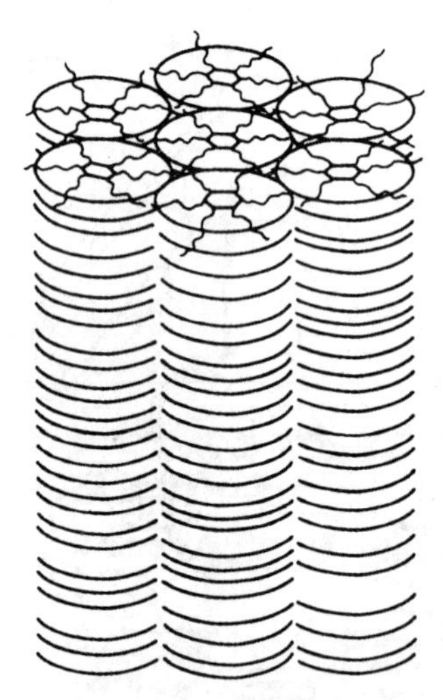

图 2.104　由盘状分子构成的中介相结构示意图[2.62]

液晶聚合物还可形成另一类中介相，它有两种变种. 第一种由线状聚合物组成，熔化时显示液晶相的性质. 第二种由柔软聚合物分子构成，它主链上附有大的中介性质的侧基团，在液晶相中这些基团可具有丝状或层状序.

如上所述，液晶相分子的各类序在微区或畴中保持. 光学观察证实，如果不存在特别的取向条件，液晶畴的相互排列是混乱的. 但也可能有一些特殊情形，如轴取向连续地变化，形成一种特殊种类的织构（见卷 4，即文献[2.59]）.

液晶畴可以在拉伸、助熔剂中或电场、磁场中获得取向，形成轴织构，其中的畴只具有不太明确的边界并连续地结合在一起. 织构具有柱对称性（图2.105）. 同样的对称性出现在倒易空间的强度分布中，它可以由 X 射线衍射显示出来. 通过构筑一个圆柱状帕特孙函数（卷 1，即文献[2.2]，4.4.3 节）和它的 $z=0$ 和 $R=0$ 的截面，可以得到结构的许多结果. 前者确定函数 $W(\boldsymbol{r})$，即平行分子聚集体“侧向”邻居间距

离的分布.图 2.106 是丝状液晶(p-氧化偶氮茴香醚)在磁场和电场中获得取向后的 $W(\boldsymbol{r})$,它的平均侧向分子间距离约为0.4 nm.

图 2.105 层状液晶的 X 射线像(a)和层状结构的一个模型(b)及模型缩小像的光学衍射图样(c)

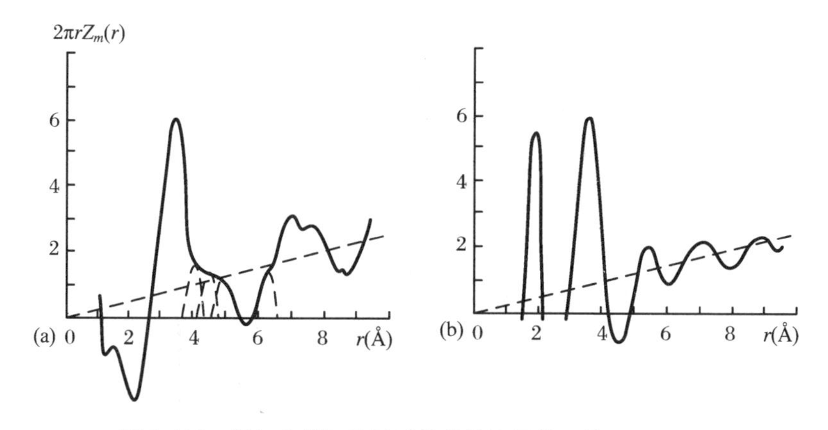

图 2.106 顺氧化偶氮茴香醚的丝状液晶的函数 $2\pi rZm(r)$

(a) 在 16 000 G 磁场中取向;(b) 在恒电场 4 000 V/cm 中取向

图 2.107 是在电场中取向的丝状相 p-茴香氨基肉桂酸乙基醇原子间距离的圆柱函数 $Q(r,z)$,图 2.108 是在磁场中取向的同一材料层状相的 $Q(r,z)$. 这个函数由实验 X 射线衍射图样经光学衍射,即光学傅里叶变换后得到的,计算给出了同样的结果.图 2.108 生动地显示出层状相中片层的堆垛(其中极大值间距离相对于 c 轴方向的周期为 1.05 nm).

所有前面介绍的各类液晶是由给定材料分子形成的单组元系.可以制备出二组元或更复杂系统的液晶态,例如从脂肪酸、类脂物和其他有机材料长分子的水溶液或其他溶液制备.这种液晶被称为溶致液晶.它们的结构比那些热致液晶更多样化.液晶的物理性质将在本书卷 4(即文献[2.59])讨论.

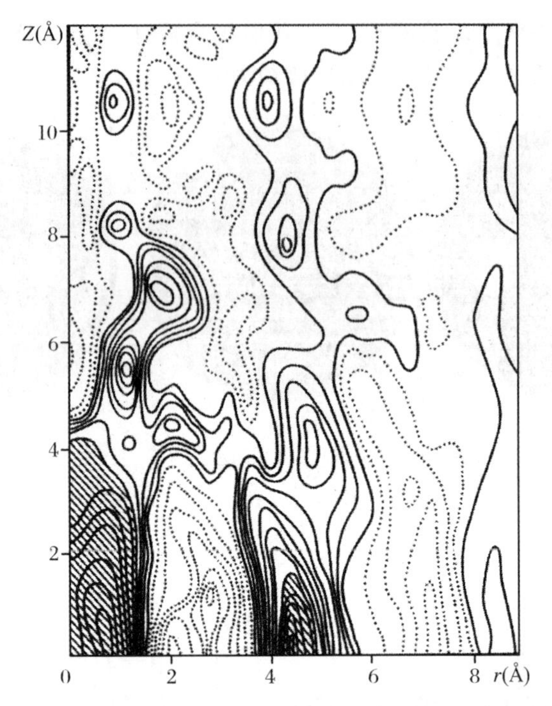

图 2.107 电场中 p-茴香氨基肉桂酸乙基醇丝状相的二维柱对称原子间距离函数 $Q(r,z)$[2.64]

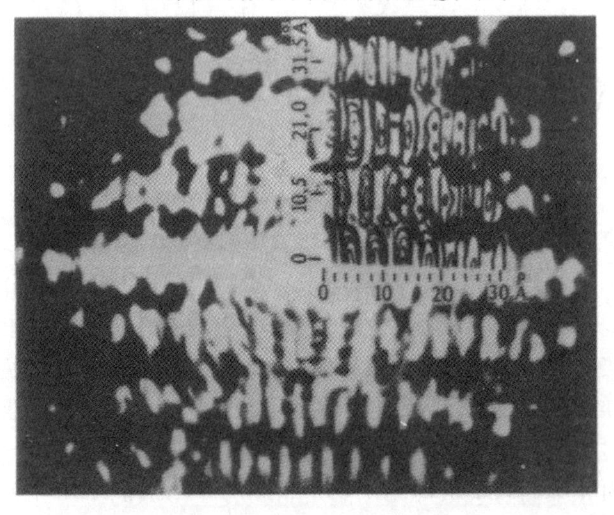

图 2.108 磁场中取向的 p-茴香氨基肉桂酸乙基醚层状相的二维柱状原子间距离函数 $Q(r,z)$

由光学衍射得出计算的函数轮廓显示在右上方[2.65]

2.9 生物材料的结构

2.9.1 生物分子的类型

在X射线分析手段出现时,生物材料的结构就得到人们的注视.在20世纪20年代前期就得到了天然纤维——绸丝和纤维素的最初的X射线像,显示它们的结构是高度有序的.由于这些材料绝大多数结构非常复杂并且缺少全面的化学数据,这长期阻碍了对这些结构的详细解释.一直到战后时期这些研究才得到推进.对象的特殊复杂性促进了X射线方法和晶体结构计算技术的改进,发展了对称性理论和分子晶体化学的新概念.获得的结果把生物学推进到一个新的发展阶段,它利用了许多种有机分子,包括蛋白质、核酸、病毒、维生素等的原子结构数据.一门新的科学——分子生物学诞生了,它的最有效的工具是包括有力的X射线方法在内的广义晶体学.高分辨电子显微学也提供了有价值的数据.

表2.3说明已经研究过的这些结构的复杂性.

除了膜和核蛋白,几乎所有上述结构的研究已经达到原子分辨水平.同时电子显微镜也已广泛地应用于大多数上述对象(除了表中前两行现在看来是相对简单的分子),它可以在小于1 nm的分辨率下提供各种结构和链分子中稳定的原子团和亚单元的结构信息.

表2.3第一行列出的分子及其由它们组成的晶体从复杂性看是现代有机晶体化学的典型对象.如前所述,它们的特征是存在着氢键.在自然界中这些分子只采取两种可能的对形中的一种.这些简单分子的重要性在于它们是几乎全部生物结构的构筑块.组成所有活体的这些“块”的数目相当小,只有20种氨基酸、4种核苷酸、葡萄糖和其他的糖以及一系列脂肪酸衍生物.所有这些分子和许多较少遇到的它们的变种的结构目前都已经测定.第二行中的类固醇、激素、维生素、肽的各种“小”(从生物学观点看)而很复杂(从X射线晶体学看)的分子和晶体的一些数据也已经测得.这些分子通常在机体的生物过程中起着重要的控制作用.图2.109是维生素B_{12}的结构.填充在大分子空隙中的水分子在生物

分子堆垛成晶体的过程中有重要作用.

表2.3 生物对象的结构特性

对 象	分子的对称性	序的类型	胞或链的周期(nm)	分子中或链分子单元中原子数	X射线实验中衍射斑点数
氨基酸、核苷酸、糖	G_0^3	晶体	0.5—2.0	达 10^2	1 000
肽、类固醇、激素、维生素类脂物	G_0^3	晶体 液晶	1.0—3.0	达 10^2—10^3	3 000
纤维蛋白质多糖	G_1^3	织构 层	1.0—10.0	达 10^2	10—100
球蛋白	G_0^3	晶体 层	3.0—20.0	达 10^3—10^5	达 100 000
膜	G_2^3	层	5.0—10.0	10^2—10^4	10—1 000
核酸	G_0^3, G_1^3	织构 晶体	3.0—10.0	10^2—10^3	100—1 000
核蛋白、病毒	G_0^3, G_1^3	织构 晶体	达 200	10^6—10^8	达 10^6

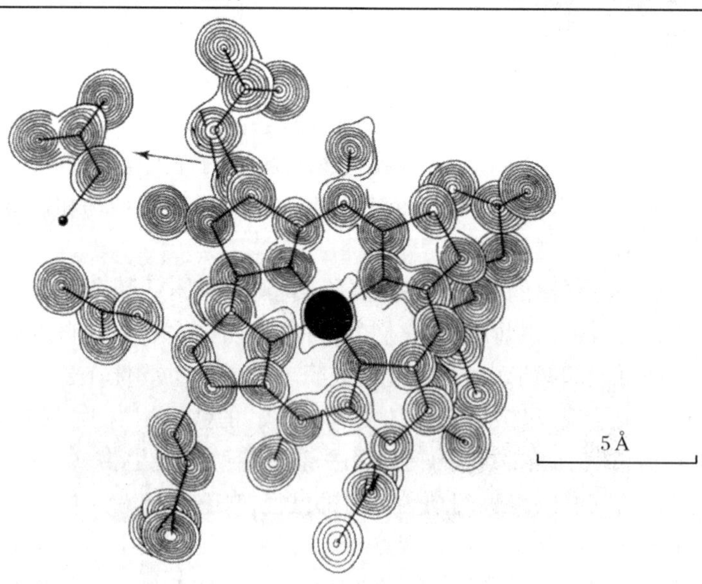

图2.109 维生素 B_{12} 的傅里叶合成图,中心为Co原子[2.66]

类脂物是一类有趣的生物结构.它们的拉长的分子的一端带着脂肪族“尾巴”,有时候其中含一个环状基团,而在另一端有一个极性基团(OH、O、COOH、NH_2 等).这一类中的最简单分子是脂肪酸 $C_nH_{2n+1}COOH$.它们在水溶液中的特征是形成层状结构(图 2.110a),其中的分子相互平行地伸展并且垂直于层,使极性团面向水,非极性部分在层内面对着面把水排除(疏水作用),靠范德瓦耳斯力吸引在一起.还可以出现其他缔合物,这依赖于分子的形状和它们在溶液中的浓度,更主要的是依赖于疏水和极性互作用.

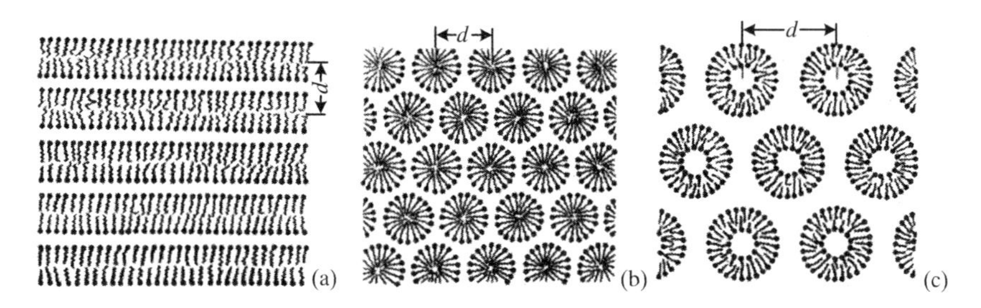

图 2.110 溶液中的各种类脂物分子的序

(a) 层状;(b) 单分子球;(c) 双分子球

2.9.2 蛋白质结构原理

蛋白质是由氨基酸残基组成的分子量很大的长链分子.氨基酸(在蛋白质中它们总是左手 L 型)

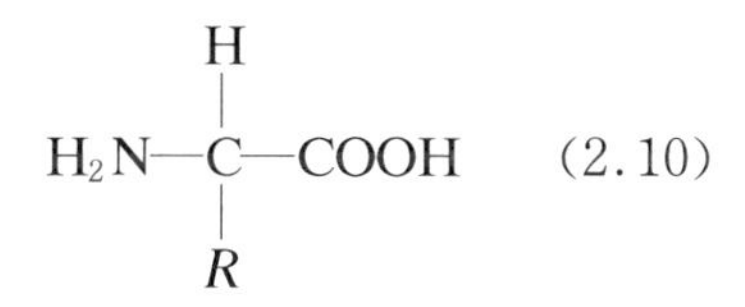

其中的 R 基决定它们的差别.图 2.111 是氨基酸的一种——苯丙氨酸的结构.大量的蛋白质由 20 种“主要”氨基酸组成,可以把它们比拟为“蛋白质字母”(图 2.112).一类氨基酸的侧链,如甘氨酸 R = H,丙氨酸 $R = CH_3$,苯基丙氨酸 R = CH_2⟨○⟩ 等是中性的,它们是疏水的,即被水分子排斥.另一类氨基酸侧链上有极性或带电基团 OH、NH_3^+、SH、

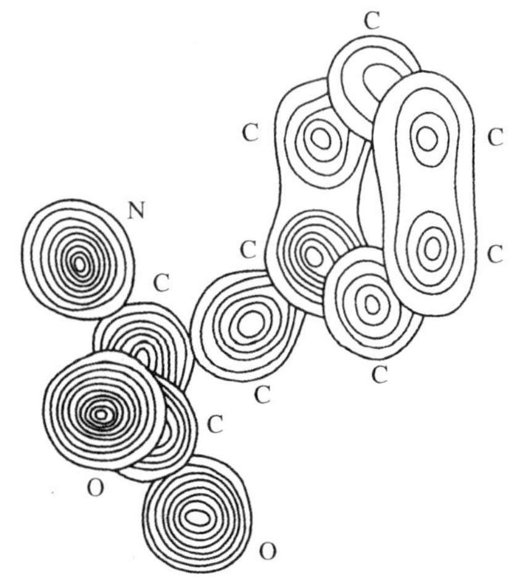

图 2.111 苯基丙氨酸的结构[2.67]

COO^- 等,如苏氨酸 $R = CH_2OH$,天冬酰胺 $R = CH_2CONH_2$,半胱氨酸 $R = CH_2SH$,等等.这些基团能形成氢键或离子键,水分子容易和它们结合.氨基酸可以用缩写(名称中的头三个字母)表示,如亮氨酸为 Leu,苯丙氨酸为 Phe 等.

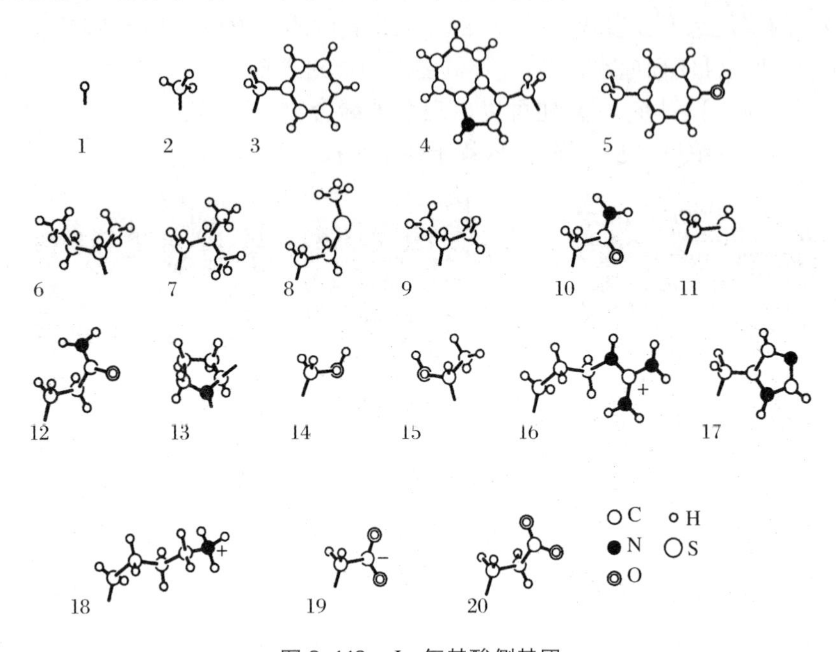

图 2.112 *L*-氨基酸侧基团

1. 甘氨酸 Gly;2. 丙氨酸 Ala;3. 苯丙氨酸 Phe;4. 色氨酸 Trp;5. 酪氨酸 Tyr;6. 异亮氨酸 Ile;7. 亮氨酸 Leu;8. 甲硫氨酸 Met;9. 缬氨酸 Val;10. 天冬酰胺 Asn;11. 半胱氨酸 Cys;12. 谷酰氨 Gln;13. 脯氨酸 Pro;14. 丝氨酸 Ser;15. 苏氨酸 Thr;16. 精氨酸 Arg;17. 组氨酸 His;18. 赖氨酸 Lys;19. 天冬氨酸 Asp;20. 谷氨酸 Glu

氨基团失去一个 H 原子,羧基失去 OH(放出一个 H_2O)后残基可联合为多肽链

$$-NH-CHR_1-CO-NH-CR_2H-CO-NH-CHR_3-CO-, \tag{2.11}$$

它是蛋白质结构的基础(图 2.113).

氨基酸分子具有一级、二级、三级和四级结构.一级结构是由化学式表达的链中氨基酸的次序.这种式子,如赖氨酸的式子(图 2.114)描述了蛋白质分子的共价拓扑关系.字母已经组成词组,但它还远不是充分的描述.链、每个单元、每个侧基在三维空间中可以有不同的排列.

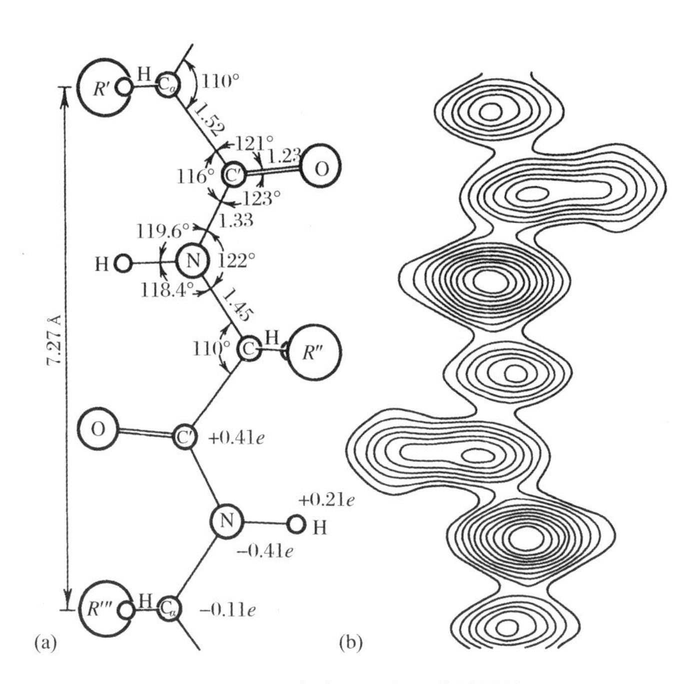

图 2.113 多肽链一个环节的结构

(a) 链的标准参数[2.68]；(b)合成多肽(多-γ-甲基-L-谷氨酸)的电势的傅里叶投影[2.69]

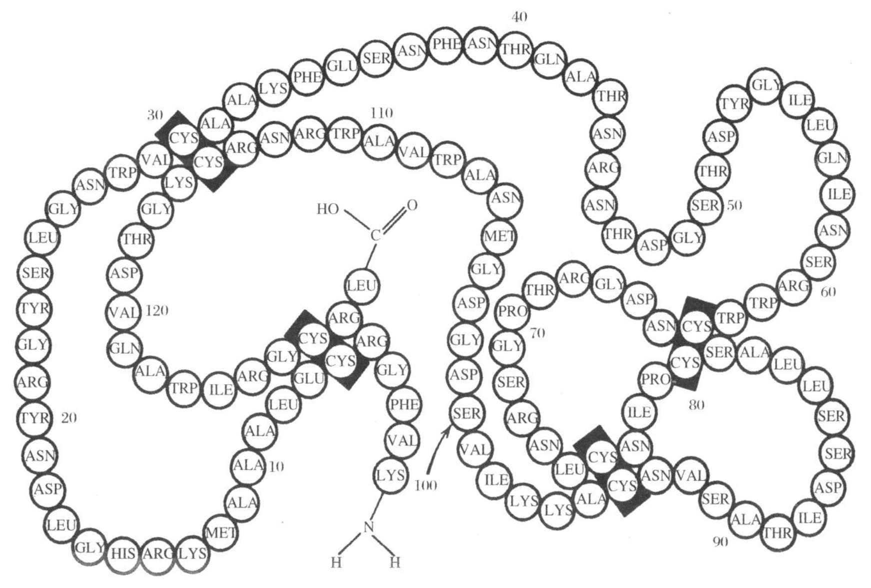

图 2.114 鸡蛋赖氨酸的一级结构(氨基酸侧基的次序)

蛋白质的二级结构描述多肽链如何排列成由氢键稳定下来的构形.多肽链中单元特征的“标准”键长和键角见图2.113,它们是用X射线结构分析对氨基酸和小的肽进行结构测定的结果[2.68,2.70](图2.111,2.115).

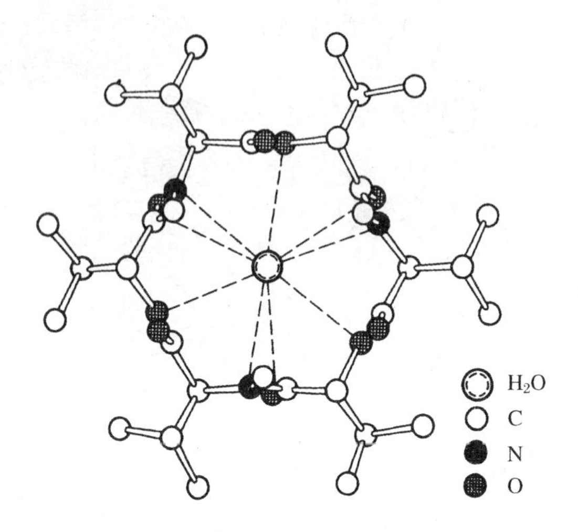

图2.115 环缩酚酞恩镰孢菌素B的分子结构
中心为2个H_2O分子组成的哑铃[2.71]

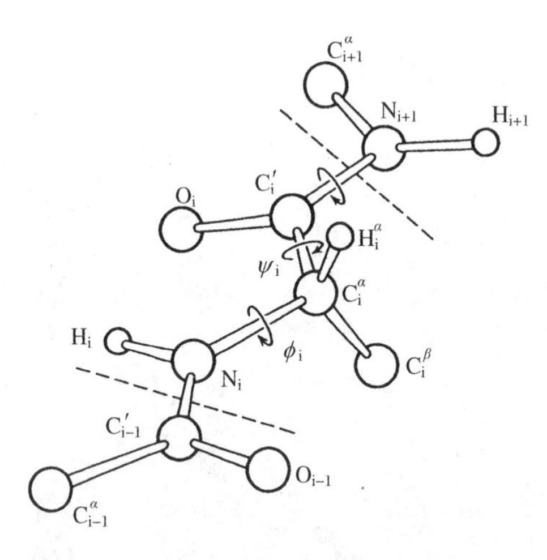

图2.116 决定多肽链构形的角度
角φ和ψ决定链中相邻单元的构形,角ω决定酰胺基团对平面的偏离,侧基R由碳原子C^{β}表示

肽基团中价电子和差分形变电子密度分布表示在图1.32b和c中,可以看出C—N键中共价桥电子密度比单键高.

实验数据和理论计算[2.72]显示:肽基团的原子带电,其值如下:N,$-0.3e$—$-0.4e$;H(和N连接),$+0.2e$;C,$+0.4e$—$+0.5e$;O,$-0.4e$—$-0.6e$;C_{α},$-0.1e$—$0.1e$;H(和C_{α}连接)几乎为中性.

酰胺基团 (O=C, N—H 结构式) 永远呈平面或几乎呈平面状(如观察到微小的偏离,可以用绕 N—C 键的转角 ω 描述),因为其中的 N—C 明显地不是单键,它的级别近似为 1.5,而构形或链的多样性是由绕单键的可能的转动保证的:如绕 C_α—N 的转角 φ,绕 C—C_α 的转角 ψ 等(图 2.116).但是这些转动是有限的,因为连接在链上的侧基 R 的原子间有相互作用.这些原子的距离不能小于范德瓦耳斯半径之和.由此出发,Ramschandran 为多肽链做了允许的 ψ 和 φ 角的构形图(图 2.117,对不同的氨基酸残基细节上有所不同).利用互作用势[(1.35)和(2.5)式]的能量处理可以代替几何方法.确定的 φ 和 ψ 对应于链或一部分链的某种稳定的构形,即一定的二级结构.链的更复杂的折叠可以用各单元的 ψ_i 和 φ_i 角的系列表示.

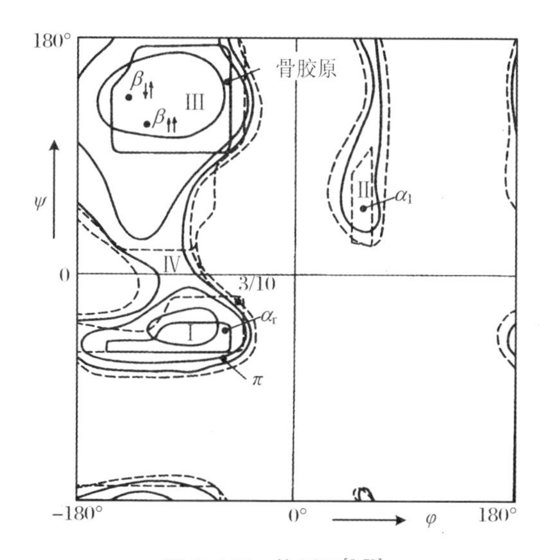

图 2.117 构形图[2.73]

实线表示完全允许的 φ 和 ψ 的范围,虚线对应于允许的构形的应变,光滑的轮廓是用半经验原子互作用势进行能量计算后获得的.区域Ⅰ,Ⅱ为螺旋构形,点标记右手和左手 α 螺旋,每圈 4.4 残基的 π 螺旋和每圈 3 残基的 3/10 螺旋.区域Ⅲ为扩展结构,β 层和胶原(Collagen,由点表示).区域Ⅳ为中间状态

二级结构有两种主要类型:扩展 β 构形和螺旋 α 构形.前者的多肽链互相平行并由 H 键连接.多肽链[(2.11)式]是极性的,反过来读时氨基酸根的次序是不同的.图 2.118a 表示层(或层的局部)中链处在同样的方向,形成所谓的平行 β 结构.完全伸展的链的周期是 0.734 nm,在平行层中周期降为 0.65 nm 以便通过绕 C_α—N 和 C—C_α 键的旋转达到最佳的 H 接触.链间距离为 0.47 nm,这是层的另一个周期.在反平行 β 结构(图 2.118b)中,链几乎完全伸展,周期为 0.70 nm.垂直于链的周期等于链间距离的 2 倍,约为 1.0 nm,因为相反取向链

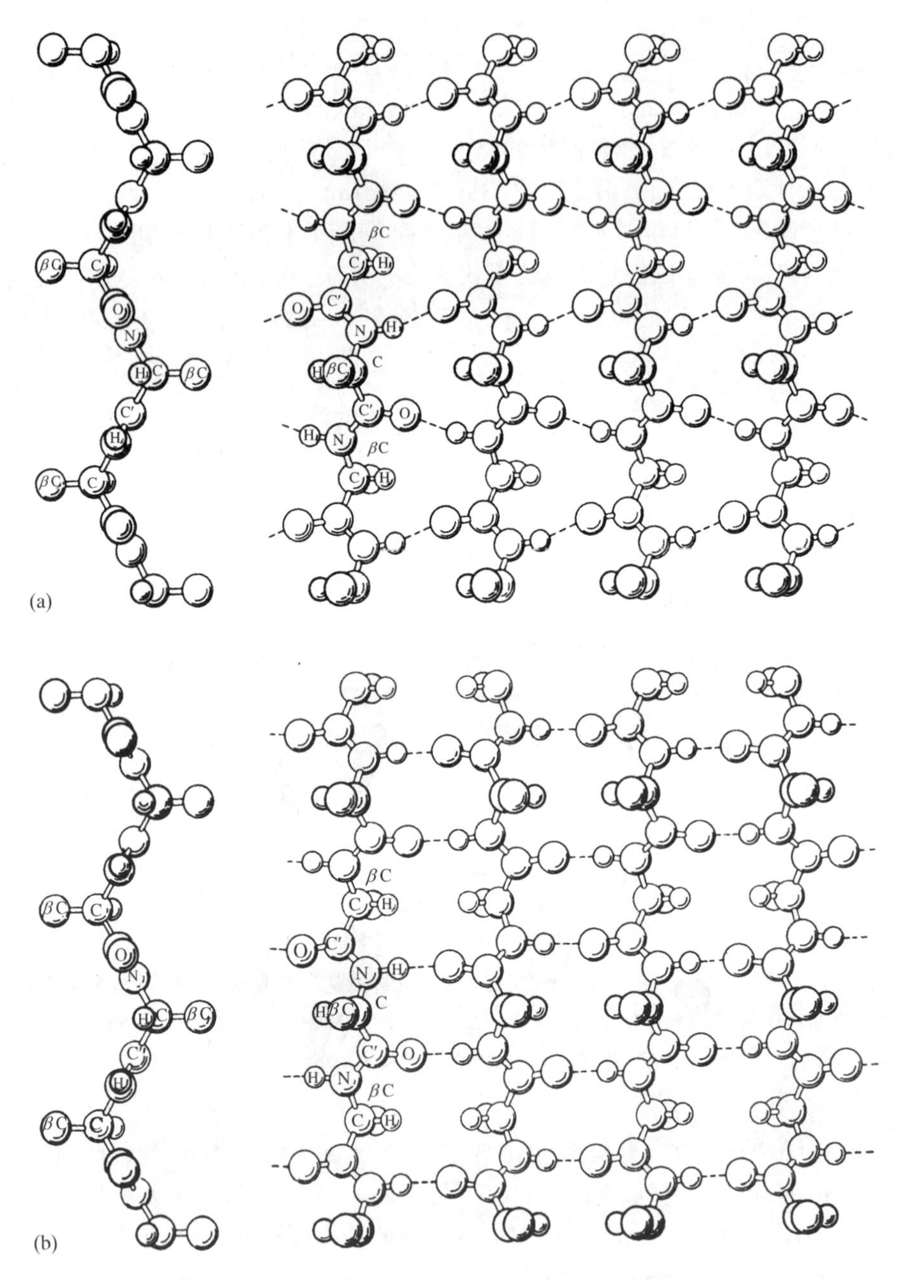

图2.118 平行(a)和反平行(b)的β-褶层

交替排列.图 2.117 构形图的区域Ⅲ对应于 β 结构.图 2.119 描绘出由平行 β 结构形成的丝绸的丝心蛋白结构.

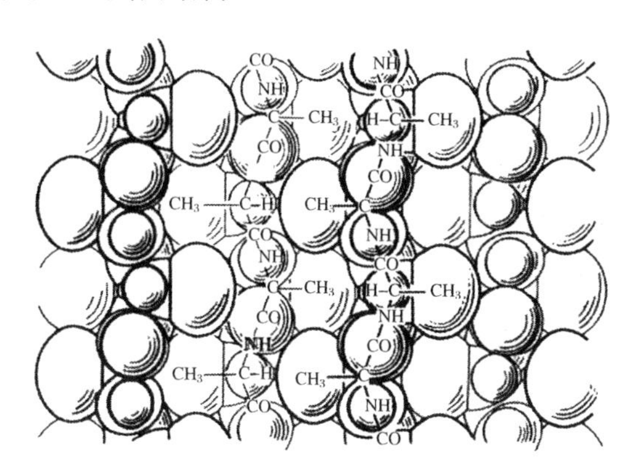

图 2.119 丝绸的丝心蛋白结构

1951 年泡令和 Corey 根据氨基酸立体化学数据和 H 键规律预言了二级结构的另一种主要类型——α 型多肽链.一般的聚合物和特殊的多肽链的螺旋结构的设想和晶体学对称性规则(晶体中只有 2,3,4,6 整数螺旋轴)不协调,这使得科学家们感到困扰.抛弃这一限制后,立即构筑出满足所有构形要求的螺旋结构:近线状的 H 键具有适当的距离,良好的范德瓦耳斯接触和允许的转角[2.74].对右手 α 螺旋,$\varphi = -57^\circ$,$\psi = 47^\circ$,螺旋结构中每一氨基酸残基的 NH 和沿链离它第四个残基的 O 原子间存在着 H 键,使得这些键近似平行于链的轴(图 2.120).螺距是 0.54 nm,残基在轴上的投影是 0.152 nm.在 α 螺旋中每 5 圈有 18 个残基($M = 18/5$),完全的周期 $c = 0.15\times18 = 0.54\times5 = 2.7$ (nm),螺旋截面尺寸约 1.0 nm.还有一些和 α 螺旋接近的构形:如 $M = p/q = 3/10$ 的螺旋和每圈 4.4 个残基的 π 螺旋(图 2.117).左手 α_1 螺旋在能量上不利,因为 C_β 原子靠得太近,因此不

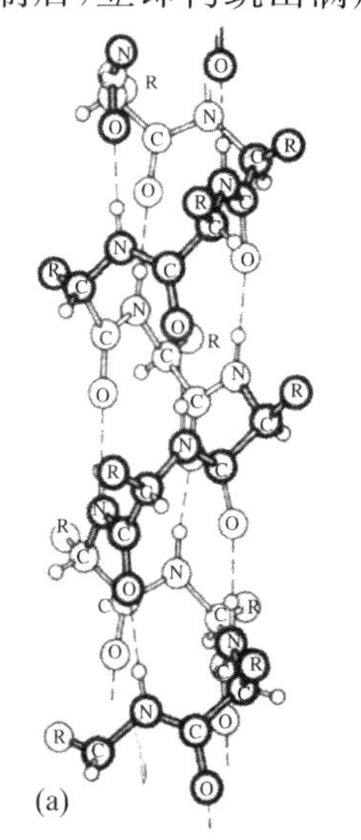

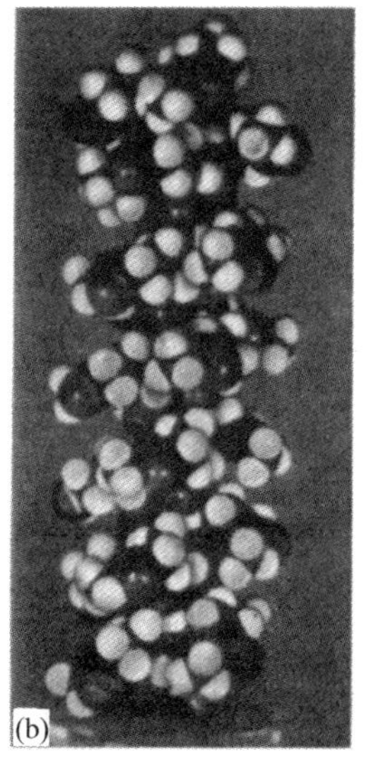

图 2.120 右手 α 螺旋的结构

(a) 示意图;(b) 合成多肽(多-γ-甲基-L-谷氨酸)的 α 型结构模型

能实现.

甚至在最简单蛋白质材料——合成的和天然的肽中也观察到多肽链这种基本的折叠规则和这两种基本的二级结构.肽可以是开放的或环状的链,其中氨基酸残基数从3—6至几十.它们中有某些抗体,例如短杆菌肽 C、离子载体(即控制金属离子传输过生物膜的络合物)、某些激素和毒素.图2.115是环己缩酚肽恩镰孢菌素 B,它的环可容纳一个金属正离子或水分子.

具有二级结构的多肽在空间折叠成固定的蛋白质分子的复杂组态,形成所谓的三级结构.换句话说,三级结构是肽、球蛋白或纤维蛋白的多肽链的一种特定的描述,即把链的适当的部分划成确定的二级结构(如果有的话)或不规则的构形.下一个台阶是四级结构.这是若干具有三级结构的生物大分子亚单元的缔合物,这样的组合通常具有一定的点对称性(图2.131a、c,图2.152).最后我们可以考虑五级结构,这是大量分子(它们可以具有四级结构,可以是一种或几种)组合而成的,如病毒、膜、管状晶体等缔合物.

生物聚合物一级(化学的)、二级、三级和四级结构的区分不仅应用于蛋白质,还可应用于核酸、多糖化物和其他生物化合物.

2.9.3 纤维蛋白

高等动物的组织的构筑材料主要是天然的纤维蛋白,植物和某些有机体的构筑材料还可以是天然多糖纤维.在纤维蛋白中氨基酸残根的种类很少,如丝绸中主要是甘氨酸和丙氨酸,角蛋白(毛发、羊毛、角、羽毛的蛋白构成)中这些氨基酸的含量也很多.

从20世纪30年代开始的纤维蛋白中多肽链堆垛的X射线研究已经弄清楚它们有两种主要的方案,分别被称为 α 型和 β 型.二级结构两种主要类型的名称也由此而来.对模型聚合物——合成多肽的研究获得了重要的结果,多肽中只含有一种 R 根.已经证实在 β 类型中链是伸展的(因为沿纤维轴的周期是0.65—0.7 nm)、平行的,并由H键互相连接起来(图2.118).

β 蛋白中平行束或反平行束组成层.一个平行层的对称性是 $P12_11$,而反平行层是 $P2_12_12$;轴2和层垂直(卷1,即文献[2.2],图2.63).在纤维蛋白 β 结构中层的堆垛通常只有较低的有序度.正是这样的二维层形成相当稳定的结构单元.具有 β 结构的纤维蛋白的例子是丝绸的丝心蛋白(图2.119).

α 蛋白包括 α 角蛋白:肌浆球蛋白(肌肉蛋白)、表皮原、纤维蛋白原等等.它们和一些合成多肽的特征是X射线织构相上 d 约为0.15 nm的子午线衍射.它们长期得不到解释,后来才发现它们来源于螺旋型二级结构,上述 d 值正好是氨基酸根螺旋位移在螺旋轴上的投影.这才建立了 α 蛋白的结构.值得指出:把这种蛋白中的一些伸展开来后，它们的结构可以转变为 β 型，其中的链已经伸直.

具有二级 α 螺旋构形的链形成纤维蛋白的更高级别的结构.例如羊毛角蛋白中存在 α 螺旋轴的盘绕，使 α 螺旋互相编织成三股“线”状的结构(图2.121).三股“亚纤丝”还组成更复杂的所谓 9+2 结构的更复杂的纤丝(图 2.121c).

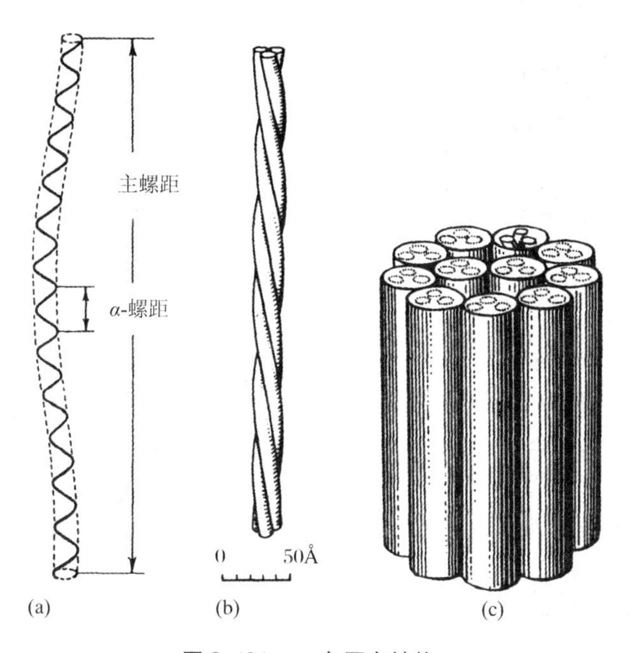

图 2.121 α-角蛋白结构

(a) 盘绕的 α-旋；(b) 三股亚纤丝；(c) 单个 α-角蛋白纤丝，9 个亚纤丝绕着 2 根亚纤丝

和 α、β 型不同的另一种多肽链二级结构是骨胶原(连接组织、皮肤、腱的蛋白)的构成物.骨胶原链的化学结构的特点是：其中每一个第三单元是甘氨酸，而其他最普遍的残基是脯氨酸或羟基脯氨酸的 5 单元环.分子由三个弱卷绕的链组成(φ 约 -70°，$\psi=160^\circ$，见图 2.117)，由 H 键连接成统一的系统.通过转动 108° 和平移 0.286 nm，链之间互相变换.每一单元扭成一个左手螺旋，而它们的轴扭成右手螺旋.分子的周期是 2.86 nm.它的模型见图 2.122.由于骨胶原一级(化学)结构复杂，这种蛋白的纤维具有大的周期(8.5—64.0 nm)

由此可见，纤维蛋白具有复杂的结构组成，它遵循对称性和构形规则.这种组成也显示为生物系统普遍具有的典型的级别，即少数某种类型的结构单元形成下一级更复杂结构的一个单元，以此类推.

纤维蛋白是大多数动物组织的构筑材料，而糖聚合物(纤维素和其他多糖)是植物和某些动物的构筑材料.例如角质(昆虫和其他节肢动物外骨骼和关节材料)是多糖.图 2.123 是纤维素链的排列,纤丝厚约 10.0 nm,纤丝中链的堆垛在一级近似上可以看成是伸晶(图 2.94).

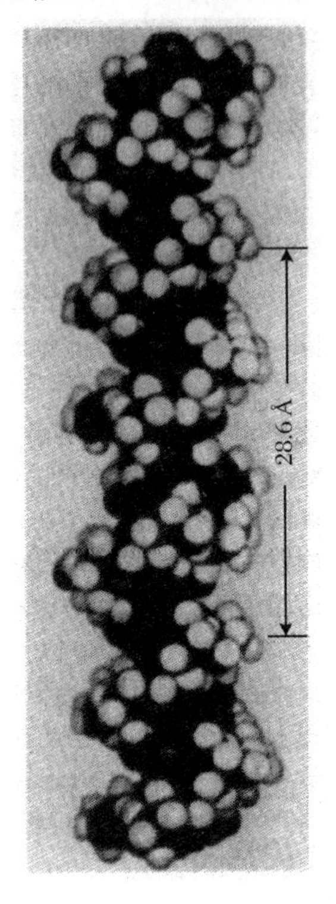

图 2.122　骨胶原结构模型

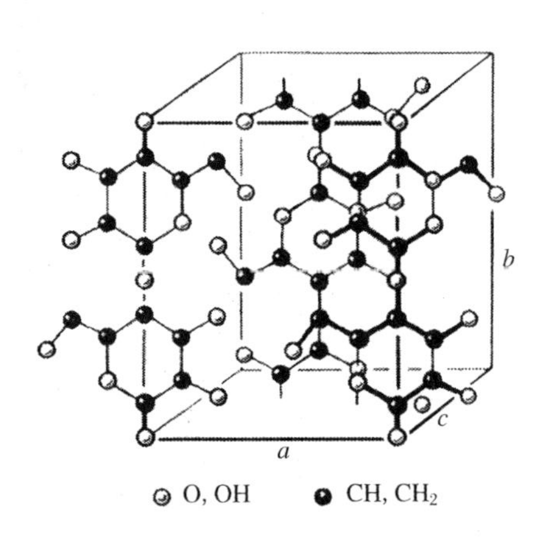

图 2.123　纤维素结构

2.9.4　球蛋白

球蛋白分子是最重要的生物大分子,其中的多肽链折叠成紧密的小球.许多球蛋白是酶,即生物催化剂.它在生物界促进无限多的代谢反应.球蛋白在有机体中还具有许多功能,如小分子或电子的运输、光的接受和防御(免疫蛋白)等.

如果球蛋白被很好的提纯过,它们通常可以在体外结晶(图 2.124,另见彩页 1).有时候晶体在有机体内形成(图 2.125).利用电子显微镜可以直接观察晶体中蛋白分子的规则堆垛(图 2.126).蛋白晶体("湿晶体")是非常独特的,在分子间空隙中还含有母体的液汁,它们只有在和这种液体或它的气体处于平衡时才是稳定的.X 射线衍射技术已经测定:有一些水分子结合在蛋白分子的表面,形成一种"外套"(图 2.127).晶体干燥后大多数自由的结晶水消失,晶胞收缩,晶体变得无序.

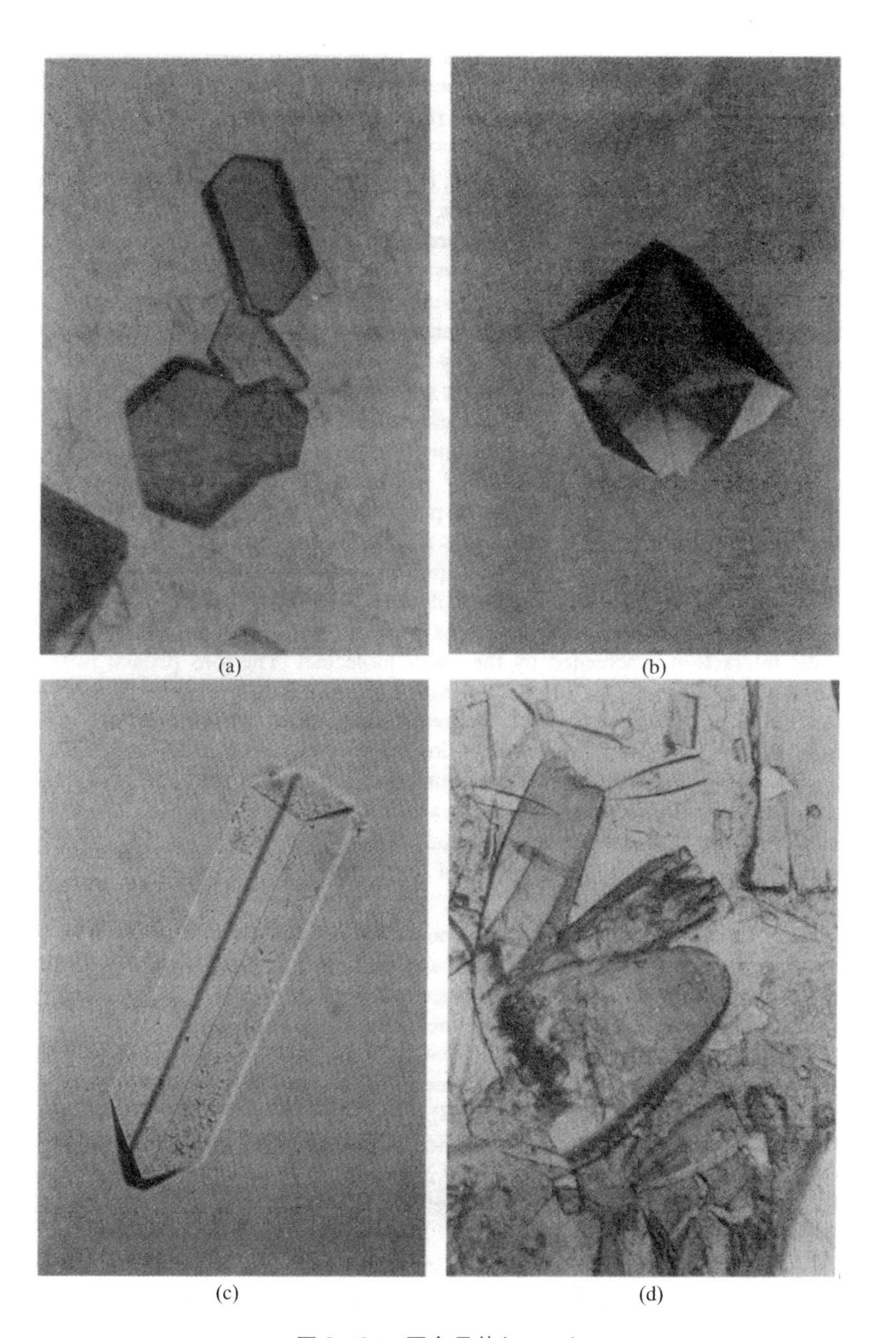

图 2.124 蛋白晶体(×100)

(a) 豆血红蛋白;(b) 过氧化氢酶青霉素;(c) 天冬氨酸盐-氨基移转酶;(d) 焦磷酸酶

蛋白晶体的形成在 X 射线像上引起几千个衍射斑(图 2.128),这一突出事实本身说明蛋白中所有大分子是等同的并且具有有序的内部结构.

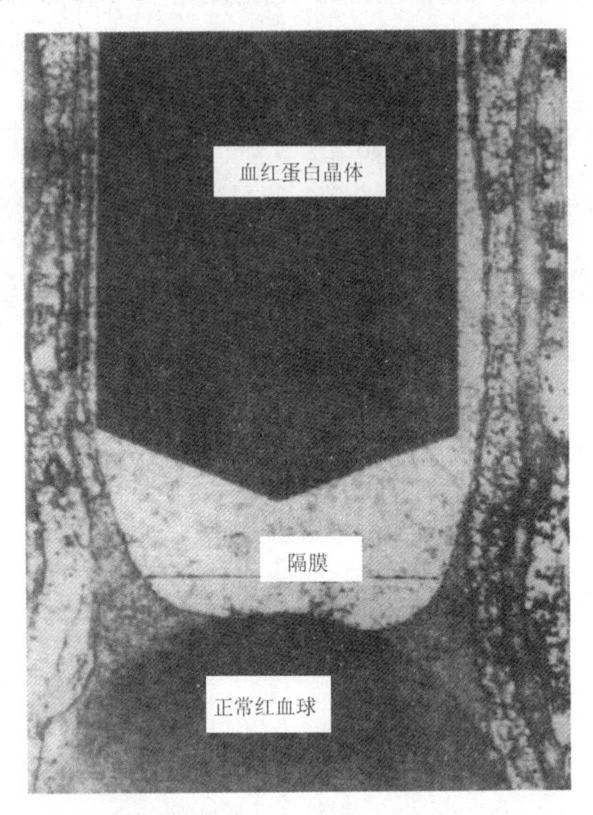

图 2.125　猫血管中形成的血红蛋白晶体[2.75]

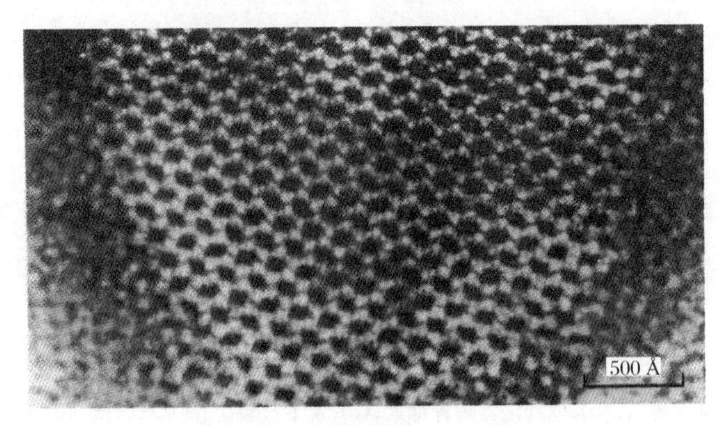

图 2.126　正交牛肝过氧化氢酶电镜照片(经 V. Barynin 同意)

晶体中蛋白分子间的相互作用是非常复杂的，因为蛋白表面带有不同的极性残根，而且静电互作用受到水分子的屏蔽.溶液中的离子和氢离子浓度对分子表面也施加影响.蛋白晶体对这些因素非常敏感，它们可以形成不同的多形性变态.

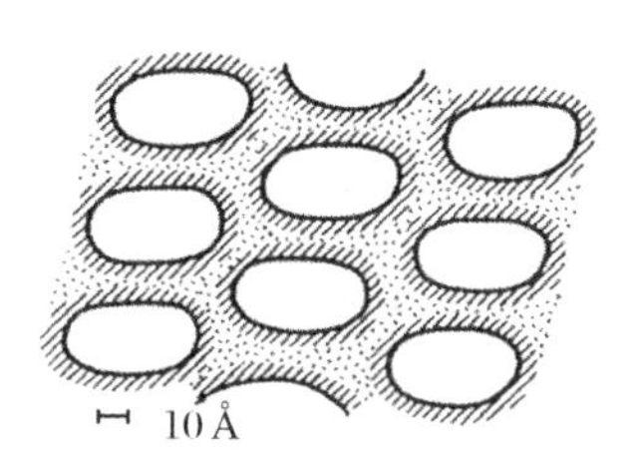

图 2.127 球蛋白晶体结构

蛋白分子表面有一层结合的水分子（斜线），溶液分子由点表示

由于蛋白分子间键弱，它们在晶体内母液中的转动和平动以及分子本身的不稳定性，原子偏离平衡位置的位移和温度因子的值都很大：$\sqrt{u^2}=0.05$—0.10 nm，$B=0.30$—1.00 nm^2.由此引起衍射强度的迅速下降.衍射场的范围和相应的分辨率在最佳条件下为 0.10—0.15 nm，在有些蛋白中只能获得约 0.25 nm的分辨率.有时衍射场中只含有低分辨率反射（0.5—1.0 nm），这说明分子内或它们的相互排列存在显著的无序.

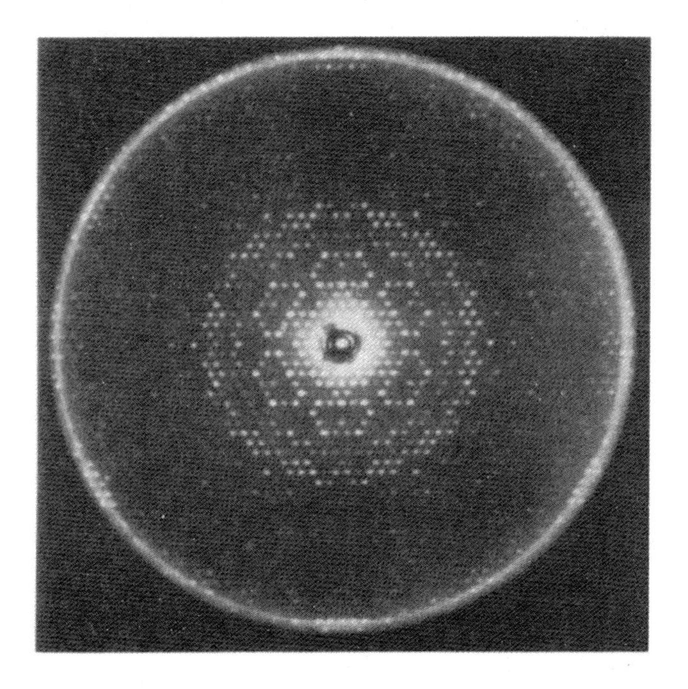

图 2.128 活青霉素过氧化氢酶六角晶体 $hk0$ 晶带的 X 射线进动像

空间群 $P3_121$，$a=14.5$ nm，$c=18.0$ nm，$\mu=9°$，CuK_α 辐射

晶体中球蛋白分子(或分子的亚单元)的堆垛有时表现为非晶体学对称性，即局域的对称素(例如轴2)，它并不是晶体 Φ 群中的对称素.有些蛋白形成平面状单分子层(本书卷1，即文献[2.2]，图4.113)和显示出螺旋对称性的单分子层圆管(图2.129，也可见本书卷1，图2.61).

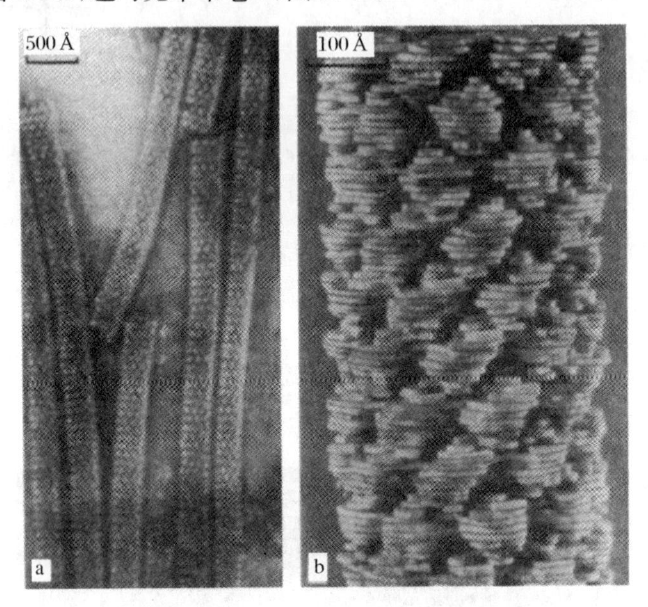

图2.129 牛肝过氧化氢酶管状晶体

(a) 电子显微像；(b) 由三维重构法得到的管的分子堆垛模型[2.76]

对具有巨大晶胞的蛋白晶体的X射线结构分析(表2.2)是很复杂和费时的，这里的主要问题是结构振幅中相位的确定.解决的办法是把重原子引入晶体，使之成为小的有机分子或无机离子的一部分连接到蛋白分子中(本书卷1，4.7.5节).必须保证重元素加入后蛋白晶体结构不变，即仍和原蛋白晶体的结构同形.

重原子的引入将改变衍射强度.作差分帕特孙图后可以得到重原子的位置，确定它们对相位的贡献，再确定蛋白晶体本身的衍射相位.随后构筑傅里叶合成图.考虑重原子的异常散射后可以获得进一步的信息.低分辨率(约0.5 nm)傅里叶图给出分子及其亚单元的外形以及其中螺旋片段的位置.分辨率约0.25 nm的合成图可以显示出链的径迹并区分出不同的氨基酸残基，而分辨率达到0.2 nm或更好时可以分清个别原子.

最早测定结构的蛋白晶体是肌红球蛋白和血红蛋白.它们具有和氧分子进行可逆的结合的功能.血红蛋白存在于血液的红血球中，在循环中运输 O_2，而肌红蛋白储氧于肌肉之中. 肌红蛋白的分子量约 18 000，它含 153 个氨基酸基，约含1 200个除氢以外的其他原子. 晶胞是单斜的，$a = 6.46$，$b = 3.11$，$c = 3.48$ nm，$\beta = 105.5^{\circ}$，空间群 $P2_1$. 晶胞含 2 个蛋白分子[2.77,2.78]. 分辨率为 0.6 nm的傅里叶合成显示了多肽链(图 2.130a)，分辨率为 0.14 nm 的合成图(包括了约 25 000 个衍射)显示了所有原子的排列(图 2.130b). 在肌红蛋白分子以及某些其他蛋白分子中存在所谓的弥补基，它接在多肽链上. 这是一个平的卟啉分子，所谓的血红素，在它的中心有一个和 O_2 分子结合的铁原子. 图

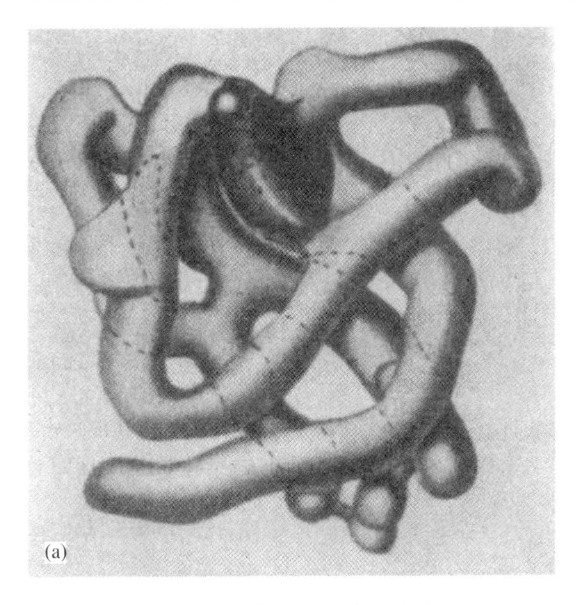

图 2.130a 肌红蛋白分子的模型
由分辨率为 0.6 nm 的傅里叶合成得出，
高电子密度区(杆状)和 α 螺旋对应

2.130c是肌红蛋白结构的模型. 它的多肽链的 75%是螺旋的. 血红蛋白分子(分子量 64 000)由 4 个亚单元组成(图 2.131)，就它的三级结构来看和肌蛋白类似[2.79,2.80]. 对若干此类蛋白质的研究显示：多肽链的"肌红蛋白"型折叠在所有这些蛋白中都存在. 图 2.132a 和 b 是血红蛋白和植物豆血红蛋白结构的简化图. 虽然这些蛋白质在一级结构上差别很大并且在进化中相距遥远(它们的共同祖先存在于约 15 亿年之前)，它们的三级结构只有细节上的差别. 图 2.133 是分辨率为 0.2 nm 的 X 射线数据给出的豆血红蛋白分子的结构. 豆血红蛋白结构和其他球蛋白在血红素口袋的尺寸上有差别，它的末端组氨酸侧团较大. 这样就可使分子接上大的配体，如醋酸或烟酸等，看来还可解释释氧和豆血红蛋

白的高亲和性.

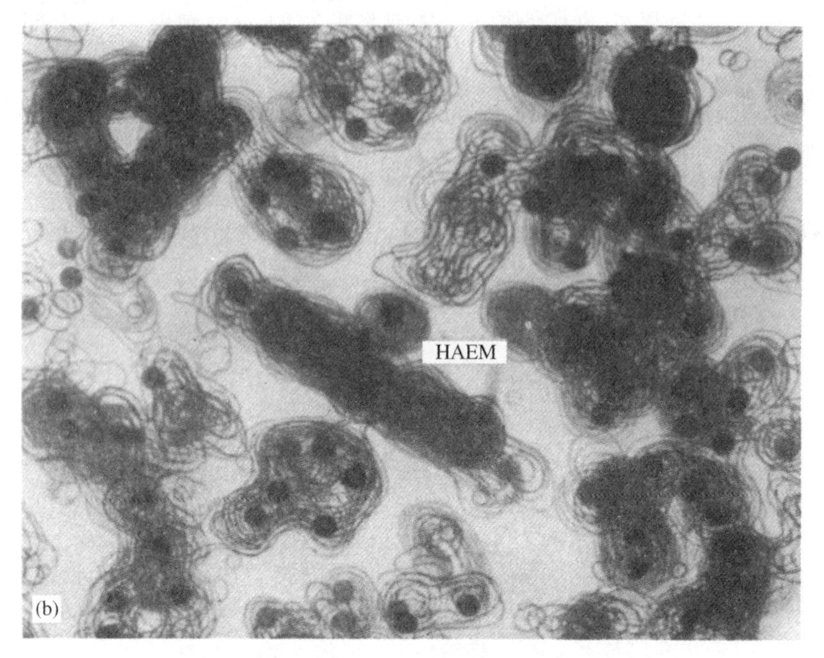

图 2.130b 肌红蛋白的分辨率为 0.14 nm 的含血红素部分的合成图

左上:沿螺旋轴投影的 α 螺旋局部;右:和轴垂直

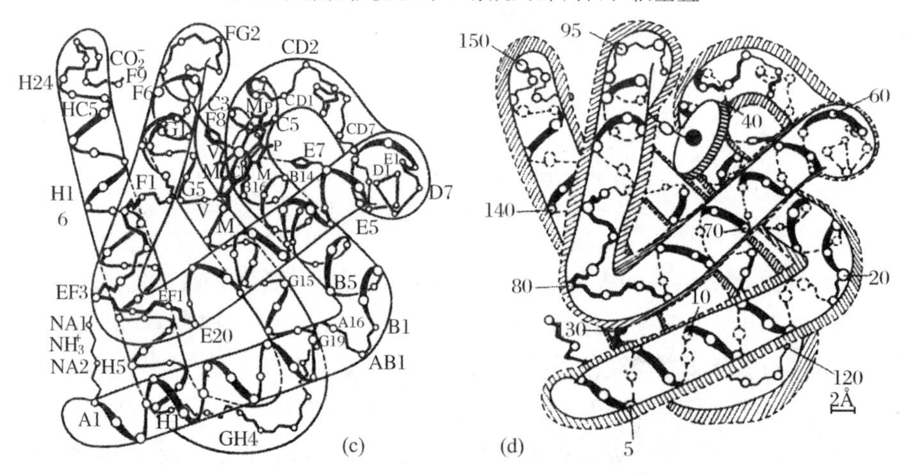

图 2.130c、d 肌红蛋白的三级结构

多肽链中氨基酸基的 C_{α} 原子的排列,A—H:α 螺旋,数字表示螺旋中残基的编号,成对的字母表示非螺旋区.血红素团和组氨酸的侧向团 $E7$、$F8$(二者和前者有互作用)得到了充分的显示[2.77];(d)划斜线的区域表示肌红蛋白中分子内构形的位移和热位移[2.78]

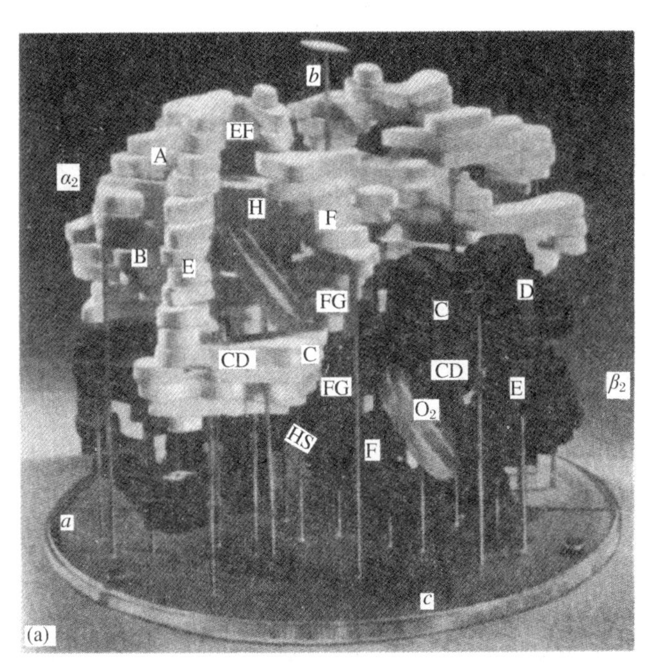

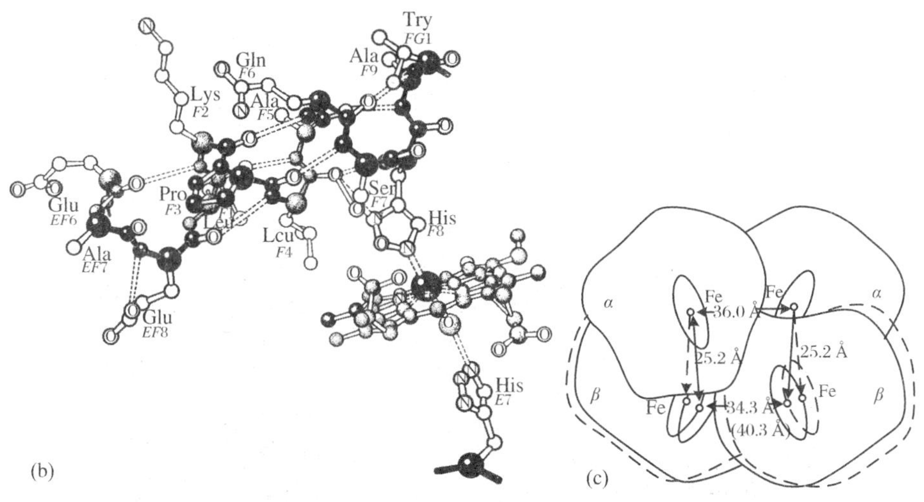

图 2.131 血红蛋白的结构

(a) 由分辨率为 0.55 nm 的三维电子密度分布的片层组成的分子模型.分子的亚单元具有肌红蛋白的折叠,所谓 α 亚单元呈白色,β 亚单元呈黑色.亚单元的螺旋片段如图 2.130c,血红素被表示为盘状,还指明了 O_2 分子附着在 β 亚单元的地方[2.81];(b) 靠近血红素团的分子的局部结构;(c) 血红蛋白四级结构的变化,氧化过程中 β 亚单元互相接近

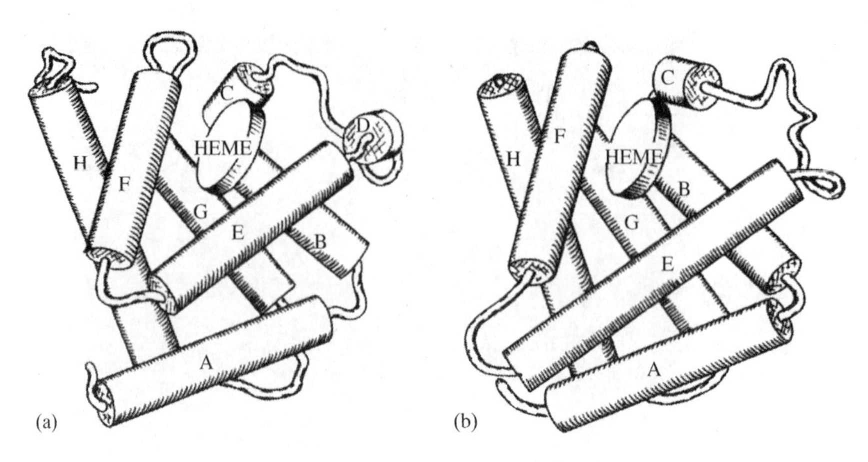

图 2.132　分子三级结构的比较

(a)血红蛋白；(b)豆血红蛋白，α 螺旋用圆柱表示[2.82]

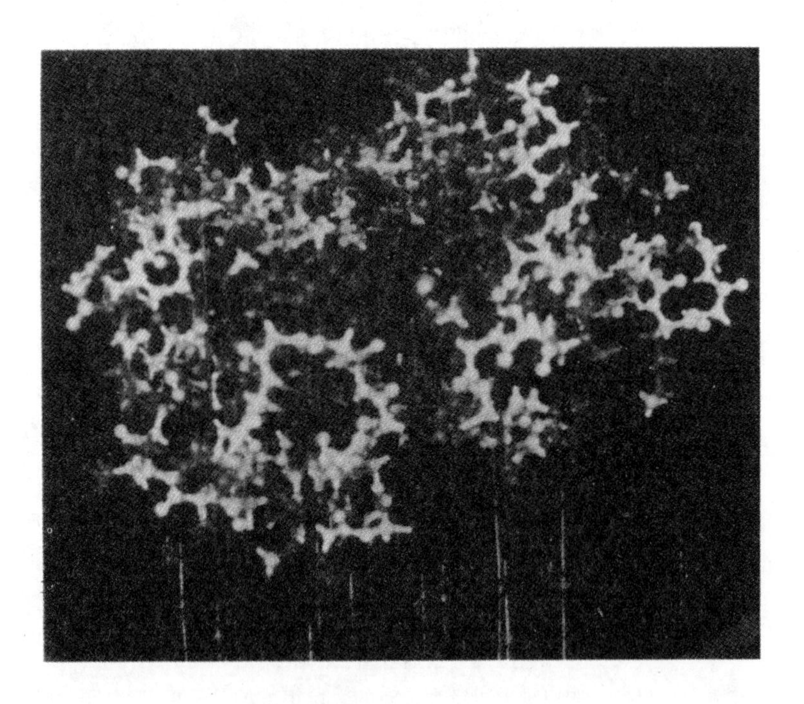

图 2.133　豆血红蛋白分子的原子模型[2.83]

现在介绍另一些蛋白的结构和它们的一般组织原则．多肽链的折叠由它的结构单元的依次排列决定．绕 C_α—N 键的允许的转角 φ 和绕 C—C_α 的转角 ψ 由构形图(图 2.117)决定．小的侧团如甘氨酸($R = \mathrm{H}$)的 φ，ψ 角范围大，而较大的侧团如色氨酸的这两个角的范围小.

不同的残基 R 有几个可能的范围,有几个可能的 φ,ψ 值.因此多肽链有众多的可能的构形,在球蛋白中它的单元数达到几百.如设每个单元可以占据 2 个角位置(相对其邻居),则每一单元由 2 组角度表征,因此有 n 单元的链的构形数约为 2^{2n}.

然而,每一种具有确定的固有一级结构的蛋白的所有分子是绝对等同的,即它们事实上形成唯一的构形.在一定热力学条件和一定介质(如一个细胞的生存条件下),这种构形由自身产生并且和这种介质处于平衡之中.换句话说,生物分子按照自组织原理构成.这个名词并不是生物学的特有名词,实际上晶体的形成本质上也是自组织的,不过在多肽链的折叠中这种过程在量上要复杂得多.

在高分子物理化学中早就知道溶液中丝↔螺旋↔无序团的转变,牵涉到蛋白时则须要解释清楚这种唯一的确定的球结构的根源.换言之,我们类似于图 2.117,在 2^{2n} 维的空间中作一个等能面时,它将显示出一个总体的极小与蛋白球的构形严格对应.加热引起的蛋白分子的人为的变性使构形转变为不再具有生物功能的结构.

什么因素决定在所有结构单元允许的 φ 和 ψ 角范围内出现平衡的构形?其中之一是形成能稳定 α 或 β 结构的氢键的可能性.模型多肽的研究和 X 射线衍射技术得出的分子的结构分析揭示:某些氨基酸残基在 α 螺旋中很适应并且促进它的形成,如丙氨酸、亮氨酸、赖氨酸、甲硫氨酸和酪氨酸等,而其他的常含有大侧团的残基,如丙氨酸、异亮氨酸、半胱氨酸、丝氨酸和苏氨酸等是反螺旋的,还有一些如脯氨酸和组氨酸等的特征是 α 螺旋的扭折.但所有这些规则都是统计性的,不能作为完全可靠的结论的基础.

形成蛋白球的一个重要组织因素是链的残基和溶剂、即水的互作用.已经确定:非极性(疏水)的残基趋向于集合在分子内部,由范德瓦耳斯力相互吸引在一起,而极性残基趋向球体表面以便和水分子接触,如图 2.110b 所示.一个蛋白球的形成对应于球体加水这一系统(而不是蛋白分子系统)的自由能极小和熵的增加.有些假设认为球体是分阶段形成的,首先集合成链的更稳定部分,如 α 螺旋片段,随后这些片段组合成球.

然而一级化学结构显著不同的蛋白可以有相似的功能.在肌红蛋白-血红蛋白类蛋白中替代的残基数在链的相应部分可达到总数的 60%—90%,在整个系列中只有三种氨基酸残基保持不变.三级结构的相似性(如图 2.132a 和 b)是惊人的.这说明链中 R 的固有特征是它们的极性或非极性,而不是它们的个性,这是形成一定的三级结构的基本因素.例如研究表明:形成分子疏水芯的约 30 个非极性残根在维持肌红蛋白型基本的三级结构中起主要作用,而且在这一族的不同蛋白中在链的位置上互相替代的总是非极性基.类似的芯部存在于细胞色素中,它是细胞能量系统中传递电子的蛋白(图 2.134,另见彩页 2).

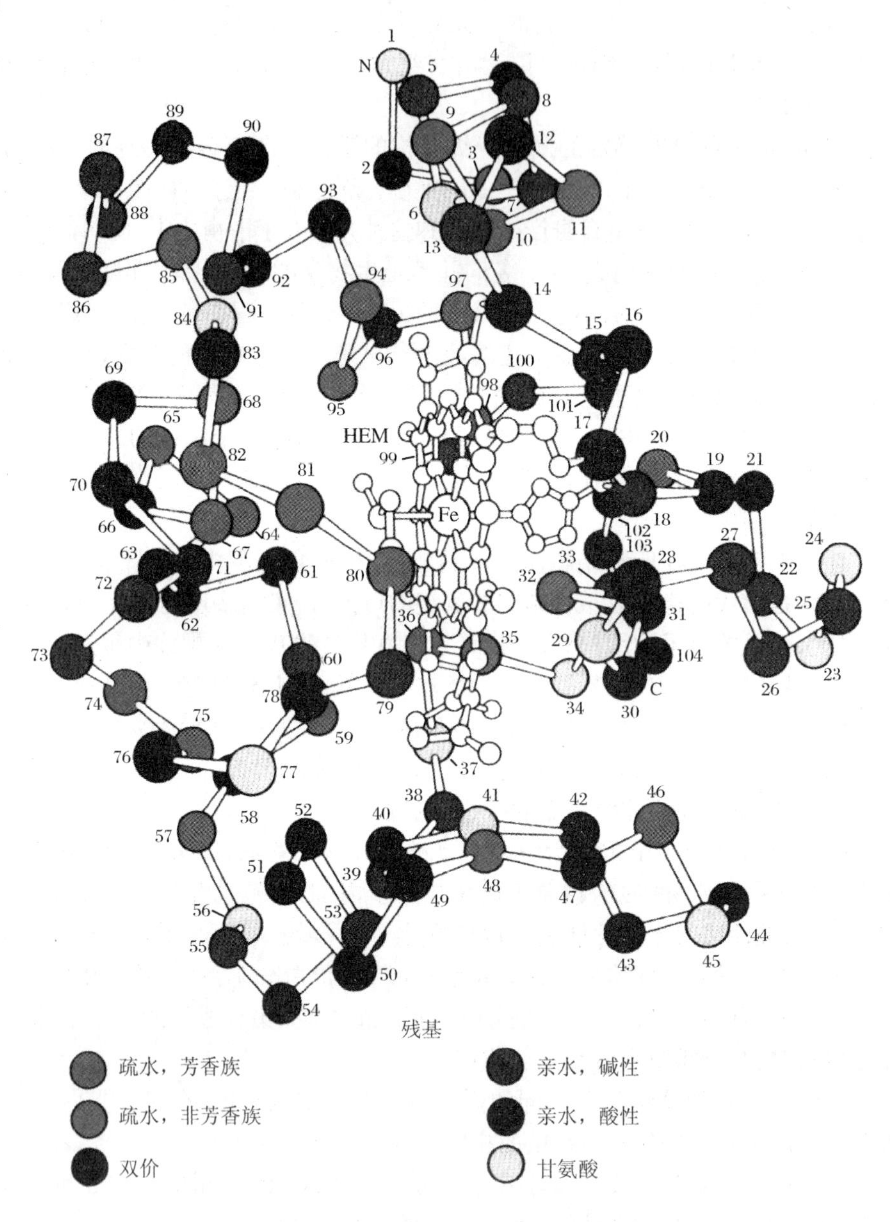

图 2.134　细胞色素 C 的分子模型

它是携带电子的蛋白分子族中的一个典型代表[2.84]

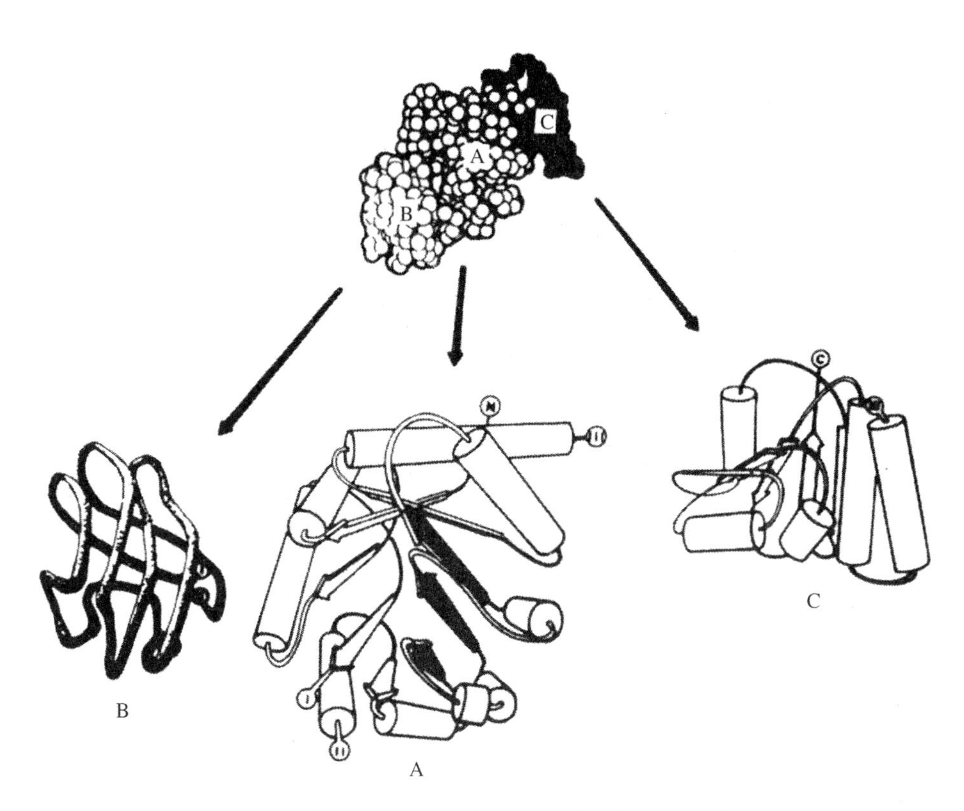

图 2.135 由 3 个畴组成的丙酮酸激酶的结构[2.85]

前面已经指出：晶体中球蛋白分子作为一个整体作平动的和转动的振动，但是蛋白分子本身也是一个动力学系统．它内部的运动来自原子的热振动以及氨基酸残基的主链和侧链的构形活动性．X 射线分析可以测定分子内的分量[2.78]，例如，肌红蛋白的分子内的平移均方根值$\sqrt{u^2}$约为 0.03 nm．但是，分子的不同部分有不同的值，主链的原子的值较小，侧链的原子的值较大．同时，分子中心的疏水部分的值比表面部分的值小（图 2.130d，还可参看 6.8.3 节）．

到 1992 年研究清楚三级结构的球蛋白的数目约是 600 种．

这些研究揭示了球蛋白结构的一些基本特征．首先是存在某些标准的构筑块——由 α 螺旋和 β 线层组成的片断，其次在许多蛋白中存在着多肽链的片断组成的大的孤立构件——所谓的畴．一种蛋白就可以含有 2 个或 3 个畴（图 2.135，还可看图 2.142，2.143，2.146）．最后，许多蛋白（或它们的畴），包括功能相似或功能不同的蛋白在多肽链的折叠上有明显的相似性．这就是蛋白分子结构的同系性.

对许多球蛋白中多肽链的顺序的分析指出：α 螺旋和 β 线层的形成相互排列有若干确定的图样.可以区分出 3 种经常遇到的多肽链的折叠单元($\alpha\alpha$)、($\beta\beta$)和($\beta\alpha\beta$)，见图 2.136a.($\alpha\alpha$)单元由 2 个相邻的 α 螺旋组成，在共同末端由一个环连接.β 层的线连接可以是：链的简单的弯折(凹入)，即“发夹”式($\beta\beta$)连接；两个平行 β 层的末端由一个不规则链环连接或由一个 α 螺旋连接，即“交叉”型($\beta\alpha\beta$)连接.这些连接的组合可用来描述球蛋白中观察到的拓扑上不同的所有 β 层.图 2.136b 是这些结构的一些例子.

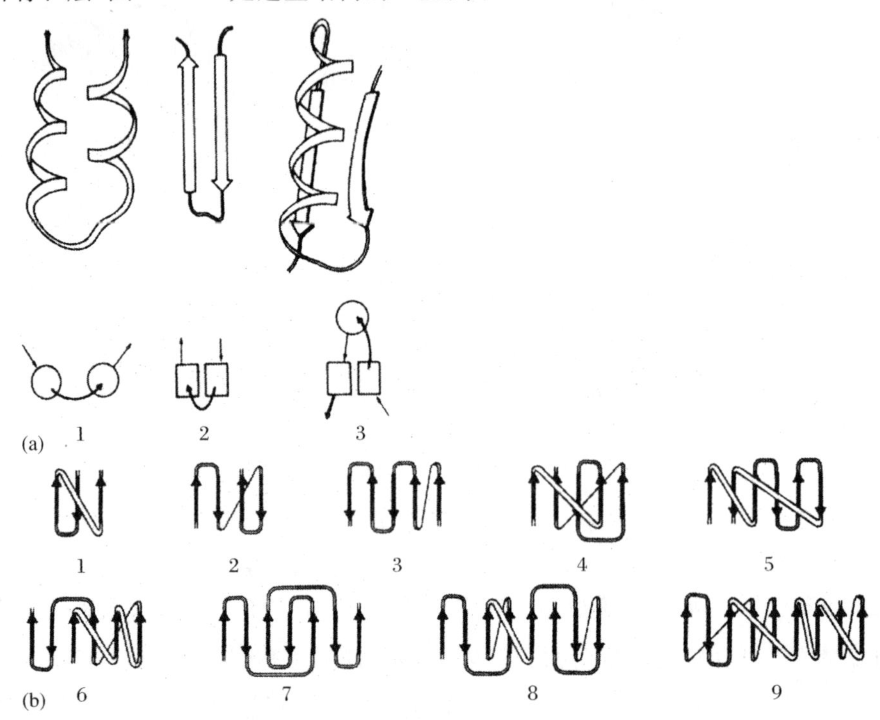

图 2.136 球蛋白的折叠单元，它们的组合的示意图

(a) 1. $\alpha\alpha$；2. $\beta\beta$(“发夹”)；3. $\beta\alpha\beta$(“交叉”)；(b) 球蛋白中 β 结构的若干不同的拓扑形态：1. 胰蛋白酶抑止剂；2. 细菌叶绿素；3. 核糖核酸酶；4. 细胞色素 b_5；5. 木瓜酶；6. 磷酸变位酶；7. 免疫球蛋白；8＝羧(基)肽酶；9. 甘油醛磷酸脱氧酶[2.86]

如果 β 结构由若干平行的线层组成，它们的面通常扭成螺旋桨形(图 2.137)(沿线层看去成右手螺旋).还观察到扭转显著的圆桶状组态(图 2.138a—c).而反平行 β 线层组成的结构不扭转(图 2.139).

图 2.137 磷酸酶 b,畴 2 的结构

由 α 螺旋围绕的扭转的β 层[2.87](图 2.137、2.138a 和 2.139 由 J. Richardson 提供)

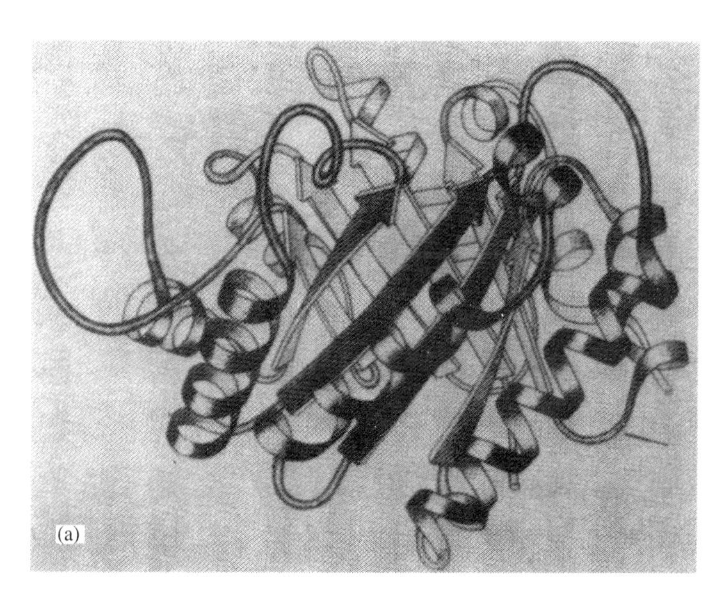

图 2.138a 磷酸丙糖异构酶

(a)中 α 螺旋围绕着圆柱状β 桶[2.88]

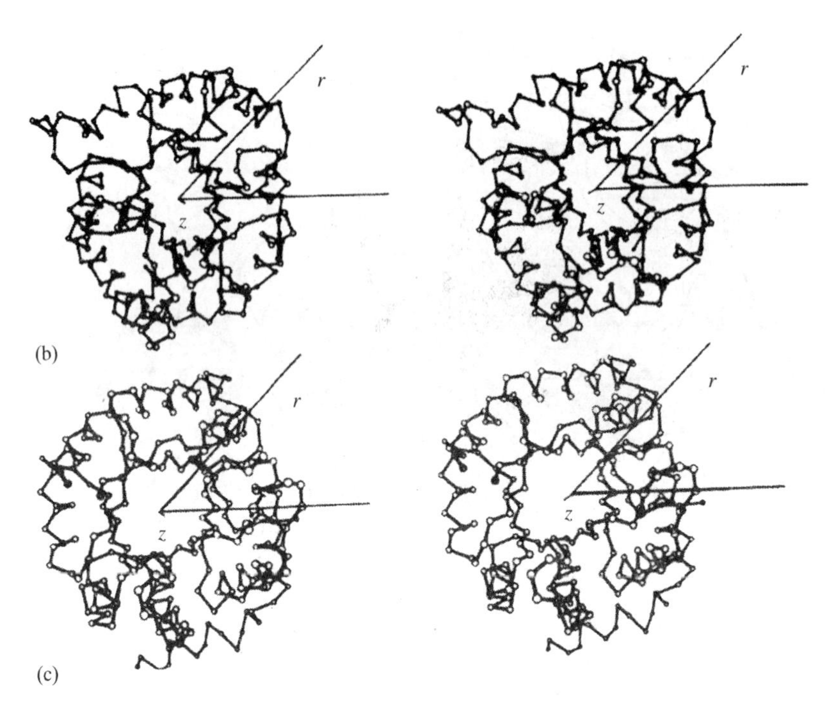

图 2.138b、c 圆柱状 β 桶(α-C 主链)的立体图

(b) 磷酸丙糖异构酶;(c) 丙酮酸激酶的 A 畴,参阅图 2.135[2.85]

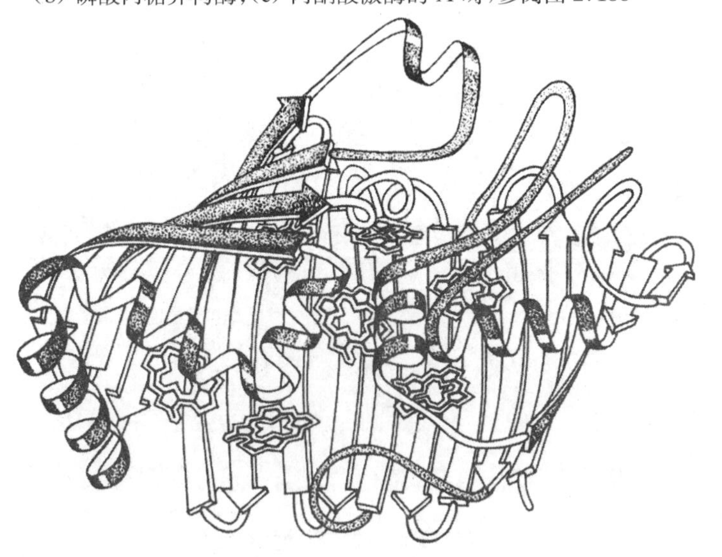

图 2.139 细菌叶绿素蛋白

宽的反平行 β 片是叶绿素分子的支座[2.89]

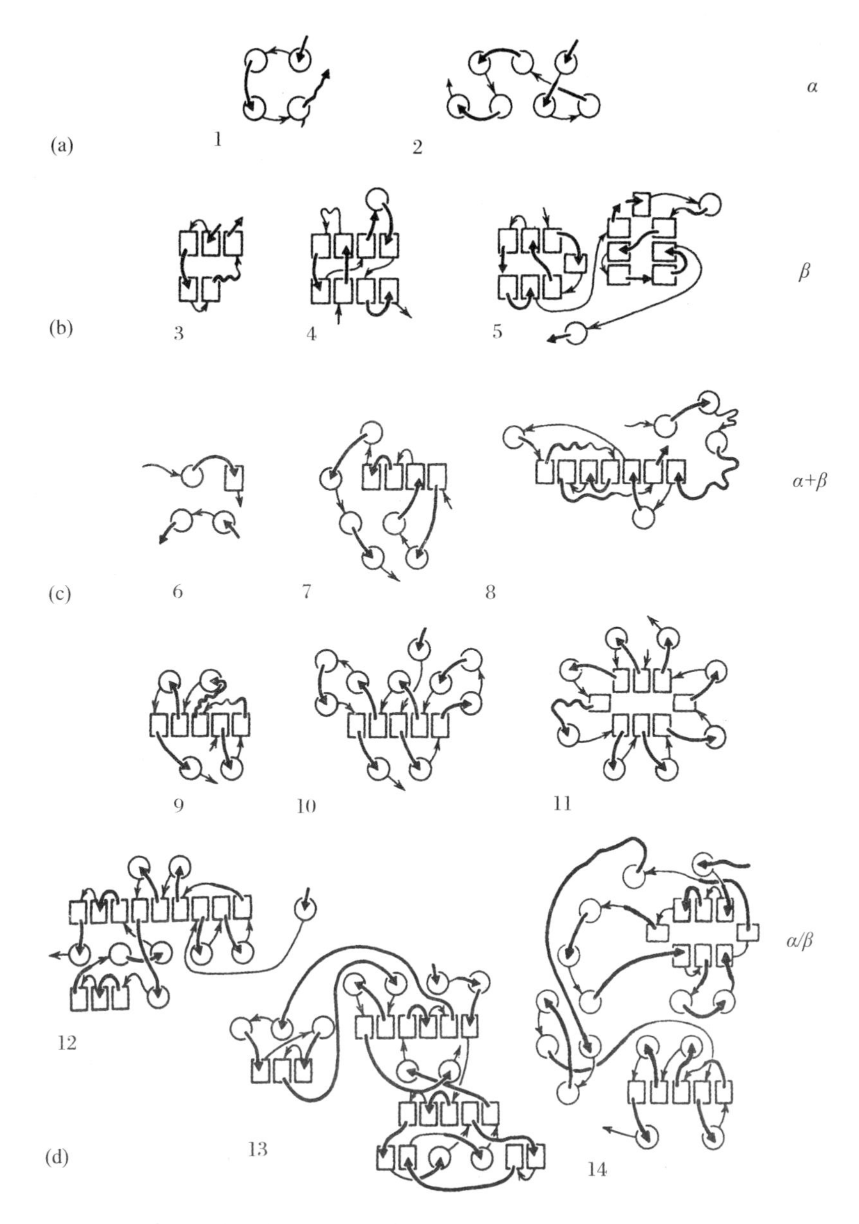

图 2.140 球蛋白中 α 螺旋(○)和 β 线层(□)的拓扑上不同的排列方案的例子

(a)α 蛋白:1. 血红赤藓素,2. 肌红蛋白;(b)β 蛋白;3. 红氧化还原蛋白,4. 前清蛋白;5. 胰凝乳蛋白酶;(c)$\alpha+\beta$ 蛋白:6. 胰岛素,7. 溶菌酶,8. 木瓜酶,(d)α/β 蛋白:9. 黄素氧化还原蛋白,10. 腺苷酸激酶,11. 磷酸丙糖异构酶,12. 乳酸脱氢酶,13. 己糖激酶[2.90],14. 活性青霉素过氧化氢酶[2.91]

如果从存在 α 和 β 区排列的角度看，球蛋白的结构可区别为 4 种主要的类型[2.90]. 可以示意地用二维拓扑堆垛图描述这些类型(图 2.140). 类型Ⅰ由 α 蛋白组成，α 蛋白中的 α 螺旋由链的片段连接成复杂的构形(图 2.140a). α 螺旋不总是平行的. 这种蛋白的例子是球蛋白，血红赤藓素 TMV 的亚单元. 它们通常有 2 层 α 螺旋. 类型Ⅱ由 β 蛋白组成，β 蛋白由 β 片堆成层状结构. 它们没有或者只有很少量的 α 螺旋. 例子是红氧化还原蛋白，胰凝乳蛋白酶. 它们通常有 2 个 β 层(图 2.140b). 这种蛋白还可按其中的二级结构的主要类型再分为 2 类. 类型Ⅲ由 $\alpha+\beta$ 蛋白组成，其中存在着在一个多肽链上的 α 和 β 区，例如核糖核酸酶和胰凝乳蛋白酶. 在多数场合它们也有"双层"结构(图 2.140c). 在类型Ⅳ(α/β蛋白)中 α 螺旋和 β 丝层沿链交替排列. 这些更复杂、更大的蛋白通常有"三层"，一般显示为 $\alpha\beta\alpha$ 三明治结构. β 层的二侧被 α 层(腺苷酸激酶和羧基肽酶)包围，但是还可能有其他方案(如图 2.140d 中的磷酸丙糖异构酶). 在这些蛋白中，和 β 和 $\alpha+\beta$ 蛋白中一样，球体有时候可划分为 2 个显著不同的畴，如甘油醛磷酸酯异构酶中的($\alpha\beta\alpha$)和($\alpha\beta$).

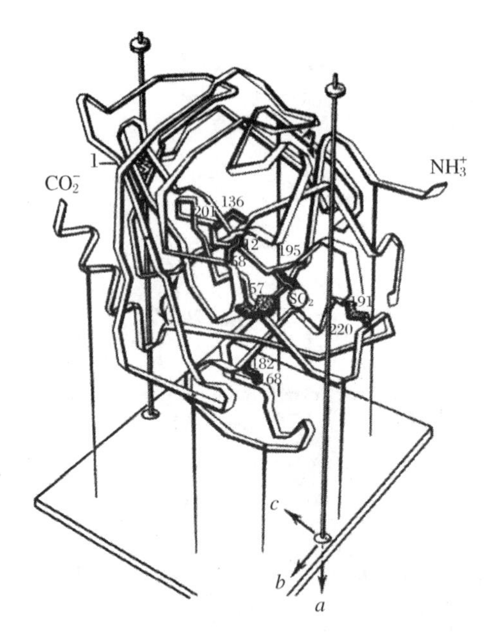

图 2.141 胰凝乳蛋白酶中多肽链的顺序
胰蛋白酶和胰凝乳蛋白酶的结构与它同系[2.93]

已经确立了控制 α 螺旋和 β 褶片堆垛成三级结构的一些规则[2.92]. 螺旋-螺旋堆垛要求一个螺旋表面上的主链塞进另一个螺旋主链之间的槽中，这导致 α 螺旋轴之间有一定的角度. 螺旋-片接触的最佳方案是它们的轴近似平行. 片-片接触依赖于它们的扭转程度.

现在讨论蛋白结构中的同系性. 在功能多多少少类似的蛋白族中观察到了同系性. 例子是肌红蛋白-血红蛋白(图 2.130—2.132)族、细胞色素(图2.134)族和胰蛋白酶-胰凝乳蛋白酶(图 2.141)族. 在一级结构上几乎没有任何关联的蛋白中已观察到在结构上很相似的畴(图 2.140). 例如，脱氢酶(图2.142)、磷酸甘油酸盐激酶、天冬氨酸盐-氨基移转酶[2.95]、活性青霉素过氧化氢酶(图 2.143)和一些其他的蛋白具有结构上类似的畴(图 2.144).在进化过程中已失去一级结构相似性的结构片断($\alpha\alpha$,$\beta\beta$,$\beta\alpha\beta$ 等)和各种畴从三维结构看已被证明是稳定的,而且显然在蛋白的结晶学和生物化学中发挥着作用,它们多少类似于无机晶体化学中的标准基团(如硅氧四面体)和有机晶体化学的标准基团.

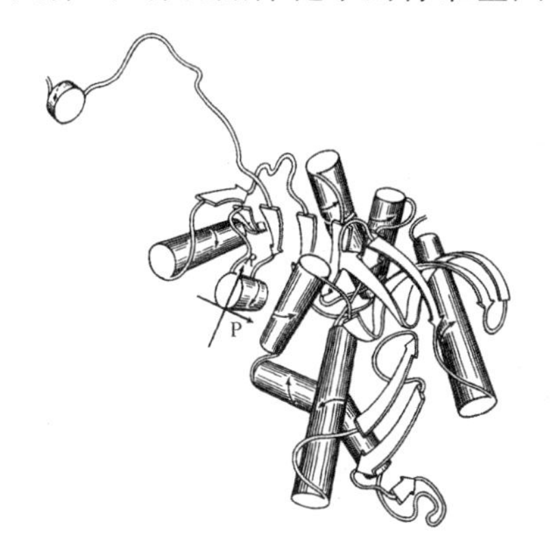

图 2.142 乳酸脱氢酶的亚单元的结构
亚单元由 2 个畴组成,其中之一由核苷酸结合.4 个这样的亚单元形成这个蛋白的四倍体[2.94]

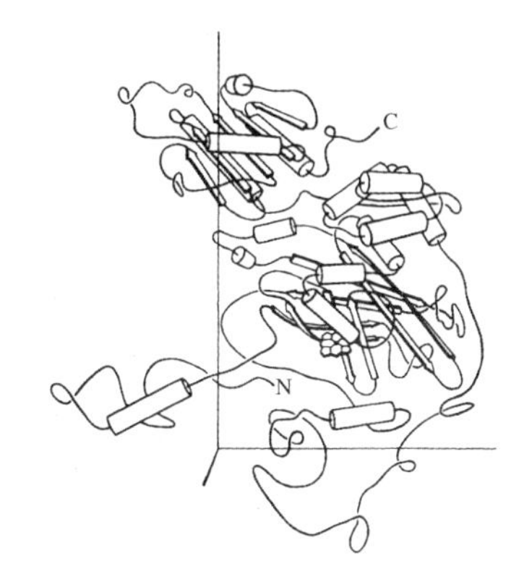

图 2.143 活性青霉素过氧化氢酶上面的畴的结构和图 2.144 中的类似[2.96]

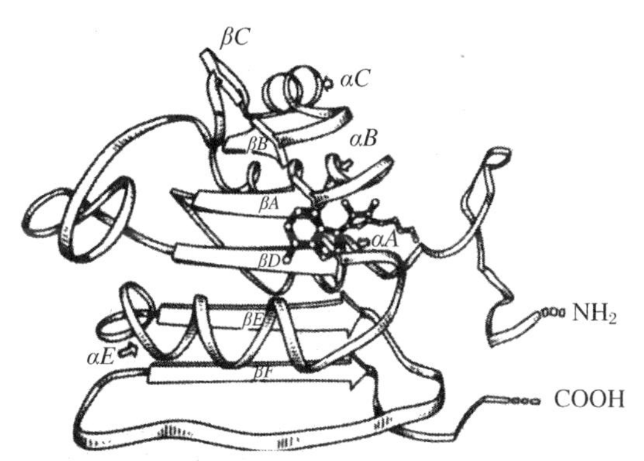

图 2.144 脱氢酶、黄氧化还原蛋白和其他蛋白中的畴的示意图[2.97]

功能相似的蛋白,例如蛋白酶(胰蛋白酶-胰凝乳蛋白酶族属于它,图 2.141)不全是同系的.羧基肽酶(图 2.145)和胃蛋白酶(图 2.146)具有不同的形态,虽然它们的活性中心的结构存在某种相似性.

已经做出努力以便在理论计算的基础上用一级结构预言蛋白分子的空间结构,考虑了 H 键和疏水互作用,利用了简单的肽构形的计算结果以及一级结

图 2.145 羧基肽酶的多肽链

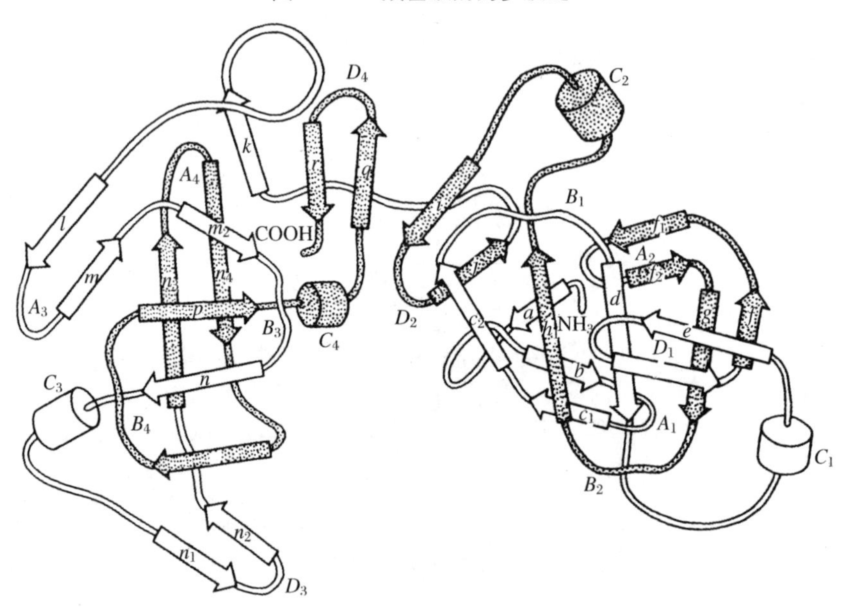

图 2.146 胃蛋白酶

分子由 2 个结构类似的畴组成[2.99]

构和三级结构的经验关系.由于任务非常复杂,迄今在预言整个三级结构方面还没有肯定的进展,但是已经有了可以预言二级结构的算法,可以以 80%—

90%的准确性给出链上 α 螺旋和 β 结构的位置(图 2.147).

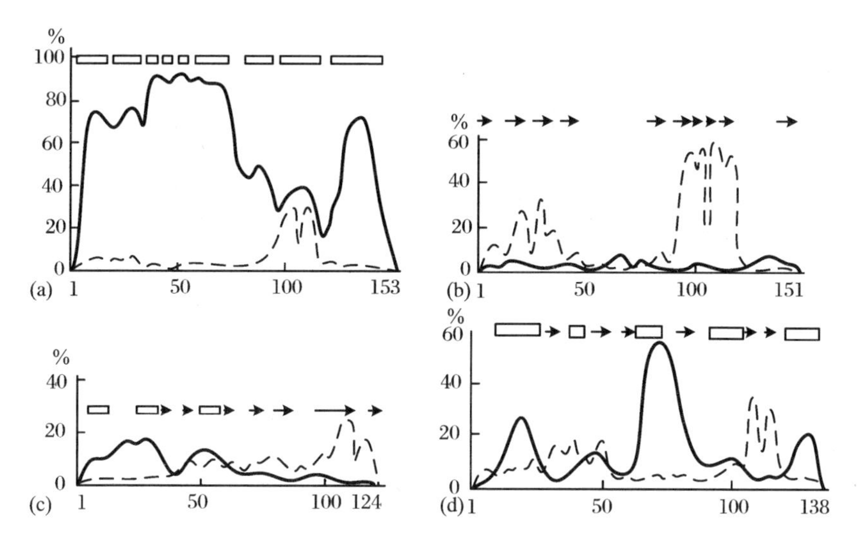

图 2.147 某些蛋白多肽链上计算的 α 螺旋(——)和 β 线层(----)状态出现氨基酸残基的几率用编号表示在 x 轴上

(a) 肌红蛋白(α 蛋白);(b) 过氧化物歧化酶(β 蛋白);(c) 核糖核酸酶($\alpha+\beta$ 蛋白);(d) 黄氧化还原蛋白(α/β 蛋白).结构中 α 和 β 部分的实际位置分别以矩形和箭头表示[2.100]

蛋白分子的高度复杂的空间结构是为了完成特异的生物功能.如上所述,大多数球蛋白具有酶功能,即它们是一定化学反应(如键的分裂,或相反的分子的结合以及小分子、基团或电子的传递等)的催化剂.这些反应有特别的选择性,而且以高速率进行,酶使某些反应加速 10^3—10^7 倍.这些反应在分子的一定位置即活性位置上发生.

作为例子我们考虑溶菌酶的结构和功能.这种在许多动植物组织中都存在的蛋白执行防卫功能.它可溶掉许多细菌的多糖细胞壁.鸡蛋白溶菌酶分子(图 2.148)具有一种由 β 型多肽链组成的主链,链的剩余部分以复杂的形状围绕着它,使分子的表面具有拉长的裂缝.溶菌酶的催化作用表现在断开的多糖分子上.这些多糖的外形使得它们足够好地和上述裂缝(图 2.148b),即分子的活性位置匹配.这已经由 X 射线衍射研究证实.在多糖的必须被断开的化学键附近有一些活性的溶菌酶残基:谷酰氨、天冬氨酸盐、色氨酸、甲硫氨酸、酪氨酸等.它们可以通过改变电子结构使那个多糖键弱化.溶菌酶分子把多糖撕成两片,通过活性位置上原子的微小位移(0.1—0.2 nm),把两片抛出,再回到起始组态,准备下一次激活.图 2.149 显示 $T4$ 噬菌体溶菌酶的结构,它和鸡蛋溶菌酶是同系的(但在链上有一额外的环)并且在功能活性上也相似.

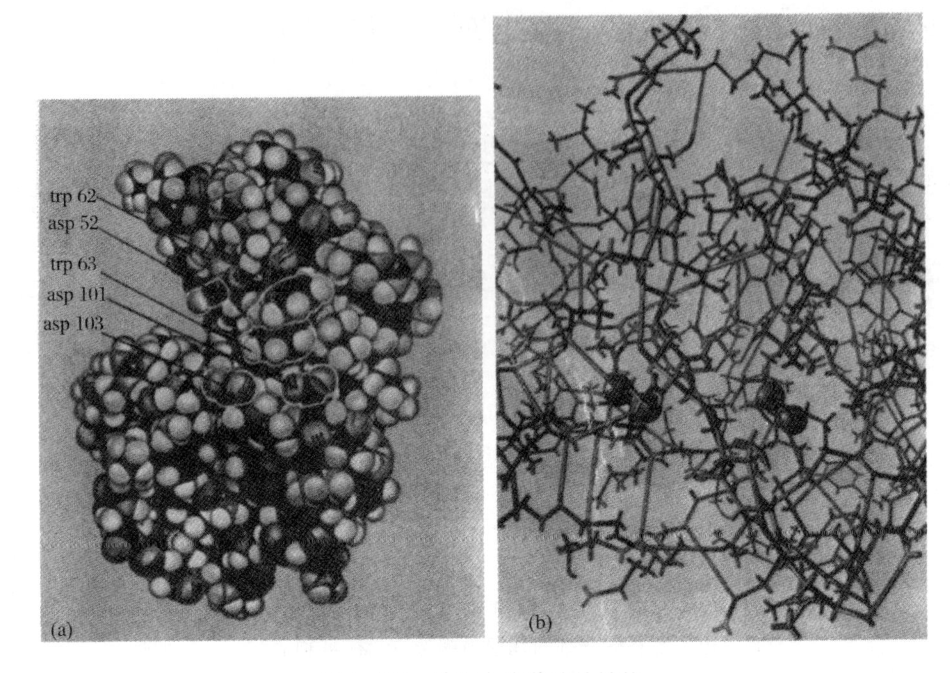

图 2.148　鸡蛋白溶菌酶的结构

(a) 分子的原子模型，表示原子在蛋白分子中堆垛的密度和活性区的“裂缝”；(b) 活性中心区的主链模型，加进了多聚己糖分子[2.101]

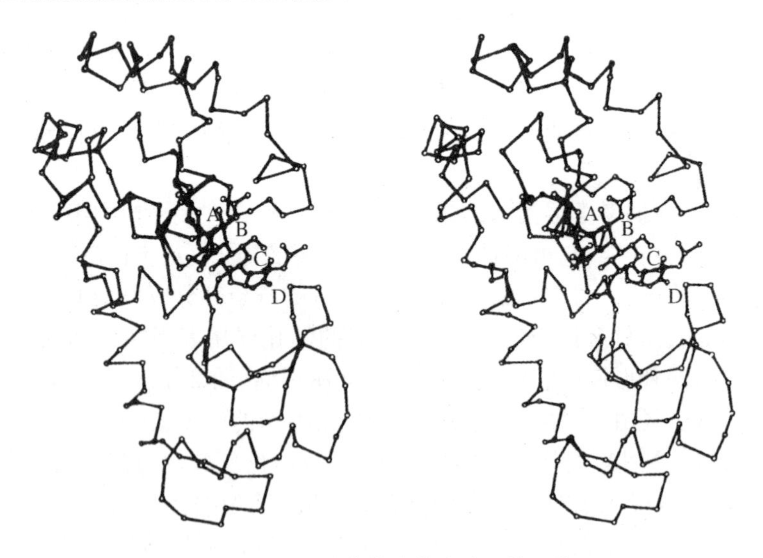

图 2.149　*T*4 噬菌体溶菌酶分子的立体图

它具有四糖内酯的同类物基底，分子的成键位置的结构和鸡蛋溶菌酶中很类似[2.102]

在另一个酶——羧基肽酶(图 2.145)中分子表面的某些基团在催化作用中可以断开 C 终端肽键向外位移超过 1.0 nm,而多数原子——活性位置的基础保持稳定.这说明,酶的分子结构没有稳定的构形,它的功能决定活性位置上原子团的定向性位移.

许多蛋白具有四级结构.它们不是由一个而是好几个球(亚单元)连接起来的.例如血红蛋白分子由 4 个成对的等同亚单元组成(图 2.131a、c).每一个都含有能结合 O_2 分子的血红素.这里存在一个重要的电子-构形机制.在未含氧的血红蛋白中,Fe^{2+} 的配位数是 5(图 2.131b).这是一个高自旋态,它的大尺寸阻止它"挤"进 4 个 N 原子之间的血红素平面.加上第 6 个配位——O_2 分子后,Fe 原子的电子壳层重新分布(原子变为低自旋态),原子半径缩小,使它可以进入血红素平面处在图 2.131b 中的 His*F*8 残基上.这引起给定亚单元的 α 螺旋的微小相对位移.进而改变了四级结构(图 2.131c),使亚单元接近了 0.6 nm 的距离.氧以这种方式进入亚单元增加了其他亚单元结合氧的能力.

下面介绍蛋白的四级结构的其他例子.图 2.150 是天冬氨酸盐-氨基移转酶二聚物的结构(分子量 94 000,图 2.141 是一个亚单元的结构).晶体中这个分子的亚单元由非晶体学二重轴联系.图 2.151 是另一蛋白——亮氨酸氨肽酶

图 2.150 天冬氨酸盐-氨基移转酶的二聚物分子分辨率为 0.5 nm 的模型[2.103]

的四级结构,是由电子显微术得出的.它含有 6 个亚单元,具有对称性 32.磷酸

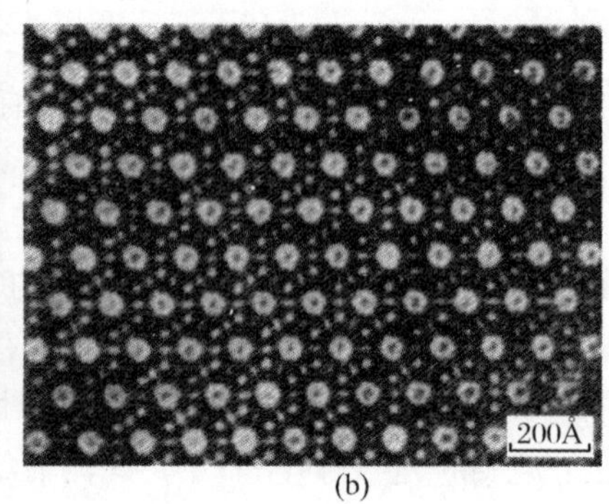

图2.151 由6个亚单元组成的亮氨酸氨肽酶分子模型(a)和晶体中分子堆垛的电子显微镜像(已经过光学滤波)(b)

果糖激酶分子可以作为复杂的四级结构的例子(图 2.152).不少球蛋白具有由一种或几种单元组成的很复杂的对称结构,总分子量高达约 10^6u 或更大(图 2.153a,b).如果分子含有几种亚单元,它们可以分别具有不同的功能,有些起调节作用,有些起支撑-结合作用等等.

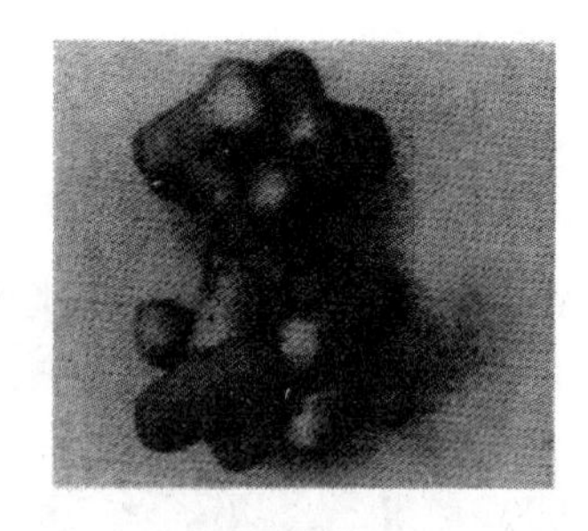

图2.152 磷酸果糖激酶的四级结构 分子由 4α 和 4β 亚单元组成,点群为222[2.105]

酶中分子或它的亚单元的一部分的微小运动促进反应过程.但运动本身是其他蛋白分子及其联合体都具备的.具有这类功能的最简单器官是细胞的鞭毛,它是球蛋白分子的螺旋状阵列(可参看图 2.178—2.180).

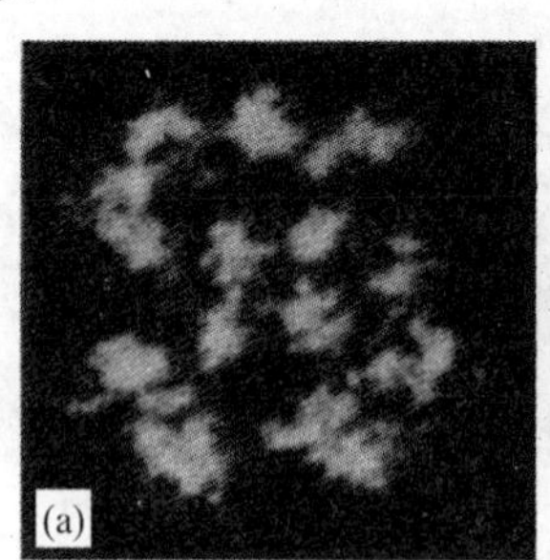
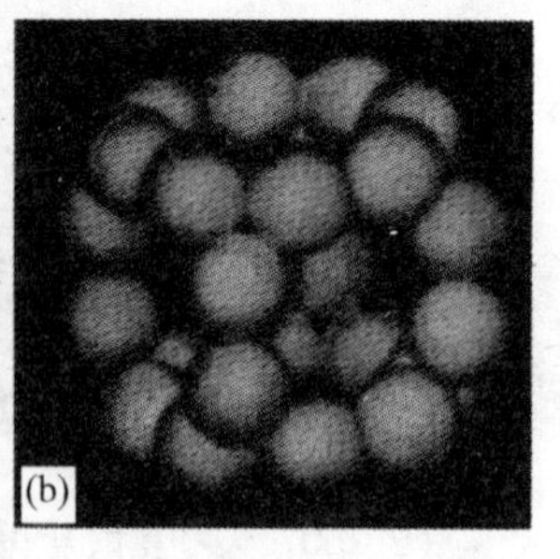

图2.153 复杂的脱氢酶络合体的硫辛酰转移琥珀酰酶核的电子显微像(a)和这个核中蛋白亚单元的排列的模型(b)[2.106]

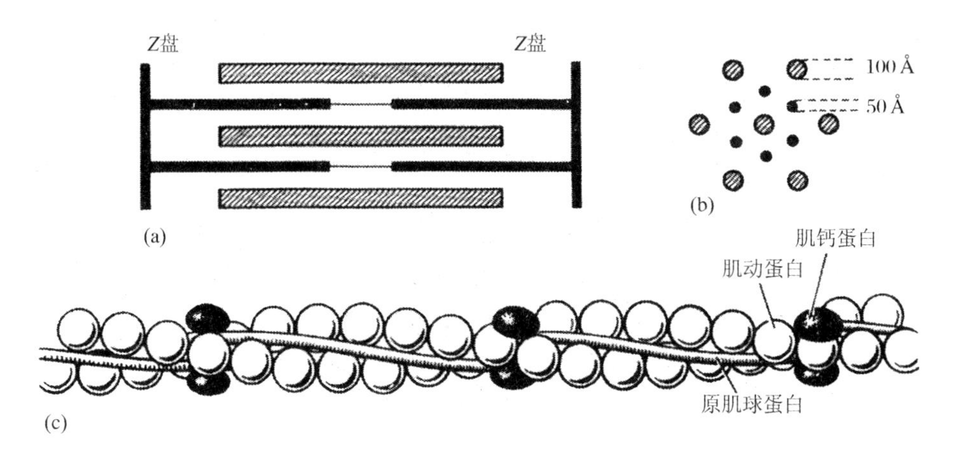

图 2.154 肌肉的肌节结构

(a) 两个盘(膜)由肌动蛋白原纤维(约 5.0 nm 厚)连接,肌球蛋白原纤维排列在其间;(b) 肌节截面,两种原纤维排成六角形;(c) 肌动蛋白原纤维结构,肌肉收缩时两种原纤维向它们中的空隙运动使 Z 盘靠拢

肌肉是所有活机体的普遍的分子力装置,它具有更复杂的结构.两种主要的肌肉蛋白分子,肌动蛋白和肌球蛋白,具有明显拉长的外形,并且堆垛成严格的六角序(图 2.154).肌肉收缩过程中肌球蛋白纤维被拉进肌动蛋白分子间的空隙.

膜是另一类重要的生物结构,它由类脂物和特殊蛋白组成.构造复杂的膜层能让离子或分子单向地通过,或者是选择地或者是通过激活输运,从而组织起它们在细胞中空间上有序的运动.这类构造之一是细菌视紫红质的紫红膜,图 2.155 是它的电子显微像.它的主链由 7 个平行 α 螺旋组成.目前分辨率达到 0.28 nm,可以用来确定蛋白的三级结构(文献[2.2]4.9.5 节,图 4.115)

在结束蛋白分子结构的概括介绍时,我们愿意强调:多肽链的一级结构和与之相应的自组织起来的不同层次的三维结构(二、三、四级结构)不是氨基酸残基的偶然产生的化学和空间的组合.蛋白和其他生物大分子的结构是地球上几十亿年生命的分子水平上进化过程所改进和完善的.这种自然选择的判据是结构的稳定性和它的执行特殊生物功能的能力.

2.9.5 核酸的结构

另一类重要的生物大分子是核酸(表 2.3).它们的功能是贮存和传递生物系统繁殖和生存所需的基因信息.和蛋白质类似,核酸是链状分子.主链由磷酸盐-糖组成.

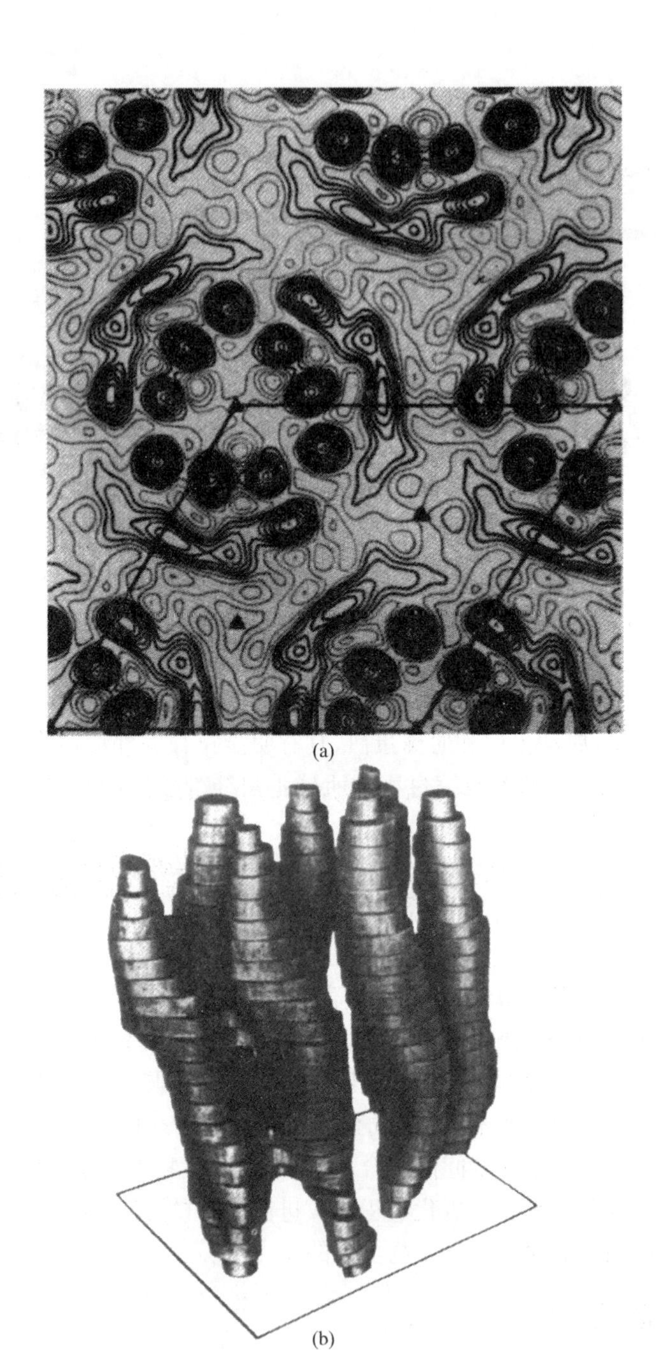

(a)

(b)

图 2.155 视紫红质紫红膜的傅里叶投影(a)和它们的空间排列[2.107](b)
9个簇团代表 α 螺旋的投影

$$
\begin{array}{c}
R_1 \qquad\qquad\qquad\qquad\qquad\qquad R_2 \\
CH \qquad\qquad\qquad\qquad\qquad\qquad CH \\
O \quad CH_2 \qquad\qquad\qquad\qquad O \quad CH_2 \\
-O-\underset{OH}{\overset{O}{P}}-O-CH_2-C-CH-O-\underset{OH}{\overset{O}{P}}-O-CH_2-C-CH-
\end{array}
\tag{2.12}
$$

带 R 碱基的磷酸盐-糖团被称为核苷酸.在脱氧核糖核酸(DNA)中的糖是脱氧核糖,在核糖核酸(RNA)中的糖是核糖.在 DNA 多核苷酸链上一共有四种碱基.它们是嘌呤(腺嘌呤 Cytosine C 和鸟嘌呤 Thymine T 和嘧啶(胞嘧啶 Adanine A 和胸腺嘧啶 Guanine G)碱基.在 RNA 中,C 被结构类似的尿嘧啶(Uracil U)替代.这四个字符 A、G、T、C(U)组成"核酸"语言的字母.一根单独的多核苷酸链的厚度平均约 0.7 nm.

DNA 的结构是在 X 射线衍射结构研究的基础上建立起来的,Franklin,Gosling[2.108]和 Wilkins 等[2.109]早在 20 世纪 50 年代就进行了这一项工作.从生物化学和 X 射线数据出发,Watson 和 Crick[2.110]提出了这个复杂分子的著名模型,它解释了 DNA 复制(自繁殖)机制.

图 2.156a 是 B 形湿 DNA 凝胶的 X 射线像.凝胶中分子具有仲晶的六角

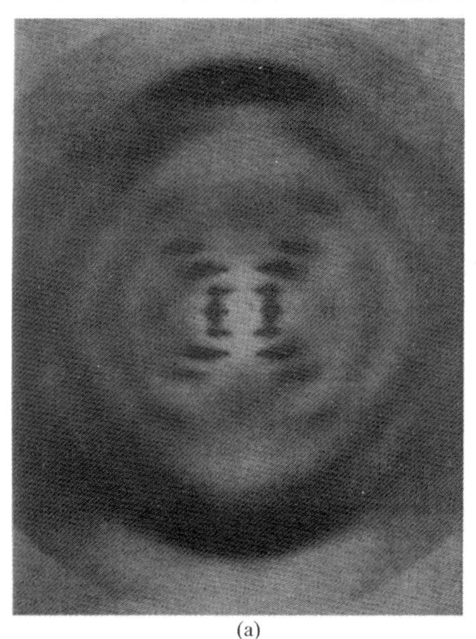

(a)

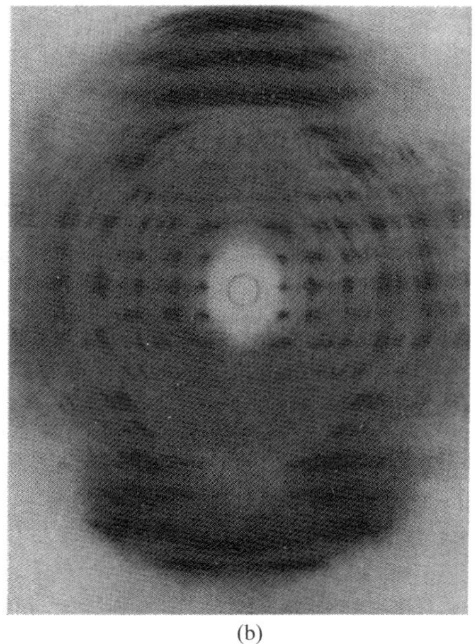

(b)

图 2.156 DNA 的 X 射线像

(a) 湿 B 形;(b) 晶态 A 形[2.111]

堆垛(图 2.99a);图 2.156b 是晶态 A 形 DNA 的 X 射线像. 两张像,特别是第一张显示出螺旋结构特有的交叉状反射斑的排列和子午圈空白区(见本书卷 1,图 4.41). DNA 分子有两根链. 链通过碱基对 A－T 和 G－C 的 H 键连接(图 2.157a,b),因为在上述分子中有 H 键施主和受主的适当分布. 这些键准确地按图 2.157a,b 形成,并且已由模型结构的研究证实(图 2.157c). 换句话说,有且仅有 A－T 和 G－C 对,是互补的. 两个(在 A－T 对中)或三个(在 G－C 对中) H 键使这些碱基对都分别排列在同一平面内. 正是由于这样的对接触使 DNA 双股分子连接在一起.

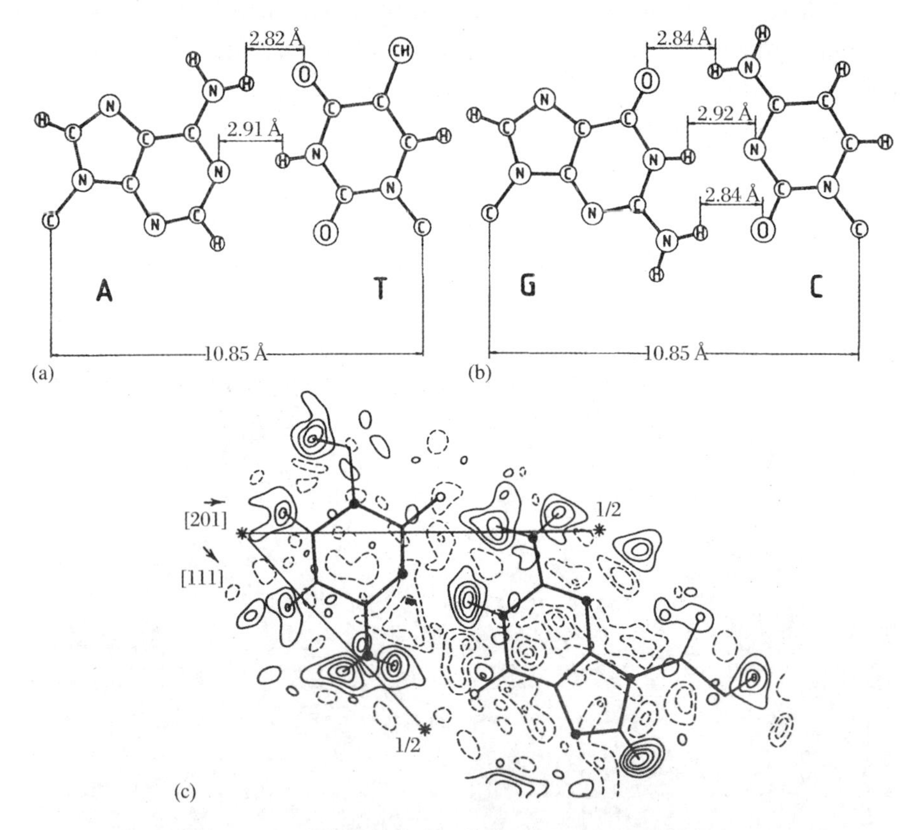

图 2.157　在核酸结构中互补的 Watson-Crick 碱基对

(a) A－T;(b) G－C;(c) 9-乙基鸟嘌呤和 1-甲基胞嘧啶分子化合物的结构差分傅里叶图,显示 G－C 复合体中 H 键的 H 原子排列[2.112]

在 *B* 形 DNA 分子中有选择地连接在一起的碱基堆垛在垂直螺旋轴的平面上,螺距是平的,有机碱基分子的厚度～0.34 nm. 两根磷酸盐-糖主链处在外侧(图 2.158a,b). 有极性的主链反平行,它们由轴 2 对称地联系着(轴 2 垂直螺

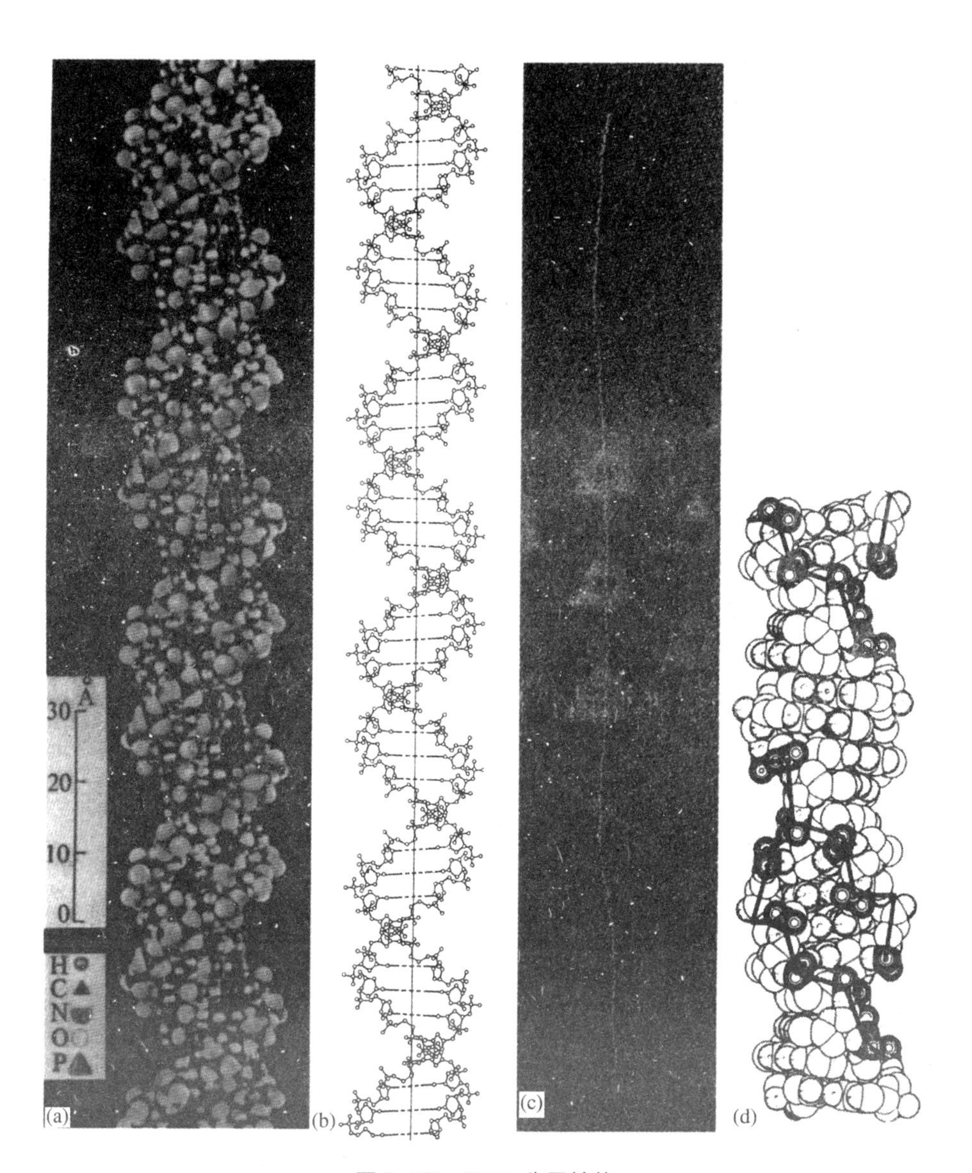

图 2.158 DNA 分子结构

(a) 分子模型；(b) 分子的主链；(c) 一个 DNA 分子的片段的电子显微像(×100 000)；(d) *Z* 形 DNA 分子的结构

旋轴). *B* 形螺旋每隔 10 个碱基对旋转完整的一圈，因此分子的周期 *c* 是 3.4 nm. DNA 分子的对称性是 $S_M/2$. 分子约 2.0 nm 厚，可以直接用电子显微镜观察(图 2.158c). *A* 形 DNA 分子的周期是 2.82 nm，每一周期有 11 个碱基对，碱基的平面和分子轴的夹角～19°.已经观察到更多的双螺旋参数和结构不同的DNA结构的变种.例如，在 T 形（T_2 噬菌体的DNA）中有含8对碱基的2.72 nm周期[2.113].

DNA双螺旋可以水化并被碱金属离子包围，可以用同步辐射X射线术和中子衍射测定离子和水的分布[2.114].

在所有这些DNA形中，双螺旋都是右手的.曾观察到一个不寻常的左手双螺旋构形 Z-DNA（图2.158d）[2.115].

在染色体的DNA链（明显地在 B 形中）是实际的基因信息储存器，它可写成链中核苷酸的序列：

$$\cdots \text{AGCATCCTGATAC} \cdots (a)$$
$$\cdots \text{TCGTAGGACTATG} \cdots (a') \qquad (2.13)$$

由于核苷酸是互补的，DNA分子的 a 和 a' 链二者也是互补的.可以说它们是互相反等同的.这样的互补性说明了DNA分子的繁殖机制.双螺旋 aa' 可以解开为单链 a 和 a'（图2.159）.借助于特殊蛋白，细胞核中现成的自由核苷酸-3-磷酸盐被一个个地加到单链上，好像在基体 a 和 a' 上结晶.按照A－T、G－C规则，和原先一样的 a' 序列在基体 a 上结晶（和基体链反等同），和原先一样的 a 在基体 a' 上结晶.结果形成的2个新的分子 aa'，和 $a'a$ 互相严格相等，并且和原先的分子严格相等.

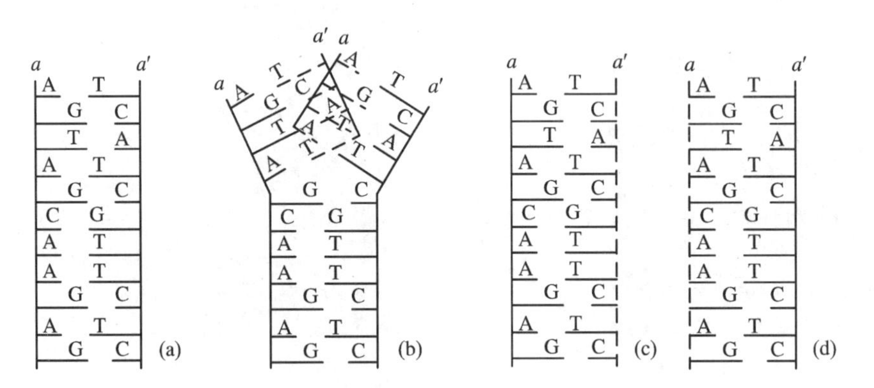

图2.159　DNA双链的解开和2个与起始分子完全等同的新分子的形成
(a) 起始链；(b) 部分解开的链；(c)，(d) 2个新链

以完全相同的方式，在DNA上形成的RNA分子“读出”DNA一根链上的核苷酸序列（在RNA中U替代了T，但仍和A互补）.现在的RNA变成一根单链.这个所谓信使RNA的功能是把DNA中储存的信息传送到细胞的合成蛋白的颗粒——核糖体中去.目前还没有得到这种信使mRNA的可用的二级和三

级结构,它的寿命相当短并且显然以和特殊蛋白结合的方式存在着.这种mRNA像一根打孔的带那样穿过核糖核蛋白体,使其中的氨基酸依次连接成一个蛋白.

已经确立了决定核苷酸和蛋白字母间对应关系的编码,即所谓的基因编码.由于核苷酸字母只有几个,显然只有它们的组合才对应蛋白字母的特征.前者的三重编码(码子)确定氨基酸.例如 UUU、UUC 对应苯丙氨酸,GGU、GGC、GGA、GGG 对应甘氨酸;UAU、UAC:酪氨酸;AUU、AUC:异亮氨酸.编码还有一"句号"——UAG(UAA、UGA),即多肽链的合成终止符号.

氨基酸被相对小的另一种核酸变种,即转移 RNA(tRNA,分子量 30 000)送进核糖核蛋白体.它的化学结构可以用"三叶草叶"描述(图 2.160a).它含有约 80 个核苷酸,而且它的几个分开的组成部分是互补的.苯基丙氨酸转移tRNA晶体(含大量溶剂)的 X 射线衍射分析已经确定了分子的结构(图 2.160b)[2.116,2.117].它具有 L 形,它的互补部分是双螺旋,分子中心是由三个 H 键组成的稳定的"锁".三个自由碱基朝外的核苷酸突出在分子的一端,形成一个反码子,它互补地和核糖核蛋白体中的 mRNA 的码子连接,同时一个氨基酸附着在分子的另一端.

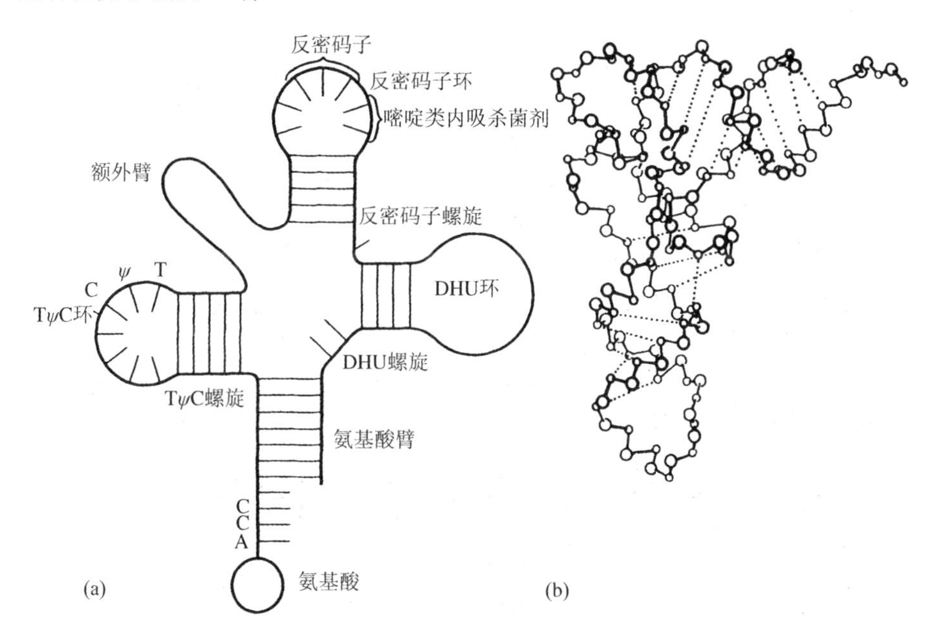

图 2.160 tRNA 的结构

(a) 一级结构"三叶草叶",(b) 分子的核糖-磷酸盐主链的空间结构

核糖体通过还未知晓的机制把氨基酸连成多肽链.这里用核苷酸书写的由四个字母A、C、G、U组成的文本被“翻译”成20个字母(氨基酸)的蛋白文本,并且基因信息具体表现在蛋白的具体的一级结构中,也就是说,核糖体中的多肽链是通过顺序增加氨基酸而形成的.如上所述多肽链随后自组织成蛋白分子的三维结构.这样,DNA的一个确定的部分(基因)通过mRNA决定一个蛋白的合成.给定组织(它的染色体)的整个DNA决定它的众多的一整套蛋白.

核糖核蛋白体和染色体、病毒等属于另一种重要的生物体——核蛋白(表2.3① 最后一行),它们具有由核酸和蛋白组成的复杂结构.

核糖体的复杂分子结构由两个亚单元组成,如细菌核糖体的30S和50S,较低或较高的真核的核糖体的40S和60S亚单元.核糖体由若干个球蛋白(在上述两种核糖体中分别有约50个和约70个)和少数不同的核糖蛋白RNA(rRNA)组成.两个高分子量的rRNA在活体内亚单元的组装并进而聚合成完整的核蛋白中起着积极的作用.在电子显微术和三维重构数据的基础上得到了一些准确的核糖体颗粒的形态模型,它们和观察到的核糖体的图像符合得很好[2.118—2.121].图2.161给出了侧面的和小的亚单元的分布的初步模型,图中包

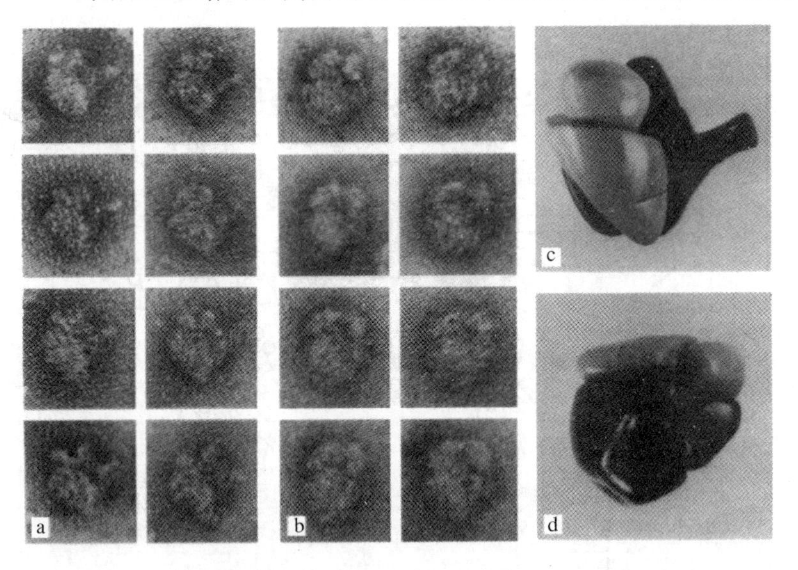

图2.161 从两个视角得到的 *E. coli* 的单独的70S核糖体亚单元的电子显微像(×400 000)(a),(b)和相应的模型(c),(d)

黑色的大亚单元和白色的小亚单元,分辨率2.0 nm(经V.D.Vasiliev同意)

---

① 英文版误为表2.2.——译者注

含两个视角的大亚单元的电子显微像和相应的模型.最仔细的核糖体亚单元的电子显微像见图 2.162,它是对几千张像进行分类分析处理并按分类进行平均后得到的[2.122,2.123](参阅卷1,4.9.4节).

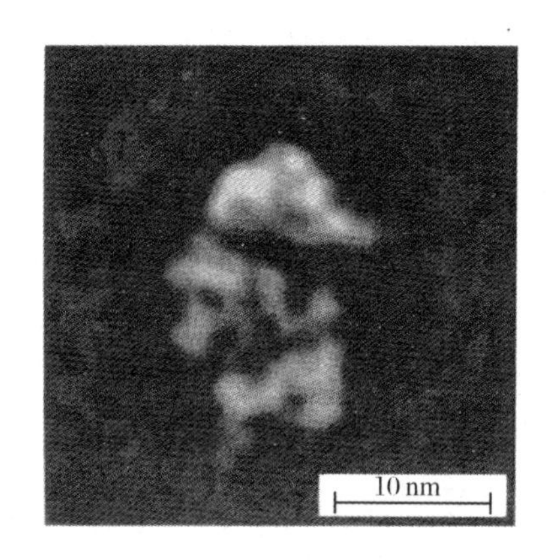

图 2.162 对 300 张电子显微像进行处理后得到的兔肝的小(40S)核糖核蛋白体亚单元的侧面投影像
分辨率2.0 nm(经 Elena Orlova 同意)

基因信息贮存在染色体中.按照电子显微术和中子衍射分析得出的当今概念,染色体的最简单组件是所谓的"核染色质丝"(chromatic filament),即带着沿链规则地重复的核蛋白球或核小体的双螺旋 DNA.

已经成功地结晶出核小体并且研究了它的结构的主要特征.已发现双螺旋 DNA(140 对核苷酸部分)本身弯曲,它的链形成绕蛋白芯的 $1\frac{3}{4}$ 圈的斜率很小的超螺旋(图 2.163).

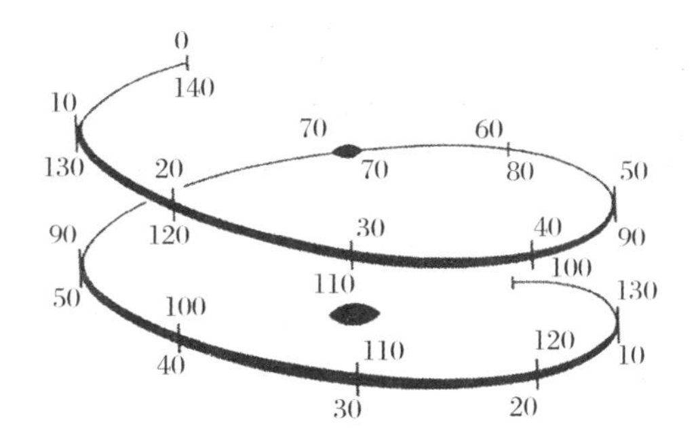

图2.163 由 $1\frac{3}{4}$ 圈 DNA 超螺旋组成的核小体芯部结构
图中标明了核苷酸对的编号[2.124]

2.9.6 病毒的结构①

规则病毒颗粒由核酸和球蛋白分子组成.病毒没有本身的繁殖机制,但是

① 参阅 6.8.6 节.

在穿透进入宿主机体的细胞后，它使细胞的蛋白合成器按照病毒的核酸程序而不是按照宿主细胞的程序进行工作.

先介绍所谓“小的”规则病毒的结构，它由核酸和1或2个蛋白变种组成.蛋白的功能是形成一个包围并保护核酸(病毒中的致病媒介)的外套和框架.已知的这样的病毒有2种：杆状病毒和球状病毒.

杆状病毒具有螺旋对称性，按此堆垛着组成它们的蛋白亚单元.这一类病毒的经典的已经很好地研究过的代表是烟草镶嵌病毒 *TMV*，其他的这类病毒(大麦点状镶嵌病毒、侧金盏花属病毒等)也引起植物疾病.图2.164是 *TMV* 的

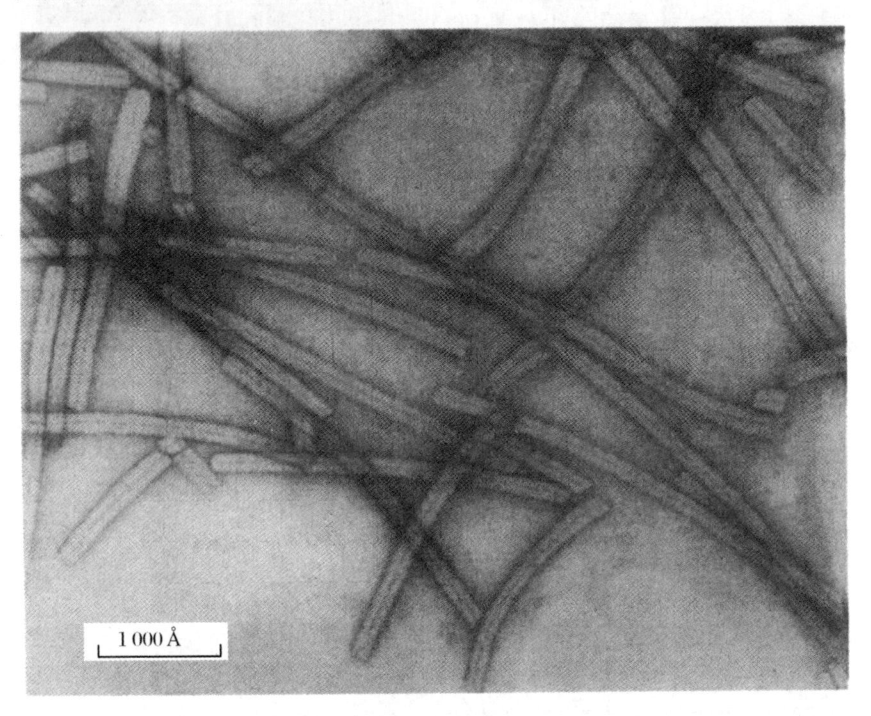

图2.164　烟草镶嵌病毒的电子显微像

电子显微像.病毒含有一个RNA链.可以把病毒碎成分散的蛋白亚单元和RNA，并且将前者重新聚集成不含RNA的病毒的典型的螺旋堆垛.对原先的病毒和重新聚合的颗粒进行的X射线结构分析可以得出它们的径向电子密度分布(图2.165).离颗粒轴4.0 nm处的极大在前者(含RNA)存在，在后者(不含RNA)不存在，这显然标示了RNA的位置.图2.166是根据X射线衍射和电子显微术数据得出的 *TMV* 模型. *TMV* 的外形为杆，长为300 nm、直径为17.0 nm，在杆内部4.0 nm直径处有一沟道.每一蛋白亚单元的分子量为17 420，它们全都是等同的.在 *TMV* 中有约2 140个这样的亚单元. *TMV* 的对

称性是 s_M，这里 $M=49/3$，即螺旋每 3 圈有 49 个亚单元. 螺距为 2.3 nm，周期为 3 个螺距，即6.9 nm. RNA 中核苷酸间距离约 0.51 nm，即链是不伸展的. *TMV* 集合体中必需的中间物是 *TMV* 盘. 一个盘由各含 17 个蛋白亚单元的双层环组成. 一叠盘成为病毒的前身，它利用病毒的 RNA 组合成螺旋结构.

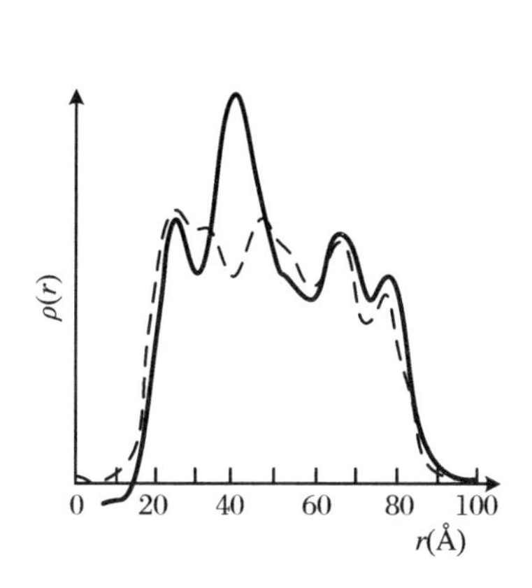

图 2.165 *TMV* 的径向电子密度分布(实线)和不含 RNA 的重新聚集的蛋白的电子密度分布(虚线)

在 4.0 nm 处的 *TMV* 曲线的极大值显示了 RNA 的位置[2.125]

图 2.166 *TMV* 中蛋白亚单元和 RNA 链的堆垛模型[2.126]

在特殊条件下可能把盘结晶成三维晶体. 对盘晶体的 X 射线结构分析已经确定了蛋白亚单元的结构及其堆垛细节[2.127]. 图 2.167a 是蛋白亚单元的电子密度图. 图 2.167b 是一个亚单元结构示意图. 图 2.167c 是一个亚单元中多肽链侧向投影的外形.

亚单元在杆状病毒中的堆垛是由它们的外形(它们沿着圆柱轴窄下来)和表面上的活性团位置预先决定的. 先自组合成盘，随后自组成稳定的螺旋结构.

在另一种球状(更严格说，二十面体)病毒中，核酸位于闭合蛋白壳层中. 由于它们的规则结构和近球状外形，这类病毒中有许多可形成良好的晶体并且常具有立方对称性. 这种晶体的周期可达200 nm. X 射线像上强斑点的排列说明在晶体中的病毒颗粒总体存在五重轴(图 2.168)，当然不是这些颗粒晶体本身存在五重轴. 球病毒的结构还通过电子显微镜进行了研究(图 2.169).

现在考虑由某种蛋白单元形成二十面体闭合壳层，即闭合外壳的可能方案. 这些单元组成的密堆平面层具有六配位(图2.170)，它可以作为上述壳层的平的二维材料模块. 图 2.170 中的三角形就可作为“图案”的单元，蛋白壳层的

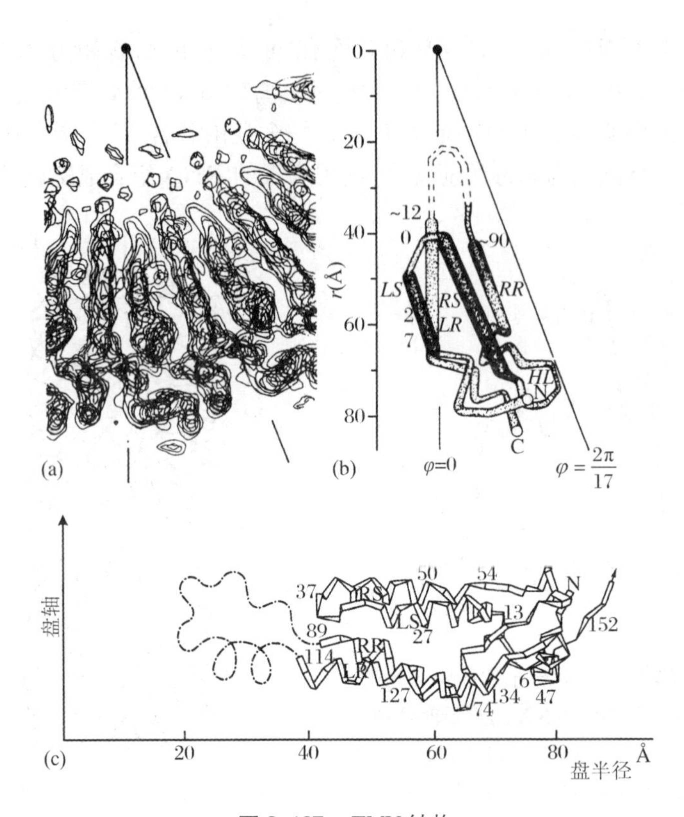

图 2.167　*TMV* 结构

(a) *TMV* 的一部分的电子密度分布;(b) 亚单元中 α 螺旋的排列[2.128];(c) 亚单元中多肽链的侧向投影[2.127]

弯折对应于它们的边. 一个由等边三角形组成的外形接近球状的多面体是二十面体，它具有最佳的体积/表面比(图 2.171a). 这样我们就得出:"球"病毒和其他朊球壳(图 2.171b,还可参阅本书卷 1,图2.50)具有二十面体对称性. 单个的蛋白分子一般是不对称的,因此蛋白的形貌单元(它在图 2.170 中常规地画为一个球)应该是 6 个蛋白分子组成的平面层,即它应该是六聚物(图2.172a). 同时要解释闭合二十面体壳的形成还需须使同样的分子形成五聚物,如图 2.172b 所示. 五聚物对应

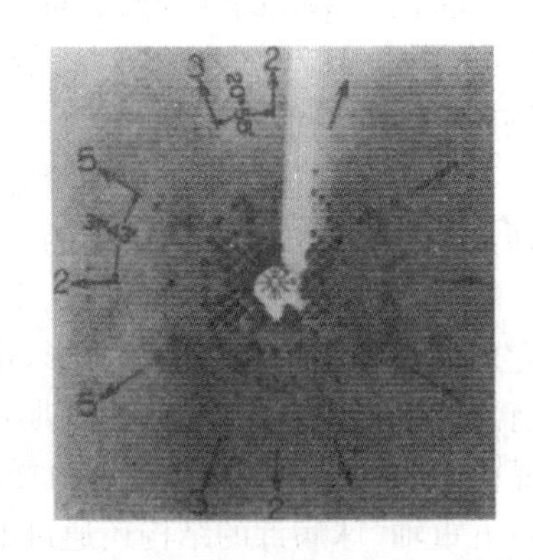

图 2.168　脊髓灰质炎病毒的 X 射线像沿箭头方向的强衍射的排列是由二十面体对称轴决定的[2.129]

于二十面体对称性表面上轴 5 的露头(图2.173,比较图 2.171b 和卷 1,图 2.50).

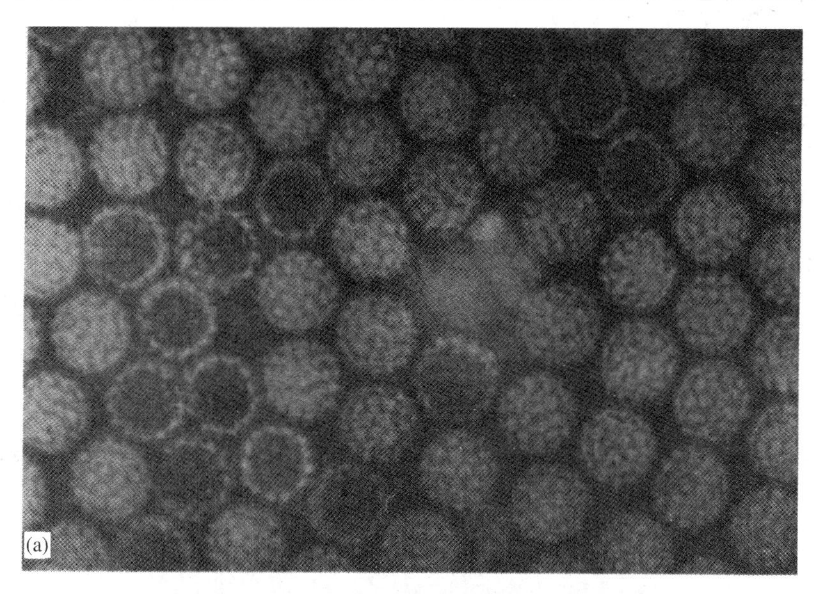

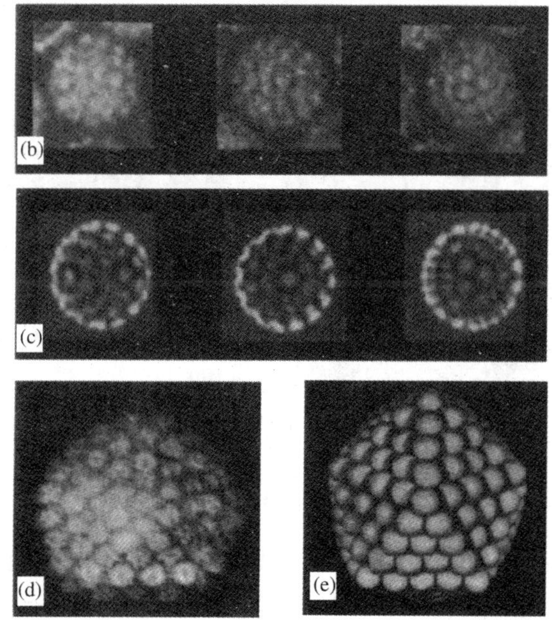

图 2.169 一些球病毒

(a) 人瘤病毒(×300 000)[2.130];(b) 不同取向下此病毒的颗粒像;(c) 这些颗粒像的计算机模拟,准确地定出轴 2,3 和 5 的存在[2.131];(d) 疱疹病毒;(e) 162个球组成的模型

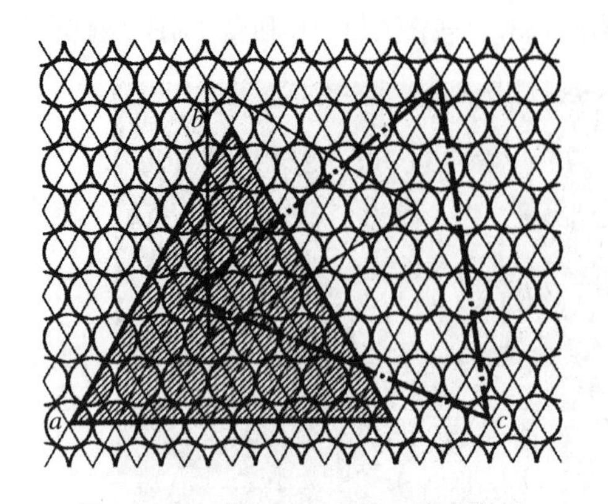

图2.170 球在一个平面上的密堆垛
图中的三角形是形成蛋白闭合外壳的可能的方案；a. 面通过限制形貌单元的球的中心；b. 面通过球心和两球之间；c. 歪斜的面

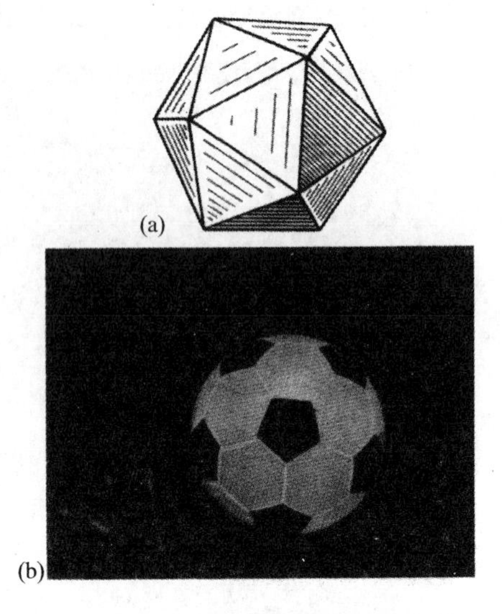

图2.171 二十面体(a)和按二十面体对称性看过去的足球(b)

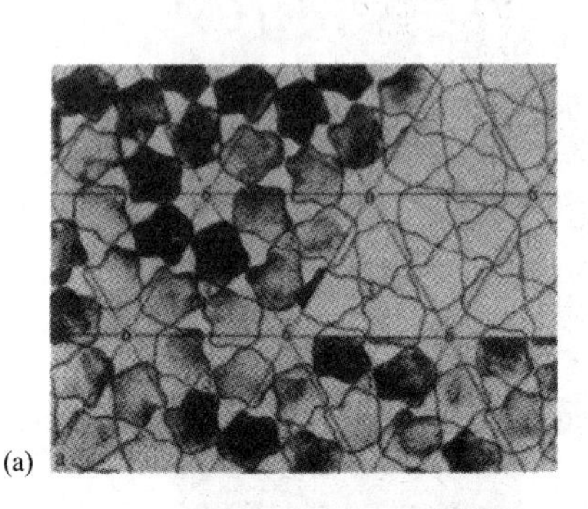

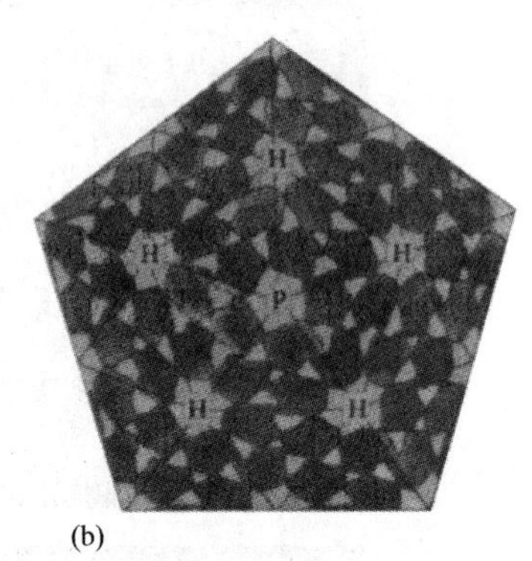

图2.172 不对称亚单元的六角堆垛的对称组合
(a) 亚单元聚集为六聚物(H)(每一六聚物对应图2.170上的一个球)；
(b) 形成二十面体时，除了六聚物(H)外，还出现五聚物(P)

病毒的六聚物和五聚物形貌单元可容易地由电子显微镜加以区别(图2.169.在某些病毒中还观察到三聚物或二聚物).图2.173是病毒颗粒壳层上五聚物和六聚物的可能的排列图形.在高分辨电子显微像(图2.169d)中有时候可以看到五聚物和六聚物的本征结构.图2.174是萝卜黄斑纹镶嵌病毒(*TYMV*)的壳结构，由电子显微术和X射线结果得出.此病毒的直径约30 nm，外壳由联合成 32 个形貌单元(12 个五聚物和 20 个六聚物)的 180 个亚单元组成.分子量为 550 万.所有亚单元都相同,分子量约 20 000.病毒按“金刚石”堆垛结晶成立方点阵,$a = 70.0$ nm,蛋白壳的厚度约 3.5 nm.内部的 RNA 折叠得很复杂,形成 32 个密集的组合,和形貌单元密切连接.

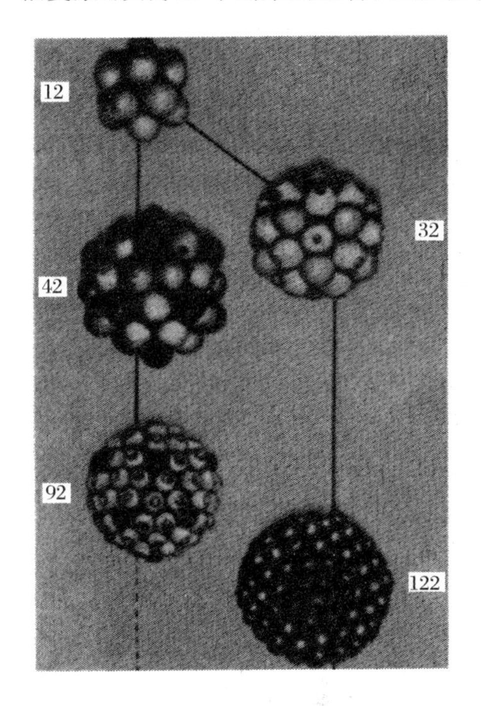

图 2.173 两种低数目二十面体类(左边 $P=1$,右边 $P=3$)中形貌单元(六聚物和五聚物)的排列

数字表示壳中的形貌单元数[2.126]

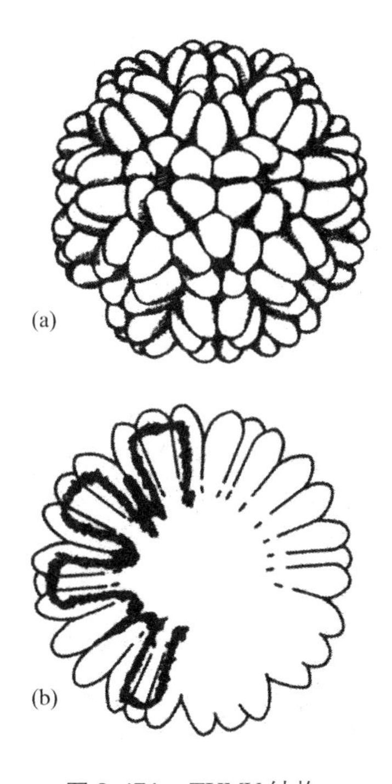

图 2.174 *TYMV* 结构

(a) 病毒外表面,180 个蛋白分子形成五聚物和六聚物[2.132];(b) RNA 的可能排列示意图[2.133]

建立二十面体壳结构的一般规则如下[2.126].从密排形貌单元平面切割下来的二十面体面可以划分为单元三角形(图 2.170).堆垛单元数和这些三角形的顶点数对应.一个二十面体有 20 个面,如果 T 是每个面上三角形划分数,即每个面上三角形的数目,则三角形总数为 $20T$.这样得到的二十面体多边形被称为 δ 多面体.图 2.175 是一些例子.三角形划分数 T 和图 2.170 上二十面体三角面的以下选择方式有关:$T = Pf^2$(f 是整数),$P = h^2 + hk + k^2$(h 和 k 是没有公因数的整数),因此可能的分类是 $P = 1,3,7,13,19,21,\cdots$ 对应的决定图上三角形取向的 h,k 分别是 0,1;1,1;1,2;1,3;2,3;1,4;….δ 多面体的种类可以有:

种类	$T=Pf^2$												
$P=1$	1		4		9			16			25		…
$P=3$		3				12						27	…
歪斜种类				7			13		19	21			…

在 $P=1$ 的种类中二十面体的生成面通过平面层中所有单元的中心(图 2.170①中的三角形 a 和图 2.175 左上第一个图形). 在 $P=3$ 的种类中,在另一个方便的方向上弯折并通过单元的中心和两球之间(图 2.170 中的三角形 b 和图 2.175 左上的第二个图形). 在一般的歪斜弯折场合 $P=7,13,19\cdots$(图 2.170

图 2.175　具有二十面体对称性的 δ 多面体("二十面体三角形物")
每个多面体表面共有 $20T$ 个相同三角形[2.126]

中的三角形 c 和图 2.175 中后面的 6 个图形). 这里 δ 多面体的三角形面有轻度的弯曲,严格说来,它不是"多面体". 外壳中蛋白分子(亚单元)数 M 是 $60T$. 它们连接成 12 个五聚物和 $10(T-1)$个六聚物. 形貌单元(六聚物和五聚物)的总数 $V=12+10(T-1)=10T+2$. $M=60T=12\times5+10(T-1)\times6=12\times5+(V-12)\times6$. 因此按上面表上的 T 值得到:

$$P=1,\quad V=12,42,92,162,252^{②},\cdots$$
$$P=3,\quad V=32,122,272,\cdots$$

图 2.173 是由形貌单元组成的模型($P=1$ 和 $P=3$),这些形貌单元和 δ 多面体

---

① 英文版误为图 2.17——译者注

② 俄文版、英文版误为 262.——译者注

顶点对应.

多数病毒属于种类Ⅰ,如噬菌体① $\phi X174$, $T=1$, $V=12$, $M=60$;多瘤病毒 $T=7$, $V=72$, $M=420$;疱疹和水痘病毒 $T=16$, $V=162$, $M=960$;兔肝炎病毒 $T=25$, $V=252$, $M=1\,500$. 种类Ⅱ的代表是番茄灌木矮小病毒(*TBSV*) $T=3$, $V=32$, $M=180$. 图 2.176 是根据电子显微结果得到的一些病毒的空间结构的三维重构像.

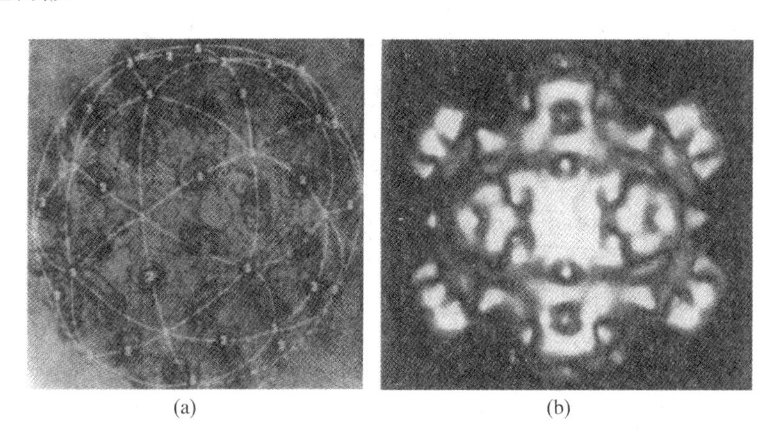

(a) (b)

图 2.176 球病毒的三维重构像

(a) *TBSV*(表面上有 $T=3$ 的阵列)[2.134];(b) 二十面体细菌瘤病毒 $\phi X174$(沿二重轴观察,外壳直径 26 nm)[2.135]

应该强调,上述平面层的"弯折"只具有形式上的几何意义,它仅指出 δ 多面体表面的结构和划分为三角形的平面层间的关系,而不是球病毒壳的自组合的实际特征. 自组合显然受堆积单元的依次连接和结晶的影响. 按照目前大家接受的观点,某些小病毒如 *TYMV* 的二十面体蛋白壳是遵循"全或零"的原则自组合成的. 较大的二十面体壳是分阶段形成的,例如腺病毒就是先形成蛋白壳的面,并且可以独立地存在. 这些面能联结成类似病毒壳的二十面体壳,但其中没有"五聚物",即位于五重轴的那些亚单元. 还有些病毒先形成一个小蛋白内囊,随后核酸沉积上去形成外壳.

近年来对病毒晶体的 X 射线结构研究已经弄清楚外壳亚单元中多肽链的分布. 例如番茄灌木矮小病毒(*TBSV*)结晶成立方空间群 $I23$, $a=38.32$ nm,晶胞含 2 个尺寸约 33.0 nm 的病毒颗粒. 病毒壳由 180 个亚单元($T=3$)组成,分子质量为 41 000 u. 为了获得 0.29 nm 分辨率,测得约 200 000 个天然晶体的衍

① 英文版将 phage(噬菌体)误为 phase. ——译者注

射以及2种重原子衍生物的许多衍射[2.136]. 亚单元由2个畴组成(图2.177a):

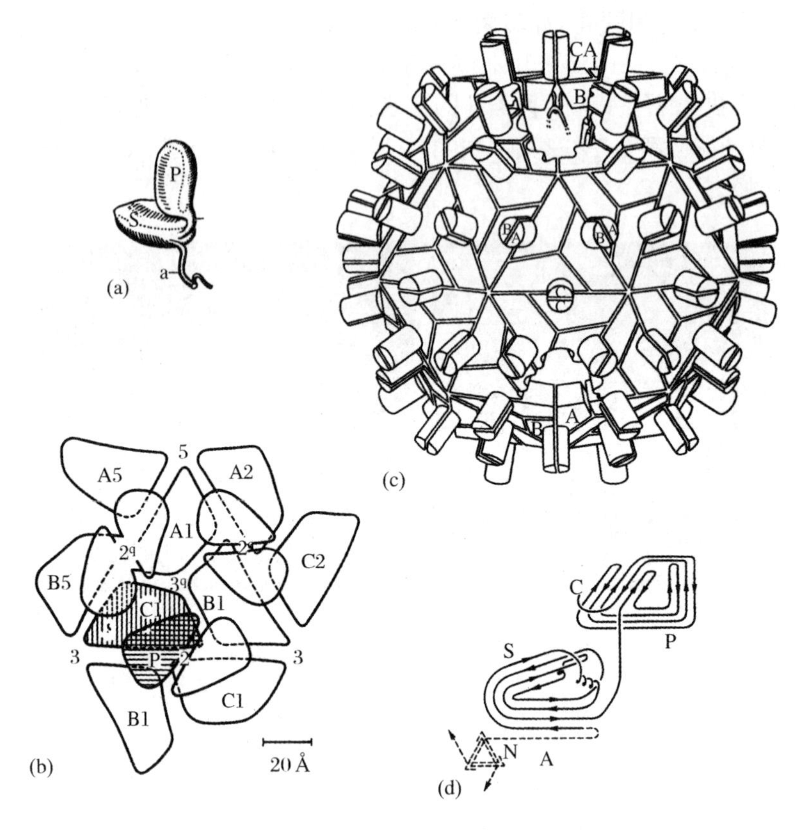

图2.177 *TBSV* 结构

(a) 由 P 和 S 畴以及N末端组成的蛋白亚单元外形;(b) 二十面体堆垛的非对称区中亚单元和它们的畴的堆垛, P 畴向外突起, 2, 3, 5表示对称轴出现的地点, 2^q, 3^q 是准对称轴出现的地点;(c) 病毒结构的总图;(d) 亚单元畴中多肽链的折叠图

畴 P(凸出部)和畴 S, 它们由一"铰链"连接, 并且另有一个N末端. 除了二十面体对称素(轴5, 3和2), 还有附加的准对称轴 3^q 和 2^q 联系着壳中的亚单元(图2.177b①). 畴 S 形成病毒表面(图2.177b, c), 而畴 P 粘附在表面上, 聚成许多对. 由 A, B, C 表示的亚单元畴 S 被准对称轴 3^q 关联着. A 围绕轴5、B 和 C 围绕轴3排列. 在亚单元中多肽链的折叠顺序由图2.177d表示, 在2个畴中多肽链形成反平行 β 结构. 傅里叶合成清楚地显示了含60个 C 亚单元的N末端, 它们围绕轴3把3个 C 亚单元连接起来. 另外120个亚单元(B 和 C)的N末端

① 英文版误为图2.177d. ——译者注

看不太清楚,它们显然是无序的并且深深地穿透到病毒颗粒之中,它们的功能可能是把蛋白壳和病毒内的 RNA 连接起来.

大家相信:某些球病毒的自组合需要有 RNA 的存在,因为它可作为蛋白结晶的一种"基体".但是,也可能在没有 RNA 的情形下重新聚合成某些球病毒的蛋白分子,这说明亚单元的形状对形成二十面体壳有高度适应性.另外,在不同条件下,某些球病毒的蛋白分子可以结晶成管状.

球病毒是严格服从对称性规律的最复杂的生物结构,但还有更复杂的系统,如噬菌体和细胞器.它们由许多种不同的分子(DNA、蛋白、脂类等组成),它们的某些组成单元有严格的结构规则性.

噬菌体的结构有重要的意义.它们由几个功能单元组成(图 2.178).它的头部含有核酸,它通过连接体和尾部连接.头壳具有多面体外形,显示出赝二十面体对称性.它由六聚物和五聚物组成.在带有可收缩尾巴的噬菌体中尾巴由细管状的芯和外鞘组成.在带有不可收缩尾巴的噬菌体中,尾巴由一种蛋白分子组成.两种情形下尾巴结构可以描述为由螺旋参量 p 和 q 决定的旋转堆垛的一叠盘.它的末端是带有向外延伸的原纤维的基板.

电子显微术和三维重构方法提供了噬菌体结构的最全面的信息[2.137—2.139](还可参阅卷 1,4.9.5 节).

图2.178是噬菌体的结构(还可看卷 1,图 4.113).图 2.179 是 *Buturicum* 噬

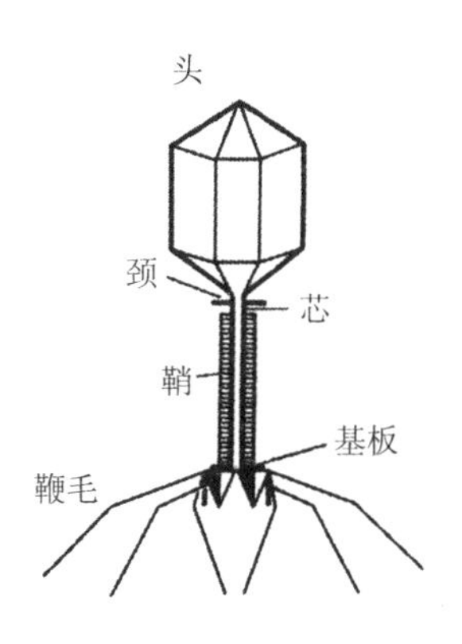

图 2.178 带有可收缩尾巴的噬菌体结构总图

图 2.179 *Buturicum* 噬菌体的不可收缩尾巴的三维重构图[1.139]

菌体的不可收缩的尾巴的模型.壳上的盘具有六重对称性,螺旋对称性是 $S_{3(1/6)}$ 6.大多数噬菌体带有可收缩尾巴,如所谓的偶 T 噬菌体($T2$,$T4$,$T6$)、$DD6$ 噬菌体、*Phy*-1 *E*. *Coli* *K*-12 噬菌体等[2.140,2.141].后者的结构和它的收缩后的结构变化见图 2.180.未收缩尾巴的直径等于 21.0 nm,盘中的分子数是 6,尾巴的对称性是 $D_{1/2}$6.三维重构图显示出尾巴表面上有二组螺旋沟槽以及鞘分子的二聚物结构(图 2.180c).

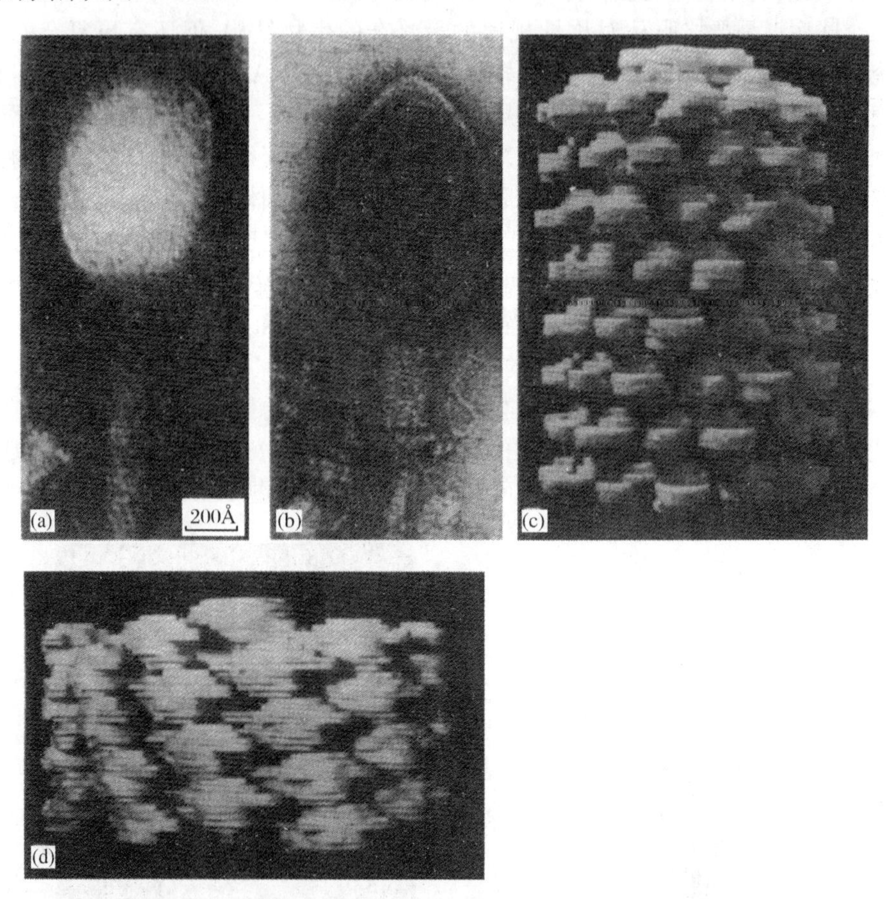

图 2.180 *Phy*-1 *E*. *Coli* *K*-12 噬菌体的电子显微像

(a) 未收缩状态;(b) 收缩状态;尾巴的三维重构图:(c) 未收缩状态;(d) 收缩状态(经 A. M. Michailov 同意)

噬菌体的可收缩的尾巴是自然界中的一种最简单的推进装置.在尾巴的收缩状态中它的直径从 21.0 nm 增大到 28.0 nm,显然是由于蛋白亚单元重新排列引起的(图 2.180b,d).收缩的尾巴的对称性是 $S_{11/1}$6.在未收缩结构中,鞘上的亚单元的长轴近似和圆周相切，而在收缩状态中亚单元在水平面上旋转，使长轴靠近径向方向（图 2.180d）. 亚单元的旋转以及它们向相邻“盘”状亚单元间间隙的填充是同时发生的[2.142、2.143]. 基板原纤维和细菌的接触触发了收缩过程. 这个过程中基板的蛋白亚单元也重新排列，如图 2.181 所示. 噬菌体尾巴的收缩使细管穿透细菌的细胞壁并且把噬菌体的核酸“注射”进去.

在细胞结构中对称性不起作用，但对称性在宏观尺度上表现在植物和动物结构组织和外形之中.

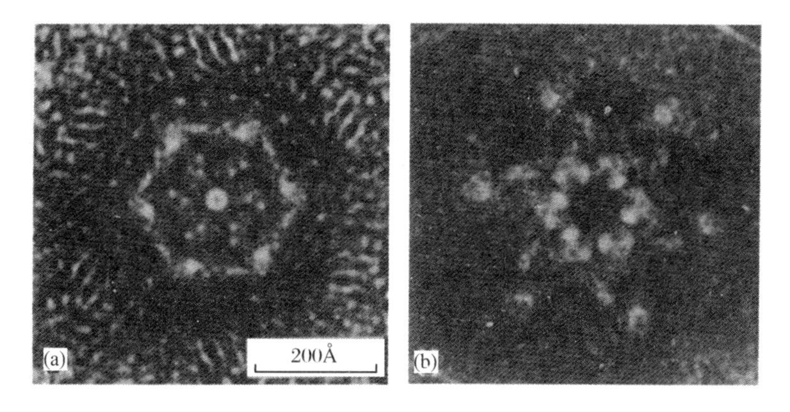

图 2.181　*Phy*-1 *E*. *Coli K*-12 噬菌体基板的电子显微像

(a) 未收缩的六角形态；(b) 尾巴收缩后的星状形态（经 A. M. Michailov 同意）

第 3 章

晶体的能带结构

晶体的许多物理现象由它们的电子能谱决定.有些现象和点阵周期场中电子的运动和点阵振动对电子的散射有联系.电介质、半导体和金属晶体的光、电、磁、磁场电流以及其他性质都和晶体电子能谱的性质、电子等能面的形状、点阵原子振动的特点以及这些振动频率的色散关系有着密切的联系.本章讨论晶体中电子的能谱.

电子能谱和电子等能面形状的最清晰的物理图像在晶体倒点阵空间,而不是在实际空间中才能获得.当然,和其他所有的性质一样,电子能谱和等能面形状本征地依赖于晶体的对称性.考虑晶体的空间对称性和电子的波动性后得出:倒空间划分为能带,它们的边界满足晶体中短的电子波的干涉条件.这样,晶体的能带结构和晶体对外来电子束或短波(如 X 射线)的散射具有共同的物理本质.追根到底,能带结构依赖于晶体中原子化学键的本质.电子的能带是现代晶体物理和量子电子学中基本的重要概念,它们在固体中电子现象的研究中得到广泛的应用.在晶体学的框架内也须要考虑能带结构.还要强调的是我们忽略晶体的点阵缺陷,先讨论理想的晶体.

3.1 理想晶体中电子的运动

3.1.1 薛定谔方程和波恩-卡曼边界条件

晶体中电子的稳态由薛定谔方程描述,利用哈特里自洽场方法得到下面的公式

$$\mathscr{H}\Psi_k = E\Psi_k. \tag{3.1}$$

这里系统的哈密顿算符为

$$\mathscr{H} = -\frac{\hbar}{2m}\nabla^2 + U(\boldsymbol{r}),\quad \hbar = \frac{h}{2\pi},$$

$U(\boldsymbol{r})$是电子在点阵周期场中的势能,Ψ_k 是波矢为 $\boldsymbol{k}$ 的电子态的波函数,$E=\varepsilon$ 是电子能量的本征值.波函数的模的平方 $\psi(\boldsymbol{r})\psi^*(\boldsymbol{r})=|\psi|^2$ 表示晶体内径矢 $\boldsymbol{r}$ 处出现电子的几率.(3.1)式常被称为单电子近似,因为晶体中电子和核的系统的很复杂的互作用问题已简化为单电子在平均周期外场中状态的求解问题.可以证明:如果 $U(\boldsymbol{r})$具有点阵的平移对称性,则(3.1)式的稳态解可以表示为

$$\psi_k(\boldsymbol{r}) = U_k(\boldsymbol{r})\exp(\mathrm{i}\boldsymbol{k}\cdot\boldsymbol{r}), \tag{3.2}$$

这里振幅 $U_k(\boldsymbol{r})$也具有晶体点阵的平移对称性.这就是所谓的布洛赫定理.在自由电子的场合,$U(\boldsymbol{r})$恒定,(3.2)式转变为自由电子波函数表达式

$$\psi_k(\boldsymbol{r}) = \mathrm{const}\,\exp(\mathrm{i}\boldsymbol{k}\cdot\boldsymbol{r}). \tag{3.3}$$

令

$$\boldsymbol{t} = p_1\boldsymbol{a}_1 + p_2\boldsymbol{a}_2 + p_3\boldsymbol{a}_3,$$

$$\boldsymbol{H} = h_1\boldsymbol{a}_1^* + h_2\boldsymbol{a}_2^* + h_3\boldsymbol{a}_3^*$$

分别表示正点阵和倒点阵的矢量,这里 $\boldsymbol{a}_1,\boldsymbol{a}_2,\boldsymbol{a}_3$ 和 $\boldsymbol{a}_1^*,\boldsymbol{a}_2^*,\boldsymbol{a}_3^*$ 是正、倒点阵的基矢.用 $\boldsymbol{k}_1=\boldsymbol{k}+2\pi\boldsymbol{H}$ 代替式(3.2)式中的 $\boldsymbol{k}$.并考虑到根据定义(本书卷 1,第 3 章)$\boldsymbol{H}t$ 等于整数,得到 $\psi_k(\boldsymbol{r})=\psi_{k_1}(\boldsymbol{r})$.这就是说,在倒点阵空间中电子波函数 $\psi_k(\boldsymbol{r})$和它的能量 $\varepsilon(\boldsymbol{k})$是周期为 $\boldsymbol{a}_1^*,\boldsymbol{a}_2^*,\boldsymbol{a}_3^*$ 的函数.在倒空间(或 k 空间)中波矢是确定的,并且满足

$$-\pi \leqslant \boldsymbol{k}\cdot\boldsymbol{a}_i \leqslant \pi \tag{3.4}$$

条件的区域被称为第一布里渊区($\boldsymbol{a}_i$ 是正点阵的基矢,$i=1,2,3$).立方点阵的第一布里渊区是立方,它的边长为 $2\pi/a$,根据(3.4)式得到

$$-\frac{\pi}{a} \leqslant k_i \leqslant +\frac{\pi}{a} \tag{3.5}$$

在 3.2 节中我们将讨论建立布里渊区的普遍规则,(3.4)式是一个特例.

解薛定谔方程[(3.1)式]时我们使用玻恩-卡曼边界条件.相应地,电子波函数(3.2)式在径矢改变量为正点阵晶胞基矢整数 N 倍(即 $N\boldsymbol{a}_i$)时也不变.利用(3.2)式和振幅 $U_k(\boldsymbol{r})$的平移对称性,可将玻恩-卡曼条件表示为

$$\boldsymbol{k}\cdot\boldsymbol{a}_i = \frac{2\pi}{N}g_i. \tag{3.6}$$

容易看出:条件(3.6)相当于波矢在布里渊区内在基矢上的投影只能取 N 个间断值.由(3.4)式和(3.6)式得到

$$-\frac{N}{2} \leqslant g_i \leqslant +\frac{N}{2}. \tag{3.7}$$

由于 N 可以任意大,布里渊区可以看做是准连续的.

将波函数(3.3)代入(3.1)式,得到自由电子的能量和动量为

$$E = \frac{\hbar^2k^2}{2m}, \quad \boldsymbol{p} = \hbar\boldsymbol{k}. \tag{3.8}$$

这样,自由电子的动量和波矢方向一致并且二者通过(3.8)式简单地联系起来.自由电子相当于以波矢 $\boldsymbol{k}$ 在空间匀速运动的波,其速度为

$$\boldsymbol{v} = \hbar\frac{\boldsymbol{k}}{m} = \frac{1}{\hbar}\frac{\mathrm{d}\varepsilon}{\mathrm{d}\boldsymbol{k}} \tag{3.9}$$

根据(3.8)式,自由电子能量满足经典关系

$$\varepsilon = \frac{mv^2}{2}.$$

在波矢空间,自由电子的等能面是一个球.

对于在晶体中运动的电子来说,能量 ε 和波矢 $\boldsymbol{k}$ 的关系通常更为复杂.由于薛定谔方程[(3.1)式]在时间变号时不变,$\varepsilon(\boldsymbol{k})=\varepsilon(-\boldsymbol{k})$.这意味着在相应布里渊区内定义的电子的等能面 $\varepsilon=\varepsilon(\boldsymbol{k})$有对称中心.可以证明,晶体中电子等能面 $\varepsilon=\varepsilon(\boldsymbol{k})$具有晶体的所有点群对称素,此外,还有一个对称中心.如果 $\boldsymbol{k}=\boldsymbol{k}_0$ 的极大点或极小点不是简并点,则能量 ε 在此点的附近可以按波矢的投影展开为级数,在准确到二次项时得到

$$\varepsilon(\boldsymbol{k}) = \varepsilon(\boldsymbol{k}_0) + \frac{1}{2}\sum_{ij}\left(\frac{\partial^2 \varepsilon}{\partial k_i \partial k_j}\right)_{k=k_0}(k_i - k_{i0})(k_j - k_{j0}). \quad (3.10)$$

这里对称的二阶张量$\partial^2\varepsilon/\partial k_i\partial k_j$ 被称为倒有效质量张量:

$$(m_{ij}^*)^{-1} = \frac{1}{\hbar^2}\left(\frac{\partial^2 \varepsilon}{\partial k_i \partial k_j}\right)_{k=k_0}. \quad (3.11)$$

如将(3.11)式约化为对角张量,得到对角分量

$$(m_i^*)^{-1} = \frac{1}{\hbar^2}\left(\frac{\partial^2 \varepsilon}{\partial k_i^2}\right),$$

引入准动量

$$\boldsymbol{p} = \hbar(\boldsymbol{k} - \boldsymbol{k}_0) \quad (3.12)$$

后(3.10)式转变为

$$\varepsilon(\boldsymbol{k}) = \varepsilon(\boldsymbol{k}_0) + \sum_i \frac{\hbar^2 k_i^2}{2m_i^*} = \varepsilon(\boldsymbol{k}_0) + \sum_i \frac{p_i^2}{2m_i^*} \quad (3.13)$$

(3.13)式和(3.8)式类似,由此看到 m_i^* 和 p_i 具有质量和动量的量纲.由(3.13)式可见,电子的动能中包含“各向异向”的质量.显然质量的“各向异性”是晶体各向异性的直接结果,它是描述晶体点阵周期场中电子运动的一种方便的方法.自由电子的倒有效质量张量的3个分量相同,因此自由电子的有效质量

$$m^{-1} = \frac{1}{\hbar^2}\frac{\partial^2\varepsilon}{\partial k_x^2} = \frac{1}{\hbar^2}\frac{\partial^2\varepsilon}{\partial k_y^2} = \frac{1}{\hbar^2}\frac{\partial^2\varepsilon}{\partial k_z^2}$$

等于电子的实际质量并且和波矢,即运动方向无关.显然可见,在晶体中运动的电子的质量一般不等于它的实际质量.电子的有效质量概念在半导体物理中有重大意义,例如电导和其他现象都和晶体中电子的输运有关.

由(3.13)式得出:倒空间(k 空间)中电子的等能面在极值点区域是封闭的,在极值点($\boldsymbol{k}=\boldsymbol{k}_0$)附近是椭球面.如极值点不和晶体的对称素重合(即它们

处在一般位置上),按照晶体的对称性,在布里渊区内必然有更多这样的椭球面.在立方晶体中椭球面的数目最多为 48.如上所述,$\varepsilon=\varepsilon(\boldsymbol{k})$是倒点阵空间的周期函数,因此这样的封闭的等能面(特别是其中的椭球面)系统必须在倒点阵空间中周期性地重复.由此显然可见,能量极小和极大的封闭的曲面之间存在在倒点阵空间中延伸的开放的曲面.在 3.3 节中我们将更详细地考虑一些简单的封闭和开放的等能面.

晶体中电子的运动受点阵周期场影响交替地减速和加速.因此按照(3.9)式给出的电子瞬时速度 $\boldsymbol{v}^*=\boldsymbol{p}/m$ 不是常数.然而,如果引入平均电子速度的概念,它将是常数.平均速度在数值上等于对应(3.2)式的波函数的波包重心的速度.实际上根据量子力学原理,波包重心的运动等价于一个经典粒子,它受到的恒定力等于力场的平均值.由于晶场的平均值是零,因此引入的和稳态(3.2)式对应的平均电子速度是恒定的.如果我们假设这样引入的平均电子速度 $\boldsymbol{v}$ 在数值上等于平面波包的群速度,则由熟悉的公式得到

$$\boldsymbol{v}=\frac{\partial\omega}{\partial\boldsymbol{k}}=\frac{1}{\hbar}\frac{\partial\varepsilon}{\partial\boldsymbol{k}},\tag{3.14}$$

这里利用了 $\varepsilon=\hbar\omega$.此式的严格推导须要对电子的稳态[(3.2)式]的 $\boldsymbol{p}/m$ 的值进行量子力学的平均.比较(3.9)式和(3.14)式可以看出对晶体中的电子来说,波矢 $\boldsymbol{k}$ 的方向一般不和速度 $\boldsymbol{v}$ 重合,因为波[(3.2)式]的相速和群速间有差别.从电子的平均速度的定义(3.14)式清楚地看出:能量极小值附近速度 $\boldsymbol{v}$ 的方向和等能面外法线方向一致,而在极大值附近则和内法线一致,即速度和波矢方向相反.由于在布里渊区内的等能面及其整体具有对称中心,$\varepsilon(-\boldsymbol{k})=\varepsilon(\boldsymbol{k})$,根据(3.14)式,$\boldsymbol{v}(-\boldsymbol{k})=-\boldsymbol{v}(\boldsymbol{k})$,因此对布里渊区内所有波矢来说电子速度之和等于零.这样,在无外场时,通过晶体的总电流是零.

设晶体中的电子受到外力 $\boldsymbol{F}$ 的作用,波矢 $\boldsymbol{k}$ 发生改变,引起平均速度 $\boldsymbol{v}(\boldsymbol{k})$、能量 $\varepsilon(\boldsymbol{k})$和由波函数(3.2)式描述的布里渊区内状态的改变.当力 $\boldsymbol{F}$ 足够小而不引起带间跃迁时,电子平均速度的改变,即它的加速度

$$\frac{\mathrm{d}\boldsymbol{v}}{\mathrm{d}t}=\frac{1}{\hbar}\frac{\mathrm{d}}{\mathrm{d}t}\frac{\partial\varepsilon(\boldsymbol{k})}{\partial\boldsymbol{k}}.\tag{3.15}$$

或

$$\frac{\mathrm{d}v_i}{\mathrm{d}t}=\frac{1}{\hbar}\frac{\mathrm{d}}{\mathrm{d}t}\left(\frac{\partial\varepsilon}{\partial k_i}\right)=\frac{1}{\hbar}\sum\frac{\partial^2\varepsilon}{\partial k_i\partial k_j}\frac{\mathrm{d}k_j}{\mathrm{d}t}.\tag{3.16}$$

另一方面,根据能量守恒定律

$$\frac{\mathrm{d}\varepsilon(\boldsymbol{k})}{\mathrm{d}t}=\frac{\partial\varepsilon}{\partial\boldsymbol{k}}\frac{\mathrm{d}\boldsymbol{k}}{\mathrm{d}t}=\boldsymbol{v}\cdot\boldsymbol{F}\tag{3.17}$$

和(3.14)式,我们得到运动方程

$$\hbar \frac{\mathrm{d}\boldsymbol{k}}{\mathrm{d}t} = \boldsymbol{F}. \tag{3.18}$$

比较(3.16)式和(3.18)式后得到最终形式的运动方程如下：

$$\frac{\mathrm{d}\boldsymbol{v}}{\mathrm{d}t} = (m^*)^{-1}\boldsymbol{F}. \tag{3.19}$$

这里倒有效质量张量$(m^*)^{-1}$和前面引入的张量[(3.11)式]是一致的，条件是电子能量和准动量有(3.10)式那样的二次方关系.这样就可以把经典形式赋予晶体中电子的运动方程，只要把电子的标量质量的倒数代之以倒有效质量张量$(m^*)^{-1}$，将自由电子的动量代之以准动量 $\hbar\boldsymbol{k}$.这样的替代实际上表示已经自洽地包含了运动电子和晶体的点阵场的交互作用.从(3.19)式清楚地看到，由于这一相互作用，电子加速度方向一般和作用的外力(如作用在晶体上的电场)方向不一致.

3.1.2 电子的能谱

波函数(3.2)式周期性导致倒点阵空间划分为准连续的能区，对应于晶体周期场中电子能谱中的能带.我们还将进行进一步的讨论，这里我们只指出能带的形成(它们一般被禁带分开)是量子力学不确定原理

$$\Delta\varepsilon\Delta t \approx \hbar \tag{3.20}$$

的结果，这里 Δt 是电子局限于某一固定阵点近旁的时间，$\Delta\varepsilon$ 是可能的能量的范围(带宽).在孤立原子中，电子的局域化的时间无限长，按照(3.20)式，能量值是分立的.当原子逐步靠近形成晶体点阵时，由于电子可通过隧道效应穿透分开的相邻原子间的势垒，局限化的时间是有限的.隧穿的几率 W 可以粗略地估计(设势垒为矩形)如下：

$$W \approx 10^{16}\exp\left(-\frac{2}{\hbar}\sqrt{2mul}\right). \tag{3.21}$$

这里 u，l 是势垒的高和宽，m 是自由电子质量.对价电子，$u \approx 10\ \mathrm{eV}$，$l = 10^{-8}\ \mathrm{cm}$，得到 $W \approx 10^{15}\ \mathrm{s}^{-1}$，相应的电子局限于原子范围的 $\Delta t \approx W^{-1} \approx 10^{-15}\mathrm{s}$ [按照(3.21)式].根据(3.20)式，这引起价电子能级扩展为能带，能带宽 $\Delta\varepsilon \approx \hbar/\Delta t \approx 1\ \mathrm{eV}$.可以类似地说明原子的内壳层电子也是非局域化的.在晶体中这些电子也和有限宽度的能带相联系，随着壳层由外向内，能带不断变窄.电子的稳态对应于电子在所有阵点上等几率的分布，这使得电子能级分裂为准连续的能带.如果原子中的能级是填满的，和此能级对应的能带的所有 N^3 个电子态(忽略自旋)也被电子填满，即能带是完全填满的.如果原子的能级是空的或部分填充的，对应的能带也是空的或部分填充的.

容易看出完全满的带中的电子对晶体电导没有贡献.按照(3.18)式,作用在晶体的电场改变电子的状态,即它的波矢.如果带中所有状态都被电子占据,根据泡利原理,电场不能把电子从一个状态转到另一个状态,即不能使之加速.因此,只有部分填充的能带中的电子参与电导.

作为例子,图3.1显示:Li的体心立方点阵形成时电子能级如何转化为相应的1s和2s能带.由于Li原子1s能级有2个电子,2s能级有一个电子,因此1s带是完全填满的,2s带只是部分填充的.在图3.1中2s带的部分填充的部分用斜线表示.根据(3.20)式,2s带宽,1s带窄.金属Li的电导来源于2s带的电子.金属的可能的能带结构不限于上述情形.晶体的金属电导可以来自一个空带和一个满带的重叠.空带和满带不重叠时形成电介质或半导体.这时,晶体的电导来源于电子的带间跃迁,即在热或光(内光电效应)的作用下电子从满带跃迁到空带.电子从满带转移到空带后,满带中出现空的位置,即出现空穴.这样晶体的电导不仅可以来自进入空带的电子,还可以来自近满带中电子在状态间的重新分布.可以严格地论证:在近满带中电子的运动等价于有效质量一般和电子不同的带正电的空穴的运动.晶体电导的电子分量和空穴分量(n型和p型电导)以及主要载流子的符号由霍耳效应以及磁场电流效应,热磁效应确定(见本书卷4,即文献[1.7],第7章).

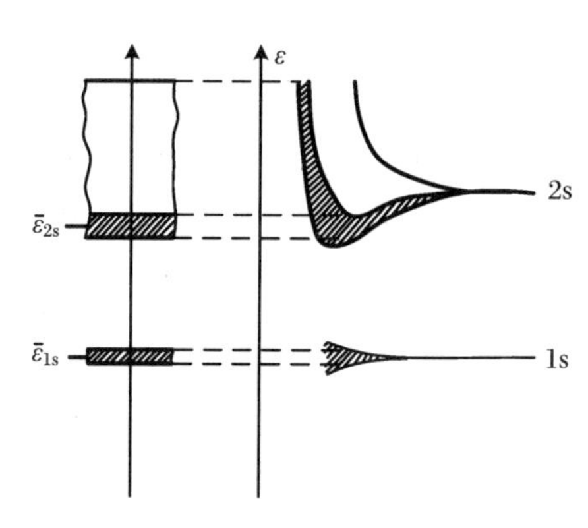

图3.1 Li中能带的形成

3.2 布里渊区

3.2.1 弱键近似下的电子能谱

如上所述,晶体中一个电子的能量 ε 是波矢 $\boldsymbol{k}$ 的周期函数.由此得出倒点阵空间应划分为许多区域,各区内 ε 具有相同的能量值 $\varepsilon(\boldsymbol{k})$.这些布里渊区可以通过近自由电子近似下解薛定谔方程[(3.1)式]而获得.

将波函数(3.2)式代入薛定谔方程[(3.1)式]并约掉 $\exp(\mathrm{i}\boldsymbol{k}\cdot\boldsymbol{r})$项,得到振幅 $U_k(\boldsymbol{r})$的下列方程

$$\left[\varepsilon_k-\frac{\hbar^2k^2}{2m}-U(\boldsymbol{r})\right]U_k=-\frac{\hbar^2}{2m}\nabla^2U_k-\frac{\mathrm{i}\hbar^2}{m}(\boldsymbol{k}\cdot\nabla U_k).\tag{3.22}$$

由于电子的势能 $U(\boldsymbol{r})$是周期函数,它可以展开为傅里叶级数

$$U(\boldsymbol{r})=\sum_{H\neq0}U_H\exp[2\pi\mathrm{i}(\boldsymbol{H}\cdot\boldsymbol{r})].\tag{3.23}$$

上式包含正和负两个方向上的倒点阵矢量,由于 $U(\boldsymbol{r})$是实函数,因此 $U_{-H}=U_H$.此外,(3.23)式中取 $U_{000}=0$.类似地把周期性振幅 $U_k(\boldsymbol{r})$展开为傅里叶级数:

$$U_k(\boldsymbol{r})=\sum_{H'}a_{H'}\exp[2\pi\mathrm{i}(\boldsymbol{H}'\cdot r)].\tag{3.24}$$

这里 $\boldsymbol{H}'=m_1\boldsymbol{a}_1^*+m_2\boldsymbol{a}_2^*+m_3\boldsymbol{a}_3^*$ 是倒点阵矢.将(3.23)式和(3.24)式代入(3.22)式,得到方程:

$$\begin{aligned}&\sum_{H'}\left[\varepsilon_k-\frac{\hbar^2}{2m}(\boldsymbol{k}+2\pi\boldsymbol{H}')^2\right]a_{H'}\exp[2\pi\mathrm{i}(\boldsymbol{H}'\cdot\boldsymbol{r})]\\&\quad-\sum_{H'}\sum_{H\neq0}U_Ha_{H'}\exp[2\pi\mathrm{i}(\boldsymbol{H}'+\boldsymbol{H})\cdot\boldsymbol{r})]=0.\end{aligned}\tag{3.25}$$

(3.25)式中的倒点阵矢 $\boldsymbol{H}'+\boldsymbol{H}$ 可以用 $\boldsymbol{H}'$代替,条件是相对 m 的求和也由相对 $m-h$ 的求和所代替.这样 $\exp[2\pi\mathrm{i}(\boldsymbol{H}'\cdot\boldsymbol{r})]$的系数之和应该是零.由此得出下面的一套代数方程式:

$$\left[\varepsilon_k-\frac{\hbar^2}{2m}(\boldsymbol{k}+2\pi\boldsymbol{H}')^2\right]a_m-\sum_{h\neq0}U_Ha_{H'-H}=0.\tag{3.26}$$

原则上我们可由上式确定能量 $\varepsilon_k=\varepsilon_k(\boldsymbol{k},U_H)$和(3.24)展开式的系数 $a_H=a_m=a_m(\boldsymbol{k},U_H)$.

现在考虑在点阵的弱周期场中的电子,这时哈密顿算符[(3.1)式]中电子势能 $U(\boldsymbol{r})$比电子动能小得多(近自由电子近似).这样,(3.23)式中的系数 U_H 可看做一级小量.同样近似下(3.24)式中的 $a_{m\neq0}$ 也是一级小量. $a_{m\neq0}\ll a_0$.注意 a_0^2 是自由电子波函数的模量的平方.忽略(3.26)式求和号内的二级小量,即删除下角标 $h>m$ 的各项,设能量 $\varepsilon_k=\varepsilon_0=\hbar^2k^2/2m$ 等于自由电子的能量并归一化 $a_0=1$,得到

$$a_{m\neq0}=-\frac{m}{2\pi\hbar^2}\frac{U_m}{\pi(\boldsymbol{H}')^2+(\boldsymbol{H}'\cdot\boldsymbol{k})}.\tag{3.27}$$

这一套 $a_{m\neq0}$ 的系数可以看做电子和阵点的弱键引起的对自由电子波函数(3.3)式的线性修正.从(3.26)式可以类似地得到对自由电子能量 ε_0 修正 $\Delta\varepsilon(\varepsilon=\varepsilon_0+\Delta\varepsilon)$:

$$\Delta\varepsilon = -\frac{m}{2\pi\hbar^2}\sum_{H\neq 0}\frac{|U_H|^2}{\pi \boldsymbol{H}^2 + (\boldsymbol{H}\cdot\boldsymbol{k})}, \tag{3.28}$$

这是一个平方项.

从(3.27)和(3.28)式可以看到波矢的值满足关系

$$\pi \boldsymbol{H}^2 + (\boldsymbol{H}\cdot\boldsymbol{k}) = 0 \tag{3.29}$$

时,能量修正 $\Delta\varepsilon$ 和系数 a_m 趋向无穷大.这意味着接近由(3.29)式定义的倒空间中的平面时,电子运动的性质发生剧变.可以证明在这个平面上电子能量发生等于 $2|U_H|$ 的跳跃,作为一级近似,能量 ε_k 和波矢的关系为

$$\varepsilon_k = \frac{\hbar^2 k^2}{2m} \pm |U_H|, \tag{3.30}$$

在一维情形,$\boldsymbol{H} = \pm h\boldsymbol{k}/a$,这里的 a 是正"点阵"的周期,此时(3.29)式简化为

$$k = \pm\pi\frac{h}{a}, \quad h = 1,2,3\cdots, \tag{3.31}$$

图 3.2 表示和(3.30)式对应的 ε_k 和波矢 $\boldsymbol{k}$ 的平方依赖关系.在 $-\pi/a<k<+\pi/a$ 的范围内部,有抛物线关系,对应于自由电子.在 $k=\pm\pi/a$, $\pm 2\pi/a$, $\pm 3\pi/a\cdots$ 处电子能量出现不连续,引起能带的形成,如图 3.2 所示.电子能量是波矢的周期函数,使波矢的轴分段(或带),在各分段中能量周期地具有相同的值.第一带的范围为 $-\pi/a<k<+\pi/a$.第二带的范围是从 $-2\pi/a<k<+2\pi/a$ 中减去第一带,如此等等.每一带的"体积"(或长度)都等于 $2\pi/a$.这样得到的带称为一维布里渊区.由于能量是波矢的周期函数,$\varepsilon=\varepsilon(\boldsymbol{k})$ 的关系通常都归入第一布里渊区,这时波矢的变化只限于 $-\pi/a<k<+\pi/a$ 的范围内.这就是约化的波矢区,波矢 $\boldsymbol{k}$ 本身和相应的能带也相应地成为约化波矢和约化能带.

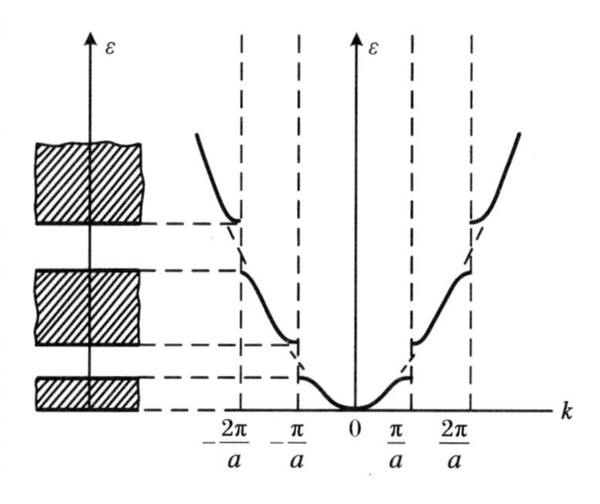

图 3.2 晶体中电子能量和波矢的关系

在三维倒空间中布里渊区是多面体,界面满足(3.29)式.围绕点 $k=0$ 的倒空间的最小多面体是第一布里渊区.第二、第三和以后的布里渊区的定义方法和一维情形相同.

3.2.2 布里渊区的面和劳厄条件

布里渊区的面满足(3.29)式,容易看出这等价于晶体中短波干涉的劳厄条

件.劳厄条件的形式是

$$\boldsymbol{k} - \boldsymbol{k}_0 = 2\pi\boldsymbol{H}. \tag{3.32}$$

这里 $\boldsymbol{k}_0$ 和 $\boldsymbol{k}$ 是入射和散射波矢,$\boldsymbol{H}$ 是倒点阵矢,$|k|=|k_0|=2\pi/\lambda$.把 $\boldsymbol{k}_0$ 搬到(3.32)式的右边,对等式两边取平方,就得到(3.29)式.图3.3画出倒空间中的反射球,其中的倒点阵矢 $\boldsymbol{H}(\overrightarrow{OS})$ 等于矢量 $\boldsymbol{k}/2\pi$ 和 $\boldsymbol{k}_0/2\pi$ 之差.显然平面 AB(过球心、垂直于 $\boldsymbol{H}$)是反射面,它按照布拉格-乌耳夫公式满足(3.32)式.由于(3.32)式和(3.29)式完全等价,平面 AB 同时是布里渊区的一个面.这样,对应于 $\boldsymbol{H}=h_1\boldsymbol{a}_1^*+h_2\boldsymbol{a}_2^*+h_3\boldsymbol{a}_3^*$ 的布里渊区界面是电子波的反射面.在正空间中,这个面的指标是 $h:k:l$(或 $h_1:h_2:h_3$).图3.3是正方点阵布里渊区作图规则的示例.坐标原点($k=0$)由直线和最近的倒阵点相连.通过这些直线的中点作垂直平面,它们相交起来形成第一布里渊区.下一批次近的倒阵点又确定下一批界面,依次类推.可以证明所有布里渊区的体积都等于$(2\pi)^3/\Omega_0$,这里 Ω_0 是晶胞体积.

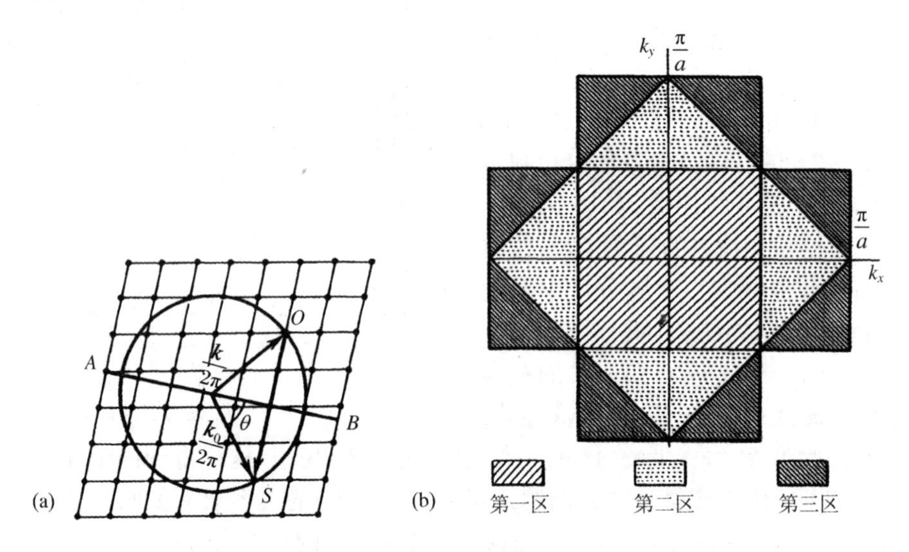

图3.3 布里渊区作图法
(a) 倒空间中的反射球;(b) 平面点阵的布里渊区

作为例子,我们考虑周期为 a_1 和 a_2 的初基正交平面点阵.把倒点阵矢 $\boldsymbol{H}=(h_1/a_1)\boldsymbol{a}'^*_1+(h_2/a_2)\boldsymbol{a}'^*_2$ ①和波矢 $\boldsymbol{k}=k_x\boldsymbol{a}'^*_1+k_y\boldsymbol{a}'^*_2$ 代入(3.29)式,得到 k 空间二维布里渊区的界线的方程:

① $\boldsymbol{a}'^*_1$ 和 $\boldsymbol{a}'^*_2$ 是倒空间单位矢量.——译者注

$$
k_x \frac{\frac{h_1}{a_1}}{\pi\left(\frac{h_1^2}{a_1^2}+\frac{h_2^2}{a_2^2}\right)} + k_y \frac{\frac{h_2}{a_2}}{\pi\left(\frac{h_1^2}{a_1^2}+\frac{h_2^2}{a_2^2}\right)} = -1. \tag{3.33}
$$

由(3.33)式可见,第一布里渊区的界线是 $k_x = \pm\pi/a_1$ 和 $k_y = \pm\pi/a_2$,它的"体积"(或面积)相应地等于$(2\pi)^2/S_0$,$S_0 = a_1 a_2$ 是正点阵的晶胞面积.图 3.3 画出了 $a_1 = a_2$ 平面点阵的前 3 个布里渊区.

根据(3.29)式可以作出所有 14 种布拉菲点阵的布里渊区.图 3.4 到图 3.6 画出了三种立方点阵(简立方、体心立方、面心立方)的前 2 个布里渊区.简单立方的倒点阵也是简立方,第一布里渊区是立方体(图 3.4a),它的六个面由平面 $k_x = k_y = k_z = \pm\pi/a$ 组成,它的体积相应地等于$(2\pi/a)^3$:简立方点阵的第二布里渊区是包围立方体的菱形十二面体(图 3.4b).第二带的状态处于立方体和菱形十二面体之间的倒空间.第二个和以后的带的体积等于$(2\pi/a)^3$.体心立方点阵的倒点阵是面心立方,这里每一倒阵点被 12 个最近邻点包围,第一布里渊区的 12 个面形成菱形十二面体(图 3.5a).体心立方点阵的第二布里渊区处于菱形十二面体和包围它的立方八面体之间(图 3.5b).图 3.6 画出了面心立方点阵的第一和第二布里渊区.

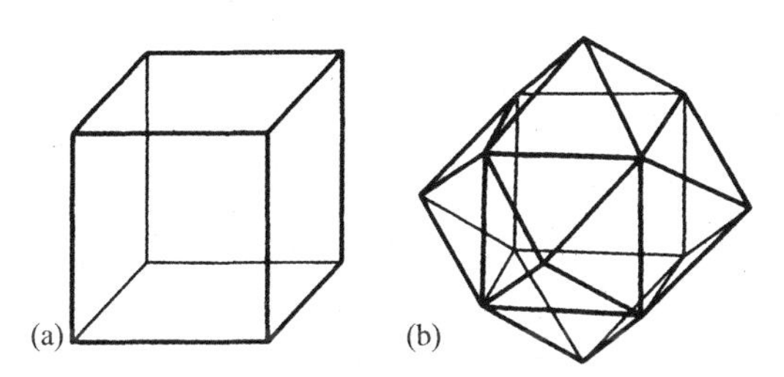

图3.4 简立方点阵的第一(a)和第二(b)布里渊区

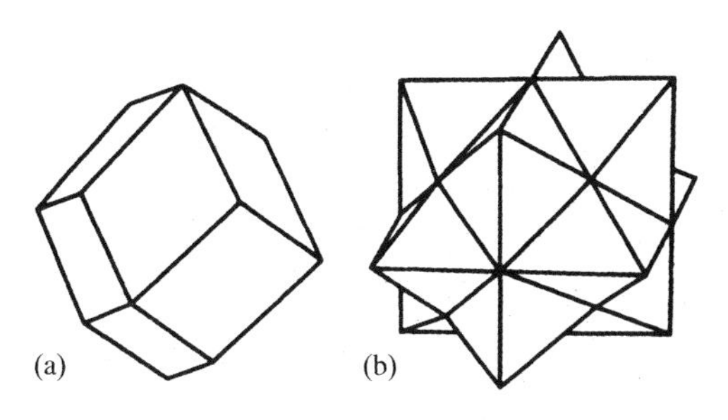

图 3.5 体心立方点阵的第一(a)和第二(b)布里渊区

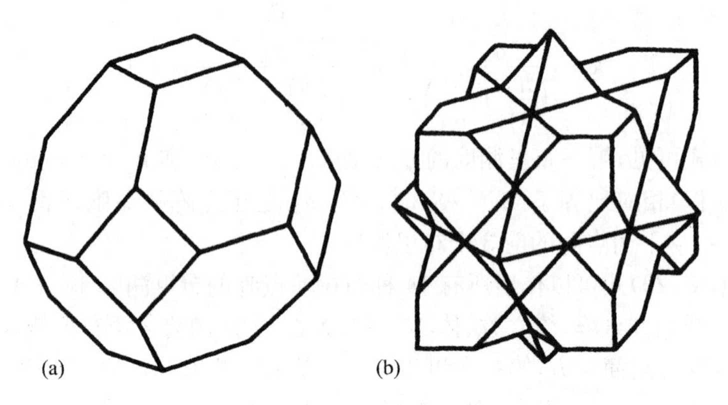

图 3.6 面心立方点阵的第一(a)和第二(b)布里渊区

3.2.3 带边界和结构因子

前已指出,在满足条件(3.29)式的布里渊区界面上,电子能量发生跳跃.在特定情况下,这种跳跃也可以不发生.这时从一个带到下一个带电子的能量是连续的,因为两个相邻的布里渊区重叠.(3.29)式可以看做类似劳厄条件那样的电子波的干涉条件,因此可以引入晶体电子的散射因子 ϕ_H的概念.我们现在论证,ϕ_H趋于零等价于相应的能带边界不存在.

如果在晶体的每个晶胞中有 n 个等同的原子,一个电子的能量可以表示为它和晶胞内每个原子的作用能之和:

$$U(\boldsymbol{r}) = \sum_{m=1}^{n} U'(\boldsymbol{r} - \boldsymbol{r}_m). \tag{3.34}$$

把周期势 U 展开为傅里叶级数,和(3.23)式类似,我们得到

$$U(\boldsymbol{r}) = \sum_{H} U_H \exp(2\pi \mathrm{i} \boldsymbol{H} \cdot \boldsymbol{r}), \tag{3.35}$$

这里

$$U_H = f\hat{\Phi}_H, \tag{3.36}$$

$$\hat{\Phi}_H = \sum_{m=1}^{n} \exp(-2\pi \mathrm{i} \boldsymbol{H} \cdot \boldsymbol{r}_m), \tag{3.37}$$

而 f 是原子散射因子.从(3.36)式可以看出,如果 $\hat{\Phi}_H = 0$,(3.35)式或(3.23)式中的系数 U_H等于零,按照(3.30)式,电子能量在布里渊区界面上不发生跳跃.等同原子引起的 hkl 反射的消失也意味着 hkl 面不是布里渊区的界面.移走虚设界面的扩展的布里渊区被称为琼斯区.

3.3 等能面、费米面和能带结构

通常,薛定谔方程[(3.1)式]是在两种极端条件(电子和晶体点阵的弱作用和强作用)下求解的.上面已讨论过弱作用情况(近自由电子近似).根据(3.30)式,它和电子的球状等能面相关联.事实上,晶体内电子的等能面具有更复杂的形状.这可以定性地描述如下:在布里渊区界面上,电子速度的法线分量是零.按照(3.14)式,这表示在非简并条件下导数$\partial\varepsilon/\partial k$ 在界面处法线方向上等于零.这样,等能面以直角和布里渊区界面相交.由此得出,离区中心足够远时等能面不再是球面.在另一种极端情形(电子和点阵原子间有强键,即强结合电子近似)下解薛定谔方程,可以方便地对等能面更一般的形状进行分析.

3.3.1 强结合近似下电子的能谱

这里(3.1)式的解可以表示为原子函数之和,每一原子函数描述一个孤立原子的电子状态,波函数仅在一个配位球内重叠.这样的波函数的形式(布洛赫解)是

$$\psi_k(\boldsymbol{r}) = \sum_n \exp(\mathrm{i}\boldsymbol{k}\cdot\boldsymbol{a}_n)\varphi_{\mathrm{a}}(\boldsymbol{r}-\boldsymbol{a}_n), \tag{3.38}$$

这里 $\varphi_{\mathrm{a}}(\boldsymbol{r}-\boldsymbol{a}_n)$是径矢为 $\boldsymbol{a}_n$ 处的原子中的电子波函数.能量本征值 ε_k 的表达式是

$$\varepsilon_k = \varepsilon_{\mathrm{a}} - C - \sum_n \varepsilon(\boldsymbol{a}_n)\exp(\mathrm{i}\boldsymbol{k}\cdot\boldsymbol{a}_n), \tag{3.39}$$

这里 ε_{a} 是孤立原子中电子给定状态的能量,$\varepsilon(\boldsymbol{a}_n)$和 C 是重叠积分①:

$$\varepsilon(\boldsymbol{a}_n) = -\int\varphi_{\mathrm{a}}^{*}(\boldsymbol{r}-\boldsymbol{a}_n)[U(\boldsymbol{r})-U_{\mathrm{a}}(\boldsymbol{r})]\varphi_{\mathrm{a}}(\boldsymbol{r})\mathrm{d}\boldsymbol{r}, \tag{3.40}$$

$$C = -\int|\varphi_{\mathrm{a}}(\boldsymbol{r})|^2[U(\boldsymbol{r})-U_{\mathrm{a}}(\boldsymbol{r})]\mathrm{d}\boldsymbol{r}. \tag{3.41}$$

这里 $U_{\mathrm{a}}(\boldsymbol{r})$是孤立原子中电子的势场,$U(\boldsymbol{r})$是点阵的周期势.如果配位球中所有原子引起的 $\varepsilon(\boldsymbol{a}_n)$相同,则(3.39)式可表示为

---

① 重叠积分中的 φ 俄文和英文版均误为ψ.——译者注

$$\varepsilon_k = \varepsilon_a - C - \varepsilon \sum_n \exp(\mathrm{i}\boldsymbol{k} \cdot \boldsymbol{a}_n). \tag{3.42}$$

这时电子能谱 $\varepsilon = \varepsilon_k(\boldsymbol{k})$ 的计算简化为对(3.42)式中配位求和项 $\sum_n \exp(\mathrm{i}\boldsymbol{k} \cdot \boldsymbol{a}_n)$ 的计算,这里 n 是配位数.

现以简立方点阵为例($n=6$).(3.42)式计算给出

$$\varepsilon_k = \varepsilon_a - C - 2\varepsilon(\cos ak_x + \cos ak_y + \cos ak_z). \tag{3.43}$$

前已提到,这一场合下第一布里渊区是边长等于 $2\pi/a$ 的立方体.从(3.43)式可以看出,N 个原子形成一个简立方点阵时,孤立原子中电子的能级 ε_a 分裂为宽度为 12ε 的含 N 个能级的准连续能带.因为如设(3.43)式中的附加项 $\varepsilon_a - C = 0$,则在区的中心($k_x = k_y = k_z = 0$)出现 ε_k 的极小,$\varepsilon_{\min} = -6\varepsilon$,而在立方体8个顶角($k_x = k_y = k_z = \pm\pi/a$)能量极大,$\varepsilon_{\max} = +6\varepsilon$.整个能带的宽度为 $\varepsilon_{\max} - \varepsilon_{\min} = 12\varepsilon$.将(3.43)式的 ε_k 在低 $\boldsymbol{k}$ 值范围内展开为级数并准确到平方项,得到

$$\varepsilon_k \approx -6\varepsilon + \varepsilon a^2 k^2, \tag{3.44}$$

结果显示在布里渊区的中心部分等能面是一个球.根据(3.11)式,可以引入标量电子有效质量:

$$m_i^* = \frac{\hbar^2}{\left(\dfrac{\partial^2 \varepsilon_k}{\partial k^2}\right)_{k=0}} = \frac{\hbar^2}{2\varepsilon a^2}. \tag{3.45}$$

此外,在顶角附近等能面也是球.这也可以论证,只须在能带顶部将 ε_k 展开为级数.由顶角附近的球得出和(3.45)式类似的空穴的标量有效质量是负的,但它的绝对值和电子的有效质量相等,这就是说,$m_k{}^* = -m_e{}^*$.在这两种极端的球面之间存在着有更复杂外形的等能面.它们全都满足(3.43)式,而且 $-6\varepsilon < \varepsilon_k < +6\varepsilon$.有些等能面是开口的.由于 $\varepsilon = \varepsilon(\boldsymbol{k})$ 是周期函数,封闭的等能面在倒

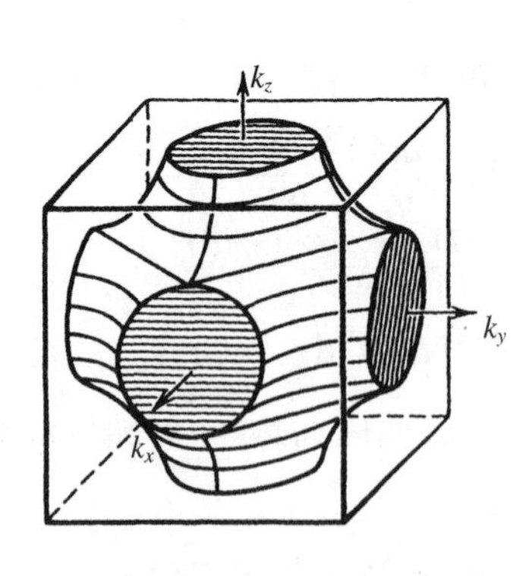

图3.7 符合(3.43)式的开口的等能面

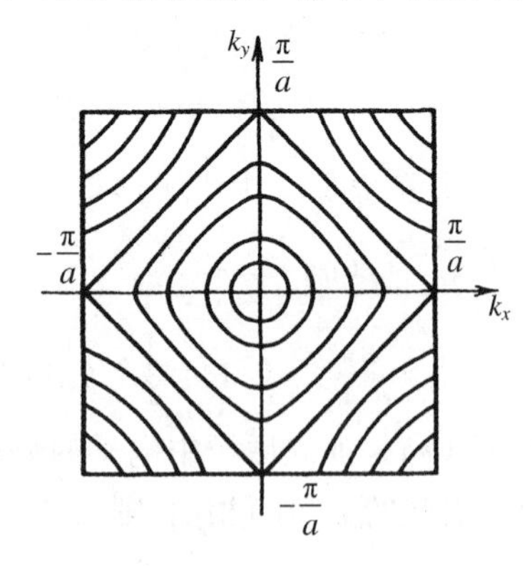

图3.8 符合(3.43)式的等能面的 $k_x=0$ 的截面

点阵所有晶胞中周期地重复，而开口的等能面经过重复延伸到倒点阵的整个空间. 图 3.7 是一个开口的等能面，它的能量 ε_k 和波矢 $\boldsymbol{k}$ 的关系是(3.43)式. 图 3.8 是等能面(3.43)式的 $k_z=0$ 的截面. 从这里看出，开口的等能"面"是 $k_x+k_y=\pi/a$ 的等能线，相当于(3.43)式中的 $\varepsilon_k=-2\varepsilon$. 体心立方和面心立方点阵的等能面可以类似地获得. 图 3.9 显示面心立方点阵第一布里渊区(立方八面体)内一个开口的等能面.

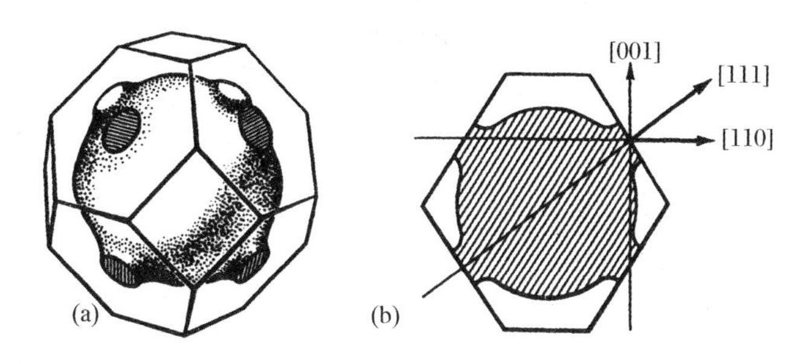

图 3.9　面心立方金属的开口的费米面(a)和它的(110)截面(b)

3.3.2 费米面

3.1 节已指出，金属中能带仅有一部分被填充. 填充的部分和未填充部分的分界等能面被称为费米面. 按照泡利原理，只有位于费米面附近的电子参与电导和其他电荷转移现象. 这个面的拓扑结构本质上决定了金属的电的、磁场电流的和其他性质. 例如，可以证实，在一个磁场中电子在倒空间的轨迹依赖于费米面和垂直磁场方向的平面的交线. 如费米面是开口的，轨迹也可能是开放的，这时电子的周期 T 和转动频率 ω 等于无穷大和零. 如果和费米面交出一个封闭的轨迹，则电子的周期 T 和转动频率 ω 的下列公式成立：

$$T=\frac{C}{eH}\frac{\partial S}{\partial \varepsilon},\quad \omega=2\pi\frac{eH}{C}\left(\frac{\partial S}{\partial \varepsilon}\right)^{-1}. \tag{3.46}$$

这里 S 是费米面的截面面积，ε 是电子的能量，H 是磁场. 将(3.46)式和自由电子的相应公式比较后，得到电子有效质量 m^* 和费米面形状的关系式：

$$m^*=\frac{1}{2\pi}\frac{\partial S}{\partial \varepsilon}. \tag{3.47}$$

根据(3.47)式. 有效质量的符号依赖于能量的极小值或极大值是否包含在费米面内. 图 3.9 是金、铜、银的开口的费米面和它的(110)截面. 这里存在可以观察到与开放的方向[111]、[110]和[001]对应的开放的轨迹.

在半导体和电介质中存在空带和满带. 这里的重要研究课题是空带底、满带顶的等能面的结构，它们被禁带或能隙分开.能带结构通常以边界能量和约化波矢间的依赖关系来表征.图 3.10 就是元素半导体锗和硅在约化能带图上表示出来的这种依赖关系.

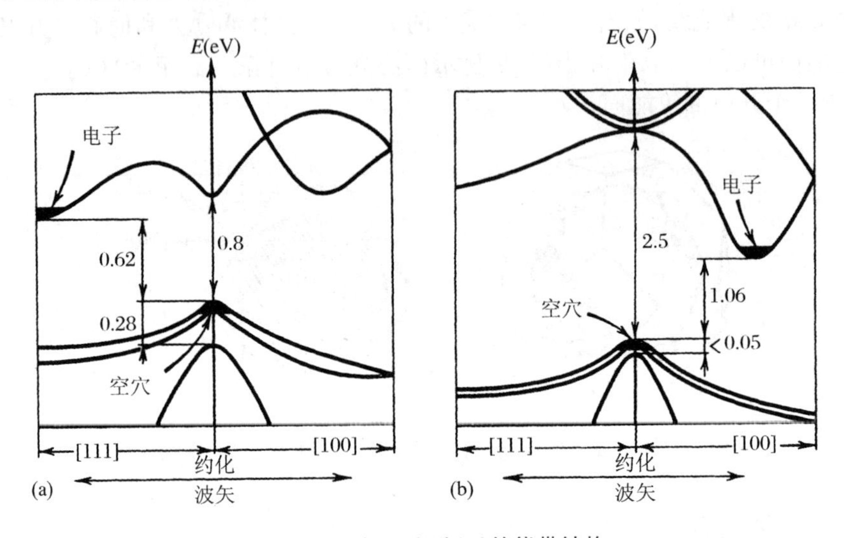

图 3.10 锗(a)和硅(b)的能带结构

第 4 章

点阵动力学和相变

原子在平衡位置附近的振动是晶体点阵的基本性质之一.和这种振动有联系的一系列现象及它们的规律形成了点阵动力学.点阵动力学是晶体热性质理论、晶体电磁性质的现代概念和晶体中光散射现代概念等的基础.例如,晶体点阵振动的非简谐性决定了热容量、压缩率和线膨胀系数之比(格林艾森关系).原子热运动和振动非简谐性概念是晶体相变(特别是铁电相变,本书卷 4)的基础.这一章我们只介绍晶体点阵动力学理论的主要结论并在此基础上考虑晶体的热容量、热传导和热膨胀.

4.1　晶体中原子的振动

4.1.1　原子链的振动

在不太低的温度下,点阵原子振动振幅远超过原子的德布罗意波长时,原子的振动遵循经典力学规律.振动的主要特征可以在简单地考虑一维原子链的振动(一维点阵模型)后获得.设一维晶胞中含 2 个不同的原子,相同原子间最短距离 a 等于一维点阵晶胞间距离.这种点阵的三维类似物是碱卤化物晶体和许多半导体的点阵.

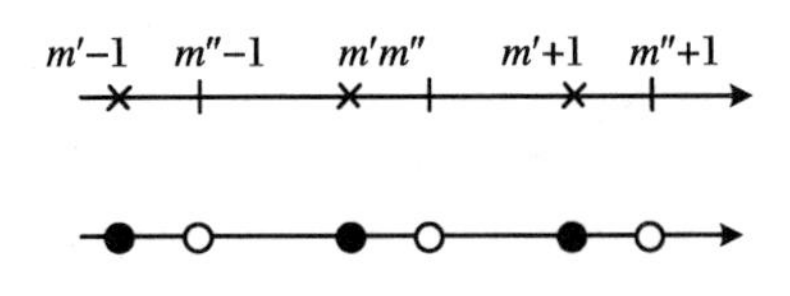

图 4.1　原子链振动的分析

图 4.1 是由 2 种原子(m', m''及其最近邻)组成的原子链.令原子的质量为 m_1 和 m_2, m'、m''和m'、$m''-1$ 近邻对的弹性系数为 β_1 和 β_2.近似地认为弹性力只作用在相邻原子之间,原子运动方程为:

$$\begin{aligned} m_1 \ddot{u}'_m &= -\beta_1(u'_m - u''_m) - \beta_2(u'_m - u''_{m-1}), \\ m_2 \ddot{u}''_m &= -\beta_1(u''_m - u'_m) - \beta_2(u''_m - u'_{m+1}), \end{aligned} \tag{4.1}$$

这里 u'_m 和 u''_m 是 m' 和 m''原子的坐标.(4.1)式的解可以取行波的形式:

$$u'_m = A'\exp[i(kam - \omega t)],\quad u''_m = A''\exp[i(kam - \omega t)], \tag{4.2}$$

这里 k 是原子波矢的模量($k=2\pi/\lambda$),振幅 A',A''和 m 无关,am 项(a 是点阵基矢)表示径矢的模量.将(4.2)式代入(4.1)式,消去因子 $\exp[\mathrm{i}(kam-\omega t)]$,得到下面的振幅 A'和 A''的一套线性方程组:

$$\begin{aligned}&\left(\omega^2-\frac{\beta_1+\beta_2}{m_1}\right)A'+\left[\frac{\beta_1+\beta_2\exp(-\mathrm{i}ak)}{m_1}\right]A''=0,\\&\left[\frac{\beta_1+\beta_2\exp(\mathrm{i}ak)}{m_2}\right]A'+\left(\omega^2-\frac{\beta_1+\beta_2}{m_2}\right)A''=0.\end{aligned}\tag{4.3}$$

(4.3)式的 A'和 A''要有非零的解,必须使系数行列式为零.这一条件导致 ω^2 的二次方程,它的解为:

$$\begin{aligned}\omega_{\mathrm{ac}}^2&=\frac{1}{2}\omega_0^2\left(1-\sqrt{1-\gamma^2\sin^2\frac{ak}{2}}\right),\\\omega_{\mathrm{opt}}^2&=\frac{1}{2}\omega_0^2\left(1+\sqrt{1-\gamma^2\sin^2\frac{ak}{2}}\right),\end{aligned}\tag{4.4}$$

这里

$$\omega_0^2=\frac{(\beta_1+\beta_2)(m_1+m_2)}{m_1m_2},\quad \gamma^2=16\frac{\beta_1\beta_2}{(\beta_1+\beta_2)^2}\frac{m_1m_2}{(m_1+m_2)^2}.\tag{4.5}$$

4.1.2 振动支

解(4.2)式和(4.4)式显示:原子的弹性振动可以用单色的行波来描述,这些振动的频率服从色散规律或分支 $\omega=\omega(k)$,其中的一支通常称为声学支 $\omega=\omega_{\mathrm{ac}}(\boldsymbol{k})$,而另一支称为光学支 $\omega=\omega_{\mathrm{opt}}(\boldsymbol{k})$.和布洛赫函数(3.2)类似,解(4.2)式在倒点阵空间是周期函数.所以,原子振动的所有特征可以在第一布里渊区[(3.4)式]或

$$-\frac{\pi}{a}\leqslant k\leqslant+\frac{\pi}{a}\tag{4.6}$$

范围内得到,这里波(4.2)式被看成是波矢 $\boldsymbol{k}$ 的函数.应用玻恩-卡曼条件[(3.6)式]并根据(3.7)式我们得出:对于有 N 个晶胞的点阵"体积",波矢 $\boldsymbol{k}$ 在布里渊区内的投影有 N 个间断值,波矢和相应的振动频率的间断性或准连续性是玻恩-卡曼边界条件[(3.6)式]的结果.

图 4.2 是在第一布里渊区内由(4.4)式确定的 ω_{ac}和 ω_{opt}相对 k 的依赖关系,或者说是声学和光学振动支的色散关系($\gamma^2<1,m_1\neq m_2$).k 小(长波)时,将(4.4)式展开为小量 ak($\ll1$)的级数后得到

$$\omega_{\mathrm{ac}}=vk,\quad v\approx\frac{1}{4}\omega_0\gamma a,\quad \omega_{\mathrm{opt}}\approx\omega_0\left(1-\frac{\gamma^2a^2}{32}k^2\right)\tag{4.7}$$

这里 v 是声速.从图 4.2 看出,上式表示 $k\approx0$ 处声学支和光学支的色散具有不

同的本质,即 $\omega_{ac}(0)=0$,$\omega_{opt}(0)\neq 0$. 为展示这些振动的另一基本性质,分析一下比值

$$\frac{u'_m}{u''_m}=\frac{A'}{A''}=\frac{\beta_1+\beta_2\exp(-\mathrm{i}ka)}{(\beta_1+\beta_2)-m_1\omega^2},$$

考虑(4.7)式后对长波($k\to 0$)我们有

$$\left(\frac{u'_m}{u''_m}\right)_{ac}=1,\quad \left(\frac{u'_m}{u''_m}\right)_{opt}=-\frac{m_2}{m_1}. \tag{4.8}$$

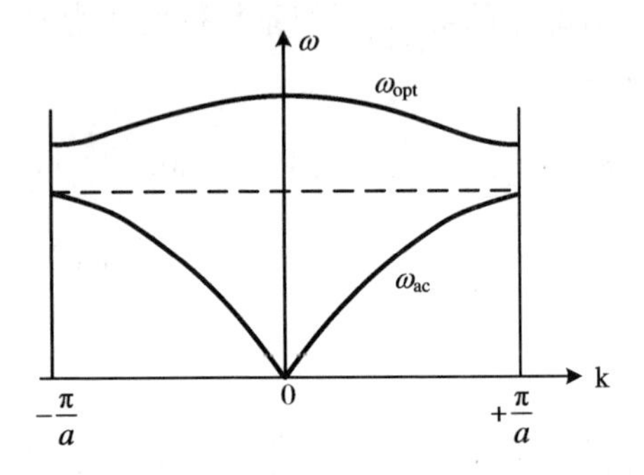

图 4.2 光学和声学振动支的色散关系

由此可见,声学支的特征是相邻原子的振动同相位,而光学支是相邻原子振动反相位. 对最短的波($k\to\pi/a$ 或 $\lambda\to 2a$)也获得同样的结果. 如果原子 m_1 和 m_2 是反号的离子,光学振动自然和原胞的偶极矩变化相联系,并表现为例如对红外光的附加吸收. 图 4.2 还指明:对布里渊区内所有的 k,$\omega_{ac}<\omega_{opt}$. 从能量角度看,这意味着在足够低的温度下只有晶体的声学波被激发,而在较高温度下光学波起决定性作用. 如果我们把声学波的极限频率记为 $\omega_{ac}^m=\omega_{ac}(\pi/a)$,并且引入特征的德拜温度

$$T_D=\hbar\omega_{ac}^m/k_0, \tag{4.9}$$

则当 $T\leqslant T_D$ 时,光学振动的贡献可以忽略(k_0 是玻尔兹曼常数).

在原胞含 S 种不同原子的三维点阵中,原则上原子的振动具有同上的特征. 对体积为 $N^3(\boldsymbol{a}_1[\boldsymbol{a}_2\boldsymbol{a}_3])$ 的晶体中原子振动的分析表明:一般有 $3S$ 个不同的振动支;对每一支,波矢 $\boldsymbol{k}$ 在布里渊区内的投影可取 N 个间断值. 3 个振动支是声学支,$(3S-3)$ 个是光学支;$\omega_{ac}^j(0)=0(j=1,2,3)$,$\omega_{opt}(0)\neq 0(j=4,\cdots,3S)$①. 一般情形下,声学支和光学支的色散特征也可由图 4.2 反映. 在三维点阵中,所有 $3S$ 个振动支可以在倒空间中用曲面 $\omega=\omega(\boldsymbol{k})$ 表示. 这些曲面的对

① 原文误为($j=3,\cdots,S$). ——译者注

称性依赖于正点阵的对称性,此外曲面 $\omega=\omega(\boldsymbol{k})$ 还有对称中心.

4.1.3 声子

在固体物理中,和原子振动相关的晶体点阵的元激发被称为声子.声子可以看做具有准动量 $\hbar\boldsymbol{k}$ 和能量 $\hbar\omega$ 的准粒子.这种处理在考虑许多现象,如点阵振动对电子的散射、热传导等时是方便的.

低于德拜温度($T<T_D$)时,声子服从玻色-爱因斯坦量子统计,热平衡下声子的平均数取决于普朗克函数

$$n=\frac{1}{\exp(\hbar\omega/k_0T)-1},\tag{4.10}$$

这里 n 是相空间的$(2\pi\hbar)^3$ 体积元内能量为 $\hbar\omega$ 的声子的平衡数.球壳 $\mathrm{d}k$ 内相空间元的数目是

$$\mathrm{d}n_q=\frac{4\pi k^2\mathrm{d}k}{(2\pi\hbar)^3}V,\tag{4.11}$$

这里 V 是晶体的体积.

在 $T<T_D$ 时,只考虑声学振动支,并根据(4.7)式假设对所有 k,声学频率的色散是线性的,即 $k\approx\omega/v$,(4.11)式变成

$$\mathrm{d}n_q=\frac{3V}{2\pi^2v^3}\omega^2\mathrm{d}\omega,\tag{4.12}$$

这里因数 3 对应于 3 个声学支(1 个纵的,2 个横的),v 是平均声速.

这样,晶体体积 V 中声子的总数为

$$n\mathrm{d}n_q=\frac{3V}{2\pi^2v^3}\frac{\omega^2\mathrm{d}\omega}{\exp(\hbar\omega/k_0T)-1},\tag{4.13}$$

相应地,体积 V 中声子总能量

$$E=\frac{3V\hbar}{2\pi^2v^3}\int_0^{\omega_{\mathrm{ac}}^m}\frac{\omega^3\mathrm{d}\omega}{\exp(\hbar\omega/k_0T)-1},\tag{4.14}$$

这里 ω_{ac}^m 是布里渊区边界上声学振动的最大频率.它的值由条件:3 个声学支振动总数等于 $3N^3$ 决定,即

$$\frac{3V}{2\pi^2v^3}\int_0^{\omega_{\mathrm{ac}}^m}\omega^2\mathrm{d}\omega=\frac{V(\omega_{\mathrm{ac}}^m)^3}{2\pi^2v^3}=3N^3,\tag{4.15}$$

因此

$$\omega_{\mathrm{ac}}^m=v\left(\frac{6\pi^2N^3}{V}\right)^{1/3}=v\left(\frac{6\pi^2}{\Omega_0}\right)^{1/3},\tag{4.16}$$

这里 Ω_0 是晶胞体积.利用(4.6)式和(4.9)式,得到德拜温度的公式为

$$T_D=v\left(\frac{6\pi^2}{\Omega_0}\right)^{1/3}\frac{\hbar}{k_0}.\tag{4.17}$$

在高温下，光学振动对声子能有重要贡献.

4.2 晶体的热容量、热膨胀和热传导

4.2.1 热容量

众所周知，高温下晶体的热容量是常数 $c_v = 6\ \mathrm{cal/(K \cdot mol)}$ 并且和晶体的类型无关(杜隆-珀蒂定律). 德拜温度以下，热容量强烈地依赖于温度，$T \to 0$，$c_v \to 0$. 热容量的温度依赖关系可以利用上述晶体点阵原子振动的概念来解释. 根据定义，体积一定的晶体的热容量为

$$c_v = \frac{\partial E}{\partial T}, \tag{4.18}$$

这里 E 是晶体的总内能. 分别考虑低于和高于德拜温度 T_D 的两个温度范围比较方便.

当 $T < T_D$ 时，E 由(4.14)式表示. 将积分内式子按小量 $\hbar\omega/k_0 T$ 展开并把积分算出，得到

$$E \approx \frac{\pi^2 V (k_0 T)^4}{10 \hbar^3 v^3}, \tag{4.19}$$

根据(4.18)式由上式得到德拜方程

$$c_v = \frac{12\pi^4 k_0}{5} \left(\frac{T}{T_D}\right)^3. \tag{4.20}$$

这个方程可以很好地描述一系列结构简单的晶体(如碱卤化物和多数元素晶体)在 10—50 K 温度范围内热容量的温度关系. 对于结构复杂从而具有错综的振动谱的晶体存在着一个特征(德拜)温度的范围. $c_v = c_v(T)$ 的关系比较复杂，但是在绝对零度附近足够小的范围内 T^3 规律仍得到满足.

当 $T > T_D$ 时，可以利用一组线性简谐振子的经典模型计算光学振动能. 由于一个振子的平均能量等于 $k_0 T$，体积 V 内振子总数是 $3SN^3$，因此

$$E = 3SN^3 k_0 T \tag{4.21}$$

根据(4.18)式得到

$$c_v = 3SN^3 k_0 \tag{4.22}$$

1 mol 材料的 $SN^3 = N_0 \approx 6\times10^{23}$(阿伏伽德罗常数),由此可导出杜隆-帕蒂定律.

4.2.2 一维热膨胀

迄今为止我们仅仅考虑了晶体中原子的简谐振动,即在运动方程(4.1)式中只包含线性项,这相当于在势能方程中只包含二次项.下面考虑非简谐条件下两个相邻原子的相互作用.这时互作用力 F 和势能 U 和原子离平衡位置的位移 x 的关系为

$$F = -\frac{\mathrm{d}U}{\mathrm{d}x} = -2\beta x + 3\gamma x^2, \tag{4.23}$$

$$U(x) = \beta x^2 - \gamma x^3, \tag{4.24}$$

这里的系数 γ 被称为非简谐系数.利用玻耳兹曼分布函数计算得平均位移 $\overline{x}$ 为

$$\overline{x} = \frac{\int_{-\infty}^{+\infty} x\exp[-U(x)/k_0T]\mathrm{d}x}{\int_{-\infty}^{+\infty}\exp[-U(x)/k_0T]\mathrm{d}x}. \tag{4.25}$$

将(4.24)式的 $U(x)$ 代入(4.25)式,将被积函数近似展开到含非简谐项的小量,经积分后得到平均位移

$$\overline{x} = 3\frac{k_0T\gamma}{4\beta^2}, \tag{4.26}$$

相应地热膨胀系数为

$$\alpha = \frac{\overline{x}}{aT} = \frac{3k_0\gamma}{4\beta^2 a}, \tag{4.27}$$

这里 a 是原子间距离.从(4.27)式可以看到:线膨胀系数 α 直接和非简谐系数 γ 成正比,由此可见,不存在振动的非简谐性时 $a=0$.事实上,对线性振子简谐近似下 $\overline{x}=0$,由此也得出了同样结果.用量子力学近似法计算振子的 $\overline{x}$ 后可以得到 $\alpha=\alpha(T)$ 的理论关系,当 $T\to0$ 时 α 减小,和能斯特定理和实验数据相符.大多数材料的线膨胀系数为(10—100)$\times10^{-6}$ K^{-1},在晶体中它有显著的各向异性.

4.2.3 热传导

晶体的另一个和原子振动的非线性紧密相关的热性质是热传导.按照定义,热传导系数 K 是一定方向上单位温度梯度的热通量(j):

$$j = K\,\mathrm{grad}\,T. \tag{4.28}$$

德拜从气体动力论借用过来的热传导系数的公式是

$$K = \frac{1}{3}cv\lambda, \tag{4.29}$$

这里 c 是热容量,v 是声速,λ 是声子平均自由程,后者和声子-声子互作用有关.可以证明,在简谐近似内不存在声子-声子互作用.这是可以理解的,只要注意到线性方程(4.1)式的解包含着简谐波的叠加,就知道这些波在晶体中是独立传播的.这样的条件下晶体的热阻为零,相应地 $K=\infty$.因此热传导系数的有限值取决于振动的非简谐性.前面讲的当然限于理想晶体.在实际晶体中,还有点阵缺陷散射声子的机制在起作用,由此引起晶体的附加的热阻.

德拜证明,高温下($T>T_D$),$\lambda \sim T^{-1}$.低温下($T<T_D$),出现指数关系 $\lambda \sim \exp(-T_D/2T)$.室温下 K 的实验值变化很大,从金属的 0.9 cal/(cm・s・K)到电介质的 10^{-3} cal/(cm・s・K)(上述热传导机制在金属中不是主要的).晶体热传导的各向异性可以用二阶张量表示.

4.3 多形性 相变

在 1.3.2 节中已经指出,平衡的晶体结构对应于晶体自由能 F 的极小值.然而在广泛的温度和压力范围内可能有若干个这样的极小.每一个极小都和自己的晶体结构相联系,有些时候它们中的化学键的性质也不同.这些结构被称为多形性变态,从一种变态向另一种的转变被称为多形性转变或相变.

前面还强调过,在解释多形性转变时不能像晶体点阵能的计算那样忽略点阵原子的热运动能.理由是:相变机制牵涉到点阵原子振动频率的变化,以及有时候在特定温度或压力下会出现不稳定的振动模.例如,铁电相变(本书卷4,即文献[4.1])是由横光学振动之一的不稳定性或所谓软模的出现引起的.

除了温度的改变,压力、外场或这些因素的组合也会引起相变.

我们将只讨论固态相变,然而这些概念可以同样好地应用到固液和液气转变,以及液晶相(2.8 节)间或液相间的转变.例如氦向超流态的转变是一种相变.

相变是外界条件(热力学参量)小小的连续变化引起的介质的微结构和宏观性质的一定变化.在相变中发生的结构变化通常是原子(它们的中心)的有序排列或有序的性质的变化,但也有些相变只牵涉到电子系统状态的变化.例如,磁转变和自旋有序的变化有关,有些金属的超导转变与传导电子、声子间互作用类型的变化有关.

晶态的多形性最初是由 Mitcherlich 1822 年在硫晶体和碳酸钾晶体中发现的.这一现象是广泛存在的.前已指出,几乎所有元素,它们的许多无机(2.3.4 节)和有机(1.6 节)化合物的结构都具有多形性变态(2.1 节).例如,锡的金刚石型立方变态(灰锡)在 13.3℃以下稳定.高于 13.3℃,另一种具有体心四方点阵的变态(白锡)稳定(图 2.5a,f).两种锡的物性本质上不同,例如白锡是塑性的,而灰锡是脆性的.另一个经典的例子是金刚石和石墨(图 2.5a,c).石英有几种多形性变态(图 2.23).半导体 CdS 六角晶体在室温和约 20 kbar 压力下相变为立方变态.和六角相不同,CdS 的立方相不是光敏材料.另一个重要的例子是 $BaTiO_3$ 晶体的相变.它是铁电体,在 5 ℃$<T<$120 ℃范围内具有四方点阵,在 120 ℃以上转变为立方顺电相.

材料的相平衡和相组成通常由相图,即状态图表征.最简单的相图是 $p-T$ 相图(p 为压力,T 为温度).这里坐标为(p,T)的点(相图点)标示给定温度和压力下材料的状态.相图上的 $T=T(p)$曲线分开材料中可能的相,包括气相、液相和各种晶体相(图 2.2).作为例子,图 4.3 是简化的 S 的相图,曲线 OD 分开菱形相和单斜相稳定的$p-T$ 区域.在大气压下,上述相变发生在 368.5 K.由相图可见,相变温度随压力而上升.然而有许多晶态固相是亚稳的,它们可以在相图平衡区域以外存在.

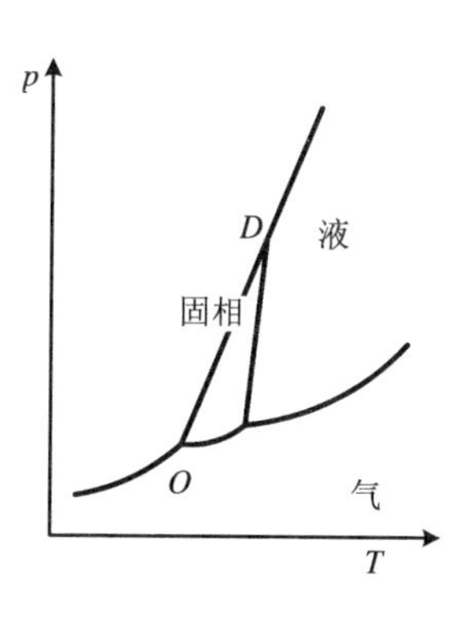

图 4.3 简化的 S 的相图

4.3.1 一级和二级相变

我们把相变区分为一级和二级.一级相变伴随着熵、体积等热力学函数的跃变,因此伴随有相变潜热.相应地,晶体结构也跳跃地改变.对一级相变,相图上的 $T=T(p)$曲线满足克劳修斯-克拉伯龙方程

$$\frac{\mathrm{d}T}{\mathrm{d}p}=\frac{T(\Delta V)}{Q}, \tag{4.30}$$

这里 ΔV 是体积跃变,Q 是相变潜热.在二级相变中,却是热力学函数的微商发生跃变(例如热容量、压缩率等跃变).在二级相变中,晶体结构连续地改变.由于一级相变(不论它的结构变化机制)伴随着成核过程,它具有温度滞后现象.这意味着加热和冷却时的相变温度不重合,不言而喻,每一个一级相变都有过热和过冷.典型的例子是晶化过程,它是一级相变的一个特例.在二级相变中没有观察到温度滞后.

不论一级还是二级相变,晶体对称性在相变点都发生跃变,但两种相变中的对称性变化仍有重大区别.二级相变中一个相的对称性是另一相的对称性的子群(见4.8节),而且在大多数场合(不一定全是),高温相对称性更高,低温相对称性较低.一级相变中晶体对称性一般任意地改变,两个相可以没有共同的对称素.

4.3.2 相变和结构

习惯上从相变中晶体结构变化的角度把相变区分为重建性位移型和有序-无序型相变.

在重建性相变中,起始相和终止相的晶体结构有重大差别:配位数变了,原子向新平衡位置的位移和原子间距离是有公度的.例如,配位数在石墨中是3,在金刚石中是4;在 α-Fe 中是 8+6.在 γ-Fe 中是 12;NH_4Cl 的一个相变中配位数从6变为8,等等.然而,在某些场合可以从相邻的、不同的重建相中找到晶体学的协调,重建性相结构在比容上差别大.有时,名词"多形性变态"在狭义上只适用于不同的重建性相.重建性相变永远是一级相变.

有时多形性转变只发生密堆垛类型的变化而没有配位数的变化,这就是所谓的"多型".已知的多型的材料有 ZnS、金红石,SiC、CdI_2、MoS_2 等.

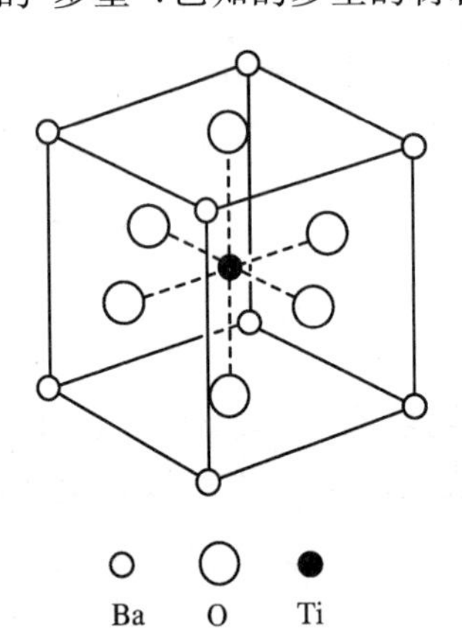

图4.4 BaTiO$_3$(钙钛矿型)的晶体结构
参阅图2.16

在以下讨论的位移型相变中,原子位置的变化适度.处于重建型和位移型之间的相变中结构团簇的中心不改变位置,但它们(特别是分子和基)转向或开始旋转.如 α-石英和 β-石英的结构的差别是 SiO_4 四面体间的相对转动,即角 Si—O—Si 的差别.在许多晶态石蜡和乙醇中,多形性转变伴随着分子绕其长轴的转动;在其他有机化合物中,多形性转变牵涉到分子的同时转动以及它们相对基线的倾角的变化;在许多场合下,多形性并不伴随着分子的自由旋转,而是伴随它们的扭转振动.这里,分子在相变点以上的温度具有较低的相对取向度.首先指出这种机制的是夫伦克耳,它明显地发生在一系列铵盐之中.在极性分子(如固态氯化氢或碘化氢、硫化氢)晶体中极性分子取向的改变引起多形性转变,它常常具有铁电相变的性质.例子是 HCl 在 98.8 K 的相变.高于这一温度 HCl 是立方点阵,对应于偶极取向的混乱统计分布.在相变温度 HCl 跃变到四方相,对应于偶极的统一取向.包含分子转动或偶极有序的相变(如铁电相变)由序参数的温度关系 $\eta=\eta(T)$ 表征,其变化趋势和图 4.5 具有同样的类型.

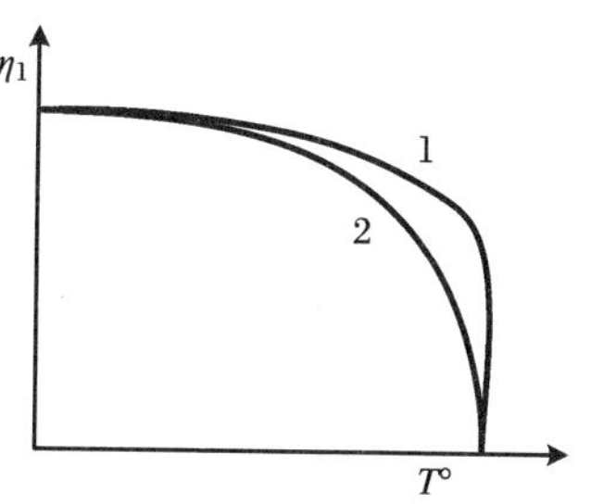

图 4.5 有序化参量的温度关系
1.一级相变;2.二级相变

现在考虑位移型相变.一个例子是上面提到的 $BaTiO_3$(图 4.4)的相变.在居里点($T_C\approx120$ ℃)以上它具有立方点阵,Ba 原子处于立方体顶点,Ti 在立方体中心,在面心的氧组成氧八面体.点阵的总偶极矩为零,因此晶体处于顺电区.在居里点,Ti 和 O 原子沿立方体边发生相对 Ba 原子的跃变式位移.点阵由立方转变为四方,在原子位移方向出现铁电性极化.

位移相变的又一个例子是所谓的马氏体转变,它伴随着晶体点阵的无扩散的重新排列.马氏体转变的著名例子是铁-碳合金的马氏体转变.它发生在高温的面心立方合金相的淬火过程中,在少量的畸变后转变为体心四方马氏体相.在其他许多合金(如 Cu - Zn,Ni - Ti 等)中也有马氏体相变.

马氏体和母相的晶体点阵间存在共格性,它可以表示为两个相的点阵平面间和晶体学方向间的取向关系.可以通过母相的均匀应变或均匀应变加其他模式原子位移以获得马氏体相的晶体点阵.由于这些因素,一般转变速率很快.它和弹性应变扰动的典型传播速率,即声速,相当.

另一特征是:许多场合下马氏体转变并没有使母相全部转变为新相.不仅如此,有些合金还具有一定的马氏体体积分数和过冷温度的关系.这来源于所谓的热弹性平衡,这时相变不伴随可逆的塑性形变.

所有这些马氏体转变的特征都是强约束引起的,这种约束要求相界面上晶体点阵具有良好的匹配.

现在讨论有序-无序相变.例子之一是氢键有序化引起的铁电相变.顺电相和铁电相的差别在于,顺电相氢键中 H 的两种位量 AH…B 和 A…HB 的几率是相同的,而在铁电相中二者不同.

有序-无序相变的另一个例子是两种原子 A 和 B 组成的二元合金中的相变.在转变温度以上合金是无序的,A 和 B 原子在阵点上呈混乱的统计分布.低于相变温度出现有序化,在点阵中出现完全由 A 或 B 原子组成的区域或亚点阵 A 和 B 组成的区域.在伊辛模型中,两种相反的自旋方向和 A,B 原子相关.这个模型可描述和结构有序化相联系的二元合金中的铁磁性或反铁磁性相变.

假设原子 A 占据自己的阵点的几率为 $P_a(A)$,B 原子占据这个阵点的几率为$P_a(B)$，如二元合金 CuZn(β-黄铜)等具有相等数目 a 型和 b 型阵点，此时可引进以下的有序化参量 η：

$$\eta = P_a(A) - P_a(B).$$

从有序相向无序相转变过程中，参数 η 由1变化到0.图4.5表示 η 的两种温度依赖关系，分别对应于一级和二级相变.β-黄铜在 $T_C = 480$ ℃时发生二级相变.从图4.6可以清楚地看到 β-黄铜中的有序化机制.在高温相中，体心立方点阵中每一点上被 Cu 或 Zn 原子等几率地占据($\eta = 0$).$T < T_C$ 时，Cu 原子优先占据立方体中心，而 Zn 则优先占据顶角，最后使 $\eta = 1$.在相变点上，参量 η 连续地随温度变化.Cu_3Au 合金也存在有序化转变，但它属于一级相变，在 $T =$ 380 ℃(图2.9a,b)时参量 η 发生跃变.

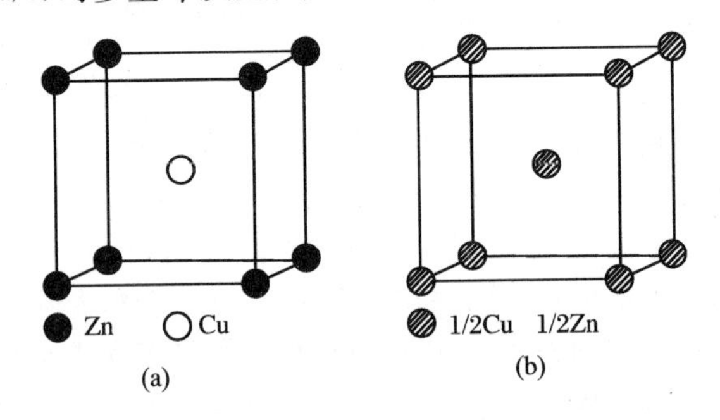

图4.6　β-黄铜中的低温相(a)和高温相(b)

讨论相平衡和相图时，牵涉到的是对应于自由能极小的热力学平衡相.但是经常遇到的是：在给定的相图点上，可以无限期地存在着热力学上不利的某些晶体相，原因是固体中原子的活动性低.金刚石就是一例，它由石墨形成，稳定的范围约为，压力：10^5 kgf/cm^2，温度：2×10^3 ℃.金刚石冷却到室温后，虽然它是亚稳相，但可以在大气压中无限地存在下去.值得注意的是：接近相变点时相显示出各种不稳定性(如石英的临界乳光).

多形性转变常常分为单变转变和互变转变.单变转变只沿着一个方向进行，而互变转变在2个相反的方向上进行.单变转变的例子是砷、锑和其他五族元素的不可逆转变以及上述石墨-金刚石转变.实际上，由亚稳相向稳定相的可逆转变常常进行得很慢，理由在前面已讲过.金属相的淬火也是一个例子.

难得遇到的场合之一是同拓扑转变，这时多形性转变和相应的物理性质的改变并不伴随着晶体结构的改变，例如铁的 α 相和 β 相具有同样的体心立方点阵，但有不同的磁结构.

4.4 原子振动和多形性相变

为了定量描述多形性转变，自然要用热力学进行处理.根据玻耳兹曼定理，温度 T 时晶体处于能量为 E_α 的 α 相的几率 W_α 为

$$W_\alpha = \exp\left(-\frac{F_\alpha}{k_0 T}\right) = \exp\left[-\frac{E_\alpha - TS(E_\alpha)}{k_0 T}\right], \tag{4.31}$$

这里 $F_\alpha = E_\alpha - TS_\alpha$ 是自由能，S 是熵.当 E_α 和 S_α 的值满足

$$\frac{\mathrm{d}E_\alpha}{\mathrm{d}S_\alpha} = T \tag{4.32}$$

时几率 W_α 达极大值.

图 4.7 是晶体能量 E 和熵 S 的关系.根据(4.32)式，温度 T 时晶体的平衡态对应于坐标为(E_α，S_α)的点，此点的 $E = E(S)$ 曲线的切线和 x 轴斜交，其正切数值上等于 T.切线在 y 轴上的截距数值上等于自由能 $F_\alpha = E_\alpha - TS_\alpha$.如果晶体具有多形性，即存在 α 和 β 两相，则相变温度 $T = T_0$ 可以从(4.31)式得出，即令 $W_\alpha = W_\beta$，或从自由能相等($F_\alpha = F_\beta$)条件得出.

采取原子振动频率相等的近似，晶体总内能 E 为

$$E = E' + \hbar\omega n, \tag{4.33}$$

这里 E' 是 $T = 0$ 时晶体的内能，n 是声子浓度.熵 S 可以表示为能量的组态部分

$$S = k_0 \ln P, \tag{4.34}$$

这里 P 是 n 个声子在 $3N$ 个自由度(N 是第一布里渊区内波矢的投影数)上的可能的分布数.

$$P = \frac{(3N + n - 1)!}{(3N - 1)!n!}. \tag{4.35}$$

将(4.35)，(4.34)和(4.33)式代入自由能 $F = E - TS$ 中并且利用自由能极小条件 $\mathrm{d}F/\mathrm{d}n = 0$ 和斯特令公式($\ln n! \approx n\ln n$)，就得到下面的声子浓度和自由能的两个公式：

$$n = 3N\frac{1}{\exp(\hbar\omega/k_0 T) - 1}, \tag{4.36}$$

$$F = E - TS = E' + 3Nk_0T\ln[1 - \exp(-\hbar\omega/k_0T)]. \tag{4.37}$$

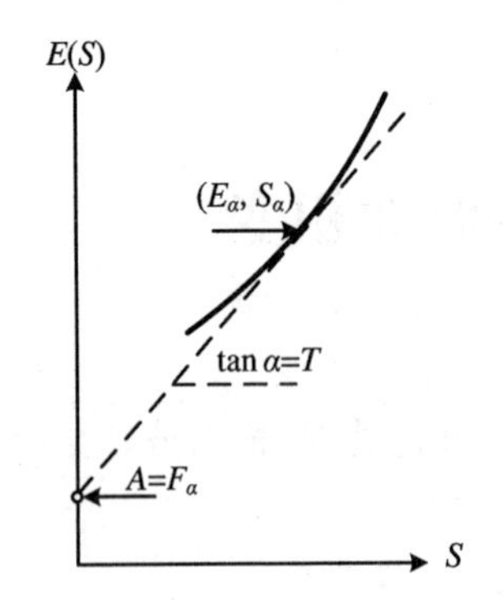

图 4.7　晶体内能 E 和熵 S 的关系

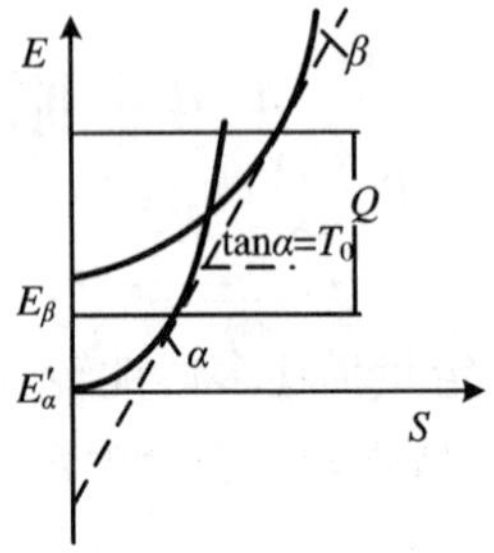

图 4.8　α 和 β 相的 $E=E(S)$ 关系

根据(4.37)式，温度 T 时 α 相和 β 相的自由能满足以下的公式：

$$\begin{aligned} F_\alpha(T) &= E'_\alpha + 3Nk_0T\ln[1 - \exp(\hbar\omega_\alpha/k_0T)], \\ F_\beta(T) &= E'_\beta + 3Nk_0T\ln[1 - \exp(\hbar\omega_\beta/k_0T)]. \end{aligned} \tag{4.38}$$

使 F_α 和 F_β 相等后可以从下式确定相变温度 T_0：

$$\exp\left(-\frac{E'_\alpha - E'_\beta}{3Nk_0T_0}\right) = \frac{1 - \exp(-\hbar\omega_\alpha/k_0T_0)}{1 - \exp(-\hbar\omega_\beta/k_0T_0)}. \tag{4.39}$$

由此可见多形性转变和原子振动频率的跃变密切有关. 如 $E'_\beta > E'_\alpha$，则(4.39)式的解 $\omega_\alpha > \omega_\beta$，即相变发生在 β 相比 α 相更“脆弱”(对点阵原子的振动来说)的情形. 图 4.8 给出 2 个相的 $E=E(S)$ 曲线. α 到 β 相的转变温度 $T=T_0$ 数值上等于二曲线公切线的斜率，2 个切点处的能量差数值上等于相变潜热 Q. $T>T_0$ 时 β 相稳定，$T<T_0$ 时 α 相稳定.

考虑 2 个相的频率的色散关系 $\omega_\alpha=\omega_\alpha(\boldsymbol{k})$ 和 $\omega_\beta=\omega_\beta(\boldsymbol{k})$ 后可以得到相变的类似描述. 这时 α 和 β 相的自由能公式是

$$\begin{aligned} F_\alpha(T) &= E'_\alpha + k_0T\sum_{k,s}\left\{1 - \exp[1 - h\omega_\alpha^s(\boldsymbol{k})/k_0T]\right\}, \\ F_\beta(T) &= E'_\beta + k_0T\sum_{k,s}\left\{1 - \exp[1 - h\omega_\beta^s(\boldsymbol{k})/k_0T]\right\}. \end{aligned} \tag{4.40}$$

这里 $\omega^s(\boldsymbol{k})$ 是具有波矢 $\boldsymbol{k}$ 和极化 $s=1,2,3$ 的声子的频率. (4.40)式中的求和遍及第一布里渊区中所有间断的波矢 $\boldsymbol{k}$ 和所有的振动支 s. 在相变点 $T=T_0$，F_α 和 F_β 的值相等，得到

$$E'_\alpha - E'_\beta = k_0T\sum_{k,s}\ln\frac{1 - \exp[-\hbar\omega_\alpha^s(\boldsymbol{k})/k_0T]}{1 - \exp[-\hbar\omega_\beta^s(\boldsymbol{k})/k_0T]}. \tag{4.41}$$

(4.41)式的右边是一个温度的函数 $E=E(T)$. 图 4.9 是函数 $E=E(T)$ 和它被

水平线 $E=E'_\alpha-E'_\beta$ 相交的点,交点决定相变温度 T_0. 高于德拜温度 $T>T_D$ 时,(4.41)式右边是温度的线性函数:

$$\varepsilon = k_0 T\sum_{k,s}\ln\frac{\omega_\alpha^s(\boldsymbol{k})}{\omega_\beta^s(\boldsymbol{k})} = k_0 T\ln\frac{\prod_{k,s}\omega_\alpha^s(\boldsymbol{k})}{\prod_{k,s}\omega_\beta^s(\boldsymbol{k})}. \tag{4.42}$$

对此式可以粗略地估计如下. 设频率比 $\omega_\alpha^s/\omega_\beta^s$ 等于极化为 s 的一个波的声速比:

$$\frac{\omega_\alpha^s}{\omega_\beta^s}\approx\frac{v_\alpha^s}{v_\beta^s}. \tag{4.43}$$

将(4.43)式代入(4.42)式得到

$$\begin{aligned}\varepsilon(T) &\approx k_0 T\ln\prod_s\prod_k\left(\frac{v_\alpha^s}{v_\beta^s}\right) = k_0 T\ln\prod_s\left(\frac{v_\alpha^s}{v_\beta^s}\right)^N \\ &= k_0 TN\ln\frac{v_\alpha^l v_\alpha^{t_1} v_\alpha^{t_2}}{v_\beta^l v_\beta^{t_1} v_\beta^{t_2}}.\end{aligned} \tag{4.44}$$

这里 v^l 是 2 个相的纵声速,v^{t_1} 和 v^{t_2} 是 2 个相的 2 个横声速. 利用图 4.9 所示的作图法可以得到(4.41)式的解,即相变温度 T_0. 但是,在 4.2 节已经指出,德拜近似对复杂结构的晶体相不总是好的近似,这就限制了以(4.41)式为基础的对多形性转变进行定量描述的可能性. 另外,(4.41)式也没有考虑由振动非简谐性引起的效应.

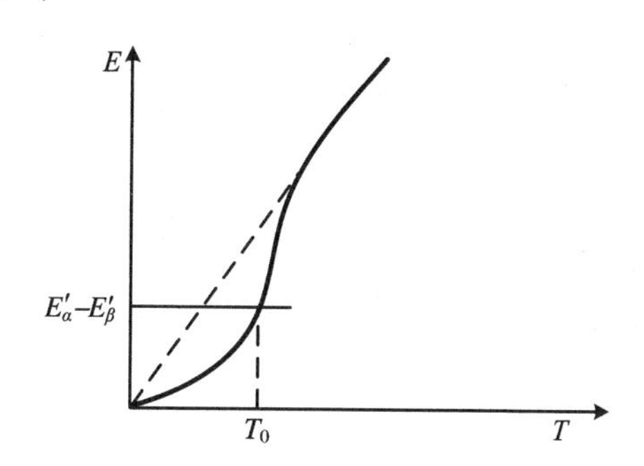

图 4.9 相变温度 T_0 的确定

我们已经在考虑自由能 $F=E-TS$ 这一热力学函数的基础上讨论了 T 对某一个相是否可能出现的影响. 如果压力也改变,就需要考虑热力学势 $\Phi=E-TS+pV$. 定性地说,可以如图 4.7 和 4.8 表示的那样对函数的行为进行类似的分析. 压力可以显著地改变相平衡点,利用这一点可以得到仅仅由温度改变得不到的相.

在 $p-T$ 图上一级相变线可以合并到二级相变的线内. 朗道在 1935 年[4.2]就首先预言了这一点,相变点本身被称为临界点. 相变温度的压力依赖关系在临界点没有转折,只是二阶微商 $\mathrm{d}^2T/\mathrm{d}p^2$ 出现跃变. 根据朗道的理论,接近临界点 T_{cr} 时晶体热容量、压缩率和线膨胀系数的温度依赖关系具有$(T_{cr}-T)^{-\alpha}$的类型,这里 $\alpha=1/2$(在近来的文献中朗道点常常被称为三临界点). 接近临界点时还观察到类似于临界乳光的光散射.如金兹堡证明的那样[4.3],铁电晶体在临界点附近显示光的动态散射,它和极化涨落引起的瑞利散射有关. Volk 等首先在实验上在铁电晶体 SbSI 中证实了朗道临界点[4.4].以后 Garland 和 Weiner 在 NH_4Cl 中证实了临界点[4.5],在一系列其他晶体(如 KH_2PO_4、$BaTiO_3$ 等)中也观察到这一现象.

4.5 有序型相变

在上一节中我们讨论了原子振动对熵有主要作用的一级相变的机制.现在我们讨论有序型相变,这里的有序-无序转变中晶体熵的增加主要来源于和有序化机制直接有关的组态熵.假设原子振动熵的贡献可以忽略.考虑二元合金的有序化机制.得到的结果可以推广到其他的有序-无序型相变.

我们考虑最简单的情形,二元合金由 A 和 B 2 种原子组成,在有序相中它们以一定的几率处于"a"和"b"位置,a 和 b 位置数相等并等于 N.由 4.3 节的定义,引入有序化参量

$$\eta = P_a(A) - P_a(B),$$

从 $P_a(A)$和 $P_a(B)$的定义得到 $P_a(A) + P_a(B) = 1$,因此

$$\eta = 2P_a(A) - 1 = 2p - 1, \tag{4.45}$$

这里以 p 代替 $P_a(A)$.

现在来确定和原子 A 和 B 的位置有关的有序相的组态熵.考虑到以 N_p 个 A 原子可以分布在 N 个 a 位置,得到独立的分布方式数为

$$n = \frac{N!}{(N - N_p)!N_p!} \tag{4.46}$$

显然另外的 $N - N_p$ 个 A 原子分布在 N 个 b 位置①("异"位置)的独立方式的数目也是 n.所以 A 原子的独立分布方式数总共为 n^2,按照(4.34)式,有序相的熵为

$$S = C - 2Nk_0\left[(1 - p)\ln(1 - p) + p\ln p - \frac{1}{2}\ln 2\right], \tag{4.47}$$

---

① 英文版将 b 误为 B.——译者注

这里 C 是和 p 无关的常数. 无序相相对有序相的能量增加为

$$E = UN(1 - p), \tag{4.48}$$

这里 $N(1-p)$ 是从正当位置转移到非正当位置的原子数, U 是原子 A 转移到 b 位置或原子 B 转到 a 位置所需的能量. 利用(4.47)式和(4.48)式, 在自由能极小条件下将自由能 $F = E - TS$ 表示出来, 得到 U, p 和 T 的关系式. 用有序化参量 η 代参数 p[(4.45)式], 得到

$$\eta = \text{th}\frac{U}{k_0 T}. \tag{4.49}$$

注意能量 U 和 η 有关. 因为在无序相中 a 和 b 位置的差别消失, 即 $\eta = 0$ 时, $U = 0$; $\eta \neq 0$ 时, $U \neq 0$. 在原子无序分布的理论中设 U 和 η 具有线性关系:

$$U = U_0 \eta. \tag{4.50}$$

这样有序化参量的温度关系为

$$\eta = \text{th}\frac{U_0 \eta}{k_0 T}. \tag{4.51}$$

由(4.51)式得出 $T = 0$ 时 $\eta = 1$, $T = T_0$ 时 $\eta = 0$. 这里

$$T_0 = \frac{U_0}{2k_0}. \tag{4.52}$$

由(4.51)式可看到在相变温度 T_0 处, 参量 η 连续地改变, 因此解(4.51)式描述二级相变, 如 β-黄铜(图 4.5, 4.6)中的有序型转变. 在推导(4.51)式时假定 A 和 B 原子数相等. 可以证明, 正是这一假设精确地导致二级相变, 相反的情形, 即两类原子数的比为其他值时, 二元合金的有序化理论得到一级相变. 例如后者可用来描述 Cu_3Au 合金中观察到的相变类型.

图 4.8 是晶体能量 E 和熵 S 的关系曲线, 它表示由一个多形性相向另一相的一级相变. 容易想像有序-无序转变的 $E = E(S)$ 关系一定是相似的. 如设有序相和低的温度对应并且温度的升高增加系统的能量, 则 $E = E(S)$ 关系是一种单调上升的函数(图 4.10). 在一级相变中曲线 $E = E(S)$ 具有拐点. 这时可以做出曲线的一条切线和两点相切. 因此对同一个温度 $T(= dE/dS)$ 两个切点对应着两个不同的 S 值. 同一 T 下, 熵的跃变对应于潜热的释放, 即对应于一级相变(图4.10a). 曲线 $E =$

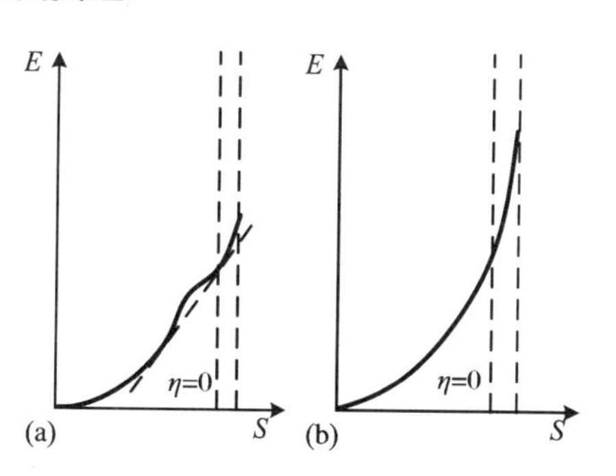

图 4.10 有序-无序转变的 $E = E(S)$ 关系
(a) 一级相变; (b) 二级相变

$E(S)$上没有拐点对应于二级相变(图4.10b).在前一情形,有序化参量η在拐点发生跃变.在后一情形,η在相变区连续地变化,曲线$E=E(S)$上有一对应于相变温度T_0和$\eta=0$的点,在此处曲线的曲率改变符号.

有序-无序转变的实际机制既包括原子混合引起的熵的改变,也包括和原子振动能有关的熵的改变.因此,实际的机制比上述情形要复杂得多.在有序型相变机制中包括进振动能不仅可以改变$\eta=\eta(T)$关系,而且会改变相变的性质.

最后还可以指出,对于机制为分子自由转动的改变和冻结,或极性分子有序化等有序型相变,也可以采用类似的处理方法.对这些情形泡令和否勒发展了定量的理论,导出和(4.51)式类似的关系$\eta=\eta(T)$以及对应于一级相变的同样的解.这里须要强调,我们并没有按照朗道的理论讨论第二类相变,因为这一理论除了其他内容外还描述了热电相变或铁电相变,此时有序化参量η指的是晶体的自发电极化.在本书卷4[4.1]中将讨论这一理论,在那里将讲到晶体的电学性质,包括铁电性质.

4.6 相变和电子-声子互作用

讨论相变时常常忽略电子亚系统(或电子的自由能)对晶体总自由能的贡献,并且假定相变机制和晶体中电子的激发无关.这一假定的根据是:德拜温度以上,电子热容量在晶体的总热容量中的比重可以忽略.让我们对此作更仔细的讨论.

4.6.1 晶体自由能中电子的贡献

从自由能公式(4.3 7)可以得到吉布斯-亥姆霍兹方程(利用$S=-\partial F/\partial T$):

$$F = E + T\frac{\partial F}{\partial T}, \tag{4.53}$$

积分后得到

$$F = -T\int_0^T \frac{E}{T^2}\mathrm{d}T, \tag{4.54}$$

由定义(4.18),总能量E可以通过热容量表示为:

$$E(T) = E(0) + \int_0^T c_v(T)\mathrm{d}T. \tag{4.55}$$

将(4.55)式代入(4.54)式,得到自由能 F 的最终式子

$$F = E(0) + T\int_0^T \frac{\mathrm{d}T}{T^2}\int_0^T c_v(\tau)\mathrm{d}\tau. \tag{4.56}$$

由此可看出,晶体的自由能完全由比热的温度关系确定.从固体物理知道:对于非简并的半导体或电介质,在 $T>T_D$(德拜温度)时电子热容量 c_v^{el} 和点阵热容量c_v^l 之比

$$\frac{c_v^{el}}{c_v^l} = \frac{N_c}{n_0} \ll 1, \tag{4.57}$$

这里 $N_c=(2\pi mk_0T/h^3)^{3/2}$是能带中电子或空穴的密度,$m$ 是电子或空穴的有效质量,n_0 是 1 cm^3 中的原子数.对于金属,在 $T>T_D$ 时

$$\frac{c_v^{el}}{c_v^l} \approx \frac{k_0T}{E_f} \ll 1, \tag{4.58}$$

这里费米能 E_f 约几个电子伏特,而室温时 $k_0T\approx 0.025$ eV.可见,不论是金属,还是半导体和电介质,在 $T>T_D$ 时电子对晶体自由能的贡献可以忽略.当 $T\to 0$ 时电子的贡献将变得重要,因为按(4.20)式,c_v 大体上按 T^3 趋向于零.

然而除了绝对零度附近,在相变温度附近也可形成一个特殊的温度区间,其中电子亚系统对晶体自由能有重要的贡献.这种说法的物理意义在于:在相变点附近电子虽然对热容量本身没有显著的贡献,但对相变时热容量异常有重要贡献.这个结论首先在朗道-金兹堡唯象理论[4.7]框架内从铁电相变中得出.在一系列独立的论文中研究了电子激发对不同性质相变的影响.后来证明,至少对铁电相变,带间电子-声子互作用是电子影响相变的微观机制.由于在本书卷4[4.1]中将分别讨论铁电相变的点阵动力学和朗道-金兹堡唯象理论,这里只简略地介绍带间电子-声子互作用在相变机制中的作用.作为一个推论,我们在此将讨论一些电子激发对相变的影响的新效应.

4.6.2 带间电子-声子互作用

在 4.4 节中讲过:晶体的多形性转变和原子振动频率的改变有关.在那里以 $\omega_\alpha>\omega_\beta$ 的形式引进了这一改变.但是振动的非简谐性和有关的不稳定性机制等问题仍待解决.在现代动力学理论中,铁电相变机制通常和布里渊区中心 $k=0$ 处横光学振动之一的不稳定性有联系,一般认为这个对应的振动支的非简谐性是这一不稳定性的原因(见本书卷 4).可以引起不稳定性,从而引起相变的另一机制是带间电子-声子互作用[4.8].这一机制归结为晶体中两个相邻能带

的电子和光学振动之一的相互作用,一个能带是空的(或几乎空的),另一能带完全被电子填满.这样的互作用或相邻能带的"混合",一方面使互作用的光学声子的频率改变,另一方面使电子能谱(能隙宽)改变.满带和空带的互作用引起"混合的"光学振动的不稳定性,并相应地引起高对称相向低对称相的转变.量子化学告诉我们:分子中轨道电子简并的消失使对称位形向非对称位形转变(杨-特勒效应).因此由带间电子-声子互作用引起的相变被称作赝杨-特勒效应.

设晶体二相邻能带分别以指数 $\sigma=1,2$ 表示,它们的边界能量为 ε_1 和 ε_2,相应的能隙宽 $E_{g0}=\varepsilon_2-\varepsilon_1$.设坐标为 u、频率为 ω 的某一激活的光学振动和两个能带中的电子相互作用,忽略 ε 和 u 对 $\boldsymbol{k}$ 的关系,即忽略带的色散,得到晶体的哈密顿量为

$$\mathscr{H}=\sum_{\sigma}\varepsilon_{\sigma}a_{\sigma}^{+}a_{\sigma}+\frac{1}{2}\left(-\frac{\hbar^2\partial^2}{M\partial u^2}+M\omega^2u^2\right)+\sum_{\sigma,\sigma'}\frac{\widetilde{V}_{\sigma\sigma'}}{\sqrt{N}}a_{\sigma}^{+}a_{\sigma}u,\tag{4.59}$$

这里 a_{σ}^{+} 和 a_{σ} 是电子产生和湮灭算符,$V_{\sigma\sigma'}$ 是带间电子-声子互作用常数,M 是相应的质量因子,N 是低能带的电子数(数量级为晶胞数).

对解的分析显示:考虑带间互作用后使电子能谱重正化为

$$\varepsilon_{1,2}^{*}=\frac{\varepsilon_1+\varepsilon_2}{2}\mp\sqrt{E_{g0}^2+\frac{4\widetilde{V}^2}{N}u^2}\tag{4.60}$$

这里 $\widetilde{V}=\widetilde{V}_{12}$.从(4.60)式可直接得出:带间电子-声子互作用改变了能隙宽,得到

$$E_g=2\sqrt{\frac{E_{g0}^2}{4}+\frac{\widetilde{V}^2}{N}u_0^2(T)},\tag{4.61}$$

这里 E_g 是存在赝杨-特勒效应时的能隙宽,$u_0(T)$是对应于晶体自由能极小的激活振动的坐标.自由能可确定为对应于激活光学振动的振动能 F_{ω} 和电子亚系统能量F_e 之和.在全满带和空带近似下得到自由能 F 的式子如下:

$$F(T,u)=\frac{NE_{g0}}{2}-Nk_0T\ln\left\{2\left[1+\cosh\left(\frac{1}{k_0T}\sqrt{\frac{E_{g0}^2}{4}+\frac{\widetilde{V}^2}{N}u^2}\right)\right]\right\}+\frac{M\omega^2}{2}u^2.\tag{4.62}$$

由此式可见考虑带间电子-声子互作用后得到所考虑的振动支的非简谐性,因为在(4.62)式中除了平方项 u^2,还有 u 的更高次的项[参阅(4.24)式].令对应于自由能极小的振动坐标 $u=u_0$,即

$$\left.\frac{\partial F}{\partial u}\right|_{u=u_0}=0.\tag{4.63}$$

从(4.62)式得到 u_0 的公式为

$$u_0^2 = N\left\{\frac{[f_1(u_0) - f_2(u_0)]^2}{M^2\omega^4}\widetilde{V}^2 - \frac{E_{g0}^2}{4\widetilde{V}^2}\right\}, \tag{4.64}$$

这里电子填充能带的量 f_1 和 f_2 是费米函数

$$f_{1,2}(u_0) = \left\{\exp\left[\mp\frac{1}{k_0 T}\left(\frac{E_{g0}^2}{4} + \frac{\widetilde{V}^2}{N}u_0^2\right)^{1/2}\right] + 1\right\}^{-1}. \tag{4.65}$$

(4.64)式和(4.65)式的解确定温度关系 $u_0 = u_0(T)$，它表示在图 4.11 中. $T = 0$ 时，$f_1 = 1$，$f_2 = 0$，由(4.64)式得出 $T = 0$ 时

$$u_0^2(0) = N\left(\frac{\widetilde{V}^2}{M^2\omega^4} - \frac{E_{g0}^2}{4\widetilde{V}^2}\right). \tag{4.66}$$

随温度的升高，u_0^2 单调地从 $u_0^2(0)$ 降为零. 函数 $u_0^2(T)$ 在 $T = T_C$ 时为零，T_C 是相变温度：

$$k_0 T_C = \frac{E_{g0}}{4}(\operatorname{arcth}\tau)^{-1}, \tag{4.67}$$

这里

$$\tau = \frac{2\widetilde{V}}{M\omega^2 E_{g0}}. \tag{4.68}$$

(4.63)式的非零解具有的相应的条件是

$$\tau > 1. \tag{4.69}$$

上述机制决定的相变的性质依赖于激活振动的类型. 如果考虑色散，解 $u_0 = u_0(\boldsymbol{k})$(牵涉到布里渊区的任意的一点)也可以和(4.63)式的条件相应. 如果 $\boldsymbol{k} = 0$时 $u_0 \neq 0$，这相当于由亚点阵相对位移引起晶体结构和对称性的改变. 如果晶体是离子晶体并且亚点阵位移引起自发极化，相变是铁电相变，$T = T_C$ 点是居里点；如果在布里渊区边界处 $u_0 \neq 0$，则在 $T = T_C$发生反铁电性相变；如果布里渊区内部的声子被激活，相变可以有不同的性质，例如它可以不是铁电相变.

对于铁电相变，将(4.62)式的自由能 F 在 $u = 0$ 附近展开为 u 偶次项组成的级数，发现它和朗道-金兹堡唯象理论中使用的级数(见本书卷 4[4.1])相似. 自发极化 P_s 和 u_0 的关系就可简单地表示为

$$P_s = \frac{\bar{e}}{\Omega_0}\frac{u_0}{\sqrt{N}}, \tag{4.70}$$

这里的 $\bar{e}$ 是和激活光学振动对应的有效电荷，Ω_0 是晶胞体积. 这样图 4.11 在铁电相变下表示的温度关系就是熟知的自发极化的平方的温度关系(见本书卷 4，即文献[4.1]). 自由能 F 相对极化P(或 u)展开式中的系数可以用微观理论中的参量表示. 例如用带间电子-声子互作用常数 $\widetilde{V}$ 表示.

自由能公式(4.62)中 u^2 系数的重正化导致激活振动模频率 ω 的改变.对于高对称相

$$(\omega')^2 = \omega^2 + \frac{2\widetilde{V}^2}{ME_{g0}}[f_2(0) - f_1(0)], \tag{4.71}$$

从(4.71)式和(4.67)式得到在相变温度 $T = T_C$ 时频率 ω' 降为零. ω' 的温度关系见图 4.12.

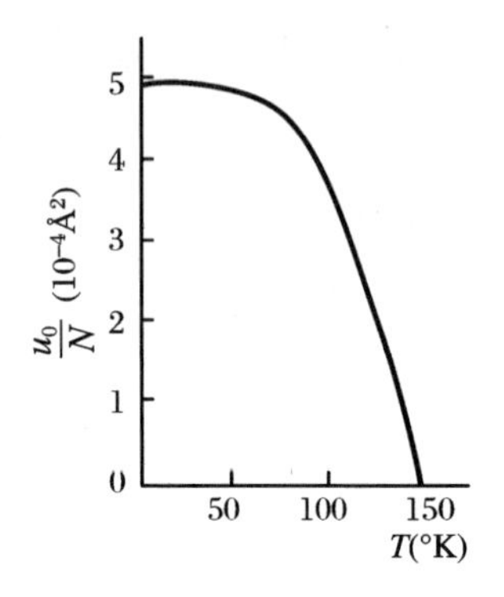

图 4.11　$BaTiO_3$ 铁电相变的赝杨-特勒模型中激活振动坐标的温度关系

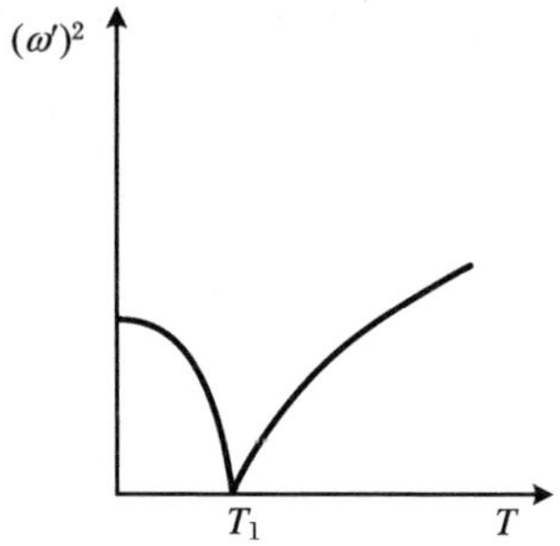

图 4.12　由带间电子-声子互作用引起的“软”振动模的温度关系

这样带间电子-声子互作用在满足条件(4.69)式时引起和能带有互作用的振动的不稳定性.在铁电相变中,具有频率 ω'(在 $\boldsymbol{k} = 0$ 处)的激活光学模被称为“软”模(见本书卷 4,即文献[4.1]).由此可见“软”振动模的出现来源于相变附近的非简谐性,而非简谐性本身在上述模型中是电子-声子互作用的结果.

上述机制使我们可以在(4.62),(4.64),(4.65)式的基础上在相变点附近研究晶体的所有基本性质(特别是铁电性质).因为在卷 4 中(13 章)还要专门讨论铁电性,这里的讨论将限于由带间电子-声子互作用直接引起的两个新效应.

4.6.3　光激相变

刚讨论过的模型可以解释实验中观察到的非平衡电子对相变温度的影响.考虑一光电导晶体在 $T = T_C$ 处发生的相变,高对称相对应于 $T > T_C$.实验得出,在一定光谱范围内照射晶体使之产生光电导时,相变温度会降低.设照射晶体使电子从低能带跃迁到高能带,使高能带中电子浓度增大 Δn.则根据(4.67)式①,相变温度向较低温度移动,其改变为

① 英文版误为(4.87).——译者注

$$\Delta T_C = \frac{E_g}{4k_0}\left[\left(\operatorname{arcth}\frac{\tau}{1+2\Delta n\tau}\right)^{-1} - (\operatorname{arcth}\tau)^{-1}\right]. \tag{4.72}$$

这一效应的物理意义是:光激活吸收改变了带内电子的填充,从而改变了由带间电子-声子互作用引起的对自由能的贡献.需要指出,光激后不仅改变带内自由电子的浓度,它还改变禁带中杂质或缺陷引起的所有能级的填充.在许多场合,相变温度的光敏位移肯定具有“杂质”性质,因为光照下杂质能级电子浓度及其改变可以比能带中高几个数量级.在一系列独立的研究中都已观察到光激相变[4.6].

图4.13是$BaTiO_3$晶体在本征吸收场光照下居里温度的移动.这些数据指明:光照影响到$BaTiO_3$的四方相—立方相的相变;相变点向低温方向移动,其数值是几度.

图4.14是HgI_2光敏晶体中的同样现象,这里发生四方相—正交相的非铁电相变.这一场合下低温相对称性高,光照使相变温度增大,和理论相符.已经在芳香碳氢化合物晶体和Ⅴ族元素半导体晶体中积累了大量光激相变的实验资料.

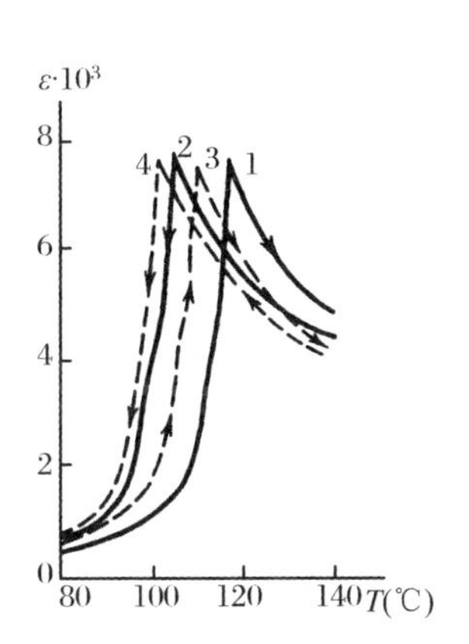

图4.13 $BaTiO_3$中的光激相变

1,2.无光照时加热和冷却条件下介电常数的温度关系;3,4.晶体在它的光敏的光谱范围内受照射时的温度关系[4.9]

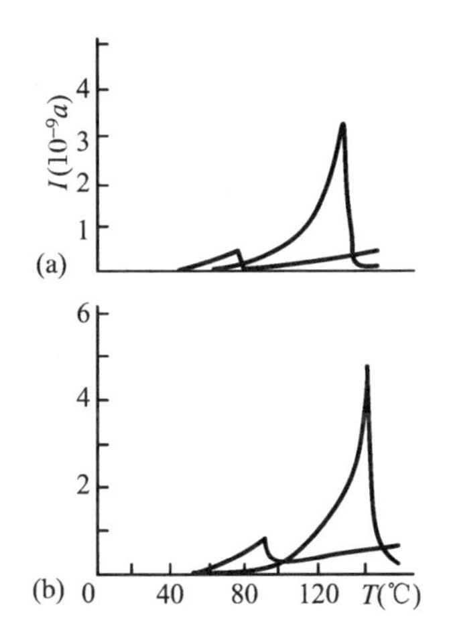

图4.14 在400 K HgI_2由四方D_{4h}^{15}向正交C_{2v}^{12}相变的光激特性

相变时的膘热电流:(a) 无光照;(b) 在光敏极大值处光照.加热时电流极大值比冷却时大得多[4.9]

4.6.4 居里温度和能隙宽度

还应指出:(4.67)式给出了铁电居里温度T_C和能隙宽度E_{g0}的关系.它和

实验定性相符.它可以被充分地用来比较窄带铁电半导体 GeTe 和宽带电介质 $BaTiO_3$ 的居里温度.

从(4.61)式出发,可以将晶体能隙宽 E_g 展开为 u_0 或 P_s 的偶次项的级数.如只取平方项,得到

$$E_g = E_{g0} + \frac{a}{2}P_s^2, \tag{4.73}$$

这里常数

$$a = 4\frac{\Omega_0^2}{\bar{e}^2}\frac{\widetilde{V}^2}{E_{g0}} \tag{4.74}$$

和电子-声子互作用常数 $\widetilde{V}$ 的平方成正比.(4.73)式可以预言在一级和二级铁电相变范围内 E_g 的温度异常的性质.在一级相变中,P_s^2 发生跃变,相应地能隙宽也发生有限的跃变:$\Delta E_g = E_g - E_{g0} \approx \frac{a}{2}P_s^2$.在二级相变中 $P_s \sim (T - T_C)^{1/2}$,因此仅仅是能隙宽的温度系数发生有限的跃变.在相变点附近的实验关系 $E_g = E_g(T)$ 和这些结论相符,如 $BaTiO_3$ 的一级相变和硫酸三甘氨酸的二级相变.可见 $E_g = E_g(T)$ 的测量直接肯定了铁电体中赝杨-特勒效应的存在.从跃变 ΔE_g 并借助于(4.73)式和(4.74)式可以估计电子-声子互作用常数,对于 $BaTiO_3$,$\widetilde{V} = 0.06\ \mathrm{eV/nm}$ ($\Delta E_g \approx 0.02\ \mathrm{eV}$, $P_S \approx 18 \times 10^{-6}\ \mathrm{C/cm^2}$, $\Omega_0 \approx 0.064\ \mathrm{nm^3}$, $\bar{e} = 2.4e$).

4.7 德拜状态方程和格林艾森公式

"状态方程"是指固体的体积 V、压力 p 和温度 T 之间的关系.从下面的热力学方程

$$p = -\left(\frac{\partial F}{\partial V}\right)_T \tag{4.75}$$

出发,将自由能 F 用自由振子能量之和[(4.40)式]表示出来:

$$F(T) = E' + k_0 T \sum_{k,s} \ln[1 - \exp(1 - \hbar\omega^s(\boldsymbol{k})/k_0 T)].$$

适当考虑德拜频率分布后,可以将上式中的求和用积分代替:

$$F = E_0 + k_0 T \frac{3V}{2\pi^2 v^3} \int_0^{\omega_m} \ln[1 - \exp(-\hbar\omega/k_0 T)]\omega^2 d\omega$$

$$= E_0 + 9Nk_0 T\left(\frac{T}{T_D}\right)^3 \int_0^{T_D/T} \ln[1 - \exp(-x)]x^2 dx, \qquad (4.76)$$

这里按照(4.9)式把最高振动频率 ω_m 和德拜温度 T_D 的关系表示为 $T_D = \hbar\omega_m/k_0$. 取(4.75)式的微商,并设德拜温度或最高频率是体积 V 的函数,得到

$$p = -\frac{\partial E_0}{\partial V} - 3Nk_0 TD\left(\frac{T_D}{T}\right)\frac{1}{T_D}\frac{\partial T_D}{\partial V}, \qquad (4.77)$$

这里 $D = D(z)$ 是德拜函数:

$$D(z) = \frac{3}{z^3}\int_0^z \frac{x^3}{\exp(x) - 1}dx. \qquad (4.78)$$

可以证明,简谐近似下 $dT_D/dV = 0$,而振动非简谐性可导致 $dT_D/dV < 0$. 格林艾森常数是下面的与温度无关的关系式:

$$\gamma_G = -\frac{V}{T_D}\frac{dT_D}{dV} = -\frac{d\omega_m/\omega_m}{dV/V} = -\frac{d\ln\omega_m}{d\ln V} > 0. \qquad (4.79)$$

在简谐近似下 $\gamma_G = 0$. 由于内能中与温度有关的部分是 $E_T = 3Nk_0 TD(T_D/T)$(见 4.2 节),最后得到德拜状态方程为

$$p = -\frac{\partial E_0}{\partial V} + \gamma_G \frac{1}{V}E_T, \qquad (4.80)$$

这里的$\partial E_0/\partial V$ 和温度无关.

从(4.80)式可以得出线膨胀系数 α 和等温压缩率 k 之间的格林艾森公式. (4.80)式对 T 求微商并引用(4.18)式,得到

$$\left(\frac{\partial p}{\partial T}\right)_V = \gamma_G\left(\frac{c_v}{V}\right), \qquad (4.81)$$

引入线膨胀系数

$$\alpha = \frac{1}{3V}\left(\frac{\partial V}{\partial T}\right)_p = -\frac{1}{3V}\frac{(\partial p/\partial T)_V}{(\partial p/\partial V)_T} = -\frac{1}{3}\left(\frac{\partial V}{\partial p}\right)_T \frac{1}{V}\left(\frac{\partial p}{\partial T}\right)_V, \quad (4.82)$$

和等温压缩率

$$k = -\frac{1}{V}\left(\frac{\partial V}{\partial p}\right)_T, \qquad (4.82)$$

得到格林艾森公式的最终形式

$$\alpha = \frac{1}{3}\frac{k\gamma_G c_v}{V}. \qquad (4.83)$$

测定高压下晶体的压缩率可以确定格林艾森常数 γ_G 并和(4.83)式的值比较. 立方晶体符合得最好. 一些材料的 γ_G 见表 4.1.

表4.1 格林艾森常数

材料	Na	K	Fe	Co	Ni	NaCl	KCl
计算值	1.25	1.34	1.6	1.87	1.88	1.63	1.60
实验值	1.50	2.32	1.4	1.8	1.9	1.52	1.26

4.8 相变和晶体对称性①

4.8.1 二级相变

以上我们考虑了相变的基本特征以及它们和晶体的热力学特性和振动谱的关系.讨论的重点是一级相变,这时热力学参量的变化引起结构的显著的重新排列和相的性质的显著变化.在起始相和新相的结构间可以有,也可以没有关联.人们一般不能预言相平衡线两侧的相的结构之间和对称性之间的关系.

这一节处理的相变引起晶体原子结构的变化如此之小,以致有可能对两个相的结构和热力学势进行统一的描述.最典型的例子是二级相变,这时晶体的原子结构连续地改变,但在相变点上晶体对称性出现跃变.实际上对称性只能非此即彼,它不可能连续地变化.例如立方结构中原子的微小位移产生四方或菱形畸变,使立方对称性立刻消失.在二级相变点上,两个相的结构和状态是重合的.前已指出,一级相变不是这样,两个相以不同的结构和性质处于平衡之中.

二级相变的一个特征是:一个相的对称群是另一相对称群的子群,因为原子的位移只使某些对称素消失,另一些对称素则保留了下来并组成一个子群.通常对称性高的相是高温相.总会有某一个量(转变参量或序参量)在高对称相中为零,这个量在转变到低对称相的过程中连续地增大到一个有限值.这样的转变参量的变化足够用来完全地描述相变中的对称性变化.考虑热力学势对转变参量的依赖关系后,可以对两个相进行统一的描述.获得平衡相的结构和热

① 此节由 E.B.Loginov 编写.

力学势的途径是寻找热力学势的极小值.

作为例子,我们讨论硫酸三甘氨酸的可能的铁电相变①.转变参量是电极化矢量 $\boldsymbol{P}$.晶体的对称性对热力学势 Φ 和$\boldsymbol{P}$ 矢量分量的关系的特征施加一定的限制.由于 Φ 对于晶体对称群的所有变换必须保持不变,因此它是分量 P_i 的不变组合的函数.

这里高温相的点群是 $C_{2k}-2/\mathrm{m}$. z 轴沿二重轴方向.这样就有 4 个极化矢量分量的不变组合 P_x^2, P_y^2, P_xP_y 和 P_z^2.由此可见,从晶体对称性得出:热力学势对极化的依赖关系必须具有如下的形式

$$\Phi = \Phi(P_x^2, P_y^2, P_xP_y, P_z^2, T, p), \tag{4.84}$$

这里 T 是温度,p 是压力(假定在寻找 Φ 相对这些参量的极小值时忽略其他变量,如应变的影响).(4.84)式包含了对称性可以给出的所有信息.现在要找到(4.84)式的极小值.为此我们可以利用一个有利的事实:在高温相中,当 P 的值为零时 Φ 极小.我们还设这是一个二级相变,因此靠近相变点时矢量 P 的所有分量都是小量,使我们可以把 Φ 展开为不变分量组合的幂函数.首先,我们在(4.84)式的展开式中只取线性项(对 P_i 是二次项),得到

$$\begin{aligned}\Phi = {} & \Phi_0(T,p) + A_{11}(T,p)P_x^2 + 2A_{12}(T,p)P_xP_y \\ & + A_{22}(T,p)P_y^2 + A_{33}(T,p)P_z^2.\end{aligned} \tag{4.85}$$

在高对称相中达到相变点时(4.85)式在 P_i 为零时为极小,这要求 P_x, P_y, P_z 的平方项是正值.由此,在高温相中达相变点时下列不等式成立:

$$A_{11} \geqslant 0; \quad A_{11}A_{22} - A_{12}^2 \geqslant 0; \quad A_{33} \geqslant 0. \tag{4.86}$$

在相变点 $T = T_{\mathrm{C}}$,(4.86)不等式之一应转为等式(假如在相变点近旁所有 3 个不等式都成立,就不会发生相变).在低对称相中,不等式不成立,热力学势的极小出现在 P_x, P_y 不等于零处(如第二个不等式不成立)或 P_z 不等于零处(如第三个不等式不成立).

下面先考虑系数 A_{33} 在 T_{C} 上、下改变符号的影响.低对称相中(4.86)式的第二个不等式成立,热力学势在 $P_x = P_y = 0$ 处为极小.把这些值代入(4.84)式并把 Φ 按P_z^2 的幂展开到二次项,得到

$$\Phi = \Phi_0 + \alpha(T - T_{\mathrm{C}})P_z^2 + \frac{1}{2}\beta P_z^4, \tag{4.87}$$

这里 $A_{33} = \alpha(T - T_{\mathrm{C}})$. α, β, Φ_0 的值和 T 的关系不大,可以把这个关系忽略.为明确起见,令 $\alpha > 0$ 并设 $\beta > 0$($\beta < 0$ 时是一级相变).这样当 $T > T_{\mathrm{C}}$ 时,

① 铁电相变的热力学理论在[4.1]中讨论.

(4.87)式的极小处在 $P_z=0$ 处(高对称相),当 $T<T_C$ 时极小在

$$P_z = \sqrt{\frac{\alpha(T_C - T)}{\beta}} \tag{4.88}$$

处,即极化在 $T=T_C$ 时开始出现并随温度的减小而连续地增大.这样,在 $T=T_C$ 实际发生了二级相变.低温相的点群是 C_2-2,平衡相的热力学势是

$$\Phi = \Phi_0 - \frac{\alpha^2(T_C - T)^2}{2\beta} \tag{4.89}$$

相变点上熵 $S=\partial\Phi/\partial T$ 是连续的(即二级相变热等于零),而热容量的跃变是 $\Delta C=\alpha^2 T_C/\beta$,低对称相的热容量比高对称相大.介电极化率是 $\chi=(\partial^2\Phi/\partial p^2)^{-1}=2[\alpha(T-T_C)+\beta P_z^2]^{-1}$.在高温相中,$\chi=2/\alpha(T-T_C)$,即居里-外斯定律,在低温相中,$\chi=4/\alpha(T_C-T)$,即极化率在 T_C 点趋于无限.这样的相变在硫酸三甘氨酸中精确地发生在 $T_C=49$ ℃.

(4.86)式中第二不等式不成立(硫酸三甘氨酸中不会发生)时将(4.85)式中的 P_x,P_y 的二次项对角化后,和上述情形类似地进行研究.得到低温相在这种场合应该具有 C_S-m 群的对称性.

上述例子显示了二级相变的许多特征,然而在多元序参量的相变中,还可以存在下面要讨论的二级相变的质的差别.

4.8.2　对称性允许的二级相变的描述

在一般描述二级相变之前,须要对两个相的热力学势引入一个更严格的统一的描述[4.10].为此我们把势看做可以用密度函数表征的晶体结构的函数.在一种原子组成的晶体中,$\rho(x,y,z)$可以看做原子中心(核)的位置几率分布,在多原子晶体中更方便的是利用电子密度进行描述.此外,在磁结构中还应考虑电流分布 $j(x,y,z)$或自旋取向分布:我们已经讲过,晶体的对称群(本书卷 1,即文献[4.11],第 2 章)是一套能保持 $\rho(x,y,z)$不变的操作(坐标的变换).

令 G_0 是晶体在相变点具有的群,$\rho(x,y,z)$是某个相的密度函数(一般这个函数依赖于温度和压力).如果我们对 $\rho(x,y,z)$完成了 G_0 群中所有的变换 g_i,我们得到一套由操作 g_i 引起的可以互相线性变换的函数,即群 G_0 的表示.将这一表示扩展为不可约表示(本书卷 1,2.6.7,2.6.8,2.8 和 2.15 节),得到 $\rho(x,y,z)$按不可约表示的基函数 $\psi_i^{(n)}(x,y,z)$的展开式如下:

$$\rho = \sum_n \sum_i c_i^{(n)} \psi_i^{(n)}. \tag{4.90}$$

这里 n 是不可约表示的编号,i 是基函数的编号.下面都假定函数 $\psi_i^{(n)}$ 已通过一定方式归一化.

在函数 $\psi_i^{(n)}$ 中一定有一个本身对群 G_0 所有变换都不变的函数(这就是群的恒等表示).把这个函数记为 ρ_0,而把 ρ 的其他部分记为 $\Delta\rho$,则

$$\rho = \rho_0 + \Delta\rho, \quad \Delta\rho = \sum_n{}' \sum_i c_i^{(n)} \psi_i^{(n)}. \tag{4.91}$$

求和号后面的撇表示恒等表示不包括在求和之内.注意,如 $\Delta\rho \neq 0$,则晶体的对称群 G_1 不和 G_0 重合,而是 G_0 的子群,即 $G_1 \subset G_0$①.

由于 $\rho(x,y,z)$是实函数,求和式(4.91)中除了复表示外,一定有共轭的复表示.一对共轭的复不可约表示可以被看做一个双维的物理的不可约表示.相应地,函数 $\psi_i^{(n)}$ 可以取为实函数.

具有密度函数 ρ[(4.91)式]的晶体的热力学势是温度、压力和系数 $c_i^{(n)}$(并且自然地和具体的函数 $\psi_i^{(n)}$ 有关)的函数.$c_i^{(n)}$ 的值(它们作为 ρ, T 的函数是可实现的)由热力学平衡条件(Φ 极小条件)确定:这也和晶体对称性 G_0 相关联,因为很明显的是:由函数 $\psi_i^{(n)}$(它的变换规律已知)描述的函数 ρ 的对称性依赖于(4.91)式中系数 $c_i^{(n)}$ 的值.

由于函数 $\Delta\rho$ 的展开式(4.91)的不可约表示中不含恒等表示,所以或者 $\Delta\rho = 0$(全部 $c_i^{(n)} = 0$),或者 $\Delta\rho$ 按群 G_0 的某些变换进行变化,因此函数 $\Delta\rho$(以及 ρ)的对称性低于 G_0.结果在相变点本身,所有 $c_i^{(n)}$ 等于零.由于在二级相变中状态连续地变化,所有 $c_i^{(n)}$ 也连续地降到零,并且在近相变点时为无限小量.这就使我们可以在相变点附近把势 $\Phi(T, p, c_i^{(n)})$展开为 $c_i^{(n)}$ 的幂级数.

应该注意:在群 G_0 的变换中,函数 $\psi_i^{(n)}$ 互相转换(在每一不可约表示的基内),我们可以设想是系数 $c_i^{(n)}$ 而不是函数 $\psi_i^{(n)}$ 在变换(按同样规则).其次,由于物体的热力学势显然和参照系的选择无关,它一定对群 G_0 的变换不变.所以 Φ 的 $c_i^{(n)}$ 幂函数展开式的每一项应该只含 $c_i^{(n)}$ 值的相应幂的不变组合.

按照一个群的不可约表示(除了恒等表示),变换的值不能汇集为线性不变式.二次不变式始终存在,这就是 $c_i^{(n)}$ 系数的平方之和.这样,在二次项近似中 Φ 按 $c_i^{(n)}$ 的展开式为

$$\Phi = \Phi_0 + \sum_n{}' A^{(n)} \sum_i (c_i^{(n)})^2, \tag{4.92}$$

这里 $A^{(n)}$是 p, T 的函数.

由于在相变点上,(4.92)式在 $c_i^{(n)} = 0$ 时达到极小,在这个点上所有 $A^{(n)}$都不为负.假如在相变点上所有 $A^{(n)}$都为正,则在这个点的近旁它们全为正,这就要求在相变的两侧都有 $c_i^{(n)} = 0$,于是对称性不变.因此可以明显地反证,$A^{(n)}$

① 英文版误为 $G_0 \in G_0$.——译者注

系数中有一个必须在相变点上为零并在经过此相变点时改变它的符号(在同一相变点上有 2 个系数为零的条件只能是:它是 $p-T$ 图上的一个孤立点,是几条二级相变线的交点).

这样,在相变点一侧,所有 $A^{(n)}>0$,在另一侧,$A^{(n)}$ 系数中有一个为负.相应地,在相变点一侧,所有 $c_i^{(n)}=0$,在另一侧出现不为零的 $c_i^{(n)}$,它们对应于同一个不可约表示.在这里形成的相的对称群 G_1 是起始相对称群 G_0 的子群:$G_1\subset G_0$.以后我们省略表示的编号 n.

引入记号① $\eta^2=\sum_i(c_i)^2$,$c_i=\eta\gamma_i$,因此 $\sum_i\gamma_i^2=1$,将 Φ 展开为

$$\Phi=\Phi_0(p,T)+\eta^2A(p,T)+\eta^3\sum_\alpha B_\alpha(p,T)f_\alpha^{(3)}(\gamma_i)$$
$$+\eta^4\sum_\alpha c_\alpha(p,T)f_\alpha^{(4)}(\gamma_i)+\cdots,\tag{4.93}$$

这里 $f^{(3)}$ 和 $f^{(4)}$ 是由 γ_i 值汇集起来的三次、四次不变式;对 α 的求和的项数等于由对应级次的 γ_i 组成的独立不变式的数目.

由于在相变点 $A=0$ 并且热力学势在 $\eta=0$ 处必须是极小,二级相变要求不出现三次不变式,而且还要求 γ_i 的四次不变式给出 η^4 的正的系数.

如果这些所谓的朗道条件得到满足,可写出准确到四次项的热力学势展开式如下:

$$\Phi=\Phi_0+A(p,T)\eta^2+\eta^4\sum_\alpha c_\alpha(p,T)f_\alpha^{(4)}(\gamma_i).\tag{4.94}$$

上式的二次项不含 γ_i,它们的值由 η^4 的系数极小条件得出.由此得到的 γ_i 值决定函数的对称性

$$\Delta\rho=\eta\sum_i\gamma_i\psi_i,\tag{4.95}$$

即 γ_i 值决定了对称性为 G_0 的相经过二级相变形成的新相的密度函数的对称性和对称群 G_1.序参量的温度关系 $\eta=\eta(p,T)$ 由(4.94)式相对 η 的极小条件(给定 γ_i)得出,这和硫酸三甘氨酸的铁电相变中的做法完全相同.

4.8.3　不改变晶胞中原子数的相变

在卷 1[4.11] 2.8.15 节中已经讲过,空间群不可约表示的基函数中,可以分离出因子 $\exp(\mathrm{i}\boldsymbol{k}\cdot\boldsymbol{r})$,这里 $\boldsymbol{k}$ 是第一布里渊区中的波矢.容易看出,在展开式(4.91)中 $\boldsymbol{k}\neq0$ 的函数 ψ 一般对应于点阵距离增加 2 倍或任何整数倍,也就是

① 英文版把此记号误为 $\eta^2=\sum_i(c_i)$.——译者注

起始的晶胞随之变为一个新的大晶胞的若干个(整数)“亚晶胞”. 换句话说,在形成的点阵中,可以参照起始点阵分离出亚点阵.

实际上,当 $\boldsymbol{k}\neq 0$ 时,起始点阵只保留满足 $\boldsymbol{k}\cdot\boldsymbol{r}=2\pi n$ 条件(n 为整数)的那些阵点. 图 4.15 是波矢处于布里渊区边界的一个例子. 点阵分裂为 2 个亚点阵. 沿 x 轴的基矢增大一倍,晶胞体积和晶胞中的原子数也增加一倍.

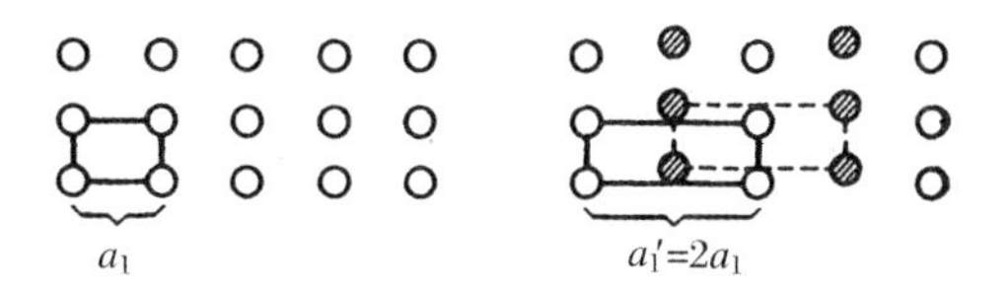

图 4.15 晶胞中原子数改变的相变最简单的例子: $a_1'=2a_1$ [4.12]

如果 $\boldsymbol{k}=0$,所有平移都保持下来. 这就说明:晶胞中原子数保持不变的所有相变必须由 $\boldsymbol{k}=0$ 的表示来描述[4.12]. 这时,可以既有晶胞参数的改变,又有亚点阵的相对位移. 图 4.16a 的例子是点阵发生切变,使垂直纸面的 2 个对称面消失. 在图 4.16b 中,2 个亚点阵相对位移,使对称中心消失并且使点阵具有极性. 在图 4.16c 中,3 个可以通过转 120°互相合并的亚点阵沿箭头方向等距离平移,使六重轴消失.

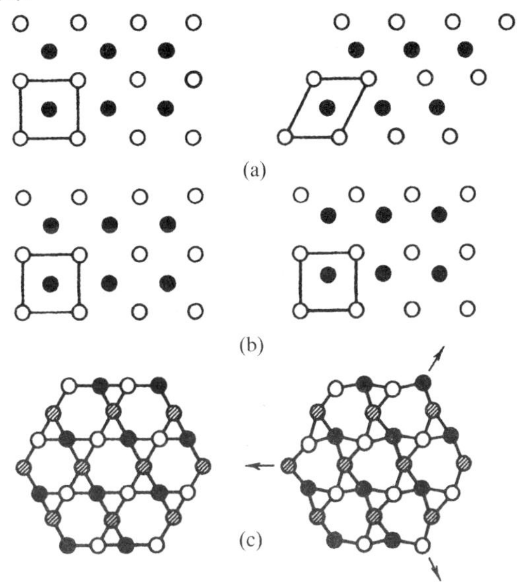

图 4.16 晶胞中原子数不变的相变

(a) 原胞切变;(b) 2 个亚点阵相互位移,原胞参数不变;(c) 3 个亚点阵相对位移,所有情形的 $\boldsymbol{k}=0$ [4.12]

值得注意的是:在空间群 $\Phi = G_3^3$ 对称操作的作用下,$k = 0$ 的函数和对应点群 $K = G_0^3$ 的表示的基函数严格地以同样方式进行变换.实际上群 K① 的表示的基函数只依赖于方向,它们在群 G_3^3 操作的转动分量作用下发生的变换等于群 G_0^3 操作作用下发生的变换.换句话说,虽然群 K 不是 $\Phi = G_3^3$ 的子群(是 Φ 的同形反映,见卷 1,2.8.4 节),但群 K 的所有表示是一定 Φ 群的对应 $\boldsymbol{k} = 0$ 的表示(对所有其他和 K 同形,即属于同一晶类的 Φ 也是如此).

由此可见,为了研究晶胞中原子数不变的结构变化,只须要考虑(4.91)型的展开式中点群 K 的不可约表示(卷 1,表 2.8).对这些表示进行分析后得到图 4.17,它适用于晶类 K 之间的所有可能的二级相变(相应的相变在给定晶类 K

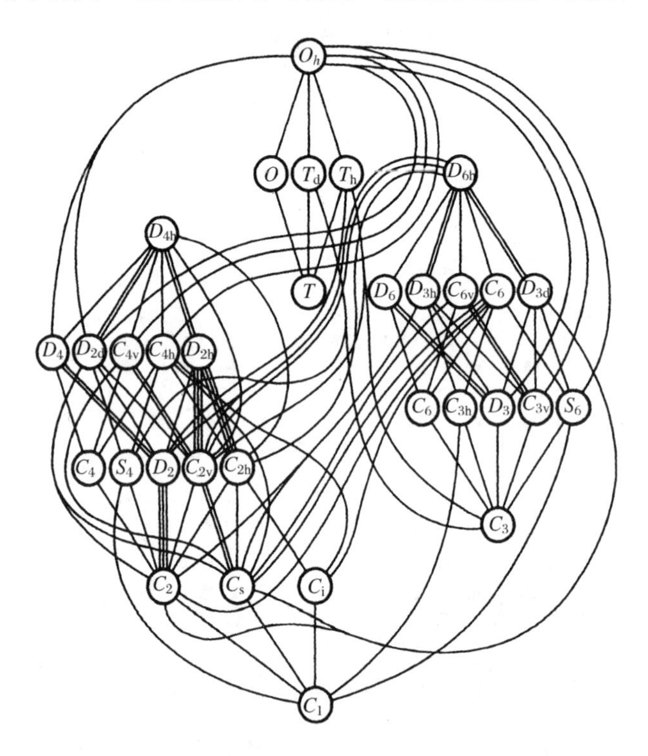

图 4.17　晶胞中原子数不变的所有可能的二级相变的总图[4.12]

的所有空间群 Φ 中都可能发生).图上的直线代表一维表示,曲线代表多维表示.线的分叉代表给定的表示可以向不同的晶类转变(依赖于热力学势展开式中的不变式因子之间的比).例如在群 O_h^1—$Pm3m$ 中二级铁电相变(表示为

① 英文版误为 $\boldsymbol{k}$.——译者注

F_{1u})可以转变为四方群 C_{4v}^1—$P4mm$(沿立方边极化)或菱形群 C_{3v}^1—$P3m1$(沿立方体对角线极化).

4.8.4 相变时晶体性质的变化

设相变中引入和某一不可约表示 Γ 对应的附加自由度 C_i,并且考虑这一改变在结构上的物理含义.为此,我们需要找出由 C_i 和系统的外界条件可以组成什么样的不变式.如果把范围限制在 C_i 的线性不变式(从而使物性也线性地依赖于这些系数),只需要找出所有按表示 Γ 变换的物理量就够了.为了找出和 C_i 的关系更复杂的物理量,必须考虑表示 Γ 的对称程度.

铁电相变 设表示 Γ 属于某一群的矢量表示 V,即设极性矢量的一个或几个分量按表示 Γ 变换.这时晶体对称性允许我们组成不变式 $\sum C_i E_i$,这里 E_i 是电场强度矢量的分量.包含自由度 C_i 的相变引起自发极化的出现:

$$P_i = -\frac{1}{4\pi}\frac{\partial \Phi}{\partial E_i}. \tag{4.96}$$

相变是铁电相变,极化线性地依赖于系数 C_i.如果表示 Γ 的某一对称程度(例如二阶)含有矢量表示,具有不变式 $\sum\limits_{ijk}\alpha_{ijk}C_iC_jP_k$.这样的铁电体是所谓的非本征铁电体[4.13,4.14].例如,所有按具有 $\boldsymbol{k}=0$ 的表示转变而成的铁电体是非本征的.和本征铁电体不同,非本征铁电体不遵循居里-外斯定理,同时介电常数在相变点发生跃变.

铁磁相变 如矢量表示引起使电极化极性矢量出现的相变,则赝矢量表示 $\widetilde{V}$ 引起使轴矢量(例如磁化矢量)出现的相变,即铁磁相变.

铁弹相变 不可约表示中的矢量表示的对称平方 $[V]^2$ 的展开式给出一套所有表示的组合,形变张量的分量(以及应力张量、介电常数张量的分量等)按照它进行变换.与之有关的相变包含自发形变(分量按给定表示进行转变)和光折射率椭球的变化.这样的相变被称为铁弹相变,相应的材料是铁弹体.铁弹相变伴随着和形变分量(按给定表示变换的分量)对应的弹性模量降为零.

弹性常数 类似地,不可约表示中的 $[[V]^2]^2$(矢量表示的对称平方的对称平方)展开式给出一套所有表示的组合,弹性常数张量按照它进行变换.相应的相变包含晶体弹性常数的变化.

还可以补充上去的物理性质有压电性(表示 $V\times[V]^2$)、压磁性(表示 $\widetilde{V}\times[V]^2$)、压光性、电致伸缩和磁致伸缩(表示 $[[V]^2]^2$)等等.

作为例子可以举出图 4.16a 的转变和表现为 $[V]^2$ 的表示 Γ 有联系,即属于铁弹相变，图 4.16c 和表现为$[[V]^2]^2$ 的表示 Γ 有联系，即相变包含弹性常数的变化.

4.8.5 相变中形成的孪晶(畴)的性质

确定低温相对称性的量 γ_i 的数值从(4.94)式中 η^4 因子的极小条件得出. 但和这一因子极小对应的 γ_i 的解有几个(至少用 $-\gamma_i$ 代替 γ_i 不影响因子的值)，因此相变在一个晶体的不同区域独立地开始，引起有不同 γ_i 值的区域的出现. 这些区域被称为畴或孪晶. 需要指明不同相变引起的孪晶的性质有何不同. 铁电(表示 Γ 属于矢量表示 V)或铁磁(表示 Γ 属于赝矢量表示 $\widetilde{V}$)相变中，畴的形成来源于相变时电极化和磁化的方向不同. 铁弹相变中(Γ 属于$[V]^2$)，形成的孪晶有不同的自发形变(按表示 Γ 转变时分量不同)和取向不同的光折变率椭球. 这些孪晶是通常的孪晶，可以用孪晶面(孪晶单元的自发形变椭球沿面相交)和孪晶方向(处于孪晶面内并和相邻孪晶面交线垂直)表征.

如 Γ 不属于表示$[V]^2$，则孪晶既不是自发形变有差别，也不是光折变率椭球有差别. 对这样的孪晶不能使用孪晶椭球、孪晶面和孪晶方向等概念.

有两种可能的情形，依赖于表示 Γ 是否表现为表示$[[V]^2]^2$. 如果是的话，孪晶单元在弹性常数上不同. 在应力作用下这些孪晶仅出现二级效应，例如应力符号改变时孪晶界的受胁位移的方向不变. Dophinais 孪晶就是一个例子，它在石英的 $\alpha\to\beta$ 相变中形成(图 4.16c).

如 Γ 既不表现为$[V]^2$，又不表现为$[[V]^2]^2$，孪晶单元既没有光折变率椭球的差别，又没有弹性常数的差别. 这样的"影子"孪晶完全可以不予注意，除非晶体的结构或物理性质已经过透彻的研究. 这种类型的孪晶包括所有反演孪晶和某些种类的转动和反射孪晶. 如果表示 Γ 对应波矢 $\boldsymbol{k}$ 的非零值，相应的相变将引起平移孪晶.

4.8.6 低对称相均匀态的稳定性

直到这里我们都假设在二级相变线的相邻点上，相变按同一表示进行. 这个问题需要进一步的分析. 事实上空间群的不可约表示不仅按间隔性(小的表示的数目)，而且按波矢 $\boldsymbol{k}$ 的连续值进行分类. 因此(4.92)式中的系数 $A^{(n)}$ 必须不仅依赖于间断数 n，还依赖于连续变量 $\boldsymbol{k}$.

设相变牵涉到的具有给定 n 和给定的 $\boldsymbol{k}=\boldsymbol{k}_0$ 值的系数 $A^{(n)}(\boldsymbol{k})$降为零(作为 p 和 T 的函数). 则系数 $A^{(n)}(\boldsymbol{k})$在 $\boldsymbol{k}=\boldsymbol{k}_0$ 处一定有相对于 $\boldsymbol{k}$ 的极小，即在此处相对 $\boldsymbol{k}$ 的一阶微商一定等于零. 如$\partial A^{(n)}(\boldsymbol{k})/\partial\boldsymbol{k}$ 变为零不是晶体对称性

引起的，则在相邻点上这些微商不等于零(虽然不大)，而且 $\boldsymbol{A}^{(n)}(\boldsymbol{k})$的极小出现在和 $\boldsymbol{k}_0$ 不同的 $\boldsymbol{k}$ 处(虽然离 $\boldsymbol{k}_0$ 不远). 这里，$\boldsymbol{k}$ 的值沿二级相变线连续地改变.

如果晶体对称性要求$\partial A^{(n)}/\partial \boldsymbol{k}=0$，则相变在相变线的不同点上按同一的表示进行. 下面说明$\partial A^{(n)}/\partial \boldsymbol{k}=0$ 的群论判据. 为此我们考虑如下的事实：波矢 $\boldsymbol{k}$ 的值决定新相的平移对称性(周期性). 这样，具有波矢 $\boldsymbol{k}$(接近 $\boldsymbol{k}_0$)的结构可以看做一个波矢为 $\boldsymbol{k}_0$ 加上在空间缓慢变化(由于 $\boldsymbol{k}-\boldsymbol{k}_0$① 是小量)的系数 $c_i(\boldsymbol{r})$的结构. 在 $A^{(n)}(\boldsymbol{k})$按照 $\boldsymbol{k}-\boldsymbol{k}_0$ 幂的展开式中不出现线性项，这一点导致热力学势展开式中不出现 c_i 和 c_i 梯度的乘积的不变式. 由于 $c_i\nabla c_j+c_j\nabla c_i$ 型的项约化为某一矢量的简并，它们对体能量没有贡献. 因此，对于相图上沿整条线按给定表示发生的相变，必须做到没有由组合 $c_i\nabla c_j-c_j\nabla c_i$ 组成的不变式[4.15]. 在表示理论的语言中，这意味着引起相变的表示 Γ 的反对称平方可以不含有矢量表示.

如果 Lifshits 不变式确实存在，$\boldsymbol{k}$ 值沿相变线变化，而且如上所述这一变化可以用系数 c_i 在空间的变化代表. 这意味着相应的相变引起所谓的无公度或调制结构. 最容易描述这种结构的场合是铁磁或铁电相变，这里的无公度结构来源于电极化或磁化矢量在空间的变化. 这种结构通常是螺旋面结构，螺旋的周期并不须要是点阵参数的整数倍(有公度). 无公度结构在广泛的材料中被观察到，如准一维和准二维导体、磁性材料、铁电体、合金、液晶等等.

最后要指出：唯象理论关于物理量的温度关系的性质的预言有一个适用的范围，它不应很靠近相变点，因为相变参量的涨落在这里起本质的作用；它也不应离相变点太远，因为理论须要将热力学势展开为幂级数. 这里提到的涨落区可以很窄(如在超导体和磁体中)，也可以相当宽(如在石英或大多数铁电体中). 有关对称性变化的预言显然在二级相变中是正确的.

---

① 英文版误为 k_c.——译者注

第 5 章

实际晶体的结构

前几章讨论的晶体规则的严格周期性的结构是一种理想的图像. 在自然界,即使是在理想的热力学平衡条件下,晶体也必然存在各种对理想结构的偏离,它们被称为晶体缺陷. 平衡的点阵缺陷不宜解释为晶体的缺陷. 它们可以看做是晶体基态的元激发,是晶体中固有的,如同声子或电子等. 声子和电子是晶体的声子和电子的亚系统的元激发(已在第3章和第4章讨论过);点阵缺陷是晶体的原子亚系统的元激发,它的基态已在第1章描述过.

除了平衡的点阵缺陷,实际晶体中还存在非平衡缺陷,这是晶体的形成和历史条件不理想的结果. 这些缺陷即使经过很长的时间也不能仅仅由热运动而完全消失,它们处在"冻结"状态. 非平衡点阵缺陷常常在晶体生长、相变过程中或在外界影响下被电、磁或弹性场稳定下来. 改进晶体的制备和处理方法可以显著减小非平衡点阵缺陷的密度.

所有结晶材料的结构灵敏性质都和平衡和非平衡点阵缺陷的存在有关. 晶体对外界影响的响应是改变它的实际结构,产生、重新排列、移动和消除点阵缺陷. 例如,晶体的塑性形变完全由各种点阵缺陷的运动所组成. 晶体的热膨胀不仅由原子振动的非简谐性引起,它还来源于点阵缺陷密度的增加. 离子晶体中的电流主要由带电点阵缺陷的迁移引起,半导体的许多重要性质和电激活的点阵缺陷有关,等等.

5.1　晶体点阵缺陷的分类

点阵缺陷的迁移性差、寿命长,对它们适宜进行几何图像的描述(唯一例外是量子晶体,如He晶体,这里的零点振动是如此之强,使点阵缺陷的局域化受到干扰,点阵缺陷的行为类似声子和电子等准粒子). 我们把"点阵位"定义为具有理想原子结构的晶体中原子应占据的位置. 严格地讲,实际晶体中没有一个原子处在点阵位上. 但是,实际晶体原子结构和理想结构差别不大的事实使对它的描述容易得多,绝大多数原子可以参照点阵位的网格予以安排. 可以按照纯几何特征对点阵缺陷进行分类,即按它们的维数分类,缺陷对理想晶体结构的重大扰动(相邻的原子缺位或位置异常)延伸到宏观距离的维数不同.

零维(点)缺陷有点阵空位、填隙原子、在"异类"亚点阵位上的原子、各种位置上的杂质原子等.

一维(线)缺陷有点缺陷链和位错,后者破坏了原子面的规则排列.

二维(面)缺陷有晶体表面、堆垛层错(不规则的堆垛原子层)、晶粒边界、孪晶界、畴壁等.

三维(体)缺陷有空洞、夹杂物、沉淀和类似的宏观形成物.

和点阵缺陷类似的晶体原子结构的局域畸变有时候由电子型元激发引起,后者和点阵有强的互作用.在半导体中,电子和空穴使周围点阵畸变(极化),形成**极化子**.在离子晶体中,电子态的局域激发可以由一个离子传向另一离子,即以**激子**的方式在晶体中迁移.理论还预言存在着**涨落子**(fluctuon),即被电子稳定住的密度、电极化或磁化的局域涨落.另一方面,点阵缺陷使晶体的电子和声子结构畸变,电子和声子谱的能级位移,出现新的能级和局域振动等.点阵缺陷的增多造成缺陷的聚集,使晶体中沉淀出新相(空位、激子等的凝聚),使整个晶体不稳定,以至引起整个晶体的相变(空位、层错等的有序化等).

5.2 晶体点阵中的点缺陷

5.2.1 空位和填隙原子

空位(未占据的点阵位)和**填隙原子**(填入间隙中的原子)是缺陷对映物,二者结合使空位和填隙原子消失、恢复晶体点阵的规则性.空位形成能是从点阵位上移出一个原子到晶体表面所做的功,它一般是 1 eV 的量级.填隙原子形成能是把一个晶体表面原子填入间隙所做的功,它可高达几个电子伏特,因为一个原子填入空隙造成的局域畸变能很大①.

在热力学平衡条件下,能量如此高的缺陷的存在的可能性来源于点缺陷的形成大大增加了晶体的熵.从一个有 N 个等同原子的晶体中取出 n 个原子的不同方式的数目是

$$C_N^n = \frac{N!}{n!(N-n)!}.$$

① 在空位和填隙原子的计算中应避免晶体表面能的可能的变化.因此只有晶体表面台阶弯折上的原子才参与点缺陷的形成.

根据玻耳兹曼方程,相应的组态熵的增加为

$$\Delta S = k\ln\frac{N!}{n!(N-n)!}. \tag{5.1}$$

如一个点缺陷的形成能为 E,在 T 时形成 n 个缺陷后晶体自由能的改变为

$$\Delta F = nE - T\Delta S. \tag{5.2}$$

求上式的极小时只考虑组态熵[(5.1)式]并利用斯特林公式 $\ln m! \approx m\ln m$ (m 很大),得到平衡点缺陷的估计值为

$$n = N\exp(-E/k_0T). \tag{5.3}$$

例如 Cu 的空位形成能约 1 eV,填隙原子形成能为 3.4 eV.根据(5.3)式,在熔点($T=1356$ K)处.空位浓度为 2×10^{-4},而填隙原子的浓度只有 2×10^{-13}.

应当指出:推导(5.3)式时忽略了晶体振动熵的改变.在点缺陷附近的原子的振动频率和振幅的变化使晶体熵增加 $n\Delta S'$,和缺陷数成正比.因此(5.3)式应该有一修正因子 $\exp(\Delta S'/k)$,然而这并不影响结果的量级.作为例子,表5.1给出 Au、Ag、Cu 在熔点的空位浓度 $c=n/N$ 和有关的 E、$\Delta S'/k$ 的值.显然,简单公式(5.3)式已经给出平衡缺陷浓度的相当可靠的估计值.

表5.1 Au、Ag、Cu 在熔点的 c、e、$\Delta S'/k$ 值

	$c\times10^4$	E(eV)	$\Delta S'/k$
Au	2.7 ± 0.6	0.98	1.22
Ag	1.7 ± 0.5	1.04	0.9
Cu	2.0 ± 0.5	1.07	0.5

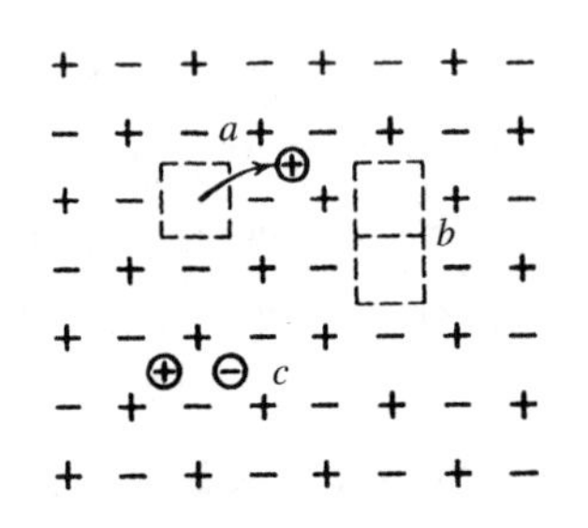

图5.1 NaCl型晶体的点缺陷
a.弗伦克耳缺陷;b.肖脱基缺陷;c.肖脱基缺陷对映物.方块代表空位,圆代表填隙原子

在更复杂的情形下可以进行类似的计算.例如,考虑离子晶体中,形成点缺陷时整个晶体的电中性必须满足.因此,缺陷成对地产生(图5.1),如弗伦克耳缺陷由空位和填隙离子组成,肖脱基缺陷由2个不同空位组成,肖脱基缺陷的对映物由2个不同的填隙原子组成.这些缺陷对的平衡浓度可由类似于(5.3)式的下式表示:

$$n = \sqrt{N_1N_2}\exp(-E/2kT), \tag{5.4}$$

这里 E 是缺陷对的形成能,N_1 和 N_2 是对的2个成员分别占据的位置数.由于填隙离子能远超过空位能,离子晶体中点缺陷浓度通常由肖脱基缺陷决定.

点缺陷的形成伴随着它周围的原子的显著位移.空位周围的原子主要向空

位移动.相反地,填隙原子挤开周围的原子.结果填隙原子通常增加而不是减少晶体的体积.空位使体积的增加量小于一个原子体积.例如在 Al 中一个填隙原子使晶体体积增加 0.5Ω(Ω 为原子体积).空位使体积增加 0.8Ω. X 射线法密度对应于平均原子间距离的改变.在填隙原子的场合好像有一个体积为 1.5Ω 的膨胀中心塞进了晶体,而空位则相当于 -0.2Ω(空位使晶体的 X 射线法密度改变).弗伦克耳对(填隙原子和空位)使晶体的 X 射线法密度和膨胀法密度减小,缺陷对引起的体积变化为 1.3Ω.点缺陷使膨胀法密度和 X 射线法密度有差别,对一个空位观察到的晶体体积增大了 Ω,而一个填隙原子的效果正好减小 Ω.因此,比较晶体的这两种密度原则上可以确定填隙原子数和空位数的差别,这两个数的差别等于原子数和点阵位置数之间的差别.点缺陷作为伸缩中心和弹性偶极引起的弹性场对点缺陷间以及点缺陷、位错(或其他点阵缺陷)间的互作用有决定性的影响(本书卷 4).

知道了原子间互作用的规律,人们就可以借助计算机计算点缺陷的原子结构并且精确给出缺陷周围各个原子的位移.对缺陷周围原子位移的宏观描述是位移矢量场 $\boldsymbol{u}(\boldsymbol{x})$,它连续地随 $\boldsymbol{x}$ 而变.和原子间距离变化对应的是畸变场

$$u_{ij} \equiv u_{j,i} \equiv \frac{\partial u_j}{\partial x_i}, \tag{5.5}$$

畸变张量的对称部分给出形变

$$\varepsilon_{ij}(\boldsymbol{x}) = \frac{u_{ij} + u_{ji}}{2}. \tag{5.6}$$

而反对称部分给出点阵的转动

$$\omega_i = \frac{1}{2} e_{ijk} u_{jk}. \tag{5.7}$$

和原子间互作用力对应的是应力场 σ_{ij},它可以借助于胡克定律由形变 ε_{ij} 得出:

$$\sigma_{ij} = c_{ijkl}\varepsilon_{kl} = c_{ijkl}u_{kl}, \tag{5.8}$$

这里 c_{ijkl} 是弹性模量张量.(5.5)到(5.8)式采用以下的约定:对重复的指标求和:逗号后面的指标表示对相应的坐标求微商,如(5.5)式;e_{ijk} 是反对称单位张量,它的非零对角项为 1 或 -1,依赖于下标 i, j, k 形成 1,2,3 的偶或奇排列.

方程组(5.5)—(5.8)是各向异性体**弹性理论**的普通的方程组(见本书卷 1,即文献[5.2]).畸变场描述不能用于点缺陷的芯部.也不能错误地在填隙原子和空位场合下使引入的矢量 $\boldsymbol{u}$ 对应于离开晶体边界的距离,因为弹性理论事先设定矢量 $\boldsymbol{u}$ 比原子间距离小.在描述点阵缺陷弹性场时我们只能求助于**内应力理论**,即引入本征畸变张量 u_{ij} 和本征形变张量 $\varepsilon_{ij}^0 = (u_{ij}^0 + u_{ji}^0)/2$ 的概念,以便用来宏观地描述缺陷结构.方程(5.6)—(5.8)仍保持为弹性畸变张量 u_{ij} 和弹

性形变张量ε_{ij}.除此之外,张量u_{ij}和u_{ij}^0之和对应于畸变场的梯度:

$$u_{j,i} = u_{ij} + u_{ij}^0. \tag{5.9}$$

在宏观描述中,点缺陷用原子体积量级范围内的局域本征形变$\varepsilon_{ij}^0(\boldsymbol{x})$来表征.对于具有额外体积$\delta V$的膨胀中心

$$\int(\mathrm{d}\boldsymbol{x})\varepsilon_{ij}^0(\boldsymbol{x}) = \delta_{ij}\frac{\delta V}{3}. \tag{5.10}$$

这里$(\mathrm{d}\boldsymbol{x})$是体积元,$\delta_{ij}$是对称单位张量($i=j$时,$\delta_{ij}=1$;$i\neq j$时,$\delta_{ij}=0$).

我们用傅里叶变换计算点缺陷的弹性场.可以证明:应力张量σ_{ij}的傅里叶分量正比于本征形变张量的傅里叶分量ε_{ij}^0:

$$\tilde{\sigma}_{ij}(\boldsymbol{k}) = -c_{ijkl}^*(\boldsymbol{n})\cdot\tilde{\varepsilon}_{ij}^0(\boldsymbol{k}), \tag{5.11}$$

这里$c_{ijkl}^*(\boldsymbol{n})$是所谓的弹性模量的平面张量,它和弹性模量的普通张量c_{ijkl}的关系是

$$c_{ijkl}^*(\boldsymbol{n}) = c_{ijkl} - c_{ijmn}\boldsymbol{n}_m\Lambda_{np}^{-1}\boldsymbol{n}_q c_{pqkl}, \tag{5.12}$$

这里Λ_{np}^{-1}是张量$\Lambda_{np}=n_m c_{mnpq}n_q$的倒易张量,$\boldsymbol{n}=\boldsymbol{k}/|\boldsymbol{k}|$是沿波矢$\boldsymbol{k}$的单位矢量.带$\boldsymbol{n}$矢量的$c_{ijkl}^*(\boldsymbol{n})$相对于任何指数的卷积等于零,这就保证了应力平衡条件$n_j\tilde{\sigma}_{ij}(\boldsymbol{k})=0$得到满足.将膨胀中心本征形变的傅里叶变换代入(5.11)式并进行傅里叶逆变换,得到应力场

$$\sigma_{ij}(\boldsymbol{r}) = -\frac{1}{(2\pi)^3}\int(\mathrm{d}\boldsymbol{k})\mathrm{e}^{\mathrm{i}(\boldsymbol{k}\cdot\boldsymbol{r})}c_{ijkl}^*(\boldsymbol{n})\tilde{\varepsilon}_{kl}^0(\boldsymbol{k}) \tag{5.13}$$

$\boldsymbol{r}$大时(离膨胀中心远时),应力随r^{-3}下降,而且有

$$\lim_{r\to\infty}r^3\sigma_{ij}(\boldsymbol{r}) = \frac{\delta V}{24\pi^2}\oint\mathrm{d}\boldsymbol{n}\lim_{\varepsilon\to0}\frac{\mathrm{d}^2}{\mathrm{d}\varepsilon^2}c_{ijll}^*\left(\boldsymbol{n}+\varepsilon\frac{\boldsymbol{r}}{r}\right), \tag{5.14}$$

这里和(5.13)式不同,变化的$\boldsymbol{n}$和$\boldsymbol{r}$正交,并且按照(5.10)式ε_{kl}^0取为$\delta_{kl}(\delta V/3)$.在弹性各向同性场合,$c_{ijll}^*=2G(1+\nu)(1-\nu)^{-1}(\delta_{ij}-n_in_j)$,这里$G$是切变模量,$\nu$是泊松比.从球坐标系$(r,\theta,\varphi)$中膨胀中心外面的应力为

$$\sigma_{rr} = -\frac{(1+\nu)G\delta V}{3\pi(1-\nu)r^3},\quad \sigma_{\theta\theta} = \sigma_{\varphi\varphi} = -\frac{1}{2}\sigma_{rr}. \tag{5.15}$$

一级近似下膨胀中心和外场的作用能由pV_0决定,这里$p=-\sigma_{ii}/3$是缺陷位置上的压力.由此得出,作为负额外体积膨胀中心的空位被拉向压缩区,而作为正额外体积膨胀中心的填隙原子趋向于负压区.在各向同性弹性近似下膨胀中心间没有互作用,因为根据(5.15)式得出压力$P=-(\delta_{rr}+\delta_{\theta\theta}+\delta_{\varphi\varphi})/3=0$.考虑弹性各向异性后,得到互作用能的非零修正项随$r^{-3}$而下降.

分析辐照下空位和填隙原子趋向位错的流量平衡时,必须考虑点缺陷和外场互作用的非线性效应和缺陷附近键刚性的改变,后者引起应力场中缺陷的弹

性极化.使刚性降低的空位的极化有助于空位趋向高应力区.刚性填隙原子的极化产生相反的效应.适当考虑弹性各向同性近似下缺陷的弹性极化后,膨胀中心的互作用不等于零,而是随 r^{-6} 下降.在有些场合(如空洞)这种极化互作用是显著的.

点缺陷的互作用引起各种复合体.复合体的合成和分解反应的考虑方法类似于气体混合物或稀固溶体中一般的反应规律[5.3].最简单的例子是金属中双空位的形成 $V+V \rightleftharpoons V_2$.根据质量作用规律,空位浓度$[V]$和双空位浓度$[V_2]$的关系是

$$[V_2] = K[V]^2. \tag{5.16}$$

反应常数 $K=\alpha\exp(U/kT)$,这里 α 是晶体中双空位的可能取向数,它等于配位数(点阵位的最近邻数)的一半,U 是双空位中空位结合能,它通常显著小于空位形成能.因此,双空位浓度不超过单空位浓度.

空位的进一步连接可以产生三维空洞(穴洞)或原子厚度的"煎饼",这依赖于晶体的类型和外界条件(图 5.2a).煎饼可能变得不稳定并且在达到临界尺寸后塌陷,产生另一种类型的缺陷——**棱柱型位错环**(图 5.2b).在 5.3 节将更详细地讨论这种缺陷.这里只指出一点:图 5.2b 中的符号"T"指出原子面已塌陷.以后我们用这样的符号描述晶体的位错结构.

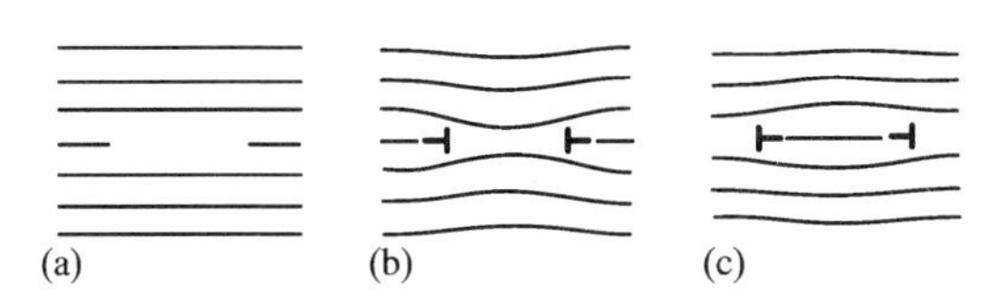

图 5.2 棱柱型位错环的形成

(a) 平的空位盘;(b) 空位型环;(c) 填隙型环

转到填隙原子时应该指出,这个名词不太恰当.填隙原子远远算不上总是处在晶体点阵的特定间隙之中.例如在面心立方金属中,填隙原子不处在四面体间隙$\left(\frac{1}{4},\frac{1}{4},\frac{1}{4}\right)$或八面体间隙$\left(\frac{1}{2},\frac{1}{2},\frac{1}{2}\right)$处,而是使某一原子移出点阵位(图 5.3),形成沿$\langle 100\rangle$方向的对(哑铃).在体心立方金属中,也有填隙哑铃形成于$\langle 110\rangle$方向.在 fcc 和 bcc 金属中,填隙原子还可形成另一种组态——**挤子**.图 5.4 是 fcc 金属中挤子的例子.一个额外原子处在$\langle 110\rangle$方向几个原子距离的长度上.填隙原子的平面聚集形成的位错环和空位盘塌陷而成的位错环类似但符号相反.

由几种原子组成的晶体中,占据异类亚点阵位置的原子可看做点缺陷.这

种缺陷的浓度的增加对应于无序化的起始阶段.

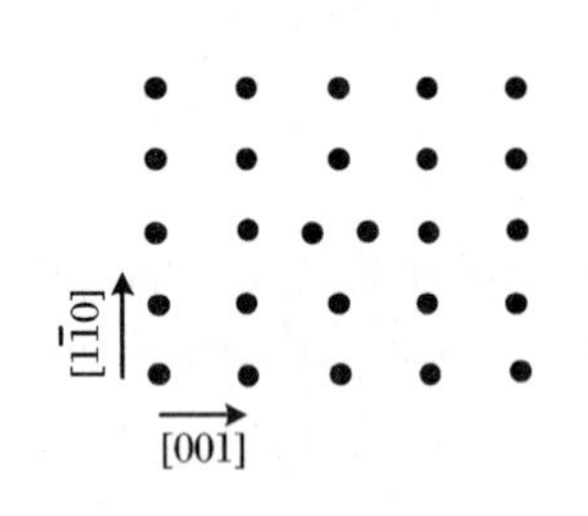

图5.3 填隙原子的哑铃组态
fcc点阵的(110)面

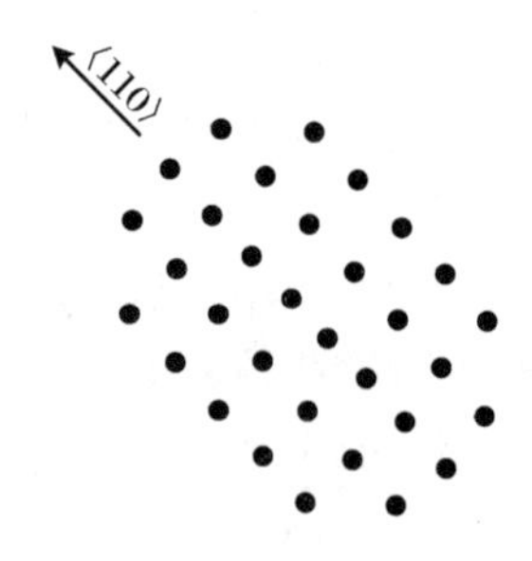

图5.4 沿⟨110⟩轴的挤子
fcc点阵的(001)面

5.2.2 杂质、电子和空穴的作用

杂质(异类)原子不论填入间隙还是位于点阵位置都是点阵缺陷并且显著地影响内禀点阵缺陷的浓度,有时甚至使之增加几个量级.在纯NaCl晶体中空位浓度V_{Na}和V_{Cl}由肖脱基缺陷形成反应的质量作用定律确定:

$$[V_{Na}][V_{Cl}] = A\exp(-U/kT). \tag{5.17}$$

根据电中性条件

$$[V_{Na}] = [V_{Cl}] = \sqrt{A}\exp(-U/2kT), \tag{5.18}$$

将上式和(5.3)式比较,并考虑到NaCl中Na和Cl的点阵位的数目相等,即$N_1 = N_2 = N$,得到$A = 1$.

在NaCl晶体中含$CaCl_2$杂质时,Ca^{2+}离子替代Na^+并且必须有阳离子空位V_{Na}以保持电中性(形成填隙Cl^-离子在能量上不利).电中性条件可表示为

$$[V_{Na}] = [V_{Cl}] + [Ca^{2+}],$$

最后得到阳离子空位浓度

$$[V_{Na}] = \frac{1}{2}[Ca^{2+}] + \sqrt{\frac{1}{4}[Ca^{2+}] + A\exp(-U/kT)}. \tag{5.19}$$

温度降低时,$[V_{Na}]$浓度接近杂质浓度,同时$[V_{Cl}]$浓度变得比纯NaCl晶体中的少.杂质对空位浓度的影响只有在高温下和少量掺杂时才能忽略,这时肖脱基缺陷浓度超过杂质浓度.在高掺杂晶体中,直到熔点,阳离子空位浓度都等于二价杂质的浓度,阴离子空位实际上不存在.

阴离子和阳离子空位浓度随掺杂的变化急剧地影响晶体的电学和力学性质.离子电导通常依赖于空位类型中的一种.因此研究晶体离子电导的温度关系有助于得出空位浓度,并且通过(5.19)型方程决定另一种价的杂质的浓度.在形变过程中位错扫出带电的空位,并且在晶体体内和表面建立显著的电荷

(A. V. Stepanov 效应). 这些电荷反过来对形变和断裂起决定性作用.

带电点缺陷不仅可以借助于其他点阵缺陷而中和,它还可以通过晶体电子结构的相应的扰动而中和,这里主要指导带中的电子或价带中的空穴. 在前一情形,带电点缺陷是受主(俘获电子后在价带产生可以在晶体中迁移的空穴),在后一情形,它作为施主(在导带中增加电子). 在半导体中可以通过这种途径控制电导的值和类型.

在离子晶体中,电子和空穴的点缺陷复合体形成各种色心. 最简单的情形是 F 心,这是一个阴离子空位加上扩展到周围所有阳离子的补偿电子. 离子晶体中的其他一些色心的结构概貌将在本书卷 4[5.1],第 15 章中讨论.

5.2.3 外界影响的效应

通常,点缺陷可以占据晶胞中若干等价的组态. 在外界影响下缺陷逐渐趋向能量上更有利的位置(如填隙原子哑铃沿拉伸轴取向). 外界引起的各向异性不会在外界作用终止后立即消失. 晶体能"记住"外界作用的方向到一定的时间,外界影响的延迟对应于点缺陷适当的再分布. 这就是所谓**取向**(或**定向**)有序化效应. 在内耗中也观察到这种效应(**Snoek 效应**),还有弹性和磁后效、磁畴和铁电畴的稳定化(能再取向的缺陷有助于畴记住极化的方向)以及多重孪晶和马氏体合金的类似橡胶的弹性(加热后晶体自发地恢复由于事先形变而失去的形状).

外界影响不仅可以引起点缺陷的再分布,它们还可以产生浓度上远超过热力学平衡值的新缺陷. 从高温快速淬火可以保持(冻结住)点缺陷的非平衡浓度.

晶体从熔体生长时,非平衡缺陷来不及扩散到晶体表面,它们或聚向位错,或在晶体内沉淀(凝聚)形成不同的团簇. 在大的无位错硅材料中,填隙原子簇是晶体和由此晶体制备的器件的主要缺陷. 这些晶体的热稳定性和屈服应力直接依赖于填隙原子团簇基础上形成的棱柱位错环的尺寸.

如果晶体温度的变化引起固溶体的分解,离开点阵位的杂质原子显著增加空位浓度(离开间隙时显著增加填隙原子浓度). 空位(或填隙原子)浓度一直加到固溶体分解过程停止或点缺陷开始聚集. 在广泛的离子晶体中,加热引起的阳离子弗伦克耳对的数目的增加是如此之快,使得这一过程可以被看做阴离子移向间隙位的一种相变. 通常可能的间隙位的数目大大超过晶胞中离子数,阳离子在这些位置上统计地分布并且能在晶体中很方便地迁移,保证很高的离子电导($10^{-2}\ \Omega^{-1}\cdot cm^{-1}$和更高). 不论是在相变中还是在离子电流的输运中,合作现象都有重要的作用. 在前一场合,阳离子互相"帮助"向间隙位运动;在后一场合,它们互相帮助从一个间隙位移向另一间隙位.这类晶体的典型例子是**快离子**导体(或固体电解质),如氧化锆、碘化银、银的硫属化物、铜的卤化物、单价金属的硫酸盐、多铝酸盐以及以它们为基的各种化合物.

在塑性形变过程中,位错的交割、位错偶极的分解和位错的非保守运动产生额外的空位和填隙原子(文献[5.1],第12章).空位(例如塑性晶体的扭转中)和填隙原子(例如高应力中等温度下单轴形变中)都可以优先发生,依形变条件而定.前者使塑性形变过程的激活能可以降低到空位迁移能,后者则增大到填隙原子的形成能.

快速粒子、X射线和γ射线的辐照会产生高浓度的各类点缺陷.在核反应堆关键部位的材料中,每秒每立方厘米产生的新弗伦克耳对高达10^{16}—10^{17},即每个原子每周平均被击出点阵位多于一次.接着填隙原子和空位复合,走向位错,以及聚集成新的位错环和空洞.空洞的大量形成引起材料的**辐照肿胀**.结构件的体积从而增大百分之几十.肿胀的主要原因是向着位错的填隙原子和空位的流量间有小的(约1%)差别.由于填隙原子是比空位更强的膨胀中心,它们优先聚集到位错上,而空位则优先被空洞吸收.如果填隙原子被杂质原子俘获并有时间和空位复合,且如果空洞形成规则的点阵(通常在fcc金属中形成fcc点阵,在bcc金属中形成bcc点阵),肿胀可减小.当有些各向异性晶体、特别是裂变晶体受照射后,晶体的外形有显著变化(高达1000%),但体积没有明显变化.这种所谓的晶体**辐照生长**是由于原子从一种取向的面扩散到另一取向的面.原子面的消长是通过空位和填隙原子在位错上的沉淀实现的.辐照生长的方向由下列各向异性决定:(1)不同取向的位错的弹性场,(2)由快速粒子引起的级联辐照缺陷的弹性场,(3)点缺陷和位错的互作用.材料的化学组分在辐照后改变,因为发生了核反应.可以把新出现的嬗变原子看做新的点缺陷.通过这样的**辐照掺杂**可以控制半导体中施主和受主的量.其他的典型辐照型缺陷包括**热峰**和**位移峰**.前者指局域的过热区,其中的原子在一定时间内有很大的振动振幅;后者是完全无序的小区域.这些峰可以是弗伦克耳缺陷、挤子、空洞和位错环的来源.

5.3 位　　错

晶体中的位错是破坏原子面规则排列的特殊的线缺陷.和破坏短程序的点

缺陷不同,位错破坏晶体中的长程序,使整个结构畸变.具有规则点阵的晶体可以画成一族平行的面(图 5.5a).如果面中之一在晶体内缺损一部分(图 5.5b),它的边形成的线缺陷被称为**刃型位错**.图 5.2 是空位盘塌陷而成的刃型位错和填隙原子层插入形成的刃型位错的例子.图 5.5c 是另一种简单的**螺型位错**.这里没有任何面终止在晶体中,这些面只是近似平行而且互相合并,使晶体实际上由一个螺旋状弯曲原子面组成.绕位错一周这个"面"上升或下降一个螺距,即面间距离.螺旋楼梯的轴形成螺位错线.

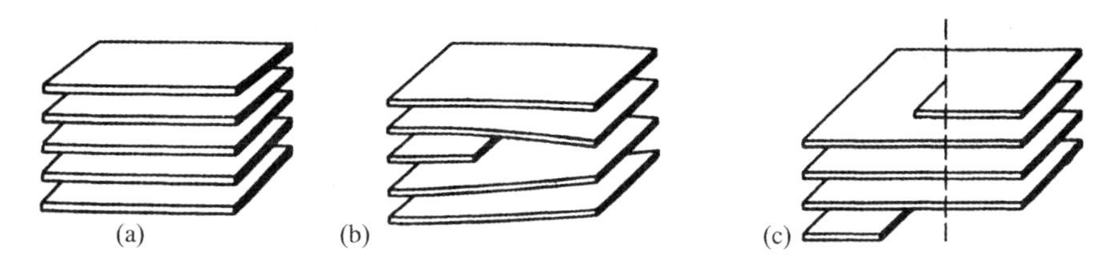

图 5.5　完整晶体中原子面的排列(a)和晶体中的刃型位错(b)及螺型位错(c)

5.3.1　伯格斯回路和矢量

位错的基本几何特性是它的**伯格斯矢量**.得出伯格斯矢量的方法是:用平移矢量组成一个会在理想点阵中封闭的回路.把这个伯格斯回路搬到位错线周

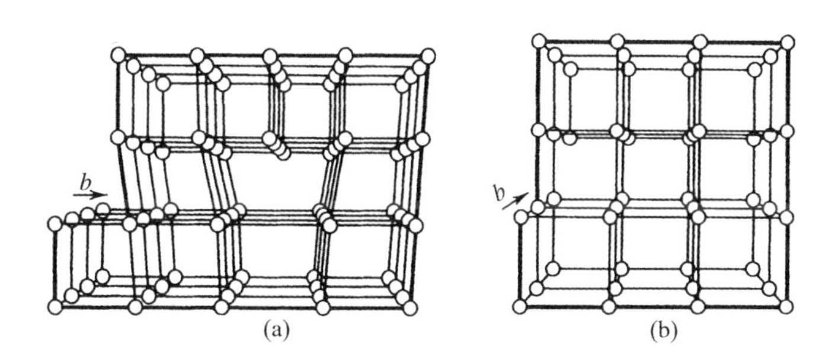

图 5.6　确定位错伯格斯矢量的示意图

(a) 刃型位错;(b) 螺型位错

围,它会断开(图 5.6).为了使回路两端封闭起来添加的平移矢量被称为位错的伯格斯矢量.可以确证,伯格斯矢量和伯格斯回路的选择无关(所有不围绕位错的回路都是封闭的).在刃位错中(图 5.6a)伯格斯矢量和位错线垂直,它的长度等于缺损平面的额外的面间距离.在螺位错中(图 5.6b)伯格斯矢量平行于位错线,它的长度等于螺距.位错线和伯格斯矢量之间的夹角为其他值时,得到的是混合型位错.伯格斯矢量方向的选择是有约定的,它依赖于位错线方向的选择和伯格斯回路走向的选择. 通常设回路沿顺时针方向回转(沿位错线的设定方向看). 在图5.6中的位错设为指向读者,此时(b)中的螺位错可以称为左手的,围绕它的原子面形成左手螺旋,并且伯格斯矢量和位错线方向反平行;围绕右手位错的原子面形成右手螺旋,其伯格斯矢量和位错线方向平行.

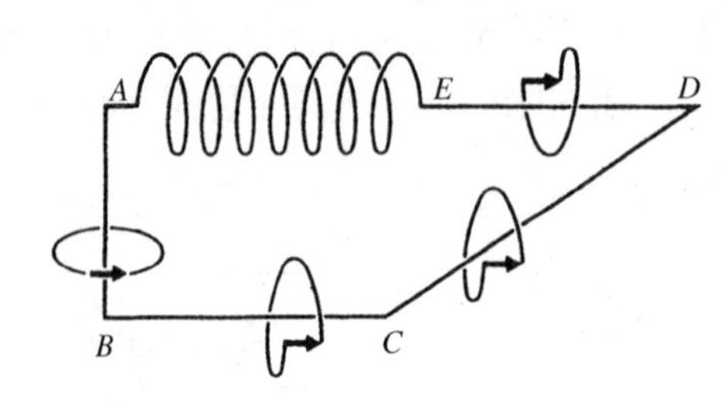

图5.7　不同取向的各部分组成的位错环
AB 为刃型,BC 为右手螺型,CD 为 45°混合型,DE 为左手螺型,EA 为螺旋混合型. 在直线部分画出了得出伯格斯矢量的回路

一般的位错是任意的空间曲线,沿着它的伯格斯矢量保持恒定(并等于某一点阵平移矢量),即使位错线取向变了也如此. 例如图 5.7 上的位错环 $ABCDEA$ 由刃位错 AB(更准确些,刃型取向的片段)、右手位错 BC、混合位错 CD("45°")、左手位错 DE 和螺旋位错 EA 组成.

沿位错线伯格斯矢量守恒条件意味着位错不能终止或起始于晶体内部(包括在杂质上),位错线必须形成自己的回路,露出在自由表面上或分叉为其他位错. 在最后一种情形中分叉后位错的伯格斯矢量之和恒等于初始位错的伯格斯矢量. 在分叉点以后绕所有位错作伯格斯回路后可以肯定这一点(图 5.8a). 类似于电流分叉的基尔霍夫定

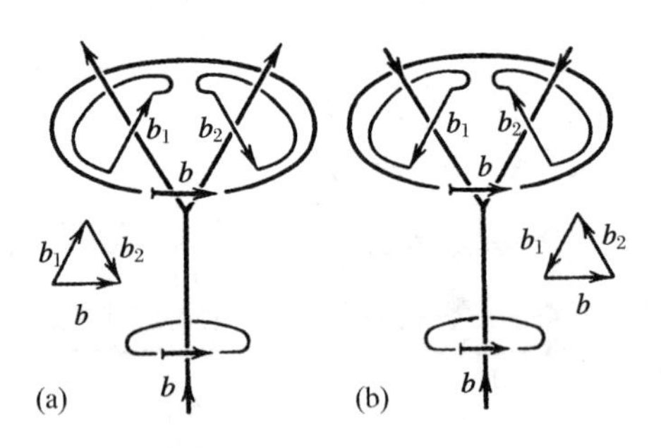

图 5.8　三叉点上的位错反应
(a) 节点作为位错分叉点;(b) 节点作为三个位错的会合点

律,上述结果可表述如下:设所有位错指向分叉点(节),它们的伯格斯矢量之和必定等于零(图 5.8b). 伯格斯回路图显示:含位错晶体的原子不能和完整晶体的原子一一对应,使得完整晶体的近邻原子在有位错晶体中仍为近邻原子. 在起始的完整晶体中只有一点对应于实际晶体回路上最初和最末的 2 个原子. 如果用表示原子离点阵位位移的矢量 $\boldsymbol{u}$ 描述实际晶体的结构,我们在绕位错回转后必定发现等于伯格斯矢量 $\boldsymbol{b}$ 的错配已经逐步积累起来. 设位移场 $\boldsymbol{u}(\boldsymbol{r})$是连

续的,我们发现位错是这个场的分叉线.跟踪绕位错的任何回路一周,位移矢量的增量是伯格斯矢量:

$$\oint \mathrm{d}\boldsymbol{u} = -\boldsymbol{b}. \tag{5.20}$$

和(5.5)式不同,张量 $u_{ij} = u_{j,i}$ 不再是无涡旋的,它对应于满足按(5.20)式得出的下列条件的弹性畸变张量

$$\oint u_{ij}\mathrm{d}x_i = -b_j, \tag{5.21}$$

这就是说,绕位错的弹性畸变张量的回路积分得出伯格斯矢量.为了消除位错位移场描述中的含糊性,我们可以构筑一个以位错线为边界的任意面 S,并且要求在这个面上位移矢量的跃变等于伯格斯矢量.这个条件相当于引进局限于 S 上每一面元 $\mathrm{d}S$ 上的本征畸变

$$u_{ij}^0 = b_j\mathrm{d}S_i \tag{5.22}$$

或本征形变

$$\varepsilon_{ij}^0 = \frac{b_i\mathrm{d}S_j + b_j\mathrm{d}S_i}{2} \tag{5.23}$$

这样,位错的形成可以表示为下列操作的结果:

1) 在完整晶体中作割面 S;

2) 割面两侧相对位移为伯格斯矢量 $\boldsymbol{b}$,多余原子被移走或在需要时把原子放进割面处的空隙使之闭合.

割面两侧的位移(伯格斯矢量)引起伯格斯回路和弹性畸变张量回路积分[(5.21)式]的不连续性.

(5.20),(5.21)式说明:位错在弹性理论中的作用类似于流体力学中的涡旋线或静磁学中的磁通线:场变得复杂起来,场中出现线性奇异,场可以用速度矢量或磁矢量的旋度表征.速度势和磁势在围绕涡旋线和磁通线时成为坐标的多值函数.

在位错的场合,位移矢量 $\boldsymbol{u}$ 起势的作用,它也是坐标的多值函数,绕位错线一周后根据(5.20)式改变的量是伯格斯矢量.按(5.21)式确定张量 u_{ij} 的回路积分后,位错可看做弹性畸变场的涡旋线.晶体中位错的特异性是一组可能的伯格斯矢量的间断性.从构筑伯格斯回路本身可得出:伯格斯矢量等于平移矢量之一.从这一方面看,晶体中的位错类似于超流 He 中的量子化涡流或第二类超导体中的量子化电流,后两者的速度场或磁场的回路积分是普朗克常数的整数倍.

5.3.2 直位错的弹性场

从(5.20)式得出:绕直位错的位移场含有分叉项

$$u_i = \frac{b_i}{2\pi}\theta, \tag{5.24}$$

它随方位角 θ 线性地增加并且和离位错的距离无关.对弹性各向同性介质中的螺位错,(5.24)式可完全地描述位错弹性场.

在 z 轴沿位错的柱坐标系(r,θ,ψ)中,只有畸变张量的下一分量

$$u_{\theta z} = \frac{b}{2\pi r} \tag{5.25}$$

不等于零.相应地在应力张量中只有2个分量

$$\sigma_{z\theta} = \sigma_{\theta z} = \frac{Gb}{2\pi r} \tag{5.26}$$

不等于零,这里的 G 是切变模量.类似的计算得出,对刃位错

$$\begin{aligned} \sigma_{rr} &= \sigma_{\theta\theta} = -Gb\sin\theta/2\pi(1-\nu)r, \\ \sigma_{r\theta} &= \sigma_{\theta r} = Gb\cos\theta/2\pi(1-\nu)r, \end{aligned} \tag{5.27}$$

这里 ν 是泊松比,θ 从伯格斯矢量起向多余半原子面方向计算.如(5.26),(5.27)式所示,趋近位错轴时应力按 r^{-1} 增大,当 r 为点阵参数的量级时,其值达 $10^{-1}\ G$ 量级.为了计算各向异性介质中直位错的应力场我们把位错的本征形变场展开为二维傅里叶级数并利用(5.11)式.在 z 轴和位错平行的柱坐标系(r,θ,z)中,引入单位矢量 $\boldsymbol{n}$ 和 $\boldsymbol{m}=\partial\boldsymbol{n}/\partial\theta$[在$(r,\theta)$坐标中]并把本征畸变(5.22)式表示为

$$u_{ij}^0(\boldsymbol{x}) = \frac{b_j m_j \delta(m_k x_k)(n_l x_l)}{2\mid n_l x_l \mid}, \tag{5.28}$$

关系式(5.28)意味着割面以 $\boldsymbol{m}$ 为法线,割面两侧各位移二分之一伯格斯矢量.割面正侧(相对方位角)沿着位于 $\boldsymbol{n}$ 正方向一侧的半原子面位移 $\boldsymbol{b}/2$,割面的另一侧则反方向位移 $\boldsymbol{b}/2$.对波矢 $\boldsymbol{k}=k\boldsymbol{n}$,场(5.28)的傅里叶分量是

$$\tilde{u}_{ij}^0 = -\frac{1}{(2\pi)^2}\frac{b_j m_i}{\mathrm{i}k}. \tag{5.29}$$

由于割面取向任意,可以设所有傅里叶分量具有(5.29)式的形式.考虑到张量 c_{ijkl}^* 在下标 k 和 l 交换时的对称性,把本征畸变 u_{lk}^0 代入(5.11)式中的本征形变 ε_{kl}^0.得到的应力张量的傅里叶分量为

$$\tilde{\sigma}_{ij}(\boldsymbol{k}) = \frac{1}{(2\pi)^2}\frac{c_{ijkl}^*(\boldsymbol{n})b_k m_l}{\mathrm{i}k}, \tag{5.30}$$

由傅里叶逆变换得到

$$\sigma_{ij}(\boldsymbol{r}) = \frac{b_k}{(2\pi)^2}\int_0^\infty \mathrm{d}k\int_0^{2\pi}\mathrm{d}\theta m_l c_{ijkl}^*(\boldsymbol{n})\sin(k\boldsymbol{r}\cdot\boldsymbol{n}) \tag{5.31}$$

$$= \frac{b_k}{(2\pi)^2 r}\sum_{n=0}^{\infty}(-1)^n\int_0^{2\pi}\mathrm{d}\theta m_l c_{ijkl}^*(\boldsymbol{n})\cos(2n+1)\theta \tag{5.32a}$$

$$= \frac{b_k}{(2\pi)^2}\int_0^\infty \mathrm{d}\theta \frac{m_l c^*_{ijkl}(\boldsymbol{n})}{(\boldsymbol{n}\cdot\boldsymbol{r})}. \tag{5.32b}$$

(5.32a)式是把 $\sin(k\boldsymbol{r}\cdot\boldsymbol{n})$ 对贝塞耳函数展开为级数后逐项积分后得到的，(5.32b)式相当于常规的替代关系

$$\int_0^\infty \sin(k\boldsymbol{r}\cdot\boldsymbol{n})\mathrm{d}k = (\boldsymbol{r}\cdot\boldsymbol{n})^{-1},$$

这对足够缓变的被积函数成立.

在弹性各向同性的场合

$$c^*_{ijkl}(\boldsymbol{n}) = G\left(\frac{2\nu}{1-\nu}\delta_{ij} + \delta_{ik}\delta_{jl} + \delta_{il}\delta_{jk}\right), \tag{5.33}$$

这里的一个轴选定为和单位矢量 $\boldsymbol{n}$ 平行，下标 i,j,k,l 按照对应于和单位矢量 $\boldsymbol{n}$ 垂直的另一单位矢量的 2 个值进行轮换. 结果在卷积 $m_l c^*_{ijkl}$ 中只保留弹性模量的平面张量的下列 3 个分量：

$$c^*_{zmzm} = G, \quad c^*_{mmmm} = 2(1-\nu)^{-1}G, \quad c^*_{zzmm} = 2\nu(1-\nu)^{-1}G.$$

将它们代入(5.32)式，就得到熟悉的各向同性弹性介质中螺位错和刃位错的方程(5.26)和(5.27)式.

由于应力随离位错的距离按 r^{-1}下降，在一个内径为 r_0、外径为 R 的中空圆柱体中位错弹性场的能量为

$$E = E_0 \ln\frac{R}{r_0} \tag{5.34}$$

取向因子 E_0 依赖于伯格斯矢量、位错取向和晶体的弹性，利用(5.32)式可以把它计算出来.

为了获得作用在通过位错线的平面 P 上的应力张量，必须在(5.32)式上乘上法向 p_j. 将单位矢量 $\boldsymbol{p}$ 投影到单位矢量 $\boldsymbol{n}$ 和 $\boldsymbol{m}$ 方向上，并且考虑到张量 $c^*_{ijkl}(\boldsymbol{n})$和矢量 $\boldsymbol{n}$ 相对任何下标的卷积为零和 $\boldsymbol{n}\cdot\boldsymbol{r}=(\boldsymbol{m}\cdot\boldsymbol{p})(\boldsymbol{q}\cdot\boldsymbol{r})$(如径矢 $\boldsymbol{r}$ 和单位矢量 $\boldsymbol{q}$ 都和位错正交并位于平面 P 内)，从(5.32b)式得到

$$p_j\sigma_{ij}(\boldsymbol{r}) = (\boldsymbol{q}\cdot\boldsymbol{r})^{-1} b_j B_{ij}, \tag{5.35}$$

这里

$$B_{ij} = \frac{1}{(2\pi)^2}\oint \mathrm{d}\theta m_k c^*_{ijkl} m_l. \tag{5.36}$$

由于位错能决定于应力[(5.32)式]对位错形成中产生的本征形变[(5.23)式]所做的功，得到

$$E_0 = \frac{b_i p_j \sigma_{ij}(\boldsymbol{q})}{2}, \tag{5.37}$$

由(5.35)式得

$$E_0 = \frac{b_i B_{ij} b_j}{2}, \tag{5.38}$$

两个平行位错线互作用能的计算和本征位错能的计算很类似.如它们的伯格斯矢量分别为 $\boldsymbol{b}^{(\mathrm{I})}$ 和 $\boldsymbol{b}^{(\mathrm{II})}$.用(5.35)式,以 $b_j^{(\mathrm{I})}$ 代替 b_j,计算第一个位错的应力场 $\sigma_{ij}^{\mathrm{I}}(\boldsymbol{x})$.位错互作用能的取向因子 E_{12} 数值上等于处于单位距离上的位错间的互作用力,它可以用类似于(5.37)式的下式得出:

$$E_{12} = b_i^{(\mathrm{II})} p_j \sigma_{ij}^{(\mathrm{I})}(\boldsymbol{q}). \tag{5.39}$$

考虑到(5.35)式后得出

$$E_{12} = E_{21} = b_i^{(\mathrm{I})} B_{ij} b_j^{(\mathrm{II})}. \tag{5.40}$$

对各个位错的应力求和可得到位错组合引起的应力场.例如在一个共同平面 P 上一列平行位错作用在该平面上的应力张量分量,根据(5.35)式等于下面的求和

$$p_i \sigma_{ij}(x) = \sum_n \frac{b_i^{(n)} B_{ij}}{x - x_n}, \tag{5.41}$$

这里 $x = \boldsymbol{q} \cdot \boldsymbol{r}$ 是此平面上和位错垂直的方向上的距离,$\boldsymbol{b}^{(n)}$ 和 x_n 是第 n 个位错①的伯格斯矢量和坐标.(5.40)式是位错堆积、薄孪晶、平面裂缝和其他由平行位错组成的或可由它们模拟的其他应力源的理论基础(见本书卷4).如果平行位错距离近,它们可以不必用个别位错的坐标,而可以 $P = (x, y, 0)$ 面的给定部分上位错分布密度 $\rho(x)$ 作宏观的描述.这时求和式(5.41)转化为积分,位错平衡方程转化为积分方程.位错密度 $\rho(x)$ 可以用来直接判断 P 面两侧宏观形变和宏观应力的差别.用括号表示这一差别,由(5.21)式得到弹性畸变差别

$$[u_{ij}] = \rho(x) q_i b_j, \quad (i, j = 1,2), \tag{5.42}$$

从而得到应力差别为

$$[\sigma_{ij}] = \rho(x) c^*_{ijkl}(p) q_k b_l, \quad (i, j = 1,2,3). \tag{5.43}$$

(5.43)式可用来描述例如构成错配晶粒边界、滑移带、孪晶带、生长带和其他类似晶体缺陷等的应力带.

没有预期到的是,(5.43)式证明可以用来计算非平行(交叉)位错的互作用力.设二交叉直位错的伯格斯矢量 $\boldsymbol{b}^{(\mathrm{I})}$ 和 $\boldsymbol{b}^{(\mathrm{II})}$ 分别沿交成 θ 角的单位矢量 $\boldsymbol{\tau}^{(\mathrm{I})}$ 和 $\boldsymbol{\tau}^{(\mathrm{II})}$,并且平行于 P 面.为计算这两个位错的互作用力,应用这个问题的平移对称性并注意到:加上同类型的 $N-1$ 个位错和第一个位错平行、一起处于和 P 面垂直的共同面内,作用在第二个位错上的要寻找的力 F 正好增大了 N 倍.利用第一个位错列的密度为 ρ 的连续分布,得到作用在第二个位错单位长度上的力

---

① 前面的三个符号英文版误为 b^N、x^N 和 N.——译者注

$f=\rho F\sin\theta$. 另一方面,按照(5.43)式在极限情形下的第二个位错处在均匀应力场

$$\sigma_{ij}^{(\mathrm{I})}=\frac{[\sigma_{ij}^{(\mathrm{I})}]}{2}=\frac{\rho c_{ijkl}^{*}q_{k}^{(\mathrm{I})}b_{l}^{(\mathrm{I})}}{2} \tag{5.44}$$

内,并且受到沿单位矢量 $\boldsymbol{p}$ 方向的力

$$f=b_{i}^{(\mathrm{I})}q_{j}^{(\mathrm{II})}\sigma_{ij}^{(\mathrm{I})}, \tag{5.45}$$

比较 f 的 2 个表达式后得出

$$F=(2\sin\theta)^{-1}b_{i}^{(\mathrm{II})}q_{j}^{(\mathrm{II})}c_{ijkl}^{*}(\boldsymbol{p})q_{k}^{(\mathrm{II})}b_{l}^{(\mathrm{I})}, \tag{5.46}$$

它在弹性各向同性情形[(5.33)式]下变换为 Kroupa 方程

$$F=(2\sin\theta)^{-1}G\Big\{\frac{2\nu}{1-\nu}(\boldsymbol{q}^{(\mathrm{I})}\cdot\boldsymbol{b}^{(\mathrm{II})})(\boldsymbol{q}^{(\mathrm{II})}\cdot\boldsymbol{b}^{(\mathrm{II})})+(\boldsymbol{q}^{(\mathrm{I})}\cdot\boldsymbol{b}^{(\mathrm{II})})(\boldsymbol{q}^{(\mathrm{I})}\cdot\boldsymbol{b}^{(\mathrm{I})})$$
$$+(\boldsymbol{q}^{(\mathrm{I})}\cdot\boldsymbol{q}^{(\mathrm{II})})[(\boldsymbol{b}^{(\mathrm{I})}\cdot\boldsymbol{b}^{(\mathrm{II})})-(\boldsymbol{b}^{(\mathrm{I})}\cdot\boldsymbol{p})(\boldsymbol{b}^{(\mathrm{II})}\cdot\boldsymbol{p})]\Big\}, \tag{5.47}$$

此式可以沿位错线对互作用力积分后得出.(5.46)、(5.47)式中的正号相应于位错间的排斥,负号相应于吸引.作用力的大小和位错间的距离无关,在计算前进行类似的思考就可以预言这一点.交叉位错的排斥在滑移位错和所谓林位错的弹性互作用效应中具有决定性作用,这里的林位错是以不同角度和滑移面相交并阻碍塑性形变的若干位错.在吸引场合弹性互作用促进位错互相接近并形成位错节点以及促进位错反应的进行.

根据(5.34),(5.38)式,单位长度位错的弹性能正比于弹性模量和伯格斯矢量平方的乘积并且和内、外半径 r_0,R 有对数关系. r_0 约为几个原子间距离,这一区域被称为位错芯,它内部的点阵畸变很大,不能用弹性理论描述.位错芯的能量密度可以达到晶体熔化潜热的同样量级,因此有些场合形成的位错有中空的芯部.位错能量由芯部非弹性畸变能和外围弹性形变能组成.通常,基本贡献来自第二部分,设(5.34)式中的 R 值和晶体尺寸同量级,r_0 值为芯部半径的值(通常 r_0 取为 b),可以估算出每厘米位错的能量约为 $0.5Gb^2$,相当于每一原子间距离一到几个电子伏特.

5.3.3 位错反应

由于位错能量正比于 b^2,人们可以归纳出一个简单的规则用来从能量上估计形成什么样的位错有利.如设位错的伯格斯矢量为 $\boldsymbol{b}_1+\boldsymbol{b}_2$ 并且 $\boldsymbol{b}_1$、$\boldsymbol{b}_2$ 成锐角,即 $\boldsymbol{b}_1\cdot\boldsymbol{b}_2>0$,则$(\boldsymbol{b}_1+\boldsymbol{b}_2)^2>\boldsymbol{b}_1^2+\boldsymbol{b}_2^2$,即 2 个伯格斯矢量为 $\boldsymbol{b}_1$ 和 $\boldsymbol{b}_2$ 的位错的能量和小于起始的一个 $\boldsymbol{b}_1+\boldsymbol{b}_2$ 位错的能量(忽略弹性各向异性对位错能的影响).这就是说具有大的伯格斯矢量的位错分解成几个 $\boldsymbol{b}$ 等于最小平移矢量的位错能量上有利.虽然晶体生长有时候伴随着 $\boldsymbol{b}$ 等于几十、几百点阵参数

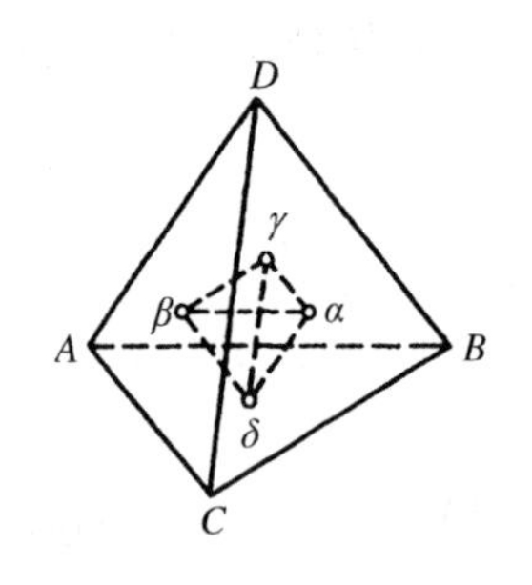

图5.9 汤普森四面体
四面体的边对应最小平移矢量$\frac{a}{2}\langle 110\rangle$. $\alpha,\beta,\gamma,\delta$ 位于四面体面心

的大位错的形成，晶体中位错的主体是单位强度的位错，而且晶体的特殊的位错结构强烈地依赖于这一套最小的平移矢量，例如在 CsI 型晶体中沿单位立方体的边最小平移矢 $a\langle 100\rangle$. 容易看出这些晶体中的位错不能形成图 5.8 那种类型的三重节点，至少 4 个位错按 $\boldsymbol{b}_1+\boldsymbol{b}_2\rightleftharpoons\boldsymbol{b}_3+\boldsymbol{b}_4$ 形式参与进来才能进行位错反应(分叉和合并). 在 fcc 晶体和金刚石晶体中最小平移矢量是$\frac{a}{2}\langle 110\rangle$，它们形成图 5.9 中的四面体(汤普森四面体)，四面体每个面的三个边相当于一种类型的反应：

$$\frac{a}{2}[1\bar{1}0]+\frac{a}{2}[011]\rightleftharpoons\frac{a}{2}[101]$$

即 δ 面上的 $\boldsymbol{AB}+\boldsymbol{BC}=\boldsymbol{AC}$，这种反应可以使三重节点的位错网络出现或使 2 个位错会合成为一个. 这种反应按 $\boldsymbol{b}$ 的平方计算在能量上是有利的，反应前 $b_1^2+b_2^2=a^2/2+a^2/2=a^2$，反应后 $b_3^2=a^2/2$，能量减少一半.

考虑弹性各向异性对位错能的影响后，可以对晶体的位错结构进行更全面的分析. 计算不同取向位错的取向因子后可以获得表征不同取向位错能量的指征面. 和利用乌耳夫图(卷 3 ，即文献[5.3]，第 9 章)分析表面能的各向异性类似，这里给出的是指示 E_0^{-1} 值的面. 离中心最远的面代表无限晶体中位借的最有利取向. 面的凹部相应于能量上不稳定的取向. 位于这些方向上的位错会采取曲折的形状，其中的各个直线片段对应于凹部的末端(更准确地说，对应于和 E_0^{-1} 指示面公切线上的点). 还可以证明：和晶体生长面相交的位错的平衡取向对应于 E_0^{-1} 面上由平行于生长面的法线决定的那些点，在晶体生长过程中角位错(组成角的两段位错)只能在取向对应于 E_0^{-1} 面凹部的生长面上出现.

和张量 B_{ij}[(5.36)式]的不同分量对应的指示面的构筑使人们可以确定同时具有不同伯格斯矢量的位错组态在能量上是否有利. 例如，从一共同节点出射的具有 $\boldsymbol{b}^{(1)}$ 和 $\boldsymbol{b}^{(2)}$ 的 2 个位错不互相影响的唯一条件是：它们的取向应对应于指示面$[b_i^{(1)}B_{ij}b_j^{(2)})]^{-1}$公切线决定的那些点.

5.3.4 多边形位错

以上有关位错节点、角位错和与晶体自由表面相交的位错的稳定组态的论述都以三维弹性场的研究为基础. 在角位错的顶点、节点或自由表面位错露头等处，弹性场具有特殊的行为：沿着从极出射的线，应力和形变都和距离成反比.相应地,位错的互作用和自身作用力 $\boldsymbol{F}$ 也随 r^{-1} 而变.这些力相对于极的矩为:

$$\boldsymbol{m} = \boldsymbol{r} \times \boldsymbol{F}. \tag{5.48}$$

它们和距离无关并且只和位错射线的取向有关.这就使我们不须要对复杂的三维场进行繁复的计算,并且可以直接研究位错射线互作用和自作用矩的取向依赖性.以分析不同取向位错的弹性场的相似性和对称性为基础的方法,即所谓的直位错技术是解这类问题的最有效方法.对任意组态的位错我们只须要知道:从 M 点以角度 $\mathrm{d}\varphi$ 观察到的位错线元对所研究的应力张量或畸变张量的分量 u 有以下贡献:

$$\mathrm{d}u(M) = \Phi\left(\frac{\boldsymbol{r}}{r}\right)\frac{\mathrm{d}\varphi}{r}, \tag{5.49}$$

这里 $\boldsymbol{r}$ 是位错线元的径矢.它从观察点 M 算起.取向因子 $\Phi(\boldsymbol{r}/r)$ 与晶体各向异性有关并且可以表示为一个任意的反对称有向出数,即

$$\Phi\,\frac{\boldsymbol{r}}{r} = -\,\Phi\,\frac{-\,\boldsymbol{r}}{r}.$$

从(5.49)式可得出 2 个重要的结果:

1) 处于从 M 点出射的线上的位错线元对 $u(M)$ 没有贡献;

2) 处于一个平面 P 中具有等同 $\boldsymbol{b}$ 的位错的贡献之和相当于距离倒数 r^{-1} 之和,所有位错的 $r_{(i)}^{-1}(\varphi)$,(这里 i 是位错编号,φ 是以观察点为中心的极坐标系中的方位角),可以用下面的一个位错代替,这个位错的外形是

$$r(\varphi) = \Big[\sum_i r_{(i)}^{-1}(\varphi)\Big]^{-1}. \tag{5.50}$$

对距离倒数求和时须要给函数 $r_{(i)}^{-1}(\varphi)$ 一个与位错符号相关的符号,例如将指向方位角 φ 增大方向的位错线元取为正.

由于在极坐标中直线的方程是

$$r^{-1} = \lambda^{-1}\cos(\varphi - \varphi_0) \tag{5.51}$$

加之(5.51)型公式之和仍属于这种类型的公式,我们可以得出结论:若干多边形位错的等价应力源仍是一个多边形位错.根据(5.50)式,这个位错的形式可以由下列简单规则决定:

规则 1.所有不相交片段保持不动.

规则 2.相似位错(相对它们的方向而言)的交点向观察点移动一半的距离.

规则 3.不相似位错的交点退到无限远.

利用这些规则,可以把一个公共面 P 内多边形位错的弹性场用同一面内若干直线位错的场表示(观察点 M 也必须在平面 P 内).例如从点 O 出射、方位角

为 α_1 和 $\pi+\alpha_1$ 的两个半无限位错组和另两个趋向 O、方位角为 α_2 和 $\pi+\alpha_2$ 位错组的反对称位错交叉可以处理如下. 对径矢 $\boldsymbol{r}=\overrightarrow{OM}$、方位角为 φ 的观察点 M, 反对称交叉的弹性场等价于一根直位错 A 的场, A 的方位角为 φ、距离 $d=r\sin(\varphi-\alpha_1)\sin(\varphi-\alpha_2)\csc(\alpha_1-\alpha_2)$. 如果在反对称交叉再加两根通过 O 极、方位角为 α_1 和 α_2 的直位错 B 和 C, 交叉将变为有 2 倍伯格斯矢量的角位错. 这个角位错在 M 点的弹性场等价于 3 个一倍伯格斯矢量的直位错 A、B 和 C 的弹性场. 借助于(5.35)式, 角位错场可以写成:

$$p_j\sigma_{ij}(r,\varphi)=\frac{b_j}{2r}\left[\frac{B_{ij}(\alpha_1)}{\sin(\varphi-\alpha_1)}+\frac{B_{ij}(\alpha_2)}{\sin(\varphi-\alpha_2)}+\frac{B_{ij}(\varphi)\sin(\alpha_2-\alpha_1)}{\sin(\varphi-\alpha_1)\sin(\varphi-\alpha_2)}\right], \tag{5.52}$$

这里 $B_{ij}(\alpha)$ 代表平面 P 内方位角为 α 的位错的张量[(5.36)式].

由公共 O 极出射的 n 条方位角为 α_k、伯格斯矢量为 $\boldsymbol{b}^{(k)}$ 的位错的平面节点可以组成 n 个伯格斯矢量为 $\boldsymbol{b}^{(k)}$ 的角位错. 考虑到所有 $\boldsymbol{b}^{(k)}$ 之和为零并对(5.52)型公式适当地求和后得到

$$p_j\sigma_{ij}(r,\varphi)=\frac{1}{2r}\sum_{k=1}^{n}b_j^{(k)}\frac{B_{ij}(\alpha_k)+B_{ij}(\varphi)\cos(\varphi-\alpha_k)}{\sin(\varphi-\alpha_k)}. \tag{5.53}$$

类似地, 多边形位错环也可以由角位错组成. 如果环的边由径矢 $\boldsymbol{r}^{(k)}$、方位角 φ_k 表征, (5.52)式之和给出原点的应力如下:

$$p_j\sigma_{ij}=\frac{b_j}{2}\sum_{k=1}^{n}\frac{B_{ij}(\varphi_k)}{r^{(k)}}\frac{\sin(\alpha_k^+-\alpha_k^-)}{\sin(\varphi_k-\alpha_k^+)\sin(\varphi_k-\alpha_k^-)}, \tag{5.54}$$

这里 α_k^+ 和 α_k^- 是第 k 个顶点两侧多边形边的方位角(α_k^- 沿方位角增加方向过渡到 α_k^+).

位错互作用和自作用力的计算须要适用于 $b_j\sigma_{ij}p_j$ 型卷积的极限情形 $\varphi\to\alpha_k$. 这样在(5.38), (5.40)型公式中也出现相对位错方向的微商. 从(5.52)式我们得到位错组合中第 j 条线对第 i 条线的作用矩为

$$M^{(i)(j)}=\frac{1}{2}\left[E_{(i)(j)}(\alpha_j)\csc(\alpha_i-\alpha_j)+E_{(i)(j)}(\alpha_j)\cot(\alpha_i-\alpha_j)-\frac{\partial}{\partial\alpha}E_{(i)(j)}(\alpha_i)\right] \tag{5.55}$$

这里 $E_{(i)(j)}$ 是伯格斯矢量为 $\boldsymbol{b}^{(i)}$ 和 $\boldsymbol{b}^{(j)}$ 的平行位错互作用的取向因子[(5.40)式]. 如下式成立, M[(5.55)式]减小到零:

$$E_{(i)(j)}(\alpha_j)=\sin(\alpha_i-\alpha_j)\frac{\partial}{\partial\alpha_i}\left[\csc(\alpha_i-\alpha_j)E_{(i)(j)}(\alpha_i)\right]. \tag{5.56}$$

在极坐标中指示面 $E_{(i)(j)}^{-1}(\alpha)$ 上方位角为 α_i 的点按条件(5.56)所作的切线和面交于方位角 α_j 点. 可清楚看出, 第 i 和第 j 条线只有在 $E_{(i)(j)}^{-1}$ 的共切面通

过 α_i 和 α_j 方向角的点时才不互相作用.在特例 $n=2$ 中,关于角位错二臂互作用矩的第一 Lothe 定理[由(5.55)式得出)]给出:方位角为 α_1 的臂受到的作用距是

$$M_{12} = E_0(\alpha_2)\csc(\alpha_1 - \alpha_2) - E_0(\alpha_1)\cot(\alpha_1 - \alpha_2) + \frac{\partial}{\partial\alpha}E_0(\alpha_1). \tag{5.57}$$

由于角位错二臂的平衡条件是 $M_{12}=M_{21}=0$,角位错的端点出现的唯一条件是指示面 $E_0^{-1}(\alpha)$上有一个阱.角位错臂的平衡取向对应于 $E_0^{-1}(\alpha)$上公切线上的点的方位角.位错的禁止取向的范围处于 E_0^{-1} 上这些点之间.平均方位角处于此范围内的位错具有曲折的形状,因此角位错二臂取向对应于禁止取向范围的边界.对大量不同对称性的晶体,已经用分析法或数值法计算出取向因子 $E_0(\alpha)$,禁止取向的范围也已确定,从曲折的和多边形的具有稳定端点的位错中获得的数据和理论符合得很好.

表面对平行于它的位错的应力弛豫相应于有一把位错拉出晶体的力.已经得出,这个力严格地等于这个位错和以表面为反射面得到的"镜像"位错之间的互作用力.利用(5.38)式得到单位位错的镜像力为

$$F = (2d)^{-1}b_iB_{ij}b_j = d^{-1}E_0, \tag{5.58}$$

这里 d 是到表面的距离.位错和晶粒、相界或孪晶边界的互作用力类似于力(5.58)式.对于一个离各向异性双晶边界为 d 的位错

$$F = d^{-1}(E_0 - E_s), \tag{5.59}$$

这里的 E_0 是弹性模量和含位错的半无限介质相同的无限介质中位错的取向因子[(5.38)式],E_s 是界面上等同位错的取向因子.$E_s=0$ 时,从(5.59)式得到作为特例的(5.58)式.位错和界面的互作用力在晶须和薄膜中表现得最明显,其值可以达到 Gb 的百分之几,从而有效地把位错拉出表面或推进晶体.

如位错和晶体自由表面相交,表面的应力弛豫产生一个取向矩(第二 Lothe 定理)

$$M = \cos\alpha \frac{\partial}{\partial\alpha}[E_0(\alpha)\sec\alpha], \tag{5.60}$$

这里方位角 α 从表面法线算起.如位错的自能和取向无关,力矩(5.60)式使位错按表面垂直方向取向.一般作 $E_0^{-1}(\alpha)$指示面的切平面以获得位错的平衡取向.实际上,(5.60)式等于零值相当于每单位厚度晶体的线能量 $E_0(\alpha)\sec\alpha$ 的极小,或 $E_0^{-1}(\alpha)\cdot\cos\alpha$ 的极大[后者对应极坐标中 $E_0^{-1}(\alpha)$的中心到平行于晶体表面的平面的极大距离].晶体生长中产生的位错射线的平衡取向理论预言的可靠性已经得到检验,主要是透彻地比较 X 射线貌相法得到的位错取向数据

和计算结果.理论和实验的偏离只出现在 $E_0^{-1}(\alpha)$面的平坦部分,这里仅考虑位错能的弹性部分不能保证找到能量上有利的取向.通常,和理论的偏离可以用位错芯能量的取向效应来解释.

对脆性晶体(石英、方解石、萤石、黄玉、金刚石等)中位错的观察显示:晶体生长中位错常在小夹杂物上成核,而且位错具有V型.V的顶点位于夹杂物上,V的边是延伸到生长面的位错射线,容易看到这样的组态需要(5.60)式有2个不同方位角的 $M(\alpha)=0$ 的解,即 $E_0^{-1}(\alpha)$面必须要有同一取向切线的2个切点.这对于凸的 $E_0^{-1}(\alpha)$面是不可能的,可以得出结论:只有指示面 $E_0^{-1}(\alpha)$含有凹部时V型位错才能产生,而且这些V型位错在和位错禁止取向部位对应的生长面上形成.在石英和方解石中各向异性位错理论的预言已被实验证实.

5.3.5 弯曲位错

在前一节使用的多边形位错的图解法可以推广到弯曲位错.虽然(5.54)式可以直接用来数值计算平面位错环的弹性场,对基源的场[(5.49)式]的建立仍然有趣.从角位错的(5.52)式出发并取 $\varphi\to\alpha^2$ 的极限,令 $\alpha_1=\alpha,\alpha_2=\varphi$,得到

$$p_j\sigma_{ij}(r,\varphi)=-\frac{b_j}{2d}\left\{B_{ij}(\alpha)+B_{ij}(\varphi)\cos(\varphi-\alpha)-\left[\frac{\partial}{\partial\varphi}B_{ij}(\varphi)\right]\sin(\varphi-\alpha)\right\},\tag{5.61}$$

这里 $d=r\sin(\alpha-\varphi)$是观察点 M 到 $\alpha=\alpha_1$ 臂的距离.场(5.61)可以解释为 α 臂位错的场,因为角位错的第二臂沿观察点径矢方向,对观察点的弹性场无贡献,见(5.49)式.基源[(5.49)式]对应于下列接近的二角位错之差,它们的顶点位于方位角 α 的公共臂上,同时第二臂延伸时通过观察点.这种应力源的场可以从(5.61)式对方位角 φ 求微商后得到

$$p_j\frac{\partial}{\partial\varphi}\sigma_{ij}(r,\varphi)=-\frac{b_j}{2r}\left[B_{ij}(\varphi)+\frac{\partial^2}{\partial\varphi^2}B_{ij}(\varphi)\right].\tag{5.62}$$

比较(5.62)式和(5.49)式并考虑到(5.49)式中的 $\mathrm{d}\varphi$ 对应于位错线上某一点方位角的变化,而不是观察点上方位角的变化,我们得到基源的取向因子为

$$\Phi(\varphi)=\frac{b_j}{2}\left[B_{ij}(\varphi)+\frac{\partial^2}{\partial\varphi^2}B_{ij}(\varphi)\right].\tag{5.63}$$

因此在环面内考虑平面封闭位错环的场时,得到下面的 Brown 方程

$$p_j\sigma_{ij}(\boldsymbol{x})=\frac{b_j}{2}\oint\frac{\mathrm{d}\varphi}{r}\left[B_{ij}(\varphi)+\frac{\partial^2}{\partial\varphi^2}B_{ij}(\varphi)\right],\tag{5.64}$$

这里 $r=|\boldsymbol{x}-\boldsymbol{x}'|$是观察点 $\boldsymbol{x}$ 到位错环上走动点 $\boldsymbol{x}'$的距离,φ 是径矢 $\boldsymbol{r}=\boldsymbol{x}-\boldsymbol{x}'$ 的方位角.例如得出的自作用力为

$$F(\boldsymbol{x}) = b_i\sigma_{ij}p_j = \oint\frac{\mathrm{d}\varphi}{r}\left[E_0(\varphi) + \frac{\partial^2}{\partial\varphi^2}E_0(\varphi)\right], \tag{5.65}$$

这里点 $\boldsymbol{x}$ 在环上.有意义的是位错环的弹性场(5.64)式是由沿通过观察点的割线而不是沿环上切线位置上的位错组成的.

上述结果可以推广到三维情形.方法是:从只考虑作用在含位错线的平面内的应力[(5.35)式]过渡到位错应力场的所有分量,从相对固定面内方位角的微商过渡到沿任意取向矢量的方向的微商.我们得到的位错线的取代(5.61)式的公式为

$$u(\boldsymbol{x}) = \frac{1}{2}\left[u(\boldsymbol{x},\boldsymbol{\tau}) - \tau_\alpha\frac{\partial}{\partial x_\alpha}u(\boldsymbol{\tau},\boldsymbol{x})\right], \tag{5.66}$$

这里 $u(\boldsymbol{x})$是应力、形变或畸变张量的任何分量,$\boldsymbol{x}$ 是角位错顶点到观察点的径矢,$u(\boldsymbol{x},\boldsymbol{\tau})$是通过原点在 $\boldsymbol{\tau}$ 矢量方向上位错的场.从(5.66)式得出:对任何(不一定在平面内)多边形位错环有

$$\begin{aligned} u(\boldsymbol{x}) = \frac{1}{2}\sum_{k=1}^{n}(x_\alpha^{(k+1)} - x_\alpha^{(k)})\frac{\partial}{\partial x_\alpha}[&u(\boldsymbol{x}^{(k+1)} - \boldsymbol{x}^{(k)}, \boldsymbol{x} - \boldsymbol{x}^{(k+1)}) \\ &- u(\boldsymbol{x}^{(k+1)} - \boldsymbol{x}^{(k)}, \boldsymbol{x} - \boldsymbol{x}^{(k)})], \end{aligned} \tag{5.67}$$

过渡到弯曲空间位错环,得到

$$u(\boldsymbol{x}) = \frac{1}{2}\oint\tau_\alpha\tau_\beta\frac{\partial^2}{\partial x_\alpha\partial_\beta}u(\boldsymbol{\tau},\boldsymbol{x}' - \boldsymbol{x})\mathrm{d}s, \tag{5.68}$$

这里 $\mathrm{d}s(\boldsymbol{x}')$是沿单位矢量 $\boldsymbol{\tau}(\boldsymbol{x}')$的位错环线元.相应地线元的场的取向因子是替代(5.63)式的下式

$$\phi(\boldsymbol{r}) = \frac{1}{2}\tau_\alpha\tau_\beta\frac{\partial^2}{\partial x_\alpha\partial x_\beta}u(\boldsymbol{\tau},\boldsymbol{r}). \tag{5.69}$$

设 $u\equiv\sigma_{ij}$,从(5.68)式得到任意位错环应力场的普遍公式

$$\sigma_{ij}(\boldsymbol{x}) = \frac{1}{2}\oint\tau_\alpha\tau_\beta\frac{\partial^2}{\partial x_\alpha\partial x_\beta}\sigma_{ij}(\boldsymbol{\tau},\boldsymbol{x}' - \boldsymbol{x})\mathrm{d}s. \tag{5.70}$$

它被称为 Indenbom - Orlov 方程.

5.4 堆垛层错和部分位错

通常的全位错具有的伯格斯矢量等于点阵平移矢量,它们是 5.3 节中讨论

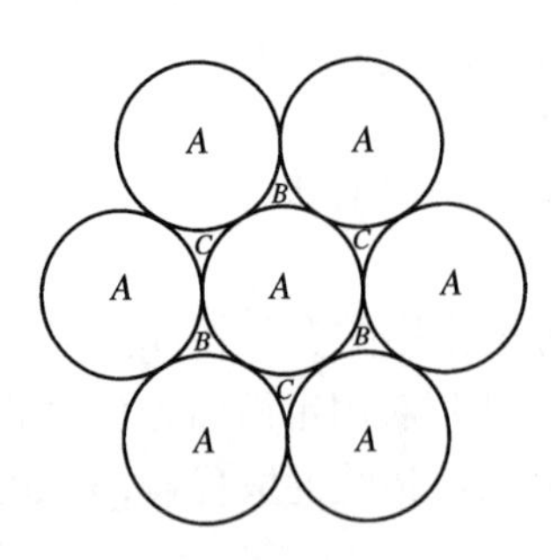

图5.10 在立方和六角晶体中原子的密堆垛

过的纯粹的线缺陷.晶体的围绕它们的原子结构在任一局部地区都对应于完整晶体的弹性畸变结构.在晶体内终止的堆垛层错边界形成另一类相当不同的位错.把单原子密堆垛晶体的结构设想成由球层依次堆垛而成(图5.10).在 A 位置球层上可以有2种堆垛方式:B 和 C. B 层上可以堆上 A 或 C 层,C 层上可以堆上 A 或 B 层.面心立方结构对应于…$ABCABC$…序列,而六角密堆结构对应于…$ABABAB$….

把原子堆垛的正常次序倒过来就形成镜面对称组态,即孪晶.例如…$ABC\downarrow BAC$…序列对应于面心立方点阵沿(111)的孪晶界面(箭头指出界面的位置).在孪晶交替的情形中,第二个交替界面上堆垛次序再颠倒一次.

在只有一层孪晶的极限情形…$ABC\downarrow B\uparrow CAB$…中,只有一层不规则的堆垛层,这就是内禀型堆垛层错.形成这种缺陷的方式可以是:从面心立方晶体中抽出一层,即一层中的原子被空位代替后塌陷在一起(图5.2a和b)或一层和此层上面的各层一起位移到相邻的位置(例如在 C 上面的 A 层移到 B 位置).双层孪晶…$ABC\downarrow BA\uparrow BCA$…形成外禀型堆垛层错,它的形成方式是在晶体中多塞入一层原子,如填隙原子在一个面上聚集起来(图5.2c).

堆垛层错中断在晶体内的边界,形成所谓部分位错的线缺陷.对部分位错作的伯格斯回路的末端的错配等于堆垛层错面积上原子层收缩(或拉开)的位移.因此部分位错的伯格斯矢量小于晶体的最小平移矢量.

图5.11是面心立方点阵中部分位错的结构示意图.内禀型堆垛层错的边界可以形成在层错面内伯格斯矢量为 $\frac{a}{6}\langle 112\rangle$ ①的肖克莱位错(图5.11a)或伯格斯矢量为 $\frac{1}{3}\langle 111\rangle$(垂直于层错面)的负弗兰克位错(图5.11b).外禀型层错的边界永远形成正弗兰克位错(图5.11c).在汤普森四面体(图5.9)中,部分位错的伯格斯矢量对应于四面体顶点到相邻面中心的线段(肖克莱位错)或顶点到对面中心的线段(弗兰克位错).可以清楚地看到,所有上述矢量的长度比汤普森四面体边长(最小平移矢量)要小.

---

① 俄文版和英文版误为 $\frac{a}{2}\langle 112\rangle$.——译者注

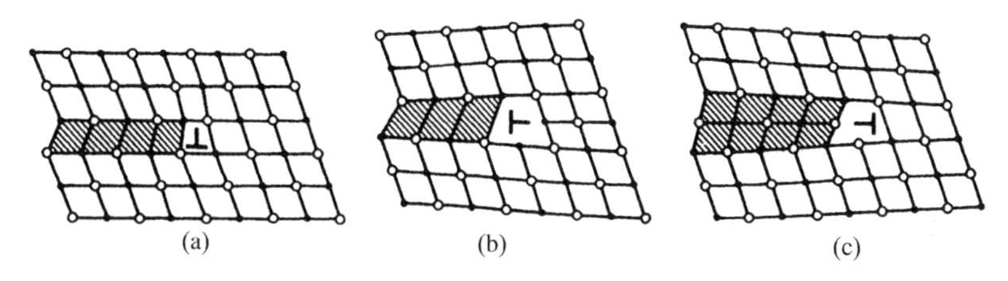

图 5.11 fcc 晶体中的部分位错

(a) 肖克莱位错;(b) 负弗兰克位错;(c) 正弗兰克位错.阴影表示层错

在可以形成堆垛层错的晶体中,在密排面上的全位错可以分裂为作为堆垛层错带的边界的部分位错.例如,在汤普森四面体 δ 面内的矢量为 AB 的位错可以分裂为 2 个肖克莱位错(见图 5.12):

$$\boldsymbol{AB} = \boldsymbol{A\delta} + \boldsymbol{\delta B}$$

类似的在 β 面内的位错可以分裂为一个肖克莱和一个弗兰克位错:

$$\boldsymbol{AB} = \boldsymbol{A\beta} + \boldsymbol{\beta B}.$$

这两种情形中,部分位错间的堆垛层错都是内禀层错.如果在滑移面 γ 和 δ 内 2 个分裂的伯格斯矢量为 $\boldsymbol{A\gamma} + \boldsymbol{\gamma B}$ 和 $\boldsymbol{B\delta} + \boldsymbol{\delta C}$ 的位错(如图 5.12 所示)相遇,伯格斯矢量为 $\boldsymbol{\gamma B}$ 和 $\boldsymbol{B\delta}$ 的部分位错会按下列反应式合并:

$$\boldsymbol{\gamma B} + \boldsymbol{B\delta} = \boldsymbol{\gamma\delta},$$

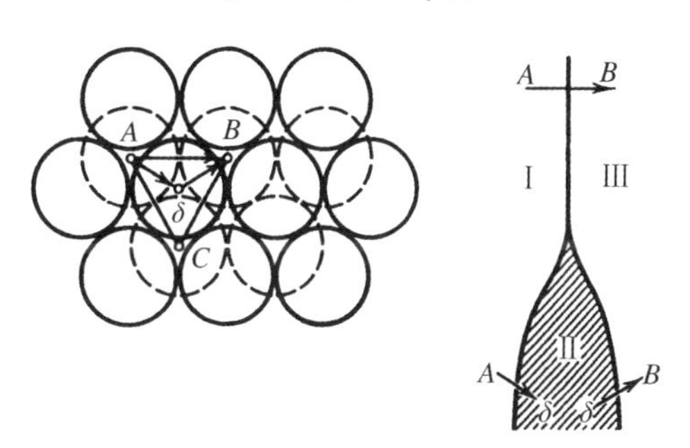

图 5.12 全位错分裂为肖克莱部分位错

阴影区是堆垛层错,伯格斯矢量以箭头表示,对应的平移矢量在左侧图中给出

形成一个能量上有利的 $\frac{a}{6}\langle 110\rangle$ 型的"压杆"位错.位错 $\boldsymbol{AB}$ 和 $\boldsymbol{BC}$ 这样形成的一种特殊的两个面上的缺陷被称为 Lomer - Cottrell 位错(见图 5.13).

在面心金属和金刚石结构晶体中,有时从这种缺陷出发形成层错四面体.例如当空位在 δ 面上凝结成一个平面层并且被平行于 $\boldsymbol{AB}$、$\boldsymbol{BC}$、$\boldsymbol{CA}$ 的线段包围.当空位盘按图 5.2b 闭合时形成矢量为 $\boldsymbol{\delta D}$ 的弗兰克位错环,它包围着一片内禀层错.进一步位错可以按下式分解：

$$
\begin{aligned}
&\text{沿 } \boldsymbol{AB} \quad && \boldsymbol{\delta D} = \boldsymbol{\delta\gamma} + \boldsymbol{\gamma D},\\
&\text{沿 } \boldsymbol{BC} \quad && \boldsymbol{\delta D} = \boldsymbol{\delta\alpha} + \boldsymbol{\alpha D},\\
&\text{沿 } \boldsymbol{CA} \quad && \boldsymbol{\delta D} = \boldsymbol{\delta\beta} + \boldsymbol{\beta D}.
\end{aligned}
$$

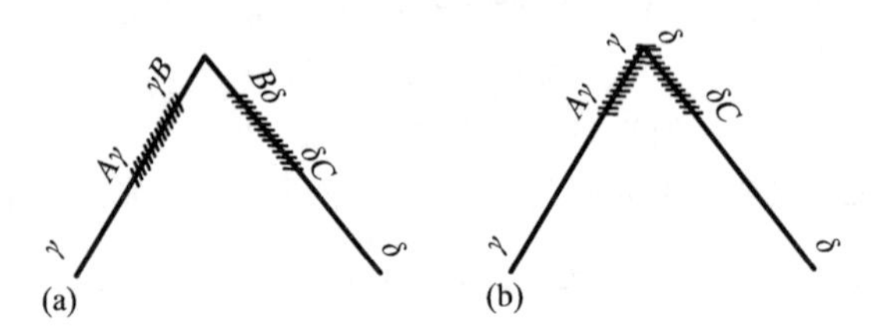

图 5.13　Lomer - Cottrell 位错的形成.
(a) 在相交的滑移面①上的分裂的位错；(b) “位错顶”
(Lomer - Cottrell 位错)；阴影区表示层错

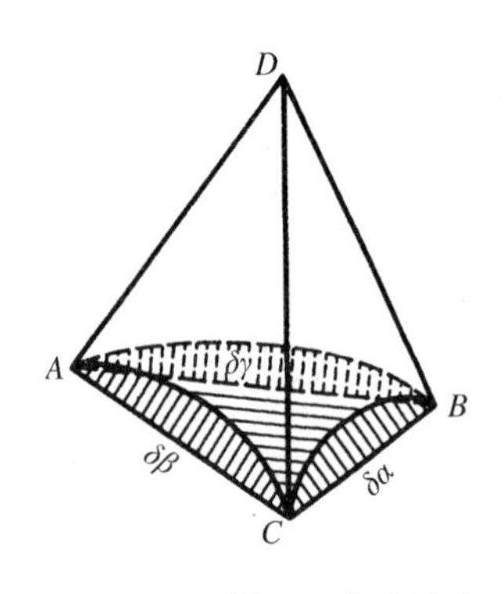

图 5.14　层错四面体的形成

矢量为 $\boldsymbol{\gamma D}$、$\boldsymbol{\alpha D}$、$\boldsymbol{\beta D}$ 的肖克莱部分位错可以在 γ、α、β 面内运动(图 5.14)，并且在平行于 AD、BD、CD 的四面体边上相遇，按图 5.13 的方式反应.结果出现了一个边为压杆型部分位错的内禀层错四面体(沿 AB 的压杆刃位错的伯格斯矢量为 $\delta\gamma$，其他位错的伯格斯矢量可以按字母循环组合的方式获得).

六角密堆结构的堆垛层错和部分位错的特点可以和上述面心立方点阵的情形类似地进行分析.这里只有一组和基面平行的密排面，堆垛层错在此发生.因此在密堆六角金属中不产生不可滑 Lomer - Cottrell 位错和层错四面体.堆垛层错相当于面心立方结构夹层.单层堆垛层错用… $ABAB \mid CBCB$ …型堆垛次序描述，双层层错为… $ABAB \mid C \mid ACA$ …，三层层错为… $ABAB \mid CA \mid BA$ …，等等(违反原子面正常堆垛次序时用垂直线表示).在面心立方金属中，单层空位盘的塌陷(图 5.2a)产生堆垛层错，它的周界是伯格斯矢量和层错面垂直的弗兰克部分位错，这就是说塌陷引起了棱柱型位错环(图 5.2b)，即刃型的部分位错环.在六角密堆金属中，这样的塌陷还须要伴随着位移以保证原子面的密堆垛.结果也形成部分位错环，但它的伯格斯矢量和基面倾斜.双层空位盘的塌陷显然产生一个刃型的棱柱位错环，环

① 英文版误为分裂面.——译者注

中不含有堆垛层错.

多层密堆垛结构可以产生多种多样的堆垛层错.一层或多层原子、一种或几种原子等可以不规则地堆垛.在这种结构中全位错不仅可以分裂为 2 个部分(半)位错,还可以分裂为 4 个(四分之一)位错,甚至 6 个部分位错.

即使在相对简单的结构中,有时观察到位错在几个等价或不等价的面上同时分裂.例如 bcc 金属中的螺位错分裂成复杂的星状层错带,它们是在外界作用下形成的.一个矢量为$\frac{a}{2}[111]$位于滑移面$(1\bar{1}0)$内的螺位错可按下列反应

$$\frac{1}{2}[111] = \frac{1}{8}[110] + \frac{1}{4}[112] + \frac{1}{8}[110],$$

分裂成 3 个部分位错,它们位于同一个滑移面内,$\frac{a}{4}[112]$位错在中间.3 个位错的伯格斯矢量都在滑移面内,所以分裂位错是可滑移位错.如果螺位错按下列反应分解:

$$\frac{1}{2}[111] = \frac{1}{8}[110] + \frac{1}{8}[101] + \frac{1}{8}[001] + \frac{1}{4}[111],$$

则将形成 3 条堆垛层错带组成的星状结构,它们和中心的伯格斯矢量为$\frac{a}{4}[111]$的位错联结.这里只有一条层错带处于滑移面$(1\bar{1}0)$内,因此分裂的位错是一种不可滑位错.在外应力和热涨落影响下,滑移组态向驻留组态的转化决了位错的活动性和晶体的塑性.

位错分裂的宽度 d 依赖于堆垛层错能 γ 并可由下式得出:

$$d = \gamma^{-1} E_{12}, \tag{5.71}$$

这里,E_{12}是层错两边的部分位错互作用能的取向因子.堆垛层错能 γ 通常在 $10^{-3}Gb$到 $10^{-1}Gb$ 范围内变动,即从几个 erg/cm^2 到几百 erg/cm^2 内变动.在后面的场合层错的面张力强烈地把部分位错拉近,使它们间的距离和位错芯的尺寸同一量级,这样我们要讨论的已不是全位错分裂为 2 个部分位错,而是位错芯的分裂.晶体的合金化使堆垛层错能显著改变.在 fcc 金属中,不同价杂质原子的引入可以降低 γ 达一个量级或更多.接近立方相向六角密堆相的相变点时,堆垛层错能趋向于零,位错的分裂急剧增加.

在有序合金中有一种类似位错分裂的现象.图 5.15 是一种简单的有序化的例子.原子 A 和B 形成互相穿插的 2 个面心立方点阵(如 NaCl 结构).当原子 A 和B 交换后会出现反相畴,它和图 5.15a 不同,是在统一的立方结构按 $a\langle 100\rangle$矢量平移后的结构.在反相畴界上面对面的是同种原子.不存在位错时,反相畴界形成封闭的面,它可以中止在一个伯格斯矢量为 $a\langle 100\rangle$的位错上(图

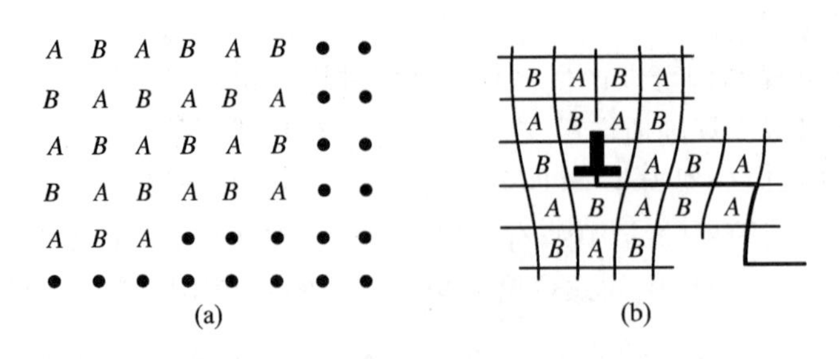

图 5.15 位错对有序超结构的影响

(a) 有序的完整晶体;(b)反相畴界中止在左侧的位错上

5.15b).反过来,每一个这样的位错可以成为产生新反相畴界的源并且扰乱了超结构.由此可见,作为有序化(或任何其他使晶胞内原子数发生变化的相变)的结果,一个通常的全位错可以转化为部分位错,它的伯格斯矢量不再是新相晶体的平移矢量,同时反相畴界起堆垛层错的作用.这里分裂位错的类似物是“超位错”,即由反相畴界连接的总伯格斯矢量等于新有序相晶体平移矢量的一对位错.图 5.16 是 $AuCu_3$ 型有序合金中的超位错的例子.一个普通的$\frac{a}{2}\langle 110\rangle$型位错扰乱了超结构并且是反相畴界的边.只有伯格斯矢量为 $a\langle 110\rangle$ 的超位错,即一对普通位错才能成为超结构的全位错.对超结构来说组成超位错的$\frac{a}{2}\langle 110\rangle$位错是部分位错,并且它们和反相畴界这样的堆垛层错连接在一起.

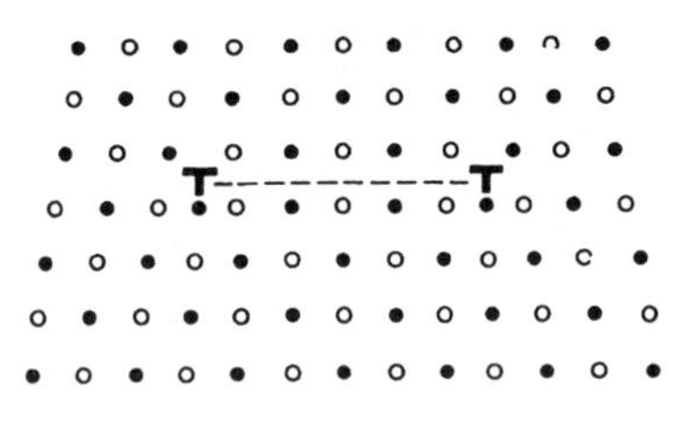

图 5.16 $AuCu_3$ 型有序合金的超位错

位错分裂的讨论仅仅是位错芯原子结构的仔细研究的第一步.位错芯的结构不能仅由伯格斯矢量表达清楚.位错的许多性质,如它们在晶体中的活动能力、吸收或放出点缺陷的能力等等(文献[5.3],12 章)都和位错线上的各种原子尺度的扭折和割阶有关.即使伯格斯矢量相同,原子级平滑的位错也可以具有不同的芯结构并且从而具有不同的性质,如果多余原子面可以沿晶体学不等价的部位中止的话.作为例子我们讨论金刚石结构(图 5.17).这里{111}面成对堆垛为 aa'、bb'、cc'等.这一对和另一对间(如 a'、b 间)的距离是对内原子面(如 a、a')间距离的 3 倍,并且对内原子间由三重数目的键相结合(图 5.17).如果从上面插入多余原子面形成刃位错,面可以终止在对的上层或下层(例如在 b' 或 b 处),两种情形的刃位错具有不同的芯结构和不同的性质.在第二种情形中,当位错在{111}滑移面上运动时,比第一种情形要少破坏达 3 倍的键,这就是说第二种位错更容易运动.不同的断键的数目还决定位错对晶体电学性质的影响的效率.

在原子面间距离相等的情形下,可以形成伯格斯矢量相同的不同位错.金刚石结构{100}面上的矢量为$\frac{a}{2}\langle 110\rangle$的刃位错就是一例.从图5.18所示的{100}的堆垛次序可以清楚地看出,由于沿立方体边存在着四重螺旋轴而不是简单转动轴,相邻面间小位移的方向差90°.相应地,在不同层上终止的多余原子面会形成滑移能力不同的刃位错.

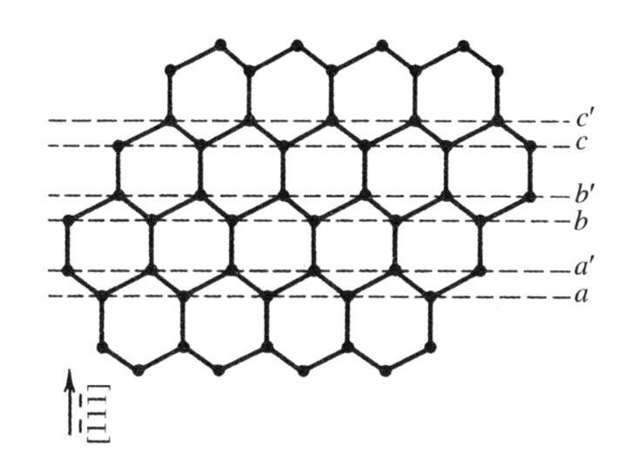

图5.17 金刚石结构在$(1\bar{1}0)$面上的投影

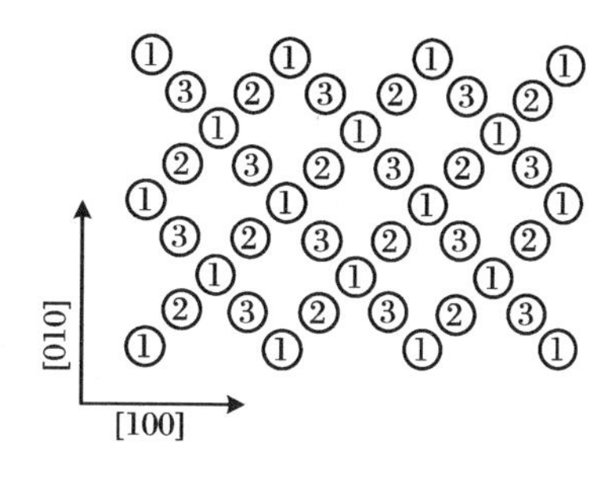

图5.18 金刚石结构在{001}面上的投影

不同高度上的原子面由1,2,3加以区别

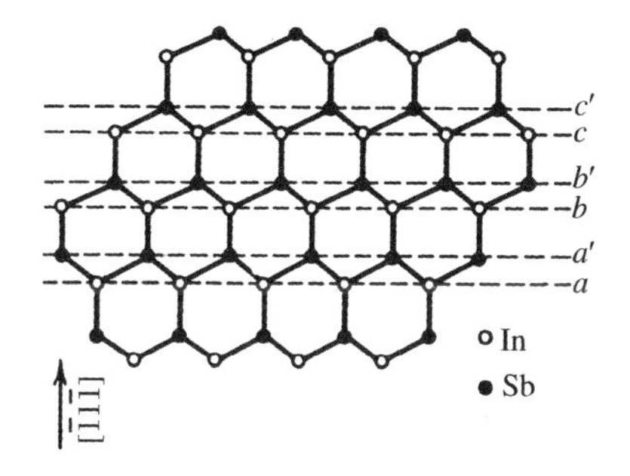

图5.19 InSb原子结构在(110)面上的投影

和图5.17的不同是:a和a'、b和b'、c和c'等相邻原子面由不同的原子组成

在多组元晶体中,位错的多余原子面的边可以终止在不同的原子上,例如在InSb晶体中,In位错和Sb位错在力学、化学、电学性质上显著不同,因此可以清楚区别.图5.19是InSb结构的投影,投影的方向和图5.17金刚石结构投影的方向相同.如果我们只考虑易滑移的位错,则In位错多余原子面必须从上面插入,而Sb位错必须自下而上插入多余原子面.在均匀的应力场τ中,位于平行滑移面上的In位错和Sb位错将在不同方向上运动(图5.20).在InSb晶

片的塑性弯曲时，晶体内将优先含有 In 位错或 Sb 位错(图 5.21)，这依赖于弯曲的符号，因为弯曲时多余原子面应当从晶片的凸面往里插. 结果晶体的力学、电学和化学性质也依赖于弯曲的符号.

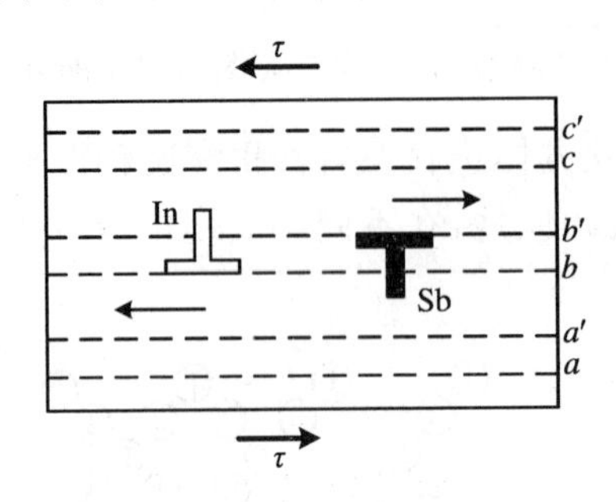

图 5.20 In 位错和 Sb 位错的运动

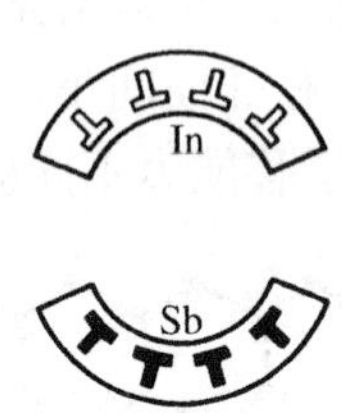

图 5.21 InSb 晶片塑性弯曲时 In 位错或 Sb 位错优先形成

5.5 位错的连续统描述

5.5.1 位错密度张量

对含位错的晶体进行宏观描述时，积分式(5.20)应当应用于包围大量位错的回路，式中的 $\boldsymbol{b}$ 应该指穿过回路面积的所有位错的总伯格斯矢量. 利用斯托克斯定理，积分关系(5.21)式可以改写为微分形式

$$\beta_{ij} = e_{ikl} \frac{\partial}{\partial x_k} u_{ij}, \tag{5.72}$$

这里 β_{ij} 是描述位错宏观分布的位错密度张量. 这个张量的 i 行的分量数值上等于穿过垂直 i 轴的单位面积的所有位错的总伯格斯矢量. 张量 e_{ikl} 是三阶单位张量，它对所有成对的下标是反对称的(勒维-契维塔张量)；e_{ikl} 分量等于 1 或 -1，依赖于下标 i, k, l 按编号 1,2,3 置换时为偶或奇；其他 e_{ikl} 分量为零①. 由(5.72)式给出的运算和我们已熟悉的(5.21)式被称为弹性畸变张量的环量. 弹

① 英文版略去了这一整句. ——译者注

性畸变张量 u_{ij} 由(宏观)弹性形变对称张量 ε_{ij}[(5.6)式]和弹性转动反对称张量 ω_{ij} 组成,后者等价于转动轴矢量 ω[(5.7)式]:

$$u_{ij} = \varepsilon_{ij} + \omega_{ij} = \varepsilon_{ij} + e_{ijk}\omega_k. \tag{5.73}$$

张量 u_{ij} 的对角分量对应于点阵沿坐标轴的弹性伸长(或收缩),非对角分量对应于沿坐标面的弹性切变(第一个下标对应坐标面,第二个对应切变方向).如果从实验(如 X 射线数据)上得出 u_{ij},可以用(5.72)式计算出宏观位错密度.

利用关系式(5.73),我们可以在(5.72)式中划分出位错密度对点阵弹性形变和转动的依赖关系:

$$\beta_{ij} = -e_{ikl}\frac{\partial}{\partial x_k}\varepsilon_{ij} + \frac{\partial \omega_i}{\partial x_j} - \delta_{ij}\frac{\partial \omega_k}{\partial x_k}. \tag{5.74}$$

我们特别感兴趣的场合是晶体没有受到外加的应力($\varepsilon_{ij}=0$),这时(5.74)式建立起位错分布和晶体曲率张量 $\kappa_{ij}=\partial\omega_i/\partial x_j$ 的关系:

$$\beta_{ij} = \kappa_{ij} - \delta_{ij}\kappa_{kk}. \tag{5.75}$$

作为一个例子,图 5.22 表示一个垂直 y 轴切割、绕 z 轴弯曲的晶片,这时曲率张量中的一个分量 $\kappa=\kappa_{zx}$ 不等于零.根据(5.75)式,只有一个对应的位错密度张量分量 $\beta_{zx}=\kappa_{zx}$ 不等于零.这种情形可以解释为晶体中刃位错的均匀分布,这些位错具有沿 x 轴的伯格斯矢量,平行于 z 轴,密度为

$$N = \frac{\kappa}{b} = \frac{1}{bR}, \tag{5.76}$$

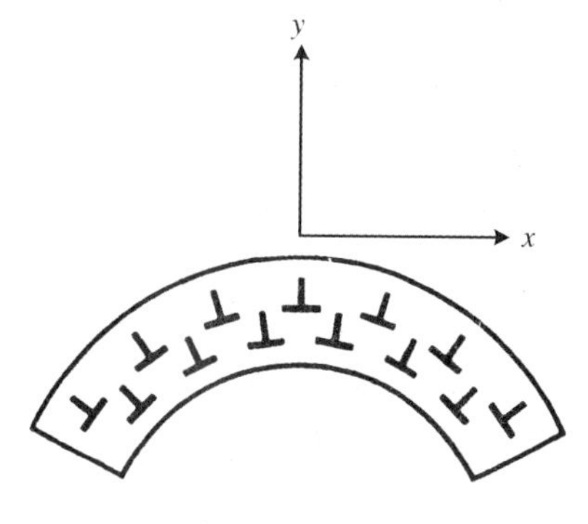

图 5.22 含平行刃位错的弯曲晶片

这里的 R 是弯曲晶片的曲率半径.推导(5.76)式的简单几何办法是:计数有多少个厚度为 b 的原子面必须从晶片凸面插进晶体,导致晶片弯曲的曲率半径为 R.

原则上(5.72)式的积分可以解决逆问题,得出一定位错分布引起的点阵的应力和转动场.这里(5.72)式必须补充体内应力 σ 的平衡方程

$$\frac{\partial \sigma_{ij}}{\partial x_i} = 0 \tag{5.77}$$

和表面上的应力平衡条件

$$\sigma_{ij}n_j = 0, \tag{5.78}$$

这里 $\boldsymbol{n}$ 是晶体自由表面的法线.

5.5.2 例子:位错列

我们只考虑位错沿法线为 $\boldsymbol{n}$ 的平面 P 上均匀分布的一维问题:

$$\beta_{ij} = \beta_{ij}^{0}\delta(r_k n_k), \tag{5.79}$$

这里 β_{ij}^{0} 是表示平面 P 内位错的取向和伯格斯矢量的一组常数,径矢 $\boldsymbol{r}$ 可以从平面 P 上任一点算起.这时在整个晶体体积中的应力满足(5.78)式,而(5.72)式具有以下形式

$$\beta_{ij}^{0} = -e_{ikl}n_k[u_{ij}], \tag{5.80}$$

这里的括号表示平面 P 二侧的 u 值的差.方程组(5.78),(5.80)式在适当考虑广义胡克定律后可以解出:

$$[\sigma_{ij}] = c_{ijkl}^{*}e_{kmn}n_m\beta_{nl}^{0}. \tag{5.81}$$

为得出上式,只须用矢量 $\boldsymbol{n}$ 从左边乘上(5.80)式的两边,再在考虑平衡方程(5.77)式下计算5.2节中引入的弹性模量平面张量(5.12)式得出的公式的卷积.

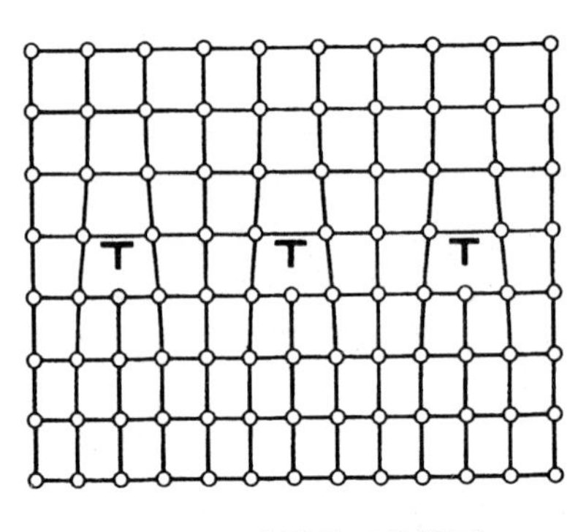

图5.23 水平的刃位错列

和(5.81)式类似,我们可以得到5.2和5.3节中用过的应力张量傅里叶分量表达式(5.11).直接由(5.81)式出发,得出直位错应力场(5.32)式.设 $\rho(x)=$ 恒量,方程(5.81)可转化为(5.43)式.作为一个例子,考虑一组平行 z 轴位于 $y=0$ 平面内的水平位错列(图5.23).这时位错密度张量只有一个不等于零的分量 $\beta_{zx}=b/h$,这里 h 是位错间距离.从(5.81)式得到宏观应力的跃变

$$[\sigma_{ij}] = c_{ijxx}^{*}\frac{b}{h}. \tag{5.82}$$

从(5.43)式出发在 $\rho=1/h$ 和上述位错取向和伯格斯矢量的条件下得到同样的结果.在5.6节中还有其他类似的例子.

5.5.5 位错密度标量

用位错密度张量对晶体位错结构的宏观描述在许多场合下都是不够的.例如,在均匀形变晶体中,虽然晶体内可以有大量位错,但不存在宏观应力和宏观的点阵曲率,因此根据(5.72)式错密度张量为零.这种场合下最好用标量描述晶体的位错结构,这个量就是样品单位体积内位错线的总长度,即所谓的位错

密度标量,简称位错密度.实际上,常常通过测量样品单位面积上穿过的平均位错数得到位错密度.把不同取向单位面积得到的结果平均后得到平均位错密度估计值.在许多情形中,这样的值是晶体质量的重要标志(例如在半导体工艺中).对晶体位错结构的更仔细的分析须要区分不同类型的位错密度,可以用研究晶体实际结构的现代衍射方法做到这一点(5.8 节).

5.6 晶体的亚晶界(镶嵌结构)

5.6.1 亚晶界的例子:倾斜晶界和扭转晶界

晶体中相互取向略有差别的区域(亚晶粒)的存在在晶体形貌的早期研究中就已注意到了.在晶体的 X 射线衍射发现后不久就确认:在可见的晶粒内并不存在理想的结构.和理论(卷 1,第 4 章"动力学理论"[5.2])不同,衍射束不是在几秒,而是在几分的角度范围内反射,并且强度超过计算值 2 个数量级.科学家只好假设晶体内存在由 1 μm 大小、取向略有差别的亚晶粒镶嵌结构,它在形貌研究中显露不出来,但影响衍射波的相干性.直到研究晶体位错结构的方法发展起来,才弄清楚晶体镶嵌结构的根源.研究得出:亚晶粒是位错相当少的区域,而亚晶界则由位错网络组成.亚晶粒内部和边界上的位错是晶体点阵总转动场的基本来源,晶体的镶嵌图像可由点阵转动场表示.亚晶界上位错网络结构的阐明是解释晶体位错结构、分析它的形成机制的决定性步骤.

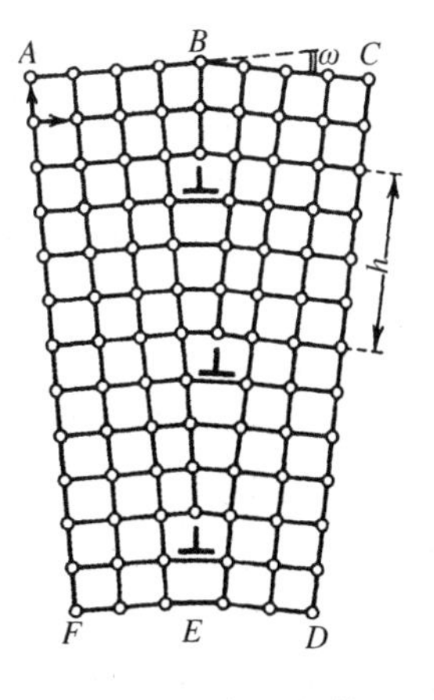

图 5.24 垂直刃位错列

图 5.24 是两个单晶亚晶粒对称晶界的最简单的位错模型,它是多边化亚晶粒、扭折边界、应变和调节带(文献[5.3],第 12 章)中的一种典型的晶界.图上从 AB 和 BC 面进入亚晶粒的原子面多于从 DE 和 EF 面穿出亚晶粒的原子面.所有多余原子面终止于双晶的一个唯一的畸变区,即亚晶界上.终止面的边形成刃位错,使整个亚晶界成为一列"垂直"的刃位错组.从图 5.24 可以看到,亚晶粒取向差 ω 等于伯格斯

矢量 b 和边界上位错间距离 h 的比值：

$$\omega = \frac{b}{h}. \tag{5.83}$$

亚晶界的位错结构可以一般地由(5.75)式进行检验.这时须要把点阵曲率 $\partial\omega_i/\partial x_j$ 改换为亚晶界上局域的弯曲曲率 $\omega_i n_j$（ω 是取向差，$\boldsymbol{n}$ 是晶界法线），把位错体分布变为面分布：

$$\beta_{ij} = \omega_i n_j - \delta_{ij}\omega_k n_k. \tag{5.84}$$

如果亚晶粒取向差的轴平行亚晶界，则 $\omega_k n_k = 0$，得到位错密度为

$$\beta_{ij} = \omega_i n_j. \tag{5.85}$$

这样的边界称为“倾斜晶界”.它可以表示为一列平行于转动轴并具有垂直于晶界的伯格斯矢量的位错.这一列位错以线密度 $\rho = \omega/b$ 沿边界分布，即位错间距离 $h = b/\beta = b/\omega$.图5.24就是这样的模型.

如果亚晶粒的取向差的轴和亚晶界垂直（“扭转晶界”）.这时设 $\omega_i = \omega n_i$，从(5.84)式得到

$$\beta_{ij} = \omega(n_i n_j - \delta_{ij}). \tag{5.86}$$

如果把坐标轴1和2选在亚晶界面上，则 $n_1 = n_2 = 0$，这时位错密度张量只有2个对角分量不等于零：

$$\beta_{11} = \beta_{22} = -\omega. \tag{5.87}$$

它可以解释为晶界上正方的螺位错网格，位错间距离 $h = b/\omega$.

5.6.2 一般亚晶界的位错结构

上述倾斜和扭转晶界的结构图像仅仅是最简单的例子.在每一种场合下体现位错面密度的位错网络的结构都须要对(5.84)—(5.86)型的公式进行适当的修正，这种修正依赖于晶界和取向差的轴相对给定晶体典型位错伯格斯矢量的关系.设面心立方晶体中倾斜晶界的法线和任何一个〈110〉型的密排方向都不重合，这时亚晶界不能由同类位错组成，因为这些位错必须具有等于最小平移矢量 $\frac{a}{2}$〈110〉之一的伯格斯矢量，而(5.85)式则需要位错的平均伯格斯矢量垂直于倾斜晶界.如果晶界法线位于{100}或{111}面内，倾斜晶界可以由2族平行刃位错组成.在一般倾斜晶界的情形，须要利用3族伯格斯矢量不共面的位错，这时晶界法线矢量就可以按这3个伯格斯矢量进行分解.

这样的3族位错不仅可以为任意取向的倾斜晶界，而且可以为任何普遍的晶界构筑一个位错模型.为证明这一点，我们按照下列正交归一条件定义3个不共面伯格斯矢量 $\boldsymbol{b}^{(1)}, \boldsymbol{b}^{(2)}, \boldsymbol{b}^{(3)}$ 的倒易矢量 $\widetilde{\boldsymbol{b}}^{(1)}, \widetilde{\boldsymbol{b}}^{(2)}, \widetilde{\boldsymbol{b}}^{(3)}$：

$$\boldsymbol{b}^{(i)}\widetilde{\boldsymbol{b}}^{(j)} = \delta_{ij}. \tag{5.88}$$

矢量 $\widetilde{\boldsymbol{b}}^{(j)}$ 实际上是由 $\boldsymbol{b}^{(i)}$ 构成的点阵的倒点阵基矢,它们可按下面的熟悉的规则求得:

$$\widetilde{b}_i^{(1)} = \frac{e_{ijk}b_j^{(2)}b_k^{(3)}}{e_{lmn}b_l^{(1)}b_m^{(2)}b_n^{(3)}}. \tag{5.89}$$

对(5.89)式的上标 1,2,3 循环排列可得到 $\widetilde{\boldsymbol{b}}^{(2)}$ 和 $\widetilde{\boldsymbol{b}}^{(3)}$. 矢量 $\widetilde{\boldsymbol{b}}^{(n)}$ 从右对位错密度张量进行的标积得出 $V_i^{(n)} = \beta_{ij}\widetilde{b}_j^{(n)}$,利用它们后,位错密度张量可写成

$$\beta_{ij} = V_i^{(1)}b_j^{(1)} + V_i^{(2)}b_j^{(2)} + V_i^{(3)}b_j^{(3)}. \tag{5.90}$$

这对应于 3 族伯格斯矢量为 $\boldsymbol{b}^{(1)}, \boldsymbol{b}^{(2)}, \boldsymbol{b}^{(3)}$ 的孤立位错束,它们的密度和方向分别由矢量 $\boldsymbol{V}^{(1)}, \boldsymbol{V}^{(2)}, \boldsymbol{V}^{(3)}$ 给出.

对于倾斜晶界(5.85)式

$$V_i^{(n)} = \omega_i(n_j\widetilde{b}_j^{(n)}), \tag{5.91}$$

即所有位错沿转动轴排列,密度正比于取向差角 ω 和矢量 $\widetilde{b}^{(n)}$ 在晶界法线上的投影. 对扭转晶界[(5.86)式]

$$V_i^{(n)} = -\omega[\widetilde{b}_i^{(n)} - n_i(\widetilde{b}_j^{(n)}n_j)], \tag{5.92}$$

即位错沿矢量 $\widetilde{\boldsymbol{b}}^{(n)}$ 在界面上的投影排列,其密度正比于这一投影和取向差角.

根据(5.90)式,可以不含糊地用 3 族不共面伯格斯矢量的位错构筑任意界面的位错结构. 晶体结构通常允许有多种可能的伯格斯矢量的组合. 这时亚晶界结构的分析就需要另外的条件. 例如,已知亚晶界是由滑移型塑性形变引起的(本书卷 4,第 12 章)时,利用附加的条件可以限制亚晶界内位错的取向(位错必须位于滑移面内). 还要指出:组成晶界的位错能量极小条件也是一种限制. 作为一级(相当粗的)近似,这一条件可以被亚晶界内位错线总长度极小代替. 由此得出位错网络的四重结点一般在能量上不利,它会分解成一对三重结点,联结两结点的位错的伯格斯矢量由图 5.8 上的一般规则决定.

以面心立方晶体中(111)密排面上的扭转晶界为例. 按照(5.86)式,这一晶界可以由 2 族螺位错菱形网格组成(图 5.25a). 但在晶界面上总共有 3 个 $\frac{a}{2}\langle 110\rangle$ 型伯格斯矢量,即 $\frac{a}{2}[1\bar{1}0]$、$\frac{a}{2}[10\bar{1}]$ 和 $\frac{a}{2}[0\bar{1}1]$ 或图 5.9 上的 AB、BC 和 CA. 相应地,由 2 族位错组成的菱形网格一共可以有 3 种. 但是同时用 3 族位错组成 2 格在能量更为有利,即把图 5.26a 的四重结点分裂为 2 个三重结点(图 5.26b),P 和 T 结点处位错反应为 $AB + BC = AC$.

如果组成亚晶界的全位错分解为图 5.26c 所示的带堆垛层错的部分位错,

在结点附近的部分位错可以进一步反应.结果三叉堆垛层错带可以扩展成扩展结点或收缩成收缩结点.图 5.26d 是图 5.26c 上肖克莱部分位错间的反应结果,它显示出在图 5.25b 上的六角网格交替地由扩展结点和收缩结点组成(图 5.25c).

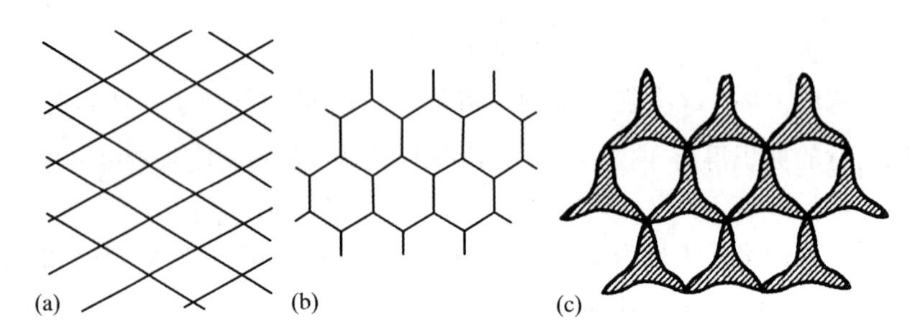

图 5.25 六角位错网格的形成

(a) 起始的二族螺位错菱形网格;(b) 四重结点分裂成三重结点;(c) 三重结点的扩展(阴影区为堆垛层错)

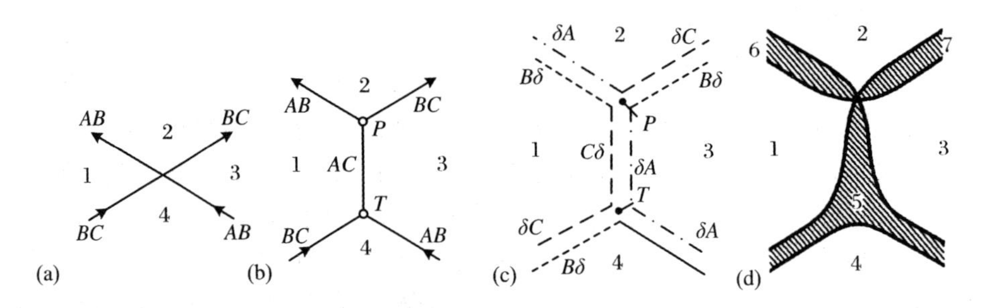

图 5.26 图 5.25 中结点的扩展

(a) 四重结点;(b) 四重结点分为 2 个三重结点;(c) 全位错扩展为部分位错;(d) 部分位错反应后的结果.1—4 表示四重结点(a)或三重结点(b)围成的晶界单元.(a)中 1、2,2、3,3、4,4、1 间的相对位移和 b 中 1、2,2、3,3、4,4、1 间的相对位移的差别由分界线上全位错伯格斯矢量决定;堆垛层错区 5、6、7 的相对位移和 1—4 区相对位移的差别由分界线上部分位错的伯格斯矢量决定

对亚晶界上任何不规则和不均匀的位错网络,可以用形成网络的位错的伯格斯矢量组成一个相关的二维规则格子.一个格点代表位错网络的一个多边形,(会聚在结点的位错的)伯格斯矢量组成的一个多边形代表一个位错网络结点,位错的伯格斯矢量代表位错网络中的位错线段.在图 5.27 中画出了代表图 5.26中位错网络的结点和多边形 1,2,3,4(或再加上 5,6,7)的伯格斯矢量组成的格子.这种用伯格斯矢量构成格子的方法可以用来分析位错网络结构的不规

则性,对研究亚晶界形成机制有用.

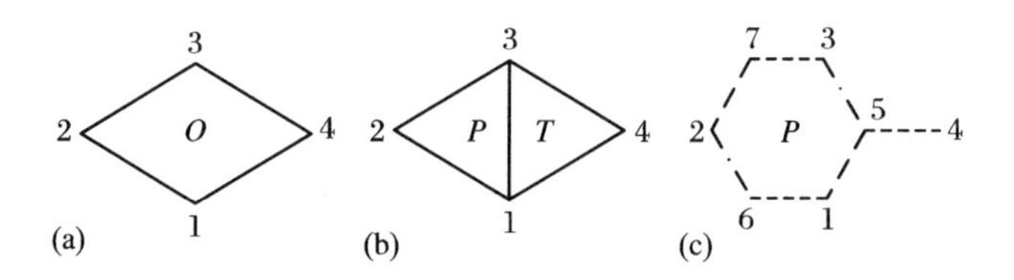

图 5.27 图 5.26 上位错网络中伯格斯矢量之间的关系

(a) 四重结点 O;(b) 结点 O 分裂为 2 个三重结点 P 和 T;

(c) 全位错分解为部分位错后三重结点处的重新组合①

由二维位错网络可以形成取向差从几秒到几度的亚晶界.在取向差很小时位错间距离和亚晶粒尺寸同量级,位错网络由平面的分布转化为三维分布,计算点阵畸变场时必须考虑各个位错各自的贡献.对于取向差大的亚晶粒,由于取向差的角度较大,例如(5.83)式须要修正为:

$$\omega = 2\arcsin\frac{b}{2h}. \tag{5.93}$$

对取向差很大的晶粒(差几十度)来说,边界上的位错已如此之密,使边界结构的分析必须考虑位错芯的原子结构.利用晶粒和孪晶之间的某种类似在这里是有效的(5.7 节).

5.6.3 亚晶界能

亚晶界能来源于晶界位错周围的应力弹性能.各个位错的应力互相叠加,使总应力很快在 h 的范围外松弛下来,这里 h 是晶界上位错间距离.因此,位错能量公式(5.34)中晶体尺寸 R 应该由 h 替代,使位错能降低为

$$E = E_0\ln\frac{h}{r_0}. \tag{5.94}$$

由此可解释**多边化**在能量上有利.多边化是指开始分散在晶体体积中的位错聚集在无应力晶体之间形成平面的网络和壁.把形成边界的位错能加起来可得到晶块(亚晶粒)界面能 γ.界面上每平方厘米中位错线总长度的量级为 h^{-1}cm,亚晶界面能为

$$\gamma = E_0 h^{-1}\ln\frac{h}{r_0} = E_0\omega b^{-1}\ln\frac{b}{\omega r_0}②, \tag{5.95}$$

---

① 把此图转 90°可以更好地看清楚和图 5.26 的关系.——译者注

② 俄文版、英文版漏了括号前的 ln.——译者注

这里 $E_0 b^{-1}$的量级通常是 10^3 erg/cm^2.

亚晶界能的计算绝对值及其取向差的依赖关系和实验结果符合得很好.考虑到晶界上几族位错的贡献的特点后得到更详尽的理论,它可以解释晶界能的各向异性(γ 对晶界取向的依赖关系).引进亚晶界位错结构后可以解释点缺陷沿界面的加速迁移、杂质,在界面上的偏折、界面对半导体和离子晶体电学性质的影响、晶体外界影响下界面的移动以及个别位错和亚晶界的各种互作用等.

5.6.4 非共格界面

迄今为止我们只考虑了共格的亚晶界,按照(5.84)式组成它的位错的叠加的场不引起宏观应力.如果(5.84)式所需的位错线取向和伯格斯矢量取向间的关系得不到满足,将产生非共格界面,此时由界面分开的晶块互作用将引起宏观应力.例如图 5.24 上的界面偏离对称位置按顺时针方向转一个小角 φ(图5.28).于是,在终止于界面单位长度上的 ω/b 个平面中有 $(\omega/2+\varphi)/b$ 个通过 AB,有 $(\omega/2-\varphi)/b$ 个通过 BC.结果左边的晶块受压,右边的晶块受张.界面两侧的形变差为

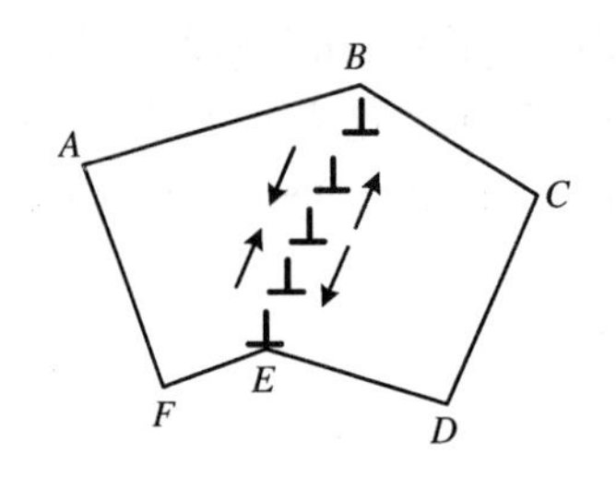

图 5.28 垂直刃位错列的转动引起应力

$$[\varepsilon] = \omega\varphi. \tag{5.96}$$

非共格亚晶界的一般公式可以由(5.74)式得出,即将其中的位错体分布改为面分布,将点阵形变和转动的梯度改为界面二侧数值之差:

$$\beta_{ij}^0 = -e_{ikl}n_k[\varepsilon_{lj}] + \omega_i n_j - \delta_{ij}\omega_k n_k. \tag{5.97}$$

所得式子和(5.80)式的差别仅仅是:畸变跃变分为对称部分(形变跃变$[\varepsilon_{ij}]$)和非对称的有关晶块取向差 ω 的部分.界面上的应力跃变仍由(5.81)式决定,因此可以根据广义胡克定律把(5.97)式中的形变跃变表达为应力跃变.一些简单关系可以直接从(5.97)式得出,例如计算张量等式(5.97)式的迹(对角分量之和)后得到

$$\omega_i n_i = -\frac{1}{2}\beta_{ii}, \tag{5.98}$$

即围绕垂直界面的轴的转动决定于螺位错的平均密度,和共格界面时的(5.87)式相同.用垂直界面的法线矢量从右计算(5.97)式的标积后,得到绕界面中的轴的转动为:

$$\omega_i - n_i(\omega_k n_k) = \beta_{ij}n_j + e_{ikl}n_k[\varepsilon_{ij}]n_j, \tag{5.99}$$

即这一转动的贡献来自伯格斯矢量在垂直界面法线方向上的刃型分量[1]和切向形变的跃变.平行对称面或垂直二重(四重或六重)轴的界面上没有这种跃变,因为作用在亚晶界上的切向应力是连续的.在这种特例中,(5.99)式和前面的公式(5.85)符合.

非共格界面的一个例子是所谓的"不合理孪晶"(Brilliantov Obreimov 带),它外表上像滑移带,因此长期以来使研究者对离子晶体的塑性形变机制(本书卷 4,第 12 章)感到困惑.在 NaCl 型晶体中,这些"孪晶"确实容易和滑移带混淆(两种情形下界面都在{110}面内,应变跳跃和内应力也类似).然而,滑移带由条件 $\beta_{ij}n_j=0$ 表征(所有位错的伯格斯矢量在滑移面内),并且按照(5.99)式,没有绕滑移带内的轴的点阵转动[NaCl 中的{110}面是对称面,对它们由切向应力连续性得到切向应变的连续性,(5.99)式右侧第二项等于零]."不合理孪晶"则相反,它形成非共格倾斜晶界(位错的总伯格斯矢量近似和界面垂直),并且由于界面偏离正确位置而引起应力(图 5.28).当形成界面的位错的刃型分量被区分为平行和垂直界面的两部分后,不合理孪晶的迷终于解开了.根据(5.43),(5.81)式,前一部分导致框住界面的应力带,而后一部分按照(5.99)式引起点阵绕位于界面内的轴的转动.根据(5.96)式,形变跃变和取向差 ω 角之比依赖于界面偏离对称位置({110}面)的角度 φ.

在分析和亚晶界有关的应力时,还必须考虑另一种特殊情况:界面不是由平面,而是由三维位错网络组成.有可能从这样的网络结构中区分出位错偶极和位错环,这两者决定了界面区和邻近亚晶粒之间的应变差并且对应于局域在界面区的界面-亚晶粒-互作用应力.这种应力有时被称为取向微应力.亚晶粒-互作用应力(所谓的第二类内应力)使 X 射线峰宽化,而取向微应力使峰有一个总的位移,位移的方向和亚晶粒体积内的应力对应.

5.7 孪　　晶

孪晶是具有协调的相互取向不同的区域(孪晶组元)的晶体,组元的原子结

[1] 英文版将刃型分量误为界面分量.——译者注

构几何上由一定的对称操作(孪晶操作)相联系.孪晶操作包括镜面反射(反射孪晶)、绕一定晶体学轴的转动(轴孪晶)、反演(反演孪晶)、按点阵距离的一部分进行平移(平移孪晶)以及这些操作的组合.每一孪晶组元可在晶体中占据连续的或若干分散的区域,形成所谓的多组合孪晶.狭义的孪晶必须具备由单独的一个二阶操作联系的2个组元(如镜面反射、转动180°、反演、平移点阵距离的一半),重复这个操作将恢复起始组元的结构.还可以有多组元的孪晶("三元晶"、"四元晶"、"六元晶"等),这里的孪晶操作是绕三重、四重、六重轴的转动,等于点阵距离分数的平移,以及若干晶体学操作的组合.

晶体生长和连生、再结晶、相变以及力、热、电、磁等因素对单晶和多晶的作用均可以引起孪晶.孪晶组元在光、力、电、磁等性质上可以不同,因为经过孪晶操作后上述性质的各向异性的取向可能改变.

5.7.1 孪晶操作

联系孪晶组元的一套完整的操作不仅依赖于组元的相互取向,而且还依赖于组元本身的对称性.孪晶的2个对称操作是等价的,条件是它们的差别是给定晶体的固有操作.因此,一个反射孪晶可以同时是轴孪晶等等.

设组元Ⅰ经过孪晶操作 f 变换为组元Ⅱ,则乘积

$$f_i = fg_i. \tag{5.100}$$

(这里 g_i 是组元Ⅰ本身的对称群 G_I 的操作)仍是使结构Ⅰ变换为结构Ⅱ的孪晶操作.不同的操作 g_i 和 g_j 对应于两个操作 f_i 和 f_j,对有限群来说孪晶操作的数目等于群 G_{I} 的阶.一般来说,如果忽略平移的多次孪晶,孪晶操作数将等于孪晶组元的点群的阶.

可以用下面的规则找到孪晶第二组元的对称群 G_{II} 的操作 g'_j

$$g'_k = fg_kf^{-1}, \tag{5.101}$$

这里操作(5.100)式中的任一个可以用做孪晶操作 f.如果孪晶操作可和群 G_{I} 的所有操作交换,即 $fg_i = g_if$,从(5.101)式可得出:对称群 G_{I} 和 G_{II} 重合,即 $g'_j = g_j$.此外,如孪晶的重复操作恢复起始组元的结构,即如 $f = f^{-1}$,则孪晶操作(5.100)式和群 G_{I} 相加后形成一个超群

$$G = G_{\mathrm{I}} + fG_{\mathrm{I}}, \tag{5.102}$$

对 G 来说,G_{I} 是指数为2的子群,而一套孪晶操作是共轭类.操作 Rf_i(R:符号改变操作)和群 G_{I} 相加后形成反对称群

$$G' = G_{\mathrm{I}} + RfG_{\mathrm{I}}, \tag{5.103}$$

它可用来描述经孪晶操作后组元结构的变化.操作 R 可用来表示诸如组元Ⅰ和

Ⅱ中原子坐标偏离二者平均值的符号的变化.

作为例子我们考虑 β -石英中的杜菲奈孪晶(图 5.29a). β-石英的对称群是 D_3^4—$P3_121$(或 D_3^6—$P3_221$),它包括绕螺旋轴 $\overline{C}_3$ 的转动和 3 个与之垂直的二重轴 u_2.杜菲奈孪晶的孪晶操作(f_i)是绕平行于 $\overline{C}_3$ 轴的六重轴 C_6 和二重轴 C_2 的转动,以及绕 3 个二重轴 u_2'(u_2' 垂直 $\overline{C}_3$ 并处在轴 u_2 之间)之一的转动.所有 g_i 和 f_i 相加后形成超群 D_6^4—$P6_222$(或 D_6^5—$P6_422$),即 α-石英的对称群.操作 g_i 和 Rf_i 形成反对称群 $P6'_422$(或 $P6'_222$).

图 5.29b 是另一种 β -石英孪晶——巴西孪晶,它由左手和右手石英沿作为镜面的棱柱面$(11\overline{2}0)$连生而成.除了这个面的反射之外,其他的孪晶操作有棱柱面$(1\overline{2}10)$和$(\overline{2}110)$的反射、反演和绕六重镜面-转动轴 S_6 的转动.这里组元的空间群(D_3^4 和 D_3^6)并不等同,但组元的点群(类)相同,这样就可以用反对称类描述巴西孪晶的点对称群.按照(5.102)式在 β -石英点群上补充进孪晶操作,得到超群 $D_{3d}=\overline{6}:2$;按照(5.103)式把孪晶操作作为反对称操作,得到反对称群 $\overline{6}':2$.

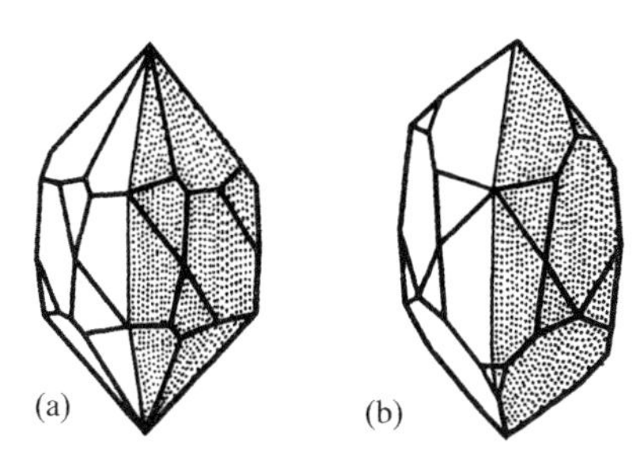

图 5.29 β-石英中的孪晶

(a) 杜菲奈孪晶;(b) 巴西孪晶,孪晶组元之一画上了阴影

在多组元孪晶(三元晶、四元晶)中,组元Ⅰ,Ⅱ,Ⅲ…,具有共同的对称群 G_{I},并且被循环操作 $f_{\mathrm{I,II}}$,$f_{\mathrm{I,III}}$,$f_{\mathrm{II,III}}$ 等耦合成对,把所有可能的孪晶操作(5.100)式补充进群 G_{I},得到超群

$$G = G_{\mathrm{I}} + f_{\mathrm{I,II}}G_{\mathrm{I}} + f_{\mathrm{I,III}}G_{\mathrm{I}} + \cdots, \qquad (5.104)$$

对 G 来说,G_{I} 是指数为 3,4,…,的子群,而孪晶操作形成 2,3,…,共轭类.

一般多组元孪晶(组元具有相同对称性)可以用表示理论进行分析.组元结构相对平均结构的偏离可以用超群[(5.102),(5.104)式]的表示描述.一维实表示可以解释为反对称性,一维复表示可以用色对称性解释,等等.以表示理论为基础的孪晶结构和性质的分析在相变形成孪晶的场合特别有效,这时超群 G 有简单的物理意义,并且描述对称性更高的相,而孪晶操作是在相变中消失的对称操作.如果相变伴随着晶胞中原子数的增加(形成超结构),得到的孪晶(反相畴)是平移孪晶.

作为例子我们分析铁电 $Cd_2(MoO_4)_3$ 中的孪晶(畴).在顺电相中晶体结构由空间群 D_{2d}^3 描述.铁电相变中晶胞体积加倍,轴 S_4 和垂直 S_4 的二重轴 u_2 消失.结果产生"四元晶",它的所有组元具有对称性 C_{2v}^8.(5.104)式成为

$$D_{2d}^3 = C_{2v}^8 + S_4 C_{2v}^8 + S_4^2 C_{2v}^8 + S_4^3 C_{2v}^8, \tag{5.105}$$

这里孪晶操作 $S_4 C_{2v}^8$ 和 $S_4^3 C_{2v}^8$ 联系相反极性的畴(正和负铁电畴),孪晶操作 $S_4^2 C_{2v}^8$ 联系极性相同的反相畴.这些操作包括长度和顺电相平移矢量(在相变中消失)相等的平移.

5.7.2 引起晶体形变的孪晶化

孪晶化常使晶胞改变形状,从而使突然转为孪晶取向的一部分晶体改变外形.图5.30是孪晶化使形状改变的一个经典例子——方解石 $CaCO_3$ 的孪晶化.这里孪晶操作是(110)面(孪晶面)反射.点阵转向对称位置伴随着孪晶面上的[001]孪晶方向的宏观切应变,切变角 34°22′.在所有亚点阵中晶胞形状的变化相同,但原子的运动不能归结为简单的切变,发生了亚点阵间的相对位移,使原子转移到和初始情形对称的组态(例如在反射孪晶中的镜面对称组态).在方解石中,亚点阵的相互位移导致3个氧原子的团绕平行[1$\bar{1}$0]通过C原子的轴转 52°30′.

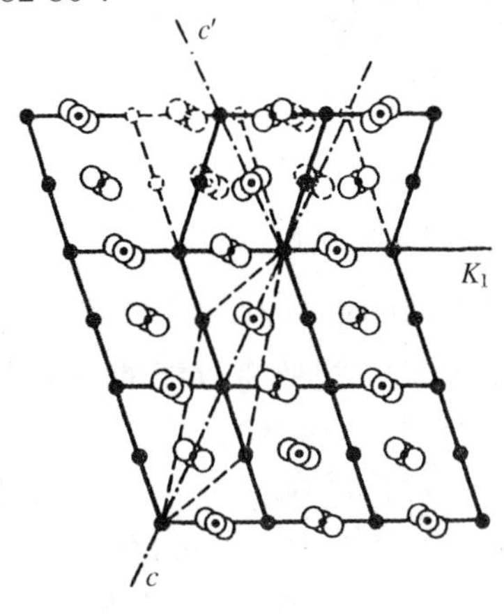

图5.30 方解石孪晶化

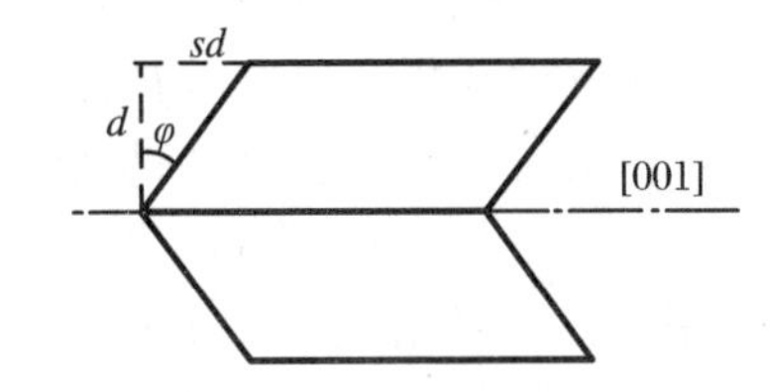

图5.31 孪晶化切变引起形状变化

宏观上看,孪晶化中原子的运动形成的形状的变化可以表示为均匀切变(晶体体积不变)的结果:

$$u_{ij}^0 = s p_i t_j, \tag{5.106}$$

这里 $\boldsymbol{p}$ 是孪晶面法线，$\boldsymbol{t}$ 是面内孪晶方向上单位矢量，s 是孪晶化切变的值(图5.31). $\varphi=\arctan s$ 被称为孪晶化角.离孪晶面距离为 d 的点沿孪晶化方向在孪晶化切变中移到 sd 处.孪晶化切变使单位半径的球转变为椭球(孪晶椭球).

按照(5.106)式的形变，在外应力场 σ_{ij} 中孪晶组元的势能差为

$$\Delta W = \sigma_{ij}u_{ij}^{0} = \sigma_{ij}\varepsilon_{ij}^{0}. \tag{5.107}$$

因此，孪晶化仅受孪晶面上孪晶化方向上切应力的影响. ΔW 值决定了作用于孪晶界面上的热力学力.应力符号的改变使 ΔW 符号改变并且使力反向.相应地，孪晶化被**去孪晶化**替代，使晶体中孪晶组元移去，因为 $\Delta W<0$.如孪晶的差别除了切变外还有电和磁的极化，(5.107)式还需加上极化和电场或磁场的乘积.

即使是小的孪晶切变也可显著改变孪晶组元的物理性质.引起形状改变的孪晶化肯定伴随有例如光折射率椭球的转动.这种转动通常比切变更显著.例如在酒石酸钾钠中折射率椭球转动超过孪晶切变30倍，因此孪晶组元(畴)在它们的消光位置上差别显著(图5.32).

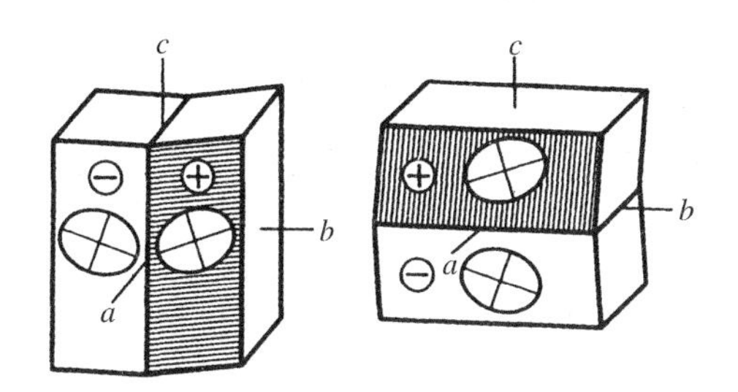

图5.32 光折射率椭球在引起形状变化的孪晶化后的旋转(酒石酸钾钠中的孪晶畴)

孪晶椭球的圆状截面决定了不引起宏观应力的孪晶界面的2个可能的取向.处于中间取向的孪晶界面上孪晶组元的接触等价于在界面上配置了位错，在小孪晶切变中，宏观位错密度可计算如下

$$\beta_{ij} = e_{ikl}n_k u_{ij}^{0} = s[\boldsymbol{n}\times\boldsymbol{p}]_i t_j, \tag{5.108}$$

这里 $\boldsymbol{n}$ 是孪晶界面法线.

宏观关系(5.108)式对应于下列模型：位错在孪晶界面上平行于孪晶面的迹$[\boldsymbol{n}\times\boldsymbol{p}]$，其伯格斯矢量沿孪晶化方向 $\boldsymbol{t}$.沿界面法线的热力学力[(5.107)式]可以转化为沿界面切向(垂直于位错)作用于位错的力.从(5.108)式并借助于(5.81)式可以计算由孪晶界面引起的应力

$$[\sigma_{ij}] = -c_{ijkl}^{*}u_{kl}^{0}. \tag{5.109}$$

孪晶界面的实际结构依赖于晶体的具体类型.在铁磁畴(自发磁化不同的

组元)中,界面是宽达几百原子间距离的过渡区,其中磁化方向从一个畴连续地改变到另一个畴.在铁电体中,只有在接近居里点时孪晶(畴)边界才有宽的过渡区.

然而更经常的是,具有不同极化方向的原子层的互作用力比中间(非孪晶)组态(能量不利)引起的取向力弱.实际上也就不存在过渡区,即孪晶界面很锐,甚至达到原子尺度.具有和孪晶面平衡的界面的孪晶是无任何应力集中的平衡组态.局域于这种孪晶的能量等于和界面面积成正比的界面能.如孪晶界面偏离孪晶面,界面一定为台阶状,即微观上界面由平行于晶体学孪晶面的许多部分组成,并且界面上也没有原子层厚度的突变(图5.33).每一台阶对应一个"**孪晶位错**",其伯格斯矢量的值为:

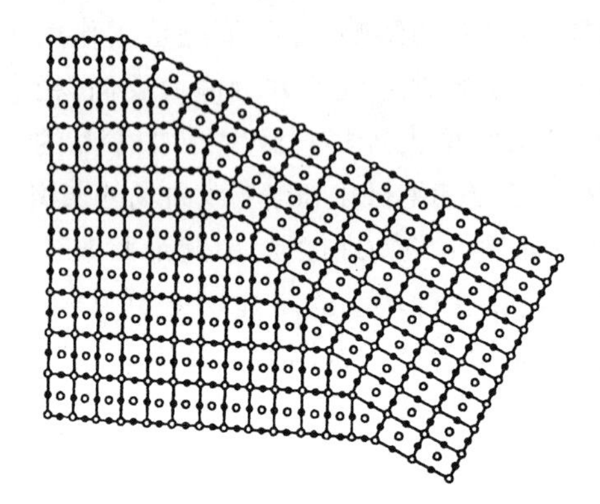

图5.33 楔状孪晶界面处的原子台阶(孪晶位错)

$$b = sa, \qquad (5.110)$$

这里 s 是孪晶化切变,a 是平行于孪晶面的原子面间距离.显然图 5.33 和宏观的(5.108)式准确地对应.

借助孪晶位错使孪晶组元匹配的概念可以广泛地推广到晶粒边界(分开不同取向的晶粒)和各种相边界(分开点阵常数不同的结构).这里良好共格部分之间以类似孪晶位错的过渡台阶组成界面,并且被称为晶界位错和外延位错.这些位错的密度和宏观应力由类似(5.108),(5.109)的公式确定.一般,在界面上也会有普通的全位错.它们可以减弱界面引起的宏观应力,并且显著地影响孪晶化、相变和晶粒边界的移动等过程.

孪晶、畴、相边界的取向和形状主要依赖于这些边界引起的应力[(5.109)式].张量 $c^*_{ijkl}(\boldsymbol{n})$ 和矢量 $\boldsymbol{n}$ 的卷积在任何指数下可以为零,不会引起应力,条件是界面平行于畸变 u^0_{kl} 不变的面.对任意的畸变不存在这样的面.但孪晶化中存在2个对应于孪晶椭球圆截面的不变面.在只有一个不变面的一般畸变情形,张量 u^0_{kl} 可以由(5.106)式表示,其中的 $\boldsymbol{p}$ 是不变面的法线,$\boldsymbol{t}$ 是和单位矢量 $\boldsymbol{p}$ 成任意角的单位矢量.

实际的孪晶通常具有平行板状和平楔状外形并且和孪晶椭球的圆截面平行.在只有一个畸变不变面的场合,相沉淀也呈板状,板的取向平行于不变面.如 u^0_{kl} 畸变没有不变面,相沉淀开始形成薄板,其取向对应于弹性能极小:

$$W = \frac{1}{2} c^*_{ijkl} u^0_{ij} u^0_{kl}, \qquad (5.111)$$

它由单位体积薄板的应力[(5.109)式]引起.相变的进一步发展,薄板变厚,它可以分成几个不同取向的层,从而使平均畸变得到一个和片表面平行的不变面,或者失去和基体的共格关系,同时在片表面形成外延位错(错配位错)以调整接触的二相的点阵常数.在塑性基体中,通过界面处(应力源)发出全位错引起塑性形变以减小应力[(5.109)式],以及形成位错墙和网络以抵消这些应力.通常,新相生长初期的核的界面只含外延位错,在后期全位错参加进来,导致应力的显著下降和相变动力学的质变.

孪晶和沉淀相的相互排列也服从弹性能极小规则.孪晶和新相界面引起的弹性场类似于具有有效伯格斯矢量的位错环.不同取向的晶片的组合常常是为了使这些矢量互相抵消.恰当地考虑相界面引起的弹性场有助于建立弹性畴理论,用来解释马氏体和扩散相变中产生的复杂异相结构的许多细节.把这个理论推广到不仅是弹性场,而且是电或磁场引起的畴结构是不完整晶体理论的迫切任务.

5.7.3 不引起形变的孪晶化

不存在孪晶化切变以及孪晶椭球退化为球时,孪晶化不引起晶体宏观形状的变化,并且任何取向的孪晶界面不引起宏观应力.这种孪晶的界面通常具有圆滑的轮廓,只有在界面能各向异性很显著时才出现晶体学惯态.不引起形状变化的孪晶化中,组元的光折射椭球重合.

在形状不变的孪晶中,组元结构的差别仅表现为亚点阵的相对位移,晶胞的形状保持不变.图 5.34 是一些典型的例子.图 5.34a 中 2 个相同的亚点阵间小的位移导致平移孪晶,2 个相同的亚晶胞相对平移半个点阵距离.平移孪晶组元具有相同的物理性质.然而,这并不意味着这种孪晶只能在相变中产生.从图5.16可相当明显地看到,在有序合金超点阵中运动的普通位错总是形成一个平移孪晶,孪晶组元(反相畴)由伯格斯矢量的平移长度相联系.

图 5.34b 表示 2 个不同亚点阵相对位移引起的孪晶.在孪晶化过程中极的方向反转,使孪晶组元可以成为极化相反的 180°铁电畴.孪晶操作还可以是反演.因此,不仅组元的光折射椭球,而且组元的所有弹性常数相同.例子是三甘氨酸硫酸盐中的 180°畴.

在图 5.34c 中,3 个绕垂直纸面三重螺旋轴转动的六角亚点阵沿二重轴移动相同距离,使得组元在纸面内"转动"180°或 60°.这种轴孪晶绝对类似于 β-石英中的杜菲奈孪晶(图 5.29a).组元的光折射椭球重合,没有孪晶化位移,但是人们可以按照基面(纸面)内切向应力作用下的切变区别弹性常数 s_{14}.这里和前面的情形不同,孪晶可以由一定的机械应力产生(或消除).在给定外应力场

中，β-石英杜菲奈孪晶的弹性能差为

$$\Delta W = -2s_{14}[\sigma_{23}(\sigma_{11}-\sigma_{22})+2\sigma_{12}\sigma_{13}], \tag{5.112}$$

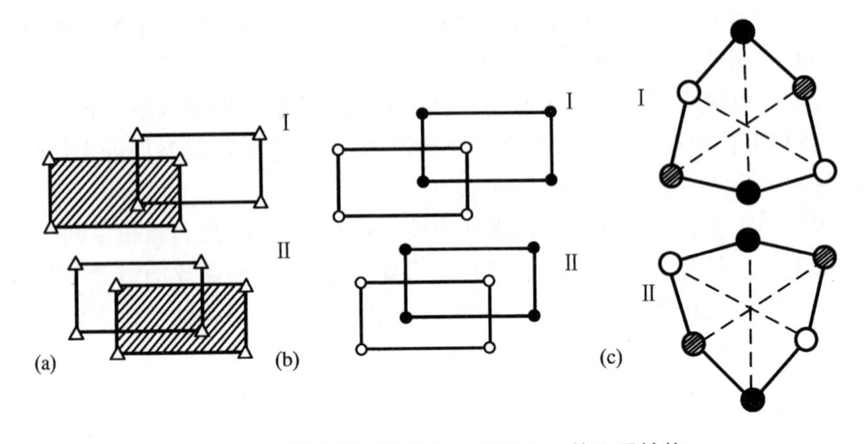

图 5.34 不引起形状变化的孪晶组元的原子结构

(a) 反相畴(平移孪晶)；(b) 三甘氨酸硫酸盐中的反演孪晶，180°型畴；(c) 石英中杜菲奈孪晶型轴向孪晶，(Ⅰ,Ⅱ)孪晶组元

这样石英的孪晶化只受到作用在基面和平行于光轴的面上的切应力的影响. ΔW 的值决定了作用在杜菲奈孪晶界面上并引起界面位移的热力学力. 和有形变化孪晶化的式(5.107)不同，应力符号的改变在这里不影响界面位移的方向. 为改变 ΔW 的符号需要改变应力状态的类型. 在单轴应力状态中

$$\Delta W = -2s_{14}\sigma^2\sin^3\theta\cos\theta\cos3\varphi, \tag{5.113}$$

这里加力方向的极角 θ 和方位角 φ 分别从晶体学坐标系 z 轴和 y 轴算起. ΔW 的对称性是反对称性群 $6':2$，这是可以预期的.

值得注意的是，在给定应力场中，无形状变化的孪晶组元在能量上有利，它们显示出极小的刚性并且具有极大的弹性能. 这一看来奇怪的论点的事实根据是：在外场中由给定力对样品表面位移做功计算出来的全部势能精确地等于符号相反的弹性能. 相应地，杜菲奈孪晶组元在 $\Delta W>0$ 时被证实在能量上是有利的. 对石英，$s_{14}<0$，结果在单轴加力方向满足条件 $\cos\theta\sin3\varphi>0$ 时机械孪晶化也是有利的.

孪晶组元物理性质的一般分析需要把它们的孪晶操作和相应性质的各向异性加以比较. 当孪晶操作和光折射椭球对称素重合时，不发生孪晶切变，组元在光折射系数上相同，但光活性符号可以不同(巴西孪晶、三甘氨酸硫酸盐中的畴，等等). 如果孪晶操作(例如反演)和弹性常数对称素重合，则组元的弹性相同，等等.

5.8 点阵缺陷的直接观察

现代晶体学最重大成就之一是发展了许多研究位错、堆垛层错以至点阵点缺陷的组态的主要特性的方法. 其中的一些方法在控制单晶和多晶质量方面立即得到了工业的应用.

5.8.1 离子显微镜

离子投影器首先达到了原子分辨率,它在荧光屏上给出非常细的针尖阳极的像. 投影器中充有压力很低的氢或氦. 针尖端点附近气体原子被电离,因为此处电场可以达到 10^7 V/cm,随后离子沿径向运动,在荧光屏上产生阳极表面不均匀电场的像. 如阳极被冷却到液氮或液氦温度,就能分辨针尖的原子结构(本书卷 1,图 1.19). 这些图像显示出亚晶界、单个位错,甚至单个点缺陷(空位、填隙原子和杂质原子).

5.8.2 电子显微镜

透射电子显微镜也可以直接分辨晶体的原子结构. 它能够观察位于透射方向上的原子列和原子面(卷 1,图 4.108),以及根据原子面的相互排列得出位错的位置,在刃位错情形下原子面中断,在螺位错情形下原子面弯曲转移到另一层,作为一个例子,图 5.35 显示了 Si 单晶薄膜中一个单个位错的像. 原子面间距离为 0.313 8 nm. 有些电子显微镜观察显示:点缺陷簇和单个重原子有锐的衍射衬度.

使用低分辨电镜时可以用 A. V. 舒勃尼柯夫建议的**叠栅图法**研究晶体的实际结构. 如果电子束穿过两片点阵间距离不同的或取向有差别的晶体,屏幕上将显示出周期排列的叠栅条纹,它们和总密度增大的位置相对应. 如果点阵距离相差为 $\varepsilon=\Delta a/a$,则平行叠栅条纹距离为 a/ε;如果点阵距离均为 a 的晶体相对转动 ω 角,则条纹间距为 a/ω. 叠栅图的畸变反映晶体中的畸变,例如一定条件下位错引起叠栅图上的“位错”(条纹中断). 叠栅图对研究外延膜的实际结构最为方便.

研究薄晶体(10^{-5}—10^{-4} cm)点阵缺陷的最广泛的方法是衍衬电子显微

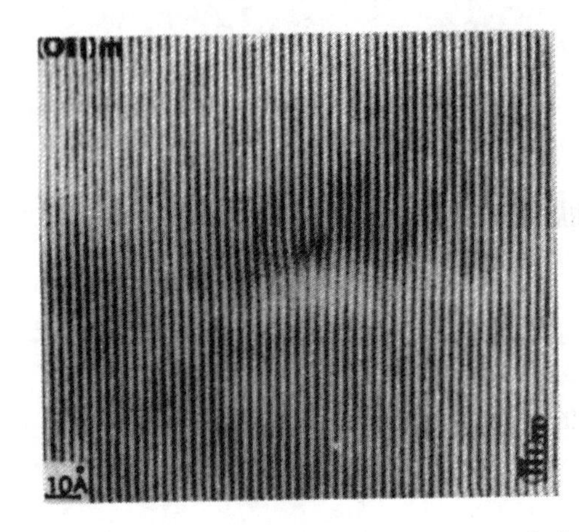

图5.35 硅中单个位错的直接电子显微像[5.4]

术.由于电子的波长很短(工作电压100 kV时为0.004 nm),点阵缺陷图像可以在柱体(束)近似下研究.根据衍射的运动学理论,衍射波的振幅 E_1 沿柱体的变化为

$$\frac{\mathrm{d}E_1}{\mathrm{d}z} = F\exp(2\pi \mathrm{i} sz), \tag{5.114}$$

这里 F 是结构因子,参数 s 是表示偏离严格乌耳夫-布拉格条件的 s 矢量的 z 分量(本书卷1,图4.26).透射波的振幅取为1.在完整晶体中 s 为常数,在相平面中,(5.114)式对应于复振幅矢量 E_1 端点在半径为 $R = F/2\pi s$ 圆上的运动(图5.36).对(5.114)式积分或直接从图5.36得出:从厚度为 t 的晶体出射的衍射波强度为

$$I = |E_1|^2 = F^2 \frac{\sin^2 \pi ts}{(\pi s)^2} \tag{5.115}$$

晶体厚度增大时,I 周期地由零变到$(F/\pi s)^2$,周期为于 $t_k = s^{-1}$.如果样品弯曲或者厚度不均匀,则在像中出现等倾($s = \text{const.}$)或等厚($t = \text{const.}$)**消光轮廓**.用动力学理论考虑透射波和衍射波的相互影响后得到类似(5.115)式的公式,差别仅在于 s 由 s^* 代替,

$$s^* = \sqrt{s^2 + t_0^{-2}}, \tag{5.116}$$

这里 t_0 是某一衍射的消光距离.当 s 为零时,强度振荡的厚度周期 $t^* = (s^*)^{-1}$趋向 t_0.

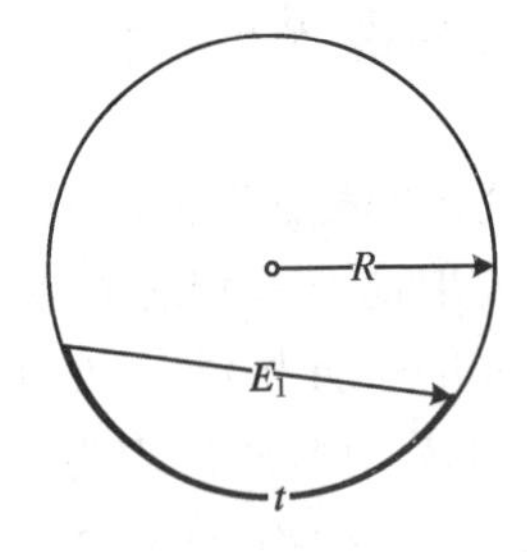

图5.36 相平面上复振幅矢量 E_1 端点的轨迹(完整晶体)

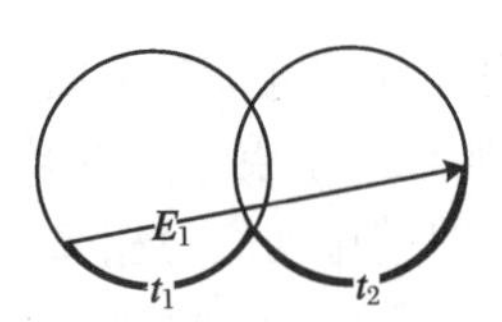

图5.37 fcc晶体中内禀层错在相平面内复振幅矢量 E_1 端点的轨迹上引起转折

如果各个散射中心的位移矢量为 $\boldsymbol{u}$，衍射波相位的改变为 $\alpha=2\pi\boldsymbol{g}\cdot\boldsymbol{u}$，这里 $\boldsymbol{g}$ 是某一衍射的倒点阵矢量. 这样，替代(5.114)式的式子如下

$$\frac{\mathrm{d}E_1}{\mathrm{d}z}=F\exp(2\pi\mathrm{i}sz+2\pi\mathrm{i}\boldsymbol{g}\cdot\boldsymbol{u}),\tag{5.117}$$

此时含点阵缺陷的畸变晶体的相位图也畸变($\boldsymbol{u}\neq$const.). 例如在 fcc 晶体中的内禀层错使晶体两部分相对位移 $\boldsymbol{u}=\frac{a}{6}\langle 112\rangle$. 对($hkl$)衍射，$\boldsymbol{g}=\frac{1}{a}[hkl]$，此时经过堆垛层错时 $\boldsymbol{u}=\frac{a}{6}[112]$引起的相移为 $\alpha=\frac{\pi}{3}(h+k+2l)$，即 α 或者为零，层错不引起衍射衬度；α 或者为 $2\pi/3$(图 5.37)，后一场合振幅矢量端点的轨迹中出现一个角度为 120°的转折进入另一个半径相同的圆(α 不能等于 π 和 $\pi/3$，因为 fcc 点阵中不能有 $h+k+2l$ 为奇的衍射)①. 衍射波振幅可以从 0 变到 $\boldsymbol{F}(1+\sqrt{3}/2)/\pi s$，依赖于电子束在晶体中经过层错前后的路程(图 5.37 中的 t_1 和 t_2). 结果倾斜堆垛层错显示为一系列平行于波前的迹的消光条纹.

位错附近位移矢量的缓慢变化引起相位图上缓变型畸变(图 5.38). 从图 5.5 可以看到，垂直刃位错或平行螺位错的原子面不弯曲. 这些面衍射时 $\boldsymbol{g}\cdot\boldsymbol{u}=0$，位错不引起衍射衬度. 作为一级近似，只需考虑位错周围位移场的分叉项(5.24)式. 这时垂直电子束离它的距离为 x 的位错引起相移

$$\alpha=2\pi\boldsymbol{g}\cdot\boldsymbol{u}\approx\boldsymbol{g}\cdot\boldsymbol{b}\arctan\frac{z}{x}.\tag{5.118}$$

作为一级近似，位错衬度的强度由标积 $\boldsymbol{g}\cdot\boldsymbol{b}$ 决定. 对 $\boldsymbol{g}\cdot\boldsymbol{b}=0$ 的衍射，位错的衍射像消失，由此可决定位错的伯格斯矢量. 衍射图像的细节还可决定伯格斯矢量的符号和大小及位错相对波前面的倾斜.

图 5.38　位错附近位移矢量的缓变引起相位图的畸变

对 $\boldsymbol{g}\cdot\boldsymbol{b}$ 值量级为 1 的衍射来说，位错衍衬像的宽度约为 $t_0/3$(对不同的晶体为 7.0—30.0 nm)，因此电子显微镜可以用来研究严重形变的晶体的位错结构、分辨角度差约 1°的亚晶界位错结构、观察位错和位错结点的扩展等.

各种减小消光长度 t_0 的衍衬技术都可使位错像变窄和改进分辨率. 所谓

① 俄文版和英文版将 $h+k+2l$ 误为 $h+k+l$，英文版将 $\pi/3$ 误为 $\pi/6$.——译者注

弱束法就是其中一例，这里样品位置处于强反射 $n(\bar{h}\bar{k}\bar{l})$ 上，但用弱 (hkl) 束观察位错像，使像的宽度减到 1.0—2.0 nm 量级.

在高压(1—3 MeV)电镜中形成的 $n(hkl)$ 系列衍射束像和弱束法一样窄. 高压电镜的更大的优点是它可以穿透比较厚的晶片(高达几微米)，从而消除电镜样品制备过程中引起的对晶体实际结构的一系列干扰.

对实际晶体衍衬像的严格分析要用动力学而不是运动学理论. 动力学理论中晶体内电子波场可展开为布洛赫波

$$\Psi_k = \exp(\mathrm{i}\boldsymbol{k}\cdot\boldsymbol{r})\sum_h A_h \exp(\mathrm{i}\boldsymbol{k}_h\cdot\boldsymbol{r}). \tag{5.119}$$

这里 $\boldsymbol{k}_h$ 是倒点阵矢. 布洛赫波满足晶体离子和电子势场中的薛定谔方程并且可以在晶体中自由地传播. 电子能量一定的波矢值服从一定的色散关系式 $F(\boldsymbol{k})=0$，在 $\boldsymbol{k}$ 空间中它对应于多支的色散面. 由于色散面可以解释为倒点阵空间的等能面，对它的形状的分析和普通的例如费米面形状的分析没有什么差别. 例如色散面分支垂直布里渊区界面，面的分裂 $\Delta\boldsymbol{k}$ 依赖于相应的布拉格衍射的强度(即依赖于结构因子 F)等.

从波场连续性条件得出，波矢为 $\boldsymbol{k}$ 的平面波(入射到法线为 $\boldsymbol{n}$ 的晶体表面)和晶体内被激发的波矢为 $\boldsymbol{k}_i$ 的布洛赫波的波矢满足

$$\boldsymbol{n}\times\boldsymbol{k} = \boldsymbol{n}\times\boldsymbol{k}_i, \tag{5.120}$$

即通过 $\boldsymbol{k}$ 点、平行 $\boldsymbol{n}$ 的直线和色散面各分支的所有交点都被激发. 可以证明：布洛赫波的群(束)速度沿色散面 $\boldsymbol{k}_i$ 点上的法线. 对应色散面不同的分支有不同类型的布洛赫波. 接近布里渊区边界时有一支色散面和(强度极大值处于阵点上的)s 型波对应，另一支则和(波节极小的处于阵点上的)p 型波对应. 因此 p 型波不那么容易被吸收并且引起射线的异常穿透(博曼效应). s 和 p 型波矢差为 $\Delta\boldsymbol{k}$，这些波的干涉引起波场的空间振荡(消光调制). 其周期 $t_0=2\pi/\Delta k$，它被称为消光长度. 随着波矢偏离布里渊区边界，也就是偏离严格的乌耳夫-布拉格条件，s 和 p 型波色散面发射点之差按下式增大

$$\Delta k = \sqrt{(\Delta k_0)^2 + s^2}, \tag{5.121}$$

相应地消光长度 $t^*=2\pi/\Delta k$(振荡周期)按(5.116)式减小.

在晶体的轻微畸变区，布洛赫波使它们自己适应点阵网格的位移. 每一个布洛赫波的波矢随 $\boldsymbol{g}\cdot\boldsymbol{u}$ 值的变化而变化，即随反射面的位移而变化. s 和 p 型布洛赫波之间的相移的增大和波矢差 Δk[(5.121)式]成正比，这时 Δk 沿着柱体已不再是常数. 从厚度为 t 的晶体出射的布洛赫波的总相移为：

$$\Gamma = \int_0^t \Delta k \mathrm{d}z = 2\pi\int_0^t \frac{1}{t^*}\mathrm{d}z \tag{5.122}$$

它决定像的**消光衬度**.在晶体的所谓暗场像(由衍射电子束成像)中,消光条纹由条件 $\Gamma=2\pi n$ 决定,这里 n 是整数,它所对应的不仅是等厚线和等倾线,还可以是等形变线.

吸收增大后消光衬度减弱.吸收使 s 型波振幅变得比 p 型小很多时,主要靠后者成像(博曼效应).像衬度具有振幅特性并且基本上依赖于平面波分解为布洛赫波的条件(入射晶体时)和反过程(出射时).这些条件和反射晶面和晶体表面之间的夹角 φ 有关.如果入射处的 φ_1 不等于出射处的 φ_2,如果二者之差 $\Delta\varphi=\varphi_2-\varphi_1$ 和反射动力学宽度 $\Delta\theta=d/t_0$(d 原子面间距离)有公度,可观察到所谓的晕衬度,它能表征引起反射面弯曲的点阵缺陷.在 $\boldsymbol{g}\cdot\boldsymbol{b}=0$ 的棱柱型位错环中这一效应特别明显.

短程位错场、堆垛层错、亚晶界和畴界干扰布洛赫波的自由传播,使之散射.此时,s 型波引起 p 型波,还可以反过来,即产生带间散射.在上述层错的情形,层错两侧的晶体相对位移为 $\boldsymbol{u}$,如 $\boldsymbol{g}\cdot\boldsymbol{u}$ 是整数,反射面不畸变,布洛赫波自由传播,层错不产生衍射衬度;如 $\boldsymbol{g}\cdot\boldsymbol{u}$ 是半整数,层错上的反射面正好和层错下反射面错开.结果由博曼效应保持下来的 p 型波经过层错后会和原子面碰撞而被吸收等等.

可以证明:短程位错场等价于位移矢量为 $\pm\boldsymbol{b}/2$ 的层错偶极.结果 $\boldsymbol{g}\cdot\boldsymbol{b}$ 为奇数时强吸收晶体中的位错阴影像严格和位错线对应.$\boldsymbol{g}\cdot\boldsymbol{b}$ 为偶数时则相反,反射面不沿位错线位移,布洛赫波自由传播,位错线产生亮的像.强畸变区的尺寸随离位错的距离而增加,弱吸收的 p 型布洛赫波通过散射产生和晶体下部适应的新的布洛赫波.总起来说,位错附近的像衬度依赖于 p 型波的带间散射振幅.

5.8.3 X 射线貌相术

研究晶体实际结构的 **X 射线法**的基础也是动力学散射引起的衍射衬度(本书卷 1,即文献[5.2],4.3 节);这里经常地发生双束衬度(在卷 1,4.7.6 节介绍过,理想晶体的三束动力学散射可用来直接测定它们的相位,还可参阅文献[5.5].可以采用的技术很多,可视晶体的质量、尺寸和吸收而选用.从窄的点或线源来的单色光给出的分辨率最高.图 5.39 是既可显示晶体镶嵌结构,又可显示单个位错的 X 射线衍射貌相方法示意图.图 5.39a 是 Berg - Barrett 方法,从晶体表面布拉格反射的单色光在底片上成像.底片靠近受照射的晶体.由于消光,只是一薄层(对 Al 为 1 μm,对 LiF 为 50 μm)参与反射.如果薄层中含有位错,在它近旁一级消光减弱,衍射波会增强.这种衍射衬度也可以显示亚晶粒.

图 5.39b 是 Lang 法,穿过弱吸收晶体的衍射成像.严格处于入射束反射位

置上的晶体和底片一起同步扫描.这种X射线衍射貌相可以得到几平方厘米范围内大块晶体的位错分布图.通过(hkl)和($\bar{h}\bar{k}\bar{l}$)摄得两张像,可以提供位错空间分布的立体对图像.

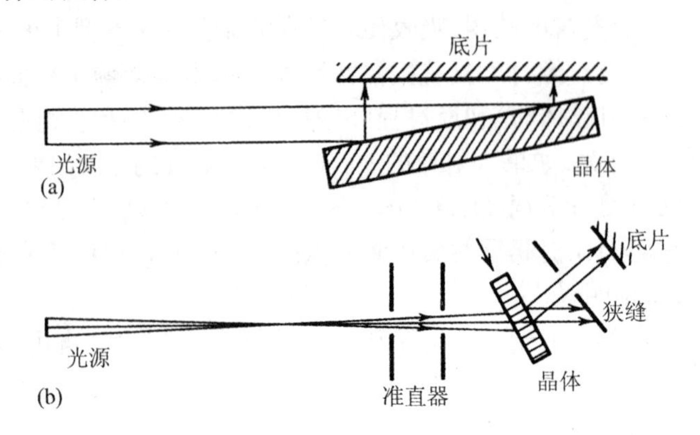

图5.39 X射线貌相的基本方法

(a) Berg - Barrett法;(b) Lang法

在透射情形下对强吸收晶体来说,要利用异常穿透X射线(博曼效应)成像.和电子的情形一样,沿反射面传播的波场由2个波组成.s型波的强度极大值和阵点重合,而p型波极大值则处于阵点之间.这样s型波受到显著的光电吸收,很快衰减,而p型波则几乎无阻碍地通过晶体,并且在样品后的底片上产生路径上遇到的缺陷阴影像.像的衬度主要依赖于带间散射效应,而不是畸变区X射线光电吸收程度的变化.$\boldsymbol{g}\cdot\boldsymbol{b}=1$的位错最有效地影响p型波的传播并产生最深的X射线衍射貌相阴影.当位错线处于和衍射矢量平行的特殊位置时,像衬度和电子显微术位错衬度类似.

点阵缺陷X射线的理论的一般框架和电子显微像理论类似.一般我们可以只考虑双束近似,但是这里不仅要考虑透射和反射波的动力学效应,而且要考虑它们的传播方向的差别.X射线波场的局域扰动在透射和反射波矢之间所有方向上的传播导致点阵缺陷像在衍射矢量方向上变得模糊.

成像理论的严格解要考虑到色散面上广泛的区域激发,而不仅是个别几个点激发引起的空间不均匀性问题.需要考虑的不是个别的几个布洛赫波,而是波包以及由麦克斯韦方程得到这些波包振幅的波动方程.双束近似下得到联系透射波振幅E_0和衍射波振幅E_1的高木方程:

$$\begin{aligned}\left(\frac{\partial}{\partial z}+\tan\theta\frac{\partial}{\partial x}\right)E_0&=\frac{\mathrm{i}\pi}{t_0}\exp[2\pi\mathrm{i}(\boldsymbol{g}\cdot\boldsymbol{u})]E_1,\\\left(\frac{\partial}{\partial z}-\tan\theta\frac{\partial}{\partial x}\right)E_1&=\frac{\mathrm{i}\pi}{t_0}\exp[-2\pi\mathrm{i}(\boldsymbol{g}\cdot\boldsymbol{u})]E_0.\end{aligned}\tag{5.123}$$

这里 t_0 是消光长度,θ 是布拉格角,z 轴垂直晶体表面,x 轴平行于反射矢量.为简单起见考虑对称的劳厄场合,例如反射面垂直晶体表面.

在晶体的轻微畸变区,波场可以在线性坐标场 $u = u(z,x)$ 中按(5.123)方程组的解分解为布洛赫波.布洛赫波对畸变晶体原子结构的适应导致布洛赫波轨迹的弯曲.引入布拉格角正切和布洛赫波轨迹 $x = x(z)$①正切的记号:$\tan\theta = c$ 和 $dx/dz = v$ 后得到方程

$$\pm\frac{d}{dz}\left(\frac{m_0 v}{\sqrt{1-(v/c)^2}}\right) = f, \tag{5.124}$$

它们和在外场中的相对论性粒子的轨迹类似.这里正负符号对应色散面的不同分支(s 和 p 型波的行为类似于外场中粒子和反粒子向不同方向偏转)."静止质量"m_0 由布里渊区边界上色散面的分裂决定:

$$m_0 = \frac{\pi}{t_0}\cot\theta. \tag{2.125}$$

"外力"f 依赖于反射面的曲率或反射面分布密度的曲率:

$$f = \pi\left(\frac{\partial^2}{\partial z^2} - \tan^2\theta\frac{\partial^2}{\partial x^2}\right)(\boldsymbol{g}\cdot\boldsymbol{u}). \tag{5.126}$$

为了在束近似下计算点阵缺陷截面像,须要用(5.124)式得出束的轨迹(即布洛赫波的轨迹),并且得出从晶体表面入射点出发后到达出射面每一点的(s 和 p 型波)2 个轨迹.轨迹的起始角系数肯定在改变.其次,沿轨迹计算布洛赫波相位,并且确定波相遇、干涉的点上的相移.在轴截面貌相中,$\boldsymbol{g}\cdot\boldsymbol{u}$ 小时得到的结果和电子显微像(5.122)式差别不大.对于特殊位置的位错由趋向位错的反射面得出的积分[(5.122)式]的总相移极限值为 $\Gamma_0 = \pi(\boldsymbol{g}\cdot\boldsymbol{b})$,这对应于位错的每一侧的$(\boldsymbol{g}\cdot\boldsymbol{b})/2$ 的附加消光线.研究消光轮廓的形状可以准确测定位错的 $\boldsymbol{b}$.对外延膜、生长带、亚晶界和畴界来说,束近似(5.124)式也有助于弄清 X 射线图上的主要细节.轨迹计算显示了三种效应:总内反射效应、对不同类型波的束聚焦效应和波导效应.第一种效应导致强畸变区内场的长程冲浪,第二种导致带状和柱状畸变 X 射线衍射貌相上像亮度的增加和灵敏度的提高,而第三种效应解释了实验观察到的沿位错和层错的沟道效应.

在强畸变区,由于带间散射显著束近似[(5.124)式]不再适用.对波场的研究须要解高木方程[(5.123)式].

对最简单的层错,只须考虑由布洛赫波带间散射产生的新的波场.和电子显微术相同,穿过层错时衍射波获得附加相移 $\alpha = 2\pi\boldsymbol{g}\cdot\boldsymbol{u}$.这个相移等价于布

① 英文版误为 $y = y(z)$.——译者注

洛赫波振幅的改变.如层错位于透射波方向和衍射波方向中间,层错的作用相当于波场的镜面反射和波导.如果层错和透射、衍射波方向相交,层错可以作为一个衍射透镜在层错另一侧对称点上产生源(狭缝)的亮的像.短程位错场也可以作为布洛赫波的衍射透镜在截面貌相上产生一个亮斑.$\boldsymbol{g}\cdot\boldsymbol{b}$ 值大时,这个斑中的细节以一组$(\boldsymbol{g}\cdot\boldsymbol{b})/2$ 干涉带的形式显示空间上调制的带间散射.

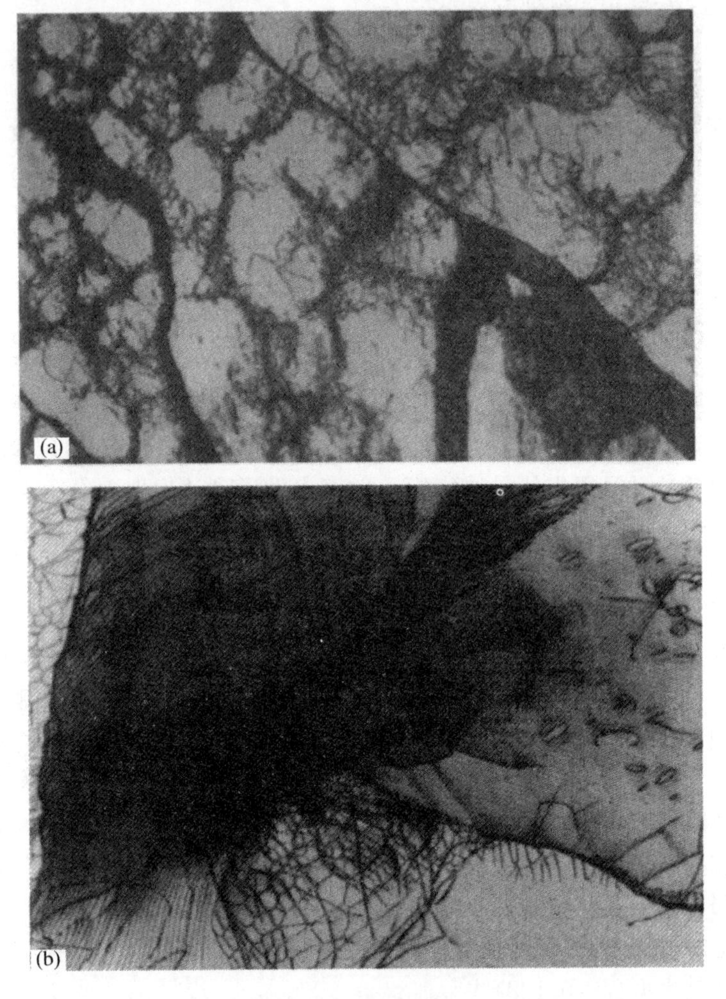

图 5.40 镶嵌结构

(a) MgO 晶体的 X 射线貌相×15(经 V.F. Miuskov 同意);(b) Ge 单晶电子显微像×20 000(经 N.D. Zakharov 同意)

为了增加畸变 X 射线貌相研究的灵敏度,广泛利用各种双晶装置中由不同晶体或同一块晶体的不同部分散射的波场的干涉.这种方法研究点阵形变和转动的灵敏度的量级等于X射线波长和束宽之比.布洛赫波的衍射聚焦效应可测量10^{-3}角秒的转角并且可在1 mm距离处清楚地检测一根位错引起的点阵转动.X射线叠栅技术提供的可能性可以估计如下.如相邻二晶块的结构差别以位移矢量$\boldsymbol{u}$描述,则晶块界面处的附加相移是$\alpha=2\pi\boldsymbol{g}\cdot\boldsymbol{u}$(和层错相似).在均匀形变条件下,$u$线性地依赖于坐标,并且因子$\exp(\mathrm{i}\alpha)$周期地变化,每当$\boldsymbol{g}\cdot\boldsymbol{u}$的值改变1时回复到原先的值,即$u$的改变为一个原子面间距离$d$($d=1/g$)回到原值.结果产生像强度的振荡(X射线叠栅图),利用它可能测定点阵形变和转动的最小值约为d/D量级,这里D是叠栅条纹间距离.$d=0.3$ nm,$D=3$ mm时,叠栅对应于点阵常数的改变$\Delta d/d=10^{-7}$或转动角差别$\omega=0.02''$.

依赖于点阵缺陷和照相条件的几何,有各种影响X射线衍射像的效应,如局域畸变的束衍射模糊、层错和位错的束衍射聚焦、二维缺陷的X射线几何反射和沿缺陷场沟道效应引起的内全反射等等,因此像分析常遇到不少困难.

X射线衍射像上的位错宽度达到几十微米,比电子显微位错像高三个量级.因此X射线法只能分辨相当完整晶体的位错结构,其位错密度不高于$10^5/\mathrm{cm}^2$,并且只能分辨角度差不超过几秒的亚晶界位错结构.

作为例子,图5.40a是Lang法得到的MgO镶嵌结构的X射线衍射貌相图,分辨了角度差为几秒镶嵌块约200—500 μm的亚晶界位错结构.较大的角度差约一分的亚晶粒在衬度上明显不同并有锐的界面.转动角大的亚晶粒离开了成像条件显示为空白.作为比较,图5.40b的电子显微像给出了硅单晶的亚晶粒.这里可分辨角度差为几十分的亚晶界位错结构.图5.41a是博曼法得到的硅中的位错图像.可以清楚地看到位错周围的畸变场,具有相反符号的应力区域有质上的不同.图5.41b是硅中位错的截面貌相,它提供了进一步的信息:畸变场可以由干涉(消光)轮廓定量地表示出来.

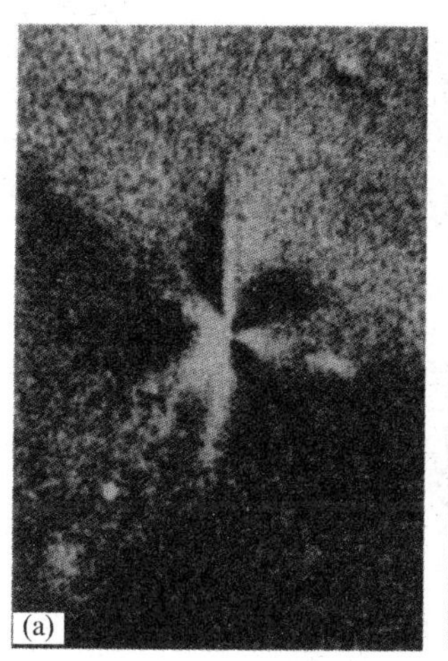

图5.41 硅中位错的X射线貌相
(经E. V. Suvorov同意)
(a) 沿位错看;(b) 垂直位错看

5.8.4 光弹性法

由应力对光速的影响决定的光弹性法可以用来更精确地显示平行于观察方向的孤立位错的应力场.在起始的各向同性介质中应力引起双折射,其强度正比于波前面中主应力之差.比例因子 C 被称为材料的光弹性常数.在晶体中光双折射率椭球的系数可以利用形成四阶张量的光弹性系数表示为应力张量

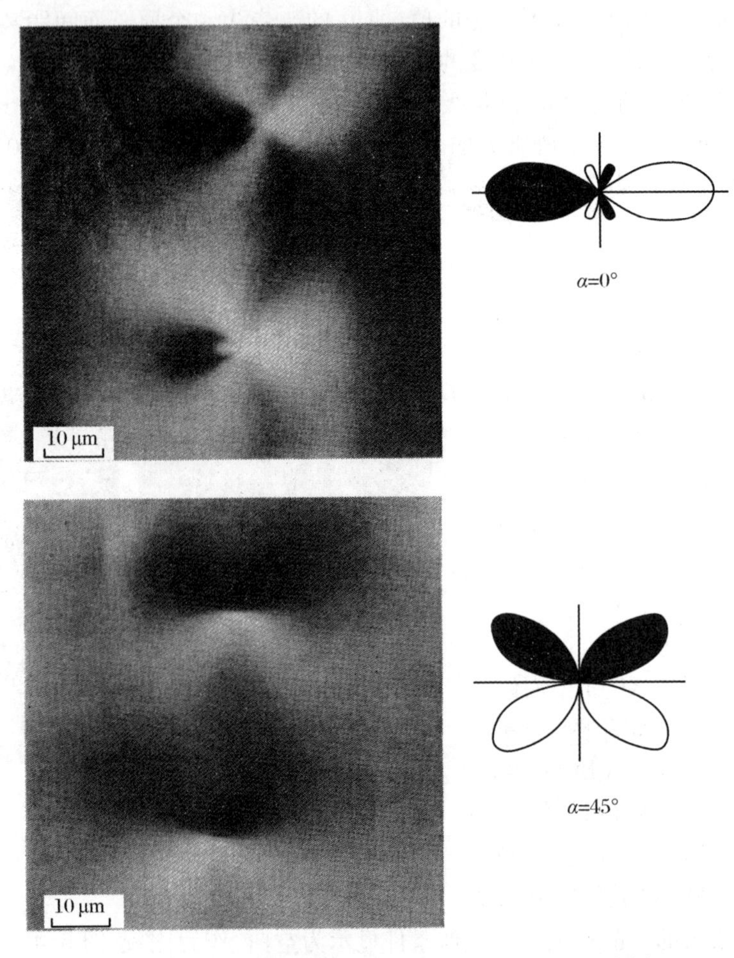

图5.42 硅中刃位错的应力玫瑰(经V.I.Nikitenko同意)

分量的线性组合(本书卷4,即文献[5.1]).图5.42是硅中刃位错的应力场照片.使用了带电子-光像转换器的偏振红外显微镜,可以在可见光中观察形成的像.为了比较,图上给出了计算的双折射玫瑰图案.但光的方向平行于位错时,

根据(5.27)式,波前面上主应力之差是 $2\sigma_{r\theta}=[Gb/\pi(1-\nu)]\cdot\cos\theta/r$,这时双折射

$$\Delta = n_1 - n_2 = C\frac{Gb}{\pi(1-\nu)}\frac{\cos\theta}{r} \tag{5.127}$$

用交叉尼科耳镜观察晶体时,传播光的强度决定于沿与起偏、检偏镜轴成 45°的平面上振荡的折射系数之差.如果交叉的起偏、检偏镜轴和伯格斯矢量夹角为 φ,观察到的双折射将减弱一个因子 $\sin2(\theta-\varphi)$.结果强度玫瑰的形状由下式给出:

$$r = \text{const.}\cos\theta\sin2(\theta-\varphi). \tag{5.128}$$

当 $\varphi=0$ 时得到图 5.42a 的玫瑰,$\varphi=45°$时得到图 5.42b(图上 φ 表示为 α).测定位错附近双折射的符号和数值后可得到伯格斯矢量的符号、方向和大小.

光弹性法还可用来研究位错组合、生长带和锥体、滑移带、孪晶、非共格亚晶界的应力场,获得多畴样品中个别畴自发形变的信息以及有时候获得畴界的信息.

5.8.5 选择浸蚀法

晶体更容易在能量较高的区域形成溶解核.由于位错周围的高内应力引起晶体能的局域增大,有时可以用对晶体的浸蚀剂显示晶体表面的位错露头.有效地选择浸蚀剂和浸蚀条件在位错露头产生持久的蚀坑,它的形状有助于判别位错相对晶体表面的倾斜.重新抛光后再次浸蚀以及在抛光溶液中连续浸蚀可用来跟踪样品块中位错的位置.不重新抛光的多次浸蚀和负载下连续浸蚀可用来研究位错运动的运动.作为例子,图 5.43 是 NaCl 晶体中位错跳跃式运动的

图 5.43 NaCl 晶体中位错的跳跃式运动
(经 V. N. Rozhansky, A. S. Stepqanova 同意)

照片.位错离开蚀坑后后者不再加深,但向外扩展成为平底坑.蚀坑的大小和尺寸因而可以指明位错到达给定点的时间和停留在此点的时间.

在低指数密堆面上形成清晰位错蚀坑的原因是晶体溶解率的各向异性.在任意取向面上检测位错时须要事先用某种杂质缀饰位错,以促进浸蚀核的形成.在透明晶体中位错的这种缀饰(着色)使人们可以直接观察位错的三维形态.

选择浸蚀法还可用来探测各种簇、沉淀、畴界和孪晶界、快速粒子径迹和其他类似的缺陷.

5.8.6 晶体表面的研究

研究表面的原子结构可以检测出位错在晶体面上的露头.在晶体表面作图5.5那样的伯格斯回路,容易确定:位错露头(不一定是螺位错)对应于回路末端的台阶,台阶的高度等于伯格斯矢量的垂直分量.利用光学、电子或离子显微镜对晶体表面的台阶进行观察(直接观察或用杂质原子缀饰后观察),可以判定晶体中位错的密度和分布.对晶体表面的缀饰可用来直接观察位错露头、沉淀、畴结构的细节.对单个点缺陷的缀饰仍在研究之中.位错对晶体表面微观起伏的作用以及这种作用对晶体生长和溶解(蒸发)的重要性在晶体生长的位错理论中已有详细的讨论(本书卷3,即文献[5.3]).

近若干年来获得了实际结构的许多新资料,它们是用多种研究晶体缺陷的方法获得 ,见文献[5.6,5.7]和卷1第2版,即文献[5.2]的4.9、4.10、5.3和5.4节,进一步发展了实际晶体的理论,包括内应力、位错及其运动、表面波、辐照晶体中的缺陷等问题,见文献[5.8].

第 6 章

结构晶体学的新进展

近年来,结构晶体学的理论和实验技术发展得很快,为各种晶体的原子结构领域提供了许多新的数据.至今测定的结构数目达到了 180 000 个.在近期研究的晶体中有以下几种新型化合物:富勒烯、高温超导体、LB 膜等.得到一批新的无机、有机和生物结构数据,它们精确度更高并能对控制结构形成和晶体性质的微观机制提供进一步的理解.因此,我们认定,须要对那些特别有趣的结构分析的进展进行简明的介绍.

6.1 结构分析的进展 数据库

近年来结构晶体学的快速发展的原因是:衍射和反射强度的自动化测量技术的出现,计算机技术的发展,以及能辨认晶体结构的直接法的成功运用.到 1993 年测定的结构的数目约为 180 000 个,其中大部分是 1980 年以后确定的.这种信息的激增带来了许多新型化合物的宝贵数据.从多种文献资料收集信息变得相当丰富.X 射线结构分析的基本数据(晶胞参数、对称性、坐标和热运动参数)提供了足够的结构信息(原子坐标、原子间距离和分子的立体化学等).毫无疑问:晶体学家也应列为首批应用计算机解决信息问题的科学家之列.

已有的晶体学数据系统促进了上述发展.早在 1929 年,即 1913 年首次发表结构分析结果后的 16 年,就出现了《结构报告》(*Strukturbericht*,德语).随后国际晶体学协会(International Union of Crystallography)正式出版了《结构报告》(*Structure Reports*).由于结构信息篇幅庞大和计算机数据库的出现,*Structure Reports* 在 1991 年停办.目前,有以下 4 种主要的计算机晶体学数据库[6.1].

1) 无机晶体结构数据库(Inorganic Crystal Structure Database,ICSD).它包含没有 C—C 和 C—H 键、至少含一种金属元素的化合物的结构.列在首位的化合物是 NaCl(Bragg, 1913).到 1993 年,数据库内有 35 000 多个结构.那里还有完善的检索文献和数据处理的计算机软件.

2) NRCC 金属晶体学数据库(NRCC Metal Crystallographic Data File,CRYSTMET).包含金属和合金相的结构数据,即从 1913 年至今测定的 7 000 个结构,以及 1975 年以来的 6 000 篇文献.在库中金属和合金按结构类型分类.

3) 剑桥结构数据库(Cambridge Structure Database,CSD).它包含有机和

金属-有机化合物，以及带配位体的金属络合物的结构信息.它们的结构的测定以单晶 X 射线和中子衍射数据为基础.数据库包含从 1935 年至今测定的结果.到 1992 年 3 月已有 100 000 个化合物的结构数据.论文的年增长量达到 8 000篇，见图 6.1.结构信息也包含文献数据、化学键(化合物结构公式)，以及结构数值(晶胞参数、原子坐标、空间群、R 因子).丰富的计算机软件可以用来按不同参数进行检索和分类，并可以用来进一步计算结构的几何特征，提供分子或整个晶胞的图像.

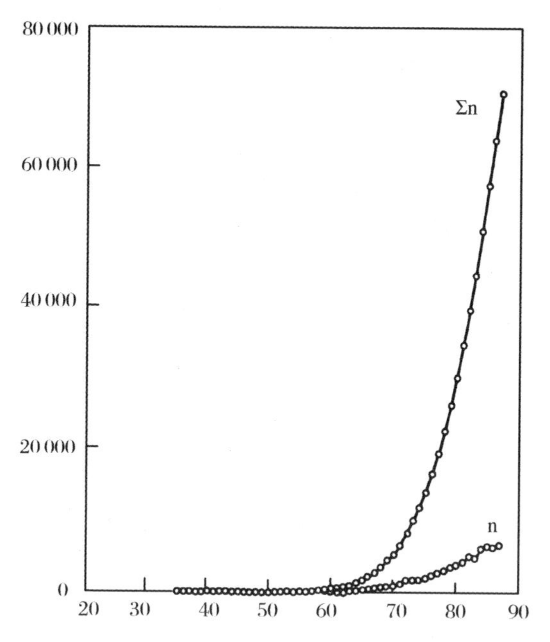

图 6.1 按年统计的有机晶体结构的测定数 n

$\sum n$ 是到指明年份的测定结构的总数

(Cambridge Structure Database)

4) 蛋白质结构数据库(Protein Data Bank, PDB)，1971 年建立于 Brookhaven Nat'l. Lab.它包含生物大分子结构的准确数据.到 1993 年共列出了 1 000 多个生物大分子(蛋白质、DNA 等)中原子的坐标.

美国国家标准和技术研究所(National Institute of Standards and Technology，NIST)创立了一个所有类型材料的化学、物理和晶体学信息的数据库.这个数据库分为两部分：

(1) NIST 晶体数据库(NIST Crystal Data Base)，它含有 170 000 多个晶体材料(无机和有机化合物)的晶体学和化学数据，包括晶胞参数、空间群，以及其他一些数据(如晶体性质、颜色等),并特别指明原子的坐标是否已经确定.

② NIST/Sandia/ICDD 电子衍射数据库(Electron Diffraction Data Base,EDD),它含有 71 000 多个材料的结构化学和晶体学数据.

已经有了材料科学应用领域的数据库(相图等)和超导电体研究的数据库.

还有一个生物大分子结晶数据库(NIST Biological Macromolecule Crystallization Database).它含有生物大分子的结晶条件、生物大分子晶胞参数等信息.

粉末衍射数据汇集在粉末衍射库(Powder Diffraction File,PDF)中.它包括晶面间距离、相对强度和密勒指数(如果可用的话)表,以及一些物理特征.数据库约有 60 000 个结构(至 1993 年),每年增加约 2000 个.已有计算机软件可以用来按一套参数(衍射和其他如颜色等数据)进行检索.

有序无序数据库(Order-Disorder Data Base,ODDS),它包含具有多形性晶态和无序堆垛层的材料的信息并且用 Dornberger - Schiff 有序-无序理论描述结构.

在液晶相方面,文献中有约 1 000 篇有关结构的论文.

6.2 富勒烯和富勒烯化物

6.2.1 富勒烯(fullerene)

1985 年发现了以前未知的碳的同素异型体 C_{60}[6.2].这就是说,除了已被物理学家、化学家、晶体学家充分、仔细研究过的碳的两个经典变态(石墨和金刚石,见 2.1.1 节和图 2.5)之外,出现了一种未预见过的新变态.新的 C_{60} 是由 60 个 C 原子组成的赝球状结构,是一个具有二十面体对称性的笼状价键网(图 6.2).由图可见,C 原子组成五边形和六边形.C 原子的六边形是我们很熟悉的,石墨和许多芳香族化合物是由它们组成的.在不少芳香族化合物中也有 C 原子五边形.

还发现了由 60 以外数目 C 原子组成的封闭的 C_n 分子.

富勒烯是在 C 的等离子体中形成的,制备的方法是石墨的激光蒸发,该法利用两个C电极中的电弧，还利用在气相火焰中的烟尘转变.为保证形成的分子中只有C—C键而没有C和其他原子成的键，制备过程在惰性气体氦中进行[6.2—6.4].这不可能在自然过程中实现，所以富勒烯是人类的创造(也有人认为富勒烯可以在星际尘埃中存在).

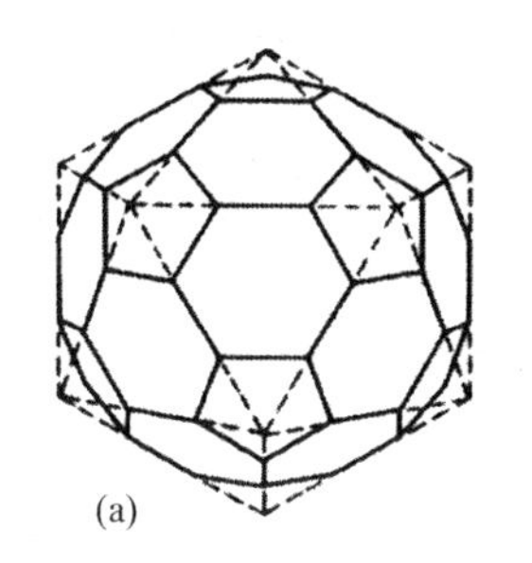

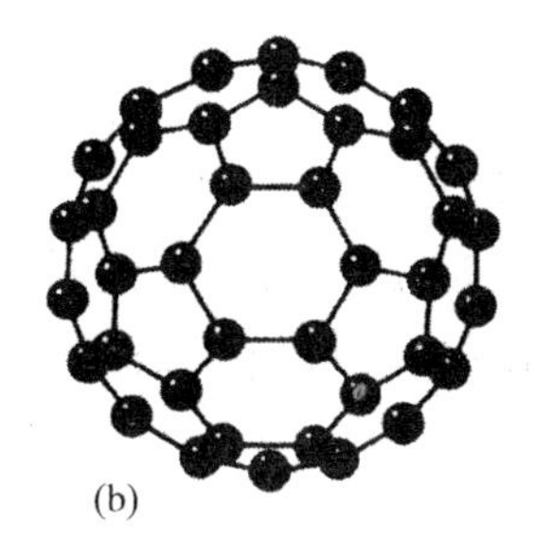

图6.2 截角二十面体(a)和富勒烯的结构(b)

在(a)中可见，五重轴通过二十面体的12个顶(虚线汇集点)，顶部沿垂直此轴方位上被部分切除，形成12个五边形.相应地，20个三角形转化为六边形.(五边形和六边形用实线画成，被切除的顶部用虚线画成.只画出多面体的前半部分)在(b)中C原子占据截角二十面体的顶位

C_{60}的发现在许多国家中引起了大量的工作，人们用光谱、质谱、X射线和中子衍射及其他物理和化学方法研究它.

下面讨论C_{60}分子的结构.如图6.2b所示，C原子位于截角二十面体的顶位.一个二十面体具有12个顶(由20个三角形拼成).如果每个角都被截去同样的一部分，截出来的是12个五边形.余下来的三角形变为20个六边形.两个六边形之间的C—C键长约为0.139 1 nm，六边形和五边形之间的C—C键长约为0.145 5 nm.而石墨中的C—C键(4/3的级别)长约为0.142 nm，金刚石中的单级C—C键长约为0.154 nm.石墨中的C原子具有sp^2杂化，金刚石具有sp^3杂化(石墨和金刚石，见1.2.4节).可见，C_{60}分子中C—C键长接近“石墨型”键长.但是，由于每一个C原子位于顶位从而和周围原子不处在同一平面，所以我们还是可以说它们的电子轨道属于部分sp^3杂化.截角二十面体的90条边对应于C原子间的90个σ键.C_{60}中C原子位于直径约为0.71 nm的“球”上.这个“球”的构成和二十面体的足球的构成一样(图2.171).二十面体点群$m\bar{5}m$(也可表示为I_h)具有经典点群最高的阶60(见本书卷1，即文献[6.5]，图2.49)，它使C_{60}中全部60个C原子对称地等价.

从封闭的C_n团簇的质谱的尖峰中得出：不仅有原子数$n=60$的团簇，还有n小于和大于60的团簇[6.3].峰发生在偶数$n=24,28,32,50,60,70,76,$

78, 84,…处.对应于这些数值可以构筑由五边形和六边形围成的多面体,虽然它们不如 C_{60} 那么对称[6.6, 6.7].这里面有些是带 2^+ 或 2^- 电荷的离子.

提出过 C_{60} 可以被相继扩大的二十面体封闭壳(C 原子数 $n=240,540,960$ 等)"套装"的假设.在这些壳中的五边形数始终是 12,其他部分由六边形构成.在 2.9.6 节中介绍过由大量原子组成具有和 C_{60} 一样对称性构造(存在于病毒中)的方法.

最稳定组态是 C_{60}[6.2, 6.3]和 C_{70}[6.8, 6.9].C_{70} 和 C_{60} 相比,是在后者的大圆处插入一条 10 个 C 原子组成的带,形成的椭球分子的对称性是 $\bar{5}2$.

确立分子结构中 C 键组成二十面体网格后,科学家发现它有一个宏观的类似物,即建筑师 Buckminster Fuller 的圆屋顶(见本书卷 1,即文献[6.5],图 2.50a).因此 C_{60} 分子被称为 buckminsterfullerene,简称 fullerene(富勒烯).后来这个名称也被用来称呼此家族中其他笼状分子.C_{60} 分子被称为 buckyball(巴基球).

富勒烯外形的表面具有正的曲率,这是由 C 原子的五边形引起的.石墨中具有由 C 原子的六边形组成的零曲率平面网格.还发现过碳的其他几何形态.合成 C_{60} 的技术也可以用于合成由管状石墨层组成的圆柱状晶体针.这种针可以由同心圆柱组成,也可以由一层石墨制备成卷起来的地毯那样的结构[6.10].在电子显微镜强电子束的强烈辐照的影响下,可以形成由同心球组成的准球状粒子,它被看成富勒烯的洋葱状亲属,见图 6.3a[6.11].

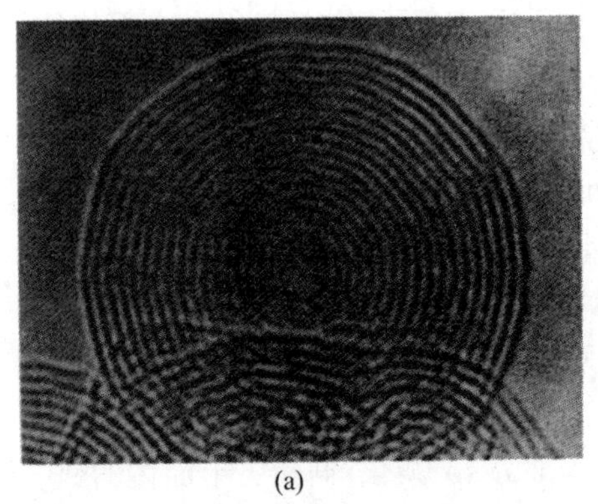
(a)

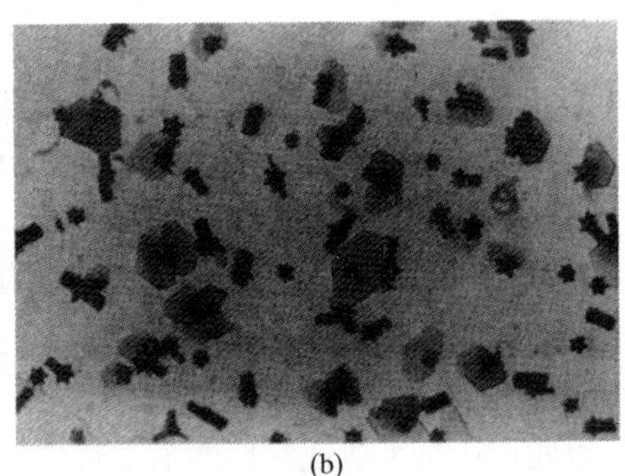
(b)

图 6.3 洋葱状同心石墨壳层(层间距离 0.34 nm)[6.11](a)和富勒烯 C_{60} 晶体的透射显微像[6.3](b)

有人还建议用碳网格形成周期最小的具有负曲率的面[6.12, 6.13].

早就有人设想过 C_{60} 的二十面体形态和其他原子或化学团簇之间的化学结合[6.14].每一个碳原子上形成一个赝四面体键.这样的分子被称为富勒烯化物

(fullerite).例如,讨论过寻找化合物$C_{60}H_{60}$和$C_{60}F_{60}$.已经合成了C_{60}中几个C原子和其他原子结合的所谓“带刺的巴基球”,如$\{[(C_2H_5)_3P]Pt_6\}C_{60}$或$C_{60}(OsO_4)$[6.6].

6.2.2 C_{60}晶体

1990年发现电弧中可以形成相当数量的富勒烯,并得到了它的苯溶液,而且从溶液中析出小的C_{60}和C_{70}晶体(图6.3b)[6.3].C_{60}粉带有芥末的颜色.用X射线和中子粉末衍射技术研究它的结构[6.15—6.17],发现它有如下的3种晶体变态:

$$C_{60}\ \mathrm{I}\ \text{---}260\ \mathrm{K}\text{---}C_{60}\ \mathrm{II}\ \text{---}86\ \mathrm{K}\text{---}C_{60}\ \mathrm{III}$$

上一行中的第2,4项是相变温度.3种变态都是立方晶体,点阵常数略大于1.4 nm.在260 K以上存在的相Ⅰ的空间群是$Fm\bar{3}m$,$a=1.41501$ nm.这是一个密堆的面心立方结构(fcc).巴基球是赝球状二十面体分子,它们在相Ⅰ中取向完全无序时可以说明fcc结构是此相的一个很好的近似.取向完全无序的意思是:巴基球几乎完全自由地转动,以至电子的时间平均密度是一个球壳(图6.4a).一系列实验技术确定:相Ⅰ中的巴基球除了有几乎完全均匀的转动之外,还有受到阻碍的不均匀的转动.于是,它的取向分布函数用球谐函数展开后显示出,这个函数有若干小峰[6.18,6.19].球中心之间的距离是1.004 nm,相邻球的两个接触的(最近的)C原子之间的距离是0.32 nm.

降温到260 K转变为相Ⅱ.在此相中,分子经历跳跃式的单轴绕⟨111⟩的重新取向,跳跃的台阶约为5°.相Ⅱ的空间群是$Pa\bar{3}$,$a=1.41015$ nm.晶胞内位于(0,0,0)(1/2,0,0)(0,1/2,0)和(0,0,1/2)的4个巴基球由相Ⅰ中相互间平移等价状态转化为相互间存在滑移反射面a的状态.

令φ是反时针转动离理想的$Fm\bar{3}m$组态[111]方向的角度.观测到$\varphi=98°$处是能量上最有利的主要取向,$\varphi=38°$处是能量上不太有利的次要取向,主要取向的比重随温度的降低而增大.于是在相Ⅱ中布基球的受阻运动在离⟨111⟩的两个相差60°的取向间发生跳跃.得到的结果表示在图6.4b中.图中的凹陷对应于缺电子的五边形和六边形.两个六边形之间的键富有电子,在转动中引起图中的凸起.

降温到$T<86$ K,转动被冻结,分子停止转动并转变为相Ⅲ,得到的空间群是$Pa\bar{3}$,$a=1.4057$ nm(图6.4c).和相Ⅱ中相同,$\varphi=98°$和$\varphi=38°$都是可以的,但前者占0.835,后者占0.165.

实际的结构是这些不同静组态的混合[6.16,6.17].对相Ⅲ的这些静态分子来

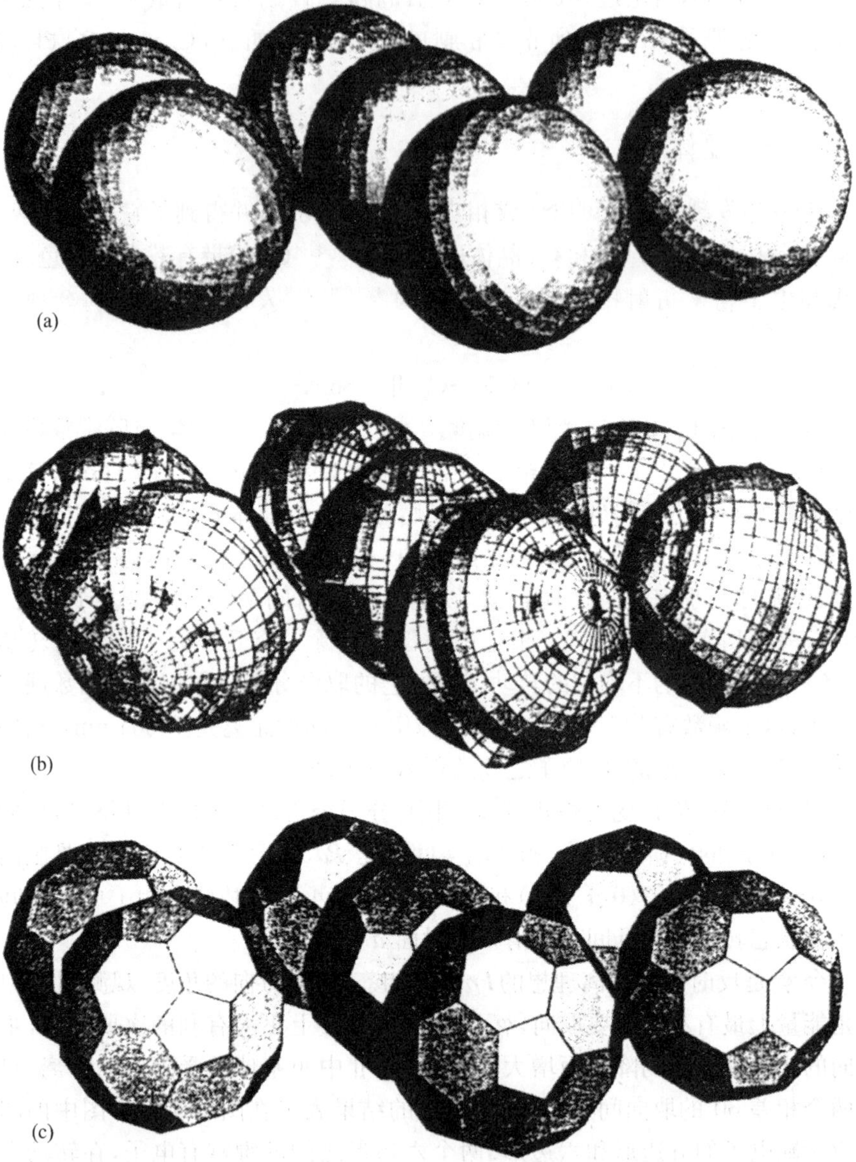

(a)

(b)

(c)

图 6.4 C_{60}晶体中的相变

(a) $T>260$ K，取向完全无序相Ⅰ中球平均后巴基球的密堆(111)层；(b) 相Ⅱ的示意图，画出了离⟨111⟩的单轴重新取向的结果；(c) $T<86$ K，相Ⅲ中取向有序巴基球的密堆(111)层

说，二十面体对称性理想点群 $I—m\bar{5}m$ 改变为 $S_6—\bar{3}$. 这一变化是相邻分子及其富电子和缺电子部分之间的互作用引起的.

C_{60} 晶体提供了一个有趣的相变:(几乎)完全自由的球转动的分子(相Ⅰ)→分子绕一定方向转动的跳跃式重新取向(相Ⅱ)→分子转动的跳跃式重新取向的终止(相Ⅲ).

富勒烯化物 A_nC_{60}[6.20]的结构是:在密堆积的巴基球之间的间隙中含有 A 原子. 这里主要是 C_{60} 和碱金属的化合物，如 K_3C_{60}[6.21]，K_4C_{60}，K_6C_{60}，Cs_6C_{60}；含 Li，Na，Rb 的化合物也已合成. A_6C_{60} 具有体心立方的结构，含有的 A 原子在四面体间隙中. 在 K_3C_{60} 结构(图 6.5 和图 6.17)中，K 原子占据面心立方密堆积的巴基球的所有四面体间隙和八面体间隙，空间群是 $Fm\bar{3}m$，$a=1.424$ nm. K 原子中混入 Rb 和 Cs 后得到类似的结构. A_4C_{60} 具有体心四方的结构，$a=1.188\,6$ nm，$c=1.077\,4$ nm，空间群是 $I4/mmm$，分子取向无序. 图 6.5 显示了所有 A_nC_{60}($n=3,4,6$)结构的相似性.

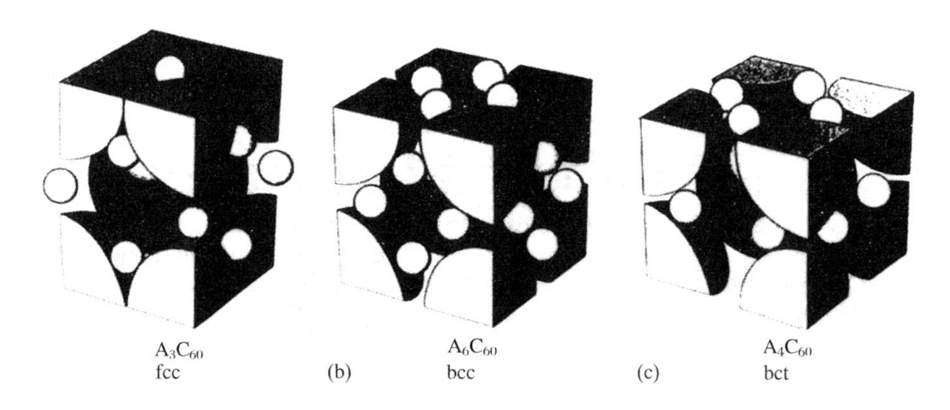

图 6.5 A_3C_{60}(a)、A_6C_{60}(b)和 A_4C_{60}(c)的结构

画出的是常规 fcc 晶胞旋转 45°并缩小的等价的体心四方(bct)晶胞($a_{bct}=a_{fcc}/\sqrt{2}$)

A_nC_{60} 化合物具有广泛的电导率范围，从绝缘体到半导体和金属.

自由 C_{60} 分子的电子是均分的. 波函数是具有二十面体对称性的球谐函数的组合，分子轨道是 π_5-t_{1n}，这个轨道和 π 和 σ 电子重叠. K^+、Rb^+ 或 Cs^+ 碱金属离子为 C_{60} 提供了附加的电子[6.21].

$n<4$ 的 A_nC_{60} 是金属，在对应 C_{60} 最低空态的能带中没有被附加电子填满[6.20,6.23].

富勒烯引起科学界轰动的原因是，上述晶体具有超导电性，尤其是高温超导电性[6.21,6.24,6.25]. 例如，K_3C_{60} 的临界温度 $T_c=19$ K，Rb_3C_{60} 的 $T_c=29$ K，

图6.6 TDAE-C_{60}的结构,沿单斜点阵 c 轴观察[6.28]

Cs_2RbC_{60}的 $T_c = 33$ K,$Rb_{2.7}Tl_{2.2}C_{60}$的 $T_c = 42.5$ K.但K_4C_{60}化合物失去了金属性,变成了绝缘体.以上材料的超导电性和材料中的电子-电子和电子-声子互作用都有关联[6.26].

带磁性的富勒烯化物也已被发现[6.27,6.28].TDAE-C_{60}化合物就是一例,TDAE是四甲基黄乙烯$C_2N_4(CH_3)$的简称.它具有带心单斜点阵,最可能的空间群是 $C2$(图6.6).这个化合物的特征是能带结构的各向异性很大,从而明显地引起自旋的铁磁有序.

6.3 硅酸盐和相关化合物的晶体化学

这一节综述这一领域的新进展,它是2.3.2节的扩展.

6.3.1 硅酸盐结构的主要特点

硅酸盐结构的主要特点是:存在氧原子配位四面体中的Si原子.在Si—O四面体中的键长 d 和键角都接近它们的下列平均数值:d(Si—O) = 0.162 nm,∠O—Si—O = 109.47°,∠Si—O—Si = 140°[6.29].

硅酸盐结构的主要概念体现在:在硅酸盐结构中带负电荷的SiO_4四面体和正离子—O多面体团簇的适配[6.30, 6.31].这一原则在含有大的阳离子(K、Na、Ca、稀土元素)的结构中得到证实,高温Si_2O_7团簇和正离子—O多面体的边是适配的[6.31].

实际上还有几个定量关系补充以上的定性处理.例如,在通式为$M_a[T_2O_7]_5$[6.32]的60多个化合物中(T = As、Be、Cr、Ge、P、S、Si),可以按离子半径之比 r_M/r_T区分为两类:(1) 钪钇石(thortveitite)类,∠T—O—T>140°和

(2) 重铬酸盐(bichromate)类,∠T—O—T<140°.

从比较晶体化学看,硅氧四面体的识别是很有用的,如果四面体是顶连接的话.四面体的连接不发生时,对它们的更有效的结构分析和分类方法须要建立在混合复合体的概念框架之上.此时主要的结构单体是阳离子-氧多面体,这里的键长和硅氧四面体的键长是相近的.这种处理方法近年来被推广应用到其他类型的化合物中,如对碳酸盐、硫酸盐和碲酸盐进行的分类[6.33].

在以上概念的基础上对硫酸盐进行的分类证明:硫酸盐[6.34]中的混合复合物的可变性和硅酸盐中负离子复合四面体的多样性是可比的(图 6.7).

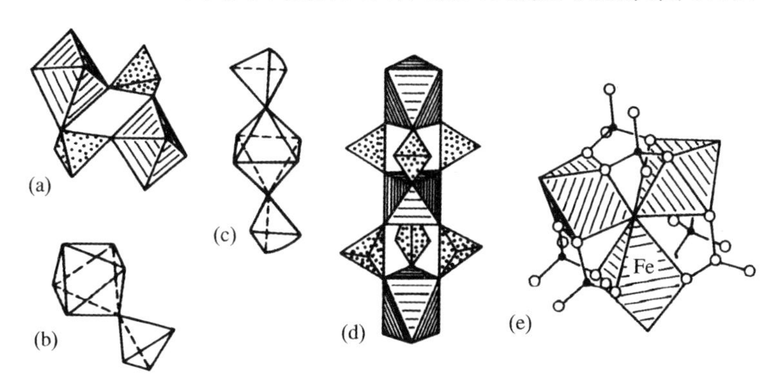

图 6.7 硫酸盐中岛状混合复合物的结构

(a) 四水泻盐(starkeyite $MgSO_4 \cdot 4H_2O$), (b) $VOSO_4 \cdot 5H_2O$, (c) 白钠镁矾(astrakhanite $Na_2Mg(SO_4)_2 \cdot 4H_2O$), (d) $Fe_2(SO_4)_3 \cdot 9H_2O$, (e) Mause 盐 $A_5Fe_3O(SO_4)_6 \cdot nH_2O$,其中 A = Li,Na,K,Rb,Cs,$NH_4$,Tl; n = 5—10

6.3.2 硅酸盐中岛状负离子复合四面体

最大的岛状负离子复合四面体由 48 个 Si,O 四面体组成,它是硅碱钙钇石(ashcroftine) $K_{10}Na_{10}(Y,Ca)_{24}(OH)_4(CO_3)_{16}[Si_{56}O_{140}] \cdot 16H_2O$ 的主要结构单元.

在磷钙钠石(canaphite)中发现了焦磷酸盐团簇$[P_2O_7]$,它是唯一的由 P,O 四面体连接成的矿物.

目前已知的孤立的线状复合四面体的数目已经显著增多.首先发现的这种复合四面体是 $Mn_4Al_6[(As,V)O_4][SiO_4]_2[Si_3O_{10}](OH_6)$ (arsenite 亚砷酸盐)和 Na,Cd 硅酸盐中的三联四面体$[Si_3O_{10}]$(图 6.8).在 $Ag_{10}[Si_4O_{13}]$和 $Na_4Sn_2[Si_5O_{16}] \cdot H_2O$中分别发现了四联四面体和五联四面体.在若干 Mg,Sc 硅酸盐中线状复合四面体的 Si,O 四面体数目达到 8,9,甚至 10 个.

在研究橄榄石(olivine,图2.25)和硅镁石(humite)结构中阳离子分布的基础上发展了它们结构中的矿物团簇的新思想[6.35].镁橄榄石(forsterite)的结构可以描述为共边的小三角棱柱构成的孤立柱的联合.Mg原子和Si原子分别是小三角棱柱的顶和中心.在块硅镁石(norbergite)$Mg_2SiO_4 \cdot Mg(OH, F)_2$中也有类似的孤立三角棱柱.在硅镁石$3Mg_2SiO_4 \cdot (OH, F)_2$结构中三联的三角棱柱也可以辨认出来.

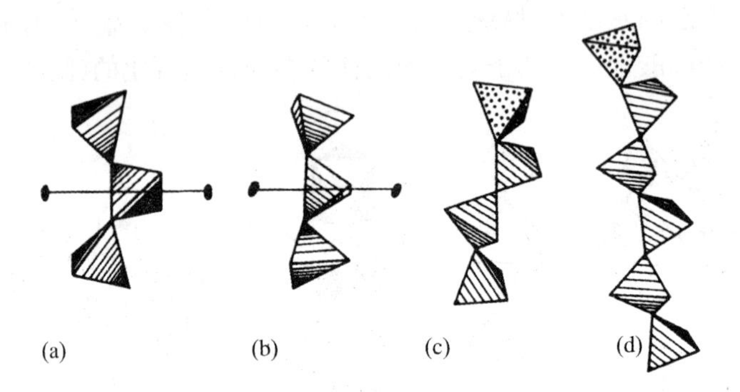

图6.8 $Na_4Cd_2[Si_3O_{10}]$(a)和$Na_2Cd_3[Si_3O_{10}]$(b)中的三联四面体及硅砷锰石(tiragalloite)的线状复合四面体(c)和mediate的线状复合四面体(d)

As,O四面体上加点,V,O四面体上加点

6.3.3 负离子复合四面体形成的环和链

硅酸盐、磷酸盐和锗酸盐中有9种四面体环,最大的环由18个四面体构成(图6.9),是在天然的K,Na硅酸盐$KNa_8[Si_9O_{18}(OH)_9] \cdot 19H_2O$中找到的.和普通的四面体单环的成分$[SiO_3]_n$不同,这个找到的双环的成分是$[Si_2O_5]_n$.双环中三联双四面体和四联双四面体比较少见.首先在$KCa_2Be_2Al[Si_{12}O_{30}] \cdot H_2O$的结构中发现的六联双四面体,后来在相当大的一群硅酸盐中也找到了.

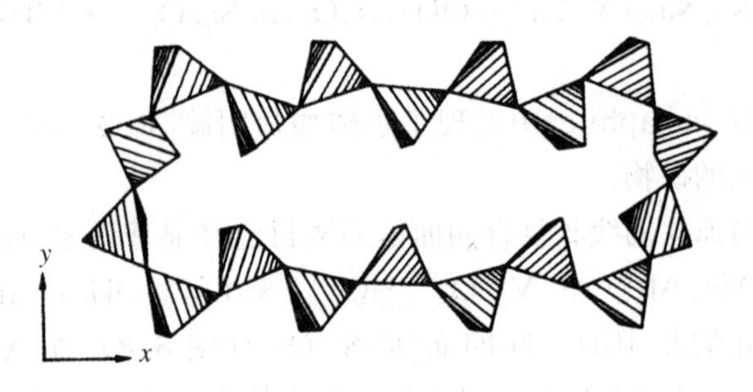

图6.9 $KNa_8[Si_9O_{18}(OH)_9] \cdot 19H_2O$(megacyclite)中的18单元四面体环

已知的不同类型的四面体链有 15 种. 1989 年在 $KEr[PO_3]_4$ 中发现一种新的周期由 16 个四面体组成的螺旋链.

Si∶O＝1∶3 是一种特殊种类硅酸盐. 即 Liebau[6.29] 称之为分叉链(或环)硅酸盐所具有的典型比值. 这些复合物的基是四面体链(或环)加附带的四面体“分支”(图 6.10). 有些硅酸盐结构含有由双链组成的带.

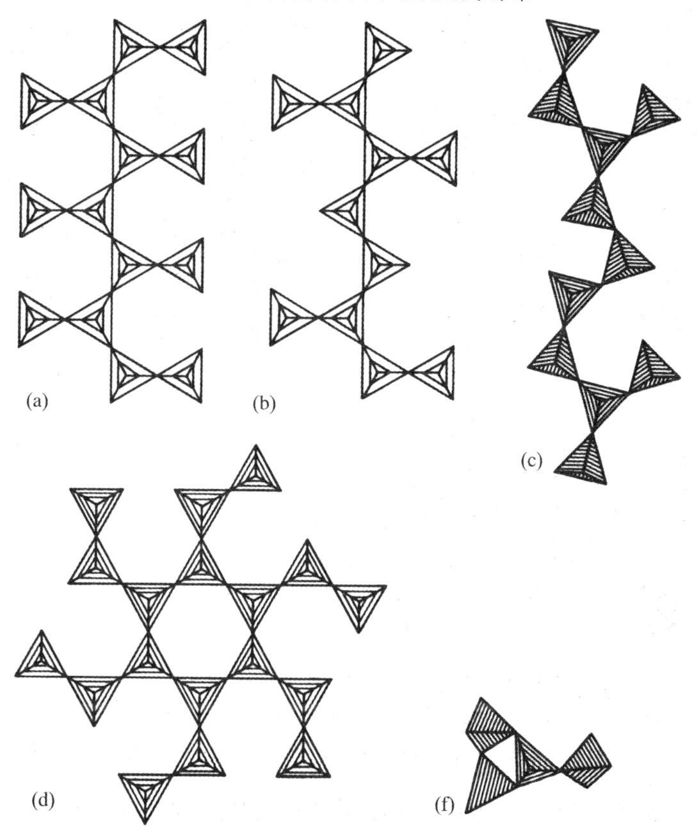

图 6.10 硅酸盐结构中的分叉复合四面体

(a) 星叶石(astrophyllite) $NaK_2Mg_2(Fe, Mn)_5Ti_2[Si_4O_{12}]_2(O, OH, P)$; (b) 三斜闪石(aenigmatite) $Na_2Fe_5Ti[Si_6O_{18}]O_2$; (c) 萨硅钠锰石(saneroite) $HN_{1.15}Mn_5Ti_2[(Si_{5.5}V_{0.5})O_{18}]OH$; (d) 天山石(tienshanite) $NaK_9Ca_2Ba_6(Mn, Fe)_6(Ti, Nb, Ta)_6B_{12}[Si_{18}O_{54}]_2O_{15}(OH)_2$; (e) 乌硼钙石(uralborite) $Ca_2[B_4O_4(OH)_4]$

在 biopyribol 中发现的新的双链带, 它含有的结构单元和辉石(pyroxene)、黑云母(biotite)、闪石(amphibole)中的单元是共同的, 可以形成 2 个、3 个、有时是 10 多个辉石链组成的带, 后者逐渐转变为层. 另一种带的组合是所谓的类管(tube-like),它含有环状截面.图 6.11 画出了几条由此组成的不同类型的带[6.36].

在 $Cs_4(NbO)_2[Si_8O_{21}]$结构中找到一种新的双带(图 6.11e).它可以表示为两条类硅锆钠石(vlasovite)带的缩合.

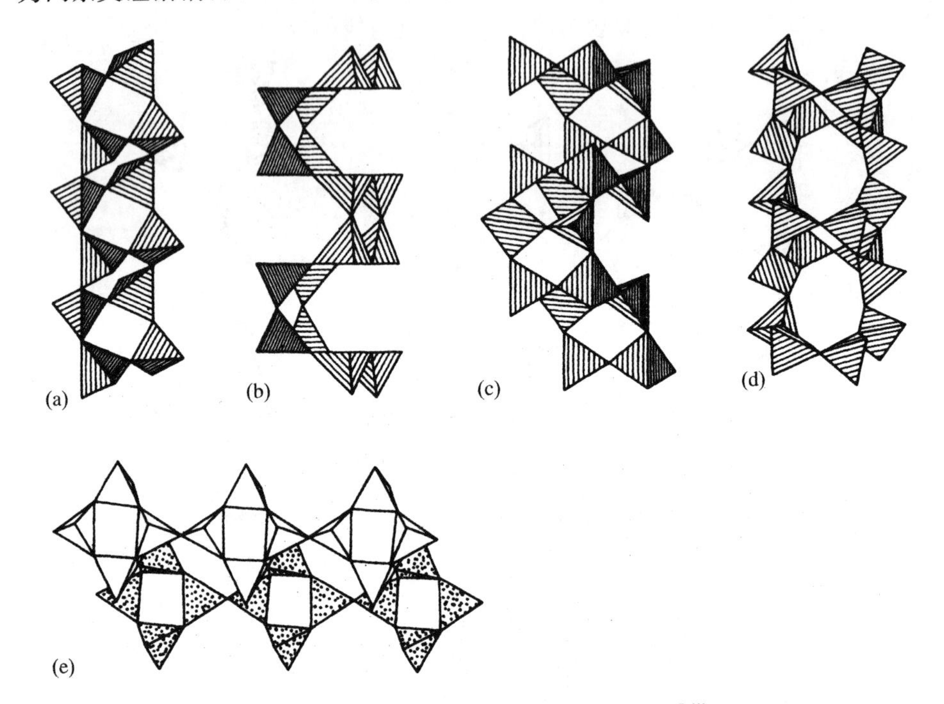

图 6.11 硅酸盐结构中不同类型的$[Si_2O_5]$带

(a) 白钛硅钠石(vinogradovite)中;(b) 碳硅钙钇石(caysichite)中;(c) 紫钠闪石(tuhualite)中;(d) 铁钠钾硅石(fenaksite)中;(e) $Cs_4(NbO)_2[Si_8O_{21}]$结构中的双带

在黏土矿物中最常遇到的四面体层带有极性并含有 6 单元环.它可以被认为类辉石链的缩合.还发现有 5 单元环和 7 单元环.

6.3.4 网格状硅酸盐

三维的四面体网格具有多种多样的组态(图 2.23,2.30).根据四面体网格和进入网格正离子相互作用的特点可以把它们区分为三类:

在 Picnolite 结构中即使是小的水分子也紧紧和网格联结,它们仅在再构时才移动.大多数 SiO_2变态、长石(feldspar)和一些矿物属于这一类.

在 kratrasil 结构中外来分子或原子和四面体网格以范德瓦耳斯力联结.

沸石(zeolite)类包括约 50 个矿物品种和约 120 种合成化合物,它们的通式

是 $M^{n+}_{x/n}[(AlO_2)_x(SiO_2)]\cdot zH_2O$,这里 M^{n+} 是正离子,它们和含 Al 离子网格的负电荷平衡.在沸石矿物中找到约 30 种四面体网格.

在 grunantite $Na[Si_2O_4(OH)]\cdot H_2O$ 结构中发现一种新的四面体网格(图 6.12).

图 6.12 投影到(001)面上的 grunantite 结构
周期为 4 个四面体的螺旋四面体链垂直投影面

在合成化合物 $K_2Zn_2[Si_8O_{20}]$中发现一种具有类似化学式的异常网格,它可以被看做 10 单元环组成的四面体层的缩合[6.37].

天然和人工合成硅酸盐的比较说明:矿物结构的多样性远远超过合成硅酸盐,原因是自然界的结晶条件的变化更大.然而,全部已知者中只有约 10%的(Si, O)组态已清楚,而且只限于在合成化合物中(表 6.1).

表 6.1 仅在合成化合物中发现的(Si, O)负离子

化学式	(Si,O)负离子形状		化合物
$[Si_5O_{16}]$	线团,由 5 个四面体组成		$Na_4Sn_2[Si_5O_{16}]H_2O$
$[SiO_3]$	带周期的链	22 个四面体	$Mg_{0.8}Sc_{0.1}MLi_{0.1}[SiO_3]$
		24 个四面体	$Na_3Y[Si_3O_9]$

续表

化学式	(Si,O)负离子形状	化合物
$[Si_5O_{13}]$	束,由5根辉石链组成	$Ba_3[Si_5O_{13}]$
$[Si_{12}O_{13}]$	束,由6根辉石链组成	$Ba_7[Si_{12}O_{31}]$
$[Si_3O_6]$	层,由6和10单元环组成	$Na_2Cu[Si_3O_8]$
	层,由6,8和12单元环组成	$K_8Yb_3[Si_6O_{16}]_2(OH)$
$[Si_2O_5]$	双3单元环	$Ni(NH_2CH_2CH_2NH_2)_3[Si_6O_{15}]H_2O$
	层,由4,5,6和8单元环组成	$NaNd[Si_6O_{13}(OH)_2]nH_2O$
	层,由4,5和12单元环组成	$LiBa_9[Si_{10}O_{25}]Cl_7CO_3$

这些组态的特点是:它们在能量上肯定是不利的,这和它们的复杂几何和非典型形状有关,但是还需要考虑每一个四面体的平均负电荷.显然,只有在两种团簇性质的基础上才有可能理解硅酸盐晶体化学.

6.3.5 硅酸盐结构的理论计算方法

近年来,硅酸盐在不同热力学条件下的结构和性质的理论计算方法得到广泛的重视.这和新的理论方法的发展以及现代计算机提供的可能性有关.特别是,它被用来分析很高温度和压力下各种矿物的性质以及来自深地幔的硅酸盐的行为[6.38].

已经在1.2.5,1.2.6,1.3.2,3.1和3.2节中讲过,在以上场合对所考虑的系统求解近似的薛定谔方程或利用原子间有效互作用势模拟出一个模型.求解近似的薛定谔方程时须要用大量原子或原子团簇组成的相当接近晶体结构的模型.随后这个系统的量子力学问题通常用哈特里-福克方法去解.和分子的计算一样,波函数也是原子轨道的线性组合.局域密度近似新方法[6.39—6.42]使我们可以用来考虑电子关联效应[6.43].

除了团簇方法,周期边界计算方法也得到了发展.

晶体点阵缺陷的理论处理也成为可能.利用密度泛函和赝势理论从头计算晶体缺陷的能量计算已经成熟.MgO中的肖特基缺陷能和正、负离子空位迁移能(图6.13a)和Li_2O中的弗朗克缺陷能已经确定[6.44].

利用分子动力学方法对200—1 200 K范围内非化学计量比的钠-β-铝土($Na_{2-x}Mg_{1-x}Al_{10+x}O_{17}$)的模拟使人们对这些晶体中扩散离子和离子导电的行为有了更深的理解[6.45].

所有上述方法被用来计算SiO和其他硅酸盐的各种多形性变态.图6.13b

中显示的 Mg 硅酸盐相图是一个例子. 计算方法还被用来研究不同外界因素作用下的点阵动力学、点阵弹性常数、黏滞性和各种点阵缺陷的行为.

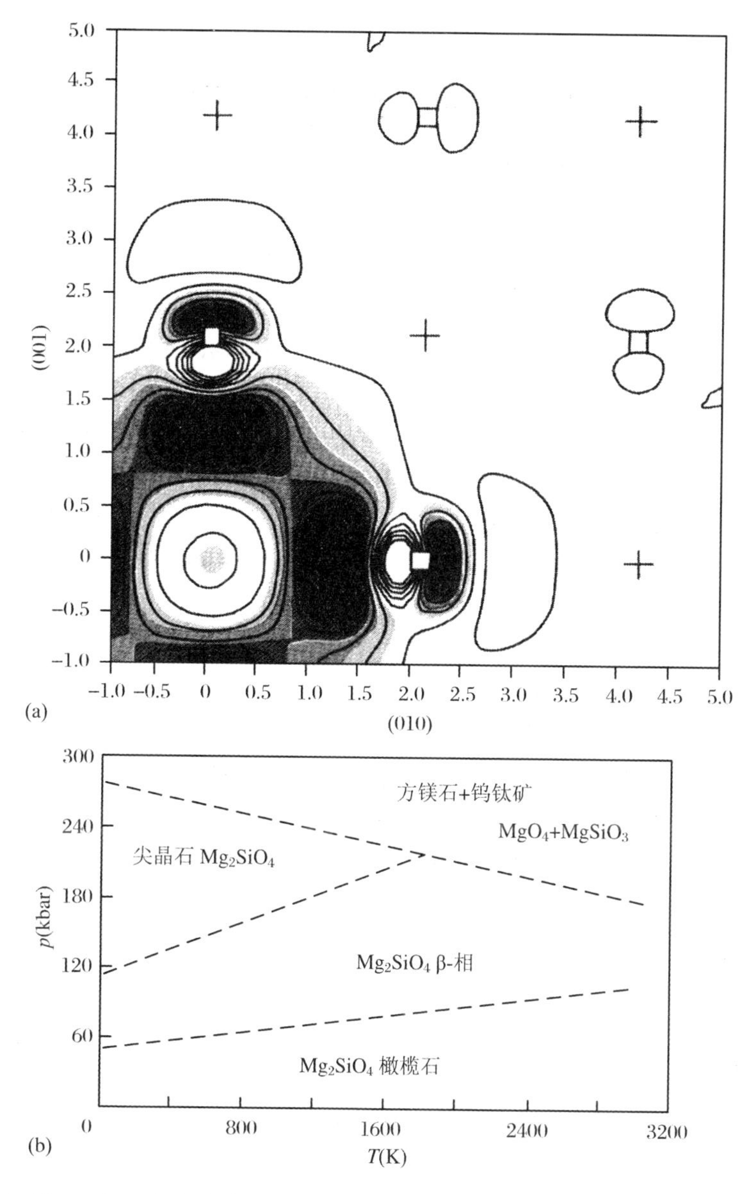

图 6.13 (a) MgO 中形成的一个 Mg 空位引起的电子密度的变化;(b) 利用含点阵动力学方法的自由能模拟方法计算得到的 Mg_2SiO_4 相图[6.38]

(a)中轮廓线表示(100)面上电子密度的变化(单位:10^{-5} el /nm^3)[6.40a]

6.4 超导电体的结构

6.4.1 超导电性

超导电性是1911年G·卡末林-昂内斯研究汞的电阻的过程中发现的.当$T<T_c=4.15$ K时,电阻突然降到零.随后的工作显示:在临界温度T_c发生了二级相变.一系列的材料都有此现象.这个新现象被称为超导电性.超导电体的一个基本特性是迈斯纳效应.它表现为:当强磁场没有损坏超导电性时,外磁场不穿透超导电材料体.1950年V·L·金兹堡和L·D·朗道发展了普遍的超导电性唯象理论.存在两类超导电体:一类和二类超导电体.一类超导体中磁场对超导电性的损坏发生在整个体积中.二类超导体是A·A·阿布里科索夫在1952年预言的.它的特性是有两个临界磁场.当外磁场处于两个临界磁场之间时发生以阿布里科索夫涡旋线穿透超导体为特征的二级相变,涡旋线的密度随磁场而增加,超导电性仅保留在涡旋线之外.

超导电性的严格微观理论是1957—1958年J·巴丁、L·库珀、G·施瑞弗(BCS理论)和N·N·博戈留波夫确立的.它的要点是:两个电子通过和点阵交换声子而互相吸引、形成自旋为零的粒子——库珀对,这些粒子具有玻色凝聚和超流动性.量子电子液体的超流动性导致超导电性.

1985年以前找到的超导体限于金属、合金和金属间化合物(图6.14).性能最高的超导体Nb_3Ge的$T_c=23.2$ K.它的结构见图6.15.超导体还可以是强掺杂的半导体甚至是聚合物.众所周知的有机超导体[6.46]中的分子团必须有非局域的、在整个晶体中游动的电子[6.47].这里的例子是硒富烯TMTSF或BETD-TTF(ET):

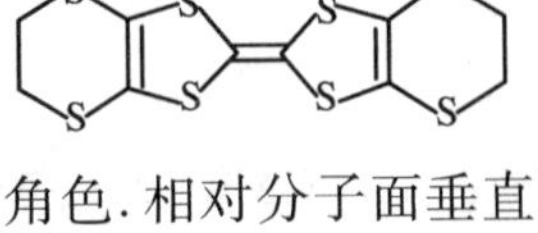

这些分子扮演着电子施主的角色.相对分子面垂直取向的键互相重叠.受主的角色由其他分子承担.这里的例子是$(TMTSF)_2PF_6$(图6.16),或$(ET)_2X$($X=I_3$),$Cu(SCN)_2$和其他化合物(见2.6.3节,图2.73).

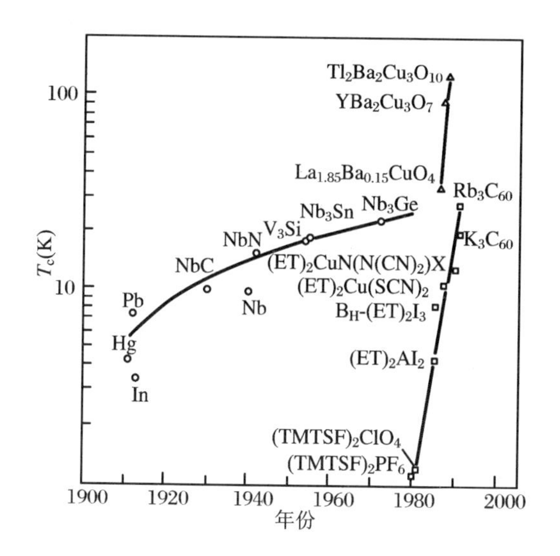

图 6.14 各种超导体的发现年份和临界温度 T_c 高温超导体表示在最高的线中

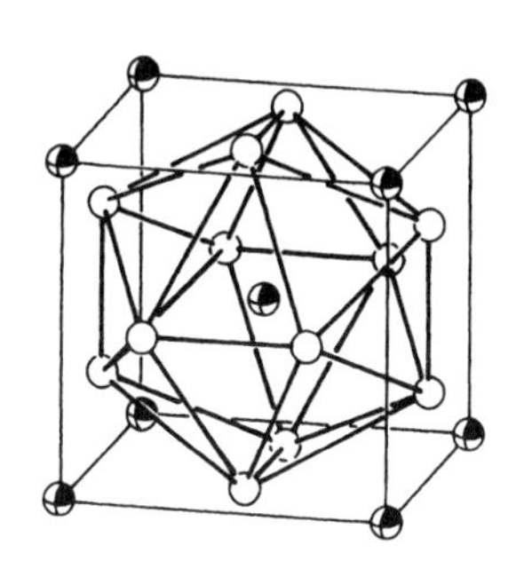

图 6.15 超导体 Nb_3Ge 的晶体结构

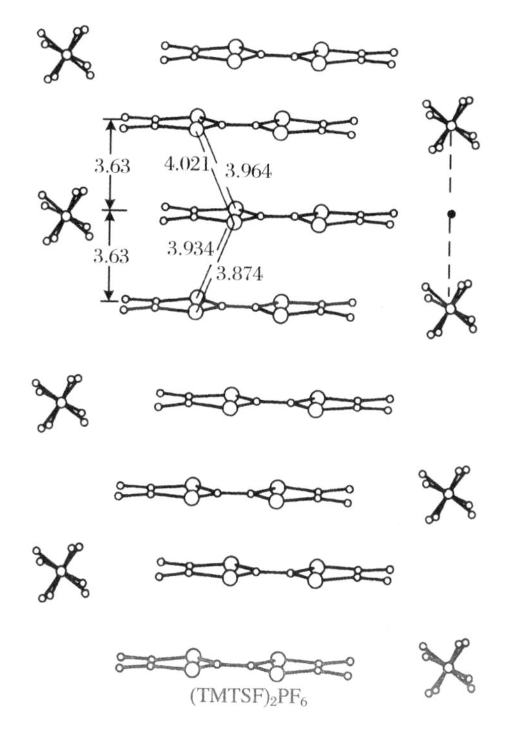

图 6.16 有机超导体$(TMTSF)_2PF_6$的晶体结构示意图

近来,新发现的很有趣的超导体是富勒烯化物 A_3C_{60} 晶体,这里 A 是碱金属(图 6.17),见 6.2 节.

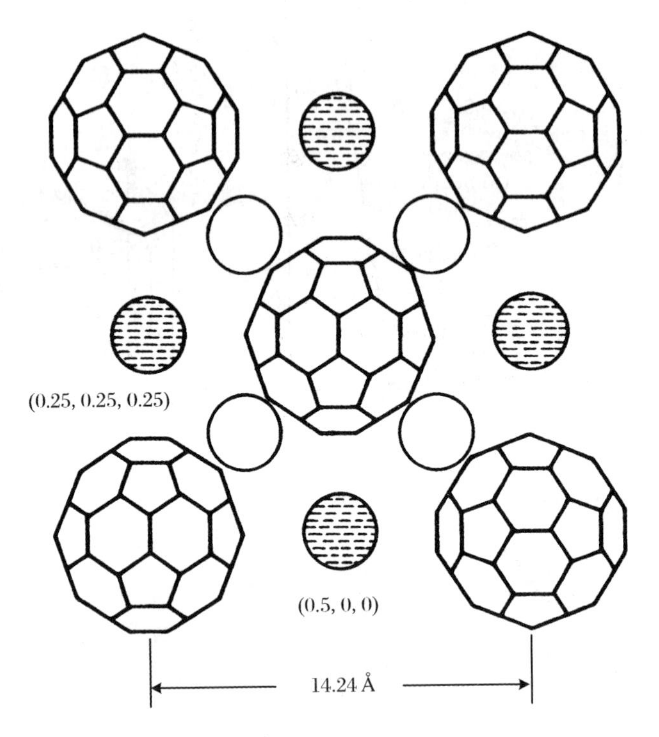

图 6.17 超导体 K_3C_{60} 的晶体结构

多面体 C_{60} 分子,空的圆和带横线的圆分别是四面体和八面体间隙中的 K[6.21],见 6.2 节

6.4.2 高温超导体(HTSC)

理论允许具有更高 T_c 的高温超导体的存在,但是直到 1986 年没有发现这样的超导体. 1986 年 Bednortz 和 Müller 发现 $(La,Ba)_2CuO_4$ 陶瓷的 T_c 达到 36 K[6.48].

具有化学计量比的 La_2CuO_4 没有超导电性,只有部分 La 被 Ba 或 Sr 替代后才出现超导电性. 缺镧的 $La_{2-\delta}CuO_4$ 或富氧的 $La_2CuO_{4+\delta}$ 的样品才有超导电性,也就是说,避免化学计量比可以引起材料中出现载流子. 所有含 Cu 的高温超导体由交替的 CuO_2 层和碱土金属层组成(图 6.18)[6.50]. 1987 年发现了 T_c = 93 K 的 $YBaCuO_{7-\delta}$ 高温超导体[6.51]. 随后的年代中获得了约 20 种高温超导体

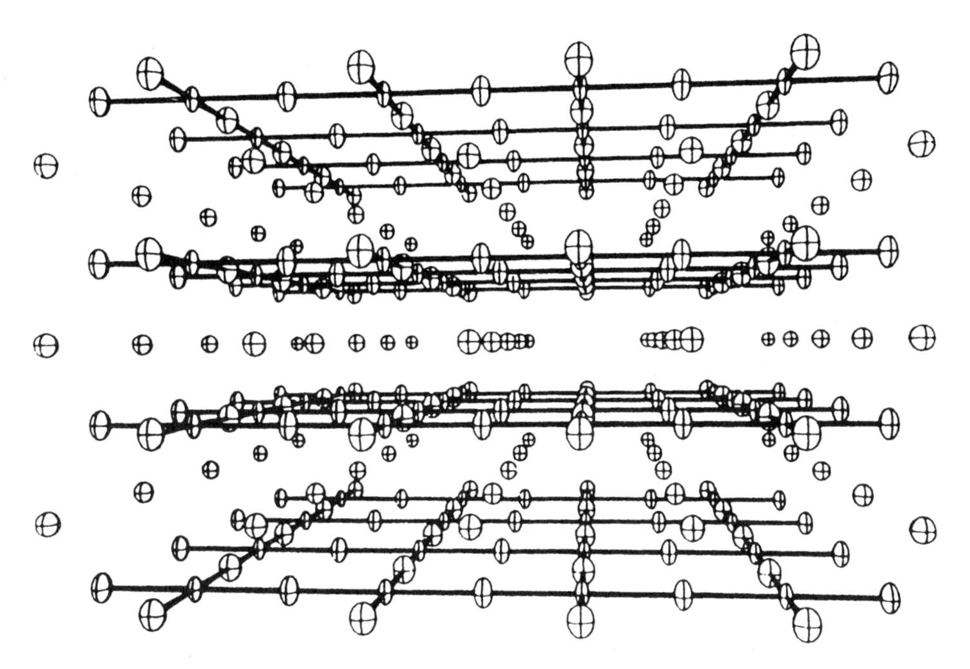

图 6.18 在铜氧化物超导体中无限的 CuO 四方网格层被碱土金属原子隔开[6.49]

(表 6.2). 目前超导化合物,包括结构相同化学成分有显著差异的化合物的总数超过了 500—600, 这个数目还在增加. 在 $Tl_2Ca_2Ba_2Cu_3O_{10}$ 中 T_c = 125 K. 所有的这些材料具有空穴导电性[6.52].

1988 年合成了具有钙钛矿结构的化合物 $(Ba,K)_2BiO_3$, T_c = 30 K(图6.19)[6.54]. 这个化合物不含铜原子.

高温超导体来自空穴或电子超导体. 第一个具有电子电导性的高温超导体是 1989 年发现的 $(Nd,Ge)_2CuO_4$[6.55].

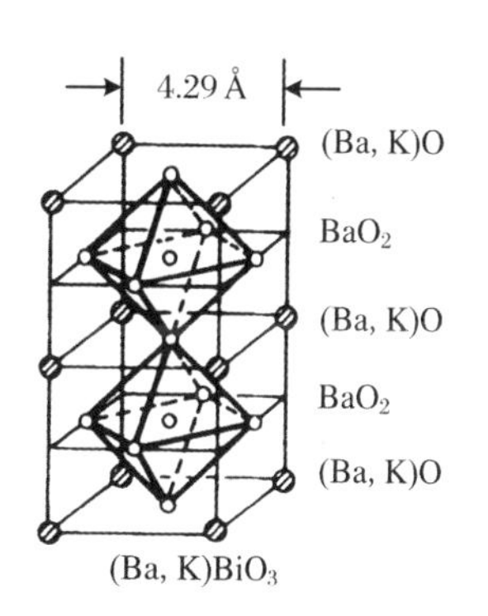

图 6.19 $Ba_{1-x}K_xBiO_3$ 的结构

表 6.2 原子结构不同的高温超导体和它们的最高 T_c

化学式	对称性	a(Å)	b(Å)	c(Å)	T_c(K)
$(La,Ba)_2CuO_4$	$I4/mmm$	3.782	—	13.249	36
$(Nd,Ce)_2CuO_4$	$I4/mmm$	3.948	—	12.088	24
$(Nd,Ce)(Nd,Sr)CuO_4$	$P4/mmm$	3.856	—	12.49	20

续表

化学式	对称性	a(Å)	b(Å)	c(Å)	T_c(K)
$YBa_2Cu_3O_7$	*Pmmm*	3.820	3.886	11.688	94
$YBa_2Cu_4O_8$	*Ammm*	3.842	3.871	27.240	80
$Y_2Ba_4Cu_7O_{15}$	*Pmmm*	3.842	3.881	50.50	40
$(Ba,Nd)_2(Nd,Ce)_2Cu_3O_8$	*I4/mmm*	3.875	—	28.60	40
$Bi_2(Sr,Ca)_2CuO_6$	*A2/a*	5.362	5.362	24.30	40
$Bi_2(Sr,Ca)_3Cu_2O_8$	*Amaa*	5.408	5.413	30.871	80
$Bi_2(Sr,Ca)_4Cu_3O_{10}$	*I4/mmm*	3.811	—	37.08	100
$TlBa_2CuO_5$	*P4/mmm*	3.847	—	9.60	17
$TlBa_2CaCu_2O_7$	*P4/mmm*	3.847	—	12.73	91
$TlBa_2Ca_2Cu_3O_9$	*P4/mmm*	3.853	—	15.913	116
$TlBa_2Ca_3Cu_4O_{11}$	*P4/mmm*	3.847	—	18.73	122
$Tl_2Ba_2CuO_6$	*I4/mmm*	3.866	—	23.225	85
$Tl_2Ba_2CaCu_2O_8$	*I4/mmm*	3.856	—	29.186	110
$Tl_2Ba_2Ca_2Cu_3O_{10}$	*I4/mmm*	3.850	—	35.638	125
$Tl_2Ba_2Ca_3Cu_4O_{12}$	*I4/mmm*	3.850	—	41.940	108
$Pb_2Sr_2YCu_3O_8$	*Cmmm*	5.394	5.430	15.731	70
$(Ba,K)BiO_3$	*Pm3m*	4.288	—	—	30

6.4.3 $MeCuO_4$高温超导体的结构

$(La,Ba)_2CuO_4$和它们的衍生物的结构见图6.20.$(La,Ba)_2CuO_4$具有空穴电导性.(La,Ba)正离子位于九顶点多面体中,Cu原子位于显著拉长的八面体中.$(Nd,Ge)_2CuO_4$中,正离子的几何排列相同.至于氧原子,它们的一半位于和第一个结构完全不同的位置,从而使(Nd,Ge)正离子位于立方体中,而Cu原子限于平面四方配位.第三个结构是前两个结构的组合.这一结构的铜原子位于半八面体中.在陶瓷以及晶体材料中研究了高温超导电性.对成分在$(La_{0.97}Sr_{0.03})_2CuO_{4-\delta}$和$(La_{0.88}Sr_{0.12})_2CuO_{4-\delta}$之间的含Sr单晶的结构研究使人们理解了$T_c$和单晶体含Sr量之间不存在规律性关系的原因[6.57,6.58].对有一定数量孪晶的样品进行的X射线对称性研究得出,所有样品属于*Abma*和*Pbma*两个正交空间群之一.含Sr量低的晶体具有带心布拉菲点阵和空间群*Abma*,含Sr量高的样品具有空间群*Pbma*.图6.21是La位置上Sr分布不同的三种结构.在$(La_{0.97}Sr_{0.03})_2CuO_{4-\delta}$晶体中任何La位置上Sr替换La的概率相同.在$(La_{0.94}Sr_{0.06})(La_{0.86}Sr_{0.14})CuO_{4-\delta}$晶体中La位置上Sr的分布部分有序.在$(La_{0.76}Sr_{0.24})_2CuO_{3.92}$中La位置上Sr的分布完全有序,此时一个晶体学

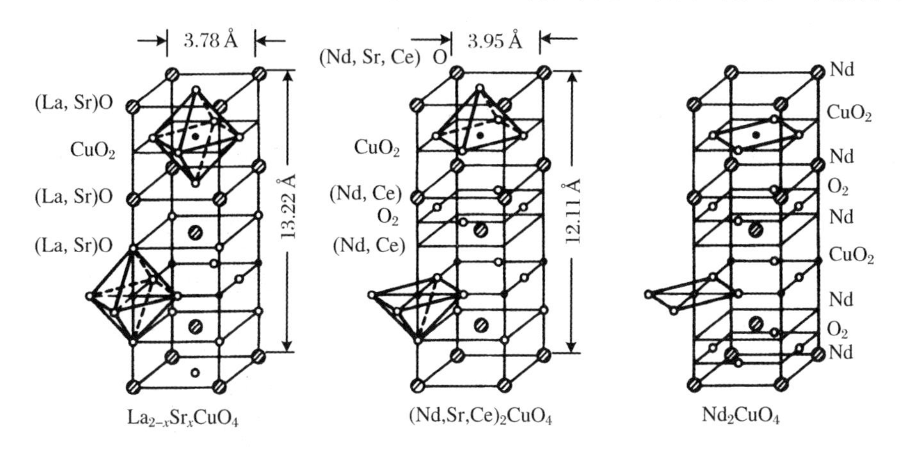

图6.20 $La_{2-x}Sr_xCuO_4$,$(Nd,Sr,Se)_2CuO_4$和Nd_2CuO_4的结构类型

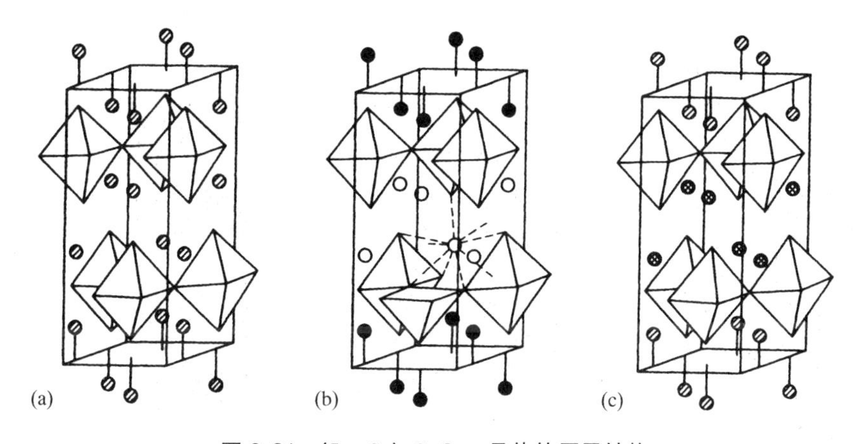

图6.21 $(La,Sr)_2CuO_{4-\delta}$晶体的原子结构

La位置上Sr的分布分别为:(a)$(La_{0.97}Sr_{0.03})_2CuO_{4-\delta}$:所有La位置上Sr原子均匀分布;(b)$(La_{0.76}Sr_{0.24})_2CuO_{3.92}$:在一个La位置上完全有序的Sr替换La;(c)$(La_{0.94}Sr_{0.06})(La_{0.86}Sr_{0.14})CuO_{4-\delta}$:Sr原子分布部分有序[6.59]

La位置全部被La原子占据,所有第二La位置上集中了所有的Sr原子.三价La被二价Sr替换的结果是(Sr原子集中在双原子层中时)这些层中缺少正价的力.这导致一些氧原子在富Sr的局域结构处离开晶体,并且在所有Sr原子集中的层中引起氧的缺损(图6.21).这就是说,$(La,Sr)_2CuO_{4-\delta}$晶体的T_c不仅依赖于Sr的含量,而且依赖于La位置上Sr原子的分布.

6.4.4 YBaCu 相的结构

依赖于样品的合成和处理条件，$YBa_2Cu_3O_{6+\delta}$相(常被称为 123 相)的氧含量和与此相关的 T_c是不同的. 在它的 ab 面和与之垂直的 c 方向观测到显著的各向异性. 这个各向异性和超导电性通常和 O 层中的 Cu 的存在有关(图 6.18). 图 6.22 画出了两个正交相和一个四方相的原子结构，它们的成分分别

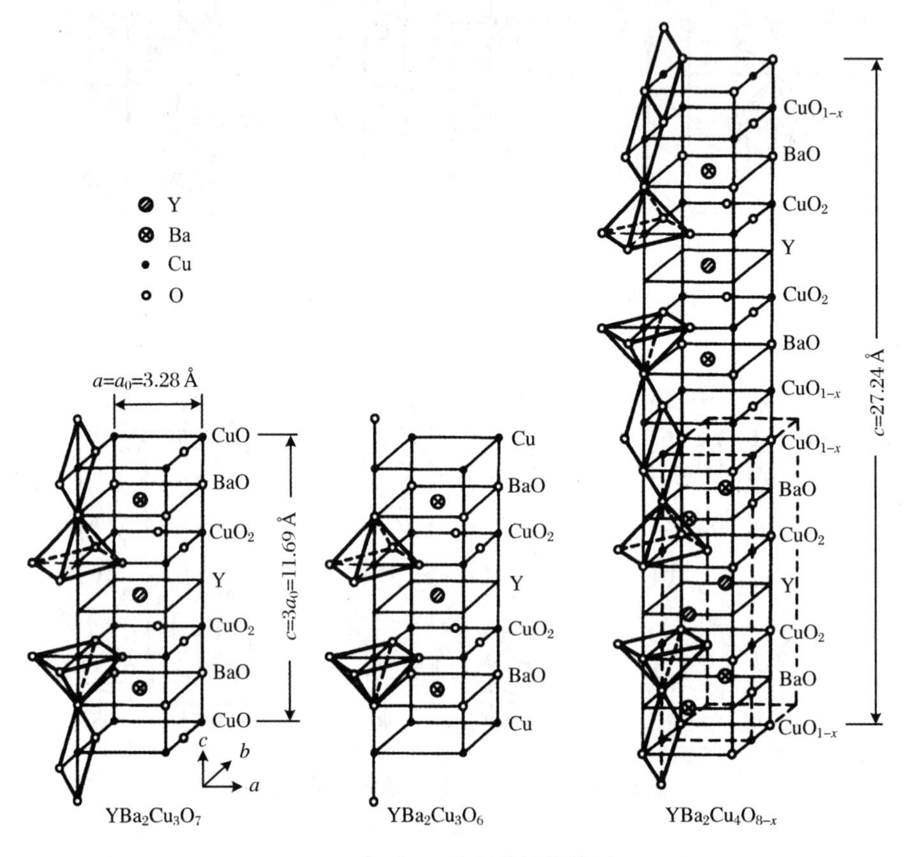

图 6.22 YBaCu 相的结构类型

是 $YBa_2Cu_3O_7$、$YBa_2Cu_3O_{6.5}$ 和 $YBa_2Cu_3O_6$. 研究过每一晶胞 O 含量从 6.24 到 6.97 的单晶体的结构[6.61]. 实际上所有具有正交结构的样品是用来仿制初始四方相的以(110)和($1\bar{1}0$)为孪晶面的孪晶. 不同 O 含量样品中孪晶畴的体积比不同. 严格的四方相 $YBa_2Cu_3O_6$是不超导的(图6.23a). 如果这个结构富氧，在 Cu 平面上将出现 Cu—O—Cu—O 链(图 6.23b). 这样的 Cu—O 链和 Cu—Cu 链交替. 正交的成分是 $YBa_2Cu_3O_{6.5}$的正交相的 T_c达到 60 K. 随着 O 含量

的增加,这个相的范围相对起始的四方 $YBa_2Cu_3O_6$ 相也逐渐增加.

进一步增加 O 含量将导致 $T_c = 93$ K 的正交相 $YBa_2Cu_3O_7$ 的出现(图 6.23c).当 $YBa_2Cu_3O_7$ 正交相连通起来,整个样品成为超导的.

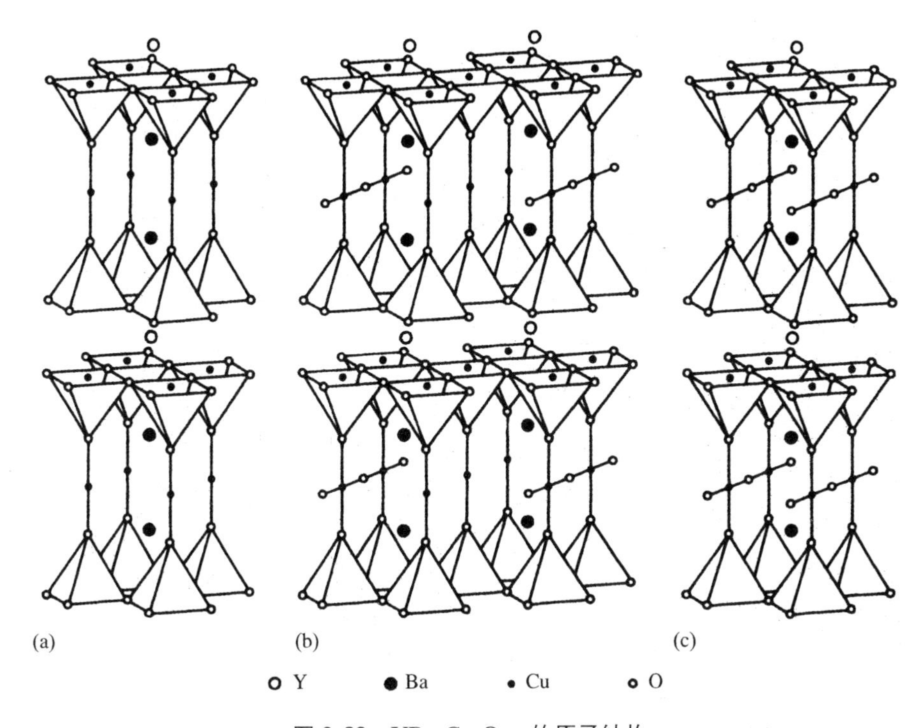

图 6.23 $YBa_2Cu_3O_{7-\delta}$ 的原子结构

O 含量不同:(a) 四方相 $YBa_2Cu_3O_6$,不超导;(b) $YBa_2Cu_3O_{6.5}$ 正交超导相Ⅱ,$T_c =$ 60 K;(c) $YBa_2Cu_3O_7$ 正交超导相Ⅰ,$T_c = 93$ K

6.4.5 Tl 相高温超导体的原子结构

1991 年在 $Tl_2Ba_2Ca_2Cu_3O_{10}$ 相中发现了最高的 $T_c = 125$ K. Tl 相系列是高温超导相中最大的系列,参见表 6.2[6.62, 6.63].它们可以分为两类,其通式分别为 $TlBa_2Ca_{n-1}Cu_nO_{2n+3}$ 和 $Tl_2Ba_2Ca_{n-1}Cu_nO_{2n+4}$(图 6.25).两类结构的主要差别是:前者出现 TlO 单层,后者出现$(TlO)_2$双层.前者的 n 从 1 到 5,后者的 n 从 1 到 4.所有这些化合物的通式是 $Tl_mBa_2Ca_{n-1}Cu_nO_{2n+m+2}$,$m = 1, 2$,而 $n = 1, 2, 3, 4$. Tl 相常用的记号是 $m2(n-1)n$,它们指明了化学式中相应正离子的数目.标示 Tl 相化合物的特征的最简便的方法给出晶胞的 c 周期.它的值由晶胞中确定原子层数的指数(m, n)决定.化合物 1201,1212,1223,

1234,2201,2212,2223,2234 的 c 周期分别是 0.969,1.273,1.587,1.910,2.315,2.939,3.626 和 4.200. 所有结构的晶胞的 a, b 周期实际上都约为0.385 nm.

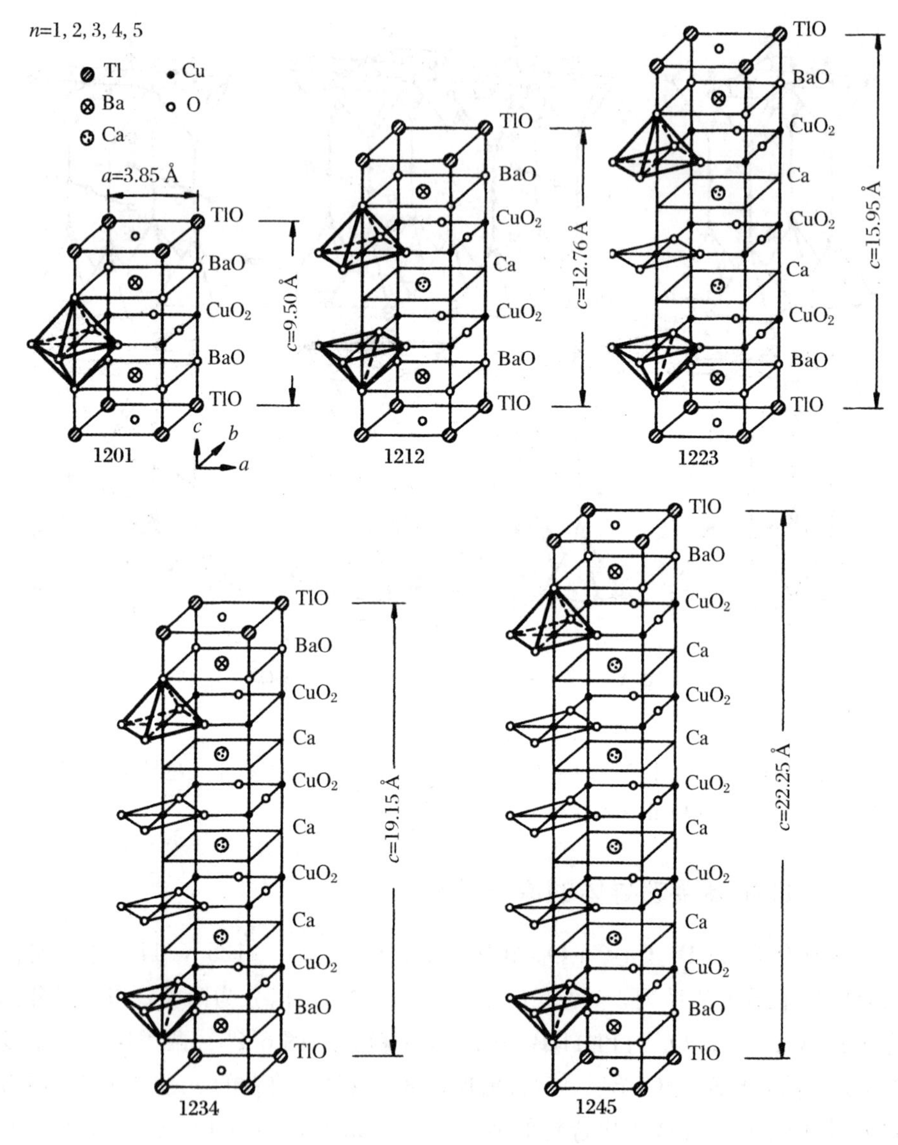

图 6.24　$TlBa_2Ca_{n-1}Cu_nO_{2n+3}$ 相的原子结构, $c=6.3+3.2n$

Tl 相高温超导体的一个特点是它们的正离子不具有理想化学计量比. 这一

特点影响化合物中载流子的数目，并决定它们的 T_c. 例如，在 1212 化合物中一些 Ca 离子被 Tl 离子替换. 在 2212 晶体中一些 Tl 离子被 Cu 离子替换，并且和 1212 相类似，Tl 原子部分替换 Ca 原子. 类似的替换发生在 1223 和 2223 化合物中. 在 Tl 相中高价或低价正离子同形替换正离子会引起 Cu 原子氧化程度的预期的变化，如 Cu^{2+} 转变为 Cu^{3+}. 这种变化决定超导电性和 T_c的值.

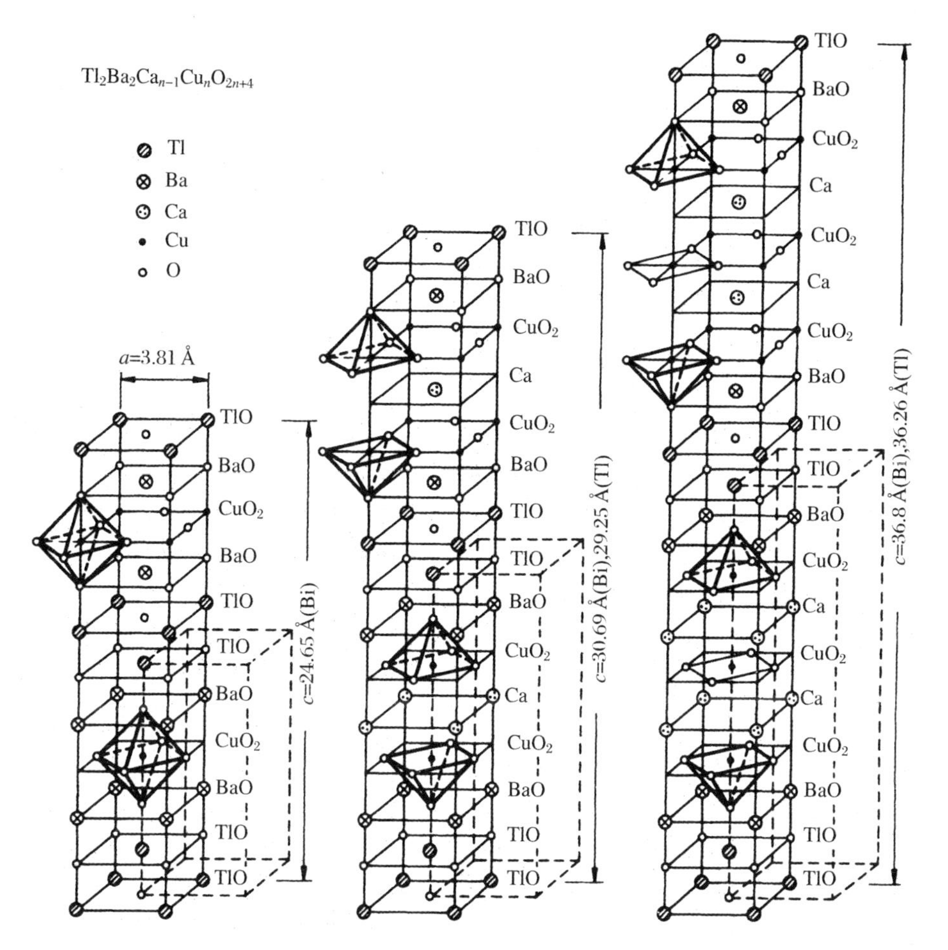

图 6.25 $Tl_2Ba_2Ca_{n-1}Cu_nO_{2n+4}$相(Tl 相或 Bi 相)的结构，$c=16.4+6.4n$

以化合物 $TlBa_{2-x}La_xCuO_{5-\delta}$ 为例，当 $x=0$ 和 $x=1$ 时 $TlBa_2CuO_5$ 和 $TlBaLaCuO_5$ 中 Cu 的氧化态分别为 Cu^{3+} 和 Cu^{2+}. 这两者都不会发生超导相变. $x=0.8$ 时，Cu 的平均氧化态是 $Cu^{2.2+}$，这样的化合物已转变为 $T_c=52$ K 的超导体. 在 $TlBa_2CaCu_2O_7$ 型的 Tl 相中发现了结构和超导电性之间的关联

(图6.24)[6.53].

Tl相中的超导相变不伴随晶体对称性的变化[6.57,6.58].相变时的异常行为反映在Cu多面体的几何中，即结构中的Cu—O距离等于0.193 nm的四方锥转变为锥体底面的四个氧原子.锥体顶点上的Cu和O原子间距离随温度而变：从296 K的0.268 nm减小到160 K的0.266 nm,随后在发生相变的60 K增大到0.267(7) nm.有意义的是CuO_2层上的原子排列也发生变化.Cu原子偏离出它们在O层内的位置，偏离距离随温度的降低而降低，从296 K的0.004 2 nm到60 K的0.003 6 nm.Cu—O的距离和Cu原子偏离O层位置的距离两者均和超导相变温度有关联，并且决定于Cu和O的价态.

近来发现了新的超导体系列(图6.26).这些含汞的化合物的结构和Tl相的结构类似，它们分别是Hg1201,Hg1212,Hg1223(见图6.24).后者的T_c的记录是133.5 K[6.66,6.67].

6.4.6 高温超导体的结构特征

所有高温超导体的一个共同性质是：至少存在一个可以变价的元素.按发现的年份看，高温超导体的次序是含Cu、含Bi和含Tl的化合物.它们的晶体化学特点是:它们的第一配位球以畸变的多面体表征.含Cu时多面体是有4+1个Cu—O距离的半八面体或有4+2个Cu—O距离的八面体.含Bi和含Tl的O多面体的形状也很不规则(杨-特勒效应)[6.68].

实际上所有T_c>30 K的高温超导材料都属于非化学比相,它们在正常条件下是亚稳的.这些相具有相对正离子而言的非化学计量比(碱土元素替换稀土元素Ln或Ln^{3+}替换Ln^{4+})以及氧的非化学计量比.原始基体的随机无序和载流子密度的变化通常来自生长过程中同形杂质的引入.这些杂质的典型价态不同于基体离子(La—Sr,Ba—K,Nd—Ce,Nd—Sr等异价同形性类型)或特殊的后生长处理中由过量氧原子的引入导致的无序.

所有这些化合物具有类钙钛矿的层结构，其中的层数不同以及金属-氧层的次序不同.这些结构允许在一个相当宽的范围内进行同形替换而不引起结构的改变.引起结构类型改变的变态发生在附加进M,MO,CuO_2,CuO_{1-x}或O_2类型的层时,这里的M代表带一个或多个(2,3,4个)电荷的元素.它们的晶体学参数c可以达到5.0 nm.

所有T_c>30 K的化合物都属于铜酸盐类型，这就是说，主要元素具有可变的1到3价，它在晶体中的局域环境由2,4,5或6个氧原子组成，并且是典型的金属.T_c>10 K的复杂超导铜酸盐可以用21个类钙钛矿化合物结构类型进行描述(到1990年6月).

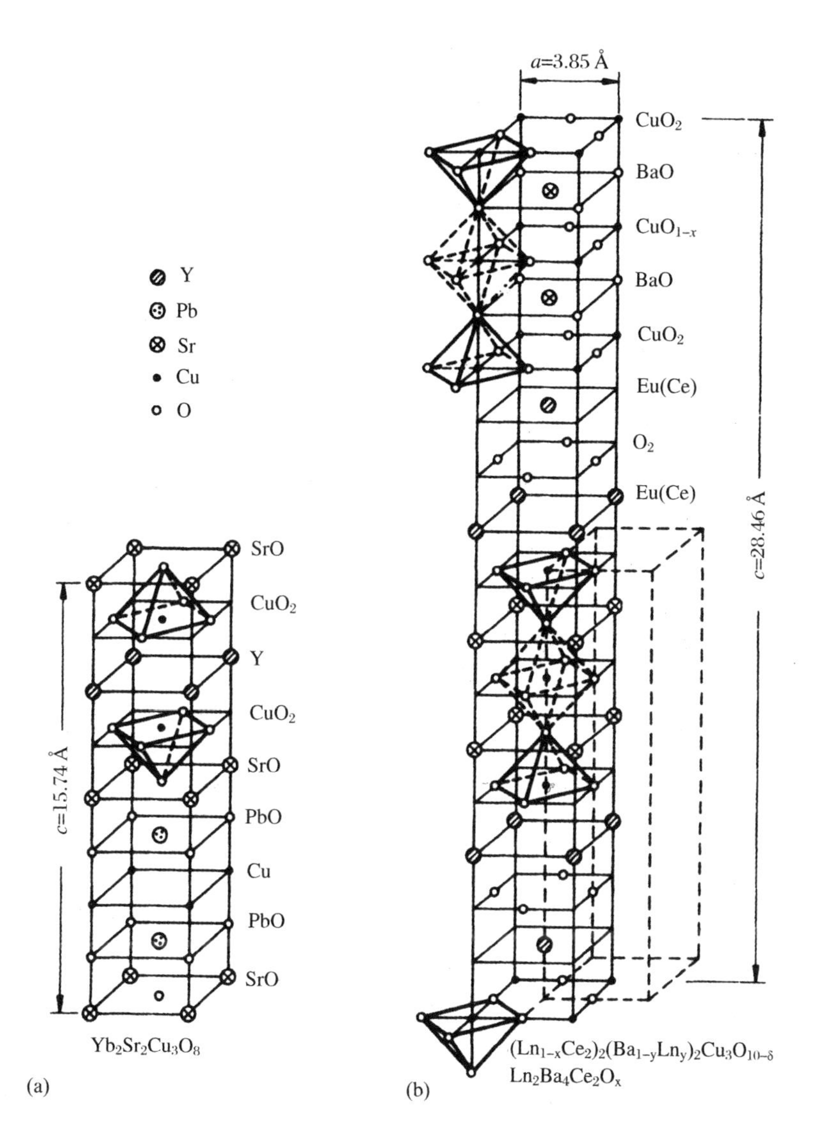

图 6.26 $YPb_2Sr_2Cu_3O_8$ (a)[6.64]和 $Yb_6Ba_4Ce_2Cu_9O_x$ (b)的结构[6.65]

所有高温超导化合物含有一个能形成过氧化物的元素(Ca,Sr,Ba,K)，即它们能产生带 2 个负电荷的 O_2^{2-} 对.

已发现超导化合物(Ba,K)BiO_3 的 $T_c = 30$ K(图 6.19).它的原子按纯的钙钛矿排列.它完全不含铜，因此不能用上述二维 CuO_2 网格来进行解释.

以上的讨论说明：对新的高温超导体性质的理解和晶体结构的研究有密切联系[6.69].

6.5 组件结构 晶块 晶片

6.5.1 组件结构(MS)的概念

许多晶体结构可以看成由某些标准构件(building module,BM)组成,构件的组分、分布和堆垛可以不同.

这种处理方法可以把许多实际晶态结构(三维周期结构)和它们的变态综合起来.它还可以把赝晶态(没有实际的三维的周期性,但有二维、一维和零维的周期性)的构件考虑进来.组件结构概念对不同结构的分类也很有用.

组件结构的最简单的例子是相同原子的密堆垛.单层原子面作为组件形成不同结构的方法是:在第二层的两个可能的位置(相当 A 层的 B 或 C 位置)进行选择(1.5.10—1.5.12 节)[6.70, 6.71].

Si 四面体组成的不同构件(块、环、链、带等)是硅酸盐分类的基础(2.3.2 和 6.3 节)[6.72, 6.73].层状硅酸盐(如云母、氯泥石、高岭石等)由八面体(O)和四面体(T)片组成,两者分别组合成水铝石-水镁石结构和鳞石英结构.层状组件(晶片)的各种叠合在高温超导体中已观察到.

Baumhauer[6.74]为金刚砂 SiC 的不同变态引进了多型性概念,在 ZnS 化合物中也确立了这种类似的结构[6.75].随后名词“多型性”被广泛应用于不同的结构,因为它们和 SiC 类似,可以用确定的组件以若干种可变换的堆垛方式构成[6.76,6.77].

多型性的例子还包括镉和铅的卤化物、二价和三价金属的氧化物和氢氧化物,它们由密堆的八面体层组成(图 1.72 和图 1.73).钼、铼和钨的二硫化物多型由密堆的棱柱体层组成(图 6.27).另外的例子是石墨多型(图 2.5c, d).云母和其他层状硅酸盐的多型性也是众所周知的(图 6.28 和图 2.34).

Dornberger-Schiff[6.78]引进了“OD 结构”(有序-无序结构)概念,它被用来说明层状构件和某些局域对称操作的关系,这些操作使得相邻的层对之间对称等价(但不具备把整个结构转变为自身的三维空间群对称性).同一种原子的密堆垛层既可以组成多型性结构、又可以组成 OD 结构,因为 AB 层对和 AC 层对可由重合对称操作联系的.

X射线矿物学已经显示：存在一些不寻常的结构，它们由不同种类的层组成，层间的交替可以是混乱的或有序的.它们是在黏土和海洋沉淀物中发现的.为它们引进了“层”的名词.在云母-蒙脱石混合层结构中，四面体-八面体-四面体2∶1层(TOT)被含水正离子层或含K层隔开，在所谓的钴土矿中，连续的Mn八面体片和不连续的(Ni,Co)片交替存在[6.79, 6.80].对层次序明确的混合层结构采用特殊的“杂件”名词(排除两种层A和B之间的如AAB那样的组合).在形成的对应亚结构中交替层可以是有公度的，也可以是无公度的.

Thompson重新采用了“polysomatism”(多体性)名词，用来说明分开来属于不同材料的结构碎片可以组成的结构的多样性.他应用此概念于多体系列，从链状硅酸盐-辉石到黑云母，还包括带状硅酸盐-闪石.因此，这一多体化合物系列被称为黑云辉闪岩.

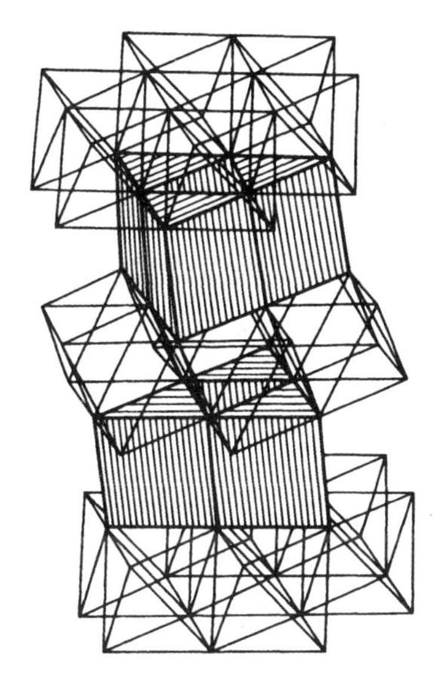

图6.27 MoS_2多型结构之一
由相对位置不同(A, B, C)和取向不同(同向和反向)的密堆棱柱体层组成

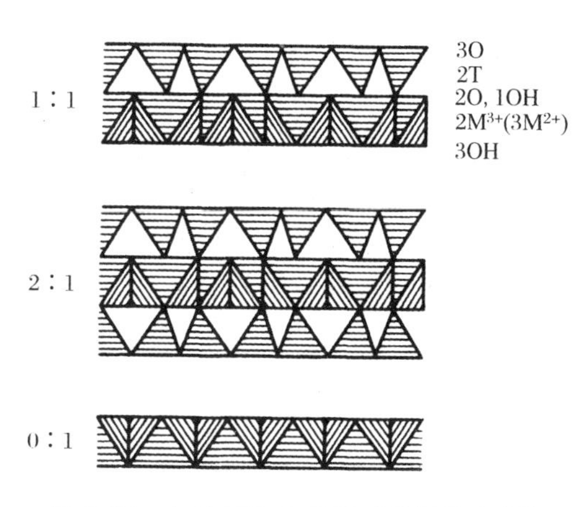

图6.28 由T-层和O-层组成的层状硅酸盐
两者之比分别为1∶1(高岭石和蛇纹石)，2∶1(云母，绿土，滑石和叶蜡石)以及0∶1+2∶1的组合(氯泥石).氧原子、四面体正离子(T)和八面体正离子(M)等的相对数目分别表示在各自的高度上

插层组件结构是一个特殊品种，其组件间的空间可以填充数量可变动的水分子或有机分子，它们存在于天然和合成的化合物中，包括黏土矿物、绿土和插层石墨.所有这些种类的结构体系的共同特点是存在着构件.

在不同结构中出现的构件并不是严格等同的.构件的尺寸、形状和组成构件的多面体的相对取向在一定程度上依赖于构件的成分变化、种类和分布.

图2.46给出的八面体结构(A,Bi)Te(A = Ag,Ge,Pb)显示出构件的结构变化和成分变化间有密切的联系.

构件通常被认为是不同结构中存在的某些共同部分(碎的晶片).它们通常被描述为单个原子(或结构多面体)的组合.一般的构件可以具有2维、1维和0维周期性,分别对应于层(片,面)、杆(带,链)和块(多面体岛,环).

6.5.2 不同类型组件结构(MS)间的关系

根据组件结构的多样性[6.82]可以按以下原则进行组合:按确定的特征(从一般到特殊、从宽到窄)的数目进行分类、排队.

1) 构件的种类:同一的或不同的.这样就把组件结构区分为两大部分:单构件结构和混合构件结构.

2) 构件的维度:对混合构件结构,维度可以相同或不同.例如,在玻缕石、海泡石结构中T片和O带的结合(图6.29).

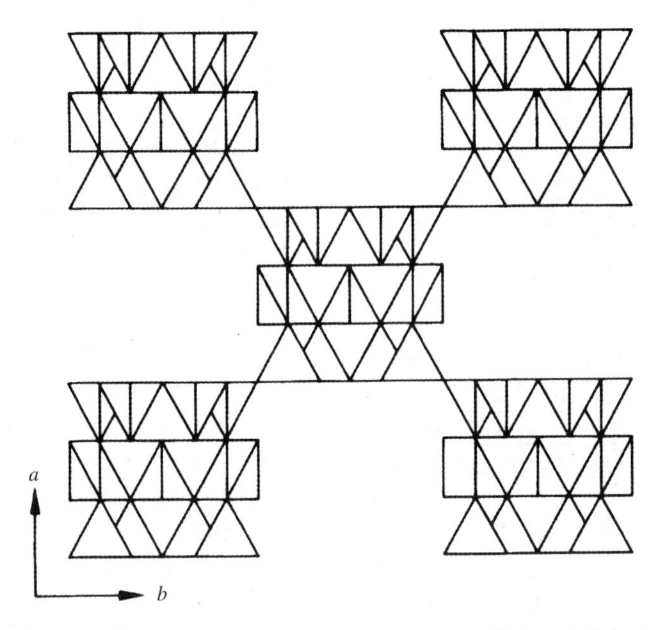

图6.29 玻缕石结构中经倒置四面体联结的O带和T片的组合

3) 构件的类型:层、杆、块.它们适用于单一构件和混合构件结构.已经确定的多型主要由层状构件组成.杆状构件是黑云辉闪岩多体性的一个特点[6.81].在羼硅灰石($CaSiO_3$)的多体中T环(块)和O片结合,并且和$SrSiO_3$、$SrGeO_3$同结构(图6.30)[6.83].

4) 构件:同一结构或不同结构的碎片.不同结构的碎片形成多体.可能发生的是:还没有发现仅仅由一种构件组成的材料.Ca 铁氧体就属于这种情形.它的一种构件是尖晶石-磁铁矿片,另一种是三角形双锥体层,没有发现仅仅由两者之一组成的材料.

5) 构件的比率:对不同的混合层结构通常有可变的构件比率.构件比率固定的调制结构依赖于下面的一些决定性特点.

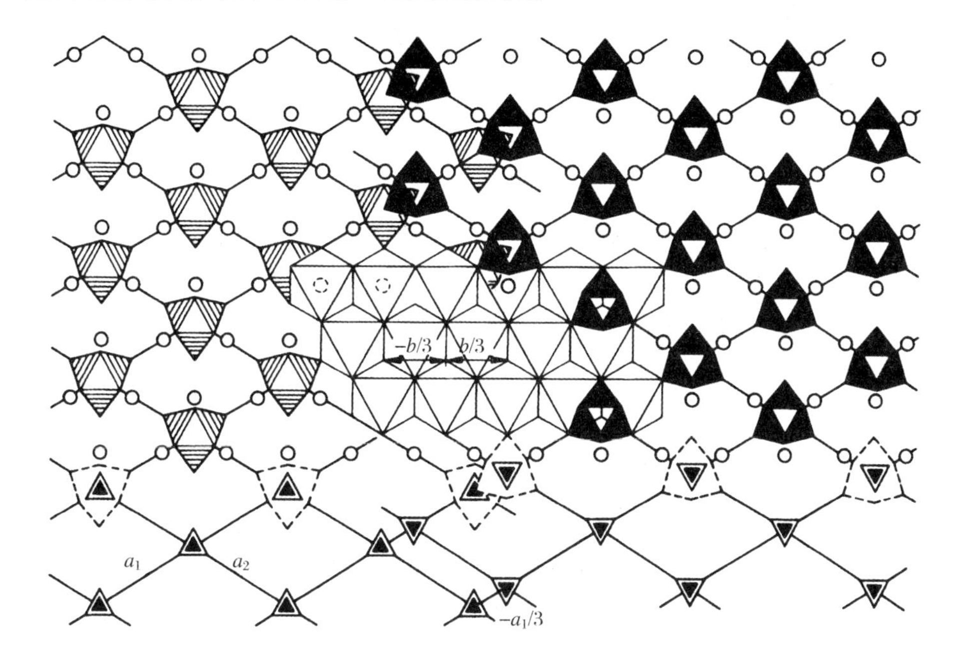

图 6.30 沿[001]的三层 $Sr_3(GeO_3)_3$ 的结构

左:锗酸盐环组成的较低片层;右:锗酸盐环的较高片层.中间的 Sr 正离子八面体用圆表示,SrO_6 八面体在图中部画出

6) 构件次序的周期性:构件比率固定的组件结构可以具有周期性,也可具有非周期性.

7) 相邻构件的次序:明确的和不明确的.如果有两种层 A 和 B,AAB 次序是不明确的,而明确的次序可以是 $AAA\cdots$,$BBB\cdots$ 和 $ABAB\cdots$.如前所述,具有明确构件次序的混合构件结构被称为是杂件.

8) 相邻构件的堆垛:可以是不明确的和明确的.如果堆垛是明确的,单构件的结构是唯一的,而混合构件结构的多样性完全由不同构件的交替的序决定.如层状硫化物半导体(A,B)S(A,B=Cd,In,Ga,Zn,$n>3$),由密堆垛的 TOT 层(p, $q>1$)组成,见图 6.31.在八面体结构(A,Bi)$_m$ Te$_n$ 结构中的 O 层也一样[6.85]，高温超导体也属于明确的堆垛构件(碎片)系列(6.4 节)[6.86].

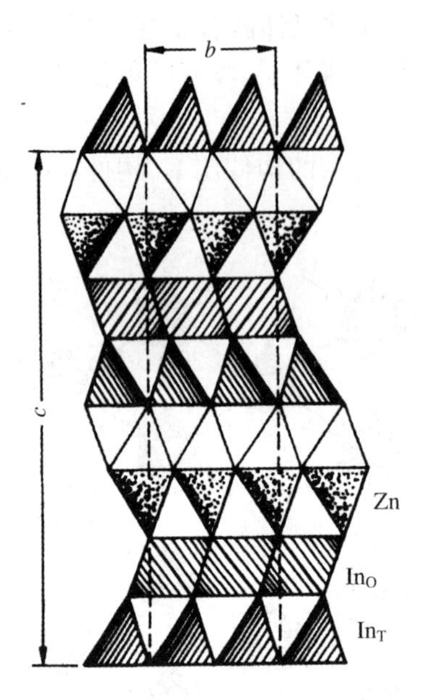

图 6.31　$ZnIn_2S_4$的结构 由 TOT 层和连贯的 S 平面以 *hhkh* 次序组成

9）构件堆垛变体的晶体化学等价性：在构件堆垛明确的场合，变体等价性可定义多型. 非等价堆垛是乱层结构和插层调制结构的特点，虽然有一定理由可以把组件之间空间内的物质认为是另一种构件.

10）相邻构件对的对称等价性：等价性条件可定义这种具有 OD 结构的多型. 多型被评估为 OD 结构依赖于构件的选择[6.87].

11）堆垛变异次序的周期性：它可以是周期的，也可以是非周期的.

12）堆垛变异次序的均匀性和不均匀性：非周期多型和 OD 结构永远是不均匀的，周期结构可以是均匀的，也可以是不均匀的.

只有 2 种均匀的密堆垛(立方堆垛和双层六角堆垛，SiC 和 ZnS 的变态也是如此). Smith 和 Yoder[6.88]导出的 6 种简单的云母多型也满足均匀化条件. 妨碍不均匀条件的堆垛层错在构件次序中导致不同变态的堆垛特点的结合[6.77].

根据以上 12 条特征的次序可以把组件结构区分为不同等级的概念：组件结构—多体和单体—杂件(有公度和无公度)—多型(简单和复杂)—OD(MDO 和或多或少无序)结构等. 这种等级在绿泥石(亚氯酸盐)中显示得清楚. 这些层状硅酸盐由两类层：TOT(或 2∶1)和 O^-(或 0∶1)组成(图 6.28)，它们分别用来表征云母-叶蜡石(滑石)和水镁石(水铝石).

层对也可以形成 OD(有序无序)结构，条件是它们属于一个唯一的群.

6.5.3　组件结构的记号

研究组件结构的各个阶段都伴随有符号的应用. 如字符 *A*，*B*，*C*；h 和 c，符号"+"和"−"，Zganov 符号[*mn*]是这些符号中最知名的例子，它们能方便地描述和区分密堆垛结构[6.70,6.71,6.89].

多型记号可以分为两类：较短的一类注明每次重复的构件的层数，再加一个标明晶系的字母，如 1M，2H，3T，15R 等[6.76, 6.90, 6.91]. 完全记号则标明构件层的堆垛次序，一般来说，它们包括区分层的种类、层的位置(或位移)、层的取向

(或转动)的字母和数字[6.77, 6.83, 6.90, 6.91].附加的标记可以标示构件之间的类镜面(或反演地等同)的交替,如果反射-反演操作对多型多样性有影响的话.通常这些记号在应用到特种多型时可以简化.这样一来所有层状硅酸盐构件(图6.28)和由它们形成的多型结构的多样性可用6个取向矢量和9个位移矢量标示出来(图6.32)[6.77, 6.92].

一般情形下组件结构(MS)记号应该包括构件(BM)记号,特别是在BM次序可变的场合.对BM的不明确的堆垛应当指明BM的操作过程.

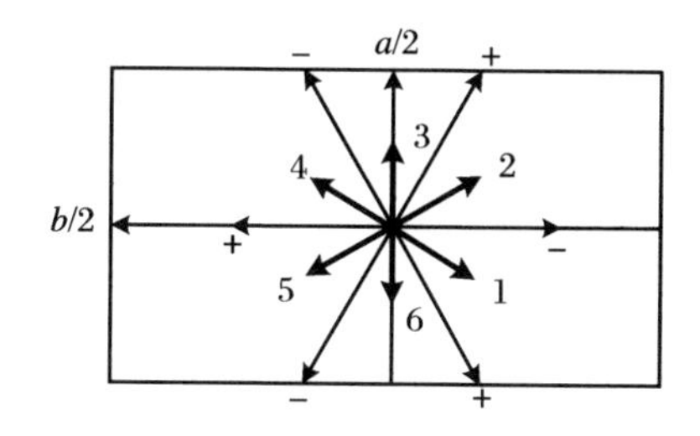

图6.32 层状硅酸盐中确定相邻片层的9个层内、6个层间位移矢量和6个可能的方位角取向

符号和记号不仅仅是对MS的一种简单描述方法.还可以建立符号(对应于结构的不同对称操作)的转换规则.这样一来,就可以考虑不同设置下的构件和对称变换后的构件.

最方便的是使用符号于均匀性条件以导出均匀变态的系统和预言可能的结构.这就使材料衍射特征的模拟为以后鉴定已知的和未知的变态打下了基础.这种结构的实验数据和理论分析的结合已经广泛应用于矿物多型的电子衍射研究之中[6.92, 6.93].

6.5.4 组件结构的结构-性能关系

组件结构材料具备重要的性质.由密堆八面体层组成的SnS和SnSe的组件结构依赖于电子性质.菱形多型的带隙大于六角多型.两者的能带隙都随重复层数的增大而减小,表现出从电介质到半导体的转变.在不同掺杂原子的影响下可以实现p型或n型电导.不同多型的组合形成的太阳能电池的效率可以达到25%[6.94].众所周知的是:高温超导体的异常行为也依赖于它们的组件结构[6.86].

组件结构的结构-性能关系可以细分为以下几个结构的依赖关系:(1)单独的构件(BM),(2)构件间的键,(3)构件堆垛的序和周期性,(4)单独构件内的畸变,(5)BM的堆垛错.这些因素的影响依赖于构件和构件间空间所占的相对体积,依赖于单个构件内、构件对、三重、四重构件间的互作用等.它们还依赖于成分的变化和同形替代元素的分布,这些成分因素对某些MS有稳定和减小不稳定性的作用.因此,上述结构特征不仅影响性质,而且可以作为自然界和实验室中发生的特殊结晶过程的灵敏指示器.

6.6 研究化学键的X射线分析

测定原子内和围绕原子的电子密度后,可以对晶体中化学键的性质得出一系列结论.这些利用差分傅里叶图进行的研究给出的数据有离子或共价化学键、原子轨道的结构等(见文献[6.5],4.7.10节,本书1.2.7节和图1.13,1.20,1.30,1.31和2.24).这些研究需要长时间的高精度的实验和特殊的数据处理方法[6.95].

用四圆自动衍射仪测定球状样品的积分强度时,需要用重复测量来达到1%的统计准确率.实验数据要经过极化、吸收、热漫散射、异常散射和消光的修正.Zachariasen的镶嵌块模型和Kato的动力学统计模型都可以用来计算消光.相反地,热漫散射的计算具有足够的可靠性.

实验电子密度 $\rho(\boldsymbol{r})$ 用来和由模型得出的参照电子密度 $\rho_{计算}^{mod}$ 比较,例如得到:

$$\Delta\rho(\boldsymbol{r}) = \rho(\boldsymbol{r}) - \rho_{计算}^{mod}(\boldsymbol{r}). \tag{6.1}$$

得出 $\rho(\boldsymbol{r})$ 时须要利用最高的实验准确度,并用最高分辨率收集数据.当然,在低温下(如<100 K)进行X射线实验可以得到最好的结果.

根据(6.1)式得到的 $\Delta\rho$ 分布及其解释依赖于 $\rho_{计算}^{mod}(\boldsymbol{r})$ 的选择.把(6.1)式展开成傅里叶级数后得到:

$$\Delta\rho(\boldsymbol{r}) = \frac{1}{v}\sum_{s} M[F_{实验}(\boldsymbol{H}) - F_{计算}(\boldsymbol{H})]\exp(2\pi i\boldsymbol{H}\cdot\boldsymbol{r}). \tag{6.2}$$

实验给出的 $\rho(\boldsymbol{r})$ 是相互化学作用下电子壳层已经变化的一套原子,我们得到的是一级近似的形变密度 $\rho(\boldsymbol{r})$.而由 $F_{计算}$ 计算得到的电子密度如果是中性球对称原子的电子密度 $\rho_{原子}$(均为基态)的叠加,得到的是标准的形变密度.

为了获得原子中心(核)的坐标,须采用包含高阶(HO)反射的 $|F_{实验,HO}|$(大的 $\sin\theta/\lambda$ 值)的精化模型.这些反射是内层(骨架)电子散射X射线而形成的,对它们来说,球对称近似是准确的.这样的处理使我们对非氢元素的坐标的测定精确度达到0.000 2 nm或更好,简谐热振动参数的准确率达3%—4%.

另外的测定核坐标的方法是利用中子散射 $F_{中子}$ 数据(文献[6.5],4.9.2节).

使用 X 射线的波长为 0.07 nm（Mo K_α）或 0.05 nm（Ag K_α）时，得到的 $\rho_{实验}$ 的分辨率约为 0.035—0.025 nm. 此时(6.2)式中的 $\Delta\rho(\boldsymbol{r})$ 给出的电子密度具有可用来表征化学键的非球对称分布.

为了使叠加模型有更广的适应性，有时对原子的价壳层电子附加一个描述其膨胀或收缩的参数 χ. 已知一个原子的两个参数（价壳层的电子占据率和 χ 因子），就可以描述晶体中原子（离子）的价壳层中局部的电荷转移和变态，从而评估原子的电荷. 更仔细的电子壳层结构的计算建立在基函数的展开式(1.40)之上. 应用得最广泛的多极模型把 ρ 展开为一系列多中心的球谐函数之和（与每个原子的局域环境的对称性相符）：

$$\rho(\boldsymbol{r}) = \sum_{\alpha} \sum_{lm} c^{\alpha}_{lm} R^{\alpha}_{lm}(\boldsymbol{r}) \mathrm{Y}^{\alpha}_{lm}(\theta, \varphi). \tag{6.3}$$

这里 R^{α}_{lm} 是径向密度函数，c^{α}_{lm} 是展开项（多极）的占据率，l 和 m 分别是轨道和磁量子数. 模型中的参数表示为系数 $c_{\substack{lm \\ n-r}}$ 和径向函数（其类型为 $R_{lm} \sim r_l$）的指数因子. (6.3)式可以给出 ρ 的解析式. 多极模型中参数的准确度随 l 的增大而降低，$l=4$ 时误差达 25%. (6.3)式展开式中的四极分量（$l=2$）决定核位置上电场梯度的值. 由衍射数据测定的电子密度 ED 的准确率为 10%—15%. 这样的结果使四极互作用常数（NMR、NQR、NγR 理论的一个典型特性）的计算成为可能.

利用(6.2)展开式和多极的(6.3)式可以确定球对称原子的系统的由化学键引起的电子的再分布.

用来获得 $F_{计算}$ 的位置参数和热参数取自高阶 $F_{实验,\mathrm{HO}}$ 或中子衍射数据. (6.2)求和式中还包括其余的实验衍射峰，它们中的大多数都属于倒空间的"近"区.

正是这些大面间距(d)样品的近区 $F_{实验}$ 决定了 $\Delta\rho$ 中的平滑变化区的值. 实际上价键是由这些电子决定的. 由于 $\Delta\rho$ 是两个有统计误差的大数之差，(6.2)求和式是不稳定的. 为了改进计算的可靠性，引入了一个滤波（规格化）因子 M，它依赖于数据的信号/噪声比[6.96]. 如果系统误差被消除，$\Delta\rho$ 图中化学键面积上的随机误差估计为：$\sim 0.04e/\text{Å}^3$—$0.06e/\text{Å}^3$，而核附近的随机误差要高得多，约为 $\sim 0.5e/\text{Å}^3$—$1.0e/\text{Å}^3$.

从(6.2)式可见，计算其他 $\Delta\rho$ 的方法也是可能的. 如果 $F_{计算}$ 中只考虑简谐振动，非简谐性可以显示出来（文献[6.5]，4.1.5 节）.

化学键概念是化学晶体学中最重要的概念之一，只有在最简单的双原子分子中概念才有严格的量子化学基础. 在一般场合，分子和晶体的形成被考虑为原子轨道的穿插和干涉，电子从一个原子到另一原子的转移，以及在核附近的电子密度(ED)的变化.因此ED图可以看成由原子互作用引起的ED变化的总效应.

分子的ED图在Born-Oppenheimer近似的基础上得到解释,这一近似认为电子在一个有效的稳定核电场中运动.这样核的库仑势由原子的平衡组态决定.电子的运动是自洽的,每一个单电子在所有其他电子的场中运动,每一电子的密度是波函数的平方:$\rho(\boldsymbol{r})=\psi_e^* \psi_e$.

到1993年用电子密度表示晶体的化学键的研究事例数约为600个.它们中包括有机、金属有机和配位化合物.研究过的晶体结构的类型很多:包括金刚石、石墨、Cu、岩盐、纤锌矿、闪锌矿、钙钛矿、刚玉、尖晶石、石榴石等等(图1.27,1.30).

在1.2.5节中已经说明:共价键按它们的分子轨道(MO)的对称性质进行分类.根据泡利不相容原理,原子对之间可能形成1个σ键、2个π键和3个δ键.我们可以假设增益干涉区和原子轨道重叠区重合,而缺损干涉区和反键MO重合.从图1.23可见,不被分享的电子对的MO局限在很小的范围内.

不同原子互作用形成离子键或离子-共价键时电子密度(ED)向其中一个原子移动.在$\Delta\rho$图上多余(正)的形变ED(在核之间的空间)显示为波函数重叠区中的峰,这和不被分享的电子对的局域相似.对离子键,正峰处于聚集电子的区域.负$\Delta\rho$区主要对应于电子的反键分子轨道和正离子.在核间的峰的形状和它的偏移可以用来估计化学键的特征.例如,共价π键通常沿键线拉长(1.2.6,1.2.7节;图1.32).在离子性相当高的键中,$\Delta\rho$峰移向带负电的原子.

作为一个例子,我们讨论对硝普盐$Na_2[Fe(CN)_5NO]\cdot 2H_2O$的研究结果[6.97].复杂负离子中的Fe原子比C原子形成的赤道面高0.0815 nm,Fe原子与轴向位置上的亚硝基、氰基团和在赤道面上的4个氰基团形成畸变的配位八面体(图6.33).图6.33b的截面和分子平面重合.最小的$\Delta\rho$(~$0.4e/\text{Å}^3$)位于Fe原子位置上(Fe原子带正电).靠近Fe原子、垂直于z轴处有2个高为$0.3e/\text{Å}^3$的多余ED峰,Fe—N键上的$\Delta\rho$峰高$0.2e/\text{Å}^3$.还有$\Delta\rho$峰来自共价键Fe—C(I)、N—O和C—N.在N(I)原子后面,即在不被约束的电子对区域,观察到一个高为$0.16e/\text{Å}^3$的峰.由Fe原子d_{z^2}、$d_{x^2-y^2}$轨道(参与配合基间施主-受主互作用)形成的键上出现展宽的峰.一个Fe—N键可以看成是三重键,它显示为Fe—N线上的多余ED峰.$\Delta\rho$分布的其他特点也用MO进行了解释.

从实验$\Delta\rho$图可以得出结论:在硝普钠盐中的Fe原子处于低自旋态,这和磁性测量结果相符.下面分析刚玉型(Al_2O_3)化合物[6.98].它们的$\Delta\rho$图显示:在MeO_4四面体(图6.34)多中心部分共价键中,靠近O的$\Delta\rho$峰向第二配位球的正离子偏移.这一偏移说明:结构中有较强的静电离子互作用,它来源于O和金

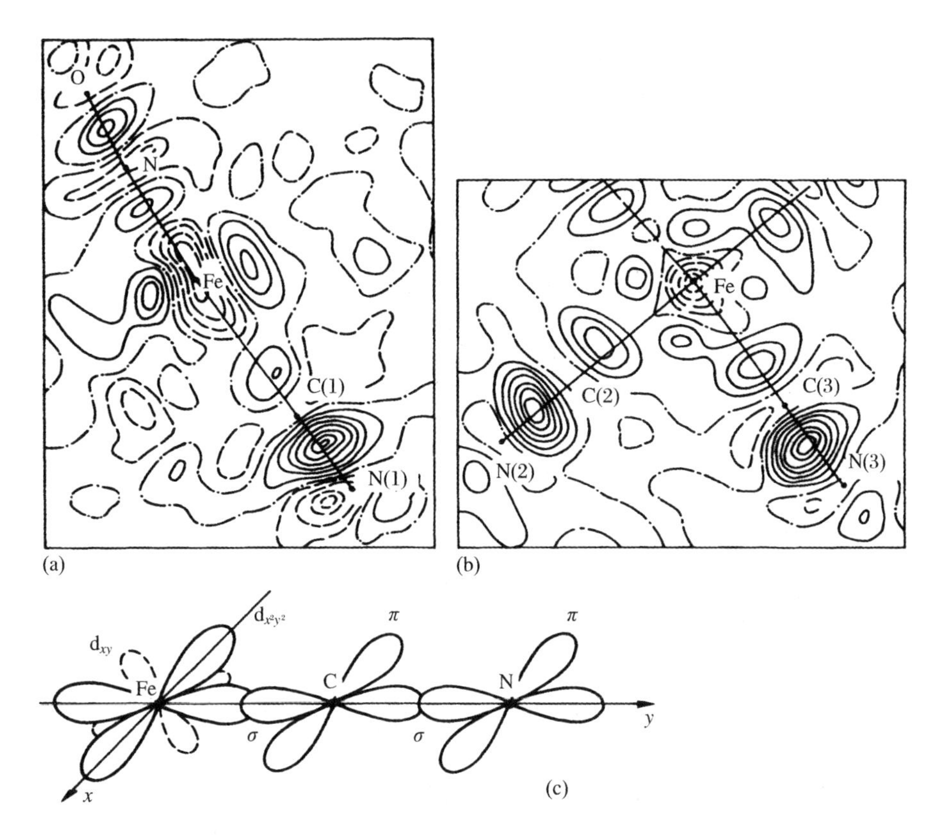

图 6.33 硝普钠盐 $Na_2[Fe(CN)_5NO]\cdot 2H_2O$ 的复杂负离子的形变电子密度

(a) 和晶体学面 m 重合的截面；(b) 通过赤道配合基的截面，画出了中心原子和赤道配合基间的化学键. 图中实线和虚线分别联结多余和缺损电子密度 ED，线间差别是 $0.1e/\text{Å}^3$

属正离子的四面体配位发生了畸变. 刚玉型晶体 Ti_2O_3、V_2O_3 和 α-Fe_2O_3 是在 295 K 下研究的. 它们具有类似的金属-氧化学键. ED 向 O 原子偏移，$\Delta\rho$ 峰从连接核的线上稍有偏移，在正离子近旁的 $\Delta\rho$ 分布有所不同[6.99]. $\Delta\rho$ 图指出：在 Ti_2O_3 和 α-Fe_2O_3 中磁性离子间可能有直接的交换效应，它来自 $3d_{z^2}$、4s 和 $4p_z$ 轨道沿 c 轴的重叠. 形变 ED 的计算和晶体的基态的选择有关，体现在作为 $R_{球状原子}$ 函数的结构振幅 F 之中. 从化学键角度看，还有另一种处理 ED 的方法，它建立在 Bader 的分析 ED Laplace 量 $\nabla^2\rho(\boldsymbol{r})$ 的量子拓扑理论上[6.100, 6.101]. 在共价键形成时沿连接原子的线上 ED 的曲率趋于零，但同时在其他两个方向上曲率增大. 因此，在一个共价键附近 $\nabla^2\rho<0$. 而在离子键的核之间的空间中 $\nabla^2\rho>0$.

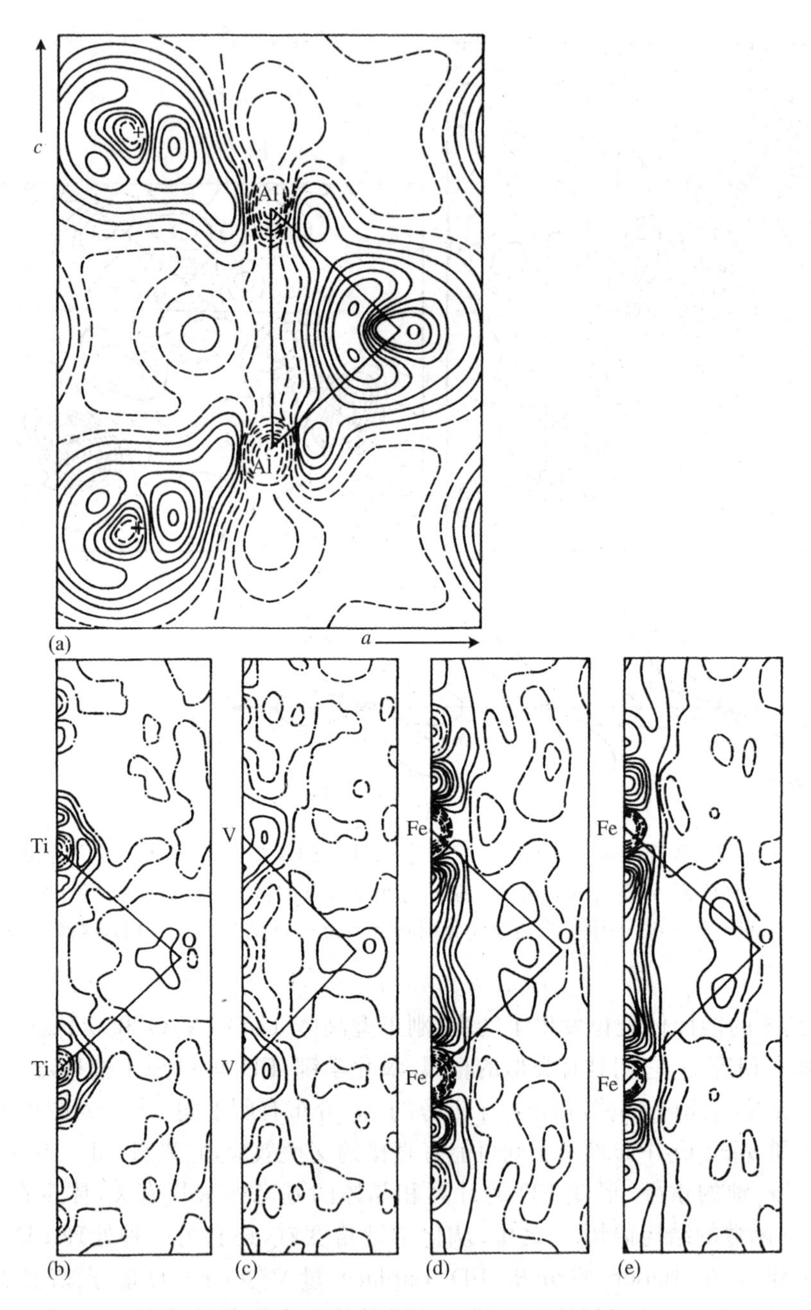

图 6.34　具有刚玉结构的一个半氧化物的形变 ED

(a) α-Al_2O_3；(b) Ti_2O_3；(c) V_2O_3；(d) α-Fe_2O_3(295 K)；(e) α-Fe_2O_3(153 K)，轮廓线间距为 $0.05e/Å^3$(a)和 $0.2e/Å^3$(b)—(d)

从X射线结构振幅计算电子密度ED Laplace量的方法有三种[6.102]. 一是对级数终端效应最小化的傅里叶方法求微商. 二是把ED表示为$\Delta\rho$和球状原子ED之和,并对两项都求微商. 三是利用多极模型的特征对ED Laplace量进行计算. 最后的方法具有明显的优越性,因为它几乎完全消除了晶体中的热运动效应.

从形变ED和从ED Laplace量导出的化学键的特征是相当一致的[6.102]. 例如在氟化物CaF_2中,$\Delta\rho$图显示出ED向负离子的显著的偏移,这是离子键的一个特征(图6.35). 在Ca—F核间距离的中点,$\Delta\rho$是极小($0.1e/Å^3$)的,ED Laplace量具有正值. 这样,氟化物中的化学键可以客观地表征为离子键. 从多种硅酸盐的研究中已经确定:硅的离子性的范围是$0.85e$—$2.3e$,金属离子和带负电的氧负离子的离子性范围是$0.8e$—$1.5e$.

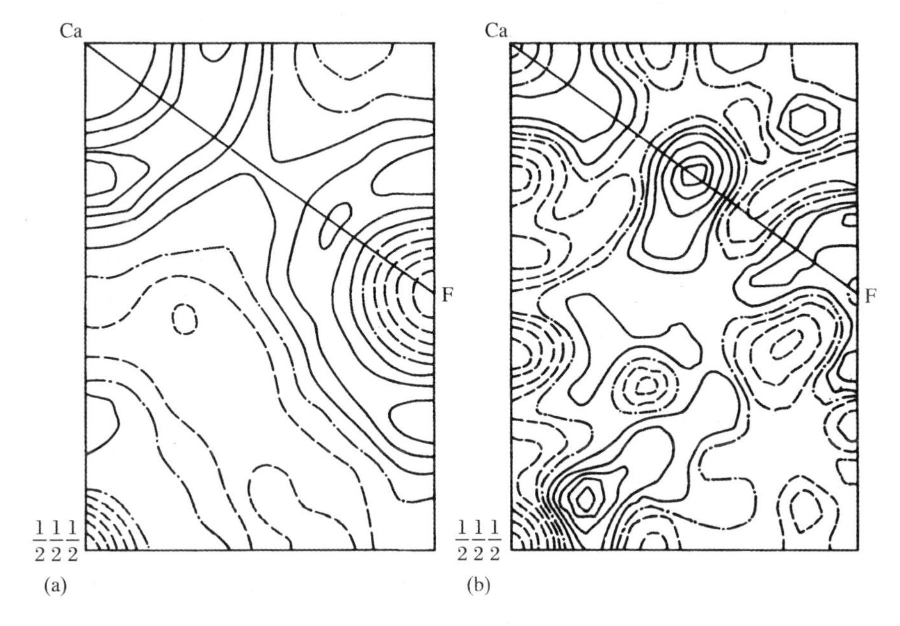

图6.35　CaF_2(110)截面的形变ED(a)和ED Laplace量(b)

等值线间距:$0.1e/Å^3$(a)和$10e/Å^3$(b),在ED Laplace量图上实线对应此函数的正值

Tsirelson等[6.99]提出,由于离子键中转移电荷相当散漫,对离子键转移量的可靠测定是相当困难的,特别是在晶胞小的场合.

离子键中正或负电荷原子的离子性可以用电子衍射方法测定(文献[6.5],4.8.3节),因为离子性对核和原子壳层间的电荷的差别特别敏感. 例如,发现MgO中Mg的电荷是$+0.9e$,O的电荷是$-1.1e$,在CsBr中Cs的电荷是

$+0.4e$,Br 的电荷是 $-0.6e$[6.94].

6.7 有机晶体化学

下面介绍的近期进展是对 2.6 节内容的补充.

6.7.1 有机结构

晶体原子结构的已测定数估计为 70 000 个(图 6.1). X 射线分析的主要目标是测定晶体中分子的空间结构和构型,对分子的堆垛也很有兴趣. 有机结构的主要分类和有机晶体化学的原理已经在 2.6 节介绍过. 下面我们介绍近年来得到的新结果.

6.7.2 大有机分子

当前的重要研究领域之一是对分子质量为 1—3 ku 或更高的大有机分子的研究. 可以方便地利用直接的方法获得含几十个非氢原子的"小"有机分子的结构. 然而对上述大分子,不能用直接法立即得出结果,因为这种任务已经到了这些方法的极限. 同时,"重原子"方法和同形替换方法(如在蛋白质研究中的方法)也不能随意应用.

一个实例是疏离子的抗生素——短杆菌肽 S 和 A 的结构测定,两者的重要性是它们具有透过细胞膜的离子通道的功能. 前者是环状十肽 cyclo[-(Val-Orn-Leu-DPhe-Pro)$_2$-], $C_{60}H_{90}N_{12}O_{10}\cdot 9H_2O$,它由 2 个重现的五肽组成,并包含 2 个 D 态苯丙氨酸残基. 后者是线状十五肽 HCO-Val-Gly-Ala-D-Leu-Ala-D-Val-Val-D-Val-(Trp-D-Leu)$_3$-Trp-NHCH$_2$CH$_2$OH,含有交替的 L 和 D 残基.

在带尿素络合物中的短杆菌肽 S 的近似结构模型测定于 1978 年. 1992 年研究得出了它的完整结构[6.104]. 晶体中的短杆菌肽分子具有 β 结构(图 6.36),它的轻度扭转的有 30 单体的环由 2 个反平行肽链组成,环的长方形截面尺寸为 0.48 nm×1.36 nm. 长方形的短边由脯氨酸和苯丙氨酸残根的主链原子组成. 分子长度是~2.3 nm.

分子的特异形态是:在分子环一侧的鸟氨酸残基的拉长的侧链形成特别的

触须.触须之一被最近的苯丙氨酸残基的羰基 O 原子处的 H 键固定,另一触须则是自由的.在分子另一侧存在的疏水性根基导致它的双极性.

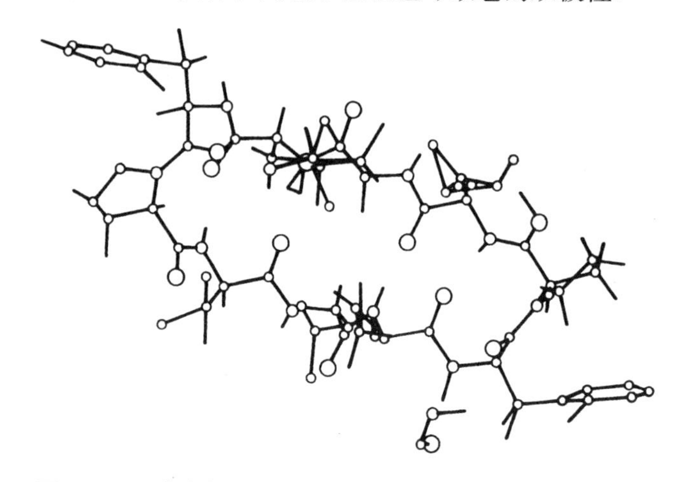

图 6.36 晶体中短杆菌肽 S 的分子构型,沿分子的赝 2 轴观察

每一抗生素分子的结构中有 20 个水分子,它的特征是具有一个复杂的 H 键系统.4 个环状交叉的 H 键使分子的伸长的构型稳定.

在晶体中,结构单元的堆垛有重要意义.分子围绕 3_1 轴形成的左旋双螺旋形成具有疏水的外表面和亲水的内表面(图 6.37)的沟道.沟道的外直径 3.0—

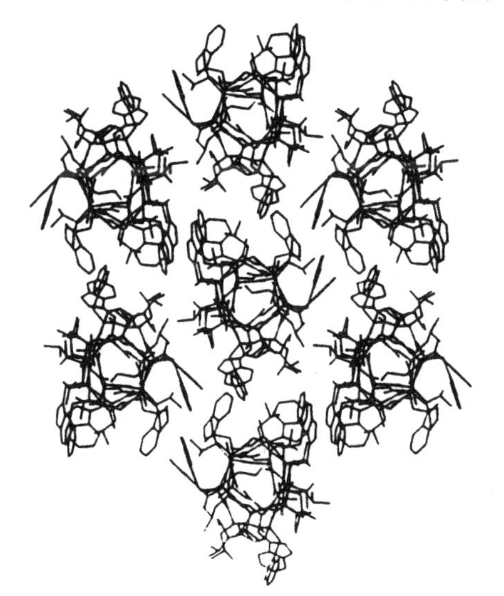

图 6.37 短杆菌肽结构中的通道,沿晶体 c 轴观察

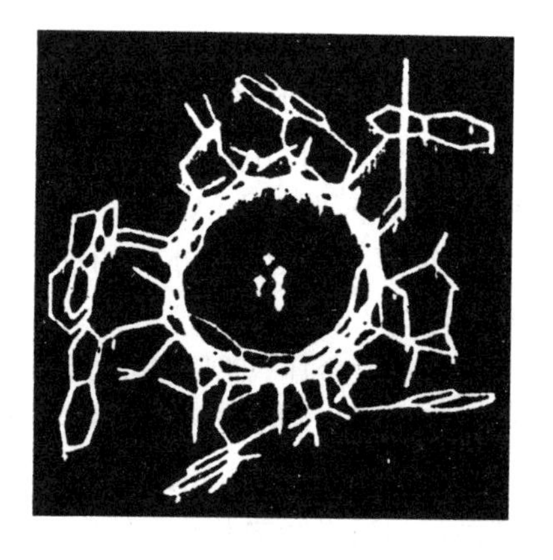

图 6.38 短杆菌肽 A 的结构中的沟道

3.5 nm,内直径可以在 0.33 nm 和 0.62 nm 间变化,这依赖于鸟氨酸“尾巴”的构型.这种沟道的形成有助于理解分子在离子传输中的作用.实际上,相当大的离子和粒子可以通过这些沟道,这和生物化学研究结果相符.

短杆菌肽 A 在晶体中形成左旋反平行双螺旋二聚体[6.105],每个螺距有 5.6 个氨基酸(图 6.38).螺旋总长度 3.1 nm,平均内直径 0.48 nm.它的内表面是亲水的,外表面是疏水的.离子通过沟道的条件是内直径的适当扩展,这时需要对双螺旋起稳定作用的 H 键的断裂和重组.在短杆菌肽 A 的 Cs 络合物[6.106]中二聚体链也形成左旋双绕螺旋,它的直径较大,每转动一周有 6.4 个残基.每个沟道包含 2 个 Cs 离子、3 个 Cl 离子,其次序是 Cl—Cs—Cl—Cs—Cl.

6.7.3　二次键

在 1.4.5 和 2.6.1 节中我们已经指出,分子间的键的主要类型是范德瓦尔斯键(表 1.10)和氢键.近年来已经发现,类似于氢键的互作用不仅是 H 原子具有的特征,也是另几个元素的特征.有人建议称这些键为“二次键”[6.107].和氢键类似,二次键也有方向性.它们来源于相邻原子的原子轨道的重叠.它们的键能(和 H 键一样)的重要贡献来自静电互作用.

非金属原子间的二次键已经研究得比较仔细.例如 X—S…O═Y 型的二次键在晶体中分布较广[6.108].它们的 S…O 距离是 0.18—0.30 nm,正好处在共价键长(0.168 nm)和范德瓦尔斯接触距离(0.32 nm)之间.

在一系列晶体的形成中卤素-卤素互作用有重要作用.例如非对称的含少量 Cl 原子的大有机分子的堆垛和对应的(用 CH_3 团代替 Cl 原子的)衍生物的堆垛是类似的,这些化合物还可以形成连续的固溶体.对含有大量 Cl 原子的小分子来说,Cl—Cl 互作用的贡献增大(二次键长 0.351 nm),导致例如 C_6Cl_6 和 $C_6(CH_3)_6$ 分子的不同的堆垛.

C—I…O 互作用在结合蛋白质和甲状腺荷尔蒙上有重要的作用,它体现在下列短接触中:例如 I…O 键长 0.296 nm,或 C—I…O 键长 0.161 nm 的发现,这个键处于甲状腺素 I 外环的前沿原子和前清蛋白 Ala 109 的羰基 O 原子之间[6.100].

在非过渡金属(如 Hg、Sn、Pb 等)化合物中二次键 M…X 的分布较广[6.110],这种类型显示出和 H 键有最强相似性.例如 Sn…Cl 二次键把晶体中的 $(CH_3)_2SnCl_2$ 分子连接成一根无限长的链(图 6.39).Sn…Cl 距离为 0.354 nm,比两者的范德瓦尔斯半径之和小～0.05 nm.与此同时,和 H 键中那样,二次键的形成使共价的 Sn—Cl 键伸长到 0.240 nm.

和 H 键相似的二次键还体现在 YC_6H_4XH 和 $YC_6H_4MR_n$ 系列化合物中:

X=O, S, N
M=Hg, Sn, Pb, Sb
Y=COR, NO_2, C_5H_4N etc.

氢键 H…Y 和二次键 M…Y 的形成引起红外(IR)和拉曼谱中振动频率 ν_{XH} 和 ν_{XM} 的减小以及相应的谱带的展宽.

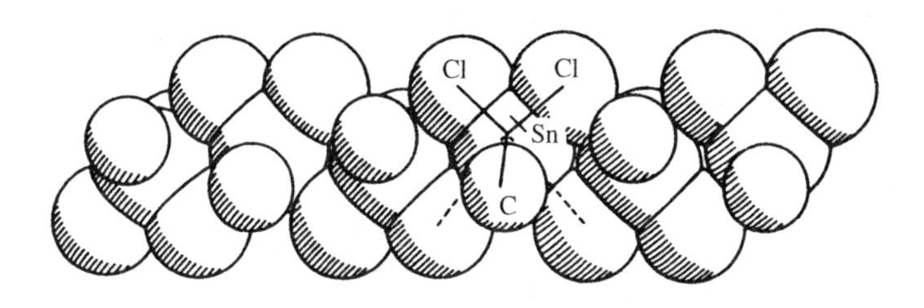

图 6.39 一根无限 $(CH_3)_2SnCl_2$ 链的结构

在几个后过渡金属如 Cu、Au 等的化合物晶体中，除了 M…X 二次键外，还常常可以观察到 M…M 互作用.

和氢键类似，二次键的键能也处于共价键和范德瓦尔斯键之间，这反映出二次键在物质化学反应过程中断开一个键，又形成另一个键的状态.这样一来，就可以对一套类似的晶体结构用一个共同的碎片去模拟化学过程.在这种碎片中，二次键长依赖于化学和晶体化学环境.这种对化学反应路程的图示方式曾被称为结构关联方法，目前它已得到广泛的应用[6.111].它在研究能量曲线平滑、激活能相当小的化学过程时最为有效.在这类系统之一中观察到了通常不在晶体中出现的 C…C 二次键[6.112]：

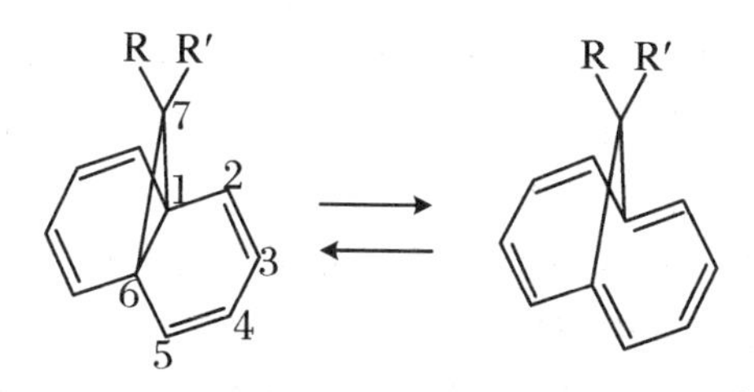

在所研究的具有不同的 R 和 R′的晶体结构中和不同温度的各种多形性变态中 C(1)—C(6)距离从正常的共价键键长 0.153 9 nm 变化到 0.226 9 nm，它们在不存在 C(1)…C(6)的吸引作用下由 C(7)原子处的四面体价键角测定.这一距离的中间值已被确定为 0.164—0.223 nm.

6.8 生物分子晶体的结构研究

本节综述了近期进展,作为2.9节内容的补充.

6.8.1 X射线大分子晶体学方法的进展

近年来研究过的生物大分子结构的数目显著增多.到1993年已有900多个蛋白质被研究过,如果再考虑它们的各种变态(带有不同的配合基和赝基底),此数目可达1 800—2 000.生物大分子结构测定本身就是一个重要课题,获得的结果还被广泛应用于生物分子和小分子(配合基、基底和药物)的互作用的研究,后者对医学研究特别重要.从发展蛋白质和基因工程的角度看这也是重要的.科学家们今天不仅研究生物大分子,他们还对大分子结构作精细的改变,例如替换蛋白质中某些氨基酸残基,以改进它们的酶作用,调整作用和其他功能.

对于分子质量为10—15 ku的小蛋白分子,分辨率已经达到0.1—0.13 nm[6.105],从而可以显示个别的原子(图6.40).对于较大的蛋白质分子,分辨率为0.2—0.25 nm的方法可以解决提出的问题的主体,如它们的三级结构和蛋白质功能的关系.对于很大的蛋白质分子也开展了研究.广泛进行了大分子相互作用的研究.例如带有不同互作用的蛋白质的DNA复合体被结晶出来进行结构测定,从而得出了这些复合体的功能的结论.

生长生物大分子的方法得到了发展.除了普通的方法,还出现了特殊的监测结晶过程的自动化系统.在微重力下生物分子的结晶过程已经在自动的或人工驾驶的宇宙飞船上进行过研究[6.113].

研究大分子晶体学的X射线衍射方法,特别是和同步辐射应用和位敏探测器有关的方法得到了迅速的发展[6.114].

同步辐射有助于人们研究晶胞很大的晶体,它可以记录几十万个衍射束,用来研究例如尺寸为40—100 nm的病毒晶体.

蛋白质含有金属原子时,同步辐射可以提供这些金属吸收边近旁的各种波长,从而可以利用异常散射确定结构因子的相位[6.115].

同步辐射还可以被用来研究蛋白质中的快速过程(利用时间分辨X射线方

法).各种生物过程的速率大体上表示在图 6.41 中.从图可见,把同步辐射 X 射线方法应用于这些研究的前景是很有希望的.

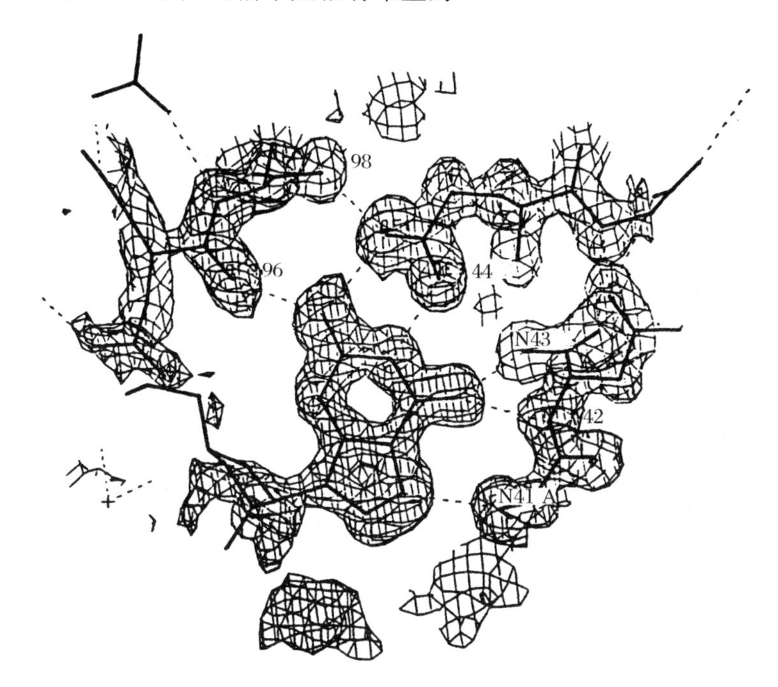

图 6.40 带 pGp 络合物的核糖核酸酶 Pb_1 的电子密度图(局部)
分辨率为 0.124 nm

利用经过扭摆器磁体出射的特高强度、波长范围宽广(0.02—0.2 nm)的同步辐射谱使劳厄衍射图的获取时间缩短到毫秒(ms)量级,数据收集速率可以达到每秒 100 000 个衍射强度或更大(图 6.42).

蛋白质晶体学的主要方法仍然是多重同形替代法(MIR),但重要的是,分子替代方法建立在转动和平移函数的计算之上[6.117].其次,蛋白质结构因子的相位的精化已建立在蛋白质分子堆垛的非晶体学对称性的基础之上.

在确定蛋白质晶体结构因子的相位时利用溶剂拉平法是有帮助的,这种方法考虑了晶体的一些区域中填充溶剂引起的电子密度的变化[6.118].

蛋白质结构精化的方法正在得到发展.通常认为:利用最小二乘法技术精化原子坐标时要对被精化的各个参数进行至少 10—15 次观测.通常,高质量的蛋白质晶体允许对每个参数进行 6 次观测,可以达到约 0.20—0.15 nm 的分辨率.因此,蛋白质精化中“观测”的次数被人为地增大,方法是:读取高精确度的氨基酸和肽的结构数据,例如原子间距离、键价和转角等数值,从而可以认定标准几何参数和观测几何参数的绝对等价性(约束精化法). 目前约束精化法仅在低分辨率下得到应用. 为了在更高的分辨率下运行,需要对约束精化引入一定的权重框架(管制精化法). 精化既可以在实空间,也可以在倒易空间进行(CORELS 方法). 管制精化方法的常用程序是 Hendrickson-Konnert 和 Jack-Levitt 程序(PROLSQ). 在这一类程序中下列 X 射线项: $\sum(F_{实验} - F_{计算})^2 + \sum$(几何项),例如 $\sum(d_{实验} - d_{理想})$ + 角度项 + … 各带有各自的一定权重被同时极小化. 这里的几何项还可以替换为"能量"项,如应力、键角等.

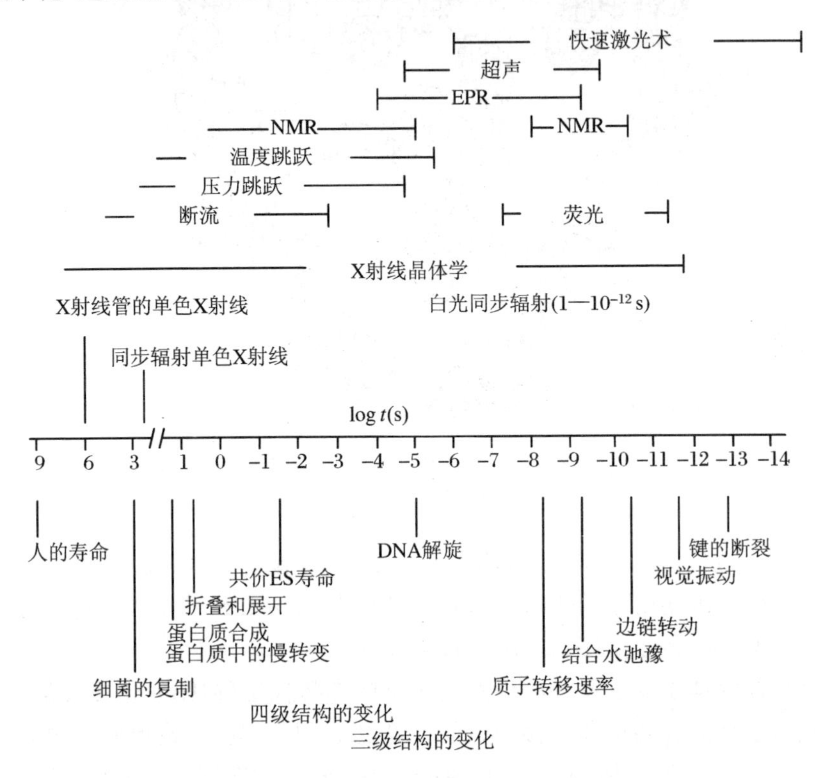

图 6.41　各种生物过程及其研究方法的特征时间间隔[6.116]

在实空间对结构精化时,通常的 $F_{实验}\exp(\mathrm{i}\alpha_{计算})$项的合成被替换为以下各个相差项的合成:

$$(2F_{实验} - F_{计算})\exp(\mathrm{i}\alpha_{计算})$$

这种合成还被快速傅里叶变换(FFT)程序应用于结构振幅的计算[6.119,6.120]. 结构精化时也可以应用分子动力学方法(文献[6.5],8.3 节).

广泛使用的方法还有:在 0.3—0.35 nm 到 0.25—0.2 nm 范围内连续展开

的衍射数据基础上的相位确定方法，使用此方法时须要考虑到分子的构型特征.

图 6.42 灵杆菌内核晶体的劳厄像
波长范围 0.05—0.25 nm，用 DESY - Doris 同步辐射得出（经 H.D. Bartunik 同意）

大多数结构测定操作和数据表达都通过计算机图形进行. 计算机图形可以用来分析电子密度分布，用原子模型来解释电子分布（ED）以及达到原子模型和 ED 的最佳符合（FRODO 程序）. 从而测定原子间距离和键角，分析分子中疏水基团和带电基团的位置，提出蛋白质分子和基底分子间的互作用，并且对相关的蛋白质的空间结构进行比较. 对蛋白质空间结构进行预言的各种理论正在得到发展. 表达生物分子的表面结构和内部结构的各种计算机图形方法正在不断地产生.

6.8.2 核磁共振(NMR)法研究蛋白质的结构

近年来，NMR 已经被用于测定生物分子（蛋白质、核酸和脂糖类）的结构[6.121]. 和 X 射线晶体分析不同，NMR 在溶液中研究分子.

许多原子，包括氢原子（^{1}H），都具有磁矩. 在强磁场中，这些原子的自旋沿磁场取向.如果样品受到短而强的射频场的作用,自旋的取向发生混乱.回归起始状态的过程伴随着某一特征射频的辐射.每一个^{1}H 原子具有的特异谱和周围的原子和原子间距离有关.

NMR 谱技术的进展使大分子结构的 NMR 测定成为可能[6.122,6.123].

在一维 NMR 实验中所有自旋被同时激发,在脉冲后立即测量磁感应的自由衰减.衰减过程的傅里叶变换产生一个一维的 NMR 谱.在二维 NMR 实验方法中,利用的是脉冲初始激发时间和登录时间的时间间隔,以及一个或一系列改变自旋系统中间状态的射频脉冲.得到一系列初始脉冲和随后脉冲之间不同时间间隔的实验结果.二维傅里叶变换将数据转变为一整套分立的频率数值,它们依赖于磁感应的自由衰减随延迟时间和登录时间的变化.通过此方法得到二维的 NMR 谱.这种谱既包含一维 NMR 谱的峰,又包含对应两个自旋互作用的峰.可以改变脉冲序列以获得自旋系统的互作用信息.

从^{1}H 原子可以获得两类 NMR 谱.关联谱(COSY)给出两个通过 1 个或 2 个 C_{α} 或 N 原子共价结合起来的质子之间的距离信息.核奥弗豪塞(Overhauser)效应(NOE)谱可用来观测空间距离小于 0.5 nm 的质子之间的互作用.COSY 谱包含一个氨基酸残基中质子间的互作用信号,从而可以用来鉴别残基的类型.而 NOE 谱还包含相邻键的相近残基间的质子互作用信息.

通过起始系列数据的帮助鉴定 NMR 谱的信号后,通过对表征 α 螺旋和 β 片层不同组元的 NOE 谱的分析,可以确定蛋白质的二级结构.

NOE 谱中的信号强烈地依赖于相互作用的质子间的距离(与 $1/r^{6}$ 成比例).此时可以把谱中见到的信号按其振幅区分为 3 种类型.相应地,可以把质子间的可能的距离(从 0.18 到 0.5 nm)分为 3 个区间.在这些数据的基础上研究对象的质子之间的距离方阵可以推导出来.因此,在蛋白质 X 射线实验中看不见的氢原子在 NMR 实验中可以作为结构测定的参照点.距离 H_i—H_j 被显示在正方的方阵中,对角线上的距离由一维 NMR 谱得出,其他峰从二维 NMR 谱得出(图 6.43).

待进一步精化的初步模型可以在二级结构信息的基础上建立.单独的 NMR 数据基础上的结构测定是可能的,但是有了结构的 X 射线模型可以使任务的完成方便得多.在结构精化的各种方法或分子动力学软件的计算(8.3 节)中,被看成一个单项的质子间距离方阵已得到应用.这种精化的结果是得到一套类似的结构模型,它们都能相当好地满足质子间距离方阵(图 6.44).通过随后的能量精化对这些模型进行平均可以得到一个平均模型.对 X 射线结构分析数据进行 NMR 精化得到的原子坐标的均方根差一般为 0.1—0.2 nm.

最近,NMR 方法已被用来测定了约 100 个蛋白质结构.

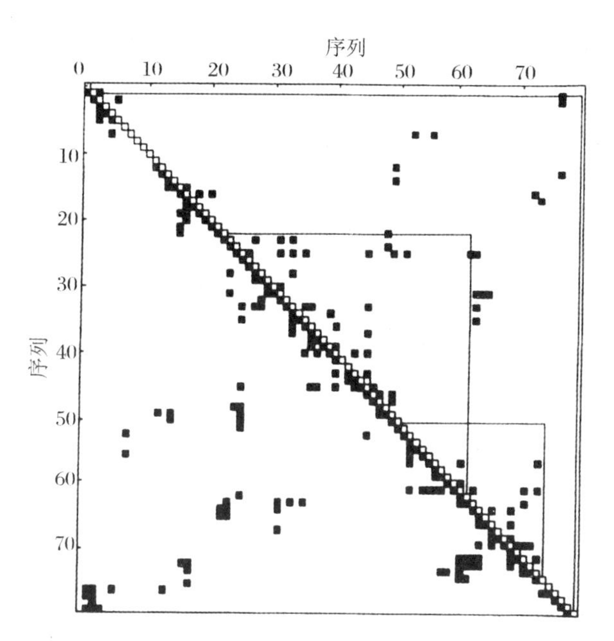

图 6.43 人纤溶酶原的“环饼”4 畴的残基间的 NOE(核奥弗豪塞效应)图

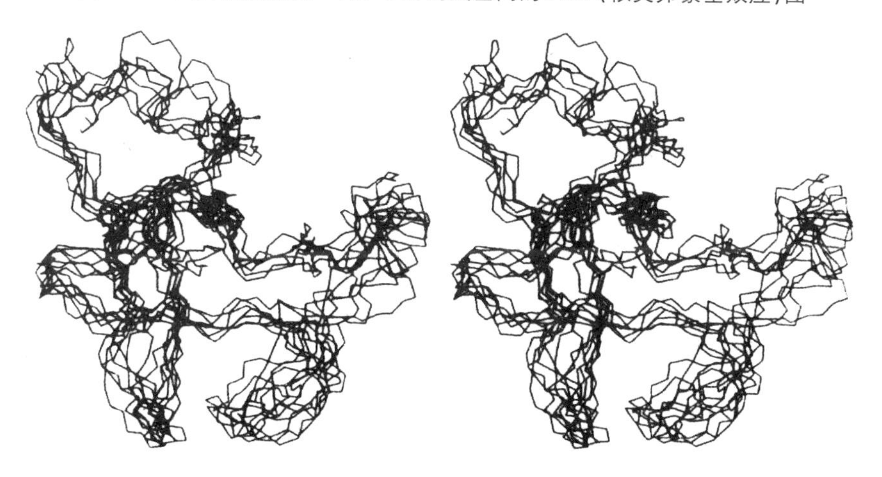

图 6.44 人纤溶酶原“环饼”4 畴的几何(7 间距)结构的立体像[6.122]

这个方法受到的主要限制有：质子数目的限制，即被研究的蛋白质中残基数目不超过 100；需要的蛋白质溶液的浓度高(1—2 mM 量级)没有分子的聚集；要求蛋白质溶液的 pH 值小于～6.

这个方法目前的改进方向是：同位素标记、二维 NMR 向三维扩展，以便研究有 200 个或更多残基的蛋白质.

6.8.3 蛋白质分子动力学

生物大分子晶体的X射线结构分析提供的是电子密度按时间和空间平均的图像.蛋白质结构精化得出的原子坐标值是原子的优先位置和距离.一个蛋白质分子是一个动态构成,虽然价键联结的原子间距离是相当稳定的,但绕单键的转动、相邻链上原子之间的弱范德瓦尔斯键等因素使链分子内的运动和侧链氨基酸残基的运动比较自由.在X射线衍射图样中这一点可以显示出来,因为蛋白质晶体通常有一个很大的温度因子 $B=8\pi^2\ \overline{u^2}$,它经常大到10—30—50 Å^{-2}.这相当于原子离平衡位置的均方根位移 $(\overline{u^2})^{1/2}$ 约为0.36—0.62—0.80 Å,这比常规有机分子中的对应值大得多.X射线数据显示,分子的不同部分的热运动是不同的(图6.45,另见彩页2),即它们可以区分为"冷"区、"温"区和"热"区.冷区的原子通常形成分子的疏水核.温区和热区是原子更活动的区域.热区常处在分子的表面,此外和基底结合的位置(活性中心)也常是"热"的.

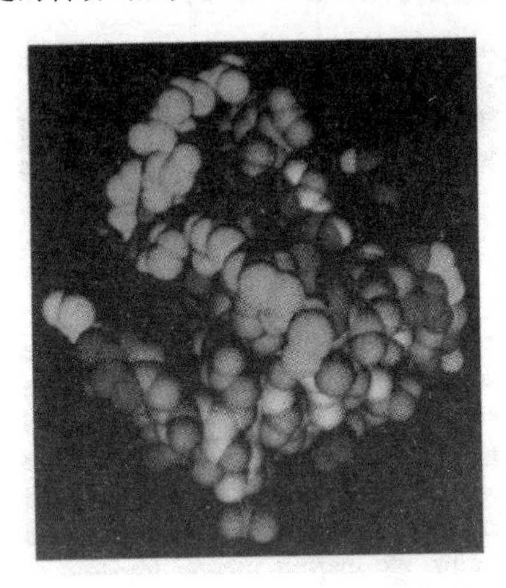

图6.45 核糖核酸酶 C_2 的原子模型,不同彩色表示不同的均方根位移
蓝:$B<10$ Å^2,$(\overline{u^2})^{1/2}<0.36$ Å;绿:$10<B<20$ Å^2,$0.36<(\overline{u^2})^{1/2}<0.50$ Å;红:$20<B<30$ Å^2,$0.50<(\overline{u^2})^{1/2}<0.62$ Å;黄:$B>30$ Å^2,$(\overline{u^2})^{1/2}>0.62$ Å[6.123]

当链中相邻原子由价键结合时,它们的振动是相互关联的.因此,图6.45显示的是一种核糖核酸酶的平均图像,它应该被理解为一套相似的分子构型的叠合.

应当指出的是,X射线蛋白质晶体学中温度因子 B 和相应的 $(\overline{u^2})^{1/2}$ 的计算采用了各向同性近似(文献[6.5],4.7.8节),这里几乎不可能考虑振动的各向异性和非简谐性,而这两者在有机晶体和无机晶体结构测定中是可以考虑的.

蛋白质分子的分子动力学计算的初始模型是前面介绍过的它们的所有构型的平均结果.引入表征共价键长的弹性和扭转角的经验力函数.给出表示相邻氨基酸残基围绕单键的能量的参数,以及考虑相邻链上非价键结合的原子之间的范德瓦尔斯互作用力常数以及氢键能的力常数,特别是2.6.1节中的(2.5)—(2.9)式.再考虑每一个(共 n 个)原子的质量后解出整个系统的动力学牛顿运动方程.由于问题非常繁复,需要用强大的计算机完成计算.

蛋白质分子的振动频率约为 10^{13} Hz,相应的最相近的不同构型的特征时间间隔是 10^{-12}s,而绕共价键旋转的特征时间间隔约为 10^{-13}s.计算中的时间间隔也取为约 10^{-13}s,而总的"观察"时间是 10^{-11}—10^{-10}s.

这样得到的一套前后相继的蛋白质分子状态,如图 6.46(另见彩页 3)所示,和 NMR 方法得到的图 6.44(6.8.2 节)相似.在 α 螺旋主链内部的结构变化相对较小;这就是说,二级结构的这些单元可以看成是整体振动,而 α 螺旋的侧基团的活动性较大.

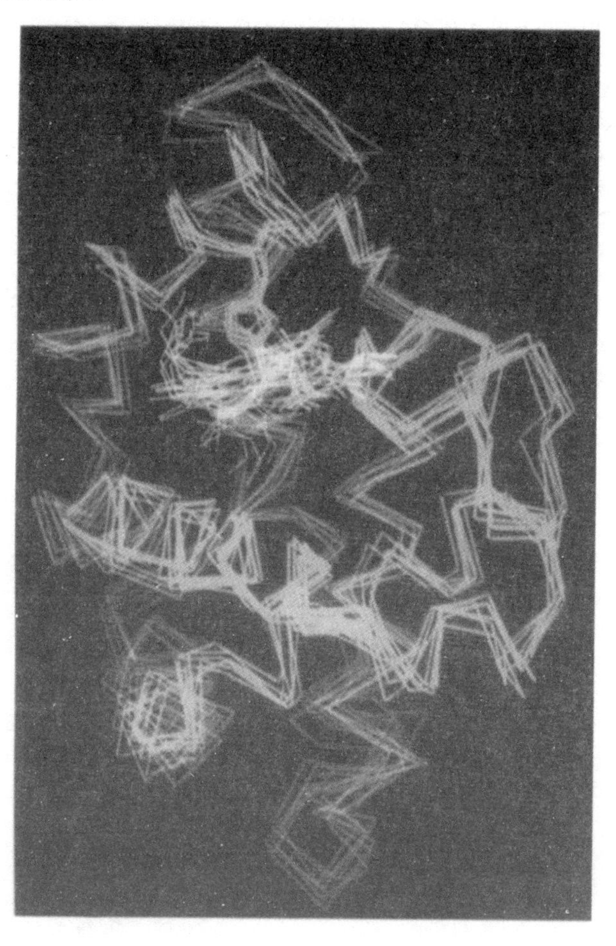

图 6.46 晶体中肌红蛋白分子的运动(分子动力学计算结果)

肌红蛋白结构相继运动状态(每次间隔 5×10^{-12}s)相继 7 次的叠加[6.124]

蛋白质动力学计算显示,分子内部的涨落约为 0.5 Å,和温度因子的 X 射线的数据相符,但在表面上的某些侧基团的涨落可以达到 2 Å(这里应该指出,在某些蛋白质链的终端区的运动如此之大或如此无序,使它们不能在电子密度的傅里叶图上被观察到).

值得注意的是,如果把分子看成平均原子位置的刚性骨架,有时候我们就难以跟踪穿透基底到达活性位置的路径,因为侧链氨基酸残基之间的路径太狭窄.但是,如果考虑了分子动力学,考虑了基底分子可通过蛋白质的散漫的侧链氨基酸残基,这一点就很清楚了(我们在考虑肌球蛋白或其他蛋白中 O_2 分子向血色素 Fe 的运动时也遇到同样的情况).此外,结构的涨落还可以促进基底分子单向进入活性位置的运动及产物从活性位置的移开.

在蛋白质分子动力学计算中,最常用的假设是蛋白分子是一个孤立的原子系,但有时候也可以考虑结合在蛋白上的溶剂水分子.通过动力学计算的帮助,我们可以模拟蛋白和基底的互作用和反应过程.在这种场合,须要在更长的时间内进行计算.为了便于计算,可以设定一个包括基底、活性中心和相邻的氨基酸残基的反应区.

动态模拟也被用来研究具有复杂的四级结构的蛋白质,例如用来分析酶反应和其他反应中的畴.

分子动力学方法的计算不仅可以用来对蛋白-分子行为进行构型分析,它还被用来对蛋白质初始结构模型进行精化.

分子动力学精化方法把分子的总能量 E 看成"X 射线能" $\sum(F_{实验} - F_{计算})^2$ 和模型的动力学能量之和,即 $E = E_{X射线} + E_{动力学}$.先把系统的温度升到 2 000—4 000 K,再慢慢"冷却"到 300 K,即实行"**模拟退火**"[6.125][还可参阅文献[6.5],(6.121)—(6.128) 式].显然,分子的这一高"温"并不和任何物理现实相对应.在高温下原子可能的位移可能达到 6—8 Å,从而很容易穿越局域的能量极小.缓慢冷却("退火")可以在上述组态空间产生总极小.这个极小和真实结构对应(X-PLOR 程序)[6.125,6.129—6.131].

用分子动力学精化蛋白结构的方法还可以用于 NMR 数据的处理(6.8.2 节).

6.8.4 大蛋白质的结构数据

下面介绍几个例子说明现代 X 射线方法如何测定很复杂的结构.

对糖原磷酸化酶的研究确定了这个很有趣的分子的许多功能[6.132].此蛋白的分子质量是 190 ku,由各含 842 个氨基酸残基的两个亚单元组成.

糖原磷酸化酶是一种同素(空间)异构酶.在第一步中它促进糖原

(glycogen)的分裂:

$$\mathrm{Glc}_n + \mathrm{P}_i \rightleftharpoons \mathrm{Glc}_{n-1} + \text{Glc-1-P},$$

这里 Glc_n 和 Glc_{n-1} 是 α(1—4)连接的葡糖基残基,P_i 是无机磷酸盐,Glc-1-P 是葡萄糖-1-磷酸盐.这个酶是糖原代谢过程的一个起关键作用的控制蛋白,并且受同素异构和共价变态的管理.

糖原磷酸化酶晶体的空间群是 $P4_32_12$;$a = b = 12.86$ nm,$c = 11.66$ nm,每一个不对称单元有一个亚单元.具有活性功能的二聚体的两个亚单元由一个二重轴连接.

由 6 640 个非氢原子组成的原子模型已经精化到 0.2 nm.图 6.47 是 T-态

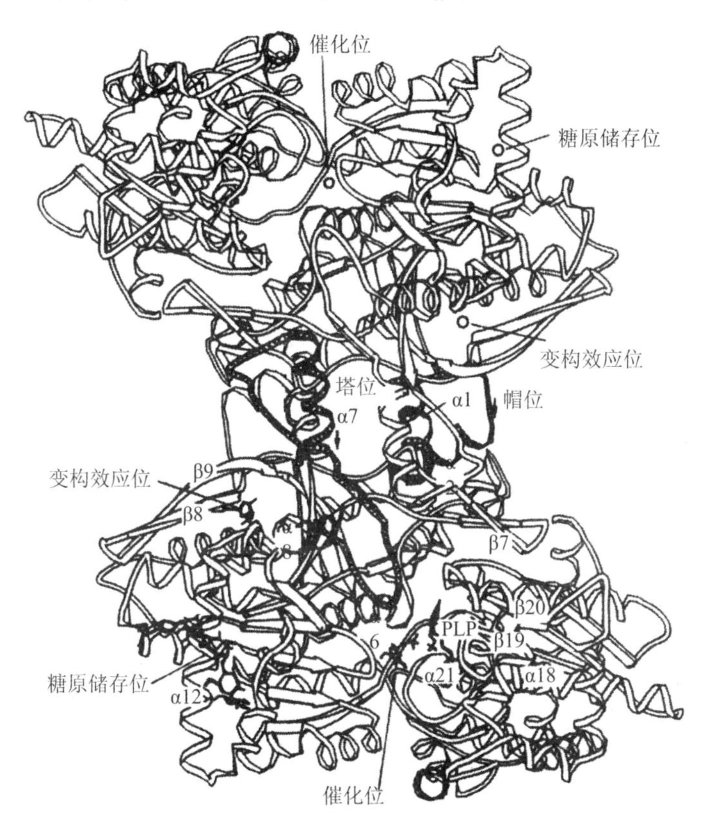

图 6.47 沿 2 重轴下视的 T-态糖原磷酸化酶 b 二聚体的带示意图

在下面亚单元的多肽链区,包括 α1、帽、α2 螺旋起点,环-帽- 280S -环和 α 8 螺旋起点已加上阴影.这些区域和连接 β7 和 β8 的环在亚单元-亚单元接触中有重要作用[6.23].

糖原磷酸化酶的结构图.在亚单元中可以区分出 3 个畴:N-终端畴,包含最初的 310 个氨基酸残基;糖原结合畴,含 160 个残基;C-终端畴,含 360 个残基.糖原磷酸化酶亚单元的三级结构具有的特征是2个伸长的β片层.其中的一个通过N-终端畴和糖原结合畴并含有7个β片层,另一个处于C-终端畴中并含有6个平行的β链.吡哆醛(与吡哆胺和吡哆醇合称维生素B6)盐辅助剂处于亚单元内的疏水部分之中,并通过狭窄通道和分子的环境连通.催化中心(c)位于靠近吡哆醛磷酸盐的亚单元的中心.同素异构抑制剂(N)的结合位置距催化中心约3.0 nm,此中心靠近亚单元间的接触区.糖原结合位置(G)位于分子表面.

对糖原磷酸化酶b晶体的时间分辨催化反应实验研究很有意义.实验是在Daresbury同步辐射装置上进行的[6.133].

研究的反应是催化位置上(吡哆醛磷酸盐附近)庚烯醇盐向庚基磷酸盐的转变.12种状态的系统的数据由照相法收集.实验中将活性物质注入晶体以触发反应(基底向产物的转变和引起的结构变化).收集一套数据的曝光时间是1s.电子密度的变化显示反应的进程,局域的分子结构变化由差分电子密度图表示.Arg569残基的移动得到确认(图6.48a).还观察到了同素异构和糖原结合位置的变化.

在另外的实验中用蛋白的劳厄像得到差分傅里叶图[6.134].晶体放置在恒温的流体槽中,3次曝光获得的劳厄相整套数据(加进配合基前、加进配合基中和加进配合基后)使用的角度设置不同.

数据收集时间是3 s.基底-寡糖(麦芽庚糖)贴附过程得到了确认.图6.48b是差分傅里叶图之一.

Michel,Huber,Daisenhofer等[6.136—6.138]进行的光化学反应复杂蛋白的结构研究有重要的意义.光化学反应中心是一个蛋白和色素复合膜,即一种能在光的作用下完成初始电荷分离的光合成膜.

光合成细菌视紫红假单胞菌晶体的空间群是$P4_32_12$,晶胞$a=b=22.35$ nm,$c=11.36$ nm.此蛋白包含4个蛋白亚单元:H、L、M和细胞色素-C-亚单元,它们的分子质量分别是24 ku、28 ku、35 ku和38 ku.细胞色素-亚单元由4个共价结合的血红素基团组成,L和M亚单元包含4个细菌叶绿素、2个细菌脱镁叶绿素、2个喹宁和非血红素铁作为辅基团(图6.49,另见彩页3).分子的总尺寸是3.0 nm×7.0 nm×13.0 nm.

反应中心的中央部分由含274和320个氨基酸残基的L和M亚单元组成.每个亚单元有5个长约4.0 nm的螺旋区.设想正是这些螺旋区和H亚单元的螺旋分支一起接触膜并通过膜.细胞色素-C-亚单元从膜周围的原生质方面覆盖L和M亚单元,它由332个氨基酸残基和4个血红素基团组成,其连接蛋白的方式和其他C-细胞色素相同.有人认为,起始的光合成反应导致电子从反应中心的一端(已获得正电荷)转向另一端.光子首先被一对特别的叶绿素分子

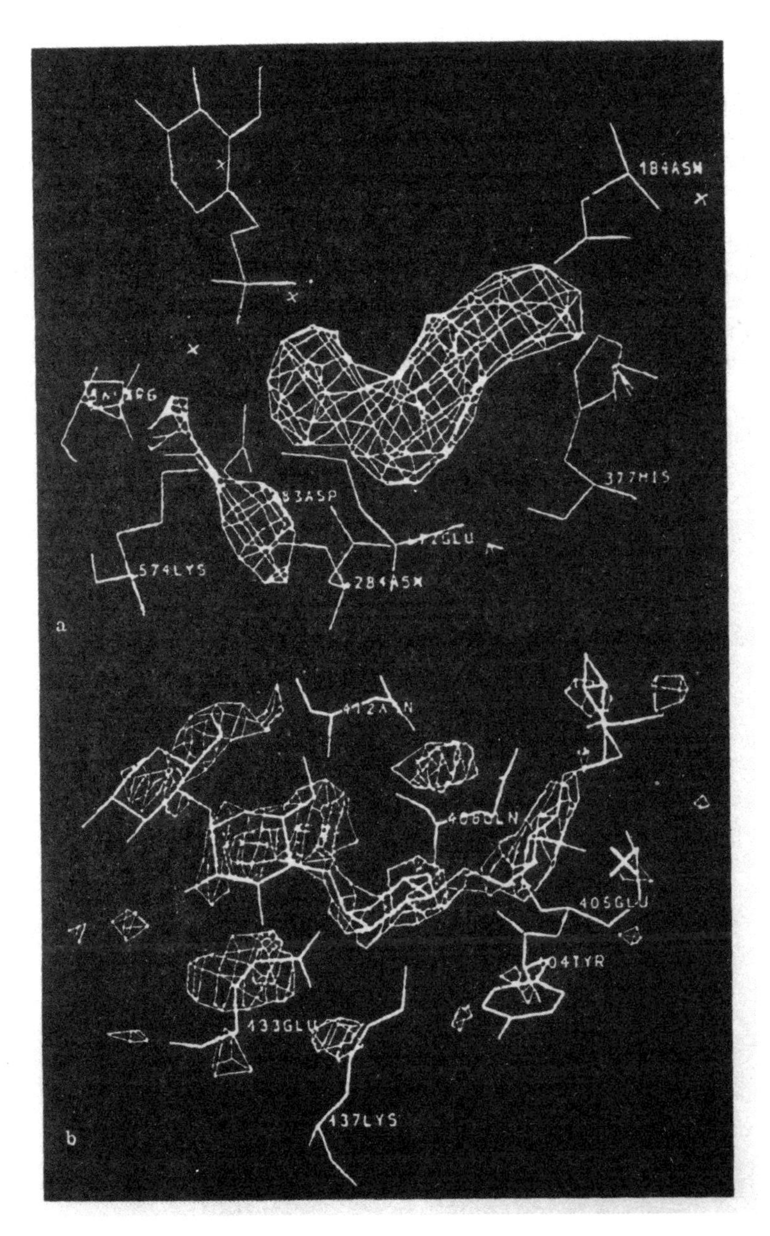

图 6.48 庚烯醇磷酸盐向庚基-2 磷酸盐转变的催化位置附近的差分傅里叶合成图(a)和在磷酸酶 b 晶体中显示麦芽庚糖的劳厄像差分傅里叶图(9029 个衍射)(b)

(a)中吡哆醛磷酸盐在左上方,指明 Arg569 移动的正轮廓线显然在左下方[6.126];(b)中 Glu433、Lys437 和 Glu408 的移动在寡糖两侧产生两个多余密度的碎片

吸收,光子的能量转移给“特别对”的电子.电子转移到脱镁叶绿素分子,再进而到达喹宁分子.在此阶段,在溶液中自由运动的细胞色素分子来到“特别对”的近旁并传送电子给它使之变成中性,细胞色素本身则获得一个正电荷.后来,转移到喹宁分子的受激电子通向第二个喹宁分子.积累的能量存于电荷的空间分离之中.

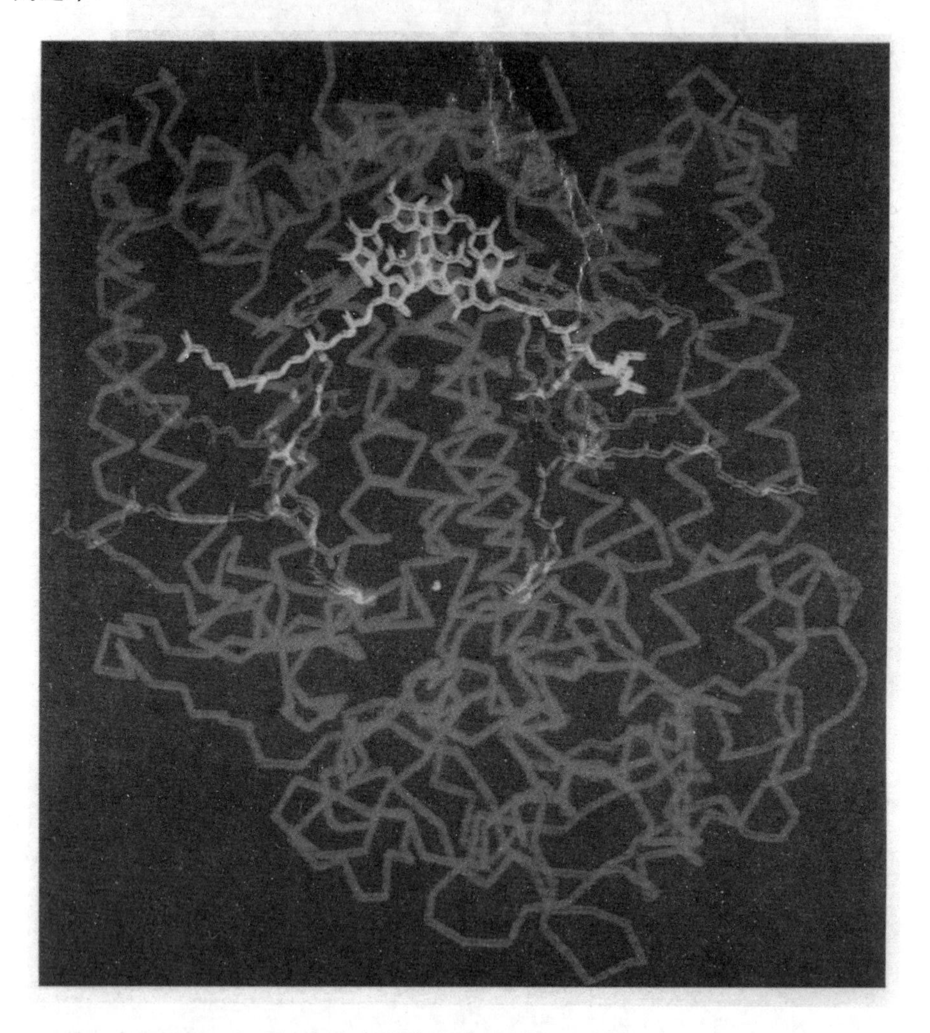

图6.49 细菌光合成反应复合物的结构

蓝.显示为骨架的蛋白链;黄.叶绿素分子的“特别对”,光合成反应的起始电子的施主;绿.叶绿素分子;紫.脱镁叶绿素分子;橙.喹宁;黄点:铁离子[6.139]

显然,这一不寻常的结构研究成为一些重要结论的基础,但光反应的全部机制还需要进一步的研究.

目前已做了许多大分子互作用的 X 射线研究.近来,对 DNA 和不同蛋白分子(Cro 阻遏剂、糖原皮质阻遏剂、透过剂等)的互作用进行了研究.这些研究中的样品通常是适当的寡核苷酸 DNA 和蛋白的结晶体.

这里的一个实例是 GAL-4-DNA 复合体[6.140].GAL-4 含 65 个残基,它是酵母录制激活剂的一个终端片段.此蛋白结合到对称的 17 基对的寡核苷酸上.在 GAL-4(能识别 DNA CCG 三重码)中的 DNA 结合区有两个 Zn^{2+} 原子.分辨率达 0.27 nm.蛋白片段结合到 DNA 的一定位置形成一个对称的二聚体.图 6.50(另见彩页 4)是 DNA 和蛋白间相互位置的示意图,图中二聚体处于水平位置.两个识别组件位于主要的凹槽中(相距 DNA 螺旋的 1 个半螺距)并集中于 CCG 三重码上方.蛋白二聚体的上部和下部分别含有一部分 α-螺旋和 2 个金属原子,并且分别进入各自的 DNA 区.

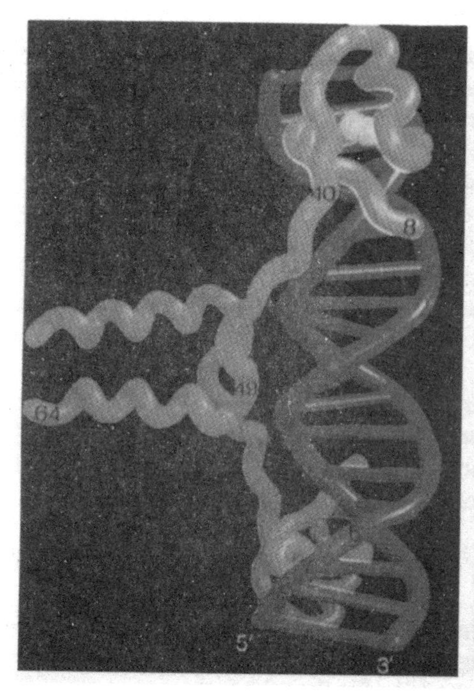

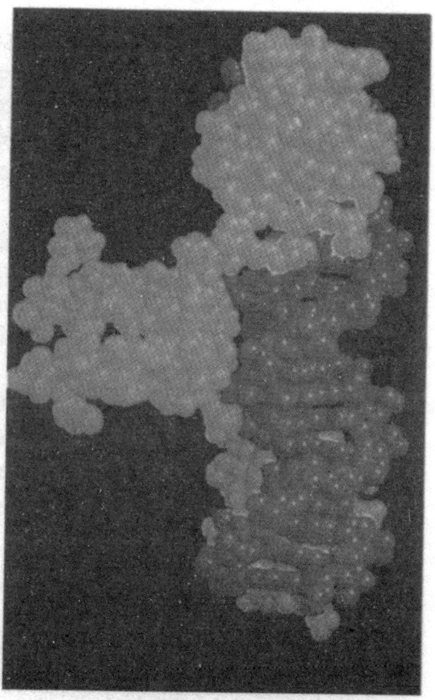

图 6.50 GAL-4-DNA 复合体的结构

蛋白残基(蓝)已标上数字.DNA 识别组件由 8—40 残基组成.金属原子为黄色,DNA 为红色.(a)起始图;(b)空间填充模型[6.140]

这种 X 射线研究提供的大分子互作用的完整图像的框架是任何其他方法

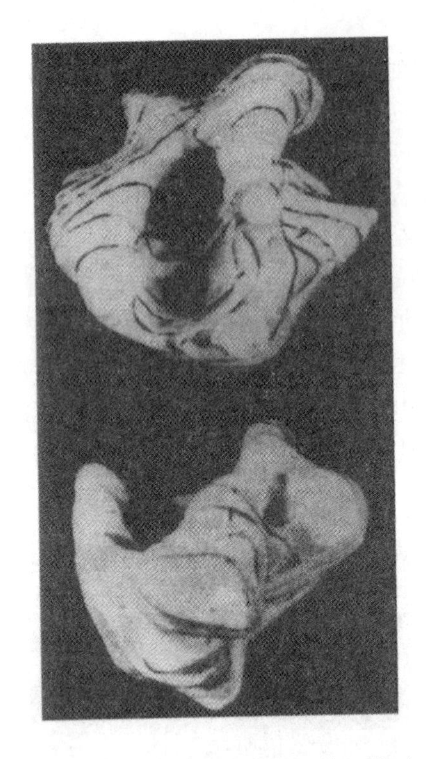

图6.51 大肠杆菌核糖体亚单元模型(上)70S;(下)50S.由三维图像重构方法获得.和图2.161和2.162比较[6.141]

无法提供的.

6.8.5 核糖体的X射线研究

近年来进行了不少研究以便获得核糖体70S晶体结构和核糖亚颗粒的50S和30S结构[6.140].这些巨大分子构成的晶胞尺寸相当大,例如温泉菌核糖体晶体的空间群为$P422$,晶胞尺寸是52.4 nm×52.4 nm×30.6 nm,实验分辨率达到1.5—2.0 nm.晶体对辐照很敏感.使用了低温X射线晶体分析方法,晶体被急冷到约85 K,并在数据收集过程中一直保持低温.

相结构用电子显微像数据由三维重构方法获得(图6.50).这些相的测定还归功于X射线研究.图6.51是50S亚单元的三维重构图[6.142].

进一步的研究可以利用多重同形替代法.但是在这种场合下添加个别重原子的方法被证明对于核糖体这样巨大的分子质量是不够的,添加重原子团簇的探索正在开展.

6.8.6 病毒结构

近来的X射线分析对活有机体中病毒功能的理解有重要的贡献.目前除了2.9.6节中介绍过的*TBSV*病毒的结构外,还研究过二十多个二十面体病毒,包括植物、动物、昆虫和细菌病毒.

对蛋白质衣壳的原子结构的研究有助于解决合成基因工程疫苗的创制问题,这种疫苗和病毒表面按互补性原理发挥作用.

在2.9.6节中介绍过,病毒的表面的二十面体网格在网格可分成T个三角形时含有$60T$个亚单元.Caspar和Klug[6.144]检验了等同亚单元的准等价位置.目前已可以确定:对于外壳由几种(通常是3种)不同蛋白形成时,这样的规则也是正确的.这些结构可以看成是赝对称的,对它们来说三角形数被替换为赝对称亚单元数P.

$T=1$ 类型的二十面体外壳在天然病毒中难以观察到，它们大多数出现在病毒附属物中，如在烟草枯斑病毒（*STNV*）附属物中.

TBSV、南豆镶嵌病毒、*Blok Betetle* 病毒、萝卜皱叶病毒（*TCV*）属于二十面体外壳的 $T=3$ 病毒. 这种类型的衣壳常在植物同形病毒中出现.

遵循上述赝对称性规则的衣壳常在小的植物和人类同形病毒中遇到，例子是各种鼻病毒、脊髓灰质炎病毒、脚和口病病毒或门戈病毒. 它们的结构都已经知道. 位于非对称二十面体单元中的 3 个蛋白中的每一个具有 8 股反平行 β 带组成的桶状构型（图 6.52 和6.53）. 发现这些蛋白结构的主要差别在那些连接 β 股区的一些环中.

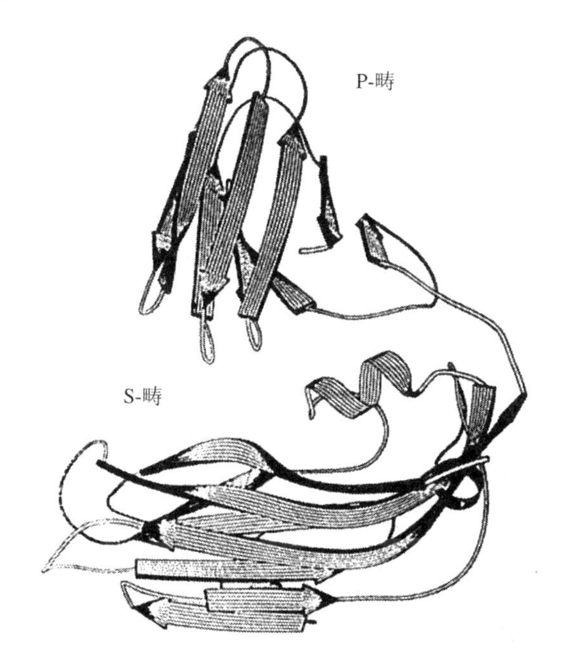

图 6.52 *CMtV* 的蛋白亚单元（亚单元 C）的带模型

不同病毒亚单元三级结构的相似性使我们在分析新病毒时可以用分子替换方法进行，并在随后的精化中利用好亚单元的赝对称性和衣壳的二十面体点对称性.

下面介绍植物病毒——竹斑纹病毒（*CMtV*）的衣壳结构[6.144,6.145]. 颗粒的直径 34.0 nm，分子质量约 8×10^6 u，20%的质量属于 RNA. 病毒衣壳由 $3\times60=180$ 个化学上等同的蛋白亚单元组成，分子质量 37 787 u，亚单元含有 347 个氨基酸残基. 衣壳结构的初始结构数据来自小角散射. 最适于研究的结晶态的空间群是 $I23$，$a=38.2$ nm. 用 *CMtV* 晶体在 DESY 同步辐射 EMBL 对外实验站收集衍射数据(用成像板方法).一套分辨率达 0.32 nm 的数据在 10 小时内从 4 个晶体得出.分辨率达0.35 nm的结构测定来自 107 000 个衍射.利用 *TBSV* 蛋白亚单元结构(图2.177d)在分子替换方法下进行计算.如同 *TBSV*,蛋白亚单元也由两个主要的畴组成:覆盖外壳的 S-畴和在病毒颗粒表面形成突起的 P 畴(图 6.52).畴由一柔软的三氨基酸残基链连接并有两种组态.化学上等同的亚单元 A、B 和 C 在 β 片层组态上的差别很小,在衣壳结构中它们围绕在赝 3 重轴周围(图 6.53,只画出了 S 畴).

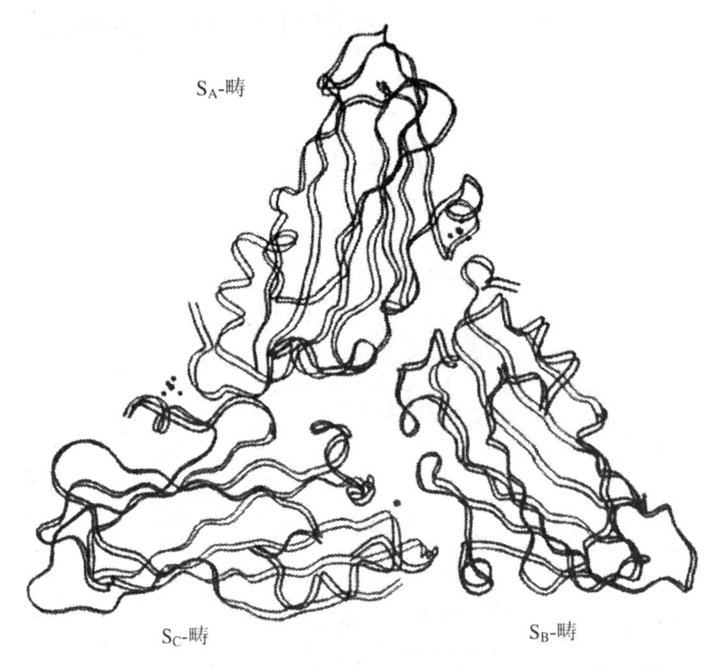

图 6.53　二十面体非对称单元 *CMtV* 的 S-畴,含 3 个准等价的蛋白亚单元 A、B 和 C

A/B 间和 A/C 间有 2 个硫酸盐离子,B/C 间有 1 个 Ca^{2+} 离子

衣壳的模型图见图 6.54(另见彩页 4).在电子密度图上可以看到一个锐峰,它被解释为 Ca 离子.S 畴是 8 股反平行的 β 桶加 2 个短的 α-螺旋区;P 畴是包含 2 个 β 片的三明治结构.

P 和 S 畴的结构和其他病毒的蛋白壳中发现的畴是类似的.有趣的差别是:*CMtV* 的一个 S 畴中缺少 N 终端的有序部分(80 个氨基酸残基),而在以前测定的所有病毒结构中都有此部分;这样形成了围绕二十面体三重轴的 β 环形结构.

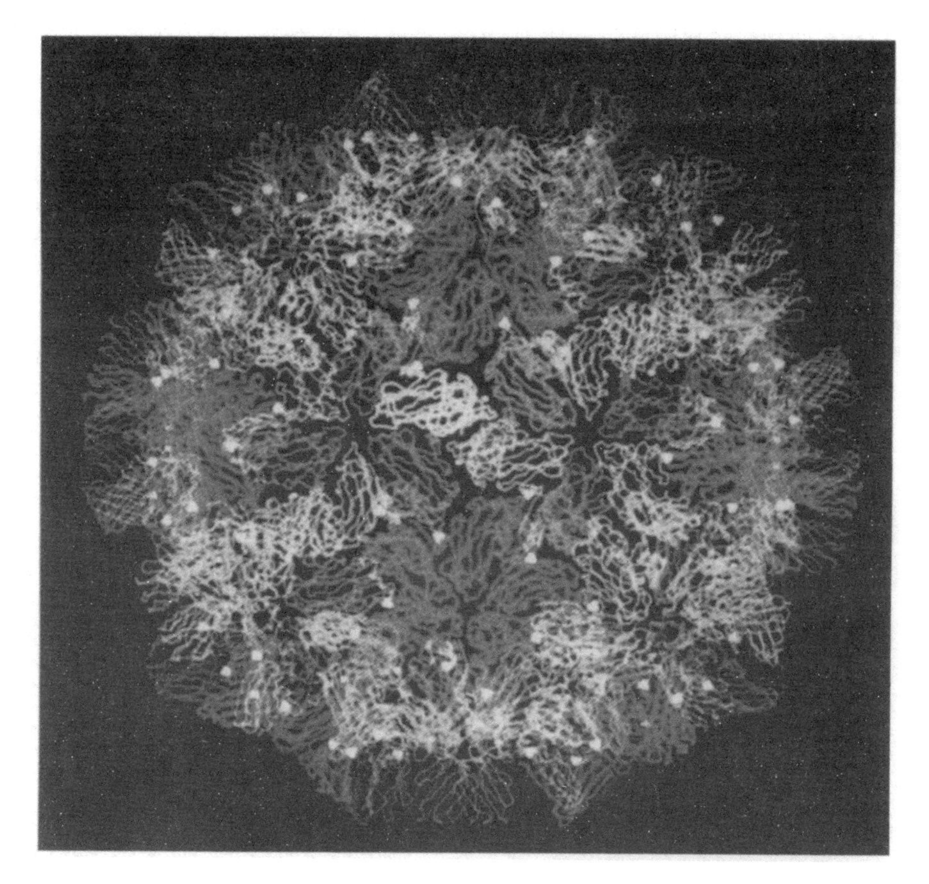

图 6.54 *CMtV* 外观

亚单元 A(蓝):组合成绕五重轴的五聚体;B(红):接近准二重轴的二聚体;C(黄):接近二十面体二重轴的二聚体

对小核糖核酸病毒族的不同代表进行 X 射线结构研究后,Rossmann[6.146]提出了病毒颗粒和主体细胞间互作用的“峡谷”假说.按照这一假说,病毒颗粒和细胞受主的互作用发生在绕颗粒的二十面体五重轴的“峡谷”区.和细胞受主结合的氨基酸残基位于峡谷底部,它们对有机主体免疫系统引起的抗体的影响是很保守和稳定的.这个假说使人们理解病毒颗粒具备有选择的感染活性,即使存在表面变异时也是如此.它还有助于人们估计细胞受主的尺寸和性质.Rossmann 和其他学者得到的结构有助于合成一系列药物,它们能阻止病毒颗粒对细胞的结合,封闭核酸的释放,即阻止机体中感染的传播.

应该指出,X 射线研究还不能测定病毒内部核酸的结构.晶体中的病毒颗粒具有相同的衣壳取向,利用它可以确定蛋白壳和它的亚单元的结构.与此同时颗粒取向相对颗粒内部是无序的. 迄今为止,核酸内部三级结构的电子密度显示为均匀的介质,虽然有时在接触衣壳的地方有具体结构的迹象.

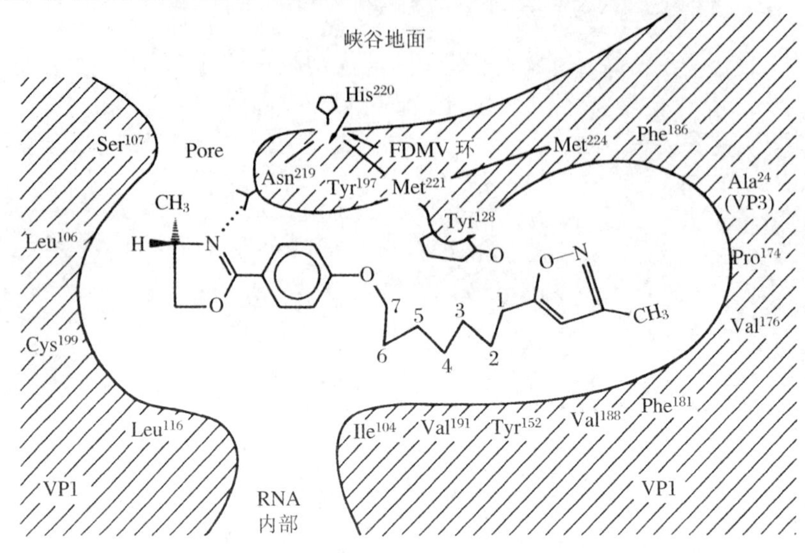

图 6.55 "峡谷"假说示意图,显示抗病毒药剂在 *HRV*14 中的结合位置

一个值得重视的工作是沿二十面体取向测定脊髓灰质炎病毒颗粒的平均的内部结构[6.146]. X 射线分析用的样品通常是完整病毒颗粒的晶体,但目前已有可能获得空的衣壳的结晶. 这种由 VP1 蛋白组成的脊髓灰质炎衣壳晶体显示出和病毒颗粒晶体是同形的[6.148]. 得到的 X 射线差分傅里叶图的分辨率为 2.5 nm. 衣壳含有 72 个五聚体,即 360 个 VP1 分子. 获得的病毒颗粒内部图像(图 6.56)显示电子密度几乎均匀,但出现 72 个伸展到蛋白衣壳五聚体内侧中心的管脚. 已知脊髓灰质炎病毒含有较小的蛋白 VP2 和 VP3,它们具有相似的结构. 电子密度图中的管脚被鉴定为这些蛋白. 颗粒的芯部由密堆的核小体组成(2.9.5 节,图 2.163). 在核组织蛋白芯部的 VP2/VP3 管脚的功能可能是指导蛋白分子的组合. 芯部内的序在按取向平均后自然显示不出来.

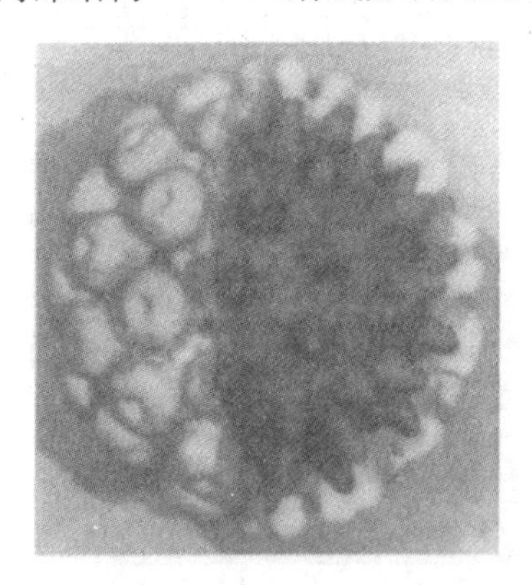

图 6.56 脊髓灰质炎病毒颗粒内部的电子密度图[6.146]

6.9 液晶中的序

下面介绍的新型液晶序是对2.8节内容的补充.

6.9.1 含极性分子液晶(LC)中的层状A多形性

我们已经知道液晶有3种主要的有序化类型:丝状、层状和螺状(2.8节).丝状相是最简单的有序化状态,其中长的杆状分子相互平行或反平行,但它们的质心的分布是混乱的.这是一种有取向性的液体,其中的短程序特征可以用X射线衍射方法测定.

层状相的变态甚多.层状LC由层组成.层中的分子和层的法线平行或和层平面形成一定倾斜角.可以用一定的周期 d 把层叠合起来,此周期 d 的值通常接近分子的长度.这就是说,这里出现了一维平移序.叠合层之间的相关性很小,即与层平面重合的方向上的关联性小或者没有(二维液体序,见图2.99).

近来得到了层状相新变态.它们是在形成层状相的杆状分子没有对称中心的情况下出现的[6.149].这种分子由终端带一个强极化基团(CN或NO_2型)的脂肪族链组成.在这种场合,除了层周期约为分子长度($d_1 \approx L$)的通常的A_1型层状相外,还发现了层周期 $d_2 \approx 2L$ 的A_2型层状相(图57a和b),以及层周期 $L < d_2 < 2L$,和单个分子长度无公度的近双层的A_d型脂状相(图6.57c).在调制层状 $\widetilde{A}$ 相和 $\widetilde{C}$ 相中在垂直分子取向的方向上也出现调制密度波(图6.58).这时和通常的层状液晶不同,由极性分子组成的层状相不是仅有一个,而是有两个特征长度:分子长度 L 和反平行偶极对的长度 L'($L < L' < 2L$),后者决定环境的局域极化态的复现周期(图6.57和6.58).

对带极化层的液晶中层状层的弹性畸变的能量最小化处理显示:无公度密度波和基波同时、共线的存在从能量上看是不利的.这一点和以下事实相符:在极化液晶相图中很少观察到有两个共线的无公度相(A_{ic}),即 $q_1 = 2\pi/L$ 和 $q_2 = 2\pi/L'$①.能量上更有利的是:和极化周期对应的结构矢量偏离层平面的法线

---

① 在液晶衍射的文献中倒空间矢量用 $\boldsymbol{q}$ 而不是用 $\boldsymbol{s}$ 表示[6.5].

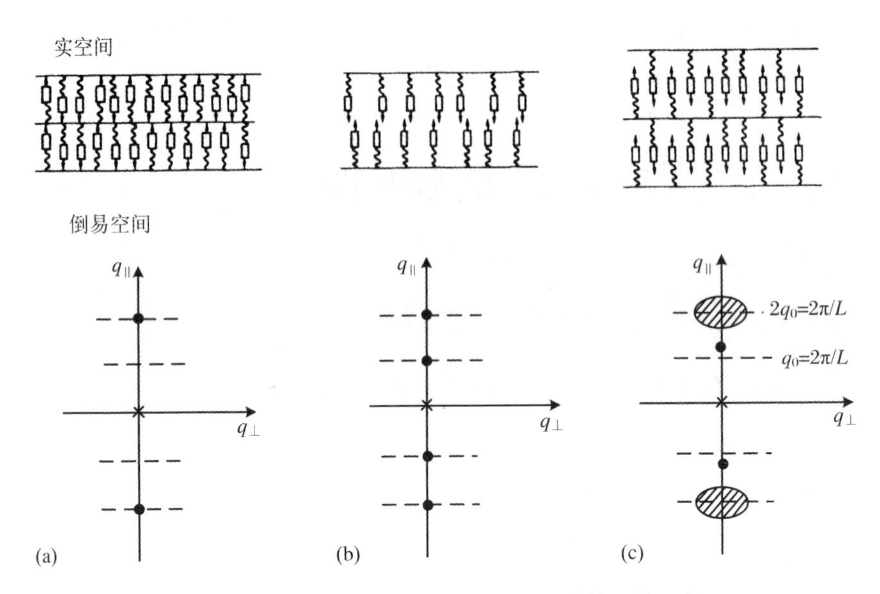

图 6.57 一端有强极化基团的分子形成的层状A相

(a) 单层 A_1;(b) 双层 A_2;(c) 局部重叠的 A_d 分子. •布拉格衍射,○漫散射

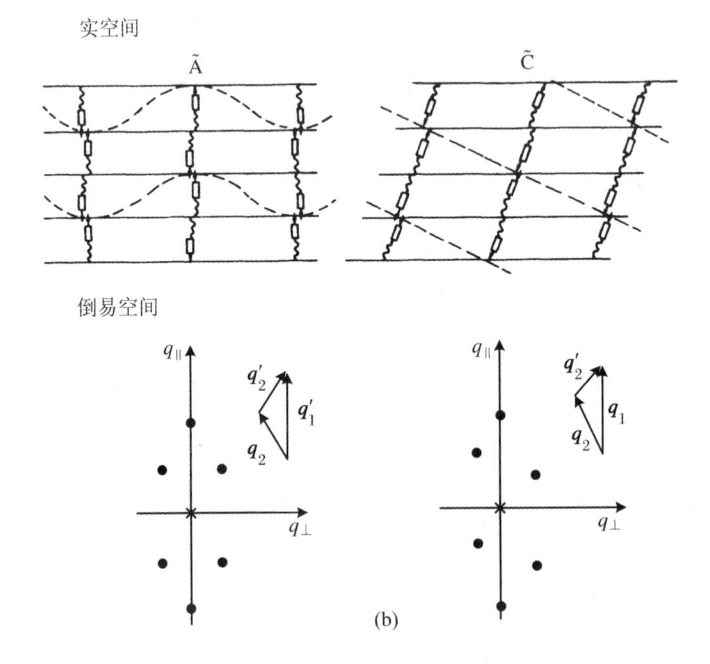

图 6.58 调制 $\tilde{A}$ 型(a)和 $\tilde{C}$ 型(b)层状相和表征它们的周期性的矢量图

虚线表示与偶极极化相联系的等密度轮廓线

方向,从而导致 $\widetilde{\mathrm{A}}$ 型或 $\widetilde{\mathrm{C}}$ 型的调制结构的形成.在这种不同于 A_{ic} 的层状相中,平移不变性条件 $q_1+q_2+q'_2=0$ 成立①.

形成极化层的LC的一个有趣的现象是再现的多形性,即随着温度的降低,高对称相再现,如丝状—层状A—再现的丝状转变.

由极化分子组成的液晶中的上述各种相和再现行为来源于介观相中反平行偶极的关联性.层状A相按 A_1、A_2 类型等发生的结构变化来源于自由能中色散关系的贡献和空间位形的贡献之间的精细平衡、局域(或分散)的分子偶极间的偶极-偶极间互作用以及分子刚性、柔软部分堆垛引起的熵效应.

6.9.2 层状层结晶相和六重相

随着温度的下降,层状A相和C相转变为低对称性变态,并且保有层中不同程度的位置序,即转变为层状B、G、I等相.可以用衍射几何得到这些介观脂状相中分子的序的信息,一般使散射矢量 $\boldsymbol{q}$ 位于层状层的 $\boldsymbol{q}=\boldsymbol{q}_{\perp}$ 平面内(图6.59a).随着转变为层状B型的相变,层状A相在层平面中的典型的弥散衍射环被通常是六重对称的间断衍射斑替代(图6.59b和c).六重对称性肯定了LC层的平面中分子轴的长程取向序.换句话说,在层状层的平面中表征分子质心分布的一套二维规则网格延伸到大的距离.然而这并不意味着层状层中也存在

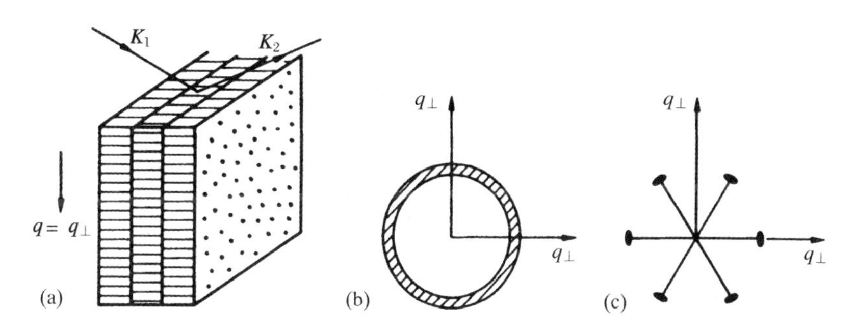

图6.59 层状液晶散射X射线的几何图解

长程的位置序.为此需要沿 $q_{\perp}$ 方向测量层状相的结构因子 $S(q_{\perp})$(图6.59).从 $S(q_{\perp})$ 关系可以得出层状层平面中位置关联性特征的结论.例如,在晶态二维层中结构因子是 δ 函数:$S(q_{\perp})\sim\delta(q_{\perp}-q_{\perp 0})$.没有长程序时 $S(q_{\perp})$ 是一个洛伦兹函数:$S(q_{\perp})\sim[(q_{\perp}-q_{\perp 0})^2+\xi_{\perp}^{-2}]^{-1}$,这里 $\xi_{\perp}$ 是层平面中的关联长度.Moncton和Pindak[6.151]首先证实:在多数场合,以前划分为层状B型的相

① 按图6.58,以应为 $q_1=q_2+q_2'$.——译者注

实际上不是液晶,而是具有真实的三维长程序的晶体.在有些场合,即使在层平面中有六重对称性,但关联长度 $\xi_{\perp}<20$ nm.这种相在层平面中具有短程位置序,它们是六重二维相的三维类似物,所以它们被称为六重相.Galperin 和 Nelson[6.152]提出的二维融化理论在阐明这些中间相的本质时有重要的作用.按此理论,除了关联密度函数 $g_2(\boldsymbol{r})=\langle\rho(\boldsymbol{r})\rho(0)\rangle$,还要考虑角度关联函数 $O(\boldsymbol{r})=\langle\varphi(r)\varphi(0)\rangle$.后者决定层中分子轴矢量取向间的序(在六重对称性的场合取向参数 φ 表示为 $\varphi=\exp(i6\Theta)$,这里 Θ 是层平面内随机取向和分子键取向间的夹角.在二维系统中可以出现以下的一系列的相:准长程平移序和长程取向序的晶态相,短程位置序和准长程取向序的中间六重相,以及有短程取向序和短程平移序的液态相.当晶态层数增大时可以形成三维的晶体结构.这是晶态层状 B 相的等同物.具有恒定关联函数[$O(\boldsymbol{r})$ = 常数]和短程平移序的六重层的堆垛形成六重相,而液态层的堆垛则形成层状 A 相.目前可以确定的是:具有位置关联性的层状相有两种类型——晶态相和六重相.

这里可以提出一个问题:上述晶态相和液晶的关系.这个问题的回答如下.在所有晶态层状相中,脂肪族分子链仍处于溶化状态.LC 分子的柔软链的特征是它的构型的活动性,该活动性显示在脂肪链片段的取向序的差异中.这些取向序的差异和它们距离分子刚性芯部的距离有关.碳-氢链的构型活动性体现在以下事实之中:片段的绕碳-碳键的贯通-粗鲁(trans-gauche)的转动所需能量相对较小.当温度下降时脂肪链的这种同成分异构转变概率减小.在真实的晶态中,LC 分子的碳-氢链处于完全的贯通组态中.这样,在晶态层状相和六重相中柔软的脂肪链和芯部形成两个互作用的、在空间中分开的亚系统.从这点看,这些相显然应该被称为**层状相**.这些设想得到以下事实的肯定:在晶态层状相中某些切变模量比普通晶体小几个数量级.这里还应当指出,被观察到的层状相(F,G,I)的多样性来自长分子相对晶胞边长的倾斜的多样性(图 6.60).

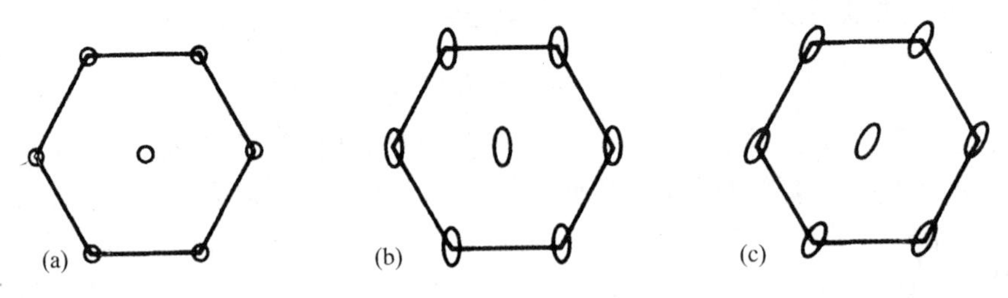

图 6.60　分子长轴(相对晶胞的面和边)倾斜不同引起层成不同的层状相
(a) 层状 B;(b) 层状 6;(c) 层状 I

6.9.3 自支撑的层状膜

自支撑的层状膜是自行支撑在带孔的平板上的准二维层状膜.其中的层状平面的取向和孔的平面平行(图 6.61).逐渐增加层数 N,可以使自支撑膜转变为三维物.随着分子的结构、层数的变化,自支撑膜可以分别是层状 A 型层(纯液体)、有短程位置序的六重相膜和有长程平移序的晶态膜.研究结构显示,层平面中的位置序依赖于膜厚和 LC 温度.低温、层数少(N 约小于 10)时层中分子倾斜的六重相稳定.较高温度下六重 B 相热力学上稳定.转变为三维物(N 约大于 20)时液晶显示为一系列晶胞类型不同、层的堆垛次序不同的晶态相.在一定程度上自支撑层状 LC 和一般层状相在结构上类似于 Langmuir-Blodgett (LB)膜(6.10 节).

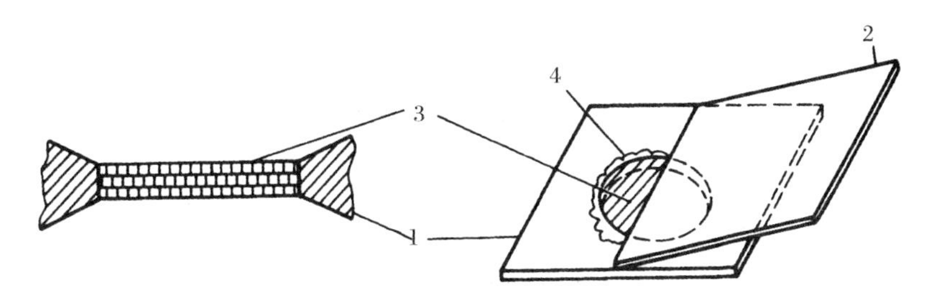

图 6.61 自支撑层状膜的制备[6.146]

1. 带洞的底板;2. 延伸膜的基板;3. 自支撑膜;4. 液晶小滴

6.9.4 螺状蓝相

这是螺状相系统中出现的带有小螺距(<500 nm)的相.它处于各向同性液体和常规螺状相之间,在狭窄温度范围(量级为 1 K)内存在.多种物理方法证实蓝相是热力学上的稳定态.随着 LC 温度的增大,有三种不同的蓝相:BPⅠ,BPⅡ和 BPⅢ.它们全有显著的光同质异性(极化平面的转动),但没有双折射,即它们是光学各向同性的.在光谱的可见部分观察到蓝相的选择性光散射.这引起了这些相的蓝色,从而得到蓝相的名称.由于序的周期和可见光波长可比,常用光学衍射方法研究这些 LC.观察到若干阶的光学布拉格衍射.BPⅠ有空间心立方点阵(空间群 $I4_132—O^8$),BPⅡ是纯立方点阵($P4_232—O^2$).点阵周期和螺状相的螺距同量级.BPⅢ显然是非晶态.

螺状相的螺距面结构不能在拓扑学上连续地转变为立方结构而不形成奇异线(在奇异线上发生指向 $\boldsymbol{n}$ 的跳跃式变化),形成的类似晶体中位错的线缺陷被称为向错.图6.62是含向错网络的蓝相BPⅠ和BPⅡ的一种可能的晶胞.蓝相是一个难见到的例子,用它可以说明一个三维规则点阵包含向错的方式.

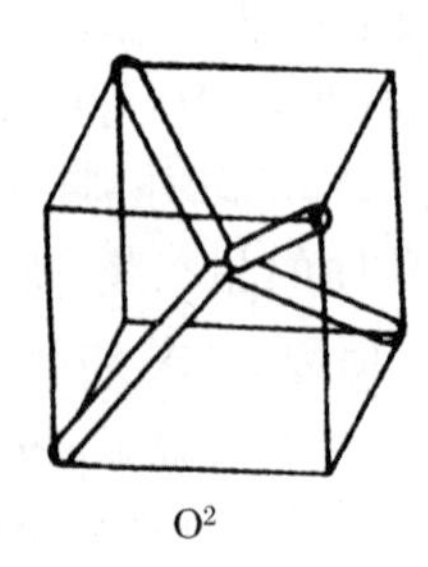

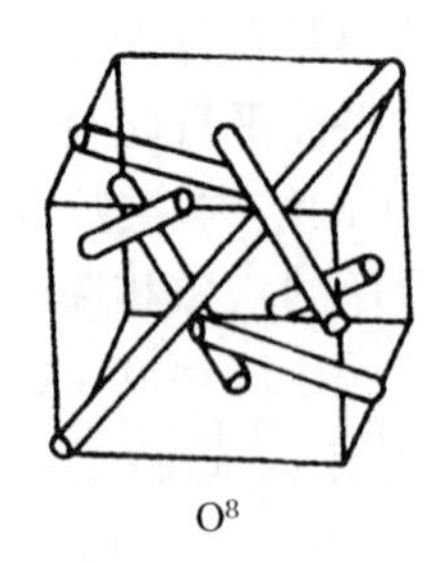

图6.62 液晶蓝相的含向错的点阵晶胞
细管表示向错线[6.153]

6.9.5 其他液晶相

上述介观相并没有包括所有可能的液晶结构.在平滑变化液晶中可以实现不同的有序化类型(图2.110).近来的化学进展产生的中介相分子有:多支叉形状、碗状和板状,它们可以组成非寻常类型的层状相,包括具有非公度周期的相以及含顺磁金属络合物分子的相.板状分子形成层状-板状相(nematic-discotics)(图2.104).这种液晶由盘状分子叠合成的柱组成[6.154].板状相显示出朗道和Peierls预言的一种独特的性质:沿柱轴方向具有液态性质,在其他两个方向(垂直柱轴方向)上柱具有二维六角排列.

近年来趋温性聚合物液晶已经成为一个最有趣的研究课题.在这些LC的柔软的聚合物链中引入了中介相基团.迄今为止,在低分子化合物中遇到的所有中介相类型在趋温聚合物中,特别在梳状聚合物中都发现了.和低分子趋热性LC(主要结构单元是一个分子)不同,趋温性聚合物的结构特点由主要的聚合物链的性质和相互排列、添加的中介基团和它们间的柔软填充物决定(图6.63).依赖于柔软填充物长度和中介相分子脂肪链长度间的关系,在一个层状层内形成分开堆垛的大分子碎片组成的结构.聚合物层状相的X射线衍射图显示出这种"微相"分离的信息.应当指出:柔软聚合物链的存在导致聚合物和低分子层状相结构的显著差别.由于聚合物主链不仅限于一片脂状层的平面之中,它还延伸进LC整体,这就导致平移序的畸变,给出手性系统中的一种新类型的层状A序——A^*相.在层状A^*相中分子也和常规A相一样排列成层.但是,层状平面的法线方向在空间规则地变化,引起的后果是形成螺旋面结构,其螺旋轴躺在脂状层平面中(图6.64).这样的结构存在的前提是:在均匀取向的脂状 LC 平面层之间出现缺陷区(或类液体区).

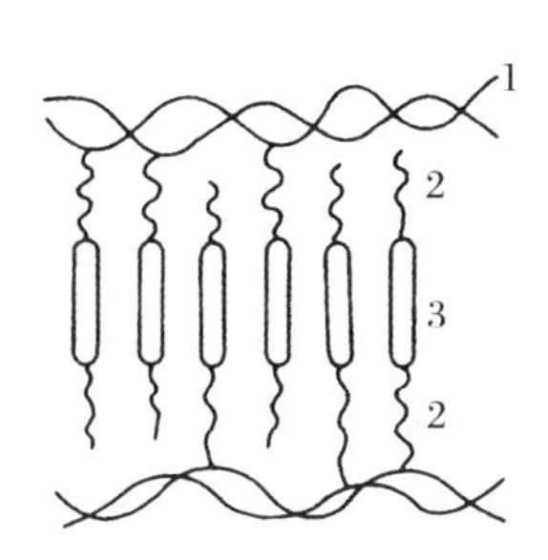

图 6.63 类脊状聚合物层状 A 相示意图
1. 主链；2. 柔软连接和环状脂肪链；3. 中介芯部

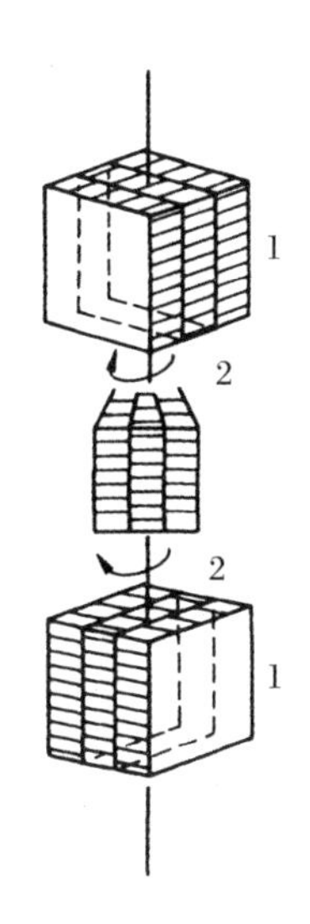

图 6.64 A* 相示意图
1. 层的规则部分；2. 缺陷或类液体区[6.155]

6.10 LB 膜

6.10.1 形成原理

Langmuir-Blodgett(LB)膜是人工制成的单分子和多分子层表面活性剂组成的膜[6.156—6.159].

LB 膜的制备方法如下.表面活性单分子层(即 **Langmuir 层**)在水表面形成.通过固体底板插进和拉出空气-水界面的运动把表面活性剂一层一层转移到底板上.这种技术可以在室温和大气压下在光滑底板上制备成各种组分的薄膜(厚 1.5 nm 至几百纳米).

LB 膜可以包含两种或多种双水性分子形成一维的超点阵.这里不同种类分子单层按给定次序排列在膜的厚度方向上.也可以在每一层中组合两种或更

多种分子.这意味着 LB 技术可以在分子水平上制备一维的"构件".

双水性分子由一个亲水基团和一个疏水长碳氢链组成(图 6.65).亲水基团,如 COOH 浸入(近界面的)水相之中.疏水的不溶解的部分位于界面之外.为制备 LB 膜,把这种分子的溶液滴到水相上.溶液中的材料浓度选择为:在溶剂蒸发后在水面形成悬浮的"二维"气.随着双水性分子浓度在单层中的增大,将出现表面压力.在此过程中,系统转变为二维"液体",进而转变为二维"固体"(图 6.55).把单层压到表面压力约为 15—50 mN/m.这比平衡压力(1—10 mN/m)高得多.

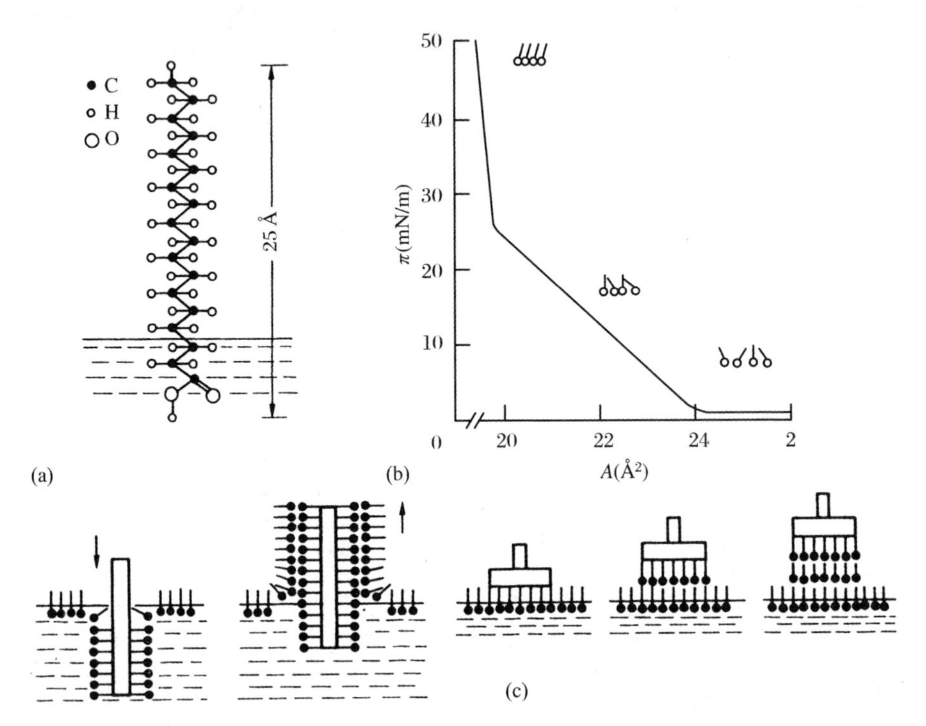

图 6.65　水面上的硬脂酸脂分子(a)和它的 $\pi-A$ 等温线(b)及单层在固体底板上沉积过程(c)

在一定表面压力下将固体底板送进空气-水界面.单层的结晶驱动力是单层和底板的接触,于是形成二维小晶粒.结晶前缘随底板的运动向前推进.随后第二、第三等层在底板的反复运动中沉积下来.这一技术("垂直升降")可以制备中心对称的膜(图 6.65).任一奇数单层膜可以沉积出亲水表面,任一偶数单层膜则沉积出疏水表面.

极性 LB 膜的制备可通过"水平提取"法,即水平底板和"固体"单分子层多次接触并提起(图 6.65c 右侧).

6.10.2 LB膜的化学成分、性质和应用

长时间以来脂肪酸 $CH_3(CH_2)_nCOOH$ 及其2价金属盐被用来制备LB膜(如碳氢链长度满足条件:$15<n<25$,可以得到稳定的LB膜).对这些分子来说,“头部”和链在底板平面上的投影近似相同.脂肪酸LB膜具有相对完整的结构,在长时间内稳定,它通常是电介质.

从20世纪60年代以来得到一系列不同种类分子的LB膜.这些分子是:各种脂肪酸衍生物、聚合物和聚合化合物类脂化合物甚至蛋白和核酸.应该强调:相当长的$(CH_2)_n$链提供了LB膜的结构稳定性,而一系列物理性质由极性基团的化学性质决定.这就是许多双水性和准双水性分子被成功地制备成LB膜的原因.

下面介绍几个实例.经常用的分子的疏水链如 $C_{12}H_{25}—C≡C—C≡C—(CH_2)_8—COOH$ 中含有双乙炔基团.这些分子对紫外光和电子辐照很敏感,并能按拓扑化学进行聚合,以保持膜的晶体结构.近来已经制备出含无机半导体颗粒的LB膜.还获得了热电系数大的极性膜,使用的分子是(18-OABS):

$$H_{37}C_{18}—O—C_6H_4—N{=}N—C_6H_4—SO_2—NH_2$$

它具有显著的电偶极距.

几种能耐高达300℃—400℃的、力学强度大的聚合物被制成了LB膜.近来得到了导电的聚硫茂聚合物膜.发现了外电场引起的调制导电性.

类脂物多层膜被用来模拟生物膜.高度有序的蛋白和DNA LB膜的制备是最近的最重要成果之一.这一发现可能开启人工创制生物活性系统的道路.

LB膜在科学和技术中有广泛的应用.原因是它有多样的物理性质、结构均匀、制备方法相对简单.应用的例子是:软X射线衍射单色器、液晶显示用取向跟踪器、高分辨电子和光刻胶、厚度标准、光学透镜涂层、光盘和磁盘的分子润滑剂、高容量电容器,等等.

LB膜正在应用于微电子器件.第一只场效应管已在近期制成.LB膜被用来做传感器,特别是生物传感器.有人提出的用来探测热辐射的多功能热电探测系统可以应用于例如快速红外TV相机.LB膜在分子和生物分子电子学中的应用也会有许多机会.

6.10.3 LB膜的结构

在空气-水界面的一系列单分子层二维相依赖于表面压力、温度和每个分子所占的面积.这些相部分地对应于三维液晶的层状相.这种相的数目可以达到

10—15.它们可以分为三类.

第一类含有纯“液”相.第二类的结构中有密堆垛的分子头.第三类是含有密堆垛的碳氢链的最有序的相.有时还区分出第四类:实际的二维晶体.在这个领域内的最重要的结构研究结果是用同步辐射获得的[6.160].

沉积一个单层时结晶是沿底板和水相的整个接触线开始的(图 6.65).LB 膜的小晶体经常显示出“层”结构.晶粒的厚度是 30—60 nm,这个方向的周期是 3.0—6.0 nm,单层平面中的镶嵌角是 2°—5°.相邻单层间的晶体学关联常常是不存在的,并且膜是由准二维晶粒组成的.这样的场合下的衍射图样看起来像粉末衍射图样.

用电子衍射方法进行的早期结构研究之一是对硬脂酸铅的结构研究[6.161].分析了得到的 $hk0$ 衍射,在综合了电子衍射数据、单晶和粉末的 X 射线数据的基础上得出了硬脂酸铅膜的结构的合理模型.晶胞是正交的(空间群 $P2_12_12_1$),$a=0.496$ nm,$b=0.738$ nm,$c=4.7$ nm,$\beta=90°$.图 6.66[6.162]是硬脂酸铅 LB 膜的倾斜织构的电子衍射图样,利用它进行了结构的分析.

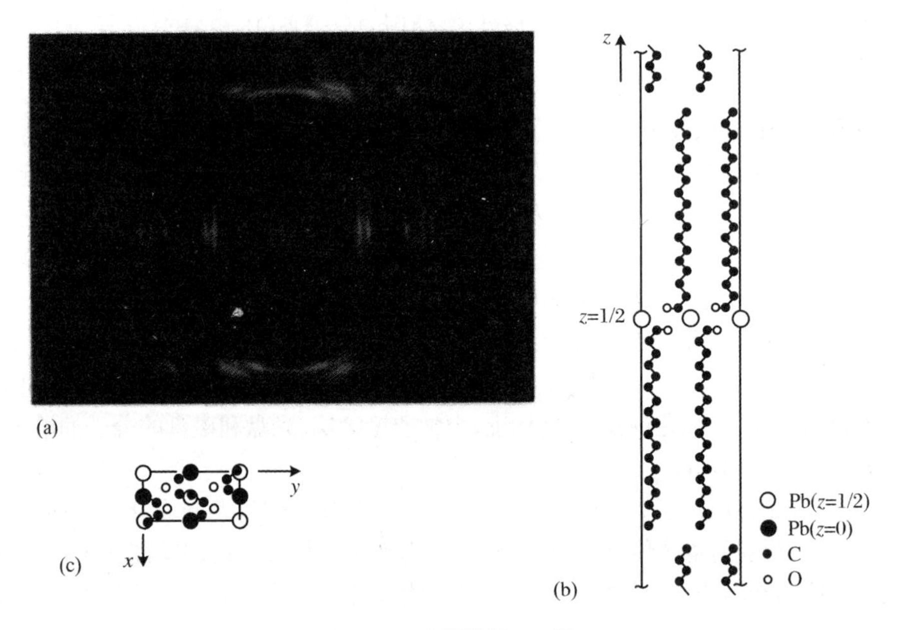

图 6.66 硬脂酸铅 LB 膜

(a)20 个双层的倾斜织构的电子衍射图样;(b),(c)膜结构的 yz 和 xy 投影(不包括 H 原子)

另一种方法是对单层进行研究[6.163].单层的极性和双水性分子的低对称性使有效的二维对称群数目从 80 个减到 9 个.加上需要考虑分子的密堆垛,可能的群的数目减为 6 个.这些群是 $p1$, $p112$, $p1a1$, $c1m1$, $pbma$ 和 $pba2$.二维晶胞参数 a, b, γ 由电子衍射数据确定(图 6.67).考虑每一分子占据的面积后可以计算出晶胞中的分子数 Z.单分子层的厚度由光学方法测定.分析可能的堆垛并最小化分子间作用能后,模型可以得到精化(图 6.68).

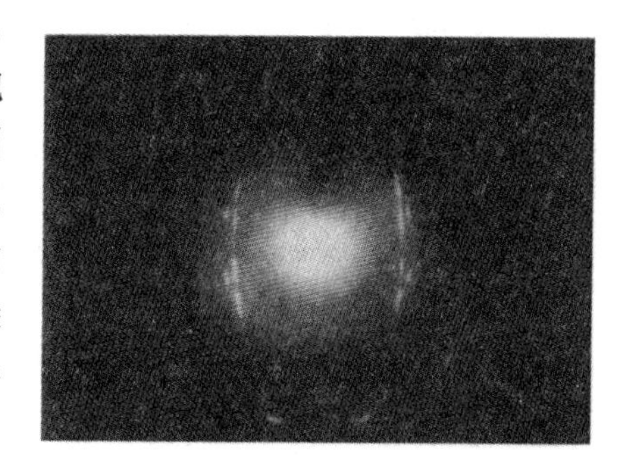

图 6.67 21 单层 4-*n*-十八烷酚 LB 膜的倾斜织构的电子衍射图样

用 X 射线和中子衍射技术研究了垂直底板平面的法线方向的 LB 膜的结构.分析了 $I(0,0,s_z)$ 的衍射强度数据,这里

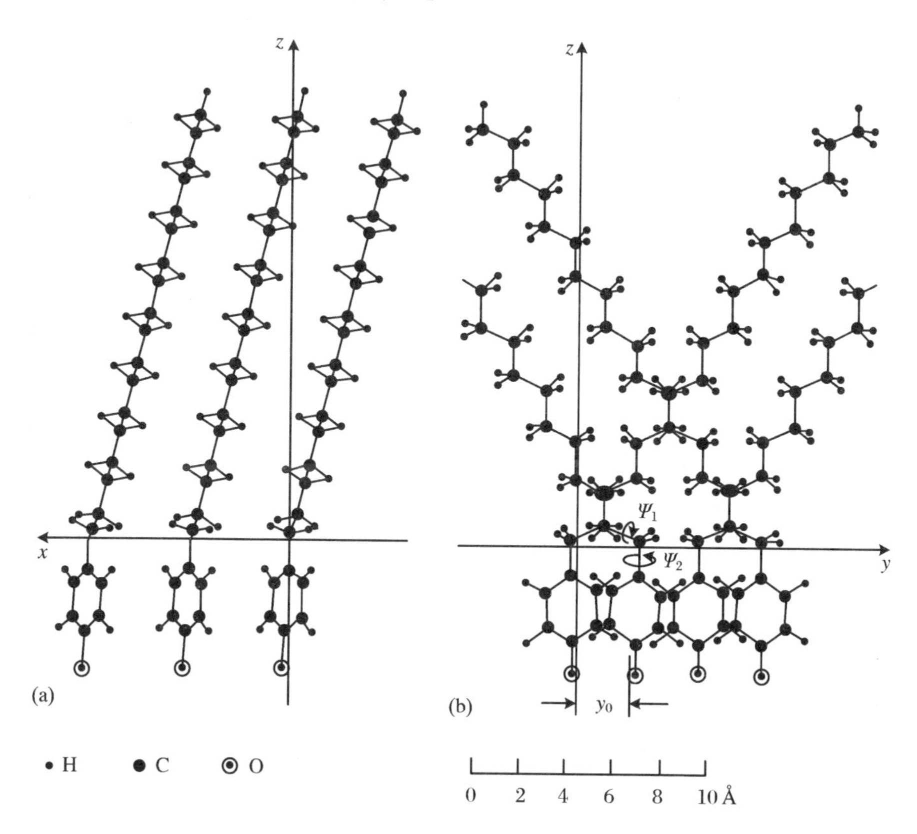

图 6.68 4-*n*-十八烷酚单层中的分子堆垛(a) *xz* 面上的投影,(b) *yz* 面上的投影

矩形晶胞 $a = 0.825$ nm, $b = 0.535$ nm, $Z = 2$, $\Psi_1 = 30°$, $\Psi_2 = 6°$, $\varphi_z = 29°$, $\varphi_y = 16°$, $y_0 = 0.26$ nm[6.163]

的 s_z 垂直于膜.利用实验数据计算了电子(或核)密度分布 $\rho(z)$.得到的 $\rho(z)$ 分布是 $\rho(x, y, z)$ 在 z 轴上的投影.这种技术可提供两类结构信息.一种结构信息是由许多周期的重复层组成的"理想"LB 膜提供的,在周期数很大的极限下的 $\rho_u(z)$ 是晶胞中的密度分布.另一种信息来自 LB 膜的非周期结构,包括单层数少,单层的替换不够有序和混进来不同类的分子.

在中心对称场合引起散射的密度分布 $\rho_u(z)$ 可以表示为傅里叶级数:

$$\rho_u(z) = \frac{2}{D}\sum_{h=1}^{h_{\max}} h\{\pm[I(h)]^{1/2}\}\cos\left(2\pi z\frac{h}{D}\right)$$

这里 h 是峰的次序,D 是周期.通过这种或那种方法确定散射振幅的正负号,就可以解决上述结构问题.

硬脂酸镉(Cd)LB 膜的 X 射线研究也是这类前期工作的一例[6.164].从图 6.69 的电子密度分布可以看出,LB 膜结构的特点是:局域的金属离子、一定范围的碳氢键,以及链端之间的空隙.选择上式中的符号组合的方法可以是对碳氢链区的 $\rho(z)$ 和它的平均值之间的均方偏差求极小值.上述密度分布对大多数 LB 膜是典型的[6.163].

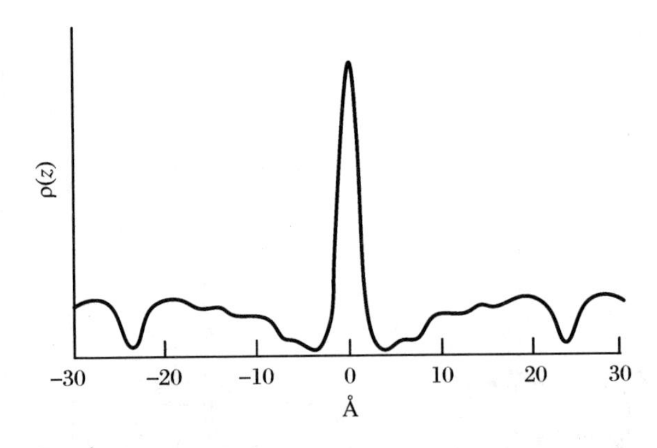

图 6.69　60 层硬脂酸镉 LB 膜中两个单层的电子密度分布 $\rho(z)$
傅里叶合成来自 17 束衍射,ρ(z)采用相对单位

在有些场合下,相邻单层碳氢链的终端甲基基团之间不出现预期的散射电子密度的极小值.这种分布函数出现在掺碘的 C_{22}-TCNQ 离子根盐的导电 LB 膜中(图 6.70)[6.159].这意味着相邻单层的碳氢链的相互穿透,即发生了所谓的**"指叉式联结"**(interdigitation).类似的近期结果出现在含 $TaOF_5$ 的复杂脂肪酸盐 LB 膜中[6.166].这种现象出现在较短的碳氢链中(小于 18 个 CH_2 基团).在花生酸盐[$CH_3(CH_2)_{16}COOH$]LB 膜中,指叉式联结和无指叉式联结的结构都可以出现.在更长的碳氢链中没有发现指叉式联结.

层数很少的LB膜可以看做几个周期重复的晶胞(点阵)和(结构不同的)近表面层的组合.对这种膜,密度分布还须要从连续的衍射强度得出.这种场合下确定膜结构的唯一可靠的方法是数值模拟.层数少的LB膜的衍射强度可以看成两套波的干涉,即点阵衍射(有布拉格峰)和两个膜界面(上界面和下界面)波相互干涉的结果,引起一系列等倾斜的所谓**Kiessig条纹**.

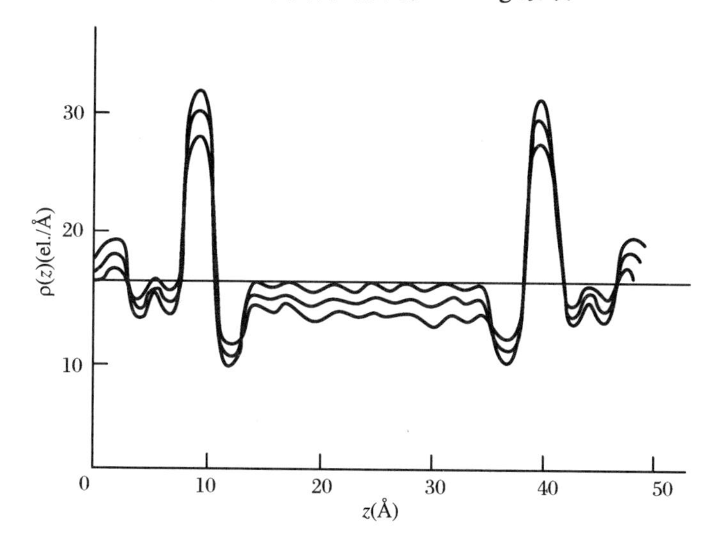

图6.70 掺碘 C_{22}-Py-TCNQ LB膜的电子密度分布 $\rho(z)$
不同的曲线表示结构分析结果的不确定性[6.165]

对于这种对象,只能从布拉格峰计算出晶胞的尺寸.膜的总厚度由Kiessig峰的位置确定.近表面区的信息可以由布拉格峰和Kiessig峰偏离两套波干涉的理想位置的位移得到.

用这种X射线和中子衍射方法研究了含11层分子的硬脂酸锰LB膜的结构,发现它的较低的层和其他层显著不同,在低层中的分子和其他层相比向底板平面的倾斜更显著、厚度更小、密度更大.利用同步辐射研究了极薄LB膜,甚至单层膜的结构.X射线反射法已经被用来表征Si的表面结构,即涂有碳氢化物单层的烷基硅氧烷表面结构[6.169].

热处理后的LB膜发生了结构变化.例如,由具有大偶极距的p-(十八烷基氧代苯偶氮基)苯磺酰胺,即18-OABS分子组成的极性膜,它在90℃不可逆地转变为无极性状态.在此温度下,周期从3.9 nm跳到6.9 nm(图6.71),热电系数下降到零.进一步加热引起以下相变:在124℃周期从6.9 nm降到6.3 nm,在136℃从6.3 nm降到4.1 nm,最后在155℃膜融化[6.170].

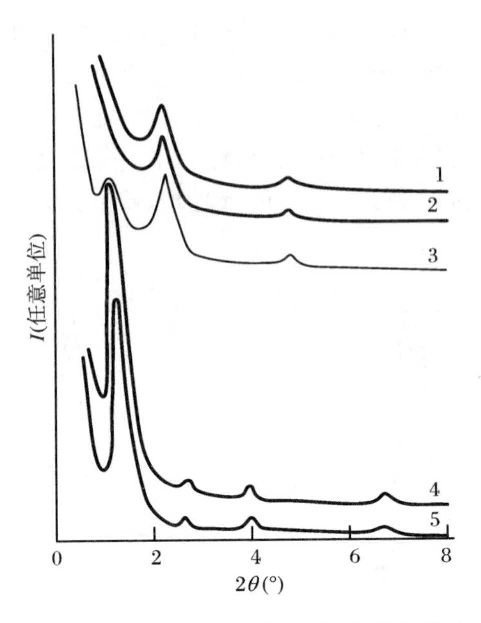

图 6.71 18-OABS LB 膜(7 层)在子午线方向的 X 射线衍射强度

温度分别为:1 ℃—20 ℃,2 ℃—60 ℃,3 ℃—80 ℃,4 ℃—95 ℃,5 ℃—100 ℃[6.170]

6.10.4 多组分 LB 膜 超点阵

用多种组分制备膜的可能性是 LB 技术的一个重要和有前途的特点. Kuhn[6.172]对“分子建筑”的分析说明有可能用不同化学组分的组元构建分子“机械”. LB 膜超点阵的制备是构建 Kuhn 机械和类似物的最先进技术之一.

多组元 LB 膜出现在 10 年前. 制备成的膜的种类已足够多,并且在最近的将来会更多. LB 分子建筑的可能性实际上是无限的. 对这种建筑的结构研究还处在起始阶段,下面只能介绍几个例子.

从 Ph-VO(四-3-磺酰十八烷基-酞花青-氧钒基)制备的单组元 LB 膜的 X 射线图样很差,在图样中实际上没有布拉格峰. 当酞花青(苯二甲酸氰)双层和山萮酸钡(即 22 烷酸钡)双层交替沉积时可以形成高度有序的 LB 膜. 在此场合下的 X 射线衍射图中的峰的数目可以高达 19 个. 这种超点阵的结构见图 6.72.

类似的技术被用来形成蛋白质 LB 膜[6.173]. 图 6.73 是含反应中心 RC-Ch. m 的细胞色素和花生酸交替组成的系统的 X 射线衍射图,图中有 7—8 个布拉

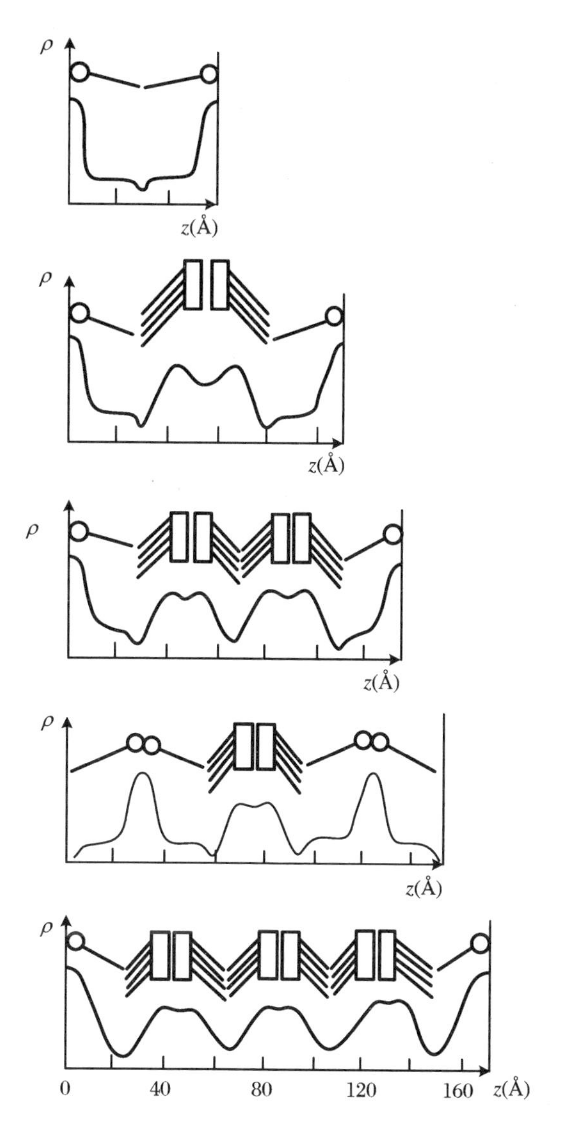

图 6.72 LB 超点阵的电子密度分布 $\rho(z)$ 和膜的晶胞中山嵛酸钡分子的位置(圆)、VO-酞花青分子的位置(矩形)

格峰.纯蛋白质的衍射图中只有一个散漫的极大. RC-Ch. m 的厚度是 9.0 nm,它和蛋白质分子的"高度"对应.这表示在 LB 膜的层中蛋白质分子的取向是:分子的长"轴"平行于底板的法线.

由交替的聚合物层和单体层组成的 LB 膜是创制"分子"器件的另一种可能

性.研究人员可以很容易通过改变结构从而产生具有不寻常性能的材料.例如，在山萮酸钡和十八烷酚(ODPh)膜中用电子辐照可以使 ODPh 分子交连(图 6.74),但这样的处理会引起膜中层状结构的畸变.逐层的低能电子辐照可以消除这种畸变.在每次辐照中电子只穿透一层 ODPh,从而使膜成为组织得很好的山萮酸钡双层和稳定交连 ODPh 双层的超点阵[6.163].

另一个例子是设定的由导电层(施主-受主系统)和介电层(硬脂酸钡或山萮酸钡)有序地交替的膜.两侧的绝缘层使电子在导电层平面中传输.这种技术对电连接元件的制备是很有利的.

总之,超点阵 LB 膜是一种新材料,利用它可以在纳米尺度制备具有交替物理性质的层状器件.

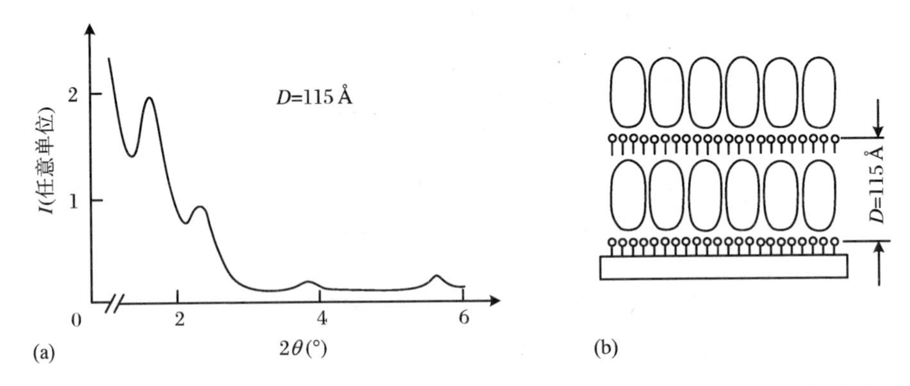

图 6.73 15 个反应中心——花生酸超点阵晶胞的小角 X 射线衍射图(a)和超点阵 LB 膜的模型(b)

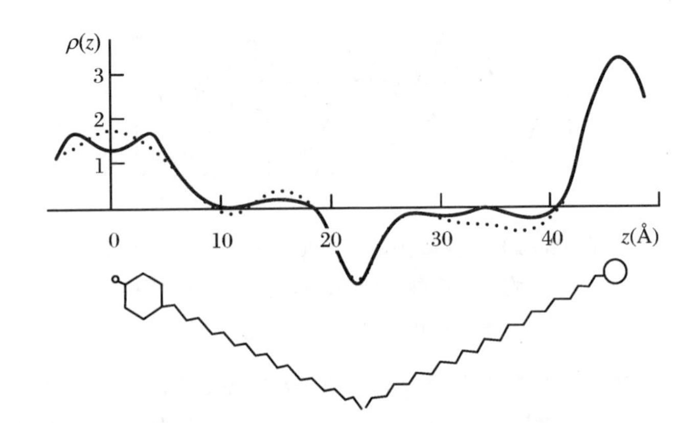

图 6.74 超点阵(双层山萮酸钡 + 双层 ODPh)的电子密度分布

(实线)辐照前,(虚线)辐照聚合以后

6.11 铁电体中光和热激发的相变

在 4.6 节讨论相变和电子-声子互作用时我们考虑过电子亚系统对晶体自由能的贡献.这种处理方法可以说明晶体中的光激发相变现象,特别是非平衡电子对相变温度的影响.近来这种效应得到了仔细的研究,因此我们需要对 4.6.3节进行补充,增加热力学内容和一些铁电晶体的新实验结果.非平衡电子引起两种现象.第一种现象和铁电晶体中居里点的偏移有关.第二种是铁电晶体中深陷阱能级的填充引起的现象(铁电体中的热激发相变).

6.11.1 铁电体中的光激发相变

非平衡电子(或空穴)对铁电体相变和性质的影响在文献中被称为光激发相变[6.173].在所有能激发相变的半导体中可以发生光激发相变(PPT),但研究铁电体的优点是:PPT 和铁电体的宏观现象参量有关,例如居里-外斯恒量、自发极化、热容量非连续性和其他独立测定的参量.被照射的铁电体中的非平衡载流子浓度相对更高,使电子亚系统的自由能必须被考虑进相变温度附近的晶体总自由能之中.我们在下列假设下进行讨论.

电子亚系统的自由能 F_2 和晶体的自由能 F_1 相比处处都小(除了在居里点附近),并且相变本身和晶格振动的不稳定性有联系(否则我们就有一个纯电子相变,例如在钒的氧化物中).

铁电性被设定为介质的性质.

介电性质的各向异性可以忽略.

在这些假设下自由能 F 由顺电区自由能 F_0 和铁电区自由能 F_1 和电子亚系统自由能 F_2 组成

$$F = F_0 + F_1 + F_2, \tag{6.4}$$

$$F_0 = F(P = 0, \sigma_k = 0, N_i = 0), \tag{6.5}$$

$$F_1 = \frac{1}{2}\alpha P^2 + \frac{1}{4}\beta P^4 + \frac{1}{6}\gamma P^6 - \frac{1}{2}\sum_i \sum_k S_{ik}\sigma_i\sigma_k - P^2\sum_k \nu_k\sigma_k. \tag{6.6}$$

这里的 α,β,γ 是自由能 F_1 的极化 P 的展开式中的已知系数,σ_k 表示应力张量的分量,S_{ik} 是弹性恒量张量的分量,ν_k 是电致伸缩张量的分量.电子亚系统的

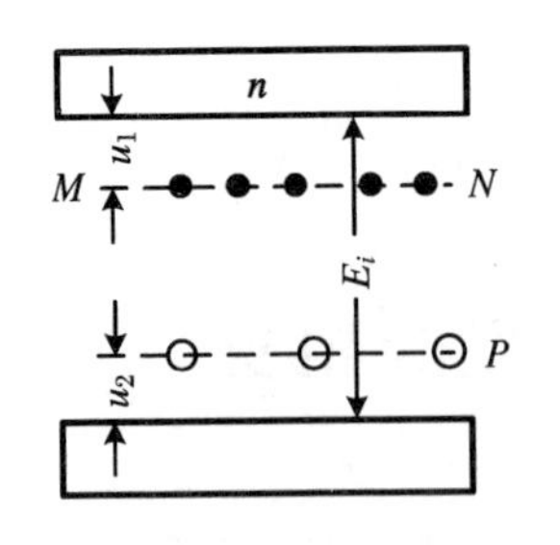

图6.75 光照铁电体的能带图

自由能是：

$$F_2 = \sum_i N_i E_i(T, P, \sigma_k) \tag{6.7}$$

这里 E_i 和 N_i 是晶体能级的能量和电子(空穴)的浓度.(6.7)式中忽略了组态能.在(6.6)式中极化假定是均匀的,并且忽略了关联项.作为实例,考虑了一个 n 型铁电体,它的能带图见图6.75.

设 $N, P \gg n$,

$$F_2 = nE_g + N(E_g - U_1) - pU_2 \approx N(E_g - U_1 - U_2) \equiv N\widetilde{E}, \tag{6.8}$$

$$\widetilde{E}(T, P, \sigma_k) = \widetilde{E}_0(T) + \frac{1}{2}aP^2 + \frac{1}{4}bP^4 + \frac{1}{6}cP^6 + \sum_k \widetilde{E}'_{k\sigma_k} + \frac{1}{2}\sum_k\sum_i \widetilde{E}''_{ki}\sigma_k\sigma_i + P^2\sum_k \widetilde{E}k'''_{k\sigma_k} \tag{6.9}$$

$$a = \left(\frac{\partial^2 \widetilde{E}}{\partial P^2}\right)_0, \quad b = \left(\frac{\partial^4 \widetilde{E}}{\partial P^2}\right)_0, \quad c = \left(\frac{\partial^6 \widetilde{E}}{\partial P^6}\right)_0,$$
$$E'_k = \left(\frac{\partial \widetilde{E}}{\partial \sigma_k}\right)_0, \quad \widetilde{E}''_{ki} = \left(\frac{\partial^2 \widetilde{E}}{\partial \sigma_k \partial \sigma_i}\right)_0, \quad \widetilde{E}'''_k = \left(\frac{\partial^3 \widetilde{E}}{\partial P^2 \partial \sigma_k}\right)_0. \tag{6.10}$$

联立(6.4)—(6.10)式,得到带有非平衡电子的铁电体的自由能表达式：

$$F(T, P, \sigma_k, N) = F_{ON} + \frac{1}{2}\alpha_N P^2 + \frac{1}{4}\beta_N P^4 + \frac{1}{6}\gamma_N P^6 + N\sum_k \widetilde{E}'_k\sigma_k - \frac{1}{2}\sum_i\sum_k S_{Nik}\sigma_i\sigma_k - P^2\sum_k v_{Nk}\sigma_k \tag{6.11}$$

$$F_{ON} = F_0 + N\widetilde{E}_0, \quad \alpha_N = \alpha + aN, \quad \beta_N = \beta + bN,$$
$$\gamma_N = \gamma + cN, \quad v_{Nk} = v_k + \widetilde{E}'''_k N, \quad S_{Nik} = S_{ik} - \widetilde{E}''_{ik} N. \tag{6.12}$$

(6.4)—(6.12)式是静态方程,还需要补充描述陷阱上的非平衡载流子 N 和自发极化 P 的时间关系的运动方程.联系图6.75,得到 N 的运动学方程是：

$$\frac{\mathrm{d}N}{\mathrm{d}t} = \gamma_n\beta_0 kI\tau_n(M - N) - \gamma_n N_{CM} N. \tag{6.13}$$

这里 γ_n 是动理学系数,$N_{CM} = N_c\exp(-U_1/kT)$,$N_c$ 是导带中的态密度,β_0 是量子产率,k 是光吸收系数,I 是光强度,τ_n 是导带中电子的寿命.方程(6.12)假设陷阱中的电子的寿命远长于 τ_n：

$$\tau_n\gamma_n N_{CM} \ll 1, \quad \tau_n\gamma_n M \ll 1. \tag{6.14}$$

和(6.9)式相似,陷阱能量 U_1 可以展开为 P 的偶次幂的级数：

$$U_1 = U_{10} + \frac{a'}{2}P^2 + \cdots \tag{6.15}$$

序参量 P 的动理学可以用朗道-赫拉脱尼科夫方程

$$\frac{dP}{dT} = -\Gamma\frac{\delta F(T,P,N)}{\delta P} \tag{6.16}$$

描述,这里 Γ 是动理学系数,自由能 F 由(6.11)式给出.

联合(6.11),(6.12),(6.15)和(6.16)式,得到描述非平衡电子被俘获引起的自由能和居里温度变化的公式:

$$\frac{dP}{dT} = -\Gamma\{[\alpha'(T-T_0)+aN]P+\beta P^3+\gamma P^5\} \tag{6.17}$$

和陷阱中电子的热激活和自发极化的关联引起的公式:

$$\frac{dP}{dT} = J(M-N) - N\gamma_n N_c \exp\left(-\frac{U_{10}+\frac{a'}{2}P^2}{kT}\right), \tag{6.18}$$

这里 $J=\gamma_n\beta_0 kI\tau_n$.

光照增加了陷阱中非平衡电子的浓度 N,并且降低了居里温度.随后导致自发极化的减小和 N 的下降.

1) 稳态现象

分析(6.17)和(6.18)式后,得到图 6.76[6.174,6.175]所示的光激发相变(PPT)相图.PPT 相图的坐标是非平衡电子的增益 J 和温度 T.

图中实线是顺电相的绝对的不稳定性的边界,并且可以表示为:

$$J = \alpha'(T-T_0)\gamma_n N_c \exp\left(-\frac{U_{10}}{kT}\right)[\alpha'(T-T_0)+aM]^{-1}. \tag{6.19}$$

在弱光照射下居里温度的偏移 ΔT_N 线性地和 N 成正比:

$$\Delta T_N \approx -\frac{C}{2\pi}aN, \tag{6.20}$$

这里 C 是居里-外斯恒量,a 由下式给出:

$$a \approx \frac{\Delta E_g}{\pi P^2}. \tag{6.21}$$

这里 $\Delta E_g=\widetilde{E}-\widetilde{E}_0$ 是一级相变的能隙跳跃.

关系式(6.21)和(4.73)符合,(6.20)式和(4.72)式符合,后者来自带间电子-声子互作用(4.6.3 节).如果陷阱密度大:

$$M > M_0 = -\frac{4\beta T_0 a'(\alpha')^2}{a(a'\alpha'-\beta)^2}, \tag{6.22}$$

则(6.19)式给出的曲线有两个临界点 A 和 B:

$$T_{A,B} = T_0 - \frac{aM}{2\alpha'}\left(1 - \frac{\beta}{\alpha' a'}\right)\left(1 \pm \sqrt{1 - \frac{M_0}{M}}\right). \tag{6.23}$$

图6.76中的虚线显示铁电相的绝对的不稳定性边界.数字Ⅰ和Ⅱ表示两相共存区(温度滞后).

2) 动态现象

如果光激发居里点偏移 ΔT_N 超过温度滞后的值,或

$$aM \gg \frac{\Gamma\beta^4 T_0}{\gamma^2 \gamma_n N_c (U_1 - U_{10}) \exp(-U_{10}/kT)} \tag{6.24}$$

PPT将引起 P 和 N 的值在居里点范围内的振荡.这个不稳定区域在图6.76上表示为斜线标出的卵形区.这一振荡可以由(6.17)式和(6.18)式描述.由被俘获电子的寿命决定的振荡频率可以表示为:

$$\omega = \gamma_n N_{CM} \sim \gamma_n N_c \exp\left(-\frac{U_{10}}{kT}\right). \tag{6.25}$$

3) PPT的实验观测

光激发相变(PPT)最先在SbSI晶体中,后来在广泛的研究工作中被观测到[6.173].在4.6.3节中我们已经讨论过铁电钛酸钡晶体和光敏 HgI_2 晶体中非铁电的四方相-正交相转变的实验结果.所有这些数据属于相图6.76中的右侧,以A处为限.下面我们将显示更多的实验数据,它们既属于PPT的相图的右侧,又属于三相点A.首先介绍远离三相点A的PPT实验.

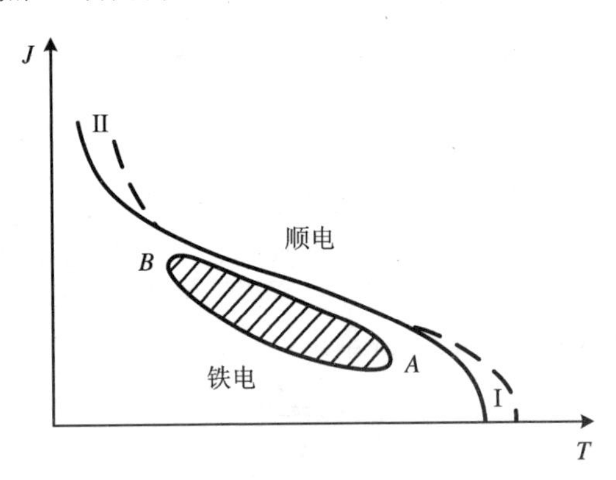

图6.76 PPT相图[6.168,6.169]

图6.77给出了铁电SbSI晶体PPT中的居里点偏移 ΔT_N 随非平衡电子浓度变化的函数.实线是 ΔT_N 的实验值,虚线是由(6.20)式和(6.13)式计算得到的理论值.图6.77中曲线的饱和是SbSI中陷阱被完全填充的结果.代入(6.20)式和(6.21)式中后得到:测量值 $\Delta T_N \approx 1$ ℃,以及 $P \approx 10\ \mu C/cm^2$,$C \approx$

1.1×10^5 K,$\Delta E_g\approx1.0\times10^{-2}$ eV,给出的 $N\approx1.2\times10^{18}$ cm^3,即和从热激发电流的独立测量得出的 N 值同一量级.图 6.78 给出:SbSI 中光电导率 σ 的谱分布曲线极大值和温度滞后的极小值相符合.从图 6.78 可见,在和 PPT 相图(图 6.76)相互对照时,光激发 J 的增大导致温度滞后的减小.图 6.76 和 6.78 说明,当 $T>T_A$(光激发 J 为低值)时,SbSI 中的 PPT 对应于图 6.76 相图的右侧.

在铁电晶体 Ag_3AsS_3(淡红银矿)中 PPT 出现在 25—30 K[6.176].在此晶体中,在高的光激发 J 的条件下,观察到了三相点 A 和 $\omega\approx1$ Hz 的振荡.利用(6.25)式,代入测量的俘获能值 $U_{10}\approx8\times10^{-2}$ eV,典型值 $\gamma_n\approx3\times10^{-9}$ cm^3/s 和 $N_c\approx10^{19}$/cm^3,可以在 30 K 得出和实验值符合的好的 ω 值.

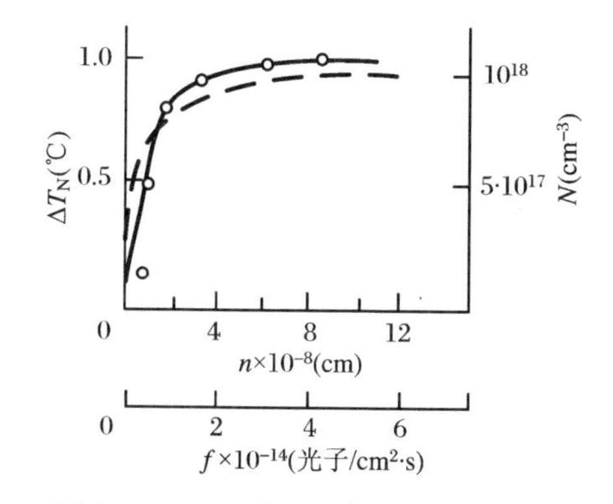

图 6.77 SbSI 中居里点偏移 ΔT_N 随非平衡载流子浓度 w 的变化

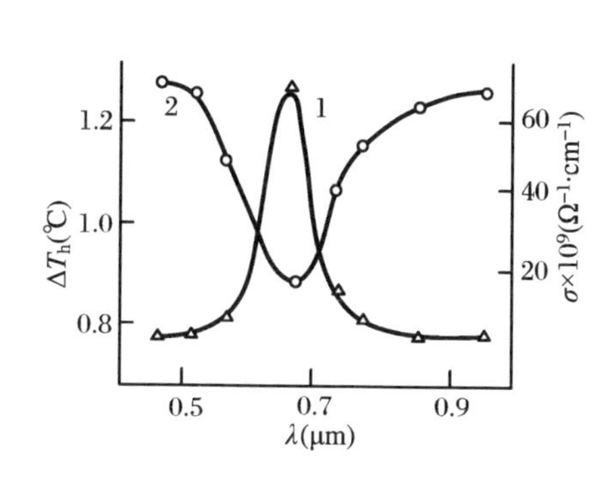

图 6.78 SbSI 中的(1)光电导和(2)温度滞后的谱分布

当铁电体被照射时,人们观察到的居里点的偏移、相变特征的改变和铁电性等物理性质的改变等都来自非平衡载流子浓度.如上所述,热力学既可以说明稳态 PPT,又可以说明动态 PPT,虽然它并没有阐明微观机制.

6.11.2 铁电体中的热激发相变

在许多铁电体中,测得的居里温度依赖于温度变化速率.例如在淡红银矿中有三个相变温度:60 K(无公度相),49 K(有公度相),28—30 K(铁电相).快速冷却(~7 K/min)把这些平衡温度提高约 15 K.这一现象和晶体中的陷阱的热激发填充速率有关[6.177,6.178],即

$$\Delta T_N = T_N - T_0 = -\frac{C}{2\pi}aN, \qquad (6.20)$$

N 值依赖于陷阱的热激发填充速率(图 6.75).陷阱中的电子浓度的动理学可

以描述为：

$$\frac{dN}{dt} = \gamma_n n(M - N) - \gamma_n N N_c \exp\left(\frac{-U_1}{kT}\right). \tag{6.13}$$

对 $T = T(t)$ 过程，(6.13)式的解为：

$$N = C(t)\exp[-A(t)t], \tag{6.26}$$

这里

$$\begin{aligned} A(t) &= \gamma_n n + \gamma_n N_c \exp\left(\frac{-U_1}{kT}\right), \\ C(t) &= N_0 + \int_0^t \gamma_n n M \exp[A(t')t']dt', \end{aligned} \tag{6.27}$$

这里 N_0是 $t=0$ 时陷阱中的电子浓度，即 $N_0 = N(t=0)$. 于是

$$T_N = T_0 - \frac{C}{2\pi}\left\{N_0 + \gamma_n n M \int_0^t \exp[A(t')]t'dt'\right\}\exp[-N(t)t], \tag{6.28}$$

平衡值 $N(t)$由(6.13)式的稳态解确定(即 $dN/dt = 0$)，

$$\begin{aligned} N_{st}(T) &= \frac{nM}{n + N_c \exp\left(-\frac{U_1}{kT}\right)}, \\ \Delta N &= N - N_{st}(T) \\ &= \left\{N_0 + \gamma_n n M \int_0^t \exp[A(t')t']dt'\right\}\exp[-A(t)t] - \frac{\gamma_n n M}{A(t)}, \end{aligned} \tag{6.29}$$

于是，居里点的热激发偏移为：

$$T_N = T_0 - \frac{C}{2\pi} a \Delta N, \tag{6.30}$$

这里 $a>0$, $N<0$, 于是 $T_N > T_0$. 快速加热导致居里点的降低($T_N < T_0$). 稳态条件下出现瞬变过程 $T_N \to T_0$.

参 考 文 献

第1章

1.1 Krebs H. Grundzüge der anorganischen Kristallchemie[M]. Stuttgart: Enke, 1968.

1.2 White H F. Phys. Rev., 1931, 37: 1416.

1.3 Wahl A C. Sci. Am., 1970, 222: 54-70.

1.4 Waber J T, Cromer D T. J. Chem. Phys., 1965, 42: 4116.

1.5 Bratsev V F. Tablitsy atomnykh volnovykh funktsii(Tables of atomic wave functions)[M]. Moscow: Nauka, 1966.

1.6 Vainshtein B K. Sovremennaya kristallografii. T. I. Simmetriya kristallov. Metodystructurnoi kristallografiya[M]. Moscow: Nauka, 1979. [English transl.: Modern Crystallography Ⅰ. Symmetry of Crystals, Methods of Structural Crystallography: Springer Ser. Solid-State Sci., Vol. 15[M]. Berlin, Heidelberg: Springer, 1981.]

Vainshtein B K. Fundamentals of Crystals: Mod. Crystallography 1[M]. 2nd ed. Berlin, Heidelberg: Springer, 1994.

1.7 Shuvalov L A, Urusovskaya A A, Zheludev I S, Zalesskii A V, Grechushnikov B N, Chistyakov I G, Semiletov S A. Sovremennnaya kristallografiya, T. 4. Fizicheskiye svoistva kristallov [M]. Moscow: Nauka, 1981. [English transl.: Modern Crystallography Ⅳ, Physical Properties of Crystals: Springer Ser. Solid-State Sci., Vol. 37[M]. Berlin, Heidelberg: Springer, 1988.]

1.8 Batsanov S S. Usp. Khim., 1968, 37: 778.

1.9 Urusov V S. Energeticheskaya kristallokhimiya(Energetic crystal chemistry)[M]. Moscow: Nauka, 1975.

1.10 Brill R. Solid State Physics 20, 1 [M]. New York: Academic, 1967.

1.11 Witte H, Wölfel E. Z. Phys. Chem., 1955, 3: 296.

1.12 Krug J, Witte H, Wöfel E. Z. Phys. Chem., 1955, 4: 36. Hoppe R. Angew. Chem., 1981, 20: 63.

1.13 Schmiedenkamp A, Cruickshank D W J, Scaarup S, Pulay P, Hargittai I, Bogs J E. J. Am. Chem. Soc., 1979, 101: 2002.

1.14 Hermansson K K, Thomas J O. 5th Europ. Crystallographic Meeting[C]. Copenhagen: Book of Abstracts, 1979, p.351.
1.15 Almlöf J, Kvick Å, Thomas J O. 1st. Europ. Crystallographic Meeting[C]. Bordeaux, 1973.
1.16 Walter I P, Cohen M L. Phys. Rev., 1971, B4: 1877.
1.17 Zarochentsev E V, Ya E. Fain. Fiz. Tverd., Tela Leningrad 1975, 17(7): 2058. [English transl.: Sov. Phys. - Solid State, 1975, 17: 1344.]
1.18 Yang Y W, Coppens P. Solid State Commun., 1974, 15: 1555-1559.
1.19 Chen R, Trucano P, Stewart R F. Acta Crystallogr., 1977, A33: 823.
1.20 Coppens P, Vos A. Acta Crystallogr., 1971, B27: 146.
1.21 Griffin J F, Copens Ph. J.Am.Chem.Soc., 1975, 97: 3496.
1.22 Berkovitch-Yellin Z, Leiserowitz L. J. Am. Chem. Soc., 1975, 97: 5627.
1.23 Stewart R F. J.Chem.Phys., 1969, 51: 4569.
1.24 Hirshfeid F L. Acta Crystallogr., 1971, B27: 769.
1.25 Hirshfeld F L. Isr.J.Chem., 1977, 16: 198.
1.26 Stewart R F. Acta Crystallogr., 1976, A32: 565.
1.27 Tsirel'son V G, Mestechkin M M, Ozerov R P. Dokl. Acad. Nauk SSSR, 1977, 233: 108.[English transl.: Sov. Phys.-Dokl. Biophys., 1977, 233: 108.]
1.28 Ageev N V. Izv. Acad. Nauk SSSR Otd. Khim. Nauk, 1954, 1: 176.
1.29 Bensch H, Witte H, Wölfel E. Z. Phys. Chem., 1955, 4: 65.
1.30 Vainshtein B K. Trudy Inst. Kristallogr. Acad. Nauk SSSR, 1954, 10: 115.
1.31 Sikka S K, Chambaran R. Acta Crystallogr., 1969, B25: 310.
1.32 Iwasaki F, Saito Y. Acta Crystallogr., 1979, B26: 251.
1.33 Simonov V I, Bukvetsky B V. Acta Crystallogr., 1978, B34: 355.
1.34 Sirotin Yu I, Shaskol'skaya M P. Osnovy kristallofiziki(Fundamentals of crystal physics)[M]. Moscow: Nauka, 1975.
1.35 Bertaut E F. Acta Crystallogr., 1968, A24: 217.
1.36 Kitaigorodsky A I. Molekularnye kristally[M]. Moscow: Nauka, 1971. [English transl.: Molecular Crystals and Molecules[M]. New York: Academic, 1973; German transl.: Molekülkristalle[M]. Berlin: Akademie, 1979.]
1.37 Bragg W L. Philos.Mag., 1920, 40: 169.
1.38 Goldschmidt V M. Skr. Nor. Vidensk. Oslo I, 1926, 8: 69.
1.39 Pauling L. J. Am. Chem. Soc., 1927, 49: 765.
1.40 Pauling L. The Nature of the Chemical Bond[M]. 3rd ed. Ithaca, NY: Cornell Univ. Press, 1960.
1.41 Landé A. Z. Physik, 1920, 1: 191.
1.42 Belov N V, Boky G B. The present state of crystal chemistry and its urgent tasks, in

Pervoye soveshchanie po kristallokhimii. Referaty, doklady[C]//Boky G B. Proc. 1st meeting on crystallochemistry. Moscow: Izd-vo Acad. Nauk SSSR, 1954. p.7(in Russian).

1.43 Gourary B S, Adrian F I. Solid State Phys. 10[M], New York: Academic, 1960, p. 143.

1.44 Inkinen O, Järvinen M. Phys. Kondens. Mater., 1968, 7: 372.

1.45 Morris D F C. Ionic radii and enthalpies of hydration of ions[M]//Structure and Bonding 4, Berlin, Heidelberg: Springer, 1968, p. 63.

1.46 Shannon R D, Prewitt C T. Acta Crystallogr., 1969, B29: 925.

1.47 Shannon R D. Acta Crystallogr, 1976, A32: 751.

1.48 Slatter J C. J. Chem. Phys., 1964, 41: 3199.

1.49 Slater J C. Quantum Theory of Molecules and Solids: Symmetry and Bonds in Crystals, Vol. 2[M]. New York: McGraw-Hill, 1965.

1.50 Lebedev V I. Ionno-atomnye radiusy i ikh znachenie dlya geokhimii(Ionic-atomic radii and their role in geochemistry)[M]. Leningrad: Izd-vo Leningrad Univ., 1969.

1.51 Zefirov Yu V, Zorky P M. Vestn. Mosc. Univ. Khim., 1978, 19: 554.

1.52 Nowacki W, Matsumoto T, Edenharter A. Acta Crystallogr., 1967, 22: 935.

1.53 Mackay A L. Acta Crystallogr., 1967, 22: 329.

1.54 Magnus A. Z. Anorg. Chem., 1922, 124: 288.

1.55 Belov N V. Struktura ionnykh kristallov i metallicheskikh faz(The structure of ionic crystal s and metallic phases)[M]. Moscow: Izd-vo Akad. Nauk SSSR, 1947.

1.56 Döngels E. Z. Anorg. Chem., 1950, 263: 112.

1.57 Soboleva S V, Zvyagin B B. Kristallografia, 1968, 13: 605.[English transl.: Sov. Phys.-Crystallogr., 1969, 13: 516.]

1.58 Urusov V S. Teoriya izomorfnoi smesimosti(Theory of isomorphous miscibility)[M]. Moscow: Nauka, 1977.

1.59 Makarov E S. Isomorfizm atomov v kristallakh(Isonorphism of atoms in crystals)[M]. Moscow: Atomizdat, 1973.

1.60 Muradyan L A, Maksimov B A, Simonov V I. Koordinatsionnaya khimiya, 1986, 12(10): 1398(in Russian).

1.61 Khachaturtyan A G. Prog. Mater. Sci., 1978, 22: 1.

1.62 Knizhnik E G, Livshitz B G, Lipetsky Ya L. Fiz. Met. Metalloved., 1970, 29(2): 265.

1.63 Magneli A. Arh. Kem., 1950, 1: 5.

1.64 Iijima S. J. Solid State Chem., 1975, 14: 52.

1.65 Tilley R J D. Chem. Scr., 1978/79, 14: 147.

1.66 Zakharov N D, Khokzhi I P, Rozhansky V N. Dokl. Akad. Nauk SSSR, 1979, 249 (2): 359.

第2章

2.1 Donohue J. The Structure of the Elements[M]. New York: Wiley, 1974.

2.2 Vainshtein B K. Sovremennaya kristallografiya. T. 1. Simmetriya kristallov. Metody structurnoi kristallografii[M]. Moscow: Nauka, 1979. [English transl.: Modern Crystallography Ⅰ. Symmetry of Crystals, Methods of Structural Crystallography: Springer Ser. Solid-State Sci., Vol. 15[M]. Berlin, Heidelberg: Springer, 1981.] Vainshtein B K. Fundamentals of Crystals, Mod. Crystallography Ⅰ[M]. Berlin, Heidelberg: Springer, 1994.

2.3 Sinclair R, Thomas G. J. Appl. Crystallogr., 1975, 8: 206.

2.4 Cruickshank D W J. 2nd Europ. Crystallographic Meeting, Keszthely, Hungary[C]. Book of Abstracts, 1974.

2.5 Schulz H, Schwarz K. Acta Crystallogr., 1978, A34: 999.

2.6 Brown I D, Shannon R D. Acta Crystallogr., 1973, A29: 266.

2.7 Brown I D. Chem. Soc. Rev., 1978, 7: 359.

2.8 Stishov S M, Belov N V. Dokl. Akad. Nauk USSR, 1961, 143(4): 951.

2.9 Thong N, Schwarzenbach D. Acta Crystallogr., 1979, A35: 658.

2.10 Thong N, Schwarzenbach D. 5th Europ. Crystallographic Meeting, Copenhagen [C]. Book of Abstracts, 1979, p.348.

2.11 Bragg L, Claringbull G F. Crystal Structure of Minerals[M]. London: Bell, 1965.

2.12 Belov N V. Kristallokhimiya silikatov s krupnymi kationami[M]. Moscow: Izd-vo Acad. Nauk, 1961. [English transl.: Crystal Chemistry of Large Cation Silicates [M]. New York: Consultants Bureau, 1965.]

2.13 Below N V. Ocherki po strukturnoi mineralogii(Essays on structural mineralogy) [M]. Moscow: Nedra, 1976.

2.14 Ilyukhin V V, Kuznetsov V L, Lobachev A N, Bakshutov V S. Gidrosilikaty kal'tsiya(Potassium hydrosilicates: Synthesis of single crystals and crystal chemistry) [M]. Moscow: Nauka, 1979.

2.15 Golovastikov N I, Matveeva R G, Beiov N V. Kristallografiya, 1975, 20(4): 721. [English transl.: Sov. Phys.-Crystallogr., 1976, 20: 441.]

2.16 Libau F. Acta Crystallogr., 1959, 12: 180.

2.17 Rastsvetaeva R K, Simonov V I, Belov N V. Dokl. Akad. Nauk SSSR, 1967, 117: 832.

2.18 Zvyagin B B. Elektronografiya i strukturnay kristallografiya glinistykh mineralov [M]. Moscow: Nauka, 1964. [English transl.: Electron Diffraction Analysis of Clay

Mineral Structures[M]. New York: Plenum, 1967.]

2.19 Drits V A, Sakharov B A. Trudy Geol. Inst. Acad. Nauk SSSR, 1976, 295: 3.

2.20 Guan-Ya-sian, Simonov V I, Belov N V. Dokl. Akad. Nauk SSSR, 1963, 149: 1416.

2.21 Roth W L, Reidinger F, La Place S. Superionic Conductors[M]. New York: Plenum, 1976, p. 223.

2.22 Kuhs W F, Perenthaler E, Schuiz H, Zucker U. 6th Europ. Crystallographic Meeting, Barcelona, Spain[C]Book of Abstracts, 1980, p. 229.

2.23 Krebs H. Grundzüge der anorganischen Kristallchemie[M]. Stuttgart: Enke, 1968.

2.24 Sirota N N, Gololobov E M, Sheleg A U, Olekhnovich N M. Izv Akad. Nauk SSSR Neorg. Mater., 1965, 2: 1673.

2.25 Pauling L, Huggins M L. Z. Kristallogr., 1934, 87: 205.

2.26 Imamov R M, Semiletov S A, Pinsker Z G. Kristallogrfiya, 1970, 15: 287. [English transl.: Sov. Phys.-Crystallogr., 1970, 15: 239.]

2.27 Semiletov S A. Kristallografiya, 1976, 21(4): 752(1976)[English transl.: Sov. Phys.-Crystallogr., 1976, 21: 426.]

2.28 Mooser E, Pearson W B. Phys. Rev., 1956, 10: 492.

2.29 Pauling L. The nature of bonds of transient metals with bioorganic and other compounds[M]//Ovchinnikov Yu, Kolosov M N. Itogi i perspektivity razvitiya bioorganicheskoi khimii i molekulyarnoi biologif [The results and future of the development of bioorganic chemistry and molecular biology[M]. Moscow: Nauka, 1978, p. 3(in Russian)].

2.30 Kuznetsov V G, Kozmin P A. Zh. Strukt. Khim., 1963, 4: 55.

2.31 Simon A. Structure and Bonding with alkali metal suboxides [M]//Inorganic Chemistry and Spectroscopy: Structure and Bonding, Vol. 36. Berlin, Heidelberg: Springer, 1979, p. 81.

2.32 Dunitz J D, Orgel L E, Rich A. Acta Crystallogr., 1956, 9: 373.

2.33 James A J, Karle W G. Science, 1963, 139: 106.

2.34 Karle I L, Karle J. Acta Crystallogr., 1963, 16: 969.

2.35 Hirschfeld F L, Sandler S, Schmidt G M J. J. Chem. Soc., 1963, 4: 2108.

2.36 Avoyan R L, Kitaigorodsky A I, Struchkov Yu T. Zh. Strukt. Khim., 1964, 5: 420.

2.37 Preuss J, Gieren A. Acta Crystallogr., 1975, B31: 1276.

2.38 Dubchak I L, Shklover V E, Levitsky M M, Zhdanov A A, Struchkov Ju T. Zh. Strukt. Khim., 1980, 21(6): 103.

2.39 Abrahamsson S, Hodgkin D C, Maslen E N. Biochem. J., 1963, 86: 514.

2.40 Kitaigorodsky A I. Organicheskaya kristallokhimiya (Organic crystal chemistry)

[M]. Moscow: Izd-vo Akad. Nauk SSSR, 1955.

2.41 Bel'sky V K, Zorky P M. Kristallografiya, 1970, 15(4): 704. [English transl.: Sov. Phys.-Crystallogr., 1971, 15: 607.]

2.42 Be'lsky V K, Zorky P M. Acta Crystallogr., 1977, A33: 1004.

2.43 Zorky P M, Bel'sky V K, Lazareva S G, Porai-Koshits M A. Zh. Strukt. Khim., 1967, 8: 312.

2.44 Zorky P M, Bel'sky V K. The structure of the crystals of tolane and its structural analogs[M]//Kristallografiya i mineralogiya(crystallography and mineralogy) Trudy fedorovskoi yubileinoi sessii, Leningrad 1966(Publ. Leningradskogo Gornogo Intta, Leningrad 1972)(in Russian).

2.45 Kitaigorodsky A I. Molekulyarnye kristally (Molecular crystals) [M]. Moscow: Nauka, 1971.

2.46 Shibaeva R P, Kaminsky V F. Kristallografiya, 1978, 23: 1183. [English transl.: Sov. Phys.-Crystallogr., 1978, 23: 669.]

2.47 Shevyrev A A, Muradyan L A, Simonov V I. JETP Lett., 1979, 30: 107.

2.48 Smirnov V I, Zeibot L N, Zhukhlistova N E, Tishchenko G N, Andrianov V I. Kristallografiya, 1976, 21: 525. [English transl.: Sov. Phys.-Crystallogr., 1976: 21, 291.]

2.49 Vainshtein B K, Lobanova G M, Gurskaya G V. Kristallografiya, 1974, 19(3): 531. [English transl.: Sov. Phys.-Crystallogr., 1975, 19: 329.]

2.50 Fagan P J, Ward M D. Sci. Am., 1992, 267: 14.

2.51 Cuevas-Diarte M A, Chanh N B, Haget Y. Mater. Re. Bull., 1987, 22: 985.

2.52 Daubeny R P, Dunn C W, Brown L. Proc. Roy. Soc. (London), 1954, A226: 531.

2.53 Dunn C W. Proc. Roy. Soc. (London), 1942, 180: 40

2.54 Lelliott C, Atkins E D T, Juritz J W R, Stephen A M. Polymer, 1978, 19: 363.

2.55 Keller A. The morphology of crystalline polymers [M]. Chimica della Macromolecole, corso estivo tenute a Verrena, Villa Monstero, 1961.

2.56 Marukhin V A, Myasnikova L P. Nadmolekulyarnaya struktura polimerov (The supramolecular structure of polymers)[M]. Leningrad: Khimiya, 1977.

2.57 Keller A. J. Polym. Sci. Polym. Symp., 1975, 51, 7.

2.58 Friedel G. Ann. Phys., 1922, 19: 273.

2.59 Shuvalov L A, Urusovskaya A A, Zhelude I S, Zalesskii A V, Grechushnikov B N, Chistyakov I G, Semiletov S A. Sovremennaya kristallography T. 4, Fizicheskiye svoistva kristallov [M]. Moscow: Nauka, 1981. [English transl.: Modern Crystallography Ⅳ, Physical Properties of Crystals: Springer Ser. Solid-State Sci., Vol. 37[M]. Berlin, Heidelberg: Springer, 1988.]

2.60 Vainshtein B K, Chistyakov I G. Pramana Suppl., 1975, No. 1: 79. [15th Int'l

Conf. on Liquid Crystal, Raman Research Inst., Bangalore]

2.61 Krigbaum W R, Chatani Y, Barber P. Acta Crystallogr., 1970, B26: 97.

2.62 Chandrasekhar S, Sadashiva B K, Suresh K A, Madhusudana N V, Kumar S, Shashidhar R, Venkatesh G. J. Physique Colloq., 1979, C3: 40, Suppl. 4: 121. Chandrasekhar S. Mol. Cryst. Liq. Cryst., 1981, 63: 171.

2.63 Gasqaroux H. Mol. Cryst. Liq. Cryst., 1981, 63: 231.

2.64 Vainshtein B K, Kosterin E A, Chistyakov I G. Dokl. Akad. Nauk SSSR, 1971, 199(2): 323.

2.65 Vainshtein B K, Chistyakov I G, Kosterin E A, Chaikovsky V M. Dokl. Akad. Nauk SSSR, 1967, 174(2): 341.

2.66 Brink-Shoemaker C, Cruickshank D W J, Hodgk D C. in Kamper M J, Ming D P. Proc. Roy. Soc. (London), 1964, A278: 1.

2.67 Gurskaya G V. Struktury aminokislot[M]. Moscow: Nauka, 1966. [English transl.: The Molecular Structure of Amino Acids [M]. New York: Consultants Bureau, 1968.]

2.68 Tishchenko G N. The structure of linear and cyclic oligopeptides in crystals[M]// Itogi Nauki i Tekhniki. Ser. Kristallokhimiya (Advances in science and technology: Crystal chemistry), Vol. 13. Moscow: VINITI, 1979, p. 189 (in Russian).

2.69 Vainshtein B K, Tatarinova L I. Kristallografiya, 1966, 11: 562. [English transl.: Sov. Phys.-Crystallogr., 1966, 11: 494.]

2.70 Pauling L, Corey R B. Proc. Roy. Soc. (London), 1953, B141: 10.

2.71 Tishchenko G N, Karimov Z, Vainshtein B K, Evstratov A V, Ivanov V T, Ovchinnikov Yu A. FEBS Lett., 1976, 65(2): 315.

2.72 Momany F A, Carruthers L M, Sherage H A. J. Phys. Chem., 1974, 78: 1621.

2.73 Ramachandran G N, Sasisharan V. Adv. Protein Chem., 1968, 23: 283.

2.74 Pauling L, Corey R B, Branson H R. Proc. Nat'l Acad. Sci. (USA), 1951, 37: 205.

2.75 Fawcett D W. The Cell, its Organelles and Inclusions: An Atlas of Fine Structure [M]. Philadelphia, PA: Saunders, 1966.

2.76 Barynin V V, Vainshtein B K, Zograf O N, Karpukhina S Ya. Mol. Biol. (Moscow), 1979, 13: 1189. [English transl.: Mol. Biol. USSR, 1979, 13: 922.]

2.77 Kenrew J C. Sciencc, 1963, 139: 1259. Kendrew J C, Dickerson R E, Stranberg B E, Hart R G, Davis D R, Philips D C, Shore V C. Nature, 1960, 185: 422.

2.78 Frauenfelder H, Petsko G A, Tsernoglou D. Nature, 1979, 280: 558.

2.79 Perutz M F. Proc. Roy. Soc. (London), 1969, B173: 113.

2.80 Perutz M F. Sci. Am., 1978, 239: 92.

2.81 Perutz M F. J. Mol. Biol., 1965, 13: 646.

2.82 Vainshtein B K, Harutyunyan E H, Kuranova I P, Borisov V V. Sosfenov N I, Pavlovsky A G, Grebenko A I, Konareva N V. Nature, 1975, 254: 163.

2.83 Harutyunyan E H, Kuranova I P, Vainshtein B K, Steigmann W. Kristallografiya, 1980, 25: 80. [English transl.: Sov. Phys.-Crystallogr., 1980, 25: 43.]

2.84 Dickerson R E. Sci. Am., 1972, 226: 58.

2.85 Levine M, Muirhead H, Stammers D K, Stuart D J. Nature, 1978, 271: 626.

2.86 Richardson J S. Nature, 1977, 268: 495.

2.87 Weber I I, Johnson L N, Wilson K S, Yeates D G R, Wild D L, Jenkins J A. Nature, 1978, 274: 433.

2.88 Banner D W, Bloomer A C, Petsko G A, Phillips D C, Pogson C I, Wilson I A, Corran P H, Furth A J, Milman J D, Offord R E, Priddle J. D, Waley S G. Nature, 1975, 255: 609.

2.89 Richardson J S, Thomas K A, Rubin B H, Richardson D C. Proc. Nat'l Acad. Sci. (USA), 1975, 72: 1349.

2.90 Levitt M, Chothia C. Nature, 1976, 261: 552.

2.91 Vainshtein B K, Melik-Adamyan V R, Barynin V V, Vagin A A, Grebenko A I. Krystallografiya, 1981, 26: 1003.

2.92 Chotia C, Levitt M, Richardson D. Proc. Nat'l Acad. Sci. (USA), 1977, 74: 4130.

2.93 Matthews B W, Sigler P B, Henderson R, Blow D M. Nature, 1967, 214: 652.

2.94 Adams M J, Buchner M, Chandrasekhar K, Ford G C, Hackert M L, Lijas A, Lentz P Jr, Rao S T, Rossmann M G, Smiley I E, White J L. [M]//Protein-Protein Interactions, Colloq. Gesellsch. Biolog. Chemie, Mosbach, Germany, Vol. 23, Berlin, Heidelberg: Springer, 1972.

2.95 Borisov V V, Borisova S N, Sosfenov N I, Vagin A A, Nekrasov Yu V, Vainshtein B K, Kochkina V M, Braunshtein A E. Dokl. Akad. Nauk SSSR, 1980, 250: 988. [English transl.: Sov. Phys.-Dokl. Biochem., 1980, 250: 45.]

2.96 Vainshtein B K, Melik-Adamyan V R, Barynin V V, Vagin V V, Grebenko A I.: Nature, 1981: 293: 411.

2.97 Lilias A, Rossmann M G. Ann. Rev. Biochem., 1974, 43: 475.

2.98 Lipscomb W N. Acc. Chem. Res., 1970, 3: 81.

2.99 Andreeva N S, Fedorov A A, Gushchina A E, Riskulov R R, Schutzkever N E, Safro M G. Mol. Biol. Moscow, 1978, 12: 922. [English transl.: Mol. Biol. USSR, 1978, 12: 704.]

2.100 Ptitsyn O B, Finkelshtein A V. Europ. Biochem. Soc. Congr., Dresden, 1978.

2.101 Phillips D C. Sci. Am., 1966, 217: 78.

2.102 Matthews B W, Remingtone S Y. Proc. Nat'l Acad. Sci(USA), 1974, 711: 4178.

2.103 Borisov V V, Borisova S N, Kachalova G S, Sosfenov N I, Vainshtein B K, Torchinsky Yu M, Braunshtein A E. J. Mol. Biol., 1978, 125: 275.

2.104 Tsuprun V L, Kiselev N A, Vainshtein B K. Kristallografiya, 1978, 23: 743. [English transl.: Sov. Phys.-Crystallogr., 1978, 23: 417.]

2.105 Kiselev N A, Orlova E V, Stel'mashchuk V Ya. Dokl. Akad. Nauk SSSR, 1979, 246: 1508. [English transl.: Sov. Phys.-Dokl. Biophys., 1979, 246: 118.]

2.106 De Rosier G J, Oliver R M. Cold Springs Syrup. Quant. Biol., 1972, 36: 199.

2.107 Henderson R, Unwin P N. Nature, 1975, 257: 28.

2.108 Franklin R E, Gosling R G. Acta Crystallogr., 1955, 8: 151.

2.109 Wilkins M H F, Stokes A R, Wilson H R. Nature, 1953, 171: 739.

2.110 Crick F H C, Watson J D. Proc. Roy. Soc. (London), 1954, A223: 80.

2.111 Langridge R, Seeds W E, Wilson H R, Hooper C W, Wilkins M H F, Hamilton L D. J. Biophys. Biochem. Cytol., 1957, 3: 767.

2.112 O'Brien E J. Acta Crystallogr., 1967, 23: 92.

2.113 Mokul'sky M A, Kapitonova K A, Mokul'skaya T D. Mol. Biol., 1972, 6: 883.

2.114 Forsyth V T, Mahendrasingam A, Langan P, Pigram W J, Stevens E D, Yl-Hayalee Y, Bellamy K A, Greenall R J, Mason S A, Fuller W. Conf. Neutron and X-Ray Scattering Complementary Techniques (Kent, 1989): Inst. Phys. Conf. Ser. 101, 237[C]Bristol: IoP, 1990.

2.115 Wang A H -J, Kolpak F J, Quigley G J, Crawford J L, van Boom J H, van der Mazel C, Rich A. Nature, 1979, 282: 680.

2.116 Kim S H, Suddath F L, Quigley G J, McPherson A, Sussmann J L, Wang A H J, Seemann N C, Rich A. Science, 1974, 185: 435.

2.117 Robenus J D, Ladner Y E, Finch Y T, Rhodes D, Brown R S, Clark B F C, Klug A. Nature, 1974, 250: 546.

2.118 Vasiliev V D, Selivanova O M, Baranov V I, Spirin A S. FEBS Lett., 1983, 155: 167.

2.119 Lake J A. Ann. Rev. Biochem., 1985, 54: 507.

2.120 Wagenknecht T, Carazo J M, Radermacher M, Frank J. Biophys. J., 1989, 55: 455.

2.121 Verschor A, Frank J. J. Mol. Biol., 1990, 214: 737.

2.122 van Heel M, Stöffler-Meiticke M. EMBO J., 1985, 4: 2389.

2.123 van Heel M. Ultramicrosc., 1984, 13: 165.

2.124 Finch J T, Lutter L C, Rhodes D, Brown R S, Rushton B, Levitt M, Klug A. Nature, 1977, 269: 29.

2.125 Franklin R, Holmes K. Acta Crystallogr., 1958, 11: 213.

2.126 Caspar D L D, Klug A. Cold Spring Habor Symp. Quant. Biol., 1962, 27: 1-24.

2.127 Bloomer A C, Champness J N, Bricogne G, Staden R, Klug A. Nature, 1978, 276: 362.

2.128 Champness J N, Bloomer A C, Bricogne G, Butler P J G, Klug A. Nature, 1976, 259: 20.

2.129 Finch J T, Klug A. Nature, 1959, 183: 1709.

2.130 Klug A, Finch J T. J. Mol. Biol., 1965, 11: 403.

2.131 Klug A, Finch J T. J. Mol. Biol., 1968, 31: 1.

2.132 Finch J T, Klug A. J. Mol. Biol., 1966, 15: 344.

2.133 Klug A, Longely W, Leberman R. J. Mol., 1966, 15: 315.

2.134 Crowther R A, Amos L A, Finch J T, De Rossier D J, Klug A. Nature, 1970, 226: 421.

2.135 McKenna R, Di Xia, Willingman P, Ilag L L, Krishnaswamy S, Rossmann M G, Olson N H, Baker T S, Ingardona N L. Nature, 1992, 355: 137.

2.136 Harrison S C, Olson A J, Schutt C E, Winkler F K, Bricogne G. Nature, 1978, 276: 362.

2.137 Vainshtein B K. Usp. Fiz. Nauk, 1973, 109: 455.

2.138 Vainshtein B K. Electron microscopical analysis of the three-dimensional structure of biological macromolecules[M]//Cosslett V E, Barer R. Advances in Optical and Electron Microscopy, Vol. 7. New York: Academic, 1978.

2.139 Crowther B A, Klug A. Ann. Rev. Biochem., 1975, 44: 161.

2.140 Amos L A, Klug A. J. Mol. Biol., 1975, 99: 51.

2.141 Mikhailov A M, Andriashvili J A, Petrovsky G V, Kaftanova A S. Dokl. Akad. Nauk SSSR, 1978, 239: 725.

2.142 Mikhailov A M, Belyaeva N N. Dokl. Akad. Nauk SSSR, 1980, 250: 222. [English transl.: Sov. Phys.-Dokl. Biophys., 1980, 250: 5.]

2.143 Vainshtein B K, Mikhailov A M, Kaftanova A S. Kristallografiya, 1977, 22(2): 287. [English transl.: Sov. Phys.-Crystallogr., 1977, 22: 163.]

第3章

3.1 Vainshtein B K. Sovremennaya kristallografiya. T. 1. Simmetriya kristallov. Metody structurnoi kristallografiya[M]. Moscow: Nauka, 1979. [English transl.: Modern Crystallography Ⅰ. Symmetry of Crystals, Methods of Structural Crystallography: Springer Ser. Solid-State Sci., Vol. 15[M]. Berlin, Heidelberg: Springer, 1981.]
Vainshtein B K. Fundamentals of Crystals, Modern Crystallography l [M]. 2nd ed.. Berlin, Heidelberg: Springer, 1994.

第4章

4.1 Shuvalov L A, Urusovskaya A A, Zheludev I S, Zalesskii A V, Grechushnikov B N,

Chistyakov I G, Semiletov S A. Sovremennaya kristallographya T. 4, Fizicheskiye svoistva kristallov [M]. Moscow: Nauka, 1981. [English transl.: Modern Crystallography Ⅳ, Physical Properties of Crystals: Springer Ser. Solid-State Sci., Vol. 37[M]. Berlin, Heidelberg: Springer, 1988.]

4.2 Landau L D. Phys. Z. (USSR), 1935, 8: 113(in Russian).

4.3 Ginzburg V L. Dokl. Akad. Nauk SSSR, 1955, 105: 240.

4.4 Volk T R, Gerzanich E I, Fridkin V M. Izv. Akad. Nauk SSSR, Sr. Fiz., 1969, 33: 348.

4.5 Garland C W, Weiner B B. Phys. Rev., 1971, 3: 1634.

4.6 Ibach H, Lüth H. Solid-State Physics [M]. 2nd ed. Berlin, Heidelberg: Springer, 1996.

4.7 Fridkin V M. Pis'ma Zh. Eksp. Teor. Fiz., 1966, 3(6): 252.

4.8 Bersuker I B, Vekhter B G. Fiz. Tverd. Tela Leningrad, 1967, 9: 2652. [English transl.: Sov. Phys.-Solid State, 1968, 9: 2084.]

4.9 Fridk V M. in: Segnetoelektrtriki-poluprovodniki [M]. Moscow: Nauka, 1976. [English transl.: Ferroelectric Semiconductors[M]. New York: Plenum, 1980.]

4.10 Landau L D, Lifshitz E M. Statisticheskaya fizika[M]. Moscow: Nauka, 1964. [English transl.: Course of Theoretical Physics, Vol. 5, Statistical Physics[M]. 2nd ed. Oxford: Pergamon, 1969.]

4.11 Vainshtein B K. Sovremennaya kristallografiya. T. 1. Simmetriya kristallov, Metody structurnoi kristallografiya[M]. Moscow, Nauka, 1979. [English trans.: Modern Crystallography Ⅰ. Symmetry of Crystals, Methods of Structural Crystallography: Springer Ser. Solid-State Sci., Vol. 15[M]. Berlin, Heidelberg: Springer, 1981.] Vainshtein B K. Fundamentals of Crystals, Modern Crystallography 1[M]. 2nd ed. Berlin, Heidelberg: Springer, 1994.

4.12 Indenbom V M. Kristallografiya, 1960, 5: 115. [English transl.: Sov. Phys.-Crystallogr., 1960, 5: 106.]

4.13 Indenbom Y L. Izv. Akad. Nauk SSSR, Ser. Fiz, 1960, 24: 1180.

4.14 Levanyuk A P, Sannikov D G. Usp. Fiz. Nauk, 1974, 112: 561.

4.15 Lifshitz E M. JETP, 1941, 11: 269.

第5章

5.1 Shuvalov L A, Urusovskaya A A, Zheludev I S, Zalesskii A V, Grechushnikov B N, Chistyakov I G, Semiletov S A. Sovremennaya kristallographya T. 4, Fizicheskiye svoistva kristallov [M]. Moscow: Nauka, 1981. [English transl.: Modern Crystallography Ⅳ. Physical Properties of Crystals: Springer Ser. Solid-State Sci., Vol. 37[M]. Berlin, Heidelberg: Springer, 1988.]

5.2 Vainshtein B K. Sovremennaya kristallografiya. T. 1. Simmetriya kristallov. Metody structurnoi kristallografiya[M]. Moscow：Nauka，1979. [English transl.：Modern Crystallography Ⅰ. Symmetry of Crystals，Methods of Structural Crystallography：Springer Ser. Solid-State Sci.，Vol. 15[M]. Berlin，Heidelberg：Springer，1981.] Vainshtein B K. Fundamentals of Crystals，Modern Crystallography 1[M]. 2nd ed. Berlin，Heidelberg：Springer，1994.

5.3 Chernov A A，Givargizov E I，Bagdasarov K S，Kuznetsov V A，Demyanets L N，Lobachev A N. Sovremennaya kristallografiya，Vol. 3：Obrazovaniye kristallov[M]. Vainshtein B K. Moscow：Nauka，1980. [English transl.：Modern Crystallography Ⅲ，Formation of Crystals：Springer Ser. Solid-State Sci.. Vol. 36[M]. Berlin，Heidelberg：Springer，1984.]

5.4 Phillips V A. Acta Metall.，1970，20：1147.

5.5 Chang S L. Appl. Phys.，1981，A 26：221.

5.6 Vainshtein B K，Shuvalov L A. Physical Crystallography[M]. Moscow：Nauka，1992 (in Russian).

5.7 Nabarro F R N. Dislocations in Crystals[M]. Amsterdam：Elsevier，1987.

5.8 Indenbom V L，Lothe J. Elastic Strain Fields and Dislocation Mobility[M]. Amsterdam：Elsevier，1992.

第6章

6.1 Crystallographic Databases (Data Commission of Int'l Union of Crystallography，Cambridge 1987)

6.2 Kroto H W，Heath J R，O'brien S C，Curl R F，Smalley R E. Nature，1985，318：162.

6.3 Krätschmer W，Lamb L D，Fostiropoulos K，Huffmail D R. Nature，1990，347：354.

6.4 Huffman D R. Phys. Today，1991，44：22.

6.5 Vainshtein B K. Sovremennaya kristallografiya. T. 1. Simmetriya kristallov. Metody structurnoi kristallografiya[M]. Moscow：Nauka，1979. [English transl.：Modern Crystallography Ⅰ. Symmetry of Crystals，Methods of Structural Crystallography：Springer Ser. Solid-State Sci.，Vol. 15[M]. Berlin，Heidelberg：Springer，1981.] Vainshtein B K. Fundamentals of Crystals，Modern Crystallography 1[M]. 2nd ed. Berlin，Heidelberg：Springer，1994.

6.6 Curl R F，Smalley R E. Sci. Am.，1991，265：14.

6.7 Fowler P W，Manolopoulous D E. Nature，1992，355：423.

6.8 Johnson R D，Neyier G，Salem I R，Bethun D S. J. Am. Chem.，1991，113：3619.

6.9 McKenzie D R，Davis C A，Cockayane D J H，Muller D A，Vassailo A M. Nature，

1992, 355: 622.

6.10 Iijima S. Nature, 1991, 354: 56.

6.11 Ugarte D. Nature, 1992, 359: 797.

6.12 Mackay A L, Terrones H. Nature, 1991, 352: 762.

6.13 Lenowsky T, Gonze X, Teter M, Elser V. Nature, 1992, 355: 333.

6.14 Bochvar D A, Gal´perin E G. Dokl. Akad. Nauk SSSR, 1973, 209: 610.

6.15 Fischer J E, Heiney P A, McGhie A R, Romanow W J, Denenstein A M. McCauley Jr. J P, Smith A B. Science, 1991, 252: 1288.

6.16 David W I F, Ibberson R M, Matthewman J C, Prassides K, Dennis T J S, Hare J P, Kroto H W, Taylor R, Walton D R M. Nature, 1991, 353: 147.

6.17 David W I F, Ibberson R M, Dennis T J S, Hare J P, Prassides K. Europhys. Lett., 1992, 18: 219.

6.18 Chow P C, Jiang X, Reiter G, Wochner P, Moss S C, Axe J D, Hanson J C, McMullan, R K, Meng R L, Chu C W. Phys. Rev., 1992, B69: 2943.

6.19 David W I F, Ibberson R M, Matsuo T. Proc. Roy. Soc. (London), 1993, A442: 129.

6.20 Fleming R M, Rosseinsky M J, Ramirez A P, Murphy D W, Tully J C, Haddon R C, Siegrist T, Tycko R, Glarum S H, Marsh P, Dabbagh G, Zahurak S M, Makhija A V, Hampton C. Nature, 1991, 352:701.

6.21 Stephens P W, Mihaly L, Lee P L, Whetten R L, Huang S -M, Kaner R, Deiderich F, Holczer K. Nature, 1991, 351: 632.

6.22 Marthins J L. Europhys. News, 1992, 23: 31.

6.23 Zhou O, Fischer J E, Coustel N, Kycia S, Zhu Q, McGhie A R, Romanow W J, McGauley J P, Smith A B, Cox D E. Nature, 1991, 351: 462.

6.24 Hebard A F, Rosseinsky M J, Haddon R C, Murphy D W, Glarum S H, Palstra T T M, Ramirez A P, Kortan A R. Nature, 1991, 350: 600.

6.25 Holczer K, Klein O, Huang S-M, Kaner R B, Fu K -J, Whetten A L, Diederich F. Science, 1991, 252: 1154.

6.26 Sugano S, Koizumi H. Microcluster Physics: Springer Ser. Mater. Sci., Vol.20[M]. 2nd ed. Berlin, Heidelberg: Springer, 1998.

6.27 Allemand P -M, Khemani K C, Koch A, Wudl F, Holczer K, Donovan S, Grüner G, Thompson J D. Science, 1991, 253: 301.

6.28 Stephens P W, Cox D, Lauher J W, Mihaly L, Wiley J B, Allemand P-M, Hirsch A, Holczer K, Li Q, Thompson J D, Wudle F. Nature, 1992, 355: 331.

6.29 Liebau F. Structural Chemistry of Silicates [M]. Berlin, Heidelberg: Springer, 1985.

6.30 Belov N V. Kristallokhimiya silicatov s krupnymi kationamf[M]. Moscow: Izd-vo

Akad. Nauk SSSR, 1961. [English transl.: Crystal Chemistry of Large Cation Silicates [M]. New York: Consultants Bureau, 1965.]

6.31 Belov N V. Ocherki po strukturnoi mineralogii (Essays on structural mineraiogy) [M]. Moscow: Nedra, 1976.

6.32 Clark G M, Morley R. Chem. Soc. Rev., 1976, 5: 268.

6.33 Hawthom F C. Canad. Mineral., 1986, 24: 625.

6.34 Raszvetaieva R K, Pushcharovsky D Yu. VINITI Ser. Crystal Chemistry, Vol. 23, 1986 (in Russian).

6.35 O'Keefe M, Hyde B G. An alternative approach to nonmolecular crystal structures [J]. Structure and Bonding, 1985, 61: 77 - 144. Berlin, Heidelberg: Springer, 1985.

6.36 Crosnier M P, Guyomard D, Verbaere A, Piffard Y. Europ. J. Solid State Inorg. Chem., 1990, 27: 435.

6.37 Kohara S, Kawahara A. Acta Crystallogr., 1990, C46: 1373.

6.38 Catlow C R A, Price G D. Nature, 1990, 317: 243.

6.39 Guo Y, Langlois J -M, Goddard W A. Science, 1988, 239: 896.

6.40 Hohenberg P C, Kohn W. Phys. Rev., 1964, B136: 864.

6.41 DeVita A, Gillan M J, Lin J S, Payne M C, Stich I, Clarke L J. Phys. Rev. Lett., 1992, 68: 3319.

6.42 Smith W, Gillan M J. J. Phys. Condens. Matter, 1992, 4: 3215.

6.43 Fulde P. Electron Correlations in Molecules and Solids: Springer Ser. Solid-State Sci., Vol. 100[M]. 3rd ed. Berlin, Heidelberg: Springer, 1995.

6.44 DeVita A, Gillan M J, Lin J S, Payne M C, Stich I, Clarke L J. Phys. Rev. Lett., 1992, 68: 3319.

6.45 Smith W, Gillan M J. J. Phys. Condens. Matter, 1992, 4: 3215.

6.46 Ishiguro T, Yamaji K, Saito G. Organic Superconductors: Springer Ser. Solid-State Sci., Vol. 88[M]. 2nd ed. Berlin, Heidelberg: Springer, 1998.

6.47 Bulaevsky L M. Adv. Phys., 1988, 37: 443.

6.48 Bednorz J G, Müller K A. Z. Physik, 1986, B64: 189.

6.49 Cava R J. Nature, 1991, 351: 518.

6.50 Molchanov V N, Muradyan L A, Simonov V I. Pis'ma Zh. Eksp. Teor. Fiz., 1989, 49(4): 222.

6.51 Wu M K, Ashburn J N, Torng C J, Hor P H, Meng R L, Gao L, Huang Z L, Wang W Q, Chu C W. Phys. Rev. Lett., 1987, 58: 908.

6.52 Ginsberg D M. Physical Properties of High Temperature Supersonductors Ⅱ [M]. Singapore: World Scientific, 1990.

6.53 Dem'yanets L N. Sov. Phys. -Usp., 1991, 34(1): 36.

6.54 Hinks D G. Nature, 1988, 333: 836.

6.55 Hidaka Y, Suzuku M. Nature, 1989, 338: 635.

6.56 Schneemeyr L E. Nature, 1988, 335: 421.

6.57 Simonov V I, Muradyan L A, Tamazyan R A, Osiko V V, Tatarintsev V M, Gamayumov K. Physica, 1990, C 169: 123.

6.58 Molchanov V N, Simonev V I. Superconducting single crystals of $Tl_2Ba_2CaCuO_8$ and $YBa_2Cu_4O_8$: Crystal structures in the vicinity of T_c[J]. Acta Crystallographica A, 1998, 54: 905-913.

6.59 Raveau B, Michel C, Hervieu M, Groult D. Crystal Chemistry of Hight-T_c Superconducting Copper Oxides: Springer Ser. Mater. Sci., Vol. 15[M]. Berlin, Heidelberg: Springer, 1991.

6.60 Simonov V I, Molchanov V M, Sorokina N I. X-ray study of superconducting single crystals of the Y-pkases[J]. Kristallografia(English transl. Crystallography Rept.), 1988, 43(4): 572-577.

6.61 Greedan J E. Phys. Rev., 1987, B 35: 8770.

6.62 Naurauan J. J. Opt. Microsc., 1989, 1: 18.

6.63 Cox E D. Phys. Rev., 1988, B 38: 6624.

6.64 Hull R. Phys. Rev., 1989, B 39: 9685.

6.65 Sawa H. J. Phys. Soc. Jpn., 1989, 58: 2259.

6.66 Schilling A, Cantoni M, Guo J D, Ott H R. Nature, 1993, 363: 56.

6.67 Putlin S N, Antipov E V, Chmaissem O, Marezio M. Nature, 1993, 362: 226.

6.68 Bersuker I B, Polinger V Z. Vibronic Interactions in Molecules and Crystals: Springer Ser. Chem. Phys., Vol. 49[M]. Berlin, Heidelberg: Springer, 1989.

6.69 Shekhtman V S. The Real Structure of High-T_c. Superconductors: Spinger Ser. Mater. Sci., Vol. 23[M]. Berlin, Heidelberg: Springer, 1993.

6.70 Belov N V. Dokl. Akad. Nauk SSSR, 1939, 13: 171(in Russian).

6.71 Belov N V. The Structure of Ionic Crystals and Metallic Phases[M]. Mocow: USSR Acad. Sci. Press, 1947.

6.72 Bragg W L, Claringbull G F. Crystal Structures of Minerals[M]. London: Bell, 1965.

6.73 Pauling L. Proc. Nat'l Acad. Sci. (USA), 1930, 16: 123 and 578.

6.74 Baumhauer H. Z. Kristallogr., 1915, 55: 249.

6.75 Ramsdell L S. Am. Mineral., 1947, 32: 64.

6.76 Varma A R, Krishna P. Polymorphism and Polytypism in Crystals[M]. New York: Wiley, 1966.

6.77 Zvyagin B B. Comput. Math. Appl., 1988, 16: 569.

6.78 Dornberger-Schiff K. Grundzüge einer Theorie der OD-Strukturen aus Schichten, Abh. Deutsch. Akad. Wiss. K1. Chemie 3, Berlin, 1964.

6.79 Drits V A, Sakharov B A. X-Ray Analysis of Mixed-Layer Minerals[M]. Moscow: Nauka, 1976(in Russian).

6.80 Chukhrov F V, Gorshkov A I, Drits V A. Hypergene Manganese Oxides[M]. Moscow: Nauka, 1989(in Russian).

6.81 Thompson J B. Am. Mineral., 1978, 63: 239.

6.82 Angel R J. Z. Kristallogr., 1986, 176: 233.

6.83 Dornberger-Schiff K, Durovic S, Zvyagin B B. Crystal. Res. Technol., 1982, 17: 1449.

6.84 Arakcheeva A V, Karpinsky O G. Kristallografiya, 1988, 33: 642(in Russian).

6.85 Imamov R M, Semiletov S A, Pinsker Z G. Kristallogafiya, 1970, 15: 284(in Russian).

6.86 Zvyagin B B, Romanoff E G. Phys. Inst. Acad. Sci. SSSR Reprint 42(1990)(in Russian)

6.87 Dornberger-Schiff K, Durovic S. Clay Mineral., 1975, 23: 219.

6.88 Smith J V, Yoder H S. Min. Mag., 1956, 31: 209.

6.89 Zdanov G S. Dokl. Akad. Nauk SSSR, 1945, 48: 40.

6.90 Bailey S W. Acta Crystallogr., 1977, A33: 681.

6.91 Guinier A. Acta Crystallogr., 1984, A40: 399.

6.92 Zvyagin B B, Vrublevskaya Z V, Zhukhlistov A P, Sydorenko O V, Soboleva S V, Fedotov A F. High-Voltage Electron Diffraction in the Study of Layered Monerals [M]. Moscow: Nauka, 1979(in Russian).

6.93 Zvyagin B B. Electron Diffraction Analysis of Clay Mineral Structures[M]. New York: Plenum, 1967.

6.94 Rao M, Acherya S, Samuel A M, Srivastava O N. Bull Mineral., 1986, 109: 469.

6.95 Tsirel'son V G. 1986, Kristallokhimiya(Itogi Nauki, VINITI, Moscow) 20: 3(in Russian).

6.96 Streltsov V A, Tsirelson V G, Krasheninnikov M V, Ozerov R P. Sov. Phys.-Crystallogr., 1985, 30(1): 32.

6.97 Antipin M Yu, Tsirelson V G, Flyugge M P, Struchkov Yu T, Ozerov R P. Koordinaz. Khimiya, 1987, 13: 121(in Russian).

6.98 Tsirelson V G, Streltsov V A, Ozerov R P, Yvon K. Phys. Status Solidi, 1989, (a) 115:515.

6.99 Tsirelson V G, Evdokimova O A, Beiokoneva E L, UrUSOV V S. Phys. Chem. Minerals, 1990, 17: 275.

6.100 Bader R F W, Ngueng-Dang T T. Adv. Quant. Chem., 1981, 14: 63.

6.101 Bader R F W, Essen H. J. Chem. Phys., 1983, 80: 1943.

6.102 Hirshfeld F L. Crystallogr. Rev., 1991, 2(4): 169.

6.103 Avilov A S, Semiletiv S A, Storozhenko V V. Sov. Phys.-Crystallogr., 1989, 34: 110.

6.104 Tishchenko G N, Andrianov V I, Vainshtein B K, Dodson E. Bioorganich. Khimiya, 1992, 18(3): 357.

6.105 Langs D A. Science, 1988, 241: 188.

6.106 Wallace B, Ravikumar K. Science, 1988, 241: 182.

6.107 Alcock N W. Adv. Inorgan. Chem. Radiochem., 1972, 15: 2.

6.108 Kalman A, Parkanyi L. Acta Crystallogr., 1980, B 36: 2372.

6.109 Cody V, Murray-Rust P. J.Mol. Strct., 1984, 112: 189.

6.110 Furmanova N G, Kuz′mina I G, Struchkov Yu T. J. Organometal. Chem. Lib., 1980, 9: 153.

6.111 Burgi H -B. Angew. Chem., 1975, 87(13): 461.

6.112 Bianchi R, Pilati T, Simonetta M. Acta Crystallogr., 1983, C 39: 378. Pavlovsky A G, Karpeisky M Ya. Proc. Int'l Meeting on Structure and Chemistry of Ribonucleases[C]Moscow: VINITI. 1989, p.303.

6.113 Chernov A A. Modern Crystallography Ⅲ, Crystal Growth: Springer Ser. SolidState Sci., Vol.36[M]. Berlin, Heidelberg: Springer, 1984.

6.114 Wiedemann H. Particle Accelerator Physics Ⅰ&Ⅱ[M]. 2nd ed. Berlin, Heidelberg: Springer, 1998 & 1999.

6.115 Helliweil J R, Habash J, Cruicshank D W J, Harding M M, Greenhough T J, Campbell J M, Clifton I J, Elder M, Machin P A, Papiz M Z, Zurek S J. Appl. Crystallogr., 1989, 22: 483.

6.116 Hajdu J, Johnson L N. Biochem., 1990, 29: 1669.

6.117 Rossmann M G. Acta Crystallogr., 1990, A46:79.

6.118 Wang B C. Methods Enzymol., 1985, 115: 90.

6.119 Ten Eyck L E. Acta Crystallogr., 1973, A29: 183.

6.120 Nussbauer H J. Fast Fourier Transform and Convolution Algorithms: Springer Ser. Inform. Sci., Vol.2[M]. 2nd ed. Berlin, Heidelberg: Springer, 1982.

6.121 Nilges M, Gronenborn A M, Clore G M. Proc. Joint CCP4/CCP5 Study Weekend, Sci. and Eng. Res. Coun. Darsbury Lab[C]. (1989)p.74 - 92.

6.122 Atkinson R A, Williams R I P. J. Mol. Biol., 1990, 212: 541.

6.123 Ibach H, Lüth H. Solid-State Physics[M]. 2nd ed. Berlin, Heidelberg: Springer, 1996.

6.124 Polyakov K M, Strokopytov V V, Vagin A A, Tishchenko G N, Bezborodova S I, Vainshtein B K. Sov. Phys.-Crystallogr., 1987, 32: 539.

6.125 Karphus M, McCammon J A. Sci. Am., 1986, 254: 4.

6.126 Weis W T, Brunger A T. Proc. Joint CCP4/CCP5 Study Weekend Sci. and Eng.

Res. Coun. Darsbury Lab. (1989) p. 16 - 28
6.127 Gros P，Fujinaga M，Mattevi A，Vellieus F M D，Van Gusteren M F，Hol W G J. Proc. Joint CCP4/CCP5 Study Weekend，Sci and Res. Coun. Darsbury Lab(1989) p. 1-5.
6.128 Karplus M，McCammon J A. Am. Rev. Biochem.，1983，52：263.
6.129 Ringe D，Petsko G A. Progr. Biophys. and Mol. Biol.，1985，45(3)：197.
6.130 Brunger A T. J. Mol. Biol.，1988，203：803.
6.131 Hendrickson W A，Konnert J H. In Computing in Crystallography，ed. by R. Diamond，S. Ramaseshan，K. Venkatesan. Bangalore：Indian Acad. Sci.，1980，p. 13. 01 - 23.
6.132 Dodson E J，Turkenburg J P. Proc. Joint CCP4/CCP5 Study Weekend. Sci. and Eng. Res. Coun. Darsbury Lab. (1989) p. 113 - 120.
6.133 Johnson L N，Barford D. J. Biol. Chem.，1990，265(5)：2409.
6.134 Johnson L N，Acharya K R，Jordan M D. McLaughlin P J. J. Mol. Biol.，1990，211：645.
6.135 Hajdu J，Acharya K R，Stuart D I，Laughlin P J，Barford D，Oikonomakos N G，H. Klein，Johnson L N. EMBO J.，1987，6(2)：539.
6.136 Hajdu J，Mochim P A，Campbell J W，Greenhough T J，Clifton I. J，Gover S，Johnson L N，Elder M. Nature，1987，329：178.
6.137 Deisenhofer J，Michel H，Huber R. Trends Biochem. Sci.，1985，10：243.
6.138 Deisenhofer J，Miki O Epp K，Huber R，Michel H. Nature，1985，318：618.
6.139 Michel-Beyerle M E. Antennas and Reaction Centers of Photsynthetic Bacteria：Springer Ser. Chem. Phys.，Vol. 42[M]. Berlin，Heidelberg：Springer，1985.
6.140 Youvan D C，Marrs B L. Sci. Am.，1987，256：42.
6.141 Marmorstein R，Carey M，Ptashne M，Harrison S C. Nature，1992，356：408.
6.142 Yonath A，Frolov F，Shoham M，Mussig J，Makowski I，Glotz C，Jahn W，Weinstein S，Wittmann H G. Crystal Growth，1988，90：231.
6.143 Yonath A，Wittmann H G. Trends Biochem. Sci.，1989，14(8)：329.
6.144 Carper D L D，Klug A. Physical Principles in the Construction of Regular Viruses [J]. Cold Springs Harbor Symp. Quant. Biol.，1962，27：1.
6.145 Morgunova E Yu，Mikchailov A M，Urzhumzev A G，Vainshtein B K. Kristallografiya，1992，37：396.
6.146 Rossmann M G. Viral Immunology，1989，2B(3)：143.
6.147 Morgunova E Yu，Fry E，Stuart D，Dauter Z，Wilson K，Vainshtein B K. Dokl. Akad. Nauk SSSR，1991，321：1197.
6.148 Griffith J P，Griffith D L，Rayment I，Murakami W T，Caspar D L D. Nature，1992，355：652.

6.149 Adolpp K W, Caspar D L D, Hollingshead C J, Phillips W C, Lattman E E. Science, 1979, 203: 1117.
6.150 Sigaud G, Hardouin F, Achard M F, Casparoux H. J. Physique, 1979, 40: C3-356.
6.151 Moncton D E, Pindak R. Phys. Rev. Lett., 1979, 43: 701.
6.152 Prost J. Adv. Phys., 1984, 33: 1.
6.153 Young C Y, Pindak R, Clark N A, Meyer R B. Phys. Rev. Lett., 1978, 40: 773.
6.154 Berreman D W. In Liquid Crystal and Ordered Fluids, ed. by A. C. Griffin, J. F. Johnson. New York: Plenum, 1984. Vol. 4, p. 925.
6.155 Chandrasekhar S, Sadashina B V, Suresh K A. Pramana, 1977, 9: 471.
6.156 Goodby J W, Waugh M A, Stein S M, Chin E, Pindak R, Patel J S. Nature, 1989, 337: 449.
6.157 Blodgett K B. J. Am. Chem. Soc., 1935, 57: 1007.
6.158 Gaines G. Insoluble Monolayers at Liquid-Gas Interfaces [M]. New York: Intersciences, 1966.
6.159 Roberts G. Langmuir-Blodgett Films[M]New York: Plenum, 1990.
6.160 Ullman A. Thin Organic Films: From Langmir-Blodgett Films to Self Assembling [M]. New York: Plenum, 1991.
6.161 Als-Nilsen J, Mowald H. Synchrotron X-ray scattering studies of Langmuir films [M]//Ebashi S, Koch M, Rubenstein E. Handbook on Synchrotron Radiation IV. Amsterdam: North Holland, 1991, p. 1.
6.162 Stephen J F, Truck-Lee C. J. Appl. Crystallogr., 1969, 2: 1.
6.163 Ivakin G I, Erokhin V V, Klechkovskaya V V. Biologicheskie Membrany, 1990, 7: 1154.
6.164 Feigin L A, Lvov Yu M, Troitsky V I. Sov. Sci. Rev. (Sect. A, Phys. Rev.), 1987, 11(4):287.
6.165 Lesslauer W, Blasie J K. Biophys. J., 1972, 12: 175.
6.166 Belbeoch O, Roulliary M, Tournarie M. Thin Solid Films, 1985, 134: 89.
6.167 Erokhin V V, Lvov Yu M, Mogilevsky L Yu, Zozulin A N, Ilyin E G. Thin Solid Films, 1989, 178: 153.
6.168 Pomerantz M, Segmuller A. Thin Solid Films, 1980, 68: 33.
6.169 Nicklow R N, Pomerantz M, Segmuller A. Phys. Rev., 1981, B23: 1081.
6.170 Tidsweli I M, Ocko B M, Pershan P S, Wasserman S R, Axe J D. Phys. Rev., 1991, B 41: 1111.
6.171 Feigin L A, Lvov Yu M, Novak V R, Myagkov I V. Makromol. Chem., Makromol. Symp., 1991, 46: 289.
6.172 Kuhn H. Thin Solid Films, 1983, 99: 1.

6.173 Erokhin V V，Feigin L A. Progr. Colloid and Polymer Sci.，1991，85：47.

6.174 Fridkin V M. Photoferroelectrics：Springer Ser. Solid-State Sci.，Vol. 9［M］. Berlin，Heidelberg：Springer，1979.

6.175 Mamin R Rh，Teitelbaum G B. Pis'ma Zh. Eksp. Teor. Fiz.，1986，44：326.

6.176 Mamin R Rh，Teitelbaum G B. Fiz. Tverdogo Tela(Leningrad)，1989，31：228.

6.177 Shmitko I M，Shechtman V Sh，Ivanov V I. Pis'ma Zh. Eks9. Teor. Fiz.，1979，29：425.

6.178 Mamin R Rh，Teitelbaum G B. Fiz. Tverdogo Tela(Leningrad)，1988，30：3536.

参考书目

Aksenov V L, Bogolubov N N, Plakida N M. Progress in High Temperature Superconductivity: Vol.21[M]. Singapore: World Scientific, 1990.

Allen F H , Berghoff G, Sievers R. Crystallographic Data Bases. Imformation Content, Software Systems, Scientific Applications(Commission on Crystallographic Data, Int'l Union of Crystallography, Doyton 1987)

Anthony R W. Basic Solid State Chemistry[M]. Chichester: Wiley, 1988.

Bata L. Advances in Liquid Crystal Research and Applications: Vols. 1 and 2[M]. Oxford: Pergamon, 1981.

Becker P. Electron and Magnetization Densities in Molecules and Crystals[M]. New York Plenum, 1980.

Bednorz J G, Muller K A. Earlie and Recent Aspects of Superconductivity: Springer Ser. Solid-State Sci., Vol. 90[M]. Berlin, Heidelberg: Springer, 1990.

Belov N V. Ocherki po strukturnoi mineralogii(Essays on structural mineralogy)[M]. Moscow: Nedra, 1976(in Russian).

Belov N V. Struktura ionnykh kristallovi metallicheskikh faz(Structure of ionic crystals and metallic phases)[M]. Moscow: Izd-vo Akad. Nauk SSSR, 1947.

Belov N V. Kristallokhimiya silikatov s krupnymi kationami[M]. Moscow: Izd-vo Akad. Nauk SSSR, 1961.[English transl.: Chemistry of Large Cation Silicates[M]. New York: Consultants Bureau, 1965.]

Belyakov V A, Dmitrienko V E. Optics ofchiral liquid crystals[J]. Sov. Sci. Rev. A (Phys.), 1989, 13: 1.

Bersuker V A. Electronnoye stroyente i svoistva koordinatslonnykh soedinenii(Electron structure and properties of coordination compounds)[M]. Leningrad: Khimiya, 1976(in Russian).

Bersuker I B, Polinger V Z. Vibronic Interactions in Molecules and Crystals: Springer Ser. Chem. Phys., Vol. 49[M]. Berlin, Heidelberg: Springer, 1989.

Blinov L M. Electro-Optical and Magneto-Optical Properties of Liquid Crystals[M]. Chichestert: Wiley, 1983.

Blundell T L，Johnson L N. Protein Crystallography[M]. London：Academic，1976.

Bokii G B. Kristallokhimiya(Crystal chemistry)[M]. Moscow：Nauka，1971.

Born M，Paul G. Röntgrenbeugung am Realkristall[M]. Munich：Thiemig，1979.

Born M，Huang K. Dynamical Theory of Crystal Lattices[M]. Oxford：Clarendon，1954.

Bourgoin J，Lannoo M. Point Defects in Semiconductors Ⅱ：Springer Ser. Solid-State Sci.，Vol.35[M]. Berlin，Heidelberg：Springer，1983.

Bragg L，Clarinbbull G F. Crystal Structures of Minerals[M]. London：Bell，1965.

Branden C，Tooze J. Introduction to Protein Structure[M]. New York：Garland，1991.

Brüesch P. Phonons：Theory and Experiments Ⅱ：Springer Ser. Solid-State Sci.，Vol.65[M]. Berlin，Heidelberg：Springer，1986.

Chang S -L. Multiple Diffraction of X-Rays in Crystals：Springer Ser. Solid-State Sci.，Vol.50[M]. Berlin，Heidelberg：Springer，1984.

Chebotin V N，Perfiliev M V. Elektrokhimia tverdykh elektrolitov(Electrochemistry of sold electrolytes)[M]. Moscow：Khimiya，1938.

Chistyakov I G. Ordering and structure of liquid crystals[M]//Brown G H. Advances in Liquid Crystals. New York：Academic，1975.

Coppens P，Hall M B. Electron Distributions and the Chemical Bond[M]. New York：Penum，1982.

Cornwell J F. Group Theory in Physics：An Introduction [M]. San Diego：Academic，1997.

Cottrell A H. Theory of Crystal Dislocations[M]. London：Blackie，1964.

Coulson C A. Valence[M]. Oxford：Clarendon，1952.

Cox P. The Electronic Structure and Chemistry of Solids[M]. Oxford：Oxford Univ. Press，1987.

Crawford J N，Slifkin L M. Point Defects in Solids[M]. London：Plenum，1972.

Damask A C，Dienes G J. Point Defects in Metals [M]. London：Gordon and Breach，1963.

Dashevsky V G. Konformatsiya organicheskikh molecul (Conformation of organic molecules)[M]. Moscow：Khimiya，1974(in Russian).

Dickerson R E，Geis I. The Structure and Action of Proteins[M]. New York：Harper and Rowe，1969.

Didson G，Glusker J P，Sayre D. Structural Studies on Molecules of Biological Interest [M]. Oxford：Clarendon，1981.

Dischler B，Wild C. Low-Pressure Synthetic Diamond：Manufacturing and Applications [M]. Berlin，Heidelberg：Springer，1998.

Domenicano A, Hargittai I. Accurate Molecular Structures: Their Determination and Importance[M]. Oxford: Oxford Univ. Press, 1991.

Donald A M. Liquid Crystalline Polymers[M]. Cambridge: Cambridge Univ. Press, 1992.

Donnay J D H. Crystal Data[M]. 2nd ed. Washington, DC: Am. Crystallographic Assoc., 1963.

Donohue J. The Structures ofthe Elements[M]. New York: Wiley. 1974.

Drits V., C. Tchoubar: X-Ray Diffraction by Disordered Lamellar Structures[M]. Berlin, Heidelberg: Springer, 1990.

Evans R C. An Introduction to Crystal Chemistry[M]. 2nd ed. Cambridge: Cambridge Univ. Press, 1964.

Evarestov R A, Smirnov V P. Site Symmetry in Crystals: Springer Ser. Solid-State Sci., Vol. 108[M]. 2nd ed. Berlin, Heidelberg: Springer, 1997.

Farge Y, Fontana M P. Electronic and Vibrational Properties of Point Defects in Ionic Crystals[M]. Amsterdam: North-Holland, 1979.

Fermi E. Moleküle und Kristalle[M]. Leipzig: Barth, 1938.

Fridkin V M. Photoferroelectrics: Springer Ser. Solid-State Sci., Vol. 9[M]. Berlin, Heidelberg: Springer, 1979.

Fridkin V M. Ferroelectric Semiconductors[M]. New York: Plenum, 1980.

Friedel J. Dislocations[M]. Oxford: Pergamon, 1964.

Garbarczyk J, Jones D W. Organic Crystal Chemistry, IUCr Crystallogr. Symp. [M]. Oxford: Oxford Univ. Press. 1990.

Geil P H. Polymer Single Crystals[M]. New York: Wiley, 1963.

Ginsberg D M. Physical Properties of High Temperature Superconductors II [M]. Sigapore: World Scientific, 1990.

Hagenmüller P, Van Gool W. Solid Electrolytes[M]. London: Academic, 1978.

Helliwell J R. Macromolecular Crystallography with Synchrotron Radiation [M]. Cambridge: Cambridge Univ. Press, 1992.

Hirth J P, Lathe J. Theory of Dislocations[M]. New York: Wiley, 1992.

Hyde B G, Sten A. Inorganic Crystal Structures[M]. Chichester: Wiley, 1989.

Hubert A, Schäfer R. Magnetic Domains: The Analysis of Magnetic Microstructures[M]. 2nd ed. Berlin, Heidelberg: Springer, 1999.

Indenbom V L, Jan R V, Kratochvil J, Kröner E E, Kroupa F, Ludwig W, Orlov A N, Saada G, Seeger A, Sestak B. Theory of Crystal Defects[M]. Prague: Academia, 1966.

Indenbom V L, Lothe J. Elastic Strain Fields and Dislocations Mobility[M]. Amsterdam: Elsevier, 1992.

Itogi Nauki, Ser. Khimich. (adv. in science. Chemistry), Vols. 1 - 7. Moscow: VINITI, 1966 - 1970.

Itogi Naukii Techniki, Ser. Kristallokhimiya (adv. in science and technology. Crystal chemistry) Vols. 8 - 20. Moscow: VINITI, 1972 - 1986.

Inui T, Tanabe Y, Onodera Y. Group Theory and its Applications in Physics: Springer Ser. Solid-State Sci., Vol. 78[M]. 2nd ed. Berlin, Heidelberg: Springer, 1996.

Jaffee H W. Crystal Chemistry[M]. Cambridge: Cambridge Univ. Press, 1989.

Jossang T, Barnett D M. Statistical Physics. Elasticity and Dislocation Theory [M]. Oslo: Norwegian Acad, Sci., 1991.

Kitaigorodsky A I. Organicheskaya kristallokhimiya[M]. Moscow: Izd-vo, A kad. Nauk SSSR, 1955. [English transl.: Organic Chemistry and Crystallography[M]. New York: Consultants Bureau, 1961.]

Kitaigorodsky A I. Molekulyarnye kristally[M]. Moscow: Nauka, 1971. [English transl.: Molecular Crystals and Molecules[M]. New York: Academic, 1973; German transl.: Molekülkristalle[M]. Berlin: Akademie, 1979.]

Kovacs L, Zsoldos L. Dislocations and Plastic Deformation[M]. Budapest: Akademina Kiado, 1973.

Krause-Rehberg R, Leipner H S. Positron Annihilation in Semiconductors: Defect Studies [M]. Berlin, Heidelberg: Springer, 1999.

Krebs H. Grundzüge der anorganischen Kristallchemie[M]. Stuttgart: Enke, 1968.

Kripyakevich P I. Strukturnye tipy intermetallicheskikh soedinenii (Structural types of intermetallic compounds)[M]. Moscow: Nauka, 1977(in Russian).

Kubo R, Toda M, Hashitsume N. Statistical Physics Ⅱ: Springer Ser. Solid-State Sci., Vol. 31[M]. 2nd ed. Berlin, Heidelberg: Springer, 1998.

Ladd M F C. Structure and Bonding in Solid State Chemistry [M]. Chichester: Ellis Horwood, 1979.

Landau L D, Lifshits E M. Kvantovaya mekhanika[M]. Moscow: Nauka, 1972. [English transl.: Course of Theoretical Physics, Vol. 3, Ouantum Mechaniscs, Non-Relativistic Theory[M]. 3rd ed. Oxford: Pergamon, 1977.]

Landau L D, Lifshits E M. Statisticheskaya fizika[M]. Moscow: Nauka, 1964. [English transl.: Course of Theoretical Physics, Vol. 5, Statistical Physics[M]. 2nd ed. Oxford: Pergamon, 1969.]

Lannoo M, Bourgoin J. Point Defects in Semiconductor I: Springer Ser. Solid-State Sci., Vol. 22[M]. Berlin, Heidelberg: Springer, 1981.

Lebedev V I. Ionno-atomnye radiusy i ikh znachenie dlya geokhimii(Ionic-atomic radii and their importance to geochemistry)[M]. Leningrad: Izd-vo Leningrad Univ., 1969(in Russian).

Leibfried G, Breuer N. Point Defects in Metals I: Springer Tracts Mod. Phys., Vol. 81 [M]. Berlin, Heidelberg: Springer, 1978.

Levin A A. Quantum Chemistry of Solids: The Cemical Bond and Energy Bands in Tetrahedral Semiconductors[M]. New York: McGraw-Hill, 1976.

Ludwig W, Falter C. Symmetries in Physics: Springer Ser. Solid-State Sci., Vol. 64[M]. 2nd ed. Berlin, Heidelberg: Springer, 1996.

Madelung O. Introduction to Solid-State Theory Springer Ser. Solid-State Sci., Vol. 2[M]. Berlin, Heidelberg: Springer, 1978.

Makarov E S. Izomorfizm atomov v kristallakh(Isomorphism of atoms in crystals)[M]. Moscow: Atomizdat, 1973.

Michette A G, Morrison G R, Buckley C J. X-Ray Microscopy Ⅲ: Springer Ser. Opt. Sci., Vol. 67[M]. Berlin, Heidelberg: Springer, 1992.

Mott H F, Jones H. The Theory of Properties of Metals and Alloys[M]. London: Oxford Univ. Press, 1936.

Nabarro F R N. Dislocations in Solids[M]. Amsterdam: Elsevier, 1987.

Narlikar A V. Studies of High Temperature Superconductors[M]. New York: Nova Science. 1991.

Nowick A S, Burton J J. Diffusions in Solids: Recent Developments[M]. New York: Academic, 1972.

O'Keefe M, Navrotsky A. Structure and Bonding in Crystals [M]. New York: Academic, 1981.

Osipjan Yu A. Defecty v kristallach i ich modelirovanie na EVM(Crystal defects and their computer simulation)[M]. Moscow: Nauka, 1980(in Russian).

Otooni M A. Elements of Rapid Solidification: Springer Ser. Mater. Sci., Vol. 29[M]. Berlin, Heidelberg: Springer, 1998.

Paidar L, Leicek L. The Structure and Properties of Crystal Defects[M]. Amsterdam: Elsevier, 1984.

Pauling L. The Nature of the Chemical Bond [M]. 3rd ed. Ithaca: Cornell Univ. Press, 1960.

Pearson W B. The Crystal Chemistry and Physics of Metals and Alloys[M]. New York: Wiley, 1972.

Pershan P S. Structure of Liquid Crystal Phases[M]. Singapore: World Scientific, 1988.

Pikin S A. Strukturnye prevrasheniya v zhidkikh kristallakh(Structure transformation of a liquid crystal)[M]. Moscow: Nauka, 1981(in Russian).

Pimentel C, Spratley D. Chemical Bonding Clarified through Quantum Mechanics[M]. San Francisco: Holden-Day, 1970.

Plakida N M. High-Temperature Superconductivity: Experiment and Theory[M]. Berlin, Heidelberg: Springer, 1995.

Plate N A, Shibaev V P. Comb-Shaped Polymers and Liquid Crystals[M]. New York: Pergamon, 1988.

Queisser H -J. X-Ray Optics: Topics Appl. Phys., Vol. 22[M]. Berlin, Heidelberg: Springer, 1977.

Ramachandran G N. Conformation of Biopolymers[M]. London: Academic, 1967.

Raveau B, Michel C, Hervieu M, Groult D. Crystal Cemistry of High-T_c Superconducting Copper Oxides: Springer Ser. Mater. Sci., Vol.15[M]. Berlin, Heidelberg: Springer, 1991.

Reimer L. Transmission Electron Microscopy: Springer Ser. Opt. Sci., Vol. 36[M]. 4th ed. Berlin, Heidelberg: Springer, 1996.

Reimer L. Scanning Electron Microscopy: Springer Ser. Opt. Sci., Vol. 45[M]. 2nd ed. Berlin, Heidelberg: Springer, 1998.

Reimer L. Energy-Filtering Transmission Electron Microscopy: Springer Ser. Opt. Sci., Vol.71[M]. Berlin, Heidelberg: Springer, 1995.

Sayre D, Howelis M, Kirz J, Rarback H. X-Ray Microscopy Ⅱ: Springer Ser. Opt. Sci., Vol.56[M]. Berlin, Heidelberg: Springer, 1988.

Schmahl G, Rudolph D. X-Ray Microscopy: Spinger Ser. Opt. Sci., Vol. 43[M]. Berlin, Heidelberg: Springer, 1984.

Seeger A. Vacancies and Interstititials in Metals[M]. Amsterdam: North-Holland, 1970.

Sheiton R N, Harrison W A, Phillips N E. Proc. Int'l Conf. on Materials and Mechanisms of Superconductivity: High Temperature Superconductors Ⅱ[C] Amsterdam: North-Holland, 1989.

Shulz G E, Schirmer R H. Principles of Protein Structure[M]. Berlin, Heidelberg: Springer, 1979.

Sirotin Yu I, Shaskol'skaya M P. Osnovy kristallofiziki(Fundamentals of crystal physics)[M]. 2nd ed. Moscow: Nauka, 1979.

Slater J C. Quantum Theory of Molecules and Crystals[M]. New York: McGraw-Hill, 1965.

Sobelman I I. A tomic Spectra and Radiative Transitions: Springer Ser. Atoms Plasmas, Vol.12[M]. 2nd ed. Berlin, Heidelberg: Springer, 1996.

Song K S, Williams R T. Self-Trapped Excitons: Springer Ser. Solid-State Sci., Vol. 105 [M]. 2nd ed. Berlin, Heidelberg: Springer, 1996.

Spaeth J - M, Niklas J R, Bartram R H. Structural Analysis of Point Defects in Solids: Springer Ser. Solid-State Sci., Vol. 43[M]. Berlin, Heidelberg: Springer, 1992.

Stezowski J J, Huang J, Shao M. Molecular Structure Chemical Reactivity and Biological Activity: IUCr Crystallogr. Symp. [M]. Oxford: Oxford Univ. Press, 1988.

Structure Reports(Oosthoek'S Uitgevers Mij, Utrecht 1956-1987) Vols. 8-52.

Strukov B A, Levanyuk A P. Ferroelectric Phenomena in Crystals: Physical Foundations [M]. Berlin, Heidelberg: Springer, 1998.

Strukturbericht(Akademische, Leipzig 1931-1943) Vol. Ⅰ-Ⅶ

Suvorov A L. Defekry v metallakh[M]. Moscow: Izd-vo Nauka, 1984.

Suzuki T, Takeuchi S, Yoshinaga H. Dislocation Dynamics and Plasticity: Springer Ser. Matter. Sci., Vol. 12[M]. Berlin, Heidelberg: Springer, 1991.

Tanner B K. X-Ray Topography[M]. Oxford: Pergamon, 1976.

Teodosiu C. Elastic Models of Crystal Defects[M]. Berlin, Heidelberg: Springer, 1982.

Thomas G, Goringe M J. Transmission Electron Microscopy of Materials[M]. New York: Wiley, 1979.

Tilley R J D. Defects Crystal Chemistry and itsApplications[M]. Glasgow: Blackie, 1987.

Toda M, Kubo R, Saito N. Statistical Physics Ⅰ: Springer Ser. Solid-State Sci., Vol. 30 [M]. 2nd ed. Berlin, Heidelberg: Springer, 1998.

Tonomura A. Electron Holography: Springer Ser. Opt. Sci., Vol. 70[M]. 2nd ed. Berlin, Heidelberg: Springer, 1999.

Tsirelson V G, Ozerov R P. Electron Density and Bonding in Crystals[M]. Bristol: Hilger, 1991.

Urusov V S. Energeticheskaya kristallokhimiya (Energetic crystal chemistry) [M]. Moscow: Nauka, 1975.

Urusov V S. Teoriya izomorfnoi smesimosti (Theory of isomorphous cibility) [M]. Moscow: Nauka, 1977.

Vainshtein B K. Difraktsiya rentgenovskikh luchei na tsepnykh molekulakh[M]. Moscow: Izd-vo Akad. Nauk SSSR, 1963. [English transl.: Diffraction of X Rays by Chain Molecules [M]. Amsterdam: Elsevier, 1966.]

Van Hove M A, Tong S Y. Surface Crystallography by LEED: Springer Ser. Chem. Phys., Vol. 2[M]. Berlin, Heidelberg: Springer, 1979.

Vertogan G, de Jeu W H. Thermotropic Liquid Crystals, Fundamentals: Springer Ser. Chem. Phys., Vol. 45[M]. Berlin, Heidelberg: Springer, 1988.

Volkenshtein M V. Molekulyarnaya biofizika [M]. Moscow: Nauka, 1975 [English transl.: Molecular Biophysics[M]. New York: Academic, 1977.]

Vonsovsky S V, Katsnelson M I. Quantum Solid-State Physics: Springer Set. Solid-State Sci., Vol.73[M]. Berlin, Heidelberg: Springer, 1989.

Weigel D. Cristallographie et Structure des Solids[M]. Paris: Masson, 1972.

Wells A F. Structural Inorganic Chemistry[M]. 3rd ed. Oxford: Clarendon, 1962.

Wilson A H. The Theory of Metals[M]. Cambridge: Cambridge Univ. Press, 1953.

Zemann J. Kristallchemie[M]. Berlin: de Gruyter, 1966.

Ziman J M. Principles of the Theory of Solids [M]. Cambridge: Cambridge Univ. Press, 1964.

Zorkii P M. Simmetriya molekul i kristallicheskich struktur (Symmetry of molecules and crystal structures)[M]. Moscow: Izd-MGU, 1986(in Russian).

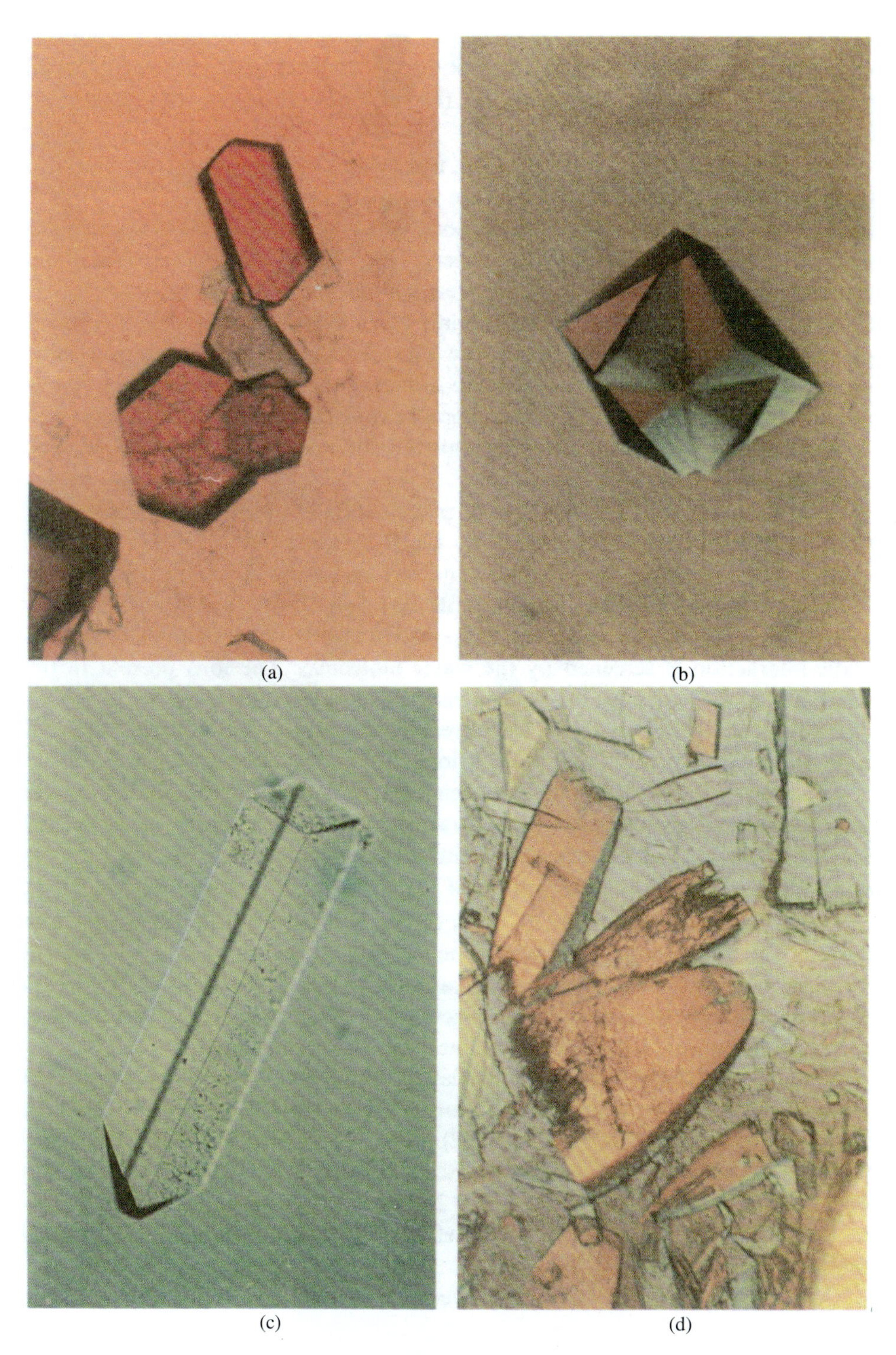

图 2.124

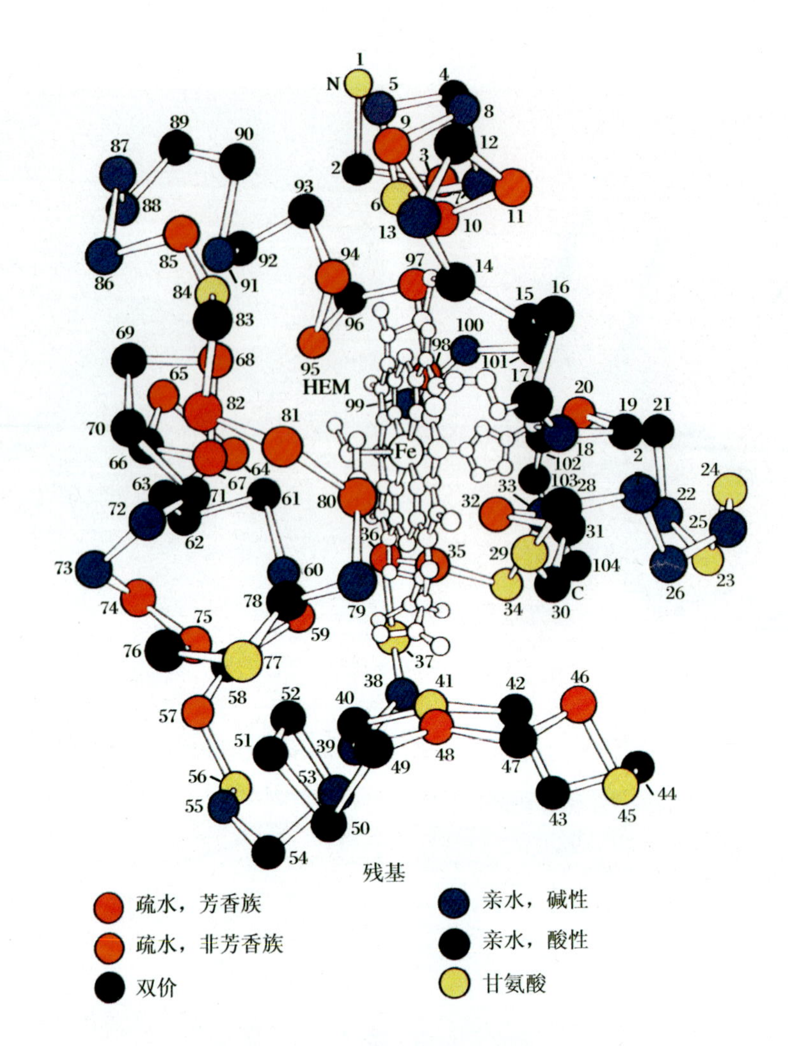

图 2.134

图 6.45

图 6.46

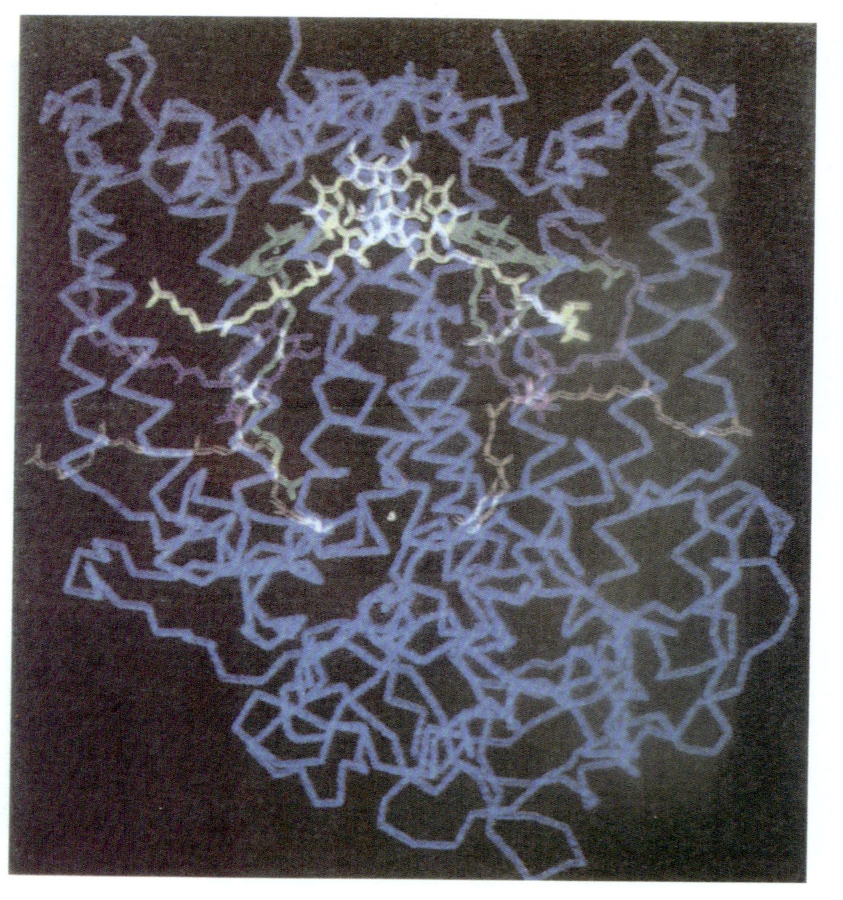

图 6.49

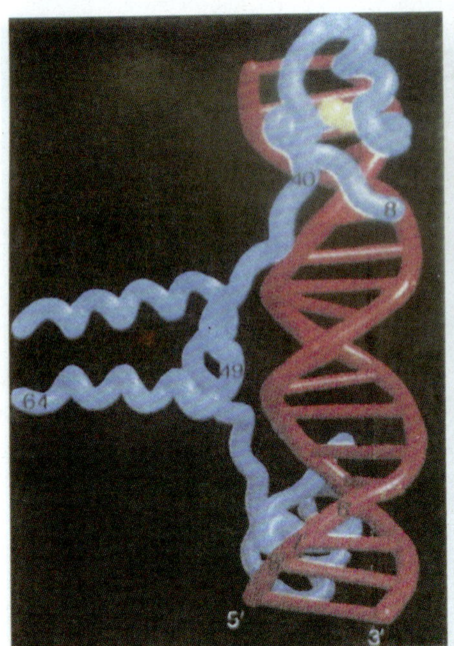

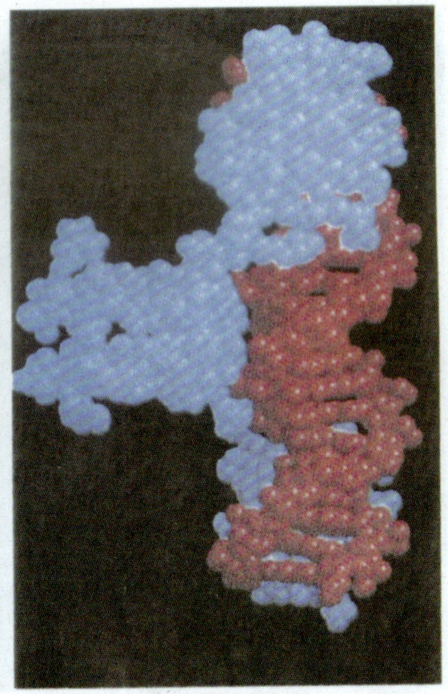

图 6.50

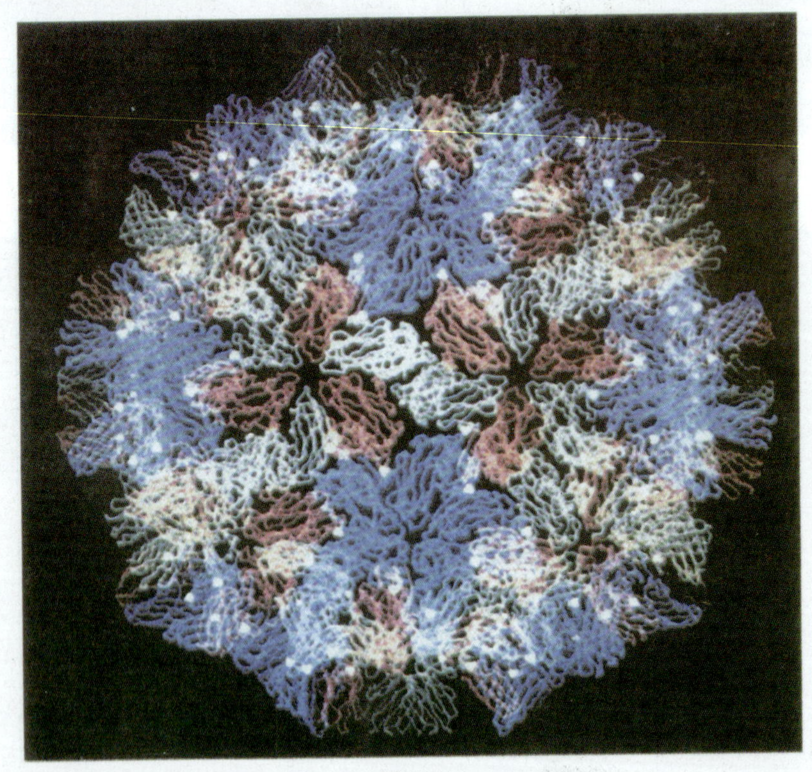

图 6.54